工程环境监理基础与实务

李世义　主编

中国环境科学出版社·北京

图书在版编目（CIP）数据

工程环境监理基础与实务/李世义主编．—北京：中国环境科学出版社，2008.12
ISBN 978-7-80209-801-5

Ⅰ．工… Ⅱ．李… Ⅲ．环境工程—环境监测
Ⅳ．TU-023

中国版本图书馆CIP数据核字（2008）第133993号

责任编辑 郑 委 易 萌
责任校对 尹 芳
封面设计 兆远书装

出版发行 中国环境科学出版社
（100062 北京崇文区广渠门内大街16号）
网 址：http://www.cesp.cn
联系电话：010-67112765（总编室）
发行热线：010-67125803
印 刷 北京中科印刷有限公司
经 销 各地新华书店
版 次 2008年12月第1版
印 次 2008年12月第1次印刷
开 本 787×1092 1/16
印 张 41
字 数 850千字
定 价 120.00元

《工程环境监理基础与实务》编委会

主　编　李世义

副主编（排名不分先后）

尚　东　魏贵臣　左叶颖　蔡志洲

编　委（排名不分先后）

霍　林　李清贵　陈志勇　陈建康　杨志轩　杨跃伟

杨水文　茹　旭　曹立新　焦建忠　杨益民　岳术涛

刘俊付　马旭东　雷庆贺　刘晓涛　孔亚平　袁　平

内容简介

本书是在河南省两期工程环境监理培训班试用教材《建设工程环境监理》一书基础上修改整编而来的。它紧密结合我国工程环境监理的实际，全面系统地阐述了工程环境监理的基本理论与概念，并对国家和有关省市重点工程项目开展工程环境监理试点情况作了适当介绍；探索性地提出了生态影响类项目工程环境监理的原则思路及主要监理内容；特别精选了铁路、公路、冶金、建材、石油、矿山开采、输油输气管线生态影响类建设项目，以及城市基础建设、轻工、畜禽规模化养殖多行业类别有代表性的工程环境监理大纲、规划、总结等案例并加以点评；内容丰富、资料翔实是该书的突出特点。此外，各篇设有习题，最后还有案例分析及模拟试题，可作为自学、培训、练习之用。

本书题材新颖、信息量大、观点明确、通俗易懂，基础理论适度，有较强的指导性和适用性。可作为工程环境监理、环境管理、环境评价、环境监测、环境监察人员及其他相关工程技术人员的参考书，也可作高职高专环保或监理专业教学、培训参考辅导书。

序

我国正处在现代化进程的伟大时期，大规模的开发活动和建设工程是这一时期的显著特征。随着经济总体能力的提高，新建项目数量逐年增加，规模日益扩大，对资源环境的压力也越来越大，尤其许多新建项目在施工建设过程中对生态环境和自然资源产生的直接破坏和影响，成为加强对建设项目环境监管的最紧迫任务和提高管理成效的最重要环节。开展建设项目施工建设期的工程环境监理，就是为了深入贯彻"预防为主，保护优先"的环保战略政策；执行《环境影响评价法》和《建设项目环境保护管理条例》，严格执行建设项目环境保护"三同时"法律制度；提高建设项目环境管理的有效性，促进自然资源合理利用，防止生态环境破坏和杜绝新污染源的产生；实施建设项目全过程动态管理，实践科学发展观和促进社会经济的可持续发展。

从 2001 年开始，国家环保总局在全国 13 个重点建设项目中实施工程环境监理试点，取得十分理想的效果。实践证明，进行施工建设期的环境监理是一项费省效宏的环保措施，不仅可有效地保护环境和资源，而且促进了工程施工建设的规范化、文明化，提高了全社会的环境保护意识。在这八年期间，许多部门和地区也广泛开展了项目建设期的环境监理试点和探索工作，也都取得很好的效果和丰富的经验。但总体而言，工程环境监理还是一项新生事物，是一项开创性工作，其法律依据、技术规范等都不完善；工程监理、工程环境监理、环境监察三者之间的性质、职责、工作范围等尚有许多不明确之处，对全面开展此项工作尚缺乏相应的指导和规范。这种状况与高速进展的建设项目发展形势实在不相适应，因而亟待进行理论上的探索，法规体系的建设，科技队伍的培育和实践经验的总结与推广。幸运的是，河南省的李世义先生抱中华赤子之心，怀环保理想之志，奋花甲之年余威，以二十余年环保实践工作的知识积累和数年不辍的耕耘，广览博集，精选细研，在国家和有关省、市重点环境监理试点项目实践工作和环境监理人员培训的基础上，编写了《工程环境监理基础与实务》一书，奉献于社会，实乃真正的功德事业，十分值得称道。

该书是在国家大型建设项目和河南省中小型建设项目施工环境监理试点实践基础上进行的经验总结、理论提升和体系完善，是典型的理论与实践相结合的产物，也是诸多专家学者、科技人员、管理干部和施工建设者共同的智慧和劳动结晶。作者对工程建设的监理理论进行的探讨和创造性的应用，为工程环境监理理论发展撒下了第一层铺路石，也是将理论应用于工程实践的有益尝试。本书选编的大量生态影响类工程环境监理总结案例具有较强的指导性和实用性，尤其对量大面广的中小型建设项目环境管理有很好的借鉴意义，也为规范今后的环境监理活动提供了良好的参照。随着建设项目工程环境监理制度的确立和逐步推行与不断深入发展，该书的出版发行无疑是雪中送炭，一定能在建设项目环境管理和工程环境监理事业发展中发挥其应有的作用。

　　本书作者在编写和出版过程中，常怀惴惴不安之心，生怕集不成精品贻误读者。这是责任心驱使的必然心境。在丰繁浩杂和日新月异的环境科学技术体系中，可以说也没有任何作品能做得完美无缺。不过总是瑕不掩瑜，任何有创新性的作品都会给环保大厦添砖加瓦，促进伟大环保事业的发展，也会得到大家的认同。让我们期待本书的出版和成功！

2008 年 9 月于北京

前　言

为适应工程环境监理工作日益发展的需要，帮助工程环境监理技术人员、环境管理人员和其他相关人员了解和掌握工程环境监理的基本理论和基本技能，解决目前生态影响类项目工程环境监理中的突出问题，提高环境监理人员的业务素质和能力，培养建设工程环境监理领域所急需的专业人才，在河南省环境保护局两期环境监理培训班试用教材的基础上整理编写了《工程环境监理基础与实务》一书。

工程环境监理是建设项目环境管理中一项创新性工作。该项工作目前在很多方面还不系统、不完善。因此在本书编写过程中，力求基本理论以讲清概念和强化应用为中心，以规范操作为目的，突出四个特点：一是尽可能地应用新出台或新修订的法规政策。如 2008 年 6 月 1 日施行的《水污染防治法》等。二是突出实用性。以生态影响类项目工程环境监理为主要内容，以解燃眉之急，旨在提高工程环境监理人员实作能力。三是注意业务范围的前瞻性。汲取其他部门行业监理精华，如《公路工程施工监理规范》（JTG G—2006）的质量、安全、环保、投资、进度的"五控制"，推动促进工程环境监理制度的推广和完善。四是增强了系统结构完整性。从委托环境监理合同的签订、监理大纲、监理规划、会议纪要、月报、环境监理阶段工作报告的编写到不同类别建设项目环境监理总结报告的编制等，体系比较完整。

工程环境监理是建设监理制的深入与发展，具有极强的实践性。仅愿本书的编写出版为工程环境监理制度实施和业务开展能献微薄之力。

本书的编著得到有关部门、环评单位、环境监测单位、环境监理机构的领导、专家和同行的大力支持和帮助，为本书提供案例素材的有（排名不分先后）：交通部环境保护中心、南阳市环境监理评估中心、驻马店市环境保护研究所、交通部科学研究院、铁道部环保办、漯河市环境科学技术研究所、安阳市环保科学研究所、信阳市环境监测站、许昌市环保科学研究所、洛阳市环保科学研究院、海南省环境科学研究院、贵州省三穗至凯里高速公路总监办、三门峡市环境保护科学研究院、许昌环境工程研究有限公司。

全书共分三篇，第一篇由李世义、尚东、霍林编写；第二篇由魏贵臣、左叶颖、李世义、尚东编写；第三篇参与编写人员和点评专家有：蔡志洲、李清贵、茹旭、曹立新、李世义、孔亚平、霍林、雷庆贺、杨志轩、马旭东、杨耀伟、杨水文、陈志勇、袁平、陈建康、刘晓涛、焦建忠、杨益民、岳术涛、刘俊付。

全书由李世义负责统稿，蔡志洲研究员对通篇定稿提出了宝贵改进意见。

河南省环境保护局工程环境监理培训教材《建设工程环境监理》编者及该书案例提供单位、本书编写人员、点评专家同为本书作者。

本书出版得到中国环境科学研究院副院长、博士生导师王业耀研究员、国家环境评估中心毛文永研究员、国家环境评估中心副主任刘伟生副研究员的精心指导和帮助。在《建设工程环境监理》原培训教材编写过程中，得到了河南省环境保护局宋丽英副局长、马新春副局长、许兵处长、李敏处长、张素祯调研员、驻马店市环境保护局领导和有关同志的鼎力支持和关照。在此一并向他们表示衷心感谢！

由于编者水平有限，错误或不妥之处在所难免，敬请广大读者不吝赐教。

编　者

2008 年 9 月

目 录

第一篇 工程环境监理基本理论

第一篇

工程环境监理基本理论

第1章 工程环境监理概述

1.1 工程环境监理的概念

1.1.1 工程环境监理的历史和现状

自 20 世纪 80 年代我国正式开展工程监理工作以来,在确保建设工程质量、提高建设水平,充分发挥投资效益方面起到了重要作用。但多年来环境保护未能纳入工程监理,导致施工阶段环境污染和生态破坏问题日益突出。中国改革开放以后,利用外资的工程建设项目逐渐增多,国际金融机构提供给我国贷款的项目均要求实行工程环境监理。同时随着市场经济体制改革的深入进行,我国在建设项目管理方面逐步实行了企业法人制、工程招投标制、工程监理制等制度,加强建设项目施工期的环境管理,进行施工期的工程环境监理已势在必行。

目前,我国建设项目环境管理实行的是建设项目环境影响评价和"三同时"两项管理制度,管理工作两个重点为建设项目的环保审批和竣工验收。这种管理模式对工业项目的建设是可行的、有效的,因为其主要环境影响在项目建成运营后才较为突出。而交通、水利、铁路、水电、石油(天然气)开发及管线建设等施工期较长的工程,其在勘探、选线阶段就对生态环境产生影响,如果在漫长的施工建设期间不注意生态环境保护,而等到竣工验收时,其景观破坏和生态环境影响已经不可逆转。在建设项目环境影响报告书批复之后,"三同时"竣工验收之前的施工阶段是薄弱环节,是环境管理的"哑铃现象"。

对生态环境影响较大的建设项目实施工程环境监理,可以使环境管理工作进入整个工程项目建设中,变事后管理为全过程管理,是我国环境管理的一次飞跃。

在工程环境监理方面,国家重点工程项目有不少已经进行了有益的尝试,并取得了良好效果。

黄河小浪底工程是部分利用世界银行贷款项目,世界银行专家在关注工程的同时,就提出环境监理要求,在编制招标文件时,也要求列入环境保护条款。1993 年,小浪底建管局成立了资源处。1995 年 9 月,环境监理工程师进驻工地,在施工后和移民安置区开展了环境监理工作,这在我国水利水电工程建设中尚属首次。实践证明,小浪底工程建设引入的工程环境监理,是一种先进的环境管理模式,它能和工程建设紧密结合,使环境管理工作融入整个工程实施过程中,变被动的环境管理为主动的环境管理,变事后管理为过程管理,有效地控制了工程施工期的生态破坏问题。

2002 年 12 月,国家环保总局会同铁道部、交通部、水利部等部门联合发文对新建青藏铁路、西气东输等 13 个项目实行施工期工程环境监理。不少省、市环保局结合本省实际,因地制宜地在建设项目施工期进行了工程环境监理方面的尝试。通过这些建设项目施工期工程环境监理试点工作的实践、总结和提高，摸索出适合我国国情的工程环境监理工作内容、工作形式与工作经验，为建立健全建设项目施工期全过程环境监理奠定了基础。

青藏铁路的修建是党中央、国务院做出的一项重大战略决策，铁路建设会对线路区生物多样性、自然保护区、高原冻土环境、自然景观、水环境产生重大影响，该工程建设及其生态环境保护引起了国内外广泛关注。2003 年 4 月我国经济建设史上第一份环境保护目标责任书的签订，明确了青藏铁路建设过程中的环保目标，量化了具体环保措施。实行对青藏铁路建设的全过程环境管理，实施铁路工程环境监理使工程建设对生态环境的影响被控制在最低限度。

西气东输工程总投资近 500 亿元，用于环境保护的投资近 10 亿元，主要用于进行管道沿线的环境保护和施工后的生态环境修复工作。中国石油天然气集团公司制定了包括工程环境监理在内的管道工程建设健康、安全、环境与社会标准，将确保 2005 年完工的西气东输管道工程在环境保护等方面达到国际水平。

工程环境监理是建设监理的派生分支，着重从事工程建设中环境保护方面的重要工作，是建设监理的重要组成部分，同时又相对具有社会化、专业化和独立性，是工程建设环境管理的技术支持。

1.1.2 工程环境监理的概念

工程环境监理是指社会化、专业化的工程环境监理单位，在接受工程建设项目业主的委托和授权之后，根据国家批准的工程项目建设文件，有关环境保护、工程建设的法律法规和工程环境监理合同以及其他工程建设合同，针对工程建设项目所进行的旨在实现工程建设项目环保目标的微观性监督管理活动。

工程环境监理的概念，实际包含 6 个要点：

1. 工程环境监理的客体是工程项目建设

工程环境监理活动都是围绕工程建设项目来进行的，并应以此来界定工程环境监理范围，是直接为工程建设项目提供管理服务的。

2. 工程环境监理的行为主体是社会化、专业化的工程环境监理单位及其环境监理工程师

工程环境监理单位是具有独立性、社会化、专业化等特点的专门从事工程建设项目工程环境监理和其他相关工程技术服务的经济组织。环境监理工程师是工程环境监理单位中具有《环境监理工程师资格证书》和《环境监理工程师岗位证书》，并经政府环境行政主管部门注册，从事工程环境监理的专业环境监理人员。

政府环境行政主管部门（监理站、环境监察支队）对工程项目建设所实施的环境监察（有时也称环境监理）属依法行政；项目业主自行进行的环境监督管理不具备社会化、专业化和"受委托的第三方"，属"自行工程建设环境管理"。只有工程环境监理单位才能按照独立、自主的原则，以"公正的第三方"身份开展工程环境监理活动。只有具备环境监理工程师资质与注册才能从事工程环境监理工作。非工程环境监理单位所进行的监督管理活动不能称为工程环境监理。

工程环境监理单位的业务范围，按国际惯例可以像建设监理一样在工程建设不同阶段提供种类繁多的咨询服务，但目前我们仅讨论施工阶段。工程环境监理单位只是建设项目监督管理服务的主体，不是工程建设项目管理的主体（建设项目管理的主体始终是工程项目业主）。

3. 工程环境监理所依据的准则

第一，国家环境保护及有关工程建设各个方面的法律法规、条例、规范、标准、规程。

第二，国家批准的工程建设文件（可行性研究报告、规划、计划、环评报告和设计文件）。

第三，建设项目工程环境监理合同和其他工程建设合同（工程勘察、设计、施工、材料和设备供应合同，特别是工程环境监理合同是最直接的依据）。

4. 工程环境监理所需要的条件

建设市场发展中除甲方（项目业主）乙方（承包商）外需要"第三方"来参与，工程环境监理单位在接受项目业主的委托和授权之后进行服务是工程环境监理的特点决定的。

在工程项目建设中，项目业主始终是以工程建设项目管理主体的身份掌握着工程项目建设的决策权，并承担着工程建设的主要风险。工程环境监理的目的就是协助工程建设项目业主实现其工程建设项目投资的目的，与此同时做好环境保护的咨询工作。

5. 工程环境监理的微观性质

政府环境保护主管部门对建设项目的监督管理是一种宏观性质的监督管理活动，而工程环境监理是一种微观上的监督管理，二者是有着性质区别的。

6. 工程环境监理实施的阶段

主要是在建设项目施工期的环境监理，不是可研阶段、设计阶段和运行期间。其目的是协助项目业主在完成建设项目预定的投资、进度、质量目标任务的同时进行环境保护目标的监督管理。

1.2 工程环境监理的任务、目的和性质

建设项目施工期的工程环境监理相对主体工程监理而言比较专业。然而，任何建设项目都是在一定的投资额度和一定的投资限制下实现的，而且任何建设项目的实现都要受到时间的限制，有明确的工程建设项目进度和工期要求。随着公众环境意识的增强和公众参与程度的提高及日臻完善的环保法规、标准的颁布，做好建设项目施工期的工程环境监理也绝非易事。工程环境监理单位及其环境监理工程师必须把握工程环境监理的关键，明确工程环境监理的中心任务、目的及其应承担的责任。

1. 工程环境监理的中心任务就是对建设项目施工期的环境保护目标实施有效的协调控制

工程环境监理是一种提供脑力或智力服务的行业，它是由工程监理派生出来相对独立和专业的监理行业，也正是工程环境监理的存在，能够使建设项目粗放型工程环境管理转变为科学的工程环境管理。

2. 工程环境监理的目的就是"力求"实现工程建设项目环保目标

由于工程环境监理具有委托性，具体到某建设项目工程环境监理单位及其环境监理工程师所承担的工程环境监理活动范围是一定的，所起的作用是有限的。因此，只能是"力求"而不能是"确保"。

再者工程环境监理单位及其环境监理工程师并不能直接实现工程建设项目环保目标。在预定的投资、工期和质量目标内，实现工程建设项目环保目标是工程建设项目参与各方的共同任务。在市场经济条件下，直接完成工程建设项目各项目标的是设计单位、施工单位、材料与设备供应单位等工程建设项目承包商。工程环境监理单位及其环境监理工程师"将不是也不能成为任何承包商的工程承包人或保证人"。

3. 工程环境监理单位只承担所提供的技术服务的相应责任

在工程项目建设环境监理过程中，工程环境监理是一项技术服务性活动，所以只能承担所提供的技术服务的相应责任。即只承担工程建设项目过程中工程环境监理责任，也就是说在工程建设项目工程环境监理合同中确定的职权范围内的责任。

环境监理工程师如果超出职权范围的严格限制而涉足其专业以外的其他领域，就使他自己不必要地为过失承担难以防范的责任，或许还有合同责任；更不应该试图对其不具备资格的事项提出咨询意见。

在实现工程建设项目的过程中，外部环境潜伏着各种各样的风险，会带来各种各样的干扰，而这些风险和干扰并非都是工程环境监理单位及其环境监理工程师所能完全驾驭的。出于职业道德的良知和基于工程环境监理的社会信誉及经济利益，工程环境监理单位及其环境监理工程师必然会竭尽全力为在预定的投资、进度和质量范围内实现工程建设项目的环保目标而努力。

1.2.1 工程环境监理的性质

工程环境监理是一种工程建设环保咨询服务活动，与其他工程建设活动有着明显的区别和差异，具有自身特性。

工程环境监理的基本性质即服务性、独立性、公正性和科学性。

1. 服务性

在工程项目建设过程中，工程环境监理人员是利用自己的环保知识、技能和经验、信息以及必要的检测手段，为项目业主对项目建设管理提供服务。工程环境监理单位不能完全取代项目业主对项目建设的管理活动。它不具有工程建设项目重大问题的决策权，它只能在委托工程环境监理合同授权内代表项目业主进行管理。它的服务对象是项目业主，是委托方，这一点不容含糊。这种服务活动是按照委托监理合同的规定来进行，是受法律保护的。

2. 独立性

独立性的含义是按照工程监理国际惯例和我国有关法规，工程环境监理单位是直接参与工程建设项目的"三方当事人"之一，它与项目业主、工程承包商之间的关系是平等的、横向的，工程环境监理单位是除项目业主（甲方）、工程承包商（乙方）之外独立的第三方。国际咨询工程师联合会认为，工程环境监理企业是"作为一个独立的专业公司受聘于项目业主去履行服务的一方"，应当"根据合同进行工作"，它的环境监理工程师应当"作为一名独立的专业人员进行工作"。工程环境监理单位"相对于承包商、制造商、供应商，必须保持其行为的绝对独立性，不得从他们那里接受任何形式的好处，而使他的决定的公正性受到影响或不利于他行使委托人赋予他的职责"，环境监理工程师"不得与任何可能妨碍他作为一个独立的咨询工程师工作的商业行为有关"，"咨询工程师仅为委托人的合法利益行使其职责，他必须以绝对的忠诚履行自己的义务，并且忠诚于社会的最高利益以及维护职业荣誉和名声"。因此工程环境监理单位及其环境监理工程师在履行工程环境监理义务和开展工程环境监理活动中，必须建立自己的组织，按照自己的工作计划、程序、流程、方法、手段，根据自己的判断独立地开展工作。

3．公正性

公正性是社会公认的职业道德准则，是工程环境监理行业存在和发展的基础。在开展工程环境监理过程中，工程环境监理单位应当排除各种干扰，客观、公正地对待环境监理的委托单位和承建单位。特别是在这两方发生利益冲突和矛盾时，工程环境监理单位应以事实为根据，以法律和有关合同为准绳，在维护建设单位的合法权益时，不损害承建单位的合法权益，不以牺牲环境为代价。

4．科学性

科学性就是工程环境监理单位及其环境监理工程师，在进行工程环境监理过程中，必须不断提高自己解决工程环境监理中所出现的各种新情况、新问题、新工艺、新材料的技能和水平。

1.2.2　工程环境监理与环保局环境监察（环境监理）的区别

工程环境监理与政府环境行政主管部门监理站、监察支队、大队的"环境监理"都属于工程建设领域的环境监督管理，但二者在性质、执行者、工作范围、权限依据、方法和手段诸方面都有着明显的差异。

在性质上，工程环境监理是一种社会的、专业的、市场的行为，是发生在工程建设项目组织系统范围之内的，平等经济主体之间的横向监督管理，是一种微观性质的、委托性的服务活动。而环保局监理站的"环境监理"、"三查、两调、一收费"是一种行政行为，是工程建设项目组织系统各经济主体之外的管理主体，对工程建设项目系统之内各经济主体所进行的一种纵向监督管理，是一种宏观性质的，强制性的政府监督管理行为。

在执行者上，工程环境监理的实施者是社会化、专业化的工程环境监理单位及其环境监理工程师，而"环境监理"是政府环境行政主管部门的环境监察支队和环境监察；前者是在接受项目业主的委托和授权后，为项目业主提供的一种高智力工程技术服务，后者是代表政府环境行政主管部门对建设项目有关环境质量的依法行政。

在工作范围上，工程环境监理的工作范围因项目业主的委托授权的范围大小而变化，伸缩性较大，可以包括投资、进度、工程质量、合同管理、信息管理等一系列活动，而"环境监理"（环境监察）只限于与工程建设项目有关的环境保护问题，工作范围相对较稳定。

在工作依据上，政府部门的"环境监理"是以国家地方颁布的法律法规部门规章、标准规范为基本依据，维护法律法规的严肃性；而工程环境监理不仅以上述法律、法规、标准、规范为依据，还要以工程建设合同为依据，不仅要维护法律法规的严肃性，还要维护合同的严肃性。

在工作深度和广度上，工程环境监理要实现一系列主动控制措施，既要做到全面控制，又要做到事前、事中、事后控制。它需要连续地持续在整个工程建设项目建设过程中；而政府"环境监理"则主要是对工程建设项目建设过程的现阶段进行阶段性的监督、检查、确认，偏重于"抓现行"。

在工作方法和手段上，工程环境监理主要采取组织管理的方法，从多方面采取措施进行组织协调努力实现工程建设项目环保目标；而政府"环境监理"则更侧重于行政管理的方法和手段，如限期整改、处罚等。

1.3 工程环境监理的方法

工程环境监理的方法主要包括：目标规划、动态控制、组织协调、信息管理、合同管理五种基本方法。控制是工程环境监理的重要管理活动。在管理学中，控制常是指管理人员按计划标准来衡量所取得的成果，纠正所发生的偏差，使目标和计划得以实现的管理活动。管理首先开始于确定目标和制订计划，继而进行组织和人员配备，并进行有效的领导。一旦计划付诸实践或运行，就必须进行控制和协调，检查计划实施情况，找出偏离目标和计划的误差，确定应采取的纠正措施，以实现预定的目标和计划。

1.3.1 目标规划

1. 定义

目标规划就是以实现目标控制为目的的规划和计划，它是围绕工程建设项目投资目标、进度目标、质量目标（包括环保目标）进行研究确定、分解综合、安排计划、风险管理，制定措施等项工作的集合。

2. 作用

目标规划是工程建设项目控制的依据和前提，只有做好目标规划的各项工作才能有效实施目标控制。目标规划做得越好工程建设项目目标控制的基础就越牢固，目标控制的前提条件也就越充分。

3. 工作内容

（1）正确确定控制目标。目标控制的效果在很大程度上取决于目标规划和计划的质量。进行目标规划时必须明确建设工程目标确定的依据总的投资、工程进度、施工质量、环评批复要求，充分应用类似工程建设项目数据库有关资料结合拟建工程建设项目实际，综合考虑各种外部变化条件，采取适当方式加以调整。目标规划与目标控制均是动态性的，对于某一工程建设项目是有限循环的。

（2）实行目标分解。目标分解一般应遵循的原则是：能分能合、区别对待、有粗有细，按工程部位而不按工种分解、目标分解与组织分解结构对应，有可靠的数据来源。

（3）编制实施计划。计划是对实现总目标的方法、措施和过程的组织和安排，是建设工程实施的依据和指南。编制实施计划首先要保证计划的可行性，即保证计划的技术、资源、经济和财务的可行性，保证建设工程的实施能够有足够的时间、空间、人力、物力和财力。在确保计划可行的基础上，还应根据一定的方法和原则力求使计划优化。计划不仅是对目标的实施也是对目标的进一步论证。

（4）进行风险分析与管理。风险分析也可以说是风险识别和风险评价的过程，是指通过一定的方式系统全面地识别出影响建设工程目标实施的风险事件加以适当归类，并把风险事件发生的可能性和损失后果进行定量化的过程。风险管理是识别确定和度量风险，并制订、选择和实施风险处理方案的过程。建设工程建设周期持续时间长，所涉及政治、社会、经济、自然、技术的风险因素多，即使是同一风险事件，对建设工程不同参与方的后果有时不尽相同，但参与各方均有风险，明确和树立风险意识，才能对工程建设项目所可能遇到的风险进行主动的预防和控制。

（5）制定措施。为了取得目标控制的理想成果，工程环境监理可以采取组织措施、技术措施、经济措施、合同措施四个方面的措施实施控制，这是做好目标规划的最后一步。

1.3.2　动态控制

工程建设项目的控制是复杂的系统过程。就目标规划和目标控制的关系而言是动态的组合，有时是"以不变应万变"，有时是"计划赶不上变化"，需要反复进行多次融合。所谓动态控制，就是工程环境监理单位及其环境监理工程师在完成工程建设项目的环境监理过程中，通过对过程、目标和建设活动的跟踪，全面、及时、准确地掌握工程建设环保信息，将实际目标值和工程建设状况与计划目标和状况进行对比，如果偏离了计划和标准的要求，就采取措施予以纠正，以使达到计划总目标的实现，这是不断循环的过程，直到工程建成交付使用，就是在动态的过程中实施控制。

工程建设项目的实现总要受到外部环境和内部因素的种种干扰，计划的不变是相对的，计划总是在调整中运行，而一旦计划变了，控制也要随之改变。但是，动态控制并不是简单计划的附属物。动态控制过程也是建立在事先安排的计划中进行的，既要确保计划的有效地实现，也是对原计划的检验，一旦发现原有计划不符合工程建设的实际情况，动态控制也会将改变了的信息反馈给计划的制订者，以便供其进行计划的修改。在计划修改之后，控制也随之进行必要的修改。工程环境监理单位及其环境监理工程师只有通过动态控制的方式，才能在"不断的变化中把握住工程建设项目的脉搏"，也才能真正做好目标控制工作。

1.3.3　组织协调

1. 合理而有效的组织是目标控制的重要保障

建立精干、高效的项目环境监理机构并使之正常运行，是实现建设项目工程环境监理目标的前提条件。协调就是联结、联合、调和所有的活动及力量，使各方配合得适当，促使各方协同一致，以实现预定目标。建设工程环境监理目标的实现，要求环境监理工程师有较强的组织协调能力。通过组织协调，使影响环境监理目标实现的各方主体有机配合，使环境监理过程和运行过程顺利。组织协调工作极为重要，也最为困难，是环境监理工作成功的关键。

2. 工程环境监理组织协调的范围、层次和内容

在范围上包括：监理机构内部（人与人，各专业监理部门间的各种协调），监理机构外部的协调（近外层与远外层协调）。在层次上包括：第一层次为高级管理层负责协调的（远外层）外部关系，有政府、社团、金融、业主、宣传媒介、竞争对手、其他相关部门；第二层次为中间管理层负责协调的近外层外部关系，有勘察设计单位、各施工单位、各材料、设备供应商等；第三层次为技术管理层负责协调的是工程技术内容。远外层与近外层的主要区别是，建设工程与近外层关联单位一般有合同关系。与远外层关联单位一般无合同关系。

在协调内容上：监理单位内部协调主要是内部人际关系，监理机构内部组织分工，人、财、物的调配使用；监理机构外部协调主要有与业主的协调、与承包商的协调、与设计单位的协调、与政府部门及其他单位的协调。

根据工程环境监理的实践，对外部环境协调，应由业主负责主持，环境监理单位主要是针对一些技术性工作协调。如业主和工程环境监理单位对此有分歧，可在委托工程环境监理合同中详细注明。

3. 组织协调的方法

组织协调的方法主要有：会议协调法、交谈协调法、书面协调法、访问协调法、情况介绍法。

1.3.4 信息管理

信息是对数据的解释，反映了事物（事件）的客观规律，为使用者提供决策和管理所需要的依据。现代的管理更侧重定量管理，定量管理离不开系统信息的支持。信息时代的主体是信息，信息已和能源、原材料并列为自然界第三大资源。信息来源于数据，又高于数据，信息是数据的灵魂，数据是信息的载体。信息是控制的基础。工程环境监理过程离不开各种工程信息。工程环境监理单位及其环境监理工程师对所需要的工程建设信息进行收集、整理、处理、存储、传递与应用等一系列工作总称信息管理。信息的特点是真实性、系统性、时效性、不完全性和层次性。信息管理的目的就是通过有组织的信息流通，使决策者能及时准确地获得相应的信息。

建设工程项目环境信息在构成上有：（1）文字图形信息包括勘察、测绘、设计图纸、说明书、计算书、合同、工作条例、标准规范、规定、施工组织设计、情况报告、监测报告、统计图表、报表、信函等；（2）语言信息包括口头分配任务、指示、汇报、工作检查、情况介绍、谈判交涉、会议、讨论研究等；（3）新技术信息包括电传、多媒体、互联网、电视广播等。环境监理工程师应当能够捕捉各种信息并加以处理和应用。

1.3.5 合同管理

市场经济中，财产的流转主要依靠合同，特别是工程建设项目，标的大、履行时间长、协调关系多的合同管理尤为重要。工程建设的合同管理应当严格按照法律和合同进行。

工程环境监理单位及其环境监理工程师在工程建设环境监理过程中的合同管理是指根据工程建设环境监理委托合同的要求，对工程承包合同的签订、履行、变更和解除进行监督、检查，对合同双方争议进行调解处理，以保证合同的依法签订和全面履行。

1. 合同管理的内容

合同管理的内容包括：合同分析、建立合同目录编码档案、合同履行的监督检查、合同变更和索赔管理。合同分析是对各合同各类条款进行分门别类的认真研究和解释，并找出合同管理的缺陷和弱点，以发现和提出需要解决的问题，更为重要的是对引起合同变化的事件进行分析研究，以便采取相应措施；另一方面，将大合同中不尽明确的细节进行必要的分解和澄清。建立合同目录、编码档案就是采用科学的方式将有关的合同程序和数据显示出来，充分利用微机的功能，将合同资料的管理起到为合同管理提供整体性服务的作用，进行合同履行的监督、检查。

2. 努力提高合同管理水平

如何提高合同管理的水平，环境监理工程师应从 10 个方面着手：（1）尽可能地参加和了解合同的制定和谈判，以便掌握合同管理第一手资料。（2）认真研读合同的各项内容，常念"合同经"。（3）切记少用或不用口头协议、"君子协定"。（4）率先垂范，认真履行环境监理职责并且应该恰当地使用自己的权力，当好"公正的第三方"。（5）对复杂问题既具有应变能力，又要坚持合同原则。（6）全面、细致、准确、具体地记录整理各种工程文件和资料，这是合同管理特别是索赔的基本依据。（7）拟订合同时应当写清细节，力求达到具备可操作性，防止日后双方在细节上纠缠不清。（8）特别注意工程变更对合同的影响，对每一变更都要分析是否会引起索赔。（9）合同用语必须准确，避免含糊不清、词不达意。（10）合同谈判中注意风险合理转移：如采用总价合同将涨价风险转移给承包商、总包商把工程中专业技术很强而自身缺乏相应技术的工程内容分包给专业分包商，或承包商把风险转移给业主。

1.4 实施工程环境监理的条件

1.4.1 坚持科学发展观的迫切需求是理论基础

纵观在世纪之交的近些年间，可以发现有三大主要变化：现代文明形式由工业文明向生态文明转变；现代经济形态由物资经济向知识经济转变；现代经济发展道路由非持续发展向可持续发展转变。党和国家提出要走"科技含量高、经济效益好、资源消耗低、环境污染少、人力资源优势得到发挥的新型工业化道路"。如何转变经济增长方式，坚持以人为本，树立全面、协调、可持续发展观，推动整个社会走上生产发展、生活富裕、生态良好的文明发展之路，加强环境保护已刻不容缓。只有坚持科学的发展观，才能改变传统的经济发展模式、才能在全面建设小康社会中坚持"五个统筹"，树立"保护环境就是保护生产力"、"环境是具有价值"、"人类属于地球而地球不属于人类"新的政绩观、价值观、道德观，才能树立实行生态优先与自然保持和谐，经济、社会、生态有序发展新的文明观。只有重视坚持科学发展观和加强环境保护工作，建设项目施工期工程环境监理才能有生存发展的理论基础。

1.4.2 社会主义市场经济下的改革开放是必要条件

在市场经济条件下，工程建设项目与一般的商品一样，工程建设项目的投资者是买主，而工程建设项目的承建商是卖主。然而，工程建设项目投资巨大、结构复杂、建设周期较长，又不可随意移动，因此不可能向小商品一样采用"货比三家"的简单方式确定质量和价格高低以及付款取货。鉴于此，工程建设项目的业主必须在整个工程建设项目的建设过程中实施对质量、进度、投资的控制，才能获得自己理想的工程建设产品。投资者需要委托社会化、专业化的工程环境监理单位及其环境监理工程师为其提供工程建设项目的监督管理服务。在计划经济条件下，工程建设项目（包括材料、设备）基本上都是由中央政府按照"条、块"两大系统下达，不存在市场竞争之说。工程环境监理是市场经济的产物。加入 WTO 开放环境咨询服务的准入制，更是对国内工程环境监理市场造成冲击，因此，社会主义市场经济和改革开放是工程环境监理事业生存和发展的必要条件。

1.4.3 良好的法制环境是重要保障

完善的市场经济必须伴随着良好的法制环境。工程建设不仅涉及项目所在地人们的生命财产安全，而且涉及环境保护、土地利用和城市规划等诸多公众利益。长期以来，由于法制不健全，违反基本建设程序，不按规划违章建筑，在施工过程中，不遵守规范和标准，偷工减料、以次充好等现象屡见不鲜。工程环境监理的存在和发展是离不开法制环境的。（1）作为工程环境监理直接依据的各种工程合同正是一种法律行为和法律关系。（2）工程环境监理单位及其环境监理工程师调解各方经济利益的依据只能是工程建设方面的有关法律法规。（3）维护法律的严肃性，确保工程建设合同的有效履行为工程环境监理事业提供了重要的基础。只有在法制环境中依靠法律的严肃性才有力地促进签订工程建设合同的各方严格遵守并认真履行他们所签订的这些工程建设合同。

1.4.4　相关配套机制创造拓展空间

目前，科学的发展观逐步被人们所接受和认识，我国仍处于经济转轨的过程中，法制环境尚未完全建立，我们不可能等待以上三个条件完全成熟之后，才在我国全面推行和实施工程环境监理。在目前条件下，为了尽快使工程环境监理在我国迅速得以推行和实施，就需要采取一些主动和积极措施，通过迅速建立各种与之配套的相关机制，为工程环境监理铺平道路。（1）建立工程环境监理需求机制。工程环境监理是为了满足社会可持续发展的需要产生的，并且是在满足社会可持续发展的过程中发展的。社会主义市场经济催生了工程建设项目法人制和监理制。项目业主集责、权、利于一身，他们是投资者，也是投资的使用者和偿还者，同时也是环境保护目标的责任人和义务人。他们应当也必然会为在预计的投资、进度、质量、环保目标内建成工程建设项目而竭尽全力，也就必然产生一种对社会支持的强烈需求，需要独立性、社会化高智力的咨询技术服务。（2）建立和完善竞争机制，为了真正搞活工程环境监理市场，必须在强制推行工程环境监理的基础上，如承揽工程建设项目一样，引入招投标制，要使竞争择优真正建立在公开、公平、公正的原则之上，只有项目业主选择了在社会信誉好、技术水平高、管理能力强的工程环境监理单位及其环境监理工程师，承担工程建设项目环境监理任务，才能使工程建设项目的各项环保建设目标理想地实现。工程环境监理单位及其环境监理工程师的优良业绩，才能得到社会的认可。（3）进一步完善科学决策机制，在许多工程建设项目在决策过程中都执行了项目咨询评估制。《环评法》的全面贯彻实施非常重要。民营经济的发展异军突起，对 GDP 的贡献逐日攀升，为区域经济发展作出了重要贡献。但是在片面理解"发展是硬道理""优化投资环境"的口号下不少中小工程项目"先搭车、后补票"脱离环境监管的事项时有发生。如果在工程建设市场中仅仅建立需求机制、竞争择优机制，而不进一步完善咨询评估制，只不过是舍本求末，也不可能全面有效地发挥工程环境监理对提高我国工程建设水平的作用。

1.5　建设程序与工程环境监理的关系

所谓建设程序是指建设工程从设想、提出到决策，经过设计、施工，直至投产，最终交付使用的整个过程中，应当遵循的内在规律和制度。

所有的建设项目均具有单件性和一次性的特点，但是它们依然有着共同的规律和自己的寿命阶段及周期。虽然工程建设项目千差万别，但是它们都应该遵循科学的建设程序来办事。科学的建设程序应当在坚持"先勘察、后设计、再施工"的原则基础上，突出优化决策，竞争择优，委托监理的原则。

严格执行建设程序是从事建设工程活动的每一位建设工作者的职责，更是环境监理工程师的重要职责。工程环境监理制的基本内容之一就是明确科学的工程项目建设程序，并在工程建设中监督实施这个科学的建设程序。

按照建设工程的内在规律，投资建设一项工程，应当经过投资决策、建设实施和交付使用三个发展时期。每个发展时期又可分为若干个阶段，各个阶段以及每个阶段内的各项工作之间存在着不可随意颠倒的严格的先后顺序关系。

1.5.1 目前我国工程项目建设程序

目前我国工程项目建设程序如图 1-1 所示。

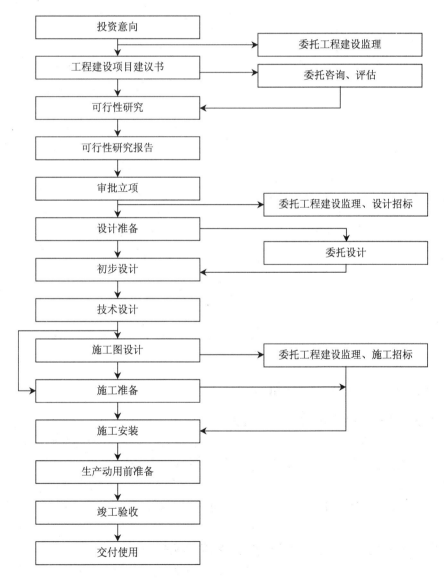

图 1-1　我国工程项目建设程序

坚持建设程序有利于依法管理工程建设，保证正常建设秩序；有利于科学决策保证投资效果；顺利实施建设工程，保证工程质量；顺利开展建设项目的工程环境监理。

1.5.2 建设项目环境保护管理程序

建设项目的环境保护管理，是国家环境行政主管部门的重要职责之一，我国基本建设程序与环境管理程序之间的关系，国家环保总局专门发文《建设项目环境保护管理程序》予以明确。这是工程环境监理及其环境监理工程师，应该熟悉和必须掌握的。

建设项目五个主要阶段的环境保护管理程序如图 1-2 所示。

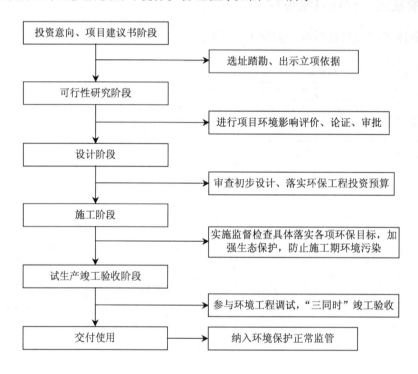

图 1-2　建设项目环境管理程序

1.5.3 建设程序与工程环境监理的关系

1. 建设程序为工程环境监理提出了规范化的要求

在工程项目建设过程中，建设程序对参建各方及相应政府部门的职责均有明确的要求，这是因为建设程序是国家制定的工程建设项目必须遵循的基本程序，是关于工程建设领域的重要法规，制定的一个重要目的就是对工程项目建设行为进行监督管理，使之规范化。因此，工程项目建设程序也就必然成为工程环境监理的一个重要组成部分。

2. 建设程序为工程环境监理提出了具体任务和服务内容

实现环境保护对建设项目的监督管理是通过工程建设项目的一项项、一步步具体工作来完成的。政府环境主管部门的依法行政也好，工程环境监理单位的技术服务也好，很多具体的工作内容都来自工程项目的建设程序。在工程建设项目的实施阶段，工程环境监理目标是着重解决如何在明确的工程建设项目目标内来完成工程建设环保目标，这就决定工程环境监理在施工阶段不可能不参与投资、进度、质量三大控制、合同与信息管理以及组织协调，不可能不强化生态保护，防止施工期的水、气、声、渣的污染，相应也就从建设程序中找到了工程环境监理的工作内容。

3. 建设程序具体明确了建设监理在工程项目建设中的重要地位

目前，虽然工程环境监理在我国刚刚起步，但已在实践中起到了重要的作用。如在能源、交通、水电、旅游、矿产开发众多涉及生态保护项目和城市污水处理厂，垃圾处理厂环境工程等项目中已开展的工程环境监理。建设程序明确了建设监理在工程项目中的重要地位，作为建设监理的重要组成部分，工程环境监理当然应有其独自地位。全国每年大中型数十万个建设工地，所有这些建设项目施工期的环境监管，仅仅靠政府环境保护主管部门的监理站、环境监察支队来完成是有困难的，也不利于政府职能转变，必然要由社会化、专业化的工程环境监理单位来完成。加强施工期的环境管理必然要赋予工程环境监理的基本权力和责任。

4. 严格遵守模范执行建设程序是每位环境监理工程师的职业准则

工程项目建设程序是工程环境监理单位及其环境监理工程师进行工程环境监理的基本依据，虽然严格按建设程序办事是所有参与工程建设项目的人员都必须遵循的行为标准，但对环境监理工程师则应有更高的要求，作为肩负着规范建设行为使命的监督管理人员，更应当严格遵守、模范执行工程项目建设程序。

5. 严格执行我国现行建设程序是结合中国国情推行工程环境监理制的具体体现

任何国家，工程项目建设都要充分反映这个国家现行的工程建设的方针、政策、法律、法规、管理体制和具体做法，而且工程项目建设程序也是适应国情要求与时俱进的。目前，我国处于改革开放的新时期，一系列新的改革措施都在工程项目建设程序中体现出来。项目评估制、项目法人制（业主责任制）、建设监理制、工程招投标制均是新的适应经济全球化而产生和发展起来的。就工程建设监理制而言（除建设工程监理外），交通监理、水利监理、地质灾害防治监理等均已经或多或少地反映进了工程项目建设程序之中。环境保护是基本国策，工程环境监理也理所当然地会反映到工程项目建设程序中。政府环境主管部门对工程建设项目的监督管理与工程环境监理的关系正在理顺，适应中国社会主义市场经济体制的工程项目建设程序会逐步确立，也必将对工程环境监理的实施起到推动和促进作用。

1.6 建立和实施工程环境监理的意义

1.6.1 满足投资者对专业服务的社会需求与国际接轨

"九五"、"十五"以来，我国工程建设项目规模越来越大。"西部大开发"、"项目带动战略"、构筑"长三角""珠三角""环渤海经济开发区"、"实现中部崛起"等，外资、中外合资、利用外国贷款项目越来越多，各种工程建设项目在管理方面的共同特点都是通过实施工程招标来选择承建商，同时聘请工程环境监理单位与环境监理工程师实施工程环境监理（例如黄河小浪底工程）。这种按照国际通行的做法，将工程项目建设的环保微观管理工作，由项目业主委托和授权给社会化、专业化的工程环境监理单位来承担的做法，产生了很好的效果，也为国内投资工程建设项目起到了示范作用。随着工程建设项目责任制的逐步落实，项目业主承担的投资风险越来越大。他们越来越感到仅凭自身的能力和经验难以完全胜任工程项目管理，因而产生需要借助社会化的智力资源弥补自身不足的渴望，让专长工程建设项目环境管理的环境监理工程师为其提供技术管理服务。实施工程环境监理有利于同国际接轨，可以使项目业主更专心致力于必须由业主自己作出决策的事务。

1.6.2　有利于我国建筑市场的发展与完善

工程环境监理是工程建设监理的重要组成部分。在建立我国社会主义市场经济体制的过程中，建筑市场的格局也发生了结构性的变化。以工程建设项目法人为主的工程项目发包体系，以工程勘察设计、施工安装、材料设备供应单位为主的承包体系，以独立性、社会化、专业化的工程建设监理单位为主的技术服务体系的三大建筑市场体系正在形成。工程环境监理的出现是工程建设监理的进步与发展、细化和完善，工程环境监理的发展是工程建设监理项目管理水平的提高与职能强化，对工程建设领域发挥市场机制作用是十分有利的。

1.6.3　有利于政府环境主管部门的职能转变

20 世纪 80 年代中期《中共中央关于经济体制改革的决定》明确要求政府转变职能，实行政企分开，简政放权，政府在经济领域的职能要转变到"规划、协调、监督、服务"上来，在进行各项管理制度改革的同时，加强经济立法和司法，加强经济管理和监督。工程环境监理制度试点单位的经验证明，环境监理可以强化对建设项目施工期环境监管的力度，帮助解决环评中提出的生态保护和污染防治措施与要求，发现和完善环评中存在的问题与不足，可以有效地解决生态影响类建设项目环境管理以及其他建设项目施工期环境监督的"哑铃"现象。

1.6.4　促进工程建设领域实现"两个根本转变"

党的十四届五中全会曾深刻指出，我国要实现"九五"计划和 2010 年奋斗目标，关键是要实现两个具有全局意义的根本转变：一是经济体制从传统的计划经济体制向社会主义市场经济体制转变；二是经济增长方式从粗放型向集约型转变。改革开放 20 年来，我国国民经济实现了年均 9.8%的持续高速增长，但从总体上看并没有摆脱传统的粗放型增长方式，没有克服"高投入、高消耗、高污染、低产出、低质量、低效益的老问题"，工程环境监理是建设行业实现两个根本转变的具体步骤。

习　题

1. 何为工程环境监理？
2. 工程环境监理的任务、目的是什么？
3. 工程环境监理具有哪些性质？
4. 工程环境监理的方法有哪些？

5. 工程环境监理和环保部门的环境监察有什么不同？

6. 实施工程环境监理有什么条件？

7. 坚持建设程序有什么意义？建设程序与工程环境监理的关系是什么？

8. 建立和实施工程环境监理有什么意义？

第 2 章　工程环境监理单位与环境监理工程师

2.1　工程环境监理单位的类别与设立

2.1.1　工程环境监理单位的概念

工程环境监理单位一般是指取得环境监理资质证书，具有法人资格，主要从事工程建设环境监理工作的企业组织，如环境监理公司、工程环境监理事务所等，也包括具有主业为其他工作，而有监理资质的，法人资格的单位下设的专门从事工程环境监理的二级机构，如科研单位的"工程环境监理部"、"工程环境监理室"等。

工程环境监理单位必须是法人。同时工程环境监理单位是企业。企业是实行独立核算，从事盈利性经营和服务活动的经济组织。换言之，工程环境监理单位是以盈利为目的、依照法定程序设立的企业法人。不同的企业有不同的性质和特点，根据不同的标准可将工程环境监理单位划分成不同的类别。

2.1.2　工程环境监理单位的类别

1. 按所有制性质划分

按所有制性质划分可分为：全民所有制企业、集体所有制企业、私营企业和混合所有制企业。

2. 按组建方式划分

按组建方式划分可分为：独资企业、合伙企业（合营企业）、公司。

3. 按行业或专业类别划分

按行业类别来分我国目前工程监理一般有：公路、土木工程、铁道、石油化工、冶金、煤炭矿山、水利水电、火电、港口及航道、电气自动化、机械制造、地质勘察、航天航空、核工业、邮电通信等，环保行业尚处于刚起步阶段。按专业划分，则有侧重生态恢复、绿化、污水处理、大气污染防治、噪声污染控制工程等方面的监理公司或监理工程师。

4. 按监理企业的资质等级划分

按监理企业的资质等级划分：可分为甲级、乙级、丙级资质监理单位。监理单位资质是指从事监理业务应当具备的人员素质、资金、专业技能、管理水平及管理业绩等。工程环境监理单位的资质目前尚无统一规定，目前均为临时资质。有些省为持有环境评价资质，没有划分资质级别，仅明确了监理范围的行业类别。

2.1.3　工程环境监理单位的设立

1. 设立工程环境监理单位的基本条件

（1）有自己的名称和固定的办公场所。

（2）有自己的组织机构，如领导机构、财务机构、技术机构等，有一定数量的专门从事环境监理的工程技术人员，而且专业基本配套（工程、工艺、生态、经济、环评、监测），技术人员数量和职称符合要求。

（3）有符合国家规定的注册资金。

（4）拟订有工程环境监理单位的章程。

（5）有主管单位同意设立工程环境监理单位的批准文件。

（6）拟从事工程环境监理的工作人员中，有一定数量的人已取得国家环境行政主管部门颁发的《环境监理证书》，并有一定数量的人取得工程环境监理岗位培训合格证书。

2. 设立工程环境监理单位应准备的材料

（1）设立工程环境监理单位的申请报告。

（2）有主管单位时，主管单位同意设立工程环境监理单位的批准文件。

（3）拟订的工程环境监理单位组织机构方案和主要负责人的人选名单。

（4）工程环境监理单位的单位章程。

（5）已有和拟从事工程环境监理工作的人员一览表及有关证件。

（6）已有或拟购置的监理仪器设备一览表。

（7）开户银行出具的资金证明。

（8）办公场所所有权证或房屋租赁合同。

3. 申报与审批程序

建设部目前对建设部门新设立的工程监理企业申请资质的程序是：先到工商行政管理部门登记注册并取得企业法人营业执照后，才能到建设行政主管部门办理资质申请手续，新设立的工程监理企业，其资质等级按照最低等级核定，并设一年的暂定期。

设立工程环境监理单位的申报、审批程序，按河南省目前现行的情况一般分3步（行政许可法施行之前）：

（1）筹建单位向主管单位申报，按照申报的要求，完成应准备的 8 种材料向省环境行政主管部门申报设立。

（2）省环境行政主管部门审查资质条件。对于设立的工程环境监理单位的资质审查，主要是看它是否具备开展工程环境监理业务的能力，同时，要审查它是否具备法人资格的起码条件。在达到上述两项条件的基础上，核定它开展工程环境监理业务活动的经营范围，并提出资格审查合格的书面材料。

（3）资格审查合格者向工商行政管理机关登记注册，领取营业执照，并到税务局进行税务登记领取税务发票。工程环境监理单位的营业执照的签发日期为工程环境监理单位的成立日期。

登记注册是对法人成立的确认，没有获准登记注册的不得以申请登记注册的法人名称进行经营活动。

2.2 工程环境监理单位的资质管理

工程环境监理单位的资质主要体现在监理能力及其监理效果上。监理能力是指能够监理多大规模和多大复杂程度的工程建设项目；监理效果是指对工程建设项目实施监理后，在生态保护、环境保护各项目标及质量、投资、进度控制等方面取得的成果。

工程环境监理单位的监理能力和监理效果主要取决于：环境监理人员素质、专业配套能力、技术装备仪器、监理经历和管理水平、社会信誉等综合性因素。对工程环境监理单位的资质管理是我国政府实行市场准入控制的有效手段。

2.2.1 工程环境监理单位的资质要素

工程环境监理单位是智能型企业，较一般物质生产企业来说，资质要素要求更高。

1．环境监理人员要具备较高的工程技术、环境保护、经济专业知识

工程环境监理单位的环境监理人员应具备较高的学历，一般应为大专以上学历，中级以上专业技术职称的人员应在 70%左右、初级 20%左右，其他人员 10%以下。对工程环境监理单位的技术负责人，应具有高级专业技术职称，有较强的组织协调和领导能力，并已取得国家确认的《监理工程师资格证书》。环境监理人员不但要具备某一专业技能，还要掌握与自己本专业相关的其他专业方面的知识，以及经营管理方面的基本知识，成为一专多能的复合型人才。

2．专业的配套能力应与开展的工程环境监理的业务范围相一致

就目前河南省豫环监资（临）字的环境监理范围来讲，工程环境监理单位的环境监理人员配备，除环境监测、环境评价、环境工程外，还应有生态学、给水排水、工程测量、建筑经济等专业的监理人员。要从事电力、铁路、交通项目的环境监理还应有道桥专业、电气专业、通信专业及设备工艺专业的技术人员。

3．技术装备应满足环境监理最基本的工作需要

工程环境监理单位应当拥有一定数量的检测、测量、交通、通信、计算机等方面的设备仪器。如电脑、扫描仪、打印机、声级计、水质速测仪、空气采样器、水准仪、GPS、数码相机、摄像机、分析天平等。虽然用于工程项目环境监理的大量设施、设备可以由业主方提供（在委托监理合同附录中列出），或由环境监测站及有关单位代为检测，但常用的必不可少的一般检测设备或监理专用仪器、设备还是要装备的。这样可以高效率地开展环境监理活动，真实地记录工程实况。

4．工程环境监理单位负责人要有较高素质和内部完善的规章制度

管理水平的高低主要是看负责人的水平及规章制度落实情况，如工程环境监理单位有组织管理制度、人事管理制度、财务管理制度、经济管理制度、设备管理制度、档案管理制度、科技管理制度等，并能有效执行。单位负责人能做到人尽其才、物尽其用，将本单位的人、财、物的作用充分发挥出来，沟通各种渠道，占领一定的市场，在工程环境监理项目中取得良好业绩并且单位信誉较佳等。

5．诚信度要高

一般而言，工程环境监理单位开展环境监理业务的时间越长，监理的经验越丰富、监理能力也会越高，监理的业绩就会越大。监理经历是监理单位的宝贵财富，是构成其资质的要素之一。但是，监理经历并不代表诚信度，新设立的工程环境监理单位，从一开始就要树立信誉观念。

2.2.2　工程监理单位的资质管理

国务院建设行政主管部门负责全国工程监理企业资质管理的归口工作。涉及铁道、交通、水利、信息产业、民航等专业工程监理资质的，由国务院铁道、交通、水利、信息产业、民航等有关部门配合国务院建设行政主管部门实施资质管理。环保部门的工程环境监理如何管理，因起步时间太晚尚未明晓，相信不久的将来将会明确。

国家环保总部尚未出台工程环境监理单位资质管理办法，河南省环保局审时度势，工作中勇于创新，核发了 11 家工程环境监理单位的临时资质。根据我国现阶段管理体制，我国工程监理企业资质管理确定的原则是"分级管理、统分结合"，按中央和地方两个层次进行管理。

1．监理单位资质审批制度及其管理

监理单位的资质定级实行分级审批，国务院建设行政主管部门负责甲级监理单位的定级审批；其中涉及铁道、交通、水利、信息产业、民航工程等方面的工程监理企业资质，由国务院有关部门初审，国务院建设主管部门根据初审意见审批。

省、自治区、直辖市人民政府建设行政主管部门负责本行政区域乙、丙级监理单位的定级审批；其中涉及交通、水利、通信等工程方面的工程监理企业资质，在征得同级交通、水利、通信等有关部门初审同意后审批。

资质审批实施公示公告制度。

监理单位自领取营业执照之日起 2 年内，暂不核定资质等级；满 2 年后向有关资质管理部门申请核定资质等级。

工程监理企业的资质管理，主要是指对工程监理企业的设立、定级、升级、降级、变更、终止等的资质审查或批准以及资质的年检工作等。

对于工程监理企业资质条件符合资质等级标准，并且未发生下列行为，建设行政主管部门将向其颁发相应资质等级的《工程监理企业资质证书》。

（1）与建设单位或者工程监理企业之间相互串通投标，或者以行贿等不正当手段谋取中标的；

（2）与建设单位或者施工单位串通，弄虚作假、降低工程质量的；

（3）将不合格的建设工程、建筑材料、建筑构配件和设备按照合格签字的；

（4）超越本单位资质等级承揽监理业务的；

（5）允许其他单位或个人以本单位的名义承揽工程的；

（6）转让工程监理业务的；

（7）因监理责任而发生过三级以上工程建设重大质量事故或者发生过 2 起以上四级工程建设质量事故的；

（8）其他违反法律法规的行为。

《工程监理企业资质证书》分正本、副本，具有同等法律效力。工程监理单位在领取新的《工程监理企业资质证书》的同时，应当将原资质证书交回原发证机关予以注销。

任何单位和个人均不得涂改、伪造、出借、转让《工程监理企业资质证书》，不得非法扣押、没收《工程监理企业资质证书》。

工程监理企业申请晋升资质等级，在申请之日前一年内有上述（1）～（8）行为之一的，将不予批准。

工程监理单位分立或合并时，按新设立监理单位的要求重新审查其资质等级及业务范围，颁发新的资质证书；因破产、倒闭、撤销、歇业的，应当将资质证书交回原发证机关予以注销。

2．资质年检制度

建设工程监理单位的资质年检一般由资质审批部门负责，像工商营业执照年审一样在次年的第一季度进行。年检内容包括：检查工程监理单位资质条件是否符合资质等级标准，是否存在质量、市场行为等方面的违法违规行为。资质年检的程序是：被检单位在规定时间内向资质主管部门提交《工程监理企业资质年检表》、《工程监理企业资质证书》、《监理业务手册》以及工程监理人员变化情况及其他有关资料，并交验《企业法人营业执照》；然后是资质主管部门在收到工程监理企业（单位）年检资料 40 日内，对该监理企业年检作出结论，并记录在《工程监理企业资质证书》副本的年检记录栏。

资质年检结论分为合格、基本合格、不合格三种。

工程监理企业只有连续两年年检合格，才能晋升上一个资质等级。

对于资质年检不合格或者连续两年基本合格的工程监理企业，资质主管部门应当重新核定其资质等级，新核定的资质等级应低于原资质等级，达不到最低资质等级标准的取消资质。

工程监理企业在规定时间内没有参加资质年检，其资质证书将自行失效，而且一年内不得重新申请资质。

2.2.3　工程监理单位资质

各个行业的监理单位资质条件的划分略有区别，总体还是比较相似或相近的。现作一介绍，可作工程环境监理单位参考。

1．甲级

（1）监理单位负责人和技术负责人应当具有 15 年以上从事工程建设工作的经历，技术负责人应有高级专业技术职称并取得监理工程师注册证书。

（2）取得监理工程师注册证书的人员不少于 25 人，高级职称人员不少于 13 人。

（3）注册资本不少于 100 万元。

（4）一般应当监理过 5 个一等一般工业与民用建设项目或者 2 个一等工业、交通建设项目。

2．乙级

（1）监理单位负责人和技术负责人应当具有 10 年以上从事工程建设工作的经历，技术负责人应具备高级专业技术职称，并取得监理工程师注册证书。高级职称人员不少于 7 人。

（2）取得监理工程师注册证书的人员不少于 15 人。

（3）注册资本不少于 50 万元。

（4）一般应当监理过 5 个二等一般工业与民用建设项目或者 2 个二等工业、交通项目。

3．丙级

（1）监理单位负责人和技术负责人应当有 8 年以上从事工程建设工作的经历，技术负责人应具备高级专业技术职称，并取得监理工程师注册证书，高级职称人员不少于 3 人。

（2）取得监理工程师注册证书人员不少于 10 人。

（3）注册资本不少于 10 万元。

（4）一般应当监理过 5 个三等一般工业民用建筑项目或者 2 个三等工业、交通建设项目。

各级监理单位必须在核定的范围内从事监理活动、甲级单位可以监理经核定工程类别中一、二、三等工程；乙级单位可以监理经核定工程类别中二、三等工程；丙级单位只可监理经核定的工程类别中三等工程。甲、乙、丙级监理单位的经营范围均不受国内地域限制，但不得越级承接监理业务。按照河南省环保局已批准的具有环境监理资质的工程环境监理单位均为（临）字资质，不分等级，只分专业范围。

2.2.4 中外合营监理单位的资质管理

设立中外合营监理单位，中方合营者在正式向有关审批机构报送设立中外合营监理单位合同、章程之前，应当按隶属关系先向资质主管部门申请资质审查；经审查符合标准的，由资质管理部门发给《设立中外合营监理单位资质审查批准书》。《设立中外合营监理单位资质审查批准书》是有关审批机构批准设立中外合营监理单位的必备条件。

申请设立中外合营监理单位的资质审批，除必须按设立国内监理单位的要求报送有关材料外，还应当报送合营者的以下材料：（1）原所在国有关当局颁发的营业执照及有关批准文件；（2）近 3 年的资产负债表、专业人员和技术装备情况；（3）承担监理业务的资历与业绩。

中外合营监理单位经批准设立后，应当在领取营业执照之日起的 30 日内持《设立中外合营监理单位资质审查批准书》、《中外合营企业批准书》及《营业执照》向资质管理部门申领《监理许可证书》，其资质管理的其他事项同国内监理单位。考虑中国加入世贸组织的新变化，环境咨询服务的准入制与国民的平等地位，了解中外合营监理单位资质管理还是很有必要的。

2.3　工程环境监理单位的经营管理

2.3.1　工程环境监理单位经营活动基本准则

工程环境监理单位经营活动基本准则同其他建设监理单位一样是："守法、诚信、公正、科学"。

1．守法

即遵守国家的法律法规，主要体现在：

（1）工程监理单位只能在"核定的业务范围内"开展经营活动；

（2）不得伪造、涂改、出租、出借、转让、出卖《资质等级证书》；

（3）监理合同一经双方签订即具法律效力，不得无故或故意违背自己的承诺；

（4）监理单位离开原住所地承接监理业务，要自觉遵守监理工程所在地当地人民政府有关部门监督管理；

（5）遵守国家关于企业法人的其他法律、法规。

2．诚信

即诚实守信用，这是道德规范在市场经济中的体现。

诚信，要求一切市场参加者在不损害他人利益和社会公共利益的前提下，追求自己的利益；其目的是在当事人之间的利益关系和当事人与社会之间的利益关系中实现平衡，并维护市场道德秩序。企业信用的实质是解决经济活动中经济主体之间的利益关系，它是企业经营理念、经营责任和经营文化的集中体现。

信用是监理企业的一种无形资产，也是我们走出国门，进入国际市场的身份证。它是能给企业带来长期经济效益的特殊资本。工程监理单位应建立健全企业的信用管理制度，使企业成为讲道德、讲信用的市场主体。

3．公正

公正是指监理单位在监理活动中既要维护业主的利益，又不能损害承包商的合法利益，依据合同公平合理地处理业主与承包商之间的争议。

要想"一碗水端平"处事公正，必须做到：

（1）具有良好的职业道德；

（2）坚持实事求是；

（3）要熟悉有关建设合同条款；

（4）提高专业技术能力；

（5）提高综合分析判断问题的能力。

4．科学

科学是指工程监理企业要依据科学的方案、运用科学的手段，采用科学的方法开展监理工作。工程项目监理结束后还要进行科学的总结。

（1）科学的方案主要是指监理规划，在实施监理前要尽可能准确地预测出各种可能的问题，有针对性地拟定解决办法，制定出切实可行、行之有效的监理实施细则，指导监理活动顺利进行。

（2）科学的手段主要指运用或借助先进的科学仪器才能做好监理工作。如各种检测、试验、测量、摄像设备及计算机等。

（3）科学的方法主要体现在监理人员在掌握大量的、确凿的有关监理对象及其外部实际情况的基础上，适时、高效、妥帖地处理有关问题，用"事实"、"文字"、"数据"、"图像"说话。

2.3.2 工程环境监理单位的经营管理

目前各省的工程环境监理单位均处在刚刚起步的探索阶段，从体制上讲，有的是财政全供、有的是差供、有的是自收自支的全民事业单位，真正属于企业性质的不多。但在市场经济的大潮中，不熟悉监理企业的经营管理，不了解竞争伙伴或合作伙伴的经营方略，就不可能达到预期的目的。

工程环境监理单位要作为一个企业管理，应抓好成本管理、资金管理、质量管理，加强法制意识，依法经营。主要体现在两个方面：一是要有基本的管理措施：加强自身发展战略研究进行市场定位，广泛采用现代管理技术、方法、手段、推广先进单位经验；加强现代信息技术应用系统，掌握市场动态；开展贯标活动，实行 ISO 9000 质量管理体系认证，提高企业市场竞争力；认真学习严格执行《监理规范》。二是要建立健全各项内部管理规章制度：组织管理制度、人事管理制度、劳动合同管理制度、财务管理制度、经营管理制度、项目监理机构管理制度、设备管理制度、科技管理制度、档案文书管理制度等。

2.3.3　工程环境监理单位的经营内容

监理单位接受业主的委托，为其提供智力服务，进行施工期的工程环境监理，这就是工程环境监理单位的经营内容。

1. 施工招标阶段环境监理

我国建设工程招标工作一般由业主（建设单位）负责组织，或者由业主委托工程招标咨询公司、代理组织。若环境监理单位受业主委托参加工程项目的施工招标工作，作为具体参与的环境监理工程师必须熟悉施工招标的业务工作。工程项目的招标程序一般可分为准备阶段、招标阶段和评标决标签订合同的阶段。

招标投标阶段环境监理工程师服务要点是什么？即受业主单位的委托，组织工程招标工作、参与招标文件和标底的编制，参与评标、定标以及中标承包合同的签订等工作。招投标服务是监理工程师一项重要业务，也是一项很专业化的工作。对于每位监理工程师来说，一方面应该熟悉国际、国内工程建设招投标的有关工作程序和规定，另一方面必须努力掌握有关经济合同、法律、技术等方面的专业知识，提高自身业务素质，这是保证提高服务质量的前提条件和基础。

2. 工程建设施工阶段环境监理

施工阶段是建设项目建设过程中的重要阶段、是以执行计划为主的阶段（"按图施工"可以理解为是执行计划的一种表现）、是实现建设工程价值和使用价值的主要阶段、是资金投入量最大的阶段，也是对环境质量和生态破坏影响最大的阶段。施工阶段需要协调的内容多，施工期环境质量和环境安全对建设工程的顺利竣工起重要作用。因此，施工阶段的监理也是工程建设项目监理的最重要部分。在我国目前推行的建设监理制中，要求在施工阶段必须进行监理。施工阶段的监理内容包括：协助建设单位和承建单位编写开工报告；确认承包单位选择的分包单位；审查承建单位提出的施工组织设计、施工技术方案和施工进度计划，并提出改进意见；审查承建单位提出的材料和设备清单及其所列的规格质量；督促、检查承建单位执行工程承包合同和工程技术标准；调解建设单位与承建单位之间争议；检查工程使用的材料、构配件和设备的质量，检查安全防护设施；检查施工进度和施工质量，验收分部、分项工程，签署工程付款凭证；督促整理合同文件和技术档案资料；组织设计单位和施工单位进行工程竣工初步验收，提出竣工验收报告；审查工程结算。

3．施工阶段环境监理的主要方法

就施工阶段的工程环境监理而言，目前我国各工程环境监理单位根据所监理的工程项目结合监理实践，制定了适合自身特点的监理方法。目前尚无统一规范，需要集思广益、博采众长、整理出一套科学、规范的监理办法、监理准则及相应的联系表格。在适应建设项目施工期工程环境监理的"监理规范"未出台之前，参照《建设工程监理规范》，在此仅对监理工作中的主要方法作一介绍，供各工程环境监理单位参考。

（1）定期主持召开工地例会，特别要参加在建设项目开工前由建设单位主持召开的第一次工地会议。因为第一次工地会议内容是：建设单位（业主）、承包单位、监理单位分别介绍各自驻现场的组织机构、人员及其分工；建设单位（业主）根据委托监理合同宣布对总监理工程师的授权；建设单位介绍开工准备情况；承包单位介绍施工准备情况；建设单位和总监理工程师对施工准备情况提出意见和要求；总监理工程师介绍监理规划主要内容；研究确定各方在施工过程中参加工地例会的主要人员，召开工地例会周期、地点及主要议题。会议内容比较重要。

（2）做好见证、旁站、巡视和平行检验。由监理人员现场监督某工序全过程完成情况的活动叫"见证"；"旁站"是在关键部位或关键工序施工过程中，由监理人员在现场进行的监督活动；"巡视"是监督人员对正在施工的部位或工序在现场进行的定期或不定期的监督活动。三者同是监督活动，但所强调的内容和重点是不同的，"见证"强调的是"某工序全过程"；"旁站"强调的是"关键部位或关键工序"；"巡视"强调的是"正在施工的部位或工序""定期或不定期"，三者是有轻重缓急的。"平行检验"是项目监理机构利用一定的检查或检测手段，在承包单位自检的基础上，按照一定的比例独立进行检查或检测的活动。所强调的是"一定比例"和"独立进行"，这就体现了既相信别人，更应该相信自己，反映了监理工作的责任。

（3）关注工程环保变更，充分利用工程计量、支付证书审签权利，提高工程质量及控制投资。在工程项目实施过程中，按照合同约定的程序对部分或全部工程在材料、工艺、功能、构造、尺寸、技术指标、工程数量及施工方法等方面做出的改变叫做"工程变更"。"工程变更"强调的是"按照合同约定的程序"进行。工程变更是建设项目建设过程中经常发生的事情，也是引起工程延期和费用索赔的交汇点。环境监理人员一定要关注工程环保变更问题，这涉及建设项目环保目标的如期实现。如果项目业主授权和工程环境监理人员有工程计量的业务能力，监理工程师要严格把好工程计量关，对不符合工程质量要求的工程量不予计量认可，对达到要求的认真审核数据，力求准确无误，对属实部分予以确认，严格按合同条款规定进行支付。计量支付是环境监理工程师对建设项目投资控制的重要手段，要求环境监理人员及时准确地掌握工程进展情况和工程质量情况，获得审核付款的可靠依据，充分利用这一手段的功能控制好工程质量及工程费用。

（4）认真做好施工期环境监理资料的管理。施工阶段的环境监理资料包括：施工合同文件及委托环境监理合同；勘察设计文件；监理规划；监理实施细则；分包单位资格报审表；设计交底与图纸会审会议纪要；施工组织设计（方案）报审表；工程开工/复工报审表及工程暂停令；测量核验资料；工程进度计划；工程材料、构配件、设备的质量证明文件；检查试验资料；工程变更资料；工程计量单和工程款支付证书；环境监理工程师通知单；监理工作联系单；报验申请表；会议纪要；来往函件；监理日记；监理月报；质量缺陷与事故的处理文件；分部工程、单位工程等验收资料；索赔文件资料；竣工结算审核意见书；工程项目施工阶段质量评估报告等专题报告；监理工作总结共 28 种。各级监理要坚持记监理日志，这是监理工程师掌握施工阶段现场情况的第一手资料和最基本的依据。现场记录包括文字、图表、声像、草图、计算公式及计算结果等。监理资料的管理必须及时整理、真实完整、分类有序；由总监理工程师负责，指定专人具体实施。按有关管理规定，该移交的移交，该归档的归档。

2.4 市场开发、监理费和委托环境监理合同

2.4.1 市场开发

工程监理单位取得监理业务的表现形式有两种：一是通过投标竞争；二是由业主直接委托。我国《招标投标法》明确规定，关系公共利益安全、政府投资、外资工程等实行监理必须招标。在不宜公开招标的机密工程或没有投标竞争对手的情况下，或者是工程规模比较小，比较单一的监理业务，或者是对原工程监理企业续用等情况下，业主也可直接委托工程监理企业。

工程环境监理企业投标书的核心是反映所提供的管理服务水平高低的监理大纲，尤其是主要的监理对策。一般情况下，监理大纲中主要的监理对策是指：根据监理招标文件的要求，针对业主委托环境监理工程的特点，初步拟订的该工程的监理工作指导思想，主要的管理措施，技术措施，拟投入的监理力量以及搞好该项工程建设而向业主提出的原则性建议等。

2.4.2 监理费

1. 工程监理费的构成

监理是"高智能的有偿技术服务"。建设工程监理费是指业主依据委托监理合同支付给监理企业的监理酬金。它是构成工程概（预）算的部分，在工程概（预）算中单独列支。建设工程监理费由监理直接成本、间接成本、税金和利润四部分构成。

（1）直接成本：直接成本是指监理企业履行监理合同时所发生的成本。包括：

①监理人员和监理辅助人员的工资、奖金、津贴、补助、附加工资等；

②用于监理工作的常规检测工器具、计算机等办公设施的购置费和其他仪器、机械的租赁费；

③用于监理人员和辅助人员的其他专项开支，包括办公费、通信费、差旅费、书报费、文印费、会议费、医疗费、劳保费、保险费、休假探亲费等；

④其他费用。

（2）间接成本：间接成本是指全部业务经营开支及非工程监理和特定开支。包括：

①管理人员、行政人员、后勤人员的工资、奖金、补贴；

②经营性业务开支，包括为招揽监理业务而发生的广告费、宣传费，有关合同的公证费等；

③办公费，包括办公用品、报刊、会议、文印、上下班交通费等；

④公用设施使用费，包括办公使用的水、电、气、环卫、保安等费用；

⑤业务培训费，图书资料购置费等；

⑥附加费，包括劳动统筹、医疗统筹、福利基金、工会经费、人身保险、住房公积金、特殊补助等；

⑦其他费用。

（3）税金。税金是指按照国家规定，工程监理企业应交纳的各种税金总额，如营业税，所得税，印花税等。

（4）利润。利润是指工程监理企业活动收入扣除直接、间接成本和各种税金后的余额。监理单位的利润应当高于社会平均利润。

2．监理费的计算方法

在国外，尤其是实行监理制比较早的国家、监理费的计算都有比较定型的模式。由于建设项目的种类、特点以及服务的内容的不同，国际上通行的计价方式有多种，采用哪种方式计费，由项目业主和环境监理单位双方协商确定，写于合同中。

（1）按建设工程投资百分比计算法。即：按照工程规模大小和所委托监理工作的繁简，以建设工程投资的一定百分比来计算。这种方法比较简便，业主和监理单位均易接受，也是国家制定监理取费标准的主要形式。采取这种方法的关键是确定计算监理费的基数。一般工程规模越大、投资越多、监理费越高、取费比例越小。对新、扩、改建以及较大技术改造工程所编制的概（预）算就是初始计算监理费的基数。当然仅限于"委托监理的工程部分"的概（预）算，工程结算时，再按实际工程投资进行调整。

（2）工资加一定比例的其他费用计算法。这种方法是以项目监理机构监理人员的实际工资为基数乘上一个系数而计算出来的。这个系数包括了应有的间接成本、税金和利润等，除了监理人员的工资外其他各项直接费用等均由业主另行支付。一般情况下，较少采用这种方法尤其在核定监理人员数量和监理人员实际工资方面，业主和监理方难以取得完全一致的意见。

（3）按时计费法。这种方法是根据委托监理合同的服务时间（计时单位可以是小时、工作日或月），按照单位时间监理服务费来计算监理费的总额。单位时间的监理服务费一般是以工程监理企业员工的基本工资为基础，加上一定的管理费和利润（税前利润）。采用这种方法时监理人员的差旅费、工作函电费、资料费以及试验、检测费、交通费等均由业主另行支付。

这种计算方法主要适用于临时性的、短期的监理业务或不宜按工程概（预）算百分比法等其他方法计算监理费时使用。这种方法在一定程度上限制了监理单位潜在效益的增加，因而，单位时间监理费的标准比工程监理企业内部实际的标准要高得多。

（4）固定价格法。这种方法是事先将监理服务费包死，当工作量有所增减时，一般也不调整监理费。这种方法适用于监理内容比较明确的中小型建设项目监理费的计算，业主和监理单位都不会承担较大风险。如市政道路工程按道路面积乘以确定的监理价格、管道工程按管道延长米数乘以确定的监理价格等。对于工期长、条件复杂的工程，这种计算方法监理单位承担有较大风险。

2.4.3　委托环境监理合同

监理合同一般应采用标准文本，目前较流行的文本有：建设部和国家工商行政管理局于 2000 年 2 月发布的《建设工程委托监理合同（示范文本）》（GF—2000—002），该文本主要适用于国内工程；FIDIC1990 版的《业主/咨询工程师标准服务协议书》，该文本主要适用于世界银行贷款项目等涉外工程，国内已有单行本发行。

通常有关合同的签订，均认为是领导人员的事，一般人员不太关注。作为工程环境监理单位及其环境监理人员情况不同，因为工作性质的要求，要涉及项目业主和承包商的合同管理，所以对委托监理合同的内容和签订监理合同时的注意事项应该有一个清楚的了解，这对于在实际从事工程环境监理中是非常有益的。

1. 委托环境监理合同基本内容

（1）签约各方的认定

主要说明建设单位和监理单位的名称，地址，以及它们的实体性质，例如所有制性质、隶属关系等。委托方的意图是否遵守国家法律，是否符合国家政策和规划、计划要求，确保签订合同在法律上的有效性。

（2）合同的一般说明

当合同各方关系得以确定并讲清以后，通常进行必要的说明，进一步叙述"标的"（即委托监理）的内容等。

（3）监理单位履行的义务

应包含两个方面，一是受委托监理单位应尽的义务，二是对委托项目概况的描述。在合同中均以法律语言来叙述承担的义务。对项目概况的描述其目的是为确定项目的内容，便于规定出服务的一般范围（其内容主要是：项目性质、投资来源、工程地点、工期要求，以及项目规模或生产能力）。

（4）监理工程师提供的服务内容

条款中对监理工程师准备提供的服务内容进行详细说明，如果项目业主只要监理工程师提供阶段性的监理服务，这种说明可以比较简单，若包括全过程监理，这种叙述就应详细。为避免发生合同纠纷，除对合同中规定的服务内容进行详细说明外，对有些不属于监理工程师服务的内容，也有必要在合同中列出来。

（5）业主的义务

业主应该偿付监理酬金，同时还有责任为监理工程师更有效地工作创造一定的条件。

①应提供项目建设所需的法律、资金、保险等服务；

②应提供合同中规定的工作数据和资料；

③应提供监理人员的现场办公用房；

④应提供监理人员必要的交通工具、通信、检测、试验等有关设备；

⑤对国际性项目、协助办理海关或签证手续；

⑥应承诺可提供超出监理单位控制的、紧急情况下的费用补偿或其他帮助；

⑦应当在限定的时间内、审查和批复监理单位提出的任何与项目有关的报告书、计划和技术说明书，以及其他信函文件；

⑧如一个项目委托多个监理单位时，关于业主对几家监理单位的关系，以及有关义

务等，在每个监理单位的委托合同中都应明确。

（6）监理费用的支付

监理合同中必须明确监理费用额度及其支付时间和方式。在国际合同中，还需要规定支付的币种。不论合同中采用哪一种监理费计算方法，都应明确支付的时间、次数、支付方式和条件等。常见的支付方式有：按实际发生额每月支付、按月或规定天数支付、按实际完成的某项工作的比例支付、按双方约定的计划明细表支付、按工程进度支付等。

（7）业主的权利

监理单位是受业主委托而进行项目管理，所以在合同中也要有保障业主实现意图的条款。一般有：

①进度要求。说明各部分工作完成的日期，或附有工作进度计划方案等。

②保险要求。要求监理单位进行某种类型的保险，或者向业主提供类似的保障。

③承包分配权、指定分包权。未经业主许可或批准的情况下，监理工程师不得把监理合同或合同的一部分包给别的公司。

④授权限制。监理工程师行使权力不得超过监理合同规定范围。

⑤终止合同。当业主认为监理单位的工作不令人满意，或项目合同遭到任意破坏时，业主有权终止合同。

⑥有权换人。监理单位必须提供足够胜任工作的人员，如工作人员失职或不能令人满意时，业主有权要求换人。

⑦提供资料。在监理工程师整个工作期间，必须做好完整的记录，并建立技术档案资料，以便随时可以提供清楚、详细的记录资料。

⑧报告业主。在工程建设各个阶段，监理单位要定期向业主报告各阶段情况和月、季、年度进度报告。

（8）监理单位的权利

监理单位除取得应有的酬金和补偿外，在合同中应有明确保护监理单位利益的条款，一般有：

①附加工作的补偿。凡因改变工作范围而委托的附加工作，应确定支付的附加费用标准。

②明确不为服务内容。合同中有时必须明确服务范围、不包括哪些内容及部分。

③工作延期。合同中要明确规定，由于非人为的意外原因（即非监理工程师所能控制），或由于业主的行为造成工作延期，监理工程师应受到保护，根据情况予以工作延期等。

④主张业主承担由自己造成的过失。合同中应明确规定，由于业主未能按合同及时提供资料信息，或其他服务而造成了损失，应由业主负责。

⑤业主的批复。由于业主工作拖拉，对监理工程师的报告、信函等要求批复的书面材料造成延期，由业主负责。

⑥终止和结束。合同中任何授予业主终止合同的权利的条款，都应当同时包括由于监理工程师所投入的费用和终止合同所造成的损失，并应给予合理补偿的条款。

（9）其他条款

一般合同中都有其他条款，以进一步确定双方权利和义务，如发生修改合同、终止合同或紧急情况的处理程序等。在国际性的合同中，常常包括不可抗力条款，如发生地震、动乱、战争等情况下不能履行合同的条款。

（10）签字

业主与监理单位都在合同中签了字，便证明双方达成协议，合同才具有法律效力，由法人代表或经授权的代表签字，同时注明签字日期。

尽管建设项目委托监理合同的内容各有差异，但其基本含义没有什么区别，完善的合同其基本内容均相似。上述内容在工程环境监理单位进行环境监理实际运作时可作参考。

2．签订环境监理合同的注意事项

（1）要坚持按法定程序签署合同

业主和监理单位在签订委托监理合同时（一般应为法人代表或有授权委托的代表）签字应合法。环境监理单位应将拟派往该项目工作的总监理工程师及其助手的情况告知建设单位。合同签署后，建设单位应将合同中给监理工程师的权限写入与承包商签订的合同中，至少在承包商动工前要将环境监理工程师的有关权限书面通知承包单位，为环境监理工程师的工作创造条件。

（2）要重视替代性的信函

对一些小项目或另增加的内容，一般认为没有必要正式签订一份合同，这时监理单位一般应采用信函来确认，以代替繁杂的合同文件。它可以帮助确认双方的关系以及双方对项目的有关理解和意图，既包括建设单位提出的要求和承诺，也是监理单位承担责任、履行义务的书面证据。所以对替代性的信函要予以充分重视。

（3）合同的变更

在工程建设中难免出现许多不可预见的事项，经常会出现要求修改或变更合同条件的情况，尤其是需要改变服务范围和费用问题时，监理单位应坚持要求修改合同，口头或拟临时性交换函件是不可取的。可以采用正式文件、信件式协议或委托单等几种方式对合同进行修改，如变动内容过大，应重新制定一个新合同。不论采取什么方式，修改之处一定要便于执行，这是避免纠纷、节约时间和资金的需要。如果忽视这一点，仅仅是表面上通过的修改，就可能缺乏合法性和可行性，会造成某一方的损失。

（4）其他注意事项

①注意合同文字的简洁、清晰，每处措辞都应经过双方充分讨论，以保证对工作范围，采取的工作方法，以及双方对相互间的权利和义务能确切理解；

②对于时间要求特别紧迫的监理项目，业主有明显的委托监理意向且签订正式委托监理合同之前，双方在使用意图性信件交流时，环境监理单位对发往业主的信件和函电、传真要认真审查，尽可能地避免"忙中出乱"使合同谈判失败或遭受其他意外损失；

③环境监理单位在合同事务中要注意充分利用有效的法律服务。委托监理合同的法律性很强，环境监理单位应配备有关方面的专家，这样在准备合同格式、检查其他人提供的合同文件及研究意图性信件时，才不至于出现失误。

2.5　环境监理工程师的素质与职业道德

建设部对监理工程师必须具备的条件作出如下规定：按照国家统一规定的标准已取

得工程师、建筑师或经济师资格；取得前述资格后，具有两年以上设计或现场施工经验；取得试点城市或部门建设主管机关颁发的监理工程师临时证书。监理工程师是一种岗位技术职务，与一般的工程技术岗位不同。环境监理工程师是指具有中级以上职称，在环境监理工作岗位上工作经监理工程师执业资格统一考试合格，取得执业资格证书和政府注册的专业人员。

2.5.1 环境监理工程师的职业特点

由于建设工程环境监理业务是为工程环境管理服务，涉及环境、生态保护多学科、多专业的技术、经济、管理知识的多种建设工程，执业资格条件较高。因此，环境监理工作需要一专多能的复合型人才承担。环境监理工程师不仅要有理论知识，熟悉环境工程设计、施工、管理，还要有组织、协调能力，更重要的是应掌握并应用合同、经济、法律知识，具有复合型的知识结构。

由于工程类别十分复杂及社会分工更趋向于专业化，不仅环境工程需要环境监理，水利水电、交通运输、矿产开发、农业开发、城镇基础建设以及旅游项目也需要环境监理。更为重要的是，环境监理工程师在工程建设项目中担负着十分重要的经济和法律责任，所以，无论已经具备何种高级专业技术职称的人，或已具备何种执业资格的人，如果不再学习环境监理知识，都无法从事工程环境监理工作。

国际咨询工程师联合会（FIDIC）对从事工程咨询业务人员的职业地位和业务特点所作的说明是："咨询工程师从事的是一份令人尊敬的职业，他仅按照委托人的最佳利益尽责，他在技术领域的地位等同于法律领域的律师和医疗领域的医生。他保持其行为相对于承包商和供应商的绝对独立性，他必须不得从他们那里接受任何形式的好处，而使他的决定的公正性受到影响或不利于他行使委托人赋予的职责。"这个说明同样适合于环境监理工程师。

参加工程环境监理岗位培训学习后，能否胜任环境监理工作，还要经过执业资格考试，取得监理工程师执业资格并经注册后，方可从事监理工作。监理工程师一经政府注册确定，即意味着具有相应于岗位责任的签字权。在监理工作中，尚未取得《监理工程师注册证书》的人员统称为监理员，监理员与监理工程师的区别主要在于监理工程师具有相应岗位责任的签字权，而监理员没有相应岗位责任的签字权。

2.5.2 环境监理工程师的素质要求

环境监理工程师应是具有专业特长的工程项目环境管理专家。我国的监理工程师是岗位职务，不是专业技术职称。监理工程师分不同的行业类别或专业。环保是新兴的边缘学科，既然专业技术职务的职称系列已经单列，岗位职务单列包括在内也是发展之中早晚的事。为了适应环境监理岗位的工作的需要，环境监理工程师应该比一般环保工程师具有更好的素质。监理工程师在国际上被称为高智能人才，在工程监理中处于核心地位，他们在工程建设中与各方的关系如图 2-1 所示。

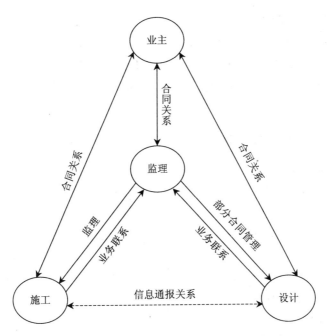

图 2-1 工程建设中监理工程师与各方的关系

因此，对监理工程师的素质要求应包括以下四个方面：

1．较高的专业学历和复合型的知识结构

工程建设涉及的学科很多，其中主要学科就有几十种。在国外监理工程师或咨询工程师都具有大专学历，很多具有硕士、博士学位。我国监理工程师也要求具有工程技术或工程经济专业大专以上学历。作为一名环境监理工程师，几十种主要学科不可能样样都会，但至少应精通一种专业基础理论知识，这是保证监理工程师素质的基础，也是向国际水平靠近所必需的。没有专业理论知识的人员无法承担环境监理工程师岗位工作，除专业知识外还要了解、掌握一定的工程建设经济、法律和组织管理方面的理论知识，同时还要不断了解新技术、新设备、新材料、新工艺，熟悉工程建设现行环保法律法规、政策规定，成为一专多能复合型人才。

2．要有丰富的工程建设实践经验

环境监理工程师的业务内容体现的是环境工程技术理论与工程环境管理理论的应用，具有很强的实践性特点。因此，实践经验是环境监理工程师的重要素质之一。有关资料分析表明，工程建设中出现的失误，少数原因是责任心不强，多数原因是缺乏实践经验。世界各国也都将工程建设实践经验放在重要地位。例如，英国咨询工程师协会规定，入会会员年龄必须在 38 岁以上。新加坡要求工程结构方面的监理工程师必须具有 8 年以上的工程结构设计经验。

3．要有良好的品德

主要体现在：（1）热爱本职工作；

（2）具有科学的工作态度；

（3）具有廉洁奉公、为人正直、办事公道的高尚情操；

（4）能够听取不同方面的意见，冷静分析问题。

4．健康的体魄和充沛的精力

尽管工程建设环境监理是一种高智能型的技术服务，以脑力劳动为主，但是，在施工中往往是露天作业，监理工作现场性强、流动性大、工作条件差、任务繁忙、时间紧迫，环境监理工程师必须身体健康、精力充沛，才能胜任。一般来讲，年满 65 周岁的监理工程师我国不再注册。

2.5.3 职业道德与 FIDIC 道德准则

1．监理工程师职业道德

在监理行业中，监理工程师应严格遵守如下通用职业道德守则：

（1）维护国家的荣誉和利益，按照"守法、诚信、公正、科学"的准则执业；

（2）执行有关工程建设的法律、法规、标准、规范、规程和制度，履行监理合同规定的义务和职责；

（3）努力学习专业技术和监理知识，不断提高业务能力和监理水平；

（4）不以个人名义承揽监理业务；

（5）不同时在两个或两个以上监理单位注册从事监理活动，不在政府部门和施工、材料设备的生产供应等单位兼职；

（6）不为所监理项目指定承包商、建筑构配件、设备、材料生产厂家和施工方法；

（7）不收受被监理单位的任何礼金；

（8）不泄露所监理工程各方认为需要保密的事项；

（9）坚持独立自主地开展工作。

监理工程师应严格遵守职业道德，在执业过程中不能损害工程建设任何一方的利益，因为监理工作的特点之一就是要体现公正原则。

监理工程师是具有法律地位的。第一，《中华人民共和国建筑法》明确提出国家推行工程监理制度，《建设工程质量管理条例》赋予监理工程师多项签字权，并明确规定了监理工程师的多项职责，从而使监理工程师执业有了明确的法律依据，确立了监理工程师作为专业人士的法律地位；第二，监理工程师的主要业务是受建设单位委托从事监理工作，其权利和义务在合同中有具体约定。

监理工程师应成为业主的忠诚顾问，按合同条件约定的职业守则，出色地完成合同义务。若不履行职业守则，按照国际惯例，业主有权书面通知监理工程师终止监理合同。通知发出后 15 天，若监理工程师没有作出答复，业主即可认为终止合同生效。

监理工程师也是有法律责任的。同样也是建立在法律法规和委托监理合同基础上的。监理工程师法律责任的表现行为主要有两个方面，一是违法行为，二是违约行为。违法是指违反法律法规的行为，如《建筑法》、《刑法》、《建设工程质量管理条例》；违约是指监理工程师代表监理单位进行项目监理履行委托监理合同时，违反了合同约定。此外，还有安全生产责任问题。

如果监理工程师有下列行为之一，则应当与质量、安全事故责任主体承担连带责任。

①违章指挥或者发出错误指令，引发安全事故的；

②将不合格的建设工程、建筑材料、建筑构配件和设备按照合格签字，造成工程质量事故，由此引发安全事故的；

③与建设单位或施工企业串通，弄虚作假、降低工程质量，从而引发安全事故的。

监理工程师在执业过程中必须严格遵纪守法，政府建设行政主管部门对监理工程师的违规行为处罚也是比较严厉的，"造成重大质量事故的，吊销执业资格证书，5 年内不予注册；情节特别恶劣的，终身不予注册"。

2．FIDIC 道德准则

国际咨询工程师联合会（FIDIC）1991 年讨论批准了 FIDIC 通用道德准则，在国外，目前国际咨询工程师联合会的会员国家都在认真地执行这一准则。该准则分别从对社会和职业的责任、能力、正直性、公正性、对他人的公正 5 个问题 14 个方面规定了监理工程师的道德行为准则。

为使监理工程师的工作充分有效，不仅要求监理工程师必须不断增长他们的知识和技能，而且要求社会尊重他们的道德公正性，信赖他们作出的评审，同时给予公正的报酬。

FIDIC 的全体会员协会同意并相信，如果要想使社会对其专业顾问具有必要的信赖，下述准则是其成员的基本准则。

监理工程师应该：

（1）对社会和职业的责任：

①接受对社会的职业责任。

②寻求与确认的发展原则相适应的解决办法。

③在任何时候，维护职业的尊严、名誉和荣誉。

（2）能力：

①保持其知识和技能与技术、法规、管理的发展相一致的水平，对于委托人要求的服务采用相应的技能，并尽心尽力。

②仅在有能力从事服务时方才进行。

（3）正直性：

任何时候均为委托人的合法权益行使其职责，并且正直和忠诚地进行职业服务。

（4）公正性：

①在提供职业咨询、评审或决策时不偏不倚。

②通知委托人在行使其委托权时可能引起的任何潜在的利益冲突。

③不接受可能导致判断不公的报酬。

（5）对他人的公正：

①加强"按照能力进行选择"的观念。

②不得故意或无意地做出损害他人名誉或事务的事情。

③不得直接或间接取代某一特定工作中已经任命的其他咨询工程师的位置。

④通知该咨询工程师并且接到委托人终止其先前任命的建议前不得取代该咨询工程师的工作。

⑤在被要求对其他咨询工程师的工作进行审查的情况下，要以适当的职业行为和礼节进行。

对于上述 FIDIC 道德准则条款，虽然字面上比较生涩难懂，但仔细阅读其中的精神和内涵还是品味得到的。

2.6 环境监理工程师的执业资格考试和教育

2.6.1 监理工程师执业资格考试和注册

监理工程师是我国新中国成立以来在工程建设领域第一个设立的执业资格。执业资格是政府对某些责任较大、社会通用性强、关系公共利益的专业技术工作实行市场准入控制，是专业技术人员依法独立开业或独立从事某种专业技术工作所必备的学识、技术和能力标准。我国按照有利于国家经济发展、得到社会公认、具有国际可比性、事关社会公共利益四项原则，在涉及国家、人民生命财产安全的专业技术工作领域，实行专业技术人员执业资格制度。执业资格一般要通过考试取得，这体现了执业资格制度公开、公平，公正的原则。截止到 2004 年，我国实行执业资格制度的专业已超过 30 个。其目的意义：第一，促进监理人员努力钻研监理业务，提高业务水平；第二，统一监理工程师的业务能力标准；第三，有利于业主选聘工程项目监理队伍；第四，便于同国际接轨，开拓国际监理市场。

1. 监理工程师执业资格考试

监理工程师资格考试由建设部、人事部负责组织，一般是每年一次。

参加监理工程师资格考试的条件：

①具有高级技术职称，或取得中级专业技术职称后具有 3 年以上工程设计或施工管理实践经验。

②在全国监理工程师注册管理机关认定的培训单位，经过监理业务培训，并取得培训结业证书。

③由所在单位同意向本地区监理工程师资格考试管理部门报名申请，经审查批准后方可参加考试。

④经考试合格后，由监理工程师注册机关核发"监理工程师资格证书"。

2. 监理工程师注册

监理工程师注册制度是政府对监理从业人员实行市场准入控制的有效手段。监理人员经注册，即表明获得了政府对其以监理工程师名义从业的行政许可，因而具有相应工作岗位的责任和权力。仅取得《监理工程师执业资格证书》，没有取得《监理工程师注册证书》的人员，则不具备这些权力，也不承担相应责任。

监理工程师的注册，根据注册的内容不同分三种形式，即初始注册、续期注册和变更注册。按照我国有关法规规定，监理工程师只能在一家监理企业按照专业类别注册。

（1）初始注册

经考试合格后，取得《监理工程师执业资格证书》的可申请监理工程师初始注册。

申请人向聘用单位提出申请，提供规定的申请材料，聘用单位同意报省级建设行政主管部门初审合格后，报国务院建设行政主管部门审核，对符合条件者准予注册，并颁发国家统一印制的《监理工程师注册证书》和执业印章（执业印章由监理工程师本人保管）。初始注册，每年定期集中审批一次，并实行公告、公示制度，经公示未提出异议的予以批准确认。

（2）续期注册

监理工程师初始注册有效期为 2 年，注册有效期满要求继续执业的，需要办理续期注册。监理工程师如果有下列情形之一的将不予续期注册：

①没有从事工程监理的业绩证明和工作总结的；

②同时在两个以上单位执业的；

③未按照规定参加监理工程师继续教育或继续教育未达到标准的；

④允许他人以本人名义执业的；

⑤在工程监理活动中有过失，造成重大损失的。

对无前述不予续期注册情形的准予续期注册。续期注册的有效期同样为 2 年。

（3）变更注册

监理工程师注册后，如果注册内容发生变更，应向原注册机构办理变更注册。监理工程师办理变更注册后，一年内不能再次进行变更注册。

国家行政机关现职人员不得申请监理工程师注册。

人事部、国家环保总局 2004 年 2 月 16 日已经出台了《环境影响评价工程师职业资格制度暂行规定》、《环境影响评价工程师职业资格考试实施办法》和《环境影响评价工程师职业资格考核认定办法》，环境监理工程师职业资格制度根据发展的需要，也会出台相应的规定和实施办法。

2.6.2　河南省培训环境监理工程师的现状

河南省环保局 2001 年 8 月 3 日召开了全省有关推行工程环境监理试点座谈会以后，关于环境监理工程师的培养、认定就成为一个新鲜的、突出的问题。

目前，河南省的环境监理工程师队伍，主要是由从事环境监测、环境评价、环境科研和环境管理工作的专业技术人员组成，也有少数从事环境工程、工业民用建筑的工程技术人员，极少工程经济人员参加。他们在环评、监测方面具备有较强的专业知识，但是欠缺经济管理和法律方面的知识，尤其缺乏建设工程实践经验。在我国现行的环境教育体制下，没有一所高等学校和环境教育学校设置工程环境监理专业的，而工程环境监理事业的发展，又迫切需要大批的工程环境监理人才。河南省环境保护局 2004 年、2006 年举办的两次环境监理工程师培训班，正是为了这种需要而举办的，自编大纲，自编教材，这也是开环境监理工程师培训教育之先河。

对环境监理工程师培训（严格地说应该是共同学习互相提高的过程，因为工程环境监理毕竟起步太晚，大家均处于探索阶段）或者再教育的内容，重点是三个方面：专业技术知识、管理知识、法规和标准。

1. 专业技术知识

环境保护专业知识面很宽，仅仅熟悉环境监测、环境评价不行，对于污染防治知识、生态环境保护知识、核辐射安全知识，作为环境监理工程师在环境监理工作中是大有用场的。重点行业污染防治工程、城市污水处理厂、垃圾处理厂等环境工程的监理，生态环境影响类建设项目的监理，以及危及人类健康生命安全的辐射工程项目的监理，都是需要这些方面的知识，仅仅懂得一些术语概念是不行的。必须加强环保各专业知识学习。

2．管理知识

在一定意义上说建设项目工程环境监理是一门管理科学，所以环境监理工程师要及时地了解并掌握项目管理学、经济管理学、环境经济学等有关新知识，包括新的管理思想、体制、方法和手段等。

3．法规、标准等方面

我国正值改革的时代，强调"依法治国"，各种法规、标准等都在不断建立和完善。环境监理工程师尤其要及时学习和掌握有关工程建设、生态环境保护、水土保持、矿产资源保护、野生动植物保护、生态安全等方面的法规、条例、办法、标准和规程，并能熟练运用这些法规、标准等。

随着环境保护国际合作与交流，环境监理工程师还要不断强化外语学习，了解国外有关工程环境监理的有关法规知识。

当前，这种培训方式还只是一种应急措施，既单一又不很规范，主要是立足于自学，其次是研讨，也可以说是"摸着石头过河"。随着环境监理事业的发展，工程环境监理业务的增加和对环境监理工程师监理水平要求的不断提高，有必要建立起一种长远的比较规范化的环境监理工程师培训体系和体制。在国外，特别是开展监理工作比较早的经济发达国家，走双学位的培训道路，也不失是一种好的办法。一些环保专业、经济专业的大学生、本科生，以及具有环保、经济专业的中级专业职称的人员，再在高等院校进修工程建设监理学业，进行管理知识强化教育，还要参加一定期限的工程建设监理实习，其成效将会有极大地提高。

习　题

1. 设立工程环境监理企业的基本条件是什么？
2. 工程环境监理单位的资质要素有哪些？经营活动的基本准则是什么？
3. 监理费的构成有哪些？如何计算监理费？
4. 签订工程环境监理合同时应注意哪些方面的问题？
5. 环境监理工程师应具备哪些素质？应遵守的职业道德守则有哪些？
6. 实行监理工程师执业资格考试和注册的目的意义是什么？
7. 简述监理工程师的法律地位、权力和责任。

第 3 章　工程环境监理规划的编制

环境监理规划是工程环境监理单位在接受项目业主委托环境监理合同签订后编制的指导建设项目组织全面开展环境监理工作的纲领性文件。编制工程建设环境监理规划是工程建设项目实施工程环境监理的重要步骤，对做好建设项目工程环境监理工作有着极其重要的作用。

3.1　工程环境监理工作文件的构成

工程环境监理工作文件是指工程环境监理单位投标时编制的监理大纲，监理合同签订以后编制的监理规划和专业监理工程师编制的监理实施细则。

3.1.1　监理大纲（监理方案）

监理大纲是工程环境监理单位在建设项目业主开始委托工程环境监理的过程中，特别是在业主监理招标过程中，为承揽到监理业务而编写的监理方案性文件。

监理大纲的作用，一是使业主认可监理大纲中的环境监理方案，从而承揽到监理业务；二是为项目监理机构今后开展环境监理工作制订基本的方案。监理大纲是工程环境监理规划编制的直接依据。监理大纲的编制人员应当是工程环境监理单位的经营部门或技术部门，也应包括拟定的总监理工程师。监理大纲的内容应当根据业主发布的监理招标文件的要求而制定，一般应包括如下内容：

1．拟派往项目监理机构的监理人员介绍

在监理大纲中，监理单位需介绍拟派往所承揽或投标工程的项目监理机构的主要监理人员，并对他们的资格情况进行说明。其中，应该重点介绍拟派往投标工程的项目总监理工程师的情况，这往往决定承揽监理业务的成败。

2．拟采用的监理方案

工程环境监理单位应当根据业主提供的工程信息，并结合自己为投标所掌握的工程资料，制订出拟采用的环境监理方案。监理方案的内容包括：项目监理机构方案、建设工程三大目标的具体控制方案，工程建设各种合同的管理方案、项目监理机构在环境监理过程中进行组织协调的方案等。

3．将提供给业主的规范性文件

在监理大纲中，工程环境监理单位还应该明确未来工程环境监理工作中，为业主提供的阶段性的监理文件，这将有助于工程环境监理单位承揽到该工程建设项目的环境监理业务。

3.1.2 监理规划

监理规划是工程环境监理接受业主委托并签订委托监理合同之后，在项目总监理工程师的主持下，根据委托监理合同，在监理大纲的基础上，结合工程的具体情况，广泛收集工程和环境保护相关信息和资料的情况下制定，经工程环境监理单位技术负责人批准，用来指导项目监理机构，全面开展环境监理工作的指导性文件。

从内容范围上讲，监理大纲与监理规划都是围绕着整个项目监理机构所开展的环境监理工作来编写，但监理规划比监理大纲更翔实，更全面。公路施工监理规范中称监理规划为监理计划，但实质是相同的。

3.1.3 监理实施细则

监理实施细则又简称监理细则，是对应于具体的施工图各项设计内容的监理工作。监理实施细则是在监理规划的基础上，由项目监理机构的专业监理工程师针对建设工程中某一专业或某一方面的监理工作编写，并经总监理工程师批准实施的操作性文件。监理细则的作用是指导本专业或本子项目具体监理业务的开展。

监理大纲、监理规划、监理实施细则是相互关联的，都是建设工程监理工作文件的组成部分，它们之间存在着明显的依据性关系：在编写监理规划时，一定要严格根据监理大纲的有关内容来编写；在制定监理实施细则时，一定要在监理规划的指导下进行。

一般说来，工程环境监理单位开展环境监理活动应当编制以上系列工程监理文件。但也不是一成不变的，就像工程设计一样，对于简单的工程建设活动，不一定要作初步设计只作施工图设计就可以了，而有些建设工程可以制定较详细的监理规划，而不再编写监理实施细则。

3.2 编制工程环境监理规划的作用

3.2.1 监理规划是开展监理工作的指导文件

监理规划的基本作用就是指导项目环境监理机构全面开展环境监理工作。

建设工程监理的中心目的就是协助业主实现建设工程的总目标。实现建设工程总目标是一个系统的过程，环保目标也是如此。它需要制订计划、建立组织、配备合适的环境监理人员，进行有效的领导，实施工程的环保目标控制。只有系统地做好上述工作，才能完成建设工程环境监理的任务、实现环保目标。在实施工程环境监理过程中，工程环境监理单位要集中精力做好环保目标控制工作。因此，监理规划需要统揽全局，对项目监理机构开展的各项环境监理工作做出全面、系统的组织和安排。它包括确定环境监理工作任务，制定环境监理工作程序，确定为实现环保目标、合同管理、信息管理、组织协调等各项措施的方法和手段。

3.2.2 监理规划是主管机构对监理单位监督管理的依据

政府环境监理主管机构对工程环境监理单位要实施监督、管理和指导，对其人员素质、专业配套和建设工程环境监理业绩要进行核查和考评以确认其资质和资质等级，以使整个环境监理行业能够达到应有的水平。要做到这一些，除了进行一般性的资质管理工作之外，更重要的是通过工程环境监理单位的实际监理工作成效来认定其能力、水平。而工程环境监理单位的实际水平可以从监理规划和对它的实施中充分地表现出来。因此，政府环境监理主管机构对工程环境监理单位进行考核时，应当十分重视对监理规划的检查，它是政府环境监理主管机构监督、管理和指导工程环境监理单位开展监理活动的重要依据。

3.2.3　监理规划是业主确认监理单位履行合同的主要依据

工程环境监理单位如何履行监理合同，如何落实业主委托工程环境监理单位所承担的环境监理工作，作为监理的委托方，业主不但需要而且应当了解和确认工程环境监理单位的工作。同时，业主有权监督工程环境监理单位全面认真执行监理合同。而监理规划正是业主了解和确认这些问题的最好资料，是业主确认工程环境监理单位是否履行监理合同的主要说明性文件。监理规划应当能够全面而详细地为业主监督监理合同的履行提供依据。

实际上，工程建设监理规划的前期文件，即监理大纲，是监理规划的框架性文件。而且，经由谈判确定的监理大纲，应当纳入监理合同的附件之中，成为工程环境监理合同文件的组成部分。

3.2.4　监理规划是监理单位内部考核依据和重要存档资料

从工程环境监理单位内部管理制度化、规范化、科学化的要求出发，需要对各工程项目监理机构（包括总监理工程师和专业监理工程师）的工作进行考核，其主要依据就是经过内部主管技术负责人审批的监理规划。通过考核，可以对有关监理人员的监理工作水平和能力作出客观、正确的评价，从而有利于今后在其他工程项目上更加合理地安排监理人员，提高环境监理工作效率。

从建设工程环境监理控制的过程可知，监理规划的内容必然随着工程的进展而逐步调整、补充和完善，它在一定程度上真实地反映了一个建设工程环境监理工作的全貌，也是环境监理工作过程的记录。因此，它是每一家工程环境监理单位的重要存档资料。

3.3　编制工程环境监理规划的要求

3.3.1　规划的基本构成内容应当力求统一

环境监理规划基本内容的确定，首先应考虑整个建设监理制度对工程监理的内容要求。建设工程监理的主要内容是控制建设工程的投资、工期和质量，进行建设工程合同管理，协调有关单位之间的工作关系。这些内容无疑是构成环境监理规划的基本内容。仅有这些还不够，如前所述，监理规划的基本作用是指导项目监理机构全面开展监理工作。因此，对整个环境监理工作的组织、控制、方法、措施等将成为环境监理规划必不可少的内容。根据建设项目环境监理的指导思想，环保目标控制将成为环境监理规划的中心内容。这样，环境监理规划构成的基本内容就可以确定下来。至于某一个具体工程项目，则要根据工程环境监理单位与业主签订的工程环境监理合同所确定的工程环境监理实际范围和深度来加以取舍。

归纳起来，环境监理规划的基本构成内容应当包括：目标规划、项目组织、监理组织、目标控制、合同管理和信息管理。

3.3.2 规划的具体内容应具有针对性

监理规划基本构成内容应当统一，但各项具体的内容则要有针对性。这是因为，监理规划是指导特定建设项目工程环境监理工作的技术组织文件，它的具体内容应与这个建设项目工程及其细节内容相适应。由于所有工程建设项目都具有单件性和一次性的特点，也就是说每个工程项目都不相同，而且，每一个工程环境监理单位和每一位总监理工程师对某一个具体工程建设项目在监理思想、监理方法和监理手段等方面都会有自己独到之处。因此，不同的工程环境监理单位和不同的环境监理工程师在编写监理规划的具体内容时，必然会体现出自己鲜明的特色。他们所编制的不同特点的监理规划，或许有人会认为这样难以有效辨别建设项目工程环境监理规划编写的质量。实际上，由于建设工程监理的目的就是协助业主实现其投资的目的，因此，某一个建设工程的环境监理规划只要能够对有效实施该工程的环境监理做好指导工作，能够圆满地完成所承担的建设工程环境监理业务，就是一个合格的建设工程环境监理规划。

每一个环境监理规划都是针对某一个具体建设工程的环境监理工作计划，都必然有它自己的环保目标、投资目标、进度目标、质量目标，有它自己的项目组织形式，项目监理组织机构，有它自己的目标控制措施、方法和手段，有它自己的信息管理制度，有它自己的合同管理措施。

3.3.3 监理规划应当遵循建设工程的运行规律

监理规划是针对一个具体建设工程编写的，而不同的工程具有不同的工程特点、工程条件和运行方式。这也决定了建设项目环境监理规划必然与工程运行客观规律具有一致性，必须把握建设工程运行脉搏、遵循建设工程运行规律。只有把握建设项目工程运行的客观规律，环境监理规划的运行才是有效的，才能实施对这项工程的有效监理。

因此，监理规划要随着建设工程的展开进行不断的补充、修改和完善。它由开始的"粗线条"或"近细远粗"逐步变得完整完善起来。在建设工程的运行过程中，内外因素和条件不可避免地要发生变化，造成工程的实施偏离计划，往往需要调整计划乃至目标，这就必然造成监理规划在内容上也要相应的调整。其目的是使建设工程能够在监理规划的有效控制之下，不能让它成为脱缰的野马，变得无法驾驭。

监理规划要把握建设工程运行的客观规律，就需要不断地收集大量的编写信息。如果掌握的工程信息量少，就不可能对监理工作进行详尽的规划。随着设计的不断进展、工程招标方案的出台和实施，工程信息量越来越多，监理规划的内容也就越来越趋于完整。

3.3.4 监理规划一般要分阶段编写

如前所述，监理规划的内容与工程进展密切相关，没有规划信息也就没有规划内容。

因此，监理规划的编写需要有一个过程，需要将编写的整个过程划分为若干个阶段。例如可划分为设计阶段、施工招标阶段和施工阶段。在设计的前期阶段，即设计准备阶段应完成监理规划的总框架并将设计阶段的监理工作进行"近细远粗"的规划，使监理规划内容与已掌握的工程信息能够提供出来，所以施工招标阶段监理规划的大部分内容能够落实；随着施工招标的进度，各承包单位逐步确定下来，工程施工合同逐步签订，施工阶段监理规划所需的工程信息基本齐备，足以编写出完整的施工阶段监理规划。在施工阶段，有关监理规划的主要工作是根据工程进展情况进行调整、修改，使监理规划能够动态地控制整个建设工程的正常进行。目前我们进行的是建设项目施工期的工程环境监理，施工期环境监理规划的编写突出的问题是工程的信息量太少，缺少设计、施工招投标阶段的工程信息量，监理规划的编写还是有一定的难度，所以也不是简单地根据工程进展程度进行调整、修改的问题，而是能使施工期环境监理规划能够动态地控制整个建设工程环保目标实施的正常进行。此外，监理规划的编写还要留出必要的审查和修改时间，因此，应当对监理规划的编写时间事先作出明确的规定，以免编写时间过长，耽误对环境监理工作的指导，使环境监理工作陷入被动和无序。

3.3.5 项目总监理工程师是监理规划的主持人

监理规划应当在项目总监理工程师主持下编写制定，这是建设工程实施项目总监理工程师负责制的必然要求。当然，编制好建设工程监理规划还要充分调动整个项目监理机构中各专业监理工程师的积极性，广泛征求他们的意见和建议，并吸收其中水平较高的专业监理工程师共同参加编写。

在监理规划编写过程中，应当充分听取业主的意见，最大限度地满足他们的合理要求，为进一步搞好监理服务奠定基础。还要听取工程建设中被监理方特别是富有经验的承包商的意见，这样做会带来意想不到的好处。

作为工程环境监理单位的业务工作，在编写环境监理规划时，还应当按照本单位的要求进行编写。

3.3.6 监理规划的表达方式应当格式化、标准化

现代科学管理应当讲究效率、效能和效益，其表现之一就是使控制活动的表达方式格式化、标准化，从而使控制的规划显得更明确、更简洁、更直观。因此，需要选择最有效的方式和方法来表示监理规划的各项内容。比较而言，图、表和简单的文字说明应当是采用的基本方法。我国的建设监理制度应当走规范化、标准化的道路，这是科学管理与粗放管理在具体工作上的明显区别。可以说规范化、标准化是科学管理的标志之一。所以，编写建设工程监理规划各项内容时应当采用什么表格、图示以及哪些内容需要采用简单的文字说明应当作出统一规定，目前环保行业还缺乏统一。

3.3.7 监理规划应该经过审批

监理规划在编写完成后需进行审核并经批准。工程环境监理单位的技术主管部门是内部审核单位，其负责人应当签认，同时还应当按合同约定提交给业主，由业主确认并监督实施。

　　从监理规划编写的要求来看，它的编写既要有主要负责者（项目总监理工程师）主持，又需要形成编写班子。项目监理机构的各部门负责人也有相关的任务和责任。环境监理规划涉及建设工程环境监理工作的各个方面，所以大家都应当关注它，使监理规划编制得科学、完备，真正发挥全面指导环境监理工作的作用。

3.4　编制工程环境监理规划的依据

3.4.1　工程建设、环保方面的法律、法规

　　工程建设、环保方面的法律、法规具体包括三个层次：

　　1．国家颁布的有关工程建设、环境保护的法律、法规和政策

　　这是工程建设、环境保护相关法律、法规的最高层次。在任何地区或任何部门进行工程建设，都必须遵守国家颁布的工程建设、环境保护的法律、法规、政策。

　　2．工程所在地或所属部门颁布的工程建设、环境保护相关的法规、规定和政策

　　一项建设工程必然是在某一地区实施的，也必然是归属于某一部门的，这就要求工程建设必须遵守建设工程所在地颁布的工程建设、环境保护相关的法规、规定和政策，同时也必须遵守工程所属部门颁布的工程建设、环境保护相关规定和政策。

　　3．工程建设和环境保护的各种标准、规范

　　工程建设和环境保护的各种标准、规范也具有法律地位，也必须遵守和执行。

3.4.2　建设项目工程外部环境调查研究资料

　　1．自然条件方面的资料

　　自然条件方面的资料包括：工程项目所在地的地质、水文、气象、地形以及自然灾害发生情况方面的资料。

　　2．社会和经济条件方面的资料

　　社会和经济条件方面的资料包括：工程项目所在地政治局势、社会治安、建筑市场状况，相关单位（勘察和设计单位、施工单位、材料和设备供应单位、工程咨询单位和建设工程监理单位）、基础设施（交通设施、通信设施、公用设施、能源设施）、金融市场等方面的资料。

3.4.3　政府批准的工程建设文件

　　政府批准的工程建设、环境保护文件包括：

　　（1）政府工程建设主管部门批准的可行性研究报告、立项批文；

　　（2）政府环保部门批准的建设项目环境影响报告书、报告书批复（初步设计的环保篇章）；

　　（3）政府规划部门确定的规划条件，土地使用条件，市政管理规定。

3.4.4　工程建设环境监理合同

　　工程建设环境监理合同主要包括：

（1）工程环境监理单位和环境监理工程师的权利和义务；

（2）环境监理工作的范围和内容；

（3）有关环境监理时限或时段的要求。

3.4.5　建设项目工程监理合同内容

3.4.6　其他工程建设合同

在编写监理规划时，也要考虑项目业主的权利和义务、工程承建商的权利和义务，所以要熟悉其他工程建设合同内容。

3.4.7　项目业主的正当要求

根据工程环境监理单位应竭诚为客户服务的宗旨，在不超出委托监理合同职责范围的前提下，工程环境监理单位应最大限度地满足业主的正当要求。

3.4.8　建设项目监理大纲

（1）建设项目工程环境监理组织计划；

（2）拟投入建设项目主要监理成员；

（3）投资、质量、进度、环保目标控制方案；

（4）信息管理方案；

（5）合同管理方案；

（6）定期提交给项目业主的环境监理工作阶段性成果。

3.4.9　项目工程实施过程输出的有关工程信息

这方面的内容包括：方案设计、初步设计、施工图设计、工程实施状况、工程招投标情况、重大工程变更、工艺线路产品方案改变、外部环境变化等。

3.5　工程环境监理规划的内容

施工阶段建设工程环境监理规划通常包括以下内容：

3.5.1　建设工程概况

（1）建设工程项目名称。

（2）建设工程项目地点。

（3）建设工程项目组成及建设规模。

（4）主要建筑结构类型。

（5）预计工程投资总额。

①建设工程投资总额；其中环保投资总额。

②建设工程投资总额组成简表。

（6）建设工程项目计划工期。

可以以建设工程的计划持续时间或以建设工程开、竣工的具体日历时间表示。

①以建设工程的计划持续时间表示：建设工程计划工期为"××个月"或"×××天"。

②以建设工程的具体日历表示：建设工程计划工期由_____年___月___日至____年___月___日。

（7）环境质量和环保工程质量要求。

一方面是指建筑质量要求，应具体提出建设工程质量目标要求，如优良、合格；另一方面更主要的是应考虑环保目标要求。

（8）建设工程设计单位、施工单位及其他工程监理单位名称、主要负责人。

（9）建设工程项目结构图与单位、分部、分项工程划分。

建设工程项目结构图与工程划分（如图3-1所示）。

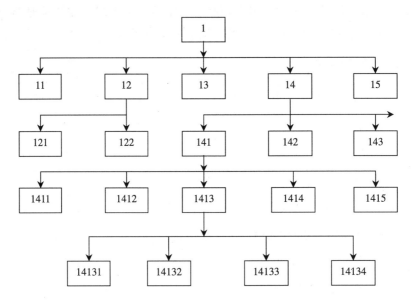

图 3-1　工程建设项目结构与划分图

3.5.2 监理工作范围和目标

1. 监理范围

监理范围是指工程环境监理单位所承担的工程环境监理任务的工程范围，如果工程环境监理单位承担全部工程建设项目的环境监理任务，监理范围为全部建设工程，否则应按监理单位承担的工程建设标段或子项目划分确定的监理工作范围。

2. 监理目标

建设工程监理目标是指监理单位所承担的建设工程的管理控制预期达到的目标。通常以建设工程的投资、进度、质量三大目标的控制值来表示。

（1）投资目标：以_____年预算为基价，静态投资为_____万元（或合同价为_____万元）；注：因建筑钢筋、水泥、木材三大主材等随市场变动而变动，每年的建筑预算定额价格均有调整，所以需确定以某年的预算价格为基价。另外建筑投资分静态投资和动态投资，静态投资部分由建安费、设备工器具购置费、工程建设其他费和基本预备费组成，是投资控制的主要内容。

（2）工期控制目标：＿＿月或自＿＿＿年＿＿月＿＿日至＿＿＿年＿＿月＿＿日。

（3）质量等级：工程建设项目质量等级要求：优良（或合格）。

主要单位工程质量等级要求：优良（或合格）。

重要单位工程质量等级要求：优良（或合格）。

注意："工程建设项目"、"主要单位工程"、"重要单位工程"在概念上是有区别的，因此在质量目标上也是有差异的。至于工程环境监理的环境目标如何表示，也是一个新问题，从环保目标投资所占总投资比例、生态、污染防治措施的落实、施工阶段工程所在地应达到的环境质量标准等如何用简洁的文字语言描述，还应包括哪些内容等，各地区的地理环境不同目前只能根据项目环评批复要求来说，无法作具体或统一规定。

3.5.3　监理工作内容、依据

如果项目业主委托并授权且环境监理单位自身能力许可。

1．施工准备阶段环境监理工作的主要内容

（1）审查施工单位选择的分包单位的资质；

（2）监督检查施工单位质量保证体系及安全技术措施，完善质量管理程序与制度；

（3）检查设计文件是否符合设计规范及标准，检查施工图纸是否满足施工需要；

（4）协助做好优化设计和改善设计工作；

（5）参加设计单位向施工单位的技术交底；

（6）审查施工单位上报的实施性施工组织设计，重点对施工方案、劳动力、材料、机械设备的组织及保证工程质量、安全、环保、工期和控制造价等方面的措施进行监督，并向业主提出监理意见；

（7）在单位工程开工前检查施工单位复测资料，特别是两个相邻施工单位之间的测量资料，控制桩是否交接清楚，手续是否完善，质量有无问题，并对贯通测量、中线及水准桩的设置、固桩情况进行审查；

（8）对重点工程部位的中线、水平控制进行复查；

（9）监督落实各项施工条件，审批一般单项工程、单位工程的开工报告，并报业主备查。

2．施工阶段环境监理工作的主要内容

（1）施工阶段的质量控制。

①对所有的隐蔽工程在进行隐蔽之前进行检查和办理签证，对重点工程要派监理人员驻点跟踪监理、签署重要的分项工程、分部工程和单位工程质量评定表；

②对施工测量、放样等进行检查，对发现的质量问题及时通知施工单位纠正，并做好监理记录；

③检查确认运到现场的工程材料、构件和设备质量，并应查验试验、化验报告单、出厂合格证是否齐全、合格，监理工程师有权禁止不符合质量要求的材料、设备进入工地和投入使用；

④监督施工单位严格按照施工规范、设计图纸要求进行施工，严格执行施工合同；

⑤对工程主要部位、主要环节及技术复杂工程加强检查；

⑥检查施工单位的自检工作、数据是否齐全、填写是否正确、并对施工单位质量评定自检工作作出综合评价；

⑦对施工单位的检验测试仪器、设备、度量衡定期检验，不定期地进行抽验，保证度量资料的准确；

⑧监督施工单位对各类土木和混凝土试件按规定进行检查和抽查；

⑨监督施工单位认真处理施工中发生的环境污染和生态破坏事故，并认真做好监理记录；

⑩对大、重大质量事故以及其紧急情况，应及时报告业主。

（2）施工阶段的进度控制。

①监督施工单位严格按合同规定的工期组织施工；

②对控制工期的重点工程，审查并落实施工单位提出的保证进度的具体措施；

③如发生延误，应及时分析原因，采取对策；

④建立工程进度台账，核对工程形象进度，按月、季向业主报告施工计划执行情况，工程进度及存在问题。

（3）施工阶段的投资控制。

①审查施工单位申报的月、季度计量报表，认真核对其工程数量，不超计、不漏计，严格按合同规定进行计量支付签证；

②保证支付签证的各项工程质量合格、数量准确；

③建立计量支付签证台账，定期与施工单位核对清单；

④按业主的授权和施工合同的规定审核变更设计。

3．施工验收阶段环境监理工作的主要内容

（1）督促、检查施工单位及时整理竣工文件和验收资料、受理单位工程（如某标段）竣工验收报告，提出监理意见；

（2）根据施工单位的竣工报告，提出工程质量检验报告；

（3）组织工程预验收、参加业主组织的竣工验收；

（4）完成缺陷责任期的环境监理工作。

4．环境监理合同管理工作的主要内容

（1）根据业主委托和授权拟订本建设项目工程合同体系及合同管理制度，了解合同草案的拟订、会签、协商、修改、审批、签署、保管等工作制度及流程；

（2）协助业主拟订工程的各类合同环保条款，并参加环保类合同的商谈；

（3）合同执行情况的分析和跟踪管理；

（4）协助业主处理与工程有关环境保护类的索赔事宜及合同争议事宜。

5．委托的其他服务

工程环境监理及其环境监理工程师受业主委托，还可以承担以下几方面的服务：

（1）协助业主准备工程条件、办理有关申请或签订协议；

（2）协助业主制订清洁生产方案；

（3）为业主培训环保技术人员。

6．监理工作依据

（1）工程建设环境保护方面的法律、法规；

（2）政府批准的建设文件；

（3）建设工程监理合同；

（4）其他建设合同。

3.5.4　项目监理机构的组织形式与人员配备计划

项目监理机构的组织形式应根据建设工程的组织管理模式对工程监理模式要求选择。

项目监理机构可用组织结构图表示。如直线制、职能制、矩阵制等。

项目监理机构的人员配备计划。

项目监理机构的人员配备应根据建设工程、监理的进程合理安排。

按照我国已完成监理工作的工程资料统计测算，在施工阶段，大中型建设项目工程每年完成 100 万元人民币的工程量所需监理人员为 0.6～1 人，专业监理工程师、一般监理人员，行政文秘人员的结构比例为 0.2∶0.6∶0.2，专业类别较多的工程监理人员数量应适当增加。

3.5.5　项目监理机构的人员岗位职责

1．总监理工程师职责

（1）确定项目监理机构人员的分工和岗位职责；

（2）主持编写项目监理规划、审批项目监理实施细则，负责管理项目的日常工作；

（3）审查分包单位的资质，并提出审查意见；

（4）检查和监督监理人员的工作，根据工程的项目进展情况可进行人员调配，对不称职的人员应调换其工作；

（5）主持监理工作会议，签发项目监理机构的文件和指令；

（6）审定承包单位提交的开工报告、施工组织设计、技术方案、进度计划；

（7）审核签署承包单位的申请、支付证书和竣工结算；

（8）审查和处理工程变更；

（9）主持或参与工程环境污染事故的调查；

（10）调解建设单位与承包单位的合同争议、污染纠纷、处理索赔，审批工程延期；

（11）组织编写并签发监理月报、监理工作阶段报告、专题报告和项目监理工作总结；

（12）审核签认分部工程和单位工程的质量检验评定资料，审批承包单位的竣工申请，组织监理人员对待验收的工程项目进行质量检查，参与工程项目的竣工验收；

（13）主持整理工程项目的监理资料。

总监理工程师不得将下列工作委托总监理工程师代表：

（1）主持编写项目监理规划，审批项目监理实施细则；

（2）签发工程开/复工报审表、工程暂停令、工程款支付证书、工程竣工报验单；

（3）审核签认竣工结算；

（4）调解建设单位与承包单位的合同争议、污染纠纷，处理索赔；

（5）根据工程项目的进展情况进行监理人员的调配，调换不称职的监理人员。

2．总监理工程师代表职责

（1）负责总监理工程师指定或交办的监理工作；

（2）按总监理工程师的授权，行使总监理工程师的部分职责和权力。

3．专业监理工程师职责

（1）负责编制本专业的监理实施细则；

（2）负责本专业监理工作的具体实施；

（3）组织、指导、检查和监督本专业监理员的工作，当人员需要调整时，向总监理工程师提出建议；

（4）审查承包单位提交的涉及本专业的计划、方案、申请、变更，并向总监理工程师提出报告；

（5）负责本专业分项工程验收及隐蔽工程验收；

（6）定期向总监理工程师提交本专业监理工作实施情况报告，对重大问题及时向总监理工程师汇报和请示；

（7）根据本专业监理工作实施情况做好监理日记；

（8）负责本专业监理资料的收集、汇总及整理，参与编写监理月报；

（9）核查进场材料、设备、构配件的原始凭证、检测报告等质量证明文件及其质量情况，根据实际情况认为有必要时对进场材料、设备、构配件进行平行检验，合格时予以签认；

（10）负责本专业的工程计量工作，审核工程计量的数据和原始凭证。

4．监理员职责

（1）在专业监理工程师的指导下开展现场监理工作；

（2）检查承包单位投入工程项目的人力、材料、主要设备及其使用、运行状况，并做好检验记录；

（3）复核或从施工现场直接获取工程计量的有关数据并签署原始凭证；

（4）按设计图及有关标准，对承包单位的工艺过程或施工工序进行检查和记录，对加工制作及工序施工质量检查结果进行记录；

（5）担任旁站工作，发现问题及时指出并向专业监理工程师报告；

（6）做好监理日记和有关的监理记录。

3.5.6 监理工作程序

对不同的监理工作内容，分别制定监理工作程序，一般的表达方式是监理工作流程图，例如：

（1）分包单位资质审查基本程序（如图3-2所示）；

（2）工程延期管理基本程序（如图3-3所示）；

（3）工程暂停及复工管理的基本程序（如图3-4所示）。

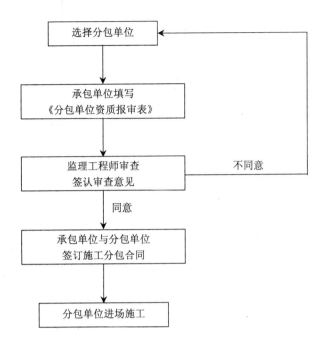

图 3-2 分包单位资质审查基本程序

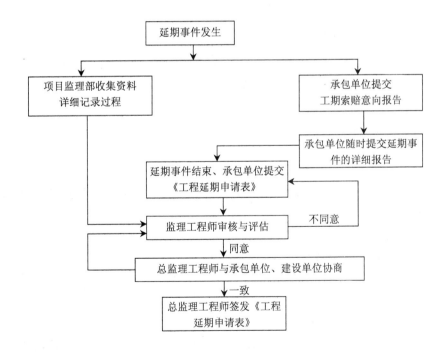

图 3-3 工程延期管理基本程序

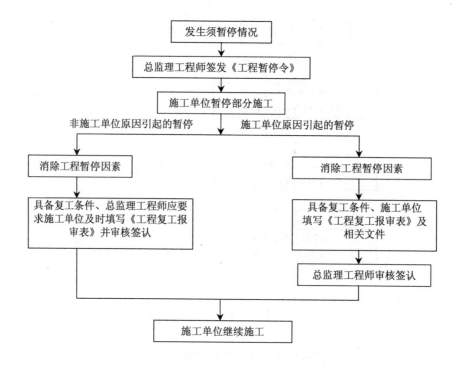

图 3-4　工程暂停及复工管理的基本程序

3.5.7 监理工作方法及措施

通常工程监理控制目标的方法与措施是重点围绕投资控制、进度控制、质量控制三大控制任务展开，环境监理也存在着一个如何融入的问题。

1. 投资控制目标方法与措施

（1）投资目标分解；

（2）投资使用计划；

（3）投资目标实现的风险分析；

（4）投资控制的工作流程与措施（包括组织措施、技术措施、经济措施、合同措施）；

（5）投资控制的动态比较；

（6）投资控制表格。

2. 进度控制目标方法与措施

（1）工程总进度计划；

（2）总进度的目标分解；

（3）进度目标实现的风险分析；

（4）进度控制的工作流程与措施（包括组织措施、技术措施、经济措施、合同措施）；

（5）进度控制的动态比较；

（6）进度控制表格。

3. 质量控制目标方法与措施

（1）质量控制目标的描述；

（2）质量目标实现的风险分析；

（3）质量控制的工作流程与措施（包括质量控制的组织、技术、经济、合同措施）；

（4）质量目标状况的动态分析；

（5）质量控制表格。

4. 合同管理的方法与措施

（1）合同结构：可以以合同结构图的形式表示；

（2）合同目录一览表（见表 3-1）：

表 3-1　合同目录一览表

序号	合同编号	合同名称	承包商	合同价	合同工期	质量要求

（3）合同管理的工作流程与措施；

（4）合同执行情况的动态分析；

（5）合同争议调解与索赔处理程序；

（6）合同管理表格。

5. 信息管理的方法与措施

（1）信息分类表（见表 3-2）；

表 3-2　信息分类表

序号	信息类别	信息名称	信息管理要求	责任人

（2）机构内部信息流程图（如图 3-5 所示）；

（3）信息管理的工作流程与措施；

（4）信息管理表格。

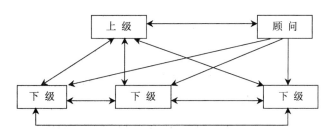

图 3-5　机构内部信息流程图

6．组织协调的方法与措施

（1）与工程建设项目有关的单位。

①工程建设项目系统内的单位：主要有业主、设计单位、监理单位、施工单位、材料和设备供应单位、资金提供单位等。

②工程建设项目系统外的单位：主要有政府建设、环保主管部门、政府其他有关部门、工程毗邻单位、社会团体等。

（2）协调分析。

（3）协调程序。

（4）协调工作表格。

3.5.8 监理工作制度

1．施工阶段监理的工作制度

（1）设计文件、图纸审查制度；

（2）施工图纸会审及设计交底制度；

（3）施工组织设计审核制度；

（4）工程开工申请审批制度；

（5）工程材料、半成品质量检验制度；

（6）隐蔽工程分项（部）工程质量验收制度；

（7）单位工程、单项工程总监验收制度；

（8）设计变更处理制度；

（9）工程质量环境污染事故处理制度；

（10）施工进度监督及报告制度；

（11）监理报告制度；

（12）工程竣工验收制度；

（13）监理日志和会议制度。

2．项目监理机构内部工作制度

（1）监理组织工作会议制度；

（2）对外行文审批制度；

（3）监理工作日志、周报、月报制度；

（4）技术、经济资料及档案管理制度；

（5）监理费用预算制度。

3.5.9 监理设施

业主提供满足监理工作需要的如下设施：

（1）办公设施；

（2）交通设施；

（3）通信设施；

（4）生活设施。

监理规划的内容总体上共计上述九个方面，也可把监理依据、人员配备计划单列，细分为十一个方面。环境监理规划的编写原则也可仿照工程监理规划，结合监理项目实际，体现环境监理的特色。

3.6 工程环境监理规划的审核

建设工程环境监理规划在编写完成后需要进行审核并经批准。工程环境监理单位的技术主管部门是内部审核单位，其负责人应当签认。环境监理规划审核的内容主要包括以下几个方面：

3.6.1 监理范围、工作内容及监理目标的审核

依据监理招标文件或委托监理合同，看其是否理解了业主对该工程项目的建设意图，监理工作内容是否包括了全部委托的工作任务，监理目标是否与合同要求和建设意图相一致。

3.6.2 项目监理机构的审核

1．组织机构

在组织形式、管理模式等方面是否合理，是否结合了工程实施的具体特点，是否能够与业主的组织关系和承包方的组织关系相协调等。

2．人员配备

对于人员配备方案主要审查：

（1）派驻监理人员的专业满足程度。根据工程特点和委托监理工作任务、范围，不仅考虑专业监理工程师如环境监理工程师、土建监理工程师、机械监理工程师能否满足开展监理工作的需要，而且还要看其专业监理人员是否覆盖了工程实施过程中的各种专业要求，以及高、中级职称和年龄结构组成。

（2）人员数量的满足程度。主要审核从事监理工作人员在数量和结构上的合理性。专业人员不足时采取措施是否恰当。大中型建设工程由于技术复杂，涉及的专业面宽，当监理单位的技术人员不足以满足全部监理工作要求时，对拟临时聘用的监理人员的综合素质应认真审核。

派驻现场人员计划表。对于大中型建设工程，不同阶段对监理人数和专业等方面的要求不同，应对各阶段派驻现场监理人员的专业、数量计划是否与建设工程的进度计划相适应进行审核。还应平衡正在其他工程上执行监理业务的人员，是否能按照预定计划进入本工程参加监理工作。

3.6.3 监理工作计划、控制方法和工作制度审核

在工程进展中各阶段的工作实施计划是否合理、可行，审查其在每个阶段中如何控制建设工程目标以及组织协调的方法。

1．投资、进度、质量控制方法的审核

对三大目标的控制方法和措施应重点审查，看其如何应用组织、技术、经济、合同措施保证目标的实现，方法是否科学、合理、有效。

2. 监理工作制度审核

主要审查监理的内、外工作制度是否健全。

习 题

1. 简述监理大纲、监理规划、监理实施细则三者之间的关系。
2. 监理规划有什么作用？
3. 编写监理规划的要求有哪些？
4. 监理规划的编写依据是什么？
5. 监理规划一般包括哪些主要内容？
6. 施工阶段的监理需要制定哪些工作制度？
7. 监理规划审核的内容包括哪几个方面？

第4章 建设项目工程环境监理组织

在项目管理中，组织是管理中的一项重要职能。建立精干、高效的项目环境监理机构并使之正常运行，是实现建设工程环境监理目标的前提条件。因此，组织理论是工程环境监理单位及其环境监理工程师必备的基础知识。简单地说，就是如何组织人员经济高效地完成具体的项目环境监理任务。

组织理论的研究分为两个相互联系的分支科学，即组织结构学和组织行为学。组织结构学侧重于组织的静态研究，即组织是什么？其研究的目的是建立一种精干、合理、高效的组织结构；组织行为学侧重组织的动态研究，即组织如何才能够达到最佳效果，其研究的目的是建立良好的组织关系。

4.1 项目环境监理模式

建设项目环境监理模式的选择与建设项目工程组织管理模式密切相关，监理模式对建设工程的规划、控制、协调起着重要作用。建设工程不同的组织管理模式有不同的合同体系和管理特点，要选择适宜的环境监理模式，必须熟悉不同形式的工程组织管理模式。

4.1.1 平行承发包模式条件下的监理模式

1. 平行承发包模式特点

所谓平行承发包，是指业主将建设工程的设计、施工以及材料设备采购任务经过分解分别发包给若干个设计单位、施工单位和材料设备供应单位，并分别与各方签订合同。各设计单位之间的关系是平行的，各施工单位之间的关系也是平行的，各材料设备供应单位之间的关系也是平行的，如图4-1所示。

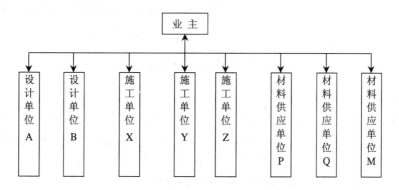

图4-1 平行承发包模式

采用这种模式首先应合理地进行工程建设任务的分解，然后进行分类综合，确定每个合同的发包内容，以便选择适当的承包商。

进行任务分解和确定合同数量、内容时应考虑以下因素。

（1）工程情况

建设工程的性质、规模、结构等是决定合同数量和内容的重要因素。规模大、范围广、专业多的建设工程往往比规模小、范围窄、专业单一的建设工程合同数量要多。建设工程实施时间的长短，计划的安排也对合同的数量有影响。例如，对分期实施的两个单项工程，就可以考虑分成两个合同分别发包。

（2）市场情况

首先，由于各类承建单位的专业性质、规模大小在不同市场的分布状况不同，建设工程的分解发包应力求使与其市场结构相适应。其次，合同和任务要对市场具有吸引力。中小合同对中小型承建单位有吸引力，又不妨碍大型承建单位参与竞争。另外，还应按市场惯例做法、市场范围和有关规定来决定合同内容和大小。

（3）贷款协议要求

对两个以上贷款的情况，可能贷款人对贷款使用范围，承包人资格等有不同要求，因此，需要在确定合同结构时予以考虑。

2. 平行承发包模式条件下的环境监理模式

与工程建设项目平行承发包模式相适应的项目环境监理模式有两种。

（1）项目业主委托一家环境监理单位进行监理

这种监理委托模式是指业主只委托一家监理单位为其进行监理服务。这种模式要求被委托的环境监理单位应该具有较强的合同管理能力和组织协调能力，并能做好全面规划工作。环境监理单位的项目监理机构可以组建多个监理分支机构对各承建单位分别实施监理。在具体的监理过程中，项目总监理工程师应重点做好总体协调工作，加强横向联系，保证建设工程监理工作的有效运行。

（2）业主委托多家环境监理单位监理

这种监理委托模式是指业主委托多家监理单位为其进行监理服务。采用这种模式，业主分别委托几家监理单位针对不同的承建单位实施监理。由于业主分别与多家监理单位签订委托监理合同，所以各监理单位之间的协作与相互配合需要业主进行协调。采用这种模式，监理单位对象相对单一，便于管理。但建设工程环境监理工作被肢解，各监理单位各负其责，缺少一个对建设工程进行总体规划的监理单位。

4.1.2 设计或施工总分包模式条件下的监理模式

1. 设计或施工总承包模式特点

所谓设计或施工总分包，是指业主将全部设计或施工任务发包给一个设计单位或一个施工单位作为总包单位，总包单位可以将其部分任务再分包给其他承包单位，形成一个设计总包合同或一个施工总包合同以及若干个分包合同的结构模式。

2. 设计或施工总分包模式条件下环境监理模式

对设计或施工总分包模式，业主可以委托一家环境监理单位进行实施阶段全过程的监理，也可以分别按照设计阶段和施工阶段委托监理单位。前者的优点是环境监理单位可以对设计阶段和施工阶段的工程投资、进度、质量控制统筹考虑，合理进行总体规划协调，更可使环境监理工程师掌握设计思路与设计意图，有利于施工阶段的环境监理工作。

虽然总包单位对承包合同承担乙方的最终责任，但分包单位的资质、能力直接影响着工程质量、进度等目标的实现，所以环境监理工程师必须做好对分包单位资质的审查、确认工作。

由于目前环境监理单位的监理仅仅是施工阶段的监理，也只能选择后一种情况，即按阶段委托监理模式。设计或施工总分包模式条件下的监理模式（如图 4-2、图 4-3 所示）。

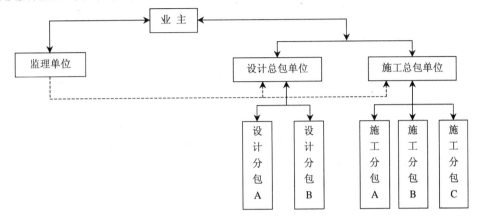

图 4-2　业主委托一家监理单位的模式

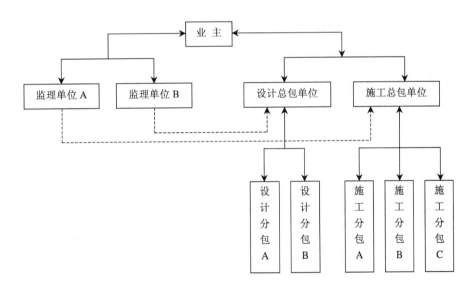

图 4-3　按阶段委托监理模式

4.1.3 项目总承包模式条件下的监理模式

1．项目总承包模式的特点

所谓项目总承包模式是指业主将设计、施工、材料和设备采购等工作全部发包给一家承包公司，由其进行实质性设计、施工和采购工作，最后向业主交出一个已达到动用条件的工程。按这种模式发包的工程也称"交钥匙工程"，这种模式如图 4-4 所示。

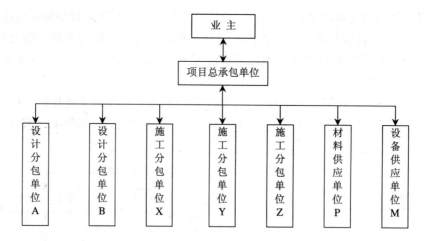

图 4-4　项目总承包模式

2. 项目总承包模式条件下的环境监理模式

在项目总承包模式下，一般宜委托一家监理单位进行监理。在这种模式下，监理工程师需具备较全面的知识，做好合同管理工作（如图 4-5 所示）。

注：目前工程环境监理单位及其环境监理工程师要想开拓总承包模式下的监理市场任重而道远，仍需坚持不懈的努力。

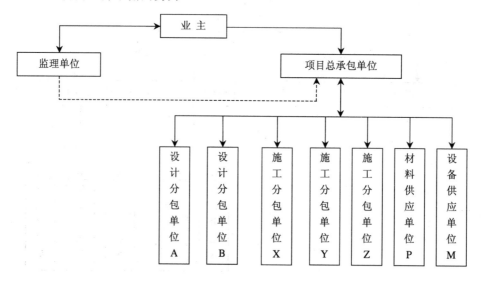

图 4-5　项目总承包模式下的监理模式

4.1.4 项目总承包管理模式条件下监理模式

1. 项目总承包管理模式的特点

所谓项目总承包管理是指业主将工程建设任务发包给专门从事项目组织管理的单位，再由它分包给若干设计、施工和材料设备供应单位，并在实施中进行项目管理（注意"管理"二字）。

项目总承包管理与项目总承包的不同之处在于：前者不直接进行设计施工，没有自己的设计、施工力量，而是将承接的设计与施工任务全部分包出去，他们专心致力于建设工程管理；后者有自己的设计、施工实体，是设计、施工、材料和设备采购的主要力量。项目总承包管理模式如图4-6所示。

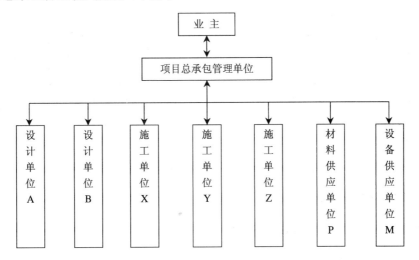

图 4-6　项目总承包管理模式

2．项目总承包管理模式的优缺点

（1）优点

合同管理、组织协调比较有利，进度控制也有利。

（2）缺点

①由于项目总承包管理单位与设计、施工单位是总包与分包关系，后者才是项目实施的基本力量，所以监理工程师对分包的确认工作就成了十分关键的问题。

②项目总承包管理单位自身经济实力一般比较弱，而承担的风险相对较大，因此建设工程采用这种承发包模式应持慎重态度。

3．项目总承包管理模式条件下的监理模式

在项目总承包管理模式下，一般宜委托一家监理单位进行监理，这样便于监理工程师对项目总承包管理合同和项目总承包管理单位进行分包等活动的监理。

采用项目总承包管理模式的总承包单位一般属管理型的"智力密集型"企业（荣毅仁任董事长的中国中信公司在国外属此种类型的公司），并且主要的工作是工程建设项目管理。虽然总承包管理单位和监理单位均是进行工程建设项目管理，但两者的性质、立场、内容等均有较大的区别，不可互为取代。

4.2 项目环境监理程序

4.2.1 确定项目环境，成立项目环境监理机构

每一个拟监理的工程建设项目，工程环境监理单位都应根据工程建设项目的规模、

性质、业主对监理的要求，委派称职的人员担任项目环境总监理工程师（环境总监，一般来说应具有高级专业技术职称和丰富的监理经验），代表工程环境监理单位全面负责该工程建设项目的环境监理工作。

环境总监是一个工程建设项目中环境监理工作的总负责人，他对内向工程环境监理单位负责，对外向项目业主负责。

一般情况下，环境监理单位在承接监理任务时，在参与工程监理的投标、拟订监理大纲（方案）以及与业主商签委托环境监理活动时，即应选派称职的人员主持该项目工作。在监理任务确定并签订委托监理合同后，该主持人即可作为项目总监理工程师。这样，项目的总监理工程师在承接任务阶段早已介入，从而更能了解业主的建设意图和对环境监理工作的要求，并与后续工作能更好地衔接。

总监理工程师在组建项目环境监理机构时，应根据监理大纲和签订的委托环境监理合同内容组建，并在监理规划和具体实施计划执行中进行及时的调整。

4.2.2 全面收集相关资料

1．反映工程建设项目特征的有关资料
（1）工程建设项目的批文；
（2）规划部门关于规划红线范围和设计条件的通知；
（3）国土资源部门关于准予用地的批文；
（4）批准的工程建设项目可行性研究报告或设计任务书；
（5）批准的工程建设项目环境影响评价报告书；
（6）工程建设项目地形图；
（7）工程建设项目勘察、设计图样及有关说明。

2．反映当地工程建设政策、法规的有关资料
（1）关于工程建设报建程序的有关规定；
（2）当地关于拆迁工作的有关规定；
（3）当地关于工程建设环境保护管理的有关规定；
（4）当地关于工程建设应交纳有关税费的规定；
（5）当地关于工程项目建设管理机构资质管理的有关规定；
（6）当地关于工程项目建设实行建设监理的有关规定；
（7）当地关于工程建设招投标制的有关规定；
（8）当地关于工程造价管理的有关规定。

3．反映工程所在地区技术经济状况等建设条件的资料
（1）气象资料；
（2）工程地质及水文地质资料；
（3）与交通运输（铁路、公路、航运）有关的可提供的能力、时间及价格等资料；
（4）与供水、供电、供热、供燃气、电信有关的可提供的容（用）量、价格等资料；
（5）当地生态功能区划、水环境功能区划、水环境容量、大气环境容量、责任目标断面及环境敏感区有关资料；
（6）勘察设计单位情况；

（7）土建、安装施工单位情况；

（8）建筑材料、构配件的生产、供应情况；

（9）进口设备及材料的有关到货口岸、运输方式等情况。

4．类似工程项目建设情况的资料

（1）类似工程项目环境监理方面的有关资料；

（2）类似工程项目投资方面的有关资料；

（3）类似工程项目建设工期方面的有关资料；

（4）类似工程项目的其他技术经济指标等。

4.2.3　编制环境监理规划

建设项目环境监理规划是开展工程环境监理活动的纲领性文件，其内容在第 3 章已介绍。

4.2.4　制定各专业实施细则

在监理规划的指导下，为具体指导投资控制、质量控制、进度控制和环保目标控制的进行，还需结合建设项目工程实际情况，制定相应的实施细则，有关内容在第 3 章也已介绍。

4.2.5　规范化的开展环境监理工作

环境监理工作的规范化体现在：

（1）工作的时序性

这是指监理的各项工作都应该按一定的逻辑顺序先后展开，从而使环境监理工作能有效地达到目标而不致造成工作状态的无序和混乱。

（2）职责分工的严密性

建设工程监理工作是由不同专业、不同层次的专家群体共同来完成的，他们之间严密职责分工是协调进行监理工作的前提和实现环境监理目标的主要保证。

（3）工作目标的确定性

在职责分工的基础上，每一项监理工作的具体目标都应是确定的，完成的时间也应有时限规定，从而能通过报表资料对监理工作及其效果进行检查和考核。

4.2.6　参与验收、签署环境监理意见

工程建设项目施工完成以后，应由施工单位在正式验交前组织竣工预验收，在预验收中发现的问题，应及时与施工单位沟通，提出整改要求。监理单位应参加业主组织的涉及环保工作内容的工程竣工验收，签署环境监理单位意见。

4.2.7　向业主提交建设工程环境监理档案资料

建设工程环境监理工作完成以后，监理单位向业主提交的监理档案资料应在委托监理合同中约定。如在合同中没有约定，监理单位一般应提交：设计变更、工程变更资料、监理指令性文件、各种签证资料等档案资料。

4.2.8　环境监理工作总结

监理工作完成后，项目环境监理机构应及时从两方面进行监理工作总结。其一，是向业主提交的监理工作总结，其主要内容包括：委托环境监理合同履行概述，监理任务和监理目标完成情况的评价，由业主提供的供监理活动使用的办公用房、车辆、试验设施等的清单，表明环境监理工作终结的说明等。其二，是向工程环境监理单位提交的监理工作总结，其主要内容包括：（1）监理工作的经验，可以采用某种监理技术、方法的经验，也可以是采用某种经济措施、组织措施的经验，以及委托环境监理合同执行方面的经验或如何处理好业主、承建单位关系的经验。（2）环境监理工作中存在的问题及改进的建议。

4.3　项目环境监理实施原则

工程环境监理单位受业主委托在实施环境监理时，应遵守以下基本原则：

4.3.1　公正、独立、自主的原则

环境监理工程师在工程建设环境监理中，必须尊重科学、尊重事实，组织各方协调配合，维护有关各方的合法权益。为此，必须坚持公正、独立、自主的原则。业主与承建单位虽然都是独立运行的经济主体，但他们追求的经济目标有差异，环境监理工程师应在按合同约定的权、责、利关系的基础上，协调双方的一致性。只有按合同的约定建成工程，业主才能实现投资的目的，承建单位也才能实现自己生产的产品的价值，取得工程款和实现盈利。

4.3.2　权责一致的原则

环境监理工程师承担的职责应与业主授予的权限相一致。监理工程师的监理职权，依赖于业主的授权。这种权力的授予，除体现在业主与环境监理单位之间签订的委托监理合同之中，而且还应作为业主与承建单位之间建设工程合同的合同条件（注：目前环境监理的概念仅在少数业主的心目中有所认识，多数的建设项目业主还不甚了解，在建设工程合同中有些已把"环保承诺"作为合同条件。这是推行环境监理制的一大进步）。因此，环境监理工程师在明确业主提出的环境监理目标和环境监理工作内容之后，应与业主协商，明确相应的授权，达成共识后明确反映在环境监理合同和工程建设合同中。据此，在委托环境监理合同实施中，工程环境监理单位应给总监理工程师充分授权，体现权责一致的原则。

4.3.3　总监理工程师负责制的原则

总监理工程师是项目环境监理全部工作的负责人。要建立和健全总监理工程师负责制，就要明确权、责、利关系，健全项目监理机构，具有科学的运行制度，现代化的管理手段，形成以总监理工程师为首的高效能的决策指挥体系。

总监理工程师负责制的内涵包括：

（1）总监理工程师是项目环境监理的责任主体

责任是总监理工程师负责制的核心，它构成了对总监理工程师的工作压力与动力，也是确定总监理工程师权力和利益的依据。所以总监理工程师应是向业主和环境监理单位所负责任的承担者。

（2）总监理工程师是项目环境监理的权力主体

根据总监理工程师承担责任的要求，总监理工程师全面领导建设项目的工程环境监理工作，包括组建项目环境监理机构、主持编制项目环境监理规划、组织实施环境监理活动，对环境监理工作总结、监督、评价。

4.3.4 严格监理热情服务原则

严格监理，就是各级环境监理人员严格按照国家政策、法规、规范、标准和合同控制建设工程的环保目标，依照既定的程序和制度认真履行职责，对承建单位进行严格监理。

环境监理工程师还应为业主提供热情的服务，"应运用合理的技能，谨慎而勤奋地工作"。由于业主一般不熟悉建设工程环境保护管理与环保技术业务，环境监理工程师应按委托环境监理合同的要求多方位，多层次地为业主提供良好的服务，维护业主的正当权益。但是，也不能因此而一味地向承建单位转嫁风险，从而损害承建单位的正当经济利益。

4.3.5 综合效益原则

建设项目工程环境监理活动不但要考虑业主的经济效益，还必须考虑社会效益、环境效益的有机统一。建设项目环境监理活动虽然经业主的委托和授权才得以进行，但环境监理工程师应首先遵守国家的环保法律、法规、标准等，以高度负责的态度和责任感，既对业主负责，谋求最大的经济效益，又要对国家和社会负责，取得最佳的综合效益，只有在符合"五个统筹"、符合宏观经济效益、社会效益和环境效益的条件下，业主投资建设项目的微观经济效益才能得以实现。

4.4 项目环境监理机构

工程环境监理单位与业主签订委托监理合同后，在实施建设项目环境监理之前，应建立项目环境监理机构。项目环境监理机构的组织形式和规模，应根据委托环境监理合同规定的服务内容、服务期限、工程类别、规模、技术复杂程度、工程环境等因素确定。

4.4.1 建立项目环境监理机构的步骤

工程环境监理单位在组织项目环境监理机构时一般按以下步骤进行（如图4-7所示）。

1. 确定项目环境监理目标

工程建设项目环境监理目标是项目环境监理机构建立的前提，项目环境监理机构的建立应根据委托环境监理合同中确定的环境监理目标，制定总目标并明确划分为分解目标。

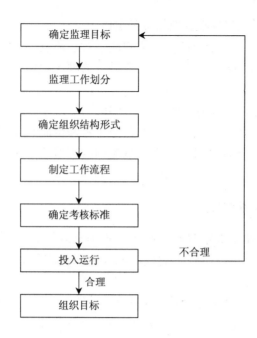

图 4-7　建立项目环境监理机构的步骤

2．确定环境监理工作内容

根据环境监理目标和委托监理合同中规定的环境监理任务，明确列出环境监理工作内容，并进行分类归并及组合。监理工作的归并及组合应便于监理目标控制，并综合考虑监理项目工程的组织管理模式，工程结构特点、合同工期要求、工程复杂程度、工程管理及技术特点；还应考虑工程环境监理单位自身组织管理水平、环境监理人员数量、技术业务特点等。

3．项目监理机构的组织机构设计

（1）选择组织结构形式

由于建设项目工程规模、性质、建设阶段的不同，设计项目环境监理机构的组织结构时应选择适宜的组织结构形式以适应环境监理工作的需要。组织结构形式选择的基本原则是：有利于合同管理，有利于监理目标控制，有利于决策指挥，有利于信息沟通。

（2）合理确定管理层次与管理跨度

项目环境监理机构中一般应有三个层次：①决策层。由总监理工程师和其他助手组成，主要根据业主委托监理合同的要求和环境监理活动内容进行科学化、程序化决策与管理。②中间控制层（协调层和执行层）。由各专业监理工程师组成，具体负责环境监理规划的落实，监理目标控制及合同实施管理。③作业层（操作层）。主要由监理员、检查员等组成，具体负责环境监理活动的操作实施。

项目环境监理机构中管理跨度的确立应考虑监理人员的素质、管理活动的复杂性和相似性、监理业务的标准化程度、各项规章制度的建立健全情况、建设项目工程的集中或分散情况等，按环境监理工作实际需要确定。

4．制定工作流程与考核标准

为使监理工作科学、有序进行，应按工程环境监理的客观规律制定工作流程，规范

化地开展工程环境监理工作，并应确定考核标准对环境监理人员的工作进行定期考核，包括考核内容、考核标准、考核时间等。图 4-8 为施工阶段环境监理工作程序图，表 4-1 和表 4-2 分别为专业监理工程师和项目总监理工程师岗位职责考核标准。

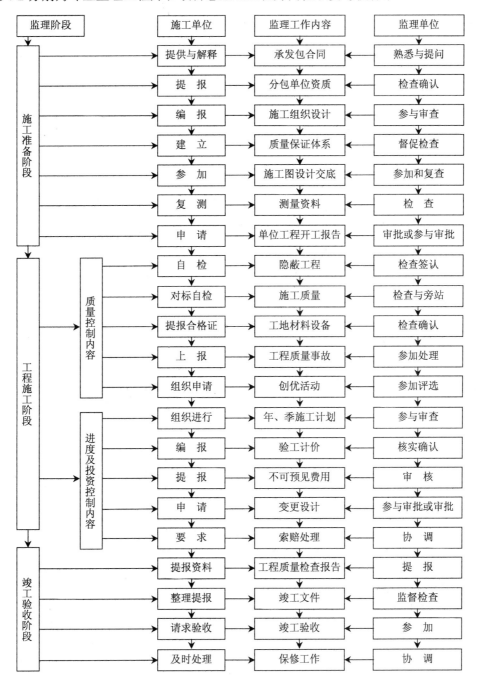

图 4-8　施工阶段环境监理工作程序图

表 4-1　专业监理工程师岗位职责考核标准

项目	职 责 内 容	考 核 要 求	
		标　　准	完成时间
工作指标	1. 环保投资控制 2. 进度控制 3. 水、气、噪声、固体废物、环境质量控制、生态保护 4. 合同管理	符合环评环保投资要求 符合控制性进度计划 符合质量评定验收标准 按合同约定	月末有记录 月末有记录 工程各阶段 约定
基本职责	1. 在项目总监理工程师领导下，熟悉项目情况，清楚本专业监理的特点和要求	制订本专业监理工作计划或实施细则	实施前一个月
	2. 具体负责组织本专业监理工作	监理工作有序，工程处于受控状态	每周（月）检查
	3. 做好有关部门的协调工作	保证监理工作及工程顺利进行	每周（月）检查、协调
	4. 处理与本专业有关的重大问题并及时向总监理工程师报告	及时、真实	问题发生后 10 日内
	5. 负责与本专业有关的签证、对外通知、备忘录，以及及时向总监理工程师的报告、报表资料	及时、真实、准确	
	6. 负责整理与本专业有关的竣工验收资料	完整、准确、真实	竣工后 10 天或依合同约定

表 4-2　项目总监理工程师岗位职责考核标准

项目	职 责 内 容	考 核 要 求	
		标　　准	完成时间
工作指标	1. 项目环保投资控制 2. 项目"三同时"控制 3. 环境质量控制、生态环境保护	符合投资分解规划 符合合同工期及总控制进度计划 符合质量评定验收标准	每月（季）末 每月（季）末 工程各阶段末
基本职责	1. 根据业主的委托与授权，代表监理单位负责和组织项目的环境监理工作	1. 协调各方面的关系 2. 组织监理活动和实施	
	2. 根据委托监理合同主持制定项目监理规划，并组织实施	1. 应符合监理规划 2. 组建好项目监理班子	合同生效后 1 月
	3. 审核各事项，各专业监理工程师编制的监理工作计划或实施细则	应符合监理规划并具有可行性	各事项专业监理开展前 15 天
	4. 管理和指导各事项，各专业监理工程师对投资、进度、质量进行监控，并按合同进行管理	1. 使管理工作进入正常工作状态 2. 使工程处于受控状态	每月末检查
	5. 做好建设过程中各方面的协调工作	使工程处于受控状态	每月末检查、协调
	6. 签署监理组织对外发出的文件、报表及报告	1. 及时 2. 真实、准确	每月（季）末
	7. 审核、签署项目的监理档案资料	1. 完整 2. 准确、真实	竣工后 15 天或依合同约定

4.4.2 项目环境监理机构的组织形式

项目环境监理机构的组织形式是指项目环境监理机构具体采用的管理组织结构，应根据建设项目工程的特点，建设工程组织管理模式，业主委托的环境监理任务以及工程环境监理单位自身的情况而确定。常用的项目监理机构组织形式有以下几种：

1. 直线制监理组织形式

这种组织形式的特点是项目监理机构中任何一个下级只接受唯一上级的命令。各级部门主管人员对所属部门的问题负责，项目监理机构中不再另设职能部门。

这种组织形式适用于能划分为若干相对独立的子项目的大、中型建设工程（如西气东输、高速公路各个标段）。如图 4-9 所示，总监理工程师负责整个工程的规划、组织和指导，并负责整个工程范围内各方面的指挥、协调工作；子项目监理组分别负责子项目的目标值控制，具体领导现场专业或专项监理组的工作。

如果项目业主委托对施工准备阶段和施工阶段实施监理也可按建设阶段分解设立直线制监理组织形式（如图 4-10 所示）。

直线制监理组织形式的主要优点是组织机构简单，权力集中，命令统一，职责分明，决策迅速，隶属关系明确。缺点是实行没有职能部门的"个人管理"，这就要求总监理工程师博晓各种业务，通晓多种知识技能，成为"全能"式人物。

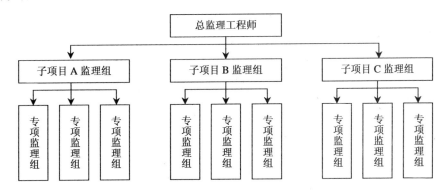

图 4-9　按子项目分解的直线制监理组织形式

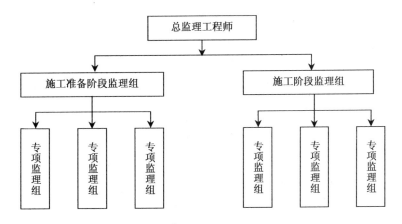

图 4-10　按建设阶段分解的直线制监理组织形式

2．职能制监理组织形式

职能制监理组织形式，是在项目监理机构内设立一些职能部门，把相应的监理职责和权力交给职能部门，各职能部门在本职能范围内有权直接指挥下级（如图 4-11 所示）。此种组织形式一般适用于大、中型建设工程。

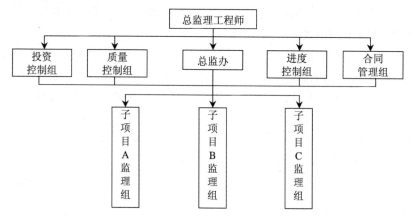

图 4-11　职能制监理组织形式

这种组织形式的主要优点是加强了项目监理目标控制的职能化分工，能够发挥职能机构的专业管理作用，提高管理效率，减轻总监理工程师负担。但由于下级人员受多头领导，如果上级领导指令相互矛盾，将使下级在工作中无所适从。

3．直线职能制监理组织形式

直线职能制监理组织形式是吸收了直线制监理组织形式和职能制监理组织形式的优点而形成的一种组织形式。这种组织形式把监理部门和人员分为两类：一类是直线指挥部门的人员，他们拥有对下级实行指挥和发布命令的权力，并对该部门的工作全面负责；另一类是职能部门和人员，他们是直线指挥人员的参谋，他们只能对下级部门进行业务指导，而不能对下级部门直接进行指挥和发布命令（如图 4-12 所示）。

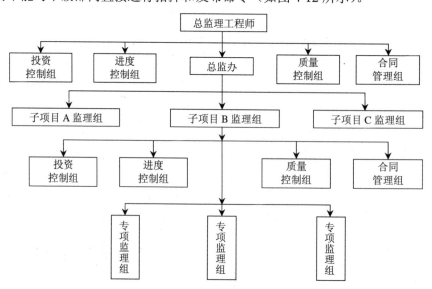

图 4-12　直线职能制监理组织形式

这种形式保持直线制组织实行直线领导、统一指挥、职责清楚的优点，另一方面又保持了职能制组织目标管理专业化的优点，其缺点是职能部门与指挥部门易产生矛盾，信息传输线路长，不利于互通情报。

4. 矩阵制监理组织形式

矩阵制监理组织形式是由纵横两套管理系统组成的矩阵性组织机构，一套是纵向的职能系统，另一套是横向的子项目系统（如图 4-13 所示）。

这种形式的优点是加强了各职能部门的横向联系，具有较大的机动性和适应性，把上下左右集权与分权实行最优的结合。有利于解决复杂难题，有利于监理人员业务能力的培养。缺点是纵横向协调工作量大，处理不当会造成扯皮现象，产生矛盾。

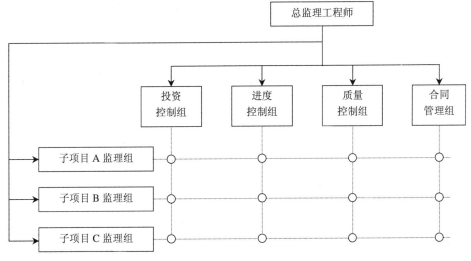

图 4-13 矩阵制监理组织形式

4.5 项目环境监理机构人员的配备

4.5.1 人员配备

项目环境监理机构的人员配备要根据工程特点、建设项目环境监理任务及合理的监理深度与密度、优化组合、形成整体高素质的工程建设项目环境监理组织。项目环境监理组织只有合理的人员结构才能适应工程环境监理工作的需要。合理的人员结构包括以下两个方面的内容：

1. 合理的专业结构

一般来说，项目环境监理组织应具备与所承担的环境监理任务相适应的专业人员。即项目环境监理机构应与监理的建设工程项目的性质（如工业工程建设项目，管线工程建设项目，环境工程建设项目或生态影响类项目）及业主对工程建设项目环境监理的要求（是施工准备阶段还是施工阶段的监理，是投资、进度、质量多目标控制还是仅环保目标的控制）相称职的各类专业人员组成，各专业人员要配套。

但是，当所监理工程项目局部有某些特殊性，或业主提出某些特殊的监理要求而需要采用某种特殊的监控手段时，可将这种局部的专业性强的监控工作另外委托给有相应资质的咨询机构来承担，在监理机构人员配备中也视为保证了人员合理的专业结构。

2. 合理的技术职务、职称结构

为了提高管理效率和经济性，项目环境监理机构的监理人员应根据建设项目工程特点和项目环境监理工作需要确定其技术职称、职务结构。合理的技术职称结构表现在高级职称、中级职称和初级职称有与环境监理工作要求相称的比例。一般来说，决策阶段、设计阶段的监理，具有高级职称及中级职称的人员在整个监理人员构成中应占绝大多数。施工阶段的监理，可以有较多的初级职称人员从事实际操作，如旁站、填记日志、现场检查、计量等。这是所说初级职称指助理工程师、助理经济师、技术员、经济员，还包括具有相应能力的实践经验丰富的工人（应能看懂图纸、正确填报原始凭证）。施工阶段项目机构监理人员要求的技术职称结构见表4-3。

表4-3　施工阶段项目环境监理机构监理人员要求的技术职称结构

层 次	人 员	主要职能	要求相应的技术的职能		
决 策 层	总监理工程师 专业监理工程师	项目监理的策划、规划、组织、协调、监理、评价	高级职称		
协调层、执行层	子项目监理工程师 专业监理工程师	项目监理实施的具体组织指挥，控制/协调		中级职称	
作业层、操作层	监理员、计量员、预算员、计划员	具体业务的执行			初级职称

4.5.2 监理人员数量的确定

1. 确定环境监理人员数量的主要因素

（1）工程建设强度。工程建设强度是指单位时间内投入的建设资金的数量，用下式表示：

$$工程建设强度 = 投资／工期$$

其中，投资和工期是指由工程环境监理单位所承担的那部分工程的建设投资和工期。一般投资费用可按工程估算、概算或工程承建合同价计算，工期是根据进度总目标及其分目标计算。

显然，工程建设强度越大，需投入的项目监理人员越多。

（2）工程复杂程度。根据一般工程情况，工程复杂程度涉及以下各项因素：设计活动多少、工程地点位置、气候条件、地形条件、工程地质、施工方法、工程性质、工期要求、材料供应、工程分散程度等。

根据上述各项目因素的具体情况，可将工程分为若干工程复杂程度等级。不同等级的工程需要配备的项目监理人员数量有所不同。例如，可将工程复杂程度按五级划分：简单、一般、一般复杂、复杂、很复杂。工程复杂程度定级可采用定量办法：对构成工程复杂程度的每一因素通过专家评估。根据工程实际情况给出相应权重，然后将各影响因素的评分加权平均后根据其值的大小确定该工程的复杂程度等级。还可以将工程复杂程度按 10 分制计评，平均分值在 1～3 分、3～5 分、5～7 分、7～9 分的依次为简单工程、一般工程、一般复杂工程、复杂工程、9 分以上为很复杂工程。

　　显然，简单工程需要的项目监理人员少，而复杂工程需要的项目监理人员较多。

　　（3）工程环境监理单位的业务水平。每个监理单位的业务水平和对某类工程的熟悉程度不完全相同，在监理人员素质，管理水平和监理的设备手段等方面也存在差异，这都会影响到监理效率的高低。高水平的环境监理单位可以投入较少的监理人力完成某一个建设工程的环境监理工作，而一个经验不多或监理水平不高的环境监理单位则需投入较多的监理人力。因此各环境监理单位应当根据自己的实际情况制定监理人员需要量定额。

　　（4）项目环境监理机构的组织结构和任务职能分工。项目环境监理机构的组织结构情况关系到具体的监理人员配备，务必使项目监理机构任务职能分工的要求得到满足。必要时，还需要根据项目监理机构的职能分工对监理人员的配备作进一步的调整。

　　有时监理工作需要委托专业咨询机构或专业监测，检验机构进行，当然，项目监理机构的监理人员数量可适当减少。

　　2．确定环境监理人员数量的方法

　　项目环境监理机构人员数量的确定方法可按下列步骤进行：

　　（1）查阅项目监理机构人员需要量定额。根据监理工程师的监理工作内容和工程复杂程度等级。测定，编制项目环境监理机构监理人员需要量定额。

　　在公路工程施工监理规范中"高速公路、一级公路工程每年每 5 000 万元建安费宜配……监理工程师 1 名；独立大桥、特长隧道工程每年每 3 000 万元宜配……监理工程师 1 名……总监理工程师应具有相应专业的高级技术职称，五年以上的现场工程监理经历、担任过两项以上同类工程的驻地或总监职务"。

　　（2）确定工程建设强度。根据监理单位承担的监理工程，确定工程建设强度。

　　例如，某工程分为 2 个子项目，合同总价为 3 900 万美元，其中子项目 1 合同价为 2 100 万美元，子项目 2 合同价为 1 800 万美元，合同工期为 30 个月。

　　工程建设强度=3 900÷30×12=1 560（万美元/年）=15.6（百万美元/年）

　　（3）确定工程复杂程度，按构成工程复杂程度的 10 个因素考虑，概括本工程实际情况分别按 10 分制打分。具体结果见表 4-4。

表 4-4　某工程复杂程度等级评定表

项　次	影响因素	子项目 1	子项目 2
1	设计活动	5	6
2	工程位置	9	5
3	气候条件	5	5
4	地形条件	7	5
5	工程地质	4	7
6	施工方法	4	6
7	工期要求	5	5
8	工程性质	6	6
9	材料供应	4	4
10	分散程度	5	5
平均分值		5.4	5.5

根据计算结果此工程为一般复杂工程等级。

（4）根据工程复杂程度和工程建设强度（百万美元/年）套用监理人员需要量定额。从定额中可查到相应项目监理机构监理人员需要量如下。

一般复杂工程定额：监理工程师 0.35，监理人员 1.10，行政文秘 0.25。

按工程建设强度计算：

监理工程师　0.35×15.6=5.46 人　　　　按 6 人考虑

监　理　员　1.10×15.6=17.16 人　　　按 17 人考虑

行政文秘人员　0.25×15.6=3.9 人　　　按 4 人考虑

（5）根据项目监理机构的组织结构形式的实际情况确定监理人员数量。若本建设项目的环境监理工作采用直线制组织结构形式如图 4-14 所示。

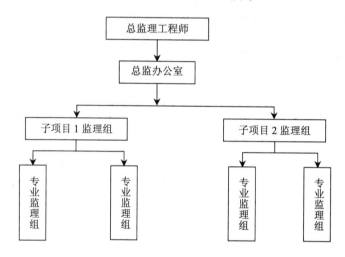

图 4-14　项目监理机构的直线制组织结构

根据项目监理机构情况决定每个部分各类监理人员如下。

监理总部（包括总监理工程师，总监理工程师代表和总监理工程师办公室）：

总监理工程师 1 人，总监理工程师代表 1 人，行政文秘人员 2 人。

子项目 1 监理组：专业监理工程师 2 人、监理员 9 人、行政文秘 1 人。

子项目 2 监理组：专业监理工程师 2 人、监理员 8 人、行政文秘人员 1 人。

施工阶段项目监理机构的监理人员数量一般不少于 3 人。

项目监理机构的监理人员数量和专业配备应随工程施工进展情况相应地调整，从而满足不同阶段监理工作的需要。

习　题

1. 什么是组织和组织结构？
2. 组织设计应遵循什么样的原则？
3. 组织活动的基本原理是什么？
4. 环境监理实施的程序是什么？
5. 项目环境监理实施的原则有哪些？

6. 工程建设管理的模式有哪些？

7. 简述建立项目环境监理机构的步骤。

8. 项目环境监理机构的组织形式有哪些？

9. 项目环境监理机构的人员如何配备？

第5章 建设工程目标控制

没有控制就没有管理，控制理论是现代经济管理理论的重要理论基础之一。建设工程环境监理的中心工作是进行工程建设项目的环保目标控制。因此，工程环境监理单位及其环境监理工程师必须要掌握有关目标控制的基本思想、基本理论和基本方法。

5.1 目标控制概述

控制通常是一种管理活动，即管理人员按计划标准来衡量所取得的成果，纠正实际过程中发生的偏差，以保证预定的计划目标得以实现。

管理包括两大步骤，即计划与控制。管理活动首先开始于确定目标和制定计划，继而进行组织和人员配备，实施有效地领导，一旦计划付诸实施和运行，就必须进行控制和协调，检查计划实施情况，找出偏离目标和计划的误差，确定应采取的纠正措施，以实现预定的目标和计划。

5.1.1 控制流程及其基本环节

1. 控制流程

不同的控制系统都有区别于其他系统的特点，但同时又存在着许多共性。建设工程目标控制过程可以用控制流程图表示出来（如图 5-1 所示）。

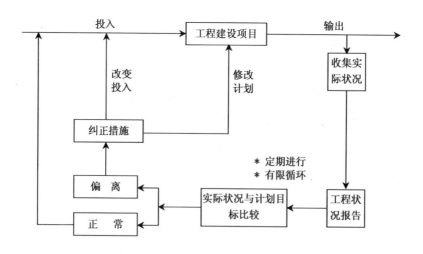

图 5-1 控制流程图

当工程建设项目开始进入实施阶段时，首先要按预定计划（即项目建设计划目标）要求将所需的人力、材料、设备、机具、方法等资源和信息及时进行投入。预定计划得以付诸运行，工程项目建设活动展开，并不断输出实际的工程项目建设状况即实际的投资、进度、质量目标实现情况。由于工程建设一般周期较长，在实施过程所受的风险因素较多，因而实际状况偏离目标和计划的情况经常发生，如投资增加、工期延长、质量和功能未达到预定要求等。这就需要在工程实施过程中，通过对目标、过程和活动的跟踪，全面、及时、准确地掌握有关信息，提出工程状态报告，将工程实际状况与计划目标进行比较。如果偏离了目标计划，就要采取纠正措施，或改变投入，或修改计划，使工程能在新的计划状态下进行。而任何控制措施都不可能一劳永逸，原有的矛盾问题解决了，还会出现新的矛盾和问题，需要不断地进行控制，这就是动态控制原理。上述控制流程也是一个不断循环的过程，直至工程建成交付使用，因而建设工程的目标控制也是一个有限循环过程。交通行业监理规范已明确"质量、安全、环保、投资、进度"五控制，对质量、投资、进度三大控制都熟悉，但安全、环保目标如何控制是个新问题。

2．控制流程的基本环节

如图 5-1 所示的控制流程图可以进一步抽象为投入、转换、反馈、对比、纠正五个基本环节（如图 5-2 所示）。

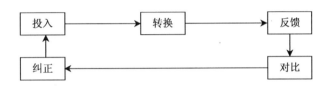

图 5-2　控制流程的基本环节

在控制活动的每个循环中，如果缺少任何一个环节，这个控制循环就不健全，就会导致循环障碍，降低控制的有效性，从而使循环控制的整体作用不能充分发挥。

（1）投入

控制流程的每一循环始于投入。工程项目建设能否按计划实现，最基本的条件是能否按计划要求的人力、物力、财力进行投入。工程环境监理单位及其环境监理工程师如果能够把握住对"投入"的控制，也就把握住控制循环的起点要素。

（2）转换

所谓转换，主要是指工程建设项目的实现总是要经过由各种资源投入到工程建设项目产品产出的转换过程。转换过程，通常表现为劳动力运用劳动资料将劳动对象转变为预定的产品。如工人、技术人员、管理人员运用施工机具将资源、信息、建筑材料转变为设计图纸、分项（分部）工程、单位工程、单项工程，最终将输出完整的建设工程，就是一个逐渐深化的转换过程。在转换过程中，计划的运行往往受到来自外部环境和内部系统的多因素干扰，造成实际状况偏离预定的目标和计划轨道。而这种干扰往往是潜在的，未被人们所预料或人们无法预料的。同时由于计划本身也不避免地存在一定问题而造成期望的输出与实际输出之间产生偏离。

转换过程中的控制工作是实现有效控制的重要工作。在建设工程实施过程中，工程环境监理单位及其环境监理工程师应当跟踪了解工程进展情况，掌握第一手资料，为分析偏差原因，确定纠偏措施提供可靠依据。同时，对于可以及时解决的问题，采取"即时控制"及时纠偏，避免"积重难返"。

（3）反馈

反馈是指一项控制活动实施之后，控制活动所导致的结果与信息按照某种方式传递给控制者的过程。即使是一项制订得相当完善的计划，其运行结果也未必与计划一致。因为在计划实施过程中，实际情况的变化是绝对的，不变是相对的，每个变化都会对目标和计划的实现带来一定的影响。所以，控制部门和控制人员需要全面、及时、准确地了解计划的执行情况及其结果，而这就需要通过反馈信息来实现。控制部门和人员需要什么信息，取决于监理工作的需要以及工程的具体情况。为了使信息反馈能够有效地配合控制的各项工作，使整个控制过程流畅地进行，需要设计信息反馈系统，预先确定反馈信息的内容、形式、来源、传递等，使每个控制部门和人员能及时获得他们所需要的信息。

信息反馈方式可以分为正式和非正式两种。正式信息反馈是指书面的工程状况报告之类的信息，它是控制过程中应当采用的反馈方式；非正式信息反馈主要指口头方式，如口头指令、口头反映的工程实施情况，对非正式信息反馈也应当予以足够的重视。当然，非正式信息反馈应当适时转化为正式信息反馈，才能更好地发挥其对控制的作用。

（4）对比

对比是将目标的实际值与计划值进行比较，以确定是否发生偏离。目标的实际值来源于反馈信息。对比工作要注意：

①明确目标实际值与计划值的内涵。目标的实际值与计划值是两个相对的概念，随着建设工程实施过程的进展将逐渐深化、细化，往往还要作适当的调整。例如：施工图预算相对于投资估算、设计概算为实际值，而相对于标底、合同价、结算价则为计划值。

②合理选择比较对象。在实际工作中，最为常见的是相邻两种目标值之间的比较。在许多建设项目中，我国业主往往以批准的设计概算作为投资控制的总目标，这时合同价与设计概算、结算价与计划概算的比较是必要的。另外，结算价以外各种投资值之间的比较都是一次性的，而结算价与合同价（或设计概算）的比较则是经常性的，一般是定期（每月）比较。

③建立目标实际值与计划值之间的对应关系。为了保证能够切实地进行目标实际值的比较，并通过比较发现问题，必须建立目标实际值与计划值的对应关系。这就要求目标计划值与目标实际值的分解深度、细度可以不同，但分解的原则、方法必须相同，从而可以在较粗的层次上进行目标实际值与计划值的比较。

④确定衡量目标偏离的标准。确定衡量目标偏离的标准有三种方式：一种是定量的方式；一种是定性的方式；还有一种是定量与定性相结合的方式。例如：某建设工程的某项工作的实际进度比计划进度拖延了一段时间，如果这项工作是关键工作，或者虽然不是关键工作，但该项工作拖延时间超过了它的总时差，则应当判断为发生偏差，即实际进度偏离了计划进度；反之，如果该项工作不是关键工作，又未超过总时差，也小于它的自由时差，未对后续工程造成大的影响的话，就可以认为尚未偏离。

（5）纠正

对于目标实际值偏离计划值的情况要采取措施加以纠正（也称为纠偏）。纠正的目的是取得控制应有的效果。

如果只是轻度偏离，通常可采用较简单的措施进行纠偏称直接纠偏。例如工程进度稍许拖延的情况下，可采用适当增加人力、机械设备等进入量的办法加以解决。如果实际目标成果与计划目标有较大的偏离就有两种情况：一是原定目标计划不能实现，那就要重新确定目标，然后根据新目标制订新计划，使工程在新的计划状态下运行；二是原计划总目标还可以实现，但需要对局部或后期计划进行修改。总之，每一次控制循环的结束都有可能使工程建设项目的建设呈现一种新的状态，使其在这种新状态下继续开展。

需要说明的是，对于建设工程目标控制来说，纠偏一般是针对正偏离（实际值大于计划值而言），如投资增加，工期拖延。如果出现负偏差，如投资节约、工期提前，并不会采取"纠偏"措施，故意增加投资、放慢进度而恢复到计划状态。不过，对于负偏差的情况，要仔细分析其原因，排除假象。对于确定是通过积极而有效的目标控制方法和措施而产生负偏差效果的情况，应认真总结经验，扩大其应用范围，更好地发挥其在目标控制中的作用。

5.1.2　控制类型

根据划分依据的不同，可将控制分为不同的类型。例如，按照控制措施作用于控制对象的时间，可分为事前控制和事后控制；按照控制信息的来源，可分为前馈控制和反馈控制；按照控制过程是否形成闭合回路，可分为开环控制和闭环控制；按照控制措施制定的出发点，可分为主动控制和被动控制。

从工程建设环境监理的角度来看，控制活动可分为两大类，即主动控制和被动控制。

（1）主动控制

所谓主动控制，是在预先分析各种风险因素及其导致目标偏离的可能性和程度的基础上，拟订和采取有针对性的预防措施，从而减少乃至避免目标偏离。

主动控制是一种事前控制。它必须在计划实施之前就采取控制措施，以降低目标偏离的可能性或其后果的严重程度，起到防患于未然的作用。

主动控制是一种前馈控制。它主要是根据已建同类工程实施情况的综合分析结果，结合拟建工程的具体情况和特点，将教训上升为经验，用以指导拟建工程的实施。

主动控制通常是一种开环控制（如图 5-4 所示）。

综上所述，主动控制是一种对未来的控制，它可以解决传统控制过程中存在的时滞影响，尽最大可能避免偏差已经成为现实的被动局面，降低偏差发生的概率及其严重程度，从而使目标得到有效控制。宏观上讲项目环评就是属于前馈控制。

（2）被动控制

所谓被动控制，是从计划的实际输出中发现偏差，通过对产生偏差原因的分析，研究制定纠偏措施，以使偏差得以纠正，工程实施恢复到原来的计划状态，或虽然不能恢复到计划状态但可以减少偏差的严重程度。

被动控制是一种事中控制和事后控制。它是在计划实施过程中对已经出现的偏差采取控制措施，它虽然不能降低目标偏离的可能性，但可以降低目标偏离的严重程度，并将偏差控制在尽可能小的范围内。

被动控制是一种反馈控制。它是根据本工程实施情况（即反馈信息）的综合分析结果进行的控制，其控制效果在很大程度上取决于反馈信息的全面性、及时性和可靠性。

被动控制是一种闭环控制（如图 5-3 所示）。闭环控制即循环控制，它表现为一个循环过程：发现偏差，分析产生偏差的原因，研究制定纠偏措施并预计纠偏措施成效，落实并实施纠偏措施，产生实际成效，收集实际实施情况，对实施的实际效果进行评价，将实际效果与预期效果进行比较，发现偏差……直至整个工程建成。

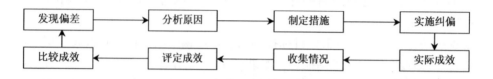

图 5-3　被动控制的闭合回路

综上所述，被动控制是一种面对现实的控制。虽然目标偏离已成为客观事实，但是，通过被动控制措施，仍然可能使工程实施恢复到计划状态，至少可以减少偏差的严重程度。不可否认，被动控制仍然是一种有效的控制，也是十分重要而且经常运用的控制方式。因此，对被动控制应予以足够的重视，并努力提高其控制效果。

（3）主动控制与被动控制的关系

主动控制与被动控制对工程环境监理单位及其环境监理工程师缺一不可，它们都是实现工程建设项目目标所必须采用的控制方式。这是因为：一方面，主动控制中的主动必然只是相对的，人们不可能完全预测出来未来情况；另一方面，被动控制是最基本的控制方式，一旦出现了未曾预料到的偏差情况，控制就不可避免转为被动控制。被动控制是不可能被主动控制完全取代的，因此，正确处理被动控制与主动控制的关系是工程环境监理单位及其环境监理工程师的重要任务。

有效的控制是将主动控制与被动控制紧密结合起来，力求加大主动控制在控制过程中的比例，同时进行定期、连续的被动控制对于提高建设工程目标控制效果，具有十分重要意义。

怎样才能做到主动控制与被动控制相结合，下面用图 5-4 来表示。

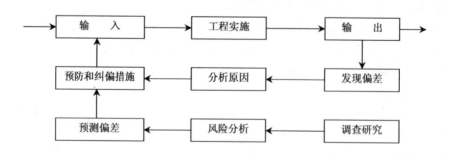

图 5-4　主动控制与被动控制相结合

要做到主动控制与被动控制相结合，关键在于处理好以下两个方面的问题：一是要扩大信息来源，即不仅要从本工程获得实施情况信息，而且要从外部环境获得有关信息，包括已建同类工程的有关信息，这样才能对风险因素进行定量分析，使纠偏措施有针对性；二是把握好输入这个环节，即要输入两类纠偏措施，不仅有纠正已经发生的偏差的措施，还要有预防和纠正可能发生偏差的措施，这样才能取得较好的控制效果。

5.2　建设工程目标系统及目标控制的前提工作

任何建设工程都有质量、投资、进度三大目标（环保目标还没有明确列入，这不仅是实践问题，也是理论问题）。要想理解三大目标控制，首先要了解建设工程目标系统中这三大目标之间的相互关系和目标控制的真实含义，这样也才能把工程环境监理的概念融入工程建设项目的实施之中，真正做好施工过程中环保目标的监控或者说环保目标控制。

5.2.1　建设工程三大目标之间的关系

建设工程的三大目标分别是：投资目标，即争取以最低的投资金额建成预定的工程建设项目；进度目标，即争取用最短的建设工期建成工程建设项目；质量目标，即争取建成的工程建设项目的质量和功能达到最优水平。凡是能称得上工程建设项目的工程都应当具有明确的目标，工程环境监理单位及其环境监理工程师在进行目标控制时，应当作为一个整体目标来考虑，这是因为建设工程投资、进度（工期）、质量三大目标之间是相互联系、相互制约的，既存在矛盾的方面又存在着统一的方面。这是在工程环境监理目标控制中应当牢牢把握的。

（1）建设工程三大目标之间的对立关系

建设工程三大目标之间的对立关系比较直观、易于理解。例如，在通常情况下，如果项目业主对工程质量有较高的目标要求，那么就需要投入较多的资金花费和较多的建设时间；如果项目业主要抢时间、争速度地完成工程，把工期目标定得很高，那么投资就要相应提高或者质量可能下降；如果项目业主一味地降低投资、节省费用，那么势必要考虑降低工程建设项目的功能要求和质量标准，或者会造成"停工待料"工程难以在正常工期内完成。这就表明三大目标之间每两两之间存在着矛盾和对立的一面。

（2）建设工程三大目标之间的统一关系

对于建设工程三大目标之间的统一关系，需要从不同的角度分析和理解。例如，项目业主适当增加投资数量，为承建商采取加快进度措施提供必要的经济条件，从而加快了进度、缩短了工期，工程提前投入使用。这样工程建设项目投资就能尽早收回，"早见效益早回报"，则加快进度从经济角度上来说就是可行的，即进度目标在一定条件下会促进投资目标的实现；如果项目业主适当提高工程建设项目的功能和质量标准，虽然会造成一次性投资的提高和工期的增加，但是可能降低工程投入使用后的运行费用和维修费用。"一分价钱一分货"从全寿命费用分析的角度则是省钱的，即质量目标也会在一定条件下促进投质目标的实现；此外，从质量控制的角度，严格控制质量还能起到保证进度的作用，如果在工程实施过程中发现质量问题及时进行返工处理，虽然需要耗费时间只影响局部工作的进度，不影响整个工程进度，或虽然影响整个工程进度，但是比不及时返工而酿成重大工程质量事故和安全事故对整个工程进度的影响要小，也比留下工程质量隐患到使用阶段才发现而不得不停止使用进行修理造成的经济损失小得多。

明确了建设工程三大目标之间的关系，才能更好地开展目标控制工作。环境监理工程师在进行目标控制时要注意：一是掌握客观规律，充分考虑制约因素，力求三大目标的统一；二是对未来的、可能的收益不宜过于乐观，要针对整个目标系统实施控制；三是将目标规划和计划结合起来，追求目标系统的整体效果。

5.2.2　目标控制的前提工作

1．目标控制的含义

由于所有的控制活动都是为了实现一定的目标而开展的，因而在一定意义上来说，所有的控制都可以称为目标控制。当人们强调目标控制时，一是控制活动的目标并不是单一的，而是多个的，而且这些目标之间甚至还具有矛盾性；二是这些目标的实现具有较大的挑战性，通常实现其中一个目标都较困难，更不用说同时实现所有的目标。当控制活动的目标具有上述情况时，这项控制活动也就具有了两个重要的特点：一是特别强调控制的效率，要紧紧围绕目标的实现展开控制活动，是紧围目标的控制；二是强调目标控制的挑战性，尤其是强调目标的确定要随时根据实际控制情况的变化而进行必要的调整，也就是说强调目标控制过程中随时进行目标调整的必要性。

2．目标控制的前提工作

为了进行有效的目标控制，必须做好两项重要前提工作：一是目标规划与计划；二是目标控制的组织。

（1）目标规划和计划。如果没有目标，就无所谓控制；如果没有计划就无法实施控制。因此，要进行目标控制，首先必须对目标进行合理的规划并制订相应的计划。

（2）组织。由于建设工程目标控制的所有活动以及计划的实施都是由目标控制人员来实现的，因此，如果没有明确的控制机构和人员，目标控制就无法进行；或者虽然有了明确的控制机构和人员，但其任务和职能分工不明确，目标控制就不能有效地进行。合理而有效的组织是目标控制的重要保障。

5.3　建设工程目标控制的含义

建设工程的投资、进度、质量三大目标控制的含义既有区别又有内在联系和共性。现从目标、系统控制、全过程控制和全方位控制四个方面分别阐述建设工程目标控制含义的具体内容。

5.3.1　投资控制的含义

1．投资控制的目标

建设工程投资控制的目标，就是通过有效的投资控制工作和具体的投资控制措施，在满足进度和质量要求的前提下，力求使工程实际投资不超过计划投资。这一目标可用图 5-5 表示。

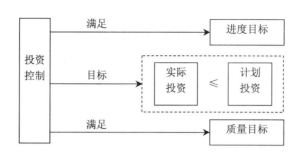

图 5-5　投资控制的含义

2．系统控制

投资控制是与进度控制和质量控制同时进行的，它是针对整个建设工程目标系统所实施的控制活动的一个组成部分，在实施投资控制的同时需要满足预定的进度目标和质量目标。因此在投资控制的过程中，要协调好与进度控制和质量控制的关系，做到三大目标控制的有机配合和相互平衡，而不能片面强调投资控制。例如，采用限额设计进行投资控制时，一方面要力争使整个工程总的投资估算额控制在投资限额之内，另一方面又要保证工程预定的功能、使用要求和质量标准。又如，当发现实际投资已经超过计划投资之后，为了控制投资不能简单地删减工程内容或降低设计标准，即使不得已而这样做，也要慎重选择被删减或降低设计标准的工程内容，力求使减少投资对工程质量的影响减少到最低程度。

简而言之，系统控制的思想就是要实现目标规划与目标控制之间的统一，实现三大目标控制的统一。

3．全过程控制

所谓全过程，主要是指建设工程实施的全过程，也可以是工程建设的全过程。

建设工程的实施过程，一方面表现为实物形成过程，即其生产能力和使用功能的形成过程，这是看得见的；另一方面则表现为价值形成过程，即其投资的不断累加过程，这是计算得出的。从投资控制的角度来看，较为关心的则是后一种过程。

累计投资在设计阶段和招标阶段缓慢增加，进入施工阶段以后迅速增加，到施工后期累计投资的增加趋于平缓。另一方面节约投资的可能性（或影响投资的程度）从设计阶段到施工开始前迅速降低，其后的变化就相当平缓了。虽然建设工程的实际投资主要发生在施工阶段，但节约投资的可能性却主要在施工以前的阶段，尤其是在设计阶段。

因此，所谓全过程控制，要求从设计阶段就开始进行投资控制，并将投资控制工作贯彻于建设工程实施的全过程，直至整个工程建成并延续到保修期结束。在明确全过程控制的前提下，还要强调早期控制的重要性，越早进行控制，投资控制的效果越好，节约投资的可能性越大。

4．全方位控制

投资目标全方位控制包括两种含义：一是对工程内容分解的各项投资进行控制，即对单项工程、单位工程，乃至分部分项工程的投资进行控制；二是对总投资构成内容分解的各项费用进行控制，即对建筑安装工程费用，设备及工器具购置费用以及工程建设其他费用等都要进行控制。通常，投资目标的全方位控制主要是指上述第二种含义。因为单项工程和单位工程的投资同时也是按总投资构成内容分解的。

对建设工程投资进行全方位控制时应注意：

（1）要认真分析建设工程及其投资构成的特点，了解各项费用的变化趋势和影响因素。例如，根据我国统计资料，工程建设其他费用一般不超过 10%，可上海南浦大桥的拆迁费用高达 4 亿元人民币，约占总投资的一半。又如一些高档宾馆，智能化办公楼的装饰工程费用或设备购置费用已超过结构工程费用。

（2）要抓主要矛盾，有所侧重。不同建设工程的各项费用占总投资的比例不同，例如，普通民用建筑工程费用占总投资的大部分，工艺复杂的工业项目以设备购置费为主等。

（3）要根据各项费用的特点选择适当的控制方式。例如，建筑工程费用可以按照工程内容分解很细，其计划值一般较为准确而其实际投资是连续发生的，因而需要经常定期地进行实际投资与计划投资比较；设备购置费用有时需要较长订货周期和一定数额的定金，必须充分考虑利息的支付等。

5.3.2 进度控制的含义

1．进度控制的目标

建设工程进度控制的目标可以表达为：通过有效的进度控制工作和具体的进度控制措施，在满足投资和质量要求的前提下，力求使工程实际工期不超过计划工期。

由于进度计划的特点是"实际工期不超过计划工期"，更强调的是对整个建设工程计划总工期的控制，所以进度控制的目标能否实现，主要取决于处在关键线路上和工程内容能否按预定的时间完成。当然，同时要不发生非关键线路上的工作延误而成为关键线路的情况。

在大型、复杂建设工程的实施过程中，总会不同程度地发生局部工期延误的情况。这些延误进度目标的影响应当通过网络计划定量计算。局部工期延误的严重程度与其对进度目标的影响程度之间并无直接的联系，更不存在某种等值或等比例关系，这是进度控制与投资控制的重要区别，也是在进度控制中要加以充分利用的特点。

2．系统控制

进度控制的系统控制思想与投资控制基本相同。

在采取进度控制措施时，要尽可能采取可对投资目标和质量目标产生有利影响的进度控制措施，例如完善的施工组织设计，优化的进度计划等。当然采取进度控制措施也可能对投资目标和质量目标产生不利影响。例如局部关键工作发生工期延误或工期延误程度尚不严重时，可以采取加班加点产方式，或适当增加施工机械和人力的投入，这时就会对投资目标产生不利影响，而且由于夜间施工或施工速度过快，也可能对质量目标产生不利影响。因此当采取进度控制措施时，不能仅仅保证进度目标的实现却不顾投资目标和质量目标，而应当综合考虑三大目标。通常根据工程实际情况和进度控制措施选择的可能性，有三种处理方式：

一是在保证进度目标的前提下，将对投资目标和质量目标的影响减少到最低程度；二是适当调整进度目标（延长计划总工期），不影响或基本不影响投资目标和质量目标；三是介于二者之间。

3．全过程控制

关于进度控制的全过程控制体现在以下三个方面：

（1）在工程建设的早期就应当编制进度计划。例如业主方整个建设工程的总进度计划包括的内容很多，除了施工之外还包括前期工作（如征地、拆迁、施工场地准备）、勘察、设计、材料和设备采购、动用期准备等，不能把进度计划只误认为是施工计划。再者工程建设早期所编制的业主方总进度计划，不可能也无必要达到承包商施工进度计划的详细程度，应掌握"近细远粗"的原则达到一定的要求即可。所谓"近"和"远"是相对概念，随着工作的进展，最初的远期工作就变成了近期工作，进度计划也应当相应的深化细化。要克服因为工程建设早期资料详细程度不够且可变因素多而无法编制进度计划的思想。在工程建设早期编制进度计划是早期控制思想在进度控制中的反映。越早进行控制，进度控制的效果越好。

（2）在编制进度计划时要充分考虑各阶段工作之间的合理搭接。建设工程实施各阶段的工作是相对独立的，但不是截然分开的，在内容上有一定的联系，在时间上有一定的搭接。例如，设计与征地，拆迁工作搭接，设备采购和工程施工与设计搭接，装饰工程和安装工程施工与结构工程施工搭接等。搭接时间越长，建设工程的总工期就越短。当然搭接都有一个合理限度，因此，合理确定具体的搭接工作内容和搭接时间，也就是进度计划优化的内容。

（3）抓好关键线路的进度控制。进度控制的重点对象是关键线路上的各项工作，包括关键线路变化后的各项关键工作，这样可以取得事半功倍的效果。如果早期没有进度计划，就不知道哪些工作是关键工作，工作就没有重点。当然对于非关键线路的各项工作，要确保其不要延误后而变成关键工作。

4．全方位控制

对进度目标进行全方位控制要从以下几个方面考虑：

（1）对整个建设工程所有工程内容的进度都要进行控制，除了单项工程、单位工程外，还要包括区内道路、绿化、配套工程等进度。

（2）对整个建设工程所有工作内容都要进行控制。

（3）对影响进度的各种因素都要进行控制。例如，施工机械数量不足或故障；技术人员和工人素质低；建设资金缺乏不到位；材料和设备不能按时、按质、按量供应；出现异常的工程地质、水文、气候条件；还可能出现政治、社会风险等。要采取措施减少或避免这些因素对进度的影响。

（4）要注意各方面工作进度对施工进度的影响。例如，根据工程开工时间和进度要求安排动拆迁和设计进度计划，必要时可分阶段提供施工场地和施工图纸；又如，根据结构工程和装饰工程施工进度的需要安排材料采购进度计划，根据安装工程进度的需要安排设备采购进度计划等。

5．进度控制的特殊问题

在建设工程三大目标控制中，组织协调对进度控制的作用最为突出且最为直接，有时甚至能取得常规控制措施难以达到的效果。

5.3.3 质量控制的含义

1. 质量控制的目标

建设工程质量控制的目标，就是通过有效的质量控制工作和具体的质量控制措施，在满足投资和进度要求的前提下，实现工程预定的质量目标。

这里需要强调工程质量目标的含义有两个方面：一方面是质量目标，首先必须符合国家现行的关于质量的法律、法规、技术标准和规范等的有关规定，尤其是强制性标准的规定。这实际上也就明确了对设计、施工质量的基本要求。从这个角度讲，同类建设工程的质量目标具有共性，不因其业主、建造地点以及其他条件的不同而不同。另一方面是由于建设工程都是根据业主的要求而兴建，不同的业主有不同的功能和使用价值要求，即使同类建设工程，具体的要求也不同。因此，建设工程的功能与使用价值的质量目标是相对于业主的需要而言，并无固定和统一的标准。从这个角度讲，建设工程的质量目标都具有个性。

因此，建设工程质量控制的目标就要实现以上两个方面的工程质量目标。在建设工程质量控制工作中，对于合同约定的质量目标，必须保证其不得低于国家强制性标准的要求。另外要注意对工程质量目标的控制，最好能预先明确控制效果定量评价的方法和标准。

2. 系统控制

建设工程质量控制的系统控制从以下几方面考虑：

（1）避免不断提高质量目标的倾向。建设工程的建设周期较长，随着新技术、新工艺、新材料、新理念的不断出现，在工程建设初期（如可研阶段）所确定的质量目标到设计或施工阶段就显得相应滞后。不少业主往往要求相应地提高质量标准甚至将已经施工完毕的部分工程拆毁重建，造成投资增加，修改设计、影响进度目标实现。为此，首先，在工程建设早期确定质量目标时要有一定的前瞻性；其次，对质量目标要有一个理性的认识，不要盲目追求"最新"、"最高"、"最好"等目标；最后，要定量分析提高质量目标后对投资目标和进度目标的影响。即使有必要确定要提高质量标准，也要把对投资目标和进度目标的不利影响减少到最低限度。

（2）确保基本质量目标的实现。建设工程的质量目标关系到生命安全、环境保护等社会问题，国家有相应的强制性标准。因此，不论发生什么情况，也不论在投资和进度方面要付出多大的代价，都必须保证建设工程的安全可靠、质量合格的目标予以实现。

（3）尽可能发挥质量控制对投资目标和进度目标的积极作用。在三大目标中起主导作用的是质量目标，所以要尽可能地发挥质量控制对投资目标和进度目标的积极作用。

3. 全过程控制

建设工程的每个阶段都对工程质量的形成起着重要作用。但各阶段关于质量问题的侧重点不同：在设计阶段，主要是解决"做什么"和"如何做"的问题，使建设工程总体质量目标具体化；在施工招标阶段，主要是解决"谁来做"的问题，使工程质量目标的实现落实到承包商；施工阶段，通过施工组织设计等文件，进一步解决"如何做"的问题，通过具体施工解决"做出来"的问题，使建设工程形成实体，将工程质量目标物化地体现出来；在竣工验收阶段主要是解决工程实际质量是否符合预定质量的问题；而在保修阶段，则主要是解决已发现的质量缺陷问题。因此应该根据建设工程各阶段质量控制的特点和重点，确定各阶段质量控制的目标任务，以便实现全过程质量控制。

还要说明的是，建设工程建成后，不能像某些工业产品那样，可以拆卸或解体来检查内在质量，因而必须加强施工过程中的质量检验，而且在建设工程施工过程中，由于工序交接多，中间产品多，隐蔽工程多，若不及时检查就有可能将已经出现的质量问题被下道工序掩盖，将不合格产品误认为合格产品，从而留下质量隐患。

4．全方位控制

对建设工程质量进行全方位控制应从以下几方面着手：

（1）对建设工程所有工程内容的质量进行控制。建设工程是一个整体，其总体质量是各个组成部分质量的综合体现，也取决于各具体工程内容的质量。因此对建设工程的质量控制必须落实到每一项工程内容，只有确实实现了各项工程内容的质量目标，才能保证实现整个建设工程的质量目标。

（2）对建设工程质量目标的所有内容进行控制。建设工程的质量目标包括许多具体的内容，例如，从外在质量、工程实体质量、功能和使用价值质量等方面可分为美观性、与环境协调性、安全性、可靠性、适用性、灵活性、可维修性等目标，还可以分为更具体的目标。这些具体的质量目标之间有时也存在着对立统一的关系，在质量控制中要注意加以妥善处理。

（3）对影响建设工程质量目标的所有因素进行控制。影响建设工程质量目标的因素很多，可以从不同的角度加以归纳和分类。例如，可以将这些影响因素分为人、机械、材料、方法和环境五个方面。质量控制的全方位控制，就是要对这五方面因素都进行控制。

5．质量控制的特殊问题

质量控制还有两个特殊问题要加以说明。

第一，由于建设工程质量的特殊性，要实行三重控制。①实施者自身的质量控制（自控），这是从产品生产者角度进行的质量控制；②政府对工程质量的监督（监控），这是从社会公众角度进行的质量控制；③监理单位的质量控制（他控），这是从业主角度或者说从产品需求者角度进行的质量控制。对于建设工程质量，加强政府的质量监督和监理单位的质量控制是非常必要的，但绝不能因此而淡化或弱化实施者自身的控制。

第二，工程质量事故具有多发性，要加强对工程质量事故的预控和处理。工程质量事故在建设工程实施过程中，具有多发性特点。例如，基础不均匀沉降、混凝土强度不足、屋面渗漏、建筑物倒塌，乃至一个建设工程整体报废等都有可能发生。拖延的工期、超额的投资都还可能在以后的工程实施过程中挽回，工程质量一不合格，就成了既定事实。不合格的工程绝不会顺着时间的推移而自然变成合格工程。

因此，应当对工程质量事故予以高度重视，从设计、施工以及材料设备供应等多方面入手，进行全过程、全方位的质量控制，特别要尽可能做到主动控制、事前控制。在实施建设监理的工程上，减少一般性工程质量事故，杜绝工程质量重大事故，应当说是最基本的要求。

对于不合格的工程必须及时返工或返修，达到合格后才能进入下一工序、才能交付使用。否则，拖延的时间越长，所造成的损失后果越严重。

5.4 建设工程施工阶段目标控制的任务和措施

在建设项目实施的各个阶段中，与环评阶段、设计阶段和施工阶段相比，施工阶段目标控制任务的内容最多，目标控制工作持续的时间最长，是建设工程目标全过程控制中三个最主要的阶段之一。工程环境监理目前主要是施工期的监理，因此正确认识设计阶段、施工阶段的特点、了解其各阶段目标控制的任务和措施，对于工程环境监理单位和环境监理工程师，有着非常重要的意义。

5.4.1 建设工程环评阶段、设计阶段和施工阶段的特点比较

建设工程环评、设计和施工各阶段的特点比较可以用表 5-1 来表示。

表 5-1　建设工程环评、设计和施工各阶段特点比较

项　目	环评阶段	设计阶段	施工阶段
特点	1. 表现为创造性的脑力劳动 2. 决定建设工程是否准予建设的主要阶段 3. 对设计阶段提出如何设计的关键阶段 4. 为确保环境质量和环境安全提出建设工程环保目标与环保投资 5. 与施工阶段还相隔设计阶段只能宏观要求不能具体实施	1. 表现为创造性的脑力劳动 2. 决定建设工程价值和使用价值的主要阶段 3. 影响建设工程投资的关键阶段 4. 设计工作需要反复协调 5. 设计质量对建设工程总体质量有决定性的影响	1. 以执行计划为主的阶段 2. 实现建设工程价值和使用价值的主要阶段 3. 建设资金投入量最大的阶段 4. 施工需要协调的内容多 5. 施工质量对建设工程总体质量起保证作用 6. 实现"三同时"防止环境污染和生态破坏重要阶段
备　注	施工阶段相对于工程建设其他阶段还表现为： （1）持续时间长，风险因素多　（2）合同关系复杂，合同争议多		

5.4.2 施工阶段目标控制的任务

施工阶段目标控制的主要任务是在施工过程中，根据施工阶段的目标规划和计划，通过动态控制、组织协调、合同管理使工程建设项目施工质量、施工进度和投资符合预定的建设目标、环保目标要求。

（1）投资控制的任务

施工阶段建设工程投资控制的主要任务是通过工程付款控制、工程变更费用控制、预防和处理好费用索赔、挖掘节约投资潜力来努力实现实际发生的费用不超过计划投资。

为完成施工阶段投资控制的任务，监理工程师应做好以下工作：制订本阶段资金使用计划，并严格进行付款控制，做到不多付、不少付、不重复付；严格控制工程变更，力求减少变更费用；研究确定预防费用索赔的措施，以避免、减少承包商的索赔数额；及时处理费用索赔，确有必要时协助业主进行反索赔；根据有关合同的要求，协助做好由业主方完成的与工程进展密切相关的各项工作，如按期提交合格施工现场，按质、

按量、按期提供材料和设备等工作；做好工程计量工作；审核施工单位提交的工程结算书等。

（2）进度控制的任务

施工阶段建设工程进度控制的主要任务是通过完善建设工程控制性进度计划，审查施工单位施工进度计划，做好各项动态控制工作、协调各单位关系、预防并处理好工期索赔，以求实际施工进度达到计划施工进度的要求。

为完成施工阶段进度控制任务，监理工程师应当做好以下工作：根据施工招标和施工准备阶段的工程信息，进一步完善建设工程控制性进度计划，并据此进行施工阶段进度控制；审查施工单位施工进度计划，确认其可行性并满足建设工程控制性进度计划要求；制订业主方材料和设备供应进度计划并进行控制，使其满足施工要求；审查施工单位进度控制报告，督促施工单位做好进度控制；对施工进度进行跟踪，掌握施工动态；研究制定预防工期索赔的措施，做好处理工期索赔工作；在施工过程中，做好对人力、材料、机具、设备等的投入控制工作以及转换控制工作、信息反馈工作、对比和纠正工作，使进度控制定期连续进行；开好进度协调会议，及时协调有关各方关系，使工程施工顺利进行。

（3）质量控制的任务

施工阶段建设工程质量控制的主要任务是通过对施工投入、施工安装过程、产出品进行全过程控制，以及对参加施工的单位和人员的资质、材料和设备、施工机械和器具、施工方案和方法、施工环境实施全面控制，以期按标准达到预定的施工质量目标。

为完成施工阶段质量控制任务，监理工程师应当做好以下工作：协助业主做好施工现场准备工作，为施工单位提交质量合格的施工现场；确认施工单位资质；审查确认施工分包单位；做好材料和设备检查工作，确认其质量；检查施工机械和机具，保证施工质量；审查施工组织设计；检查并协助搞好各项生产环境、劳动环境、管理环境条件；做好施工工艺过程质量控制工作；检查工序质量，严格工序交接检查制度；做好各项隐蔽工程的检查工作；做好工程变更的方案比选，保证工程质量；进行质量监督，行使质量监督权；认真做好质量鉴证工作；行使质量否决权，协助做好付款控制；组织质量协调会，做好中间质量验收的准备工作；做好竣工验收工作；审核竣工图。

5.4.3　建设工程目标控制的措施

为了取得目标控制的理想成果，通常在监理工作中采取组织、技术、经济、合同四项措施，除此之外，环境监理还可采取公众参与措施。分述如下：

（1）所谓组织措施，是从目标控制的组织管理方面采取的措施，如落实目标控制的组织机构和人员，明确各级目标控制人员的任务和职能分工、权力和责任，改善目标控制的工作流程等。组织措施是其他各类措施的前提和保障，而且一般不需要增加什么费用，运用得当可以收到良好的效果。尤其是对于业主原因所导致的目标偏差，这类措施可能成为首选措施，故应予以足够重视。

（2）技术措施不仅对解决建设工程实施过程中的技术问题是不可能缺少的，而且对纠正目标偏差亦有相当重要的作用。任何一个技术方案都有基本确定的经济效果，不同的技术方案就有着不同的经济效果。因此，运用技术措施纠偏的关键，一是要能提出多个不同的技术方案；二是要对不同的技术方案进行技术经济比较分析。在实践中，要避免仅从技术角度选定技术方案而忽视对其经济效果的分析论证。

（3）经济措施是最易为人接受和采用的措施。需要注意的是，经济措施绝不仅仅是审核工程量及相应的付款和结算报告，还需要从一些全局性、总体性的问题上加以考虑，往往可以取得事半功倍的效果。另外，不要仅仅局限在已经发生的费用上。通过偏差原因分析和未完成工程投资预测，可发现一些现有和潜在的问题点，及时采取预防措施。由此可见，经济措施的运用绝不仅仅是财务人员的事情。

由于投资控制、进度控制、质量控制均要以合同为依据，因此，合同措施就显得尤为重要。对于合同措施要从广义上理解，除了拟订合同条款、参加合同谈判、处理合同执行过程中的问题，防止和处理索赔等措施外，还要协助业主确定对目标控制有利的建设工程组织管理模式和合同结构、分析不同合同之间的相互联系和影响，对每一个合同作总体和具体分析等。这些合同措施对目标控制更具有全局性的影响，其作用也就更大。另外，在采取合同措施时要特别注意合同中所规定的业主和监理工程师的义务和责任。

（4）保护环境人人有责，有必要时环境监理还可把施工单位的环保信息上报政府环境主管部门进行公示，以便接受媒体和社会的监督。

5.5　工程环境监理的目标控制

5.5.1　环境监理控制的目标

工程建设监理主要讲的是质量、投资和进度三大目标之间的对立统一关系，三大目标控制的含义、任务及措施。相对于工程建设监理而言，环境监理是一个新型的专业监理，以往没有人去专门研究和探讨建设工程环境监理的目标问题。从项目管理学的角度，根据前面章节所述，"如果没有目标就无所谓控制；如果没有计划，就无法实施控制"，换言之，如果弄不清环境监理的目标，也就没必要建立项目环境监理组织。这显然与强化建设项目施工期的环境管理，推行施工期工程环境监理制度的基本出发点是违背的。在环保部门也很少有人涉足工程环境监理的目标研究这个既可以认为是专业理论，也可以认为属于具体监理实践的问题。目前还没有人给工程环境监理目标给出一个准确的定义，我们在此试图给环境监理的目标一个概念。

根据《环评法》第三章第二十六条 "建设项目建设过程中，建设单位应当同时实施环境影响报告书、环境影响报告表以及环境影响评价文件审批部门审批意见中提出的环境保护对策措施"。《建设项目环境保护管理条例》第三章第十七条 "建设项目的初步设计，应当按照环境保护设计规范的要求，编制环境保护篇章，并依据经批准的建设项目环境影响报告书或者环境影响的报告表，在环境保护篇章中落实防治环境污染和生态破坏的措施以及环境保护设施投资概算"。以上法律、条例条文的规定，既是工程环境监理的法律依据，也指出了工程环境监理的目标。其目标就是"实施"环境影响报告书、环境影响报告表以及环境影响评价审批部门审批意见中提出的"环境保护对策"，"落实"（初步设计环境保护篇章中）"防治环境污染和生态破坏的措施以及环境保护设施投资概算"。

因此，建设项目环境监理控制的目标，可以描述为：通过有效的环境监理控制工作和具体的控制措施，在满足投资、进度和质量要求的前提下，确保防治环境污染和生态环境破坏的措施以及环境保护设施投资概算等环境保护对策的落实。

5.5.2 环保目标与三大目标之间的关系

环境保护是一项基本国策。环境保护目标就广义上来讲包括污染排放总量控制目标、环境质量目标、环境敏感区的保护、生态环境保护等，是一个独立的系统。相对于建设项目，这些宏观的目标，也要通过目标分解，把其分解到区域的具体的工程建设项目中去落实和完成。因此在建设项目的施工期环境监理中，必然要和投资、进度、质量三大目标融合在一起，形成有机的联系，像三大目标相互之间的关系一样，是矛盾的对立统一体。各工程建设必不可免地要引起工程周边环境现状发生改变，环境监理单位及其环境监理工程师，应该围绕工程的质量、投资、进度三大目标控制进行环保目标控制，搞好工程环保目标控制，促进质量、投资、进度目标控制。这样工程环境监理才能得以生存和发展。

5.5.3 施工阶段环境监理的目标控制

1. 系统控制

从上述工程建设项目环境监理目标控制（也可称之项目环保目标控制）与建设项目三大目标控制的关系可知，环境监理目标控制和投资、质量、进度三大目标控制是同时进行的，它是针对整个建设工程目标系统所实施的控制活动的一个组成部分，在实施工程环境监理的同时需要满足建设项目预定的投资、质量和进度目标。因此，在环境监理目标控制的过程中，要协调好与三大目标控制的关系，做到环境监理目标控制与三大目标控制的有机配合和相互平衡协调，不能片面强调某一单项监理目标控制。若破坏了整个目标系统平衡，不仅环境目标包括其他监理的目标控制效果肯定也不会是好的。

2. 全过程控制

所谓环保目标的全过程控制，应当是指建设工程实施的全过程控制。要量化具体环保措施，进行全过程环境监理，使工程建设产生的环境污染和对生态环境的影响控制在最低或最小范围。但工程环境监理目标控制重点是施工阶段的目标控制，所以应当注意三个方面的问题：

（1）要对建设项目的初步设计中的环境保护篇章进行认真研读。首先要明白建设项目有哪些防治环境污染和生态破坏的措施以及环境保护设施内容，其环保投资概算是多少？是否符合环评文件和环评文件批复的要求，施工图设计中有无遗漏和疏忽的问题（如烟囱检测孔、工作平台、污水总排口的规范化整治、生态建设、生物量补偿等）。

（2）在施工招投标和施工合同签订过程中要有环境保护管理方面的条款要求，这是进行工程环境监理的合同依据。业主与承包商在承建合同中若无"环保承诺"或环境保护条款内容，工程环境监理单位及其环境监理工程师就无法对承包商实施目标控制。

（3）在施工期环境监理工作中要紧紧围绕建设项目满足工程竣工环境保护验收的要求进行。2001 年 12 月 27 日国家环境保护局令第 13 号公布了《建设项目竣工环境保护验收管理办法》第四条规定：建设项目竣工环境保护验收的范围包括：①与建设项目有关的各项环境保护设施，包括为防治污染和保护环境所建成或配备的工程、设备、装置和监测手段，各项生态保护措施；②环境影响报告书（表）或环境影响登记表和有关项目设计文件规定应采取的其他各项环境保护措施。这应该是施工期环境监理工作目标控制的重点。

3. 全方位控制

对环保目标的全方位控制，从以下几个方面考虑：

（1）对整个建设项目的所有环境工程内容都要进行控制。包括废水处理、废气治理、噪声振动防治、绿化、植被恢复、水土保持等单项工程、单位工程均应纳入工程环境监理的目标控制视野之内。

（2）对整个建设项目的所有工作内容中的环境保护都要进行控制。在建设项目的各项工作中，根据项目业主授权和委托，诸如征地、拆迁、移民、勘察设计、施工招标、材料和设备采购（涉及其环保性能指标）、施工、动用前准备（即试运行前准备）等，都有相应的环境监理目标控制工作可做，这应根据监理合同明确的监理范围去做。

（3）对影响环境的各种因素都要进行控制。例如施工噪声、废气和扬尘、水土流失、建筑固体废弃物堆存、施工点的生活垃圾，废水排放、农田生态、自然景观的破坏、生物多样性保护与生态安全、施工引起的滑坡、泥石流地质灾害、拆迁移民安置中的饮用水源保护等，必须对影响环境的各种因素进行控制，对重点环境污染因子要进行必要的环境监测，使环境质量达标，或采取有效措施减少或避免其对环境的影响。

4. 施工阶段环境监理目标控制的主要任务

组织参加环保设计交底会和环境监理协调会；审核承包商施工组织设计中环境保护方案；审核工程材料、设备的环境性能指标；督促施工单位履行承包合同中的环境保护条款；现场检查、监督并发布各项环保指令、文件及协调工程建设各单位之间有关环境保护问题；编写工作记录、监理日志、监理月报、监理报告和环境监理工作总结等。工程环境监理单位及其环境监理工程师要不断地进行现场监督检查，使环境保护问题（包括潜在问题）能及时发现（或防范）、及时制止、及时得到处理，从而确保工程建设符合环境保护法规和有关的环境质量标准，满足工程竣工环境保护验收条件的要求。

习 题

1. 简述目标控制的基本流程，在每个流程中有哪些基本环节？
2. 何谓主动控制、何谓被动控制，在目标控制中如何处理二者之间的关系？
3. 目标控制的两个前提条件是什么？
4. 建设工程的投资、进度、质量目标三者是什么关系？怎样理解？
5. 简述建设工程目标分解的原则和方式。
6. 建设工程投资、进度、质量控制的具体含义各是什么？
7. 建设工程设计阶段、施工阶段各有何特点？
8. 施工阶段目标控制的基本任务是什么？
9. 建设工程目标控制可采取哪些措施？
10. 试述建设工程环境监理的目标。
11. 如何进行工程环境监理的目标控制？
12. 施工阶段环境监理目标控制的任务是什么？

第6章　工程环境监理的组织协调

　　建设项目工程施工的外部环境多涉及环境保护问题，环境监理目标的实现，需要环境监理工程师扎实的专业知识对监理程序的有效执行，此外，还要求监理工程师有较强的组织协调能力。外部协调是业主的事，这里主要是说内部协调问题。

6.1　协调的含义与作用

6.1.1　协调的含义

　　协调就是联结、联合、调和所有的活动及力量。协调的目的是力求得到各方面协助，促使各方协调一致，齐心协力，以实现自己的预定目标。协调是管理的核心职能，它作为一种管理方法贯穿于整个项目和项目管理过程中。

　　协调，又称协调管理，在美国项目管理中称为"界面管理"。所谓界面管理指主动协调相互作用的子系统之间的能量、物质、信息交换，以实现系统目标的活动。系统是由若干相互联系又相互制约的要素有组织有秩序地组成的具有特定功能和目标的统一体。建设工程系统就是一个由人员、物质、信息等构成的人为组织系统。用系统方法分析建设工程的协调一般有三大类：一是"人员/人员界面"；二是"系统/系统界面"；三是"系统/环境界面"。

　　建设工程组织是由各类人员组成的工作班子，由于每个人的性格、习惯、能力、岗位、任务、作用的不同，即使只有两个人在一起工作，也有潜在的人员矛盾和危机。这种人和人之间的间隔，就是所谓的"人员/人员界面"。

　　建设工程系统是由若干个子项目组成的完整体系，子项目即子系统。由于子系统的功能、目标不同，容易产生各自为政的趋势和相互推诿的现象。这种子系统和子系统之间的间隔，就是所谓的"系统/系统界面"。

　　建设工程是一个典型的开放系统。它具有环境适应性，能主动从外部世界取得必要的能量、物质和信息。在取得的过程中不可能没有障碍和阻力，这种系统和环境之间的间隔就是所谓的"系统/环境界面"。这就是国外称为"界面管理"的原因。

　　工程项目协调管理就是在"人员/人员界面"、"系统/系统界面"、"系统/环境界面"之间，对所有的活动及力量进行联结、联合、调和的工作。系统方法强调，要把系统作为一个整体来研究和处理，因为总体的作用规模要比各子系统的作用规模之和大。为了顺利实现建设工程系统目标，必须重视协调管理，发挥系统整体功能。

　　环境监理工作的组织协调是指在监理过程中，工程环境监理单位对相关单位的协作关系进行协调，使相互之间加强工作、减少矛盾、避免纠纷，共同完成项目目标。组织协调最为重要、最为困难，也是监理工作是否成功的关键，只有通过积极的组织协调才能实现整个系统全面协调的目的。一个成功的环境监理工程师，就应是一个善于"通过别人的工作把事情做好的管理者"。

6.1.2 协调的作用

协调具有以下三个方面的作用。

（1）纠偏和预控错位

施工中经常出现作业行为偏离合同和规范标准，如工期的超前或滞后、后继工序的脱节，由于设计修改、工程变更和材料代用给下阶段施工带来的影响变更，以及水文地质条件的突然变化造成的影响，或人为干扰因素对工期质量造成的障碍等，都会造成计划序列脱节，这种情况在作业面越广，人员越多时发生的概率就越大。监理协调的重要作用之一就是及时纠偏，或采用预控措施事前调整错位。

（2）控制进度的关键是协调

在建设施工中，有许多单位工程是由不同专业的工程组成的。比如水电工程建设分为水建、土建和机电安装三大类，通常又都是分别由专业化施工处、施工队进行施工，这就必然存在着三类工程的相互衔接和队伍之间相互协作的问题，而进度控制的关键是搞好协调。

（3）协调是平衡的手段

多头施工队伍必然存在着一定协调平衡问题。在一些工程施工过程中，一项工程往往有许多队伍同时上阵，比如高速公路修建一般分为若干个标段，一个标段可能桥梁涵洞是一家、路基是一家、路面是一家、生活区是一家、护坡绿化、附属设施又是一家，再加上设计单位、材料供应单位、项目业主既有总包又有分包，既有纵向串接又有横向联合，各自又均制订有作业计划、质量目标，而这些计划集中之后，必然存在一个协调问题。作为环境监理工程师从远外层、近外层和监理单位内部都要进行协调平衡。建设经验证明，项目的圆满顺利完成，是多方配合相互合作的共同成果。环境监理工程师在工程项目中的特殊地位和现场项目管理中的核心作用，必须突出其"协调"功能。

6.2 项目环境监理组织协调的内容

6.2.1 项目环境监理机构内部的协调

作为建设项目的工程环境监理，不是由一两个人就可以完成的，通常要由若干个人组成，少则十几个、多则几十个，按一定专业比例，并按责任范围进行科学分工的"高智能"专业人才群体共同努力来完成。为此，环境监理工程师首先要搞好内部关系协调，主要包括人际关系和组织关系协调。

1. 项目监理机构内部人际关系的协调

项目总监理工程师是组织协调的主要负责人，应首先抓好人际关系的协调，要采用公开的信息政策，让大家了解项目实施情况，遇到问题或危机，经常性的指导工作，和成员一起商讨遇到的问题，多倾听他们的意见、建议、鼓励大家同舟共济。在人际关系协调上注重以下几点。

（1）在人员的分工和工作安排上要量才录用。要根据每个人的专业、专长进行有机组合、安排。人员的搭配注意能力互补、性格互补、年龄互补。人员配置应尽可能少而精，防止力不胜任和忙闲不均现象。

（2）在工作委任上要职责分明。对项目环境监理机构内的每一个岗位，都应订立明确的目标和岗位责任制，应通过职能清理，使管理职能不重不漏，做到事事有人管、人人有专责，同时明确岗位职权，使每个人均能在组织内部找到自己的合适位置，既无心理不平衡又无失落感。

（3）在成绩评价上要实事求是。工作成绩的取得，不仅需要主观努力，而且需要一定的工作条件和相互配合。要发扬民主作风、实事求是评价，以免人员无功自傲或有功受屈，使每个人都热爱自己的工作，并对工作充满信心和希望。

（4）在矛盾调解上要恰到好处。人员之间的矛盾总是存在的，一旦出现矛盾就应进行调解。调解要恰到好处：一是掌握大局；二是要注意方法。通常的矛盾是工作上的意见分歧，除个别情况外，一般内部矛盾是反映工程矛盾，也是环境监理内部运行中所呈现问题的具体化。因此，要多听取项目监理机构成员的意见和建议，及时沟通，使人员始终处于团结、和谐、热情、高涨的工作气氛之中。

2. 项目监理机构内部组织关系的协调

项目监理机构内部组织关系的协调包括以下内容。

（1）在职能划分的基础上设置组织机构，根据工程对象及委托环境监理合同所规定的工作内容，确定职能划分，并相应设置配套的组织机构。

（2）明确规定每个部门的目标、职责和权限。

（3）事先约定各个部门之间在工作中的相互关系。其中主办、牵头和协作、配合是有区别的，最好作出明文规定。

（4）建立信息沟通制度。例如采用工地例会、业务碰头会、会议纪要、工作流程图、信息传递卡等方式沟通信息，使局部了解全局，服从并适应全局需要。

（5）及时解决组织内部的需求平衡，消除工作中的矛盾与冲突。在环境监理工作实施过程中，有施工场地需求、试验设备需求、材料需求等，而资源总是有限的，往往是内部组织和专业部门之间容易产生矛盾和冲突的重点，因此及时解决组织内部的需求平衡至关重要。合理的监理资源配置，要注意抓住期限上的及时性、规格上的明确性、数量上的准确性、质量上的规定性。

6.2.2 项目环境监理组织与工程建设其他组织之间的协调

监理人员在工程建设中有其特殊的地位，表现为他受建设单位的委托、代表建设单位，对工程的质量有否决权，对工程验收付款有签证权、认证权，对发生在建设过程中的各类经济纠纷和工程工序衔接有协调权等，这样自然而然地形成了监理人员在建设中的核心地位。但是监理人员绝不能因自己的特殊地位而不注意与工程建设其他组织之间的协调，摆不正监理与被监理、监理与服务的关系，不坚持监理原则、维护相关方面正当利益，不独立、公正、科学地进行监理，也不可能顺利地完成工程环境监理任务。

1. 与业主的协调

监理实践证明，监理目标的顺利实现和与业主协调是否有效很大关系。

我国长期的计划经济体制使得业主的合同意识差、随意性大，主要体现在：一是沿袭计划经济时期的基建管理模式，搞"工程指挥部"，在建设工程上，业主的管理人员要比监理人员多或管理层次多，对监理工作干涉多，并插手监理人员应做的工作；二是不把合同中规定的权力交给监理单位，致使监理工程师有职无权，发挥不了作用；三是科学管理意识差，在建设工程目标确定上压工期、压造价，在建设工程实施过程中变更多或时效不按要求，给监理工作的质量、进度、投资控制带来困难；四是对建设项目工程环境监理不了解，认为进行了环评就是落实了环保、工程监理可以替代环境监理。因此，与业主的协调是环境监理工作的重点和难点。

与业主的协调应注意如下几点。

（1）监理工程师首先要理解建设工程总目标和环保目标，理解业主意图。对于未能参加项目决策过程的监理工程师，必须了解项目构思的基础、起因、出发点，否则可能对监理目标及完成任务有不完整的理解，会给自己的工作造成很大困难。

（2）利用工作之便做好环境监理宣传工作，增进业主对环境监理工作的理解，特别是对建设工程管理各方职责及环境监理程序的理解；主动处理建设工程中事务性工作，以规范化、标准化、制度化的工作去影响和促进双方工作的协调一致。

（3）尊重业主，让业主一起投入建设工程全过程。一方面有预定的环保目标；另一方面建设工程实施必须执行业主指令，尽量使业主满意。对业主提出的某些不适当的要求，只要不属于原则问题，都可先执行，然后利用适当时机，采取适当方式加以说明或解释；对于原则性问题，可采取书面报告等方式说明原委，尽量避免发生误解。

2．与承包商的协调

监理工程师对质量、进度、投资目标控制，包括环保目标控制都是通过承包商的工作来实现的，所以做好与承包商的协调是环境监理工程师组织协调工作的重要内容。

（1）坚持原则，实事求是，严格按规范、规程办事，讲究科学态度。

在监理工作中应强调各方面利益的一致性和建设工程总目标；环境监理工程师应鼓励承包商将工程实施情况，实施结果和遇到的困难和意见向自己汇报，以寻找对环保目标控制可能的干扰。双方了解沟通得越多越深刻，环境监理工作中的对抗和争执就越少。

（2）协调不仅是方法、技术问题，更多的是语言艺术、感情交流和用权适度问题。

有时尽管协调意见是正确的，但由于方式或表达不妥，反而会激化矛盾。高超的协调能力往往能事半功倍，令各方都满意。

（3）施工阶段协调工作的内容如下。

①与承包商项目经理关系的协调。从承包商项目经理及其工地工程师的角度来说，他们最希望监理工程师是公正、通情达理并容易理解别人的；希望从监理工程师处得到明确而不是含糊的指示，并且能够对他们所询问的问题给予及时的答复；希望监理工程师的指示能够在他们工作之前发出。他们可能对本本主义者以及工作方法僵硬的监理工程师最为反感。这些心理现象，作为监理工程师来说，应该非常清楚。一个既懂得坚持原则，又善于理解承包商项目经理的意见、工作方法灵活，随时可能提出或愿意接受变通办法的监理工程师肯定是受欢迎的。

②进度问题的协调。进度问题协调虽然比较复杂，实践证明有两项协调工作很有成效：一是业主和承包商共同商定一级网络计划，并由双方主要负责人签字，作为工程施

工合同的附件；二是设立提前竣工奖，由监理工程师按一级网络计划节点考核，分期支付阶段工期奖，如果整个工程最终不能保证工期，由业主从工程款中将已付的阶段工期奖扣回并按合同规定予以罚款。

③质量问题的协调。在质量控制方面应实行监理工程师质量认可制度。对没有出厂证明、不符合使用要求的原材料、设备和构件，不准使用；对工序交接实行报验签证；对不合格的工程部位不予验收签字，也不予计算工程量，不予支付工程款。在工程实施过程中，设计变更或工程内容的增减是经常出现的，有些是合同签订时无法预料和明确规定的。对于这种变更，监理工程师要认真研究，合理计算价格，与有关方面充分协商，达成一致意见，并实行监理工程师签证制度。

④环保问题的协调。要采用环保工作项目验收一票否决制。在承包合同签订时，施工合同中必须有环保条款，责任分明、目标明确，对施工现场要实施全过程、全方位的环境监管从而保证环保设计中各项环保措施能够顺利实施。目前有些已经可以利用计量支付手段约束承包商的环保履约行为，在中间交工检验或计量支付表格上增添环境监理工程师签字栏，对环境监理工程师每次工地例会通报或环境监理中下达的环保工作指令必须完成。

⑤对承包商违约行为的处理。在施工过程中，监理工程师对承包商的某些违约行为进行处理是一件很慎重而又难免的事情。当发现承包商采用不适当的方法进行施工，或是用了不符合合同规定的材料时，监理工程师除了立即制止外，可能还要采取相应的处理措施。遇到此种情况，监理工程师应该考虑的是自己的处理意见是否在监理权限以内，自己该如何做等。在发现质量缺陷并需要采取措施时，监理工程师必须立即通知承包商，监理工程师要有时间期限概念，否则承包商有权认为监理工程师对已完成的工程内容是满意或认可的。当监理工程师发现承包商的项目经理或某个工程师不称职时，比较明智的做法是继续观察一段时间，待掌握足够的证据时，总监理工程师可以正式向承包商发出警告。万不得已时，总监理工程师有权要求撤换承包商的项目经理或工地工程师。

⑥合同争议的协调。对于工程中的合同争议，监理工程师应首先采取协商解决的方式，协商不成时才由当事人向合同管理机关申请调解。只有当对方严重违约而使自己的利益受到重大损失且得不到补偿时才采用仲裁或诉讼手段。如果遇到非常棘手的合同争议问题时，不妨暂时搁置等待时机，另谋良策。

⑦对分包单位的管理。分包商在施工中发生的问题，由总承包商负责协调处理。对分包单位是分层次管理，将总包合同作为一个独立的合同单元进行投资、进度、质量控制和合同管理，不直接和分包合同发生关系。当分包合同条款与总包合同发生抵触，以总包合同为准。此外分包合同不能解除总承包商对总承包合同所承担的任何责任和义务。分包合同发生的索赔问题，一般由总承包商负责，涉及总包合同中业主义务和责任时，由总包商通过监理工程师向业主提出索赔，由监理工程师协调。

⑧处理好人际关系。在监理过程中，监理工程师处于一种十分特殊的位置。业主希望得到独立、专业的高质量服务，而承包商希望监理单位能对合同条件有一个公正的解释。因此，监理工程师必须善于处理各种人际关系，既要严格遵守职业道德、礼貌而坚决地拒收任何礼物，以保证行为的公正性；也要利用各种机会增进与各方面人员的友谊与合作，以利于工程的进展。否则，便有可能引起业主或承包商对其可信赖程度的怀疑。

3. 与设计单位的协调

工程环境监理单位及其环境监理工程师必须认识到，建设项目施工期的环境监理虽然与设计单位之间无直接合同关系，但还要协调与设计单位的工作，以加快工程进度、确保质量、降低消耗。因为，从方案设计到施工图设计要由"粗"到"细"地进行，同时纵向从上一阶段到下一阶段、横向对同一工程各个专业设计之间要保持一致，需要反复协调，外部环境因素对设计工作的顺利开展有着重要影响。例如，业主提供的设计所需要的基础资料是否满足要求；政府有关管理部门能否按时对设计进行审查和批准；业主需求会不会发生变化；参加项目设计的多家单位能否有效协作等。因此工程环境监理单位及其环境监理工程师要协调与设计单位的关系。可从以下两方面入手：（1）真诚尊重设计单位的意见，例如组织设计单位向承包商介绍环保设施工程概况，设计意图、技术要求、施工难点等，把标准过高、设计遗漏、图纸差错等问题解决在施工之前；施工阶段严格按图施工；结构工程验收、专业工程验收、竣工验收等工作均请设计代表参加；若发生质量事故认真听取设计单位的处理意见等。（2）施工中发现设计缺陷，应及时向设计单位提出，以免造成大的直接损失；若有比原设计更先进的新技术、新工艺、新材料、新结构、新设备，或由于工期周边环境变化而原设计不能实施时，环境监理单位可主动向设计单位推荐，进行"设计变更"。为使设计单位有修改设计的余地而不影响施工进度，可与设计单位达成协议限定一个"关门"期限，争取设计单位、承包商的理解和配合。

需要注意的是在施工期环境监理条件下，工程环境监理单位与设计单位都是受业主委托进行工作的，工程环境监理单位主要是和设计单位做好交流工作，信息和传递是有程序的、监理工程师联系单、设计单位申报表，或设计变更通知单，传递要按设计单位（经业主同意）→监理单位→承包商之间的程序进行。《建筑法》指出：工程监理人员发现工程设计不符合建筑工程质量标准或合同约定的质量要求的，应当报告建设单位要求设计单位改正。与设计单位的协调要靠业主的支持。

4. 与政府及其他部门之间的协调

项目的建设总是为满足国民经济发展的需要给区域经济发展带来好处，为当地人民生活水平和生活质量的改善带来契机，但建设也可能给当地带来一些不利因素，如部分农田被占、树木被砍伐、破坏了自然生态的平衡、建设过程中废渣的遗弃、废水废气的排放会给周围的环境带来程度不同的污染，并对周围的村乡带来一定的危害。此外，大量的人员进入，对当地的社会治安、商品供应也会带来一些问题，项目的建设要牵扯到当地政府很多部门。比如输配电建设涉及供电局；水源井或水资源的开发涉及水利局；环境污染事故、纠纷涉及环保局；消防设施的配置、爆破作业的爆破器材的储存运输涉及公安部门；进场公路的改扩建、大件设备的运输及造成交通阻塞涉及交通运管部门；有地下文物地段施工还要征得文物管理部门的许可，此外，工商、税务、银行更是经常有业务关系的单位、征地、拆迁、移民是少不了政府各部门和区、村、乡镇政府及广大农民、居民住户的支持和帮助。

在监理工作实践中远外层单位（即无工程建设合同关系的单位）的关系主要靠业主进行协调，工程环境监理单位的协调范围是项目监理机构内部和近外层关系，但由于不少问题发生在施工现场，矛盾和纠纷也直接影响和干扰施工的正常进行，因此作为现场的环境监理工程师如业主有要求也可协助业主做好与政府及有关其他部门的协调工作。如施工期的三废处理和环境保护、水资源开发、爆破污染、施工噪声对周围环境的影响以及和当地居民住户的关系等，都是经常发生而需要及时协调解决的问题，这也正是工程环境监理目标控制的重要内容。所以要妥善地做好与政府及其他部门之间的协调。

6.3　工程环境监理组织协调方法要点及书面文件

组织协调工作涉及面广，受主观和客观因素影响较大，所以环境监理工程师要掌握组织协调的方法要点，因地制宜，因时制宜地处理问题，同时要尽量避免用口头而用书面文件形式处理监理过程中的组织协调问题，这样才能保证环境监理工作的顺利进行。

6.3.1　组织协调方法要点

实践证明，协调的最佳效益应是积极因素的组合，怎样在协调中尽量减少消极因素，调动积极因素。如何抓住主要矛盾，带动其他次要矛盾的解决。很多监理工程师认为协调的关键是抓程序。因为程序本身既是协调的依据又是科学顺序。首先要坚持严格按科学的监理程序办事；其次还要抓好总包和分包单位的自身管理程序；最后按科学的施工建设程序组织好各方面协力合作。

1．建设程序是宏观调控的依据

一个建设项目由若干个单项工程组成，而一个单项工程由许多个单位工程组成。从大系统的观点看，宏观控制中所谓基本建设程序，即是按照基本建设各阶段、各方面的客观内在联系对基本建设各环节工作顺序与关系的规定。按照我国现行规定如第 1 章第 5 节所述，建设程序大体分为三个阶段："建设前期工作阶段"包括项目建议书、编制可行性研究批准立项，进行初步设计和编制项目总概算；"施工准备与施工阶段"包括征地、拆迁做好"四通一平"施工图设计，各类原材料，施工队伍进场准备，经批准正式连续土建施工、设备安装到业主招收、培训有关生产人员落实生产原料动力、工器具的购置等；"试生产及竣工验收阶段"包括各子系统的单机试车，系统试运，以及所有子系统的联合试运行，包括空载及全负荷试运初步验收等。

建设工作的安排必须按程序办事，不能违反程序。各程序之间有时会出现合理的交叉，但总的需要以程序为依据进行统一协调，如果施工准备不好，不得开工；没有系统试运，不得搞联合试运等，也就是协调本身要严格按科学的建设程序办事。

2．施工程序是现场监理协调的依据

施工过程是根据确定的计划任务，按照设计图样要求，使建筑物，构筑物按期建成，工期如期竣工，机器设备按期安装试运，使各系统按时形成的过程。

从施工阶段分析，同样存在施工顺序问题和施工保证体系问题。从保证体系系统看，施工是特殊的生产过程，是十分复杂的工作。顺利地进行施工，要取得各方面的协作配合，做到投资、工程内容、施工图样、设备材料、施工力量 5 个方面的落实；做到计划、设计、施工三个环节的互相衔接；做到土建、安装各类工程的平衡等。

从建设程序看，工程施工又必须遵循合理的施工顺序。作为单位工程都有科学合理的施工顺序，上一道工序与下一道工序密切相关。一般建筑物施工都是先做基础开挖，后做主体砌筑，再做粉刷装修，绝不会倒过来先装修，再做主体砌筑再搞基础。这些在施工组织设计中规定的工序搭接关系、工程先后顺序、各衔接的时间、步骤等，统称为"施工程序"，这些施工顺序，就是环境监理工程师在组织协调中协调方案或协调意见的主要依据。坚持施工程序也是使协调工作走向科学化的必由之路。

3. 环境监理程序是使协调走向规范化的重要手段

在施工的全过程中，时刻都会发生各种需要解决的问题，也会出现一些或孕育着一些有待协调的问题，除了一些重要的需要紧急处理的问题外，协调工作也需走向规范化的轨道。例如：环境监理中验收、签证、付款程序；环境监理工作中解决材料差价程序；设计修改控制程序；施工单位要求索赔程序等。坚持环境监理程序凭数据说话是协调科学性的表现之一；坚持环境监理程序能使任何一项协调工作都存在一个反复核实的过程，从而能准确反映实际情况，去伪存真，公正处理；坚持环境监理程序体现了分工负责和建设单位在一些重大问题上的权威性。总之，在协调中坚持环境监理程序，会使协调工作体现到科学公正，使需要协调的方方面面得以较顺利地接受协调意见，减少因协调失误给各方带来的思想障碍和工作影响，使环境监理协调工作逐步走上规范化的轨道。

4. 利用责权体系的指令性进行组织协调

工程环境监理的组织协调是有明确依据的工程建设管理行为，首先依据的是国家环保和自然资源保护的法律、行政法规，我国法律、法规是广大群众意志的体现，具有普遍的约束力，在中国境内从事工程建设活动均须遵守，从事环境监理活动也不例外。环境监理单位应当依照环保和自然资源保护的法律、法规的规定开展环境监理工作，对承包商实施监督，对业主违反法律、法规的要求，工程环境监理单位应当予以拒绝。其次依据的是委托环境监理合同和工程承包合同，工程环境监理单位根据业主授予的以下权力开展工作：工程规模、设计标准和使用功能的建议权；组织协调权；材料和施工质量的确认权和否决权；施工进度和工期上的确认权与否决权；工程合同内工程款支付与工程结算的确认权与否决权。业主与承包商之间不再直接打交道而是通过监理单位与承包商打交道。

在组织协调中，环境监理工程师的意见和决定，应以监理工程师通知单的形式书面送达承包单位，承包单位无权拒绝和修改，必须按通知要求执行。环境监理工程师可充分运用各种指令，如返工整改、停工整顿、不予计量支付、撤换施工队伍或主要负责人等作为辅助组织协调的控制手段。

6.3.2 书面文件

工程环境监理组织协调除了会议协调以外，当会议或者交谈不便、不需要，或者需要精确地表达自己的意见时，就会用到书面协调的方法。书面协调方法的特点是具有合同效力。一般常用于以下几个方面：一是不需双方直接交流的书面报告、报表、指令和通知；二是需要以书面形式向各方提供详细信息和情况通报的报告、信函和备忘录等；三是事后对会议记录，交谈内容或口头指令的书面确认。

为规范环境监理工程现场的工作行为，使环境监理工作逐步实行规范化、标准化、制度化的科学管理，可以参照《建设工程监理规范》（GB 50319—2000）进行，对于施工阶段监理现场用表，建议可采用上述国标的附录《施工阶段监理工作的基本表式》。该表式分为 A、B、C 三大类共 18 种，其中 A 类表是承包单位就现场工作报请监理工程师核验的申报用表或告知监理工程师有关事项的报告用表，申报内容涉及的各方人员需在规定或商定的时间内予以处理；B 类表是监理单位自身用表；C 类表是各方联系用表主要包括建设单位，设计单位就现场有关工作与监理单位进行联络的用表。

A 类表（承包单位用）

A1	工程开工/复工报审表
A2	施工组织设计（方案）报审表
A3	分包单位资格报审表
A4	＿＿＿＿＿＿＿＿＿报验申请表
A5	工程款支付申请表
A6	监理工程师通知回复单
A7	工程临时延期申请表
A8	费用索赔申请表
A9	工程材料/构配件/设备报审表
A10	工程竣工报验单

B 类表（监理单位用表）

B1	监理工程师通知单
B2	工程暂停令
B3	工程款支付证书
B4	工程临时延期审批表
B5	工程最终延期审批表
B6	费用索赔审批表

C 类表（各方面用表）

C1	监理工作联系单
C2	工程变更单

上述基本表式在本书附录《工程环境监理相关法规文件目录及有关条文》中有详细介绍。对以上建设监理表式可作为工程环境监理单位及其环境监理工程师在环境监理组织协调工作中结合实际使用。

当然作为书面文件，除了上述三大类 18 种基本表式外，还有其他的监理文件，如有些省市制定的监理工程师备忘录，试验记录登记表，监理预验收报告，监理日志，监理月报，监理工作总结等可以结合工程实际进行适当的补充和调整，使之满足环境监理组织协调和环境监理的需要。

习　题

1. 组织协调的含义是什么？作用有哪些？

2. 环境监理单位组织内部协调的内容是什么？

3. 项目环境监理组织与工程建设其他组织之间的协调都包括哪些方面？

4. 简述与施工单位之间的协调内容。

5. 工程环境监理组织协调的方法要点有哪些？

6. 《建设工程监理规范》（GB 50319—2000）附录施工阶段监理工作基本表式分哪几类？有何作用？能否列出其名称？

第7章　工程环境监理信息管理

7.1 信息与系统

科学技术的发展，使人类进入了一个崭新的时代，这个时代即信息时代。信息时代的主体是信息。信息时代体现在：科学技术高度发展，社会信息总量急剧增长，人们工作、生活越来越依赖信息。

7.1.1 数据信息的基本概念

1. 数据

在日常工作中我们大量接触的是各种数据，数据和信息既有联系又有区别。

数据是客观实体属性的反映，是一组表示数量、行为和目标，可以记录下来加以鉴别的符号。

数据，首先是客观实体属性的反映，客观实体通过各个角度的属性的描述，反映其与其他实体的区别。例如，反映某个建筑工程质量时，我们通过对设计、施工单位资质、人员、施工设备，使用的材料、构配件、施工方法、工程地质、天气、水文等各个角度的数据收集汇总起来，就很好地反映了该工程的总体质量。这是各个角度的数据，即是建筑工程这个实体的各种属性的反映。

数据有多种形态，我们这里所提到的数据是广义的数据概念，包括文字、数值、语言、图表、图形、颜色等多种形态。计算机对此类数据都可以加以处理，例如：施工图纸、管理人员发出的指令、施工进度的网络图、管理的直方图、月报表等都是数据。

2. 信息

信息和数据是不可分割的。信息来源于数据又高于数据，信息是数据的灵魂，数据是信息的载体。

信息是对数据的解释，反映了事物（事件）的客观规律，为使用者提供决策和管理所需要的依据。

通常人们在实际使用中往往把数据也称信息，原因是信息的载体是数据，甚至有些数据就是信息。信息也是事物的客观规律，我们掌握信息实际上就是掌握了事物的客观规律。

我们使用信息的目的是为决策管理服务。信息是决策和管理的基础。决策和管理依赖信息，正确的信息可以保证决策的正确，不正确的信息则会造成决策失误，工程建设管理则更离不开系统信息的支持。

7.1.2　系统与环境监理信息系统

1．系统

在第 6 章已经介绍过所谓系统是由若干相互联系而又相互制约的要素有组织、有秩序地组成的具有特定功能和目标的统一体。

系统具有整体性、相关性、目的性、层次性和环境适应性五个特征。信息的产生和应用是通过信息系统实现的，信息系统是整个建设工程系统的一个子系统，信息系统具有所有系统的一切特征，了解系统有助于了解信息系统和使用信息系统。

信息是一切工作的基础，信息只有组织起来才能发挥作用。信息的组织由信息系统完成的。

2．环境监理信息系统

所谓环境监理信息系统是由人和计算机等组成，以系统思想为依据，以计算机为手段，对环境监理整体工作进行数据收集、传递、处理、存储、分发、加工产生信息，为环境监理决策、预测和管理提供依据的系统。它也是一个更大系统的组成部分。环境监理信息系统是建设工程信息系统的一个组成部分，建设工程信息系统由建设方、勘察设计方、建设行政管理方、建设材料供应方、施工方和监理方各自的信息系统组成，环境监理信息系统只是环境监理方的信息系统，是主要为环境监理服务的信息系统。环境监理信息系统是建设工程信息系统的一个子系统，也是环境监理单位整个管理系统的一个子系统。作为前者，它必须从建设工程信息系统中得到所必需的政府、建设、施工、设计等各方面提供的数据和信息，也必须送出相关单位需要的相关的环境数据和信息；作为后者，它主要从环境监理单位得到必要的指令、帮助和解决所需要的数据和信息，向环境监理单位和环境行政管理部门汇报建设工程项目的环境信息。

此外，为了使参加建设工程各方在信息使用过程中做到一体化、规范化、标准化、通用化、系列化、建设领域信息系统的集成化是发展的必然趋势。环境监理起步晚，目前还没有见到自成独立系统软件，环境监理单位在环境监理信息系统采用工程管理软件时应注意软件的标准化。

信息管理系统对信息管理的要求有两点：及时和准确。

（1）及时

所谓及时就是信息管理系统要灵敏、迅速地发现和提供管理活动所需要的信息。这里包括两个方面：一方面要及时地发现和收集信息。现代社会的信息纷繁复杂，瞬息万变，有些信息稍纵即逝，无法追忆。因此信息的管理必须最迅速、最敏捷地反映出工作的进程和动态，并适时地记录下已发生的情况和问题。另一方面要及时传递信息。信息只有传输到需要者手中才能发挥作用，并且具有强烈的时效性。因此，要以最迅速、最有效的手段将有用信息提供给有关部门和人员，使其成为决策、指挥和控制的依据。

（2）准确

信息不仅要求及时，而且必须准确。只有准确的信息，才能使决策者做出正确的判断。失真以致错误的信息，不但不能对管理工作起到指导作用，相反还会导致管理工作的失误。

为保证信息准确，首先要求原始信息可靠。只有可靠的原始信息才能加工出准确的信息。信息工作者在收集和整理原始材料的时候必须坚持实事求是的态度，克服主观随意性，对原始材料认真加以核实，使其能够准确反映实际情况。其次是保持信息的统一性和唯一性。一个管理系统的各个环节，既相互联系又相互制约，反映这些环节活动的信息有着严密的相关性。所以，系统中许多信息能够在不同的管理活动中共同享用，这就要求系统内的信息应具有统一性和唯一性。因此，在加工整理信息时，要注意信息的统一，也要做到计量单位相同，以免在信息使用时造成混乱现象。

7.2 建设工程项目信息管理流程

建设工程监理的主要方法是控制，控制的基础是信息，信息管理是工程环境监理任务的主要内容之一。

7.2.1 建设工程项目信息的分类

建设项目环境监理过程中，涉及大量信息，这些信息依据不同的划分方法和标准可分为多种：如按照建设工程的目标可划分为投资控制信息，质量控制信息，进度控制信息，管理信息；按信息来源可划分为项目内部信息，项目外部信息；按信息的稳定程度可划分为固定信息，流动信息；按照信息的层次可划分为战略性信息，管理性信息，业务性信息；按照信息的性质可划分为组织类信息，管理类信息，经济类信息和技术类信息四大类，每类还可进一步细分。如图 7-1 所示。

在目前环境监理实践中简单易行实用的分类如：

（1）合同类：包括施工合同、监理合同、合同条件、补充协议等；

（2）图纸类；

（3）文件类：往来函件、会议纪要；

（4）原始记录：各类审批单、验收检验单、工程中间交工证书、计量单、监理日记、旁站记录、监理指令等；

（5）台账：月报及其报表；

（6）工程照片、音频、视频资料等。

7.2.2 信息管理的概念

信息管理是指对信息的收集，加工整理，储存，传递与应用等一系列工作的总称。

信息管理的过程包括信息收集、信息传输、信息加工和信息储存。信息收集就是对原始信息的获取。信息传输是信息在时间和空间上的转移，因为信息只有及时准确地送到需要者的手中才能发挥作用。信息加工包括信息形式的变换和信息内容的处理。信息的形式变换是指在信息传输过程中，通过变换载体，使信息准确地传输给接收者。信息的内容处理是指对原始信息进行加工整理，深入揭示信息的内容。经过信息内容的处理，输入的信息才能变成所需要的信息，才能被适时有效地利用。信息送到使用者手中，有的并非使用完后就无用了，有的还需留作事后的参考和保存，这就是信息储存。通过信息的储存可以从中揭示出规律性的东西，也可以重复使用。

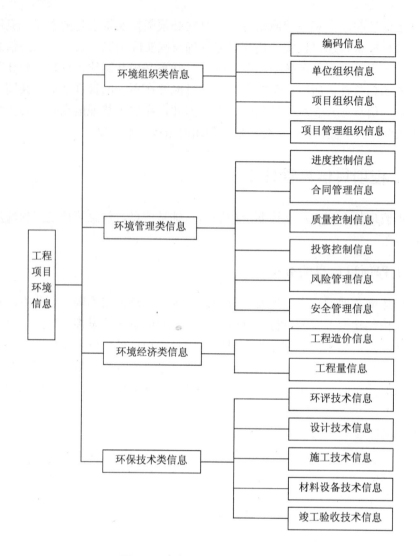

图 7-1　建设工程项目环境信息分类

信息管理的目的就是通过有组织的信息流，使决策者能及时准确地获取相应信息。为此要做到：一是了解和掌握信息来源，对信息进行分类；二是掌握和正确运用信息管理的手段（如计算机）；三是掌握信息流程的不同环节，建立信息管理系统。

环境监理工程师作为项目管理者，承担着项目环保信息管理的任务，负责收集项目实施情况的环保信息，做各种信息处理工作，并向上级向外界提供各种环保信息，他的信息管理的任务主要包括：

（1）组织项目基本情况环保信息的收集并系统化；

（2）对项目报告及各种环境保护资料做出决定如资料的格式、内容、数据结构要求；

（3）按照项目实施方案，在项目组织、项目管理工作过程建立项目管理环境信息系统流程，在实际工作中保证这个系统正常运行，并控制信息流；

（4）环保文件档案管理工作。

信息管理影响组织和整个项目管理系统的运行效率，是人们沟通的桥梁，环境监理工程师应对它有足够的重视。

7.2.3　建设工程信息管理的基本环节

建设工程信息管理在建设工程全过程、衔接建设工程各阶段、各个参建单位和各个方面，其基本环节有：信息的收集、传递、加工、整理、检索、分发、存储。

1．施工阶段的信息收集

（1）施工准备期

施工准备期是指从建设工程合同签订到项目开工这个阶段。本阶段是施工期环境监理信息收集的关键阶段。环境监理工程师应该从如下几点入手收集信息。

①中标通知书、施工合同：中标通知书和施工合同是业主与承包商在施工过程中签订的全部工作内容的总和，内容最丰富，信息量最多，是环境监理的重要依据。

②建设监理合同与监理大纲：了解和掌握所监理的建设工程项目的组织管理模式，便于环境监理单位采取相应的环境监理模式，在业主授权的范围内对工程施工期的环境监理工作不至于与建设监理重复漏项。收集业主与建设监理单位主要负责人及部门联系方式。

③施工图设计和施工图预算：特别要掌握环保设施结构特点，工程难点、要点、工艺流程特点，设备特点；了解环境工程预算体系（按单位工程、分部工程、分项工程分解）。

④施工单位项目经理部组成、联系方式，进场人员资质；进场设备的规格型号，保修记录；施工场地的准备情况；施工单位质量保证体系及施工单位的施工组织设计，特殊工程的技术方案，施工进度网络计划图表；进场材料、构件管理制度；安全环保措施；数据和信息管理制度；检测和检验，试验程序和设备；承包单位和分包单位的资质等信息。

⑤建设工程临时工程如临时道路、取弃土场、场地、营地的具体位置；有关地质、水文、气象、环境质量信息；纳污水体、环境敏感区情况；地上、地下管线，地下洞室，地上原有建筑物及周围建筑物，树木、道路；建设红线、标高、坐标；水、电、气管道的引入标志；地质勘察报告、地形测量图及标桩等环境信息。

⑥施工图的会审和交底记录；开工前的监理交底记录；对施工单位提交的施工组织设计按照项目环境监理部要求进行修改的情况；施工单位提交的开工报告及实际准备情况。

⑦需要遵循的环保、建筑相关法律、法规和规范、规程，有关质量监测、检验，控制的技术法规和验收标准。

在施工准备期，信息的来源较多、较杂、由于参建各方相互了解还不够、环保信息渠道没有建立，收集有一定困难。因此，更应该组建工程环保信息合理的流程，确定合理的信息源、规范各方面的信息行为建立必要的信息秩序。

（2）施工期和竣工期

施工实施期，信息来源相对比较稳定。主要是施工过程中随时产生的数据，一是业主下发的有关环境保护、文明施工方面的各种文件、会议纪要、通知和管理制度；二是建设监理单位在历次工地例会或建设监理中对环境保护文明施工的具体要求与措施；三是由施工单位层层收集上来，每月施工作业汇报，比较单纯，容易实现规范化。项目环境监理部应收集如下方面的信息：

施工单位人员、设备、水、电、气等能源的动态信息；施工期中长期气象信息，特别在气候对施工质量影响较大的情况下的气象数据；建筑原材料、半成品、成品，构配件等工程物质的进场、加工、保管、使用信息；项目经理部管理程序，废水、废气、噪声、固体废物、危险废物存放、污染防治、生态保护控制措施；工序间交接制度；污染事故处理制度；施工组织设计及技术方案执行情况；工地文明施工及安全措施；施工中需要执行的国家和地方规范、规程、标准及施工合同的执行情况；施工中应做的环境监测、环保设备安装的试运行和测试数据有关信息；施工索赔相关信息等。

竣工期的环保信息是建立在施工期平常信息积累基础上，是日常建设各方环保信息的最后汇总和总结。主要收集的信息有：工程准备阶段文件；环境监理文件如监理规划、监理实施细则，有关环保问题和污染事故处理记录，各种控制和审批文件、环境监理报告、总结等；竣工资料；竣工图（因工程往往有设计变更、必须有竣工图）；竣工环境保护验收资料等。

2. 建设工程信息的加工、整理、分发、检索和存储

建设工程信息的加工、整理和存储是数据收集后的必要过程。

（1）信息的加工、整理

信息的加工主要是把建设各方得到的数据和信息进行鉴别、选择、核对、合并、排序、更新、计算、汇总、存储、生成不同形式的数据和信息，提供给不同需求的各类管理人员使用。

（2）信息的分发和检索

信息在其通过对收集数据进行分类加工处理产生信息后，要及时提供给需要使用数据和信息的部门。信息和数据的分发要根据需要来分发，信息和数据的检索则要建立必要的分级管理制度。一般由使用软件来保证实现数据和信息的分发、检索，关键是要决定分发和检索的原则。分发和检索的原则是：需要的部门和使用人、有权在需要的第一时间，方便地得到所需要的、以规定形式提供的一切信息和数据；保证不向不该知道的部门（人）提供任何信息和数据。

（3）信息的存储

环境信息的存储一般需要建立统一的数据库，各类数据以文件的形式组织在一起，其组织方法环境监理单位依据建设项目实际可以自定，但要考虑规范化，尽量和各建设方协调统一。在国家技术标准有统一代码时，尽量采用统一代码或通过网络数据库形式存储，达到建设各方数据共享，减少冗余且保证数据的唯一性。

7.3 建设工程文件和档案资料管理

建设工程文件和档案资料管理在交通行业称作"内业"管理，这是一项非常重要的工作。

7.3.1 概述

1．建设工程文件概念

建设工程文件指：在工程建设过程中形成的各种形式的信息记录，包括工程准备阶段文件、环境监理文件、施工文件和竣工环境保护验收文件，也可称为工程文件。

工程准备阶段文件是工程开工以前，在立项、审批、征地、勘察、设计、招投标等工程准备阶段形成的文件。

环境监理文件是环境监理单位在工程设计、施工等阶段环境监理过程中形成的文件。

施工文件是施工单位在工程施工过程中形成的文件。

竣工图是工程竣工验收后，真实反映建设工程项目施工结果的图样。

环境保护竣工验收文件是建设工程项目竣工环境保护验收活动中形成的文件。

2．建设工程档案概念

建设工程档案指：在工程建设活动中直接形成的具有归档保存价值的文字、图表、声像等各种形式的历史记录，也可称工程档案。

上述工程文件和工程档案合起来组成建设工程文件档案资料。建设工程文件档案资料的载体有多种，如纸质载体、缩微品载体、光盘载体、磁性载体等。

3．归档文件的质量要求

（1）归档的工程文件一般应为原件。

（2）工程文件的内容及其深度必须符合国家有关工程勘察、设计、施工、监理等方面的技术规范、标准和规程。

（3）工程文件的内容必须真实、准确、与实际相符合。

（4）工程文件应采用耐久性强的书写材料如碳素墨水、蓝黑墨水、不得使用易退色的书写材料如：红色墨水、纯蓝墨水、圆珠笔、复写纸、铅笔等。

（5）工程文件应字迹清楚，图样清晰、图表整洁、签字盖章手续完备。

（6）工程文件中文字材料幅面尺寸规格宜为 A4 幅面（297mm×210mm），图纸宜采用国家标准图幅。

（7）工程文件的纸张应采用能够长期保存的韧力大、耐久性强的纸张。图纸一般采用蓝晒图，竣工图应是新蓝图。计算机出图必须清晰，不得使用计算机所出图纸的复印件。

（8）所有竣工图均应加盖竣工图章。

（9）利用施工图改绘竣工图，必须标明变更修改依据；凡施工结构、工艺、平面布置等有重大改变，或变更部分超过图面 1/3 的，应当重新绘制竣工图。

（10）不同幅面的工程图纸应按《技术制图复制图的折叠方法》（GB 10609.3—89）统一折叠成 A4 幅面，图标栏露在外面。

（11）工程档案资料的缩微制品，必须按国家标准进行制作，主要技术指标（解像力、密度、海波线残留量等）要符合国家标准，保证质量，以适应长期安全保存。

（12）工程档案资料的照片（含底片）及声像档案、要求图像清晰、声音清楚、文字说明或内容准确。

（13）工程文件应采用打印的形式并使用档案用笔、手工签字，在不能使用原件时，应在复印件或抄件上加盖公章并注明原件保存处。

4．建设工程档案验收与移交

（1）验收

①列入城建档案管理部门档案接受范围的工程，建设单位在组织工程竣工验收前，应提请城建档案管理部门对工程档案进行预验收。建设单位未取得城建档案管理部门出具的认可文件，不得组织工程竣工验收。

②城建档案管理部门在进行工程档案预验收时，重点验收以下内容：工程档案分类齐全、系统完整；工程档案的内容真实，准确地反映工程建设活动和工程实际情况；工程档案已整理立卷，立卷符合现行《建设工程文件归档整理规范》的规定；竣工图绘制的方法、图式及规格等符合专业技术要求，图面整洁盖有竣工图章；文件的形成来源符合实际，要求单位和个人签章的文件其签章手续完备；文件材质、幅面、书面、绘图、用墨、托裱等符合要求。

工程档案由建设单位进行验收，属于向地方城建档案管理部门报送工程档案的工程项目还应会同地方城建档案管理部门共同验收。

③国家、省市重点工程项目或一些特大型、大型的工程项目的预验收和验收，必须有地方城建档案管理部门参加。

④为确保工程档案的质量，各编制单位、地方城建档案管理部门、建设行政管理部门等要对工程档案进行严格检查、验收。编制单位、制图人、审核人、技术负责人必须进行签字或盖章。对不符合技术要求的，一律退回编制单位进行改正、补齐，问题严重者可令其重做。不符合要求者，不能交工验收。

⑤凡报送的工程档案，如验收不合格将其退回建设单位，由建设单位责成责任者重新进行编制，待达到要求后重新报送。检查验收人员应对接收的档案负责。

⑥地方城建档案管理部门负责档案的最后验收。并对编制报送工程档案进行业务指导、督促和检查。

（2）移交

①列入城建档案管理部门接受范围的工程、建设单位在竣工验收后 3 个月内向城建档案管理部门移交一套符合规定的工程档案。

②停建、缓建工程的工程档案暂由建设单位保管。

③对改建、扩建和维修工程、建设单位应当组织设计单位、监理单位、施工单位据实修改、补充和完善工程档案。对改变的部位，应当重新编写工程档案，并在工程竣工验收后3个月内向城建档案管理部门移交。

④建设单位向城建档案管理部门移交工程档案时，应办理移交手续，填写移交目录，双方签字盖章后交接。

⑤监理单位、施工单位等有关单位在工程竣工验收前将工程档案按合同或协议规定的时间、套数移交给建设单位，办理移交手续。

7.3.2 建设工程监理文件档案资料管理

1．工程监理文件和档案资料的传递流程

（1）监理单位及项目监理部信息流程

作为监理单位内部（即监理公司和项目监理部之间），也有一个信息流程，监理单位

的信息系统更偏重于公司内部管理和对所监理的建设工程项目监理部的宏观管理；对具体的某个工程项目监理部，也要组织本项目监理部内必要的信息流程，加强项目数据和信息的微观管理。监理单位的信息流程如图 7-2 所示，项目环境监理部信息流程如图 7-3 所示。环境监理单位和项目环境监理组织信息流程与此雷同。

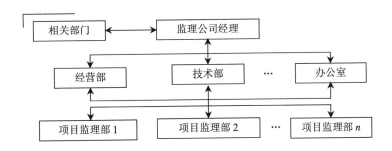

图 7-2　监理单位信息流程图

注：在图中▭为系统外部实体。

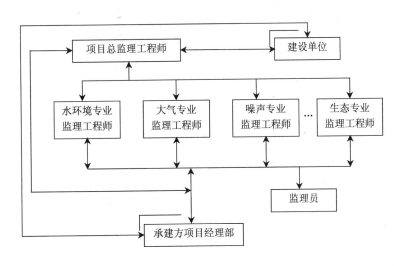

图 7-3　项目环境监理部信息流程图

注：在图中▭为系统外部实体。

（2）工程建设监理文件和档案资料的传递流程

项目监理部的信息管理部门是专门负责建设工程项目信息管理工作的，其中包括监理文件档案资料的管理。在监理过程中形成的所有资料，都应统一归口传递到信息管理部门，进行集中加工、收发和管理。项目监理部中的信息管理部门是监理文件和档案资料传递渠道的中枢。监理文件和档案资料传递流程如图 7-4 所示。

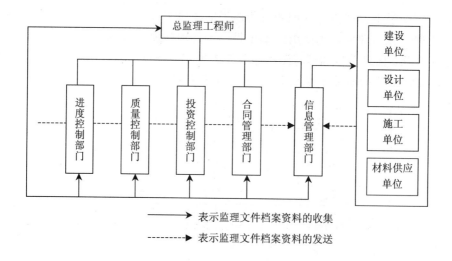

图 7-4 监理文件和档案资料传递流程图

2．建设工程监理文件档案资料管理

（1）监理文件档案收文与登记

所有收文应在收文登记表上进行登记（按监理信息分类分别登记）。应记录文件名称，文件摘要信息、文件的发放单位（部门）、文件编号以及收文日期，必要时应注明交接文件柜的具体时间，最后由项目监理部负责收文人员签字。

（2）监理文件档案资料传阅与登记

由建设工程项目监理部总监理工程师或其授权的监理工程师确定文件、记录是否需传阅，如需传阅应确定传阅人员名单和范围，并注明在文件传阅单上，随同文件和记录进行传阅。每位传阅人员阅后应在文件传阅单上签名并注明日期，传阅期限不应超过该文件的处理期限，传阅完毕后交还信息管理人员。

（3）监理文件资料发文与登记

发文由总监理工程师或其授权的监理工程师签名，并加盖项目监理部图章，对盖章工作进行登记。所有发文按监理信息资料分类和编码要求进行分类编码，并在发文登记表上登记。重要文件的发文内容应在监理日记中予以记录。

（4）监理文件档案资料分类存放

监理文件档案经收/发文、登记和传阅后，必须使用科学的分类方法进行存放，这样既可满足项目实施过程中查阅、求证的需要，又方便项目竣工后文件和档案的归档和移交。信息管理人员应根据项目规模规划各资料柜和资料夹内容。项目建设过程中文件和档案的具体分类原则应根据工程特点制定，监理单位的技术管理部门可以明确本单位文件档案资料管理的框架原则，以便统一管理并体现出自身特色。

（5）监理文件档案资料归档

按照现行《建设工程文件归档整理规范》（GB/T 50328—2001），监理文件有 10 大类 27 个，要求在不同的单位归档保存。监理文件档案资料归档内容、组卷方法以及监理档案的验收、移交和管理工作应根据现行《建设工程监理规范》及《建设工程文件归档整理规范》并参考工程项目所在地建设工程行政主管部门、监理行业主管部门、地方城市建设档案管理部门的规定执行。

（6）监理文件档案资料借阅、更改与作废

项目监理部门存放的文件和档案原则上不得外借，如政府部门、建设单位或施工单位确有需要，应经总监理工程师或其授权的监理工程师同意，并在信息管理部门办理借阅手续。监理人员在项目实施过程中需要借阅文件档案时，应填写文件借阅单，并明确归还时间。

监理文件档案的更改应由原制定部门相应责任人执行，涉及审批程序的，由原审批责任人执行。

文件档案换发新版时，应由信息管理部门负责将原版本收回作废。考虑到日后有可能出现追溯需求，信息管理部门可以保存作废文件的样本以备查阅。

7.4 建设工程计算机信息管理系统简介

微机的应用给人们提供了极大的方便。在国内外建设工程中，从事建设工程咨询（监理）的专业人士的工作过程就是对项目目标控制信息进行采集、分析、处理的过程。人工制作不可避免地会产生"格式不清、填写不全、管理混乱"等现象，特别是在大型工程项目中，随着项目的实施、信息量的大幅度增加尤其如此。因此，国际建设工程普遍将"信息技术"引入建设工程，其应用的基本形式就是建设工程信息系统；国内也出现了"数字监理"。建设工程信息系统作为建设工程的基本手段，不仅提高信息的处理效率，在一定程度上也起到了规范管理工作流程、增强项目管理效率和目标控制有效的目的。由于"信息技术"的不断发展，近年来，建设工程信息系统的功能也在不断发生变化，在建设工程信息管理系统中逐步发挥出更大的作用。

7.4.1 建设工程信息管理系统的含义与基本功能

所谓建设工程信息管理系统就是处理项目信息的人—机系统。它通过收集、存储及分析项目实施过程中的有关数据，辅助工程项目的管理人员和决策者规划、决策和检查，其核心是辅助对项目目标的控制。

建设工程计算机信息管理系统是一个由多个子系统组成的系统。子系统的划分与监理组织机构是密切相关的，每个子系统都有处理本部门业务所需的软件，以及必要的事务性决策支持软件。

建设工程信息管理系统应实现的基本功能，一般认为应包括投资控制、进度控制、质量控制及合同管理四个子系统。各个子系统应实现的基本功能包括：

1.进度控制子系统

（1）编制双代号网络计划（CPM）和单代号搭接网络计划（MPM）；

（2）编制多阶网络（多平面群体网络）计划（MSM）；

（3）工程实际进度的统计分析；

（4）实际进度与计划进度的动态比较；

（5）工程进度变化趋势预测；

（6）计划进度的定期调整；

（7）工程进度各类数据的查询；

（8）提供多种（不同管理平面）工程进度报表；

（9）绘制网络图；

（10）绘制横道图。

2．投资控制系统

（1）投资分配分析；

（2）编制项目概算和预算；

（3）投资分配与项目概算的对比分析；

（4）项目概算与预算的对比分析；

（5）合同价与投资分配、概算、预算的对比分析；

（6）实际投资与概算、预算、合同价的对比分析；

（7）项目投资变化趋势预测；

（8）项目结算与预算、合同价的对比分析；

（9）项目投资的各类数据查询；

（10）提供多种（不同管理平面）项目投资报表。

3．质量控制子系统

（1）项目建设的质量要求和质量标准的制定；

（2）分项工程，分部工程和单位工程的验收记录和统计分析；

（3）工程材料验收记录（包括机电设备的设计质量、监造质量、开箱检验情况、资料质量、安装试调质量、试运行质量、验收及索赔情况）；

（4）工程设计质量的鉴定记录；

（5）安全事故的处理记录；

（6）提供多种工程质量报表。

4．合同管理子系统

（1）提供和选择标准的合同文本；

（2）合同文件、资料的管理；

（3）合同执行情况的跟踪和处理过程的管理；

（4）涉外合同的外汇折算；

（5）经济法规库（国内外经济法规）的查询；

（6）提供各种合同管理报表。

7.4.2　建设工程信息管理系统的应用和实施

1．建设工程信息管理系统的应用模式

作为建设工程的基本手段，国际上专业的建设工程咨询公司和工程监理公司在建设工程中应用建设工程信息管理系统主要有三种模式：

第一种模式是购买比较成熟的商品化软件，然后根据项目的实际情况进行二次开发和人员培训。

第二种模式是根据所承担项目实际情况开发专有系统。一般由专业的建设工程咨询公司开发，基本上可以满足项目实施阶段的各种目标控制需要，经过适当改进这些专有系统也可以用于其他项目中。

第三种模式是购买商品软件与自行开发相结合，将多个专用系统集成起来，也可以满足项目目标控制的需要。

无论采用哪种模式，都需要结合工程监理公司所承担的项目实际情况和公司的综合能力，包括其人员构成、资金实力和公司在工程领域中的知识积累程度等。

2. 建设工程信息管理系统的实施

建设工程信息管理系统的成功实施，不仅应具备一套先进适用的建设工程信息管理软件和性能可靠的计算机硬件平台，更为重要的是应该建立一整套与计算机的工作手段相适应的、科学合理的建设工程信息管理系统组织体系。从广义上讲，建设工程信息管理系统是系统硬件、软件、组织件和教育件构成的组织体系。

所谓组织件它包括建立与信息系统运行相适应的建设监理组织结构，建立科学合理的工程项目管理工作流程以及工程项目的信息管理制度。

教育件是围绕工程信息管理系统的应用对建设监理组织中的各级人员进行广泛的培训，它包括：项目领导者的培训；开发人员的学习与培训；使用人员的培训。

建设工程微机信息管理系统软件是建设监理信息系统的核心，引进和开发先进适用的建设工程信息管理系统软件不仅是软件开发人员的工作，也应成为整个监理公司其至建设工程监理界的重要课题。环境监理单位应学习和掌握先进的工程信息管理系统要注意统一规划，分步实施，同时要重视现代建设环境监理理论的支持与渗透作用。

建设工程信息管理系统的硬件，应能满足软件正常运行的需要，建立建设工程信息管理系统的系统硬件平台，要注意有关设备性能的可靠性，要采用高性能的网络硬件平台。目前大型建设工程信息管理系统软件已不局限于单机的数据处理，而是基于局域网或基于互联网。

总体而言，未来建设工程信息管理系统向着专业化、集成化和网络化的方面发展，同时强调系统的开放性和可用性。这些趋势都是值得我们工程环境监理单位及其环境监理工程师研究和借鉴的。

习 题

1. 什么是数据？什么是信息？它们有什么关系？
2. 什么是系统？什么是信息系统？
3. 监理工程师进行建设项目环保信息管理的基本任务是什么？
4. 建设工程信息管理的基本环节有哪些？
5. 如何进行施工阶段的信息收集？
6. 信息的分发和检索原则是什么？
7. 什么是工程文件？什么是工程档案？
8. 归档文件的质量有何要求？
9. 工程档案预验收时重点验收什么？
10. 什么是建设工程微机信息管理系统？一般有几个子系统？它们各自的功能有哪些？
11. 建设工程微机信息管理系统有几种应用模式？如何实施？

第8章　建设项目管理与环境监理机遇

本章介绍国际上与我国建设工程监理制度有关的一些情况。主要涉及建设项目管理、工程咨询，以及中国加入 WTO 之后，建设工程环境监理面临的形势与机遇。目的在于了解国内外建设工程监理发展的方向与趋势，以便对目前所从事的工程环境监理有一个更准确的认识，以利今后在建设工程具体项目中能够更好地开展施工期的环境监理工作。

8.1 建设项目管理

见识比知识更重要，项目管理首先是一种见识，其次才是一种知识。

建设项目管理在我国亦称为工程项目管理。从广义上讲，任何时候、任何建设工程都需要相应的管理活动，无论是古埃及的金字塔、古罗马的竞技场，还是中国的长城、故宫，都存在相应的建设项目管理活动。但是我们通常所说的建设项目管理，是指以现代建设项目管理理论为指导的建设项目管理活动。人类创造特定产品或服务的活动都属于项目的范畴。它可以只涉及一个人，也可以涉及几百人，甚至成千上万人。有的项目用 100 个工时即可完成，有的项目则需要上千上万个工时才能完成。有的项目可能只涉及一个组织中的某个单位，有的项目可能跨越组织界限或由多个组织共同合作完成。美国项目管理专业资质认证委员会主席 Paul Grace 说："在当今社会中，一切都是项目，一切也将成为项目。"

项目是一个组织为实现自己既定的目标，在一定时间、人员和资源的约束下，所开展的一种具有一定独特性的一次性工作。项目管理是运用各种知识、技能、方法与工具，为满足或超越项目有关各方对项目的要求与期望所展开的各种管理活动。

8.1.1 建设项目管理发展过程简介

第二次世界大战以前，在工程建设领域占绝对主导地位的是传统的建设工程组织管理模式，即设计—招标—建造模式（Design—Bid—Build）。

第二次世界大战以后，世界上大多数国家的建设规模和发展速度都达到了历史上的最高水平，出现了一大批大型或特大型建设工程。其技术和管理难度大幅度提高，对工程建设管理者的水平和能力的要求亦相应提高。在这样的背景下，一种不承担建设工程的具体设计任务，专门为业主提供建设项目管理服务的咨询公司应运而生了，并且迅速发展壮大，成为工程建设领域一个新的专业方向。

建设项目管理专业化的形成和发展在工程建设领域专业化发展上具有里程碑意义。首先是由设计、施工一体化发展到设计与施工分离，形成设计专业化和施工专业化；设计专业化的发展导致建筑设计与结构设计的分离，形成建筑设计专业化和结构设计专业化；施工专业化的发展形成了各种施工对象专业化、施工阶段专业化和施工工种专业化。

建设项目管理专业化的形成符合建设项目一次性的特点，符合工程建设活动的客观规律，取得了非常显著的经济效果，从而显示出强大的生命力。

建设项目管理专业化发展的初期仅局限在施工阶段，即由建筑师或工程师为业主提供设计服务，而由建设项目管理公司为业主提供施工招标服务以及施工阶段的监督和管理服务。为了加强对设计的控制，充分体现早期控制的思想，取得更好的控制效果。建设项目管理的进一步发展又将服务范围扩大到工程建设的全过程，既包括实施阶段又包括决策阶段，最大限度地发挥全过程控制和早期控制的作用。

目前，虽然专业化的建设项目管理公司得到了迅速发展，但至今并未完全取代传统模式中的建筑师或工程师，无论是国内或国际建设工程中，传统的建设工程组织管理模式仍然在广泛的应用，没有任何资料表明专业化的建设项目管理与传统模式究竟哪一种方式占主导地位。这一方面是因为传统模式中建筑师或工程师在设计方面的作用和优势是专业化建设项目管理人员所无法取代的；另一方面则是因为传统模式中的建筑师或工程师也不断提高他们在投资控制、进度控制和合同管理方面的水平和能力。实际上也是以现代建设项目管理理论为指导，为业主提供更全面、效果更好的服务。

8.1.2　建设项目管理的类型

建设项目管理的类型可从不同的角度划分。

1．按管理主体划分

除了专业化的建设项目管理公司外，参与工程建设的各方主要是指业主、设计单位、施工单位以及材料、设备供应单位。按管理主体分，建设项目管理就可以分为业主方的项目管理、设计单位的项目管理、施工单位的项目管理以及材料、设备供应单位的项目管理。其中多数情况下，业主没有能力自己实施建设项目管理，需要委托专业化的项目管理公司为其服务；另外，除了特大型建设工程的设备系统之外，大多数情况下，材料、设备供应单位的项目管理主要是按时、按质、按量供货，比较简单，一般不做专门研究。就设计单位和施工单位两者比较而言，施工单位的项目管理所涉及的问题要复杂得多，对项目管理人员的要求亦高得多，因而也是建设项目管理理论研究和实践的重要方面。

2．按服务对象划分

专业化建设项目管理公司的出现是适应业主新需求的产物，但是，在其发展过程中，并不仅仅局限于为业主提供项目管理服务，也可能为设计单位和施工单位提供项目管理服务。因此，按专业化建设项目管理公司的服务对象分，可以分为：为业主服务的项目管理、为设计单位服务的项目管理和为施工单位服务的项目管理。其中，为业主服务的项目管理最为普遍，所涉及的问题最多，也最复杂，需要系统运用项目管理的基本理论。为设计单位服务的项目管理主要是为设计总包单位服务，从国际上建设项目管理的实践来看，这种情况较少。至于为施工单位服务的项目管理，通常施工单位都具有自行实施项目管理的水平和能力，服务的范围较为狭窄，多半是合同管理服务。即使是具有相当高的项目管理水平和能力的大型施工单位，当遇到复杂的工程合同争议和索赔问题时，也需要委托专业化项目管理公司为其提供服务。特别是在国际工程承包中，由于合同争议和索赔的处理涉及适用法律（往往不是施工单位所在国法律）的问题，更是如此。

3. 按服务阶段分

这种划分主要是从专业化建设项目管理公司为业主服务的角度考虑。根据为业主服务的时间范围，建设项目管理可分为施工阶段的项目管理、实施阶段全过程的项目管理和工程建设全过程的项目管理。其中实施阶段全过程和工程建设全过程的项目管理更能体现建设项目管理基本理论的指导作用，对建设工程目标控制的效果亦更为突出。因此，上述两种全过程项目管理所占的比例越来越大，成为专业化建设项目管理公司主要的服务领域。

8.1.3 建设项目管理体系的发展

建设项目管理是一门较为年轻的学科，从其形成到现在只有 40 多年的历史，目前仍然在继续发展。无论是国内或国外，不同学者关于建设项目管理的专著从结构体系到具体内容往往有较大差异，至今没有一本绝对权威的专著被普遍接受。所以，只能概要性地描述一下建设项目管理理论体系的发展轨迹，突出其主要内容的形成和发展过程，而不涉及具体的内容、方法和观点。

建设项目管理的基本理论体系形成于 20 世纪 50 年代末、60 年代初。它是以当时已经比较成熟的组织论（亦称组织学）、控制论和管理学作为理论基础，结合建设工程和建筑市场的特点而形成的一门新兴学科。当时，建设项目管理学的主要内容有：建设项目管理的组织、投资控制（或成本控制）、进度控制、质量控制、合同管理。建设项目管理理论体系的形成过程与建设项目管理专业化的形成过程大致是同步的，两者是相互促进的，真正体现了理论指导实践，实践又反作用于理论，使理论进一步发展和提高的客观规律。

20 世纪 70 年代，随着计算机技术的发展，计算机辅助管理的重要性日益显露出来，因而计算机辅助建设项目管理或信息管理（注意：计算机辅助建设项目管理与信息管理是两个不同范畴的问题）成为建设项目管理学的新内容。在这期间原有的内容也在进一步发展，例如有关组织的内容扩大到工作流程的组织和信息流程的组织，合同管理中深化了索赔内容，进度控制方面开始出现商品化软件等。而且，随着网络计划技术理论和方法的发展，开始出现了进度方面的专著。

20 世纪 80 年代，建设项目管理学在宽度和深度两方面都有重大发展。在宽度方面，组织协调和建设工程风险管理成为建设项目管理学的重要内容。在深度方面，投资控制方面出现一些新的理念，如全面投资控制、投资控制的费用等；进度控制方面出现多平台（又称多阶）网络理论和方法；合同管理和索赔方面的研究日益深入，出现许多专著等。

20 世纪 90 年代和 21 世纪初，建设项目管理学主要是在深度方面的发展。例如，投资控制方面的偏差分析形成系统的理论和方法，质量控制方面由经典的质量管理方法向 ISO 9000 和 ISO 14000 系列发展，建设工程风险管理方面的研究越来越受到重视，在组织协调方面出现沟通管理的理念和方法等。这一时期，建设项目管理学的各个主要内容都出现了众多的专著，产生了大批研究成果。而且，这一时期也是与建设项目管理有关的商品化软件的大发展期，尤其在进度控制和投资控制方面出现不少功能强大、比较成熟和完善的商品化软件，其在建设项目管理实践中得到广泛运用，提高了建设项目管理实际的工作效率和水平。

际的工作效率和水平。

8.2 工程咨询

8.2.1 工程咨询的概述

1．工程咨询的概念

到目前为止，工程咨询在国际上还没有一个统一的、规范化的定义，尽管如此，综合各种关于工程咨询的表述，可将工程咨询定义为：

所谓工程咨询，是指适应现代经济发展和社会进步的需要，集中专家群体和个人的智慧经验，运用现代科学技术和工程技术以及经济、管理、法律等方面的知识，为建设工程决策和管理提供的智力服务。

需要说明的是，如果某项工作任务主要是采用常规的技术且属于设备密集型的工作，那么该项工作就不应列为咨询服务。在国际上通常将其列为劳务服务。例如卫星测绘、地质钻探、计算机服务等就属于这类劳务服务。

2．工程咨询的作用

工程咨询是智力服务，是知识的转让，可有针对性地向客户提供可供选择的方案、计划或有参考价值的数据、调查结果、预测分析等，亦可实际参与工程实施过程的管理，其作用可归纳为以下几个方面：

（1）为决策者提供科学合理的建议。工程咨询本身通常并不决策，但它可以弥补决策者职责和能力之间的差距。根据决策者的委托，咨询者利用自己的知识、经验和已掌握的调查资料，为决策者提供科学合理的一种或多种可供选择的建议或方案，从而减少决策失误。这里的决策者既可以是各级政府机构，也可以是企业领导或具体建设工程的业主。

（2）保证工程的顺利实施。由于建设工程具有一次性的特点，而且在实施过程中有众多复杂的管理工作，业主通常没有能力自行管理。工程咨询公司和人员则在这方面具有专业化的知识和经验，由他们负责工程实施过程管理，可以及时发现和处理所出现的问题，大大提高工程实施过程管理的效率和效果，从而保证工程的顺利实施。

（3）为客户提供信息和先进技术。工程咨询机构往往集中了一定数量的专家、学者，拥有大量的信息、知识、经验和先进技术，可以随时根据客户需要提供信息和技术服务，弥补客户在科技和信息方面的不足。对全社会的科技信息和转移，促进生产力的发展都起着积极的作用。

（4）发挥准仲裁人的作用。建设工程的业主与工程参与各方因利益和认识水平的不同往往产生合同争议，需要第三方来合理解决所出现的争议。工程咨询机构是独立法人，不受其他机构的约束和控制，只对自己咨询活动的结果负责，因而可以公正、客观地为客户解决争议的方案和建议。而且，由于工程咨询公司所具备的知识、经验、社会声誉及其所处的第三方地位，所提出的方案和建议易为争议双方所接受。

（5）促进国际间工程领域的交流与合作。随着全球经济一体化的发展，境外投资的数额比例越来越大，相应的境外工程咨询（又称国际工程咨询）业务亦越来越多。在业务往来中，这对促进国际间在工程领域技术、经济、管理和法律等方面的交流和合作无疑起到十分积极的作用，有利于加强各国工程咨询界的相互了解和沟通。此外，发达国家的境外工程咨询业务的拓展在客观上也有利于提高发展中国家工程咨询水平。

3．工程咨询发展的趋势

工程咨询是近代工业化的产物，工程咨询从出现伊始就是相对于工程承包而存在。初期工程咨询与工程承包的业务界限可以说是泾渭分明，即工程咨询公司不从事工程承包活动，而工程承包公司不从事工程咨询活动。这种现象一直持续了几十年。

20 世纪 80 年代以来，建设工程日趋大型化和复杂化，工程咨询和工程承包业务日趋国际化，建设工程的组织管理模式与投融资模式都在不断发生变化，因此，工程咨询和工程承包业务也相应发生了变化，两者之间的界限不再像过去那样严格分开，开始出现相互渗透、相互融合的新趋势。从工程咨询方面来看，这一趋势的具体表现主要是有两种情况：一是工程咨询公司与工程承包公司相结合，组成大的集团企业或采用临时联合方式，承接交钥匙工程（或项目总承包工程）；二是工程咨询公司与国际大财团或金融机构紧密联系，通过项目融资取得项目的咨询业务。

从工程咨询本身的发展情况来看，总的趋势是向全过程服务和全方位服务方向发展。特别是全方位服务，除了对建设项目三大目标控制外还包括决策支持、项目策划、项目融资或筹资、项目规划和设计，重要工程设备和材料的国际采购等。

8.2.2　咨询工程师

1．咨询工程师的概念

咨询工程师是以从事工程咨询业务为职业的工程技术人员和其他专业（如经济、管理）人员的统称。

国际上对咨询工程师的理解与我国习惯上的理解有很大不同。按国际上的理解，我国的建筑师、结构工程师、各种专业设备工程师、监理工程师、造价工程师、从事工程招标业务有关工作（如处理索赔时可能需要审查承包商的财务账簿和财务记录）的审计师、会计师也属于咨询工程师之列。因此不要把咨询工程师理解为"从事咨询工作的工程师"。

另外，由于绝大多数咨询工程师都是以公司的形式开展工作，所以，咨询工程师一词在很多场合是指工程咨询公司，而不是指咨询工程师个人。这在国际工程咨询中需要鉴别其真正的含义。

2．咨询工程师的素质

工程咨询是科学性、综合性、系统性、实践性均很强的职业。作为从事这一职业的主体，咨询工程师应具备以下素质才能胜任这一职业：

（1）知识面宽；

（2）精通业务；

（3）协调管理能力强；

（4）责任心强；

（5）不断进取、勇于开拓。

3. 咨询工程师的职业道德

国际上许多国家（尤其是发达国家）的工程咨询业已相当发达，相应的制定了各自的行业规范和职业道德规范，以指导和规范咨询工程师的职业行为。这些众多的咨询行业规范和职业道德规范虽然各不相同，但基本上是大同小异，其中在国际上最具普遍意义和权威性的是 FIDIC 道德准则，其内容在本培训教材第 2 章已作了介绍，此处不再重复。

咨询工程师的职业道德规范或准则虽然不是法律，但是对咨询工程师的行为却具有相当大的约束力。不少国家的工程咨询行业协会都明确规定，一旦咨询工程师的行为违背了职业道法规范或准则，就将终身不得再从事该职业。

8.2.3　工程咨询公司的服务对象和内容

1. 为业主服务

为业主服务是工程咨询公司最基本、最广泛的业务，这里所说的业主包括各级政府（此时不是以行政执法者的身份出现）、企业和个人。

工程咨询公司为业主服务既可以是全过程服务（包括实施阶段全过程和工程建设全过程），也可以是阶段性服务。

工程建设全过程服务的内容包括可行性研究（投资机会研究、初步可行性研究、详细可行性研究）、工程设计（概念设计、基本设计、详细设计）、工程招标（编制招标文件、评标、合同谈判）、材料设备采购、施工管理（监理）、生产准备、调试验收、后评价等一系列工作。在全过程服务的条件下，咨询工程师不仅是作为业主的受雇人开展工作，而且也代行了业主的部分职责。

所谓阶段性服务，就是工程咨询公司仅承担上述工程建设全过程服务中某一阶段的服务工作。一般来说，除了生产准备和调试验收外，其余各阶段工作业主都可单独委托工程咨询公司来完成。阶段性服务又分为两种不同情况：一种是业主已经委托某工程咨询公司进行全过程服务，但同时又委托其他工程咨询公司对其中某一或某些阶段的工作成果进行审查、评价，例如对可行性研究报告、设计文件都可以采取这种方式。另一种是业主分别委托多个工程咨询公司完成不同阶段的工作，在这种情况下，业主仍然可能将某一阶段工作委托某一工程咨询公司完成，再委托另一工程咨询公司审查、评价其工作成果；业主还可能将某一阶段工作（如施工监理）分别委托多家工程咨询公司来完成。

工程咨询公司为业主服务既可以是全方位服务，也可以是某一方面的服务。例如，仅仅提供决策支持服务、仅仅承担施工质量监理、仅仅从事工程投资控制等。

2. 为承包商服务

工程咨询公司为承包商服务主要有以下几种情况。

（1）为承包商提供合同咨询和索赔服务。如果承包商对建设工程的某种组织管理模式，如国际上出现的 CM 模式（建设工程管理模式）、EPC 模式（设计—采购—建造模式）、Partnering 模式（合作管理模式）和 Project Controlling 模式（项目总控模式）并不了解，或对招标文件中所选择的合同条件体系很陌生，如从未接触对国际工程合同条件，就需要工程咨询公司为其提供合同咨询，以便了解和把握该模式或该合同的特点、要点以及需要注意的问题，从而避免或减少合同风险，提高自己合同管理水平。另外，当承包商对合同所规定的适用法律不熟悉甚至根本不了解，或发生了重大、特殊的索赔事件而承包商自己又缺乏相应的索赔经验时，承包商都可能委托工程咨询公司为其提供索赔服务。

（2）为承包商提供技术咨询服务。当承包商遇到施工技术难题，或工业项目中工艺系统设计和生产流程设计方面的问题时，工程咨询公司可以为其提供相应的技术咨询服务。在这种情况下，工程咨询公司的服务对象大多是技术实力不太强的中小承包商。

（3）为承包商提供设计服务。在这种情况下，又表现为两种方式：一种是工程咨询公司承担详细设计（或施工图设计）工作。在国际工程招标时，在不少情况下仅达到基本设计（或扩初设计），承包商不仅要完成施工服务，而且要完成详细设计。如果承包商不具备完成详细设计的能力，就需要委托工程咨询公司来完成（这种情况在国际上仍属于施工承包商，而不属于项目总承包）。另一种是工程咨询公司承担全部或绝大部分设计工作。其前提是承包商以项目总承包或交钥匙方式承包工程，且承包商没有能力自己完成工程设计。

3．为贷款方服务

这里所说的贷款方包括一般的贷款银行，国际金融机构（如世界银行、亚洲开发银行等）和国际援助机构（如联合国开发计划署、世界粮农组织等）。

工程咨询公司为贷款方服务的形式有两种：一是对申请贷款的项目进行评估。工程咨询公司的评估侧重于项目的工艺方案、系统设计的可靠性和投资估算的准确性，核算项目的财务评价指标并进行敏感性分析，最终提出客观、公正的评估报告。二是对已接受贷款的项目的执行情况进行检查和监督。国际金融或援助机构为了了解已接受贷款的项目是否按照有关的贷款规定执行，确保工程和设备在国际招标过程中的公开性和公正性，保证贷款的合理使用，按项目实施的实际进度拨付，并能对贷款项目的实施进行必要的干预和控制，就需要委托工程咨询公司为其服务，对已接受贷款的项目的执行情况进行检查和监督，提出阶段性工作报告，以及时、准确地掌握贷款项目的动态，从而能作出正确的决策（如停贷、缓贷）。

4．联合承包工程

在国际上，一些大型工程咨询公司往往与设备制造商和土木工程承包商组成联合体，参与项目总承包或交钥匙工程的投标，中标后共同完成项目建设的全部任务。在少数情况下，工程咨询公司甚至可作为总承包商，承担项目的主要责任和风险，而承包商则成为分包商。工程咨询公司还可能参与 BOT 项目，甚至作为这类项目的发起人和策划公司。

8.3 建设工程环境监理面临的机遇与挑战

8.3.1 推行建设工程环境监理制度势在必行

1．环境监理法规框架初露端倪

（1）国务院《建设项目环境保护管理条例》（修订草案征求意见稿）显示，原《条例》确定的建设项目环境管理的原则、审批程序、职责、内容等被实践证明是行之有效的保持不变。重点修正环境影响评价文件分级审批权限，补充环境影响评价审批前置条件、施工期环境监理、人员资格管理等制度，解决建设项目漏批和漏管、环评技术人员责任心和业务能力不高以及施工期环境管理薄弱的问题。

在《建设项目环境保护管理条例》（修订草案征求意见稿）中第十九条，"建设单位应按经批准的建设项目环境影响报告书或者环境影响报告表以及环境保护行政主管部门审批意见要求，在建设项目施工期间落实防治环境污染和生态破坏的对策措施。

在施工周期长、生态环境影响大的水利、水电、交通、铁道、矿业等建设项目的施工期间，建设单位要委托有资质的单位对防治环境污染和生态破坏的对策措施落实情况进行工程环境监理。"（新增）

（2）《湖南省建设项目环境保护管理办法》已经 2007 年 6 月 29 日省人民政府第 107 次常务会议通过，自 2007 年 10 月 1 日起施行。

第二十一条施工单位在建设项目施工过程中，应当采取措施，防治扬尘、噪声、振动、废气、废水、固体废弃物等造成的环境污染，防止或者减轻施工对水源、植被、景观等自然环境的破坏。

对可能造成重大环境影响的建设项目推行环境监理制度，由建设单位委托具有环境工程监理资质的单位对建设项目实施环境监理。

（3）上海市人民政府关于印发《上海市环境保护与生态建设"十一五"规划》的通知中要求"加强对建设项目环保设施'三同时'现场检查和监督管理，探索环境监理制度，确保建设项目得到全过程的有效监管。严格履行建设项目环保设施竣工验收管理程序，切实把好建设项目竣工验收关。"

2. 有利于政府环境主管部门的职能转变

前不久，国家环保部环境监察局与美国环保协会联合发布了《中国环境监察执法现状、问题与对策研究报告》显示，我国环境执法的人力投入、资金投入和设备投入都存在短缺现象，投入力度有待进一步提高。其中县级环境执法状况堪忧，需要进一步改善。报告还对比了中国和美国的环境执法状况。报告认为，在执法机构的职能与内部组织设计方面，中国环境执法机构的人力、财力投入远落后于美国，所拥有的环境执法手段也出现了分散和不完整的倾向，但承担着比美国环境执法机构更多的职能；中国环境执法机构缺乏一个经常性的机制或环境执法组织协调机制；中国环境执法强调的是"罚"和威慑性，但法律在行政处罚上的授权过低，而美国环境执法在强有力的制约力为保障的同时，强调守法的促进职能。在严格执行环保法律法规的初期，工厂企业不愿投入更多资金来采用符合环保标准的新技术和新设备，因此经常与环保部门发生冲突。在这一时期，美国的非政府组织发挥了重要作用，它们代表公众利益，成为推动政府加强执法和监督工厂企业执行环保法的重要组织。环境监理单位的"第三方"性，正适合这种需求，而且也有利于政府环境主管部门的职能转变。

3. 项目管理方式日益多样化，对建设监理提出了新要求，有利于我国建筑市场的发展与完善

目前，我国颁布的法律法规中有关建设工程监理的条款不少，部门规章和地方性法规的数量更多，这充分反映了建设工程监理的法律地位。在总结经验教训的基础上，借鉴国际上通行的做法，在市场机制、市场规则、信用机制、仲裁机制等方面的法制建设正逐步建立和完善的同时，推行环境监理制度满足投资者对专业服务的社会需求与国际

接轨，可以促进工程建设领域实现"两个根本转变"。一是经济体制从传统的计划经济体制向社会主义市场经济体制转变；二是经济增长方式从粗放型向集约型转变。

4．环境、健康管理越来越受到重视

由于工程项目自身的特点，在建设过程中，必然会对环境造成一定的破坏。除了制定环境管理法规和标准外，还要求在项目实施过程中采取必要的技术、管理、合理规划和应用新型建筑材料。保护生物多样性，维护生态平衡，环境安全也已提到议事日程。

5．是坚持可持续发展观，节能、减排、降耗构建环境友好型和谐社会的迫切需要

我国实行建设工程监理虽然只有二十几年的时间，但是随着项目法人责任制的不断完善，以及民营企业和私人投资项目的大量增加，业主对工程投资效益愈加重视，工程前期决策阶段的监理日益增多。我国监理行业的发展也在从以施工阶段为主向全过程、全方位监理发展。即不仅要对施工阶段质量、投资、进度进行控制、做好合同管理和信息管理，而且要进行决策阶段和设计阶段的监理，坚持可持续发展观、防止环境污染和生态环境破坏进行环境监理。推行工程环境监理制度是适应市场需求、进一步与国际接轨坚持可持续发展观的历史必然。

8.3.2　面临的风险考验

我国"入世"承诺，外国独资咨询、监理公司在 2004 年被允许进入中国市场。国内监理界业内人士分析，中国监理企业面临着十大风险。

1．环境风险

中国加入 WTO，国际知名咨询公司对我国监理企业形成了严重冲击。一些地区成立项目业主代建制公司，设计咨询、造价咨询、招标代理、工程咨询和监理企业都试图向项目管理公司转化，形成了千军万马过独木桥的态势。

再者，国内监理市场条块分割，行业保护等不规范行为，给监理企业进入新领域造成极大障碍，投标过程中竞相压价、恶性竞争，也严重威胁着监理企业的健康发展。目前有关部门发布的与监理工作相关的法律、法规及法规性文件，存在着很多不完善和不协调之处。如交通部、建设部、国家质量监督检验检疫局，就先后颁布了一些法规和法规性文件，相互之间往往互不承认通用资格，而需进行专业资质的培训和申请。

2．合同风险

合同风险主要来源于三个方面：监理范围和内容不明确或不清晰引起责任纠纷；合同中对业主和监理单位双方的职责、义务和权限未做明确界定，或使用模糊不清的语言，产生"拿人钱财替人消灾"、"霸王条款"或"一切服从监理安排"等风险；监理费的计取，尤其是支付方式、履约保证、违约责任、延期补偿等没有明确约定，监理单位无奈响应带来较大风险。

3．政治风险

监理界人士把片面追求或过分强调工程项目的政治意义，忽略工程建设的科学规律所产生的一系列风险称为"政治风险"。这种风险盲目追求各种"第一"，既浪费国家财产，又增加了工程风险，监理单位的风险无疑更大。在投资规模、人员、设备条件一定的情况下，一些"形象工程"、"献礼工程"片面追求进度导致质量下降。

4．安全风险

近年来，工程建设安全事故屡有发生，有关监理人员以重大责任事故罪被判徒刑。因此，监理单位是否应该进行安全与文明施工监理以及是否对施工安全负责引起了争议。有的专家认为，监理单位没有义务负责施工安全；也有专家认为，监理人对施工安全工作理所当然要负责监督管理；还有专家认为，监理企业应以委托监理合同为准，在承担责任时应采取一系列措施预防安全风险，像查自己单位一样查施工单位的安全。

5．行为风险

行为风险主要是指监理企业的职业行为，如目前普遍存在的违法转包、履约风险、信誉风险等，如某家知名监理公司在参与某项国家重点工程投标时，上报的监理人员150余人，中标后陆续派驻现场的人员不足90人，一年后，这些人员中的骨干全部撤换掉。对此，项目业主拟通过法律手段维护自身的权益；还有为数不少的监理公司，主要人员都是兼职，项目管理十分松散，履行合同风险很大。很多公司招标承诺难以兑现，使企业面临信任危机。

6．经济风险

监理取费偏低与收费困难是监理企业面临的经济风险。长期以来，监理费取费偏低对监理行业发展造成不良后果，如队伍素质赶不上形势发展需要，总体水平提高缓慢，企业经营乏力等。同样，监理企业遇到某些信誉较差的业主或委托方，监理费的收取就成了大问题，特别是尾款的收取，往往因为工程验收、评审决算等原因长期拖延，有可能成为"呆账"。

7．技术风险

随着监理业务不断向新领域发展和延伸，监理公司承担的技术风险也越来越大。许多监理单位由于缺少监理抽检专业技术和设备，往往不能有效控制工程质量，有时甚至被施工单位牵着鼻子走。也有些监理人员不熟悉新技术、新工艺、新方法，工作中很难深入到技术层面、施工质量如何心中无数。此外，国家发改委要求，大项目中国产设备要达到70%，一些国产化设备的监造项目由于缺少相应的技术规范和验收标准，对设计、施工、监理单位技术风险都很大。

8．管理风险

工程建设监理的管理风险，主要是指由于监理单位内部管理不善或单位之间因为合作过程中未能妥善解决管理问题而产生的风险。

近几年来，随着工程项目的大型化发展趋势以及社会分工的进一步细化，监理单位之间的联盟模式越来越被接受。通过联盟能够在最短时间内实现资源共享，最大程度地保证项目的顺利实施。联盟模式的成败在于项目的组织管理。一旦合作失败，"强强联合"有可能转化为"强强抵消"。主办单位的风险最大，也将承担主要责任。

9．人才风险

与大多数行业一样，人才危机也是困扰监理企业的一大难题。没有一支过硬的监理队伍，无法确保工程项目的安全和质量，也更谈不上监理公司的生存与发展了。所以，人才危机带来的风险也是巨大的。

10．体制风险

体制风险弊端凸显。目前，监理企业大多是国有企业，在市场经济环境中缺乏活力与竞争意识，监理水平得不到充分发挥。体制的另一弊端在于监理公司的母体承担巨大的风险，而监理公司承担却很小，导致经营者和监理人员的积极性不高。监理企业这种传统的所有制体制，已不适应市场经济的大环境，必须进行大胆改革。

8.3.3　推行工程环境监理制度，保障经济社会可持续发展

我国工程环境监理起步较晚，虽然在西气东输、西电东送、青藏铁路、南水北调等一些重大建设项目或不少省市试点单位都取得了可喜的初步成绩，但仍处在初期发展阶段，与建设项目工程监理以及发达国家差距很大。为了加快和推行工程环境监理制度，有力促进和保障经济社会可持续发展，有不少仁人志士建议：一是加强领导及宣传，提高群众的环境保护意识，积极推行建设项目工程环境监理制，加强对建设项目环境保护的监督管理。二是加强法制建设，特别是施工阶段的有关环境保护法律、法规条款，建议制定和完善各项环境保护法规及环境监理法规。三是适应市场需求，向工程建设的全方位、全过程监理发展，积极扩展环境监理业务。四是通过工程环境监理，保护生态安全、生存环境、生物多样性，促进区域、流域经济的可持续发展。五是工程监理制已成为国际普遍认可和广泛采用，因此推行工程环境监理制也应进一步与国际接轨，开展国际合作与交流。六是积极培养工程环境监理人才，使具有专业技术、经济、法律和管理知识的较高业务素质与水平的环境监理工程师担负并组成精干的环境监理队伍。七是将工程环境监理制推广到与环境保护有关的所有工程建设领域。

目前《中华人民共和国建筑法》的修订已提到议事日程，新的《建设项目环境管理条例》（征求意见稿）已将建设工程环境监理列入，完全可以相信：工程环境监理事业一定会有较大的发展！

习　题

1. 简述建设项目管理的类型。
2. 咨询工程师应具备哪些素质？
3. 简述工程咨询公司的服务对象和内容。
4. 试述如何推行工程环境监理制。

第二篇

生态影响类工程环境监理

第9章　概　论

9.1　生态影响类建设项目的含义

9.1.1　概述

生态类建设项目通常是指这样的一类项目，它们在施工和运营期排放固体废弃物、废水、废气和噪声的同时，更多地对地形地貌、水体水系、土壤、人工或自然植被、动物等生态因子产生影响，从而显著影响周边的生态系统，或对其产生环境风险。生态类建设项目是在环境管理学范畴上相对宽泛地归纳，通常纳入了水利、水电、矿业、农业、交通运输、旅游、海洋开发等项目，同时，输变电项目等也游移在污染类或生态类建设项目的归类之间。生态影响类建设项目可以概括为是对环境敏感区的生态环境产生一定影响的建设项目。

国家环境保护总局令 14 号《建设项目环境保护分类管理名录》给出的含义是："可能造成生态系统结构重大变化，重要生态功能改变，或生物多样性明显减少的建设项目"；"可能对脆弱生态系统产生较大影响或可能引发和加剧自然灾害的建设项目"。

在国家环境推荐标准《环境影响评价技术导则　非污染生态影响》（HJ/T 19—1997），在"适用范围"叙述时称"本标准主要适用于水利、水电、矿业、农业、林业、牧业、交通运输、旅游等行业的开发利用自然资源和海洋及海岸带开发，对生态环境造成影响的建设项目和区域开发项目环境影响评价中的生态影响评价"，也只是引出"对生态环境造成影响的建设项目"这一称谓，没有给出其概念的含义。

在《建设项目竣工环境保护验收技术规范（生态影响类）》（HJ/T 394—2007）中对生态影响类建设项目的界定是：以资源开发利用、基础设施等生态影响为特征的开发建设活动以及海洋、海岸带开发等主要对生态环境产生影响的建设项目。

河南省环保局环然（2002）16 号文《关于印发"生态影响类建设项目环境管理指标体系（暂行）"的通知》在《填写说明》中叙述，行业类别是指农业、林业、水利水电、矿山开发、交通运输、旅游等对生态环境影响较大的建设项目。文件里使用了"生态环境影响较大的建设项目"一词，只指出了生态影响类建设项目的部分行业类别，而没有真正对什么是生态影响类建设项目作出界定。

9.1.2　环境敏感区分类

环境敏感区有三类，即需特殊保护地区；生态敏感与脆弱区；社会关注区。在《建设项目环境保护分类管理名录》中对三类环境敏感区的界定如下。

1. 需特殊保护地区

国家法律、法规、行政规章及规划确定或经县级以上人民政府批准的需要特殊保护的地区，如饮用水水源保护区、自然保护区、风景名胜区、生态功能保护区、基本农田保护区、水土流失重点防治区、森林公园、地质公园、世界遗产地，国家重点文物保护单位、历史文化保护地等。

2．生态敏感与脆弱区

沙尘暴源区、荒漠中的绿洲、严重缺水地区、珍稀动植物栖息地或特殊生态系统、天然林、热带雨林，红树林、珊瑚礁、鱼虾产卵场、重要湿地和天然渔场等。

3．社会关注区

人口密集区、文教区，党政机关集中的办公地点、疗养地、医院等，以及具有历史、文化、科学、民族意义的保护地等。

9.2 生态学基本知识

9.2.1 生态学的定义及研究对象

1．生态学的定义

生态学是研究生命系统与环境系统相互关系的科学。生态学是生态环境问题研究的理论基础。生态学作为一个学科名词最初于 1866 年法国科学家海克尔在其所著的《普通生物形态学》一书中提出，其后，针对不同的研究对象，许多学者对生态提出了不同的定义。如："生态学是研究生态系统的结构和功能的科学"、"生态学是研究生命系统与环境系统之间相互规律及其机理的科学"等。生态学的概念从提出到现今，已经从一个传统的经验性描述学科发展成为一个用现代理论与高新技术武装起来的多学科交叉的庞大学科。生态学是一门包括人类在内的自然科学，也是一门包括自然在内的人文科学。

2．生态学的研究对象

随着生态学理论的发展，从分子到生物圈都是生态学研究的对象。从目前的实际研究看，生态学涉及的研究对象和领域十分复杂，异常广泛。从自然的无机环境（岩石土壤圈、大气圈、水圈）生物环境（动物、植物、微生物）到人与人类社会，以及由人类活动导致的生态环境问题等都是生态学研究的范畴。通常根据生态学研究对象的组织水平、类群、生境以及不同研究性质，生态学研究对象也被划分为四种类别：

（1）根据研究对象的组织水平划分。

可划分为：分子生态学、个体生态学、种群生态学、群落生态学、系统生态学等。

（2）根据生物分类学类群分类。

可划分为：植物生态学、动物生态学、微生物生态学、昆虫生态学等。

（3）根据研究对象的生境类别分类。

可划分为：陆地生态学、海洋生态学、湖泊生态学、水生生态学等。

（4）根据研究性质分类。

可划分为：理论生态学、应用生态学等。

9.2.2 **环境生态学**

1．环境生态学是生态学的一个分支

环境生态学的产生始于 20 世纪 60 年代。美国海洋生物学家蕾切尔·卡逊（Rachel Carson）（1962）《寂静的春天》一书的发表，才诞生了环境生态学。由于环境生态学的发展历史很短，对该学科的定义还存在着各种不同的理解和认识，但总体上可归纳为：

环境生态学就是研究人为干扰下，生态系统内在的变化机理、规律和对人类环境间的相互作用及解决环境问题生态途径的科学。

2．环境生态学的研究内容

传统的环境生态学属于自然科学的范畴，但随着人类生产的迅速发展和科学技术的进步，环境生态学的研究对象已涉及自然、社会和经济发展的各个方面，例如：

（1）人为干扰下自然生态系统的内在变化机理和规律；

（2）生态系统受损程度的判断；

（3）各类生态系统的功能和保护措施研究；

（4）解决环境问题的生态对策；

（5）人类社会生态系统的物质代谢功能和生态环境质量的变化规律；

（6）人工生态系统的规划内容、原理与方法等。

有些学者认为："今天的生态学是自然科学与社会科学的桥梁。"

9.2.3 **生态系统**

1．生态因子

生态因子是指环境中对生物生长、发育、生殖、行为和分布有直接或间接影响的环境要素。例如：气候因子（风、温度、湿度、光照、降水等）、地形因子（地形起伏度、坡向、坡度、经纬度、海拔高度）等。所有的生态因子构成了生态环境。

2．种群、群落和生态系统

一个物种在一定空间范围内的所有个体的总和在生态学里称为种群，所有不同种的生物的总和称为群落。也可以说，生物群落连同其所在的物理环境共同构成生态系统。

《生物多样性公约》中所讲生态系统"是指植物、动物和微生物群落和它们的无生命环境作为一个生态单位交互作用形成的一个动态复合体"。准确地说，生态系统可定义为：一定空间生物和非生物成分通过物质的循环、能量的流动和信息的交换而相互作用、相互依存所构成的生态学功能单位。生态系统实际上即指生命系统和环境系统在特定空间的组合。

3．生态系统的基本结构

生态系统由四部分组成。

（1）非生物环境：指参与循环的无机元素、有机元素和其他物理条件；

（2）生产者：指能以简单的无机物制造食物的自养生物（如植物、藻类等）；

（3）消费者：指直接或间接依赖于生产者所制造的有机物而生存的异养生物（如食草动物、食肉动物等）；

（4）分解者：分解者属异养生物，其作用是将动物残体的复杂有机物分解为生产者

能重新利用的简单化合物，并释放出能量（如消化细菌等微生物）。

概括地讲，任何生态系统都有生物部分（生物群落）和非生物部分（环境因素）组成。生物部分包括植物群落（生产者）、动物群落（消费者）、微生物群落和真菌群落（分解者也称为还原者）；非生物部分（环境）包括所有的物理的和化学的因子，如气候因子和土壤条件等。

非生物因子对生态系统的结构和类型起决定作用。如对陆地生态系统来说，在各种非生物因素中，起决定作用的是水分，水分决定着生态系统中森林、草原或荒漠生态系统；温度也是影响较大的因素，它决定着常绿、落叶或阔叶、针叶这些生态系统特征；土壤条件则由于自身的复杂性，对生态系统的影响也较复杂，但对生态系统的多样性有较大的贡献。

"可能造成生态系统结构重大变化"的建设项目，即应是指对生态系统上述四种组成部分任何一项产生重大变化的项目。

4．生态系统的基本特征

生态学研究一般从研究生物个体开始（个体由细胞组成），分别研究个体（细胞）、种群、群落、生态系统，并形成相应的不同层次的生态学科。

生态系统具有以下共性特征。

（1）生态系统是生态学上一个主要结构和功能单位。例如生物个体都是具有一定功能的生物系统。最简单的可以小到只有一个细胞，但一般是由很多细胞组合构成其组织器官，再构成完整的生物个体，直至形成像鲸、大象那样的庞然大物。生物个体在一定时间内都具有一定的生物量（生物量是生物生产力的重要表征——用鲜重或干物质重量表示）；代谢作用是维持个体生存之必需（代谢是生物个体与外部环境之间进行物质交换的复杂过程）；个体具有巨大的繁殖能力，其繁殖程度受环境制约；个体易受外部的刺激，并能对刺激作出反应。

（2）生态系统内部具有自我调节功能。生态系统的结构越复杂，物种数目越多，自我调节的功能也越强。但任何生态系统都具有有限的自我调节能力，超过生态系统的自我调节能力，生态系统将发生质的变化，直至系统崩溃，也就是说生态系统具有可变性。

（3）能量流、物质流、信息流是生态系统的三大功能。其中能量流是单向的，即从绿色植物摄取太阳光能开始，到分解者分解有机物释放热能并将之散发到生态系统以外为止，是按单方向流动的；物质流是循环的，生态系统的物质循环是指化学物质由无机环境进入到生物有机体，经过生物有机体生长、代谢、死亡、分解又重新返回环境的过程；信息流则包含了营养信息、化学信息、物理信息、行为信息等。

（4）生态系统是动态的，其早期形成和晚期发育具有不同的特性。在生态系统发展的早期阶段，系统的生物种类成分少，结构简单、食物链单一，对外界干扰反应敏感，抵御能力小，所以是比较脆弱而不稳定的。当生态系统逐渐演替进入到成熟期，生物种类多、食物链网错综、结构复杂、功能效率高，对外界的干扰压力有较强的抵御能力，因而稳定程度高。

（5）生态系统具有等级结构，即较小的生态系统组成较大的生态系统、简单的生态系统组成复杂的生态系统，最大的生态系统是地球生物圈。

"重要生态功能改变"即指生态系统的生产功能（初级、次级生产功能）、生态系统的运行功能及生态系统的平衡与调节功能发生改变的情形。

9.2.4 生态系统的稳定和生态平衡

生态平衡问题是整个生物学科所研究的主要问题。生态平衡是指在一定时间和相对稳定的条件下，生态系统各部分的结构与功能处于相互适应与协调的动态平衡之中。

自然界的生态系统都属于开放性的生态系统，存在系统与外界的物质、能量交换，不同的生态系统开放的程度并不相同，山涧溪流的开放程度远大于池塘系统。

生态系统平衡的调节主要是通过系统的反馈机制、抵抗力和恢复力实现的。例如在草原上，当食草的动物兔的数量增多后，植物就会受到过度啃食而减少；接着，兔由于得不到充足的食物，数量自然减少；从而又有利于植物数量的逐渐增多。可见二者互为因果、此消彼长，维持着个体数量的大致平衡（如图9-1所示）。

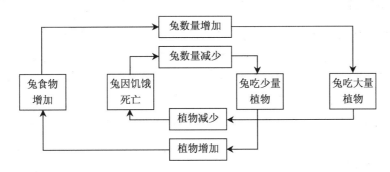

图 9-1 兔、草之间的生态平衡

生态系统对外界干扰具有调节能力才使之保持相对稳定，但是这种调节能力不是无限的。生态平衡失调就是外干扰大于生态系统自身调节能力的结果和标志。不使生态系统丧失调节能力或未超过其恢复力的外干扰及破坏作用的强度称为"生态平衡阈值"。阈值的大小与生态的类型有关，也与外干扰因素的性质、方式及作用的持续时间等因素密切相关，生态平衡阈值的确定是自然生态系统资源开发利用的重要参量，也是人工生态系统规划与管理的理论依据之一。

要维持某一生态系统的稳定，必须：一是维持生态系统的多样性和物种多样性；二是维持生命元素循环的动态平衡；三是维持生态系统结构的完整性；四是维持生态系统生物与非生物环境的平衡。否则，系统的稳定性将下降，出现生态危机，直至系统崩溃。

1. 脆弱生态环境

脆弱生态环境是指抗外界干扰能力低，自身稳定性差的生态环境。当前，学术界对脆弱生态环境存在三种理解和认识：

（1）以自然属性或生态方面的变化类型和程度来理解：认为生态系统的正常功能被打乱，超过了生态系统自我调节的"阈值"，导致生态系统的反馈机制破坏，系统发生了不可逆变化，失去了原有功能的生态环境，称为"脆弱生态环境"；

（2）以自然—人文方式理解：认为当生态系统发生变化，以致影响了当前或近期人类的生存和自然资源的利用时，称为"脆弱生态环境"；

（3）以人文方式理解：认为当生态系统退化超过了在现有社会经济和技术水平下能

长期维持目前人类利用和发展的水平时称为"脆弱生态环境"。

2．生态过渡带

生态过渡带泛指不同生态系统或景观之间彼此重叠，相互作用的地带。其具有一组为空间和时间尺度以及相邻生态系统之间相互作用所决定的独特性质。

生态过渡带包括五种类型：

（1）典型气候、土地、植被带间的交接过渡带；

（2）不同构造的地貌单元；

（3）不同利用方式（如：农牧交错带、农林交错带等）；

（4）水体过渡带（如：河口、海陆等）；

（5）局地地貌，水文引起的隐域生态系统（如：沙漠绿洲、沼泽、草甸系统等）。

9.2.5　生物多样性

生物多样性是指一个区域内生命形态的丰富程度。生物多样性是指所有来源的形形色色的生物体，这些来源除其他外包括陆地、海洋和其他水生生态系统及其所构成的生态综合体，还包括物种内部、物种之间和生态系统的多样性。它是一个有关大自然拥有程度的笼统术语，包括在给定的时空范围内生态系统、物种和基因的数量和出现率。换言之，生物多样性通常含有三个层次：基因（或遗传）多样性、物种多样性、生态系统多样性。

1．遗传多样性

基因是一种生物遗传信息的化学单元，具有可传递性。遗传多样性指所有遗传信息的总和。地球上几乎每一种生物（除无性系外）都具有独特的遗传组合，它包括动植物和微生物个体的基因在内，遗传多样性是指某个种内个体的变异，由特定种、变种、亚种或种内遗传（基因）的变异来计量。

2．物种多样性

物种多样性是指地球上生命有机体的多样性。物种多样化包括活体数量和基因变异的多样性。一般来说，某一物种的活体数量越多，其基因变异性的机会越大；反之，某一物种的活体数量太少，则或因基因变异机会少而难以进化，或因个体数量太少而影响繁殖（基因传递），其灭绝的危险性也大。据有关资料介绍，地球上的物种有 3 000 万种以上，其中有明确记录或研究过的只有约 140 万种。

3．生态系统多样性

生态系统多样性是指物种存在的生态复合体系的多样性和健康状态，即生境、生物群落和生态过程的多样性。生态多样性也可以理解为即栖息地、生物群落和生物圈内生态过程的多样性。由于生态系统多样性是物种和遗传多样性的基础，因而生态系统多样性的保护就成为生物多样性保护的主要着眼点和作用点。生物多样性保护的重点是生态系统的完整性和珍稀濒危物种。

9.2.6　生态环境安全

近几年来，人们更加深刻地认识到环境污染和生态破坏已经危害到人类的自身安全，因此提出了环境安全的概念。在我国，环境安全又称生态安全，表示自然生态环境和人类生态意义上的生存和发展的风险大小，包括生物安全、资源安全、国土安全、食物安全、人身安全、生产安全及社会安全等。它与国防安全、经济安全一样是国家安全的重要组成部分。当一个国家或地区所处的自然生态环境状况能维系其经济社会可持续发展时，它的环境就是安全；反之，就不安全。

我国生态安全的提出始见于 2000 年底国务院发布的《全国生态环境保护纲要》："（如果）生态环境继续恶化，将严重影响我国经济和社会的可持续发展和国家生态环境安全。"关于"国家生态环境安全"概念的范畴，目前国内外并无统一的定义。

学术意义上的环境安全是指人类在促进经济发展、社会进步的生产活动和其他一切活动中，根据生态学原理，维护生态平衡，避免生态系统的破坏，使人类的健康和生活不受威胁，处于自然和安全状态之中的意思。

广义上讲，环境安全是指国家生存和发展所需的生态环境处于不受或少受破坏与威胁的状态，包括国土安全、水安全、资源安全和生物安全。国家有三要素，即领土、居民和主权，因此国家生态环境安全首先是指土安全，或者叫国土资源安全。生态安全与国家安全密切相关，可用表 9-1 表示。

表 9-1　生态安全与国家安全的关系

国家安全		
信息安全、科技安全、产业安全、市场安全、外交安全……		
社会安全	政治安全	军事安全
		经济安全
生态安全		

关系图表明：生态安全和经济安全是国家安全的基础，而在一定意义上说生态安全又是经济安全的基础，生态安全在不同程度上透过经济安全对其他国家安全因素产生作用。社会安全、政治安全、军事安全是国家安全的核心，它们均建立在生态安全和经济安全的基础上，而社会安全对生态安全的依赖程度最大，政治安全对生态安全和经济安全具有同等依赖程度。信息、产业、市场、外交安全等其他安全则属于第三层次。

外来生物入侵就有可能威胁国家环境安全。"中国熊猫之父"北京大学教授潘文石曾呼吁"制止速生桉疯狂入侵"。他说，一种被称为"速生桉"的外来物种的入侵导致我国现有生物多样性严重丧失，到了必须重视并采取措施的时候。速生桉是一种原产于澳洲的树种，具有速生、耐旱等特性，是纸浆造纸的重要原料。近几年，印度尼西亚金光集团的旗舰企业 APP（亚洲浆纸业有限公司）在我国南方大规模投资，使速生桉迅速蔓延到广西、云南、广东、海南以及江浙一带，已经种植或计划种植面积达 42 000 平方公里以上，超过我们国土面积的千分之四，相当于一个瑞士或荷兰的面积。有学者认为，"大面积单一的速生桉林无异于'绿色沙漠'，将使我国南方的生态系统面临彻底崩溃的局面和本土特有动植物物种的灭绝"。

当今世界，对生态安全构成威胁的因素除了自然灾害、战争破坏，更多地表现为人口膨胀、投资开发、贸易发展、污染加剧、政策失灵等，随着经济全球化和环保时代的到来，迫使我们不得不考虑两个重大问题：一是保持我国生存和发展所需的生态环境处于不受或少受破坏与威胁的状态；二是在对外交往和国际环境保护中维护我国的环境和发展权利。目前，建设工程环境监理所讨论的主要是前者。

将环境资源的保护提升到国家安全的高度，并非我们的主观意愿。但所有矿山开发、水利、水电、交通运输、旅游区开发、流域开发和开发区建设"可能对脆弱生态系统产生较大影响或可能引发和加剧自然灾害"已是不争的事实。涉及国家生态环境安全的项目当属于生态影响类项目。

9.3 应用生态学基本知识

生态学主要是从古老的生物学基础上发展起来的。生物始终是生态学注目的核心，优胜劣汰、自然选择是生物适应的基本理论。但是，人类毕竟是一种生物，必然也要受自然规律的制约。从人类的主观能动性出发，自觉地恢复被破坏的生态系统或根据生态学原理建造适合于人类需要的人工生态系统，从而产生了诸如城市生态学、农业生态学、工业生态学、生态经济学、恢复生态学、污染生态学、景观生态学等应用生态学。应用生态学目前还没见到有明确的定义和概念，只是相对于个体生态学、种群生态学、群落生态学等生态学基本理论而言。它是从宏观角度运用现代方法论和手段，研究人类社会经济与生态环境、自然资源的相互作用及其后果，寻求生态保护途径的学科交叉，是现代生态学研究的重要领域和前沿。

9.3.1 农业生态学（生态农业）

农业生态学是以生态学理论为依据，在农业生产领域根据生态学规律研究并精心地对待和组织农业生产，使其与自然秩序相和谐。换言之，生态农业就是按照生态学原理建立和管理一个生态上自我维持低输入，物质上形成有效产出，经济上可行的（能在长时间内不对其周围环境造成明显改变的情况下具有稳定的生产力的）农业生产系统。

主要特点有：

（1）降低能量消耗；

（2）改善环境质量；

（3）提高农产品质量；

（4）保持自然资源；

（5）经济效益高。

实践证明，生态农业在避免石油农业（注：农药、化肥多为石油产品）所带来的弊病的同时，可以有效地发展农业生产，充分合理地利用自然资源，提高农业生产力，维护自然生态平衡，保护环境、净化污染，提高生物能的利用效率和物质循环利用效率，创造优美、舒适的农村生存环境。

9.3.2 工业生态学（生态工业）

工业生态学是一门研究社会生产活动中自然资源从源、流、汇的全代谢过程，组织管理体制以及生产、消费、调控行为的动力学机制、控制论方法，及其与生命支持相互关系的系统科学。

生态工业的特点：从产品的层面看，它提倡产品的生态设计是环境友好的产品；从技术层面看，它实施清洁生产技术开发，是生态技术的转让和扩散；从企业层面看，它推进生产单元的清洁生产技术改造，实现副产品回收，是企业环境友好管理；从行业层面看，它是实现产业结构调整，实现工业生态化转向的基本途径；从区域层面看，它设计复合型生态企业群落（生态工业园区建设），提倡形成企业间副产品的交换网络；从国家层面看，它是实现国家循环经济体系的基石。

生态工业的重要特征是：按照工业生态学原理和知识经济规律组织，基于生态系统承载能力，具备高效的经济过程及和谐的生态功能，具备网络化和系统进化特征。通过两个或两个以上的生产体系或环节之间的系统耦合，使物质、能量实现多级利用，高效产出与持续利用。

生态工业园区：生态工业园区是依据循环经济理念和工业生态学原理而设计建立的一种新型工业组织形式。它通过模拟自然生态系统建立产业系统中"生产者—消费者—分解者"的循环途径，实现物质的闭环循环和能量的多级利用。生态工业园区是生态工业理论的集中体现，是一个局域的、比较理想的生态系统。

9.3.3　城市生态学（生态城市）

城市生态学是生态学、环境学、地理学等多学科交叉的边沿科学。

1．城市生态学的研究方向

从城市生态学的角度，研究城市居民与生存环境的相互关系；从环境科学的角度，研究城市空气、土壤、水体、生物等自然环境的污染控制、资源开发和合理利用；从地理学科的角度，研究城市特定区域的地理生态环境与社会经济系统相互关系，并从整体上加以优化和协调。

2．城市生态学的主要研究内容

城市生态学主要研究城市生态环境的组成与结构；城市生态功能；城市生态环境中的能量流、物质流和信息流；城市生态环境的动态变化；城市生态环境管理和调控等。

3．城市生态学的发展趋势

（1）21世纪的城市生态研究的对象已从单一的城市，转变为对城乡复合生态系统的研究。尤其特别注重城市各种自然生态因素、技术物理因素和社会文化因素耦合体的等级性、异质性和多样性；注重城市物质代谢过程、信息反馈过程和生态演化过程的健康程度；注重城市的经济生产、社会生活及自然调节功能的强弱和活力。

（2）城市建设目标已从一维的社会经济繁荣走向三维（财富、健康、文明）的复合生态繁荣。

（3）研究对象已从以物与事为中心转向以人为中心（以人为本）；空间尺度已从单一的城市建成区向区域和流域大尺度发展；时间尺度上更重视中跨度间接影响的研究；研究方法上已从描述性转向机理性；研究的目的已从应急型、消耗型转向预防型、效益型转变；在技术路线上，更重视自下而上的生态单元研究（如生态住宅、生态建筑、生态企业、生态社区等）。

（4）城市建设更注重系统化、自然化、经济化、人性化。

4．我国生态城市的建设目标

（1）促进传统农业经济向资源型、知识型和网络型、高效持续生态经济转型，以生态产业为龙头，带动区域经济的腾飞。

（2）促进城乡居民由传统生产、生活方式及价值观向"保护环境就是保护生产力"、"尊重自然，环境是有价值的"、"实行生态优先与自然保持和谐"、"经济、社会、生态有序发展"的科学发展观，新的道德观、新的价值观、新的文明观转变，培育一代有文化、有理想、高素质的生态社会建设者。

当前有些地方在城市规划中常常是费了很大的劲，结果存在着"规划规划，纸上画画，墙上挂挂，抵不上领导一句话"的现象，不能实现"规划一张图，审批一支笔，建设一盘棋，管理一个法"。造成"千城一面，规划零乱，好大喜功，伪造古董"。因此，生态城市建设的重点应该是特别注意区域城镇化的生态规划与管理，城郊、城乡结合部的生态关系、城市自然生态与人类生态建设的关系，生态产业建设与生态环境建设的关系、人居环境建设与景观生态建设的关系，以及生态社区、生态县、生态市的建设规划、空间规划、时间规划和数量规划等。

9.3.4 生态示范区

生态示范区系指以生态学和生态经济学原理为指导，以经济、社会和环境协调发展为目的，统一规划、综合建设、生态良性循环、社会经济持续健康发展的一定的行政区域。

生态示范区也可以说是把经济和社会发展与生态环境保护密切结合起来进行规划建设，以期达到人与自然协调，现代化与自然共存，适于人类生存发展的美好区域。

9.3.5 景观生态学

景观生态学是研究景观的空间结构与形态特征对生物活动与人类活动影响的科学。"景观生态学的概念是由两种科学思想结合而产生出来的，一种是地理学的（景观），一种是生物学的（生态）"。1970年以来，景观生态学以生态学理论框架为依托，吸收现代地理学和系统科学之所长，研究景观和区域尺度的资源环境经营与管理问题，具有综合整体性和宏观区域性特色，并以中尺度的景观结构和生态过程关系研究见长。

1. 景观生态学的研究对象

早期的景观生态学研究生态系统的配置，以及这种配置对其组成成分——野生生物和环境的影响。现代景观生态学研究对象包括生物物种的生境斑块、土地利用格局以及人类生态系统；研究内容包括景观格局与生态过程的关系、尺度和干扰与景观格局、过程与变化的关系以及景观生态学的文化研究等方面。与自然生态学的区别在于：生态学家可能研究某一个特定生境中的野生动植物种群，而景观生态学家则着眼于某一地区的整体模式，如地形、地貌、水、植被、人类的开发程度对野生生物种群的影响等。

景观生态学的研究尺度以人类尺度为主，空间尺度从几十米至几百千米，时间尺度从几小时到几百年；研究方法包括生态学中的过程分析法和地理学中的空间分析法。作为一门学科，借助计算机和卫星科技的发展，景观生态学在近十几年才迅速崛起，形成了海洋景观、陆地景观、城市景观、农业景观、森林景观学等。

2. 景观生态学研究方向

一是强调分析研究和综合研究相结合，分析研究是通过对景观各组成成分及其相互关系的研究去解释景观的特征，综合研究则强调研究景观的整体特征；二是研究景观内部的土地结构，探讨如何开发利用、治理和保护景观。

9.3.6　恢复生态学

恢复生态学是生态学的一个分支，是研究生态退化和生态恢复的机理和过程的科学，是生态恢复实践的产物。

1．恢复生态学的研究方向

（1）恢复高度退化但只限于局部场地的生态系统；

（2）改善退化土地的生产能力，恢复生态系统持续生产力；

（3）增强景观保护价值，并建立一种能够长期自我维持的稳定的系统。

2．恢复生态学主要研究内容

有矿山生态恢复、水体生态恢复、自然保护区生态恢复、城市自然生态系统的恢复与重建、湿地生态恢复、退化草地生态恢复等。

3．恢复生态学的研究特点

（1）恢复的生态系统从大尺度上看是自我维持的系统，但在恢复的过程中体现了人工支持和诱导的作用；

（2）恢复后的生态系统具有空间上的相洽性，即它的存在不仅无碍于周围生态系统的功能，且具有协调、互补的功能；

（3）系统在体现生态价值的同时，更注重生态服务价值和生态经济价值。

9.3.7　生态经济学

生态经济学是研究广义生态系统与经济系统间相互关系的学科。它兴起于 20 世纪 80 年代，其研究对象扩展到包括人类在内的整个生态系统。

在强调人类仅仅是普通的生物物种之一的同时，又强调人类活动的重要性；强调生态系统演进与人类文化系统演进之间重大相互影响；并认为人类的责任是理解自身在生态系统中的作用，同时对生态系统进行可持续管理。在时间维度上，它采用的是多维度（从几天到几亿万年）的综合，比通常经济学研究的时间维度要长；在空间维度上，它涉及从地方性的到全球性的问题，这与经济学相同。它分析问题的基本方法是动态分析、系统论和进化论。

生态经济学与环境经济学和传统经济学有相近之处，但也存在着明显的差异。主要表现在：

（1）如何看待技术进步问题。

与传统的经济学对待技术进步所持的乐观态度不同，生态经济学对技术进步持谨慎的怀疑态度，认为一旦人类对技术进步的后果估计失误，就会给人类生存的资源基础和人类文明本身带来灾难性的、不可逆转的恶果。所以对于技术进步的积极作用不宜估计过高。

（2）关于人创资本能否替代自然资本的问题。

生态经济学认为人创资本的增加可能意味着对某一种自然资本的替代，但同时又意味着对其他自然资本消耗的增加，人创资本与自然资本之间的替代性是很小的。

（3）关于在达到可持续性方面、市场机制和国家干预各自会起到何种作用的问题。

生态经济学认为：市场机制带来的生态保护往往是基于利润的保护；即使市场机制充分发挥作用，它也不可能顾及子孙后代的利益。因此，生态经济学家虽然不反对利用市场机制和经济手段来保护生态，但更强调扩展与强化国家在保护自然资本方面的职能。

9.4　生态环境保护的目标与内容

9.4.1　我国生态环境状况

生态系统的破坏有自然原因，也有人为原因。自然原因如小行星撞击、火山爆发、地震、海啸、森林火灾、台风、泥石流和水旱灾害等，往往在短时间内使生态系统破坏或毁灭。人为原因有人们有意识"改造自然"或无意识地破坏自然生态系统，如砍伐森林、疏干沼泽、环境污染等，从一定意义上来说，经济水平的提高和物质享受的增加，有很大程度上是以牺牲环境与消耗资源为代价的，并由此产生了各种生态环境问题，对人类未来社会的可持续发展造成了严重危机。

近年来，党中央、国务院和地方各级政府对生态环境保护和建设工作给予了高度重视。1996 年第四次全国环境保护会议以来，国家逐步明确了生态保护与污染防治并举的工作方向和正式确立了污染防治与生态保护并重的工作方针。国务院和国家环保总局先后发布了《全国生态环境建设规划》、《全国生态环境保护纲要》等一系列相关文件。将生态环境保护和建设工作提到了重要议事日程，采取了一系列保护和改善生态环境的重大举措，但是在长期自然和人为因素的作用下，我国生态环境所面临的形势仍然十分严峻。主要表现为：早期生态问题有所好转，新的生态问题产生并急剧发展；人工生态环境有所改善，原生态环境在加速衰退；单一性生态问题有所控制，系统性生态问题更加严重；浅层次生态问题有所解决，深层次生态问题更加突出。从总体上看，"一方治理，多方破坏，点上治理，面上破坏，边治理边破坏，治理赶不上破坏的现象仍未扭转"；生态退化的现象有所缓和，但生态退化的实质没有改变，生态退化的趋势在加剧，生态灾害在加重，生态问题更加复杂化，生态环境状况不容乐观。

9.4.2　我国生态环境保护的目标

世界自然与自然保护联盟（IUCN）提出了自然保护的三个目标：维护生命支持系统和重要的生态过程；保存遗传基因的多样性；保证现有物种与生态系统的永续利用。这三大目标得到了国际社会的认可。

根据我国国情制定的《全国生态环境保护纲要》（国务院 2000 年 11 月 26 日发布），提出的生态环境保护目标和内容分别是：

1．生态环境保护的总体目标

通过生态环境保护，遏制生态环境破坏；减轻自然灾害的危害；促进自然资源的合理、科学利用，实现自然生态系统良性循环；维护国家生态环境安全，确保国民经济和社会的可持续发展。

2．近期目标

到 2010 年，基本遏制生态环境破坏趋势。建设一批生态功能保护区，力争使长江、黄河等大江大河的源头区，长江、松花江流域和西南、西北地区的重要湖泊、湿地，西北重要的绿洲、水土保持重点预防保护区及重点监督区等重要生态功能区的生态系统和生态功能得到保护与恢复；在切实抓好现有自然保护区建设与管理的同时，抓紧建设一批新的自然保护区，使各类良好自然生态系统及重要物种得到有效保护；建立健全生态环境保护监管体系，使生态环境保护措施得到有效执行，重点资源开发区的种类开发活动严格按规划进行，生态环境破坏恢复率有较大幅度提高；加强生态示范区和生态农业县建设，全国部分县（市、区）基本实现秀美山川、自然生态系统良性循环。

3．远期目标

到 2030 年，全面遏制生态恶化的趋势，使重要生态功能区、物种丰富区和重点资源开发区的生态环境得到有效保护，各大水系的一级支流源头区和国家重点保护湿地的生态环境得到改善；部分重要生态系统得到重建和恢复；全国 50%的县（市、区）实现秀美山川、自然生态系统良性循环，30%以上的城市达到生态城市和园林城市标准。到 2050 年，力争全国生态环境得到全面改善，实现城乡环境清洁和自然生态系统良性循环，全国大部分地区实现秀美山川的宏伟目标。

9.4.3 我国生态环境保护的主要内容和要求

根据《纲要》精神，国家将对重点地区的重点生态问题实行更加严格的监控和防范措施，以加强"三区"保护（即重要生态功能区、重点资源开发区及生态良好区）作为推进全国生态环境保护的战略。对重要生态功能区实行抢救性保护，建立生态功能保护区，实行严格保护下的适度利用和科学恢复。对重点资源开发区的生态环境实施强制性保护，加强自然资源的环境管理，严格资源开发利用的生态环境保护工作，以防止资源开发对生态环境造成新的重大破坏，把资源开发对环境的破坏降到最低限度。对生态良好地区生态环境实施积极保护，通过开展自然保护区、生态示范区、生态农业县、生态市和生态省的建设，积极引导这些地区实现经济健康，持续发展，生态环境良性循环，使生物多样性丰富地区得到有效保护。同时，将农村生态环境作为改善区域生态环境质量的重要措施，逐步建立起与国家发展相适应的农村生态环境保护监督管理机制。具体保护任务：

（1）对重要生态功能区实施抢救性保护。

主要包括：建立生态功能保护区；对生态功能保护区采取一系列保护措施；加强生态功能保护区的管理（**注**：保护区是指一个划定地理界，为达到特定保护目标而指定或实行的管制和管理的地区）。

（2）对重点资源开发区实施强制性保护。

具体包括：水资源开发利用的生态环境保护；土地资源开发利用的生态环境保护；森林、草原资源开发利用的生态环境保护；生物物种资源开发利用的生态环境保护；海洋和渔业资源开发利用的生态环境保护；矿产资源开发利用的生态环境保护；旅游资源开发利用的生态环境保护。

（3）对生态良好区实施积极性（预防性）保护。

包括：建立不同类型的自然保护区；重视城市生态环境保护；加大生态示范区建设力度。

（4）加强农村生态环境保护。

包括：加强能力建设，提高农村生态环境保护监督管理水平；加强农业面源污染防治，改善农村环境质量；有效控制工业污染，加大村镇环境综合整治等。

9.5 生态环境管理体系

9.5.1 生态环境管理的法律依据

对生态影响类工程环境监理是一项条规性、技术性、知识性很强的监理工作，涉及面广，牵涉的部门多，法律、法规、标准条文多。查阅有关资料整理归纳除建设类法律、法规外与生态环境管理有关的环境、资源法律、法规、规章、标准共有 110 部（个），其中法律 21 部、法规 30 部、规章 23 部、标准 36 个（见表 9-2～表 9-5）。

1. 相关法律

表 9-2　我国颁布的与生态环境管理相关的法律

序号	法律名称	颁布单位	实施时间
1	中华人民共和国草原法	全国人大常务委员会	2003-3-1
2	中华人民共和国水法	全国人大常务委员会	2002-10-1
3	中华人民共和国野生动物保护法	全国人大常务委员会	2004-8-28 修订
4	中华人民共和国环境保护法	全国人大常务委员会	1989-12-26
5	中华人民共和国水土保持法	全国人大常务委员会	1991-6-29
6	中华人民共和国农业法	全国人大常务委员会	1993-7-2
7	中华人民共和国固体废物污染环境防治法	全国人大常务委员会	2005-4-1
8	中华人民共和国水污染防治法	全国人大常务委员会	2008-6-1
9	中华人民共和国矿产资源法	全国人大常务委员会	1996-8-29
10	中华人民共和国煤炭法	全国人大常务委员会	1996-8-29
11	中华人民共和国防洪法	全国人大常务委员会	1997-8-29
12	中华人民共和国森林法	全国人大常务委员会	1998-4-29
13	中华人民共和国土地管理法	全国人大常务委员会	1999-1-1
14	中华人民共和国海洋环境保护法	全国人大常务委员会	2000-4-1
15	中华人民共和国大气污染防治法	全国人大常务委员会	2000-9-1
16	中华人民共和国防沙治沙法	全国人大常务委员会	2002-1-1
17	中华人民共和国环境影响评价法	全国人大常务委员会	2003-9-1
18	中华人民共和国文物保护法	全国人大常务委员会	2007-12-29
19	中华人民共和国节约能源法	全国人大常务委员会	2007-10-28
20	中华人民共和国城乡规划法	全国人大常务委员会	2007-10-28
21	中华人民共和国土地管理法	全国人大常务委员会	2004-8-28 第二次修正

2. 相关法规

表 9-3 我国颁布的与生态环境管理相关的法规

序号	法规名称	颁布单位	实施时间
1	风景名胜区管理暂行条例	国务院	1985-6-7
2	森林和野生动物类型自然保护区管理办法	国务院	1985-7-6
3	矿产资源监督管理暂行办法	国务院	1987-4-29
4	中华人民共和国野生药材资源保护管理条例	国务院	1987-12-1
5	中华人民共和国河道管理条例	国务院	1988-6-10
6	土地复垦规定	国务院	1988-11-8
7	中华人民共和国防治陆源污染物污染损害海洋环境管理条例	国务院	1990-8-1
8	中华人民共和国防治海岸工程建设项目污染损害海洋环境管理条例	国务院	2008-1-1
9	中华人民共和国陆生野生动物保护法实施条例	林业部	1992-3-1
10	城市绿化条例	国务院	1992-8-1
11	中华人民共和国水土保持法实施条例	国务院	1993-8-1
12	取水许可制度实施办法	国务院	1993-9-1
13	中华人民共和国水生野生动物保护实施条例	农业部	1993-10-5
14	中华人民共和国矿产资源法实施细则	国务院	1994-3-26
15	中华人民共和国自然保护区条例	国务院	1994-10-9
16	乡镇煤矿管理条例	国务院	1994-12-20
17	中华人民共和国野生植物保护条例	国务院	1997-1-1
18	农药管理条例	国务院	1997-5-8
19	建设项目环境保护管理条例	国务院	1998-11-29
20	中华人民共和国土地管理法实施条例	国务院	1999-1-1
21	基本农田保护条例	国务院	1999-1-1
22	中华人民共和国森林法实施条例	国务院	2000-1-29
23	中华人民共和国水污染防治法实施细则	国务院	2000-3-20
24	国务院关于禁止采集和销售发菜制止滥挖甘草和麻黄草有关问题的通知	国务院	2000-6-14
25	全国生态环境保护纲要	国务院	2000-11-26
26	退耕还林条例	国务院	2003-1-20
27	全国污染源普查条例	国务院	2007-10-9
28	风景名胜区条例	国务院	2006-12-1
29	防治海洋工程建设项目污染损害海洋环境管理条例	国务院	2006-11-1
30	防治海岸工程建设项目污染损害海洋环境管理条例	国务院	2007-9-25

3. 相关规章

表 9-4 我国颁布的与生态环境管理相关的规章

序号	规章名称	颁布单位	实施时间
1	农药安全使用规定	农业部、卫生部	1982-6-5
2	风景名胜区管理暂行条例实施办法	建设部	1987-6-10
3	建材及非金属矿产资源监督管理暂行规定	国家建材局、（原）地质矿产部	1988-11-11
4	饮用水水源保护区污染防治管理规定	国家环境保护局、卫生部、建设部、水利部、（原）地质矿产部	1989-7-10

序号	规章名称	颁布单位	实施时间
5	防治尾矿污染环境管理规定	国家环境保护总局	1992-10-1
6	煤炭工业环境保护暂行管理办法	（原）煤炭工业部	1994
7	风景名胜区管理处罚规定	建设部	1995-1-1
8	地质遗迹保护管理规定	（原）地质矿产部	1995-5-4
9	自然保护区土地管理办法	国家土地管理局、国家环境保护总局	1995-7-24
10	黄河上中游水土流失区重点防治工程项目管理试行办法	水利部	1997-5-12
11	水利旅游区管理办法（试行）	水利部	1997-8-31
12	水生动植物自然保护区管理办法	农业部	1997-10-17
13	关于加强乡镇煤矿环境保护工作的规定	国家环境保护总局、（原）煤炭工业部	1997-11-2
14	防止船舶垃圾和沿岸固体废物污染长江水域管理规定	交通部、建设部、国家环境保护总局	1998-3-1
15	秸秆禁烧和综合利用管理办法	国家环境保护总局、农业部、财政部、铁道部、交通部、中国民航总局	1999-5-1
16	近岸海域环境功能区管理办法	国家环境保护总局	1999-12-10
17	畜禽养殖污染防治管理办法	国家环境保护总局	2001-3-20
18	煤炭生产许可证环境保护管理规定	（原）煤炭工业部	
19	煤炭工业环境保护设计规范（煤矿、选煤厂）	（原）煤炭工业部	
20	关于印发《国家重点生态功能保护区规划纲要》的通知	国家环境保护总局	2007-10-31
21	关于印发《全国生物物种资源保护与利用规划纲要》的通知	国家环境保护总局	2007-10-24
22	关于进一步加强生态保护工作的意见	国家环境保护总局	2007-3-25
23	关于加强涉及自然保护区、风景名胜区、文物保护单位等环境敏感区影视拍摄和大型实景演艺活动管理的通知	国家环境保护总局	2007-2-7

4．相关标准

表 9-5　我国颁布的与生态环境管理相关的环境标准

序号	标准名称	颁布单位	实施时间
1	船舶污染物排放标准（GB 3552—1983）	建设部	1983-10-1
2	农用污泥中污染物控制标准（GB 4284—1984）	建设部	1985-3-1
3	农用粉煤灰中污染物控制标准（GB 8173—1987）	国家环境保护局　国家技术监督局	1988-2-1
4	城镇垃圾农用控制标准（GB 8172—1987）	国家环境保护局　国家技术监督局	1988-2-1
5	保护农作物的大气污染物最高允许浓度（GB 9137—1988）	国家环境保护局　国家技术监督局	1988-10-1
6	农药安全使用标准（GB 4285—1989）	国家环境保护局　国家技术监督局	1990-2-1
7	渔业水质标准（GB 11607—1989）	国家环境保护局　国家技术监督局	1990-3-1

序号	标准名称	颁布单位	实施时间
8	农田灌溉水质标准（GB 5084—1992）	国家环境保护局 国家技术监督局	1992-10-1
9	自然保护区类型与级别划分原则（GB/T 14529—1993）	国家环境保护局	1994-1-1
10	恶臭污染物排放标准（GB 14554—1993）	国家环境保护局 国家技术监督局	1994-1-15
11	环境影响评价技术导则　总纲（HJ/T 2.1—1993）	国家环境保护局	1994-4-1
12	地下水环境质量标准（GB/T 14848—1993）	国家技术监督局	1994-10-1
13	山岳型风景资源开发环境影响评价指标体系（HJ/T 6—1994）	国家环境保护局	1994-10-1
14	土壤环境质量标准（GB 15618—1995）	国家环境保护局 国家技术监督局	1996-3-1
15	环境保护图形标志——固体废物贮存（处置）场 （GB 15562.2—1995）	国家环境保护局 国家技术监督局	1996-7-1
16	危险废物鉴别标准——浸出毒性鉴别（GB 5085.3—1996）	国家环境保护局 国家技术监督局	1996-8-1
17	环境空气质量标准（GB 3095—1996）	国家环境保护局 国家技术监督局	1996-10-1
18	大气污染物综合排放标准（GB 16297—1996）	国家环境保护局 国家技术监督局	1997-1-1
19	污水综合排放标准（GB 8979—1996）	国家环境保护局 国家技术监督局	1998-1-1
20	环境影响评价技术导则　非污染生态影响（HJ/T 19—1997）	国家环境保护总局	1998-6-1
21	海水水质标准（GB 3097—1997）	国家环境保护总局 国家技术监督局	1998-7-1
22	绿色食品　农药使用准则（NY/T 393—2000）	农业部	2000-4-1
23	绿色食品　肥料使用准则（NY/T 394—2000）	农业部	2000-4-1
24	绿色食品　产地环境技术条件（NY/T 391—2000）	农业部	2000-4-1
25	污水海洋处置工程污染控制标准（GWKB 4—2000）	国家环境保护总局	2000-10-1
26	畜禽养殖业污染防治技术规范（HJ/T 81—2001）	国家环境保护总局	2002-4-1
27	有机食品技术规范（HJ/T 80—2001）	国家环境保护总局	2002-4-1
28	长江三峡水库库底固体废物清理技术规范（试行） （HJ/T 85—2002）	国家环境保护总局 国务院三峡工程建设委员会办公室	2002-4-11
29	地表水环境质量标准（GB 3838—2002）	国家环境保护总局 国家质量监督 检验检疫总局	2002-6-1
30	一般工业固体废物贮存、处理场污染控制标准 （GB 18599—2001）	国家环境保护总局 国家质量监督 检验检疫总局	2002-7-1
31	危险废物贮存污染控制标准（GB 18597—2001）	国家环境保护总局 国家质量监督 检验检疫总局	2002-7-1
32	畜禽养殖业污染物排放标准（GB 18596—2001）	国家环境保护总局 国家质量监督 检验检疫总局	2003-1-1

序号	标准名称	颁布单位	实施时间
33	农产品安全质量　无公害蔬菜产地环境要求（GB/T 18407.1—2001）	国家质量监督检验检疫总局	2001-10
34	农产品安全质量　无公害水果产地环境要求（GB/T 18407.2—2001）	国家质量监督检验检疫总局	2001-10
35	农产品安全质量　无公害畜禽肉产地环境要求（GB/T 18407.3—2001）	国家质量监督检验检疫总局	2001-10
36	农产品安全质量　无公害水产品产地环境要求（GB/T 18407.4—2001）	国家质量监督检验检疫总局	2001-10

9.5.2　生态环境管理体系

生态环境是一个多因素、多状态的概念。生态环境建设与生态环境保护又是两个不同层次、不同内容的事业。依据《中华人民共和国环境保护法》第七条的规定：国务院环境保护行政主管部门对全国环境保护工作实施统一监督管理，县级以上地方人民政府环境保护行政主管部门对本辖区的环境保护工作实施统一监督管理。除环境保护行政主管部门外，国家海洋行政主管部门、海事行政主管部门、渔业行政主管部门、军队环境保护主管部门和各级公安、交通、铁道、民航管理部门，依照法律的规定对环境的污染防治实施监督管理。而县级以上地方人民政府的土地、矿产、林业、农业、水利行政主管部门，依照有关法律的规定对资源的保护实施监督管理。也就是说，环境保护行政主管部门是唯一的对环境保护工作实施统一监督管理的部门，海洋、海事、渔业、军队环保、公安、交通、铁道、民航等部门是依据有关法律规定对各自负责的行业的环境污染实施监督管理的；而土地、矿产、林业、农业、水利等资源管理部门是在对资源的开发进行管理的同时，依据法律的规定对各自负责的资源因子的环境保护实施监督管理。从事生态影响类工程环境监理必须明确我国现行的生态环境管理体系，理清体制、理顺思路，针对所监理的工程项目灵活运作（**注**：这种"环保部门统一监督，有关部门分工负责"的体制，在强化环境保护统一监督和调动各部门的环保积极性上起到明显的作用。但由于有些规定不具体、主次协作层次不清，职责权限交叉、体制和机构设置关系不顺等原因，产生了"统一监督难实现，分工负责难协调"的状况。尤其在生态环境保护方面各方面各自为政、职责交叉、多头管理、重复管理等关系不顺的现象突出。一些资源管理部门工作侧重在资源的开发和利用，同时又肩负着环境保护的监督职责，自己监督自己，往往在决策时更多地考虑资源的利用而忽视对环境生态的影响。造成各部门之间在生态环境保护方面工作的不协调，直至影响到生态环境的保护。地方环保部门受双重领导，人财物受制于地方政府，地方政府的环保职能又分散在环保、农业、水利、交通、国土、城建、公安各部门，很大程度上被肢解和架空，大部制的改革有可能解决环保部门在生态保护方面责任大、权力小、措施空的问题）。

9.5.3　生态环境建设和生态环境保护的区别

生态环境建设和生态环境保护是既有联系又完全不同的两个概念。广义上说，在生物圈内的一切有关生态的建设活动都是生态环境建设。因为一切建设活动都必然对生态环境造成正面或负面的影响，而且往往是既有正面影响又有负面影响的。实际上通常所讲的生态环境建设是专指《全国生态环境建设规划》中所包括的天然林等自然资源保护、植树种草、水土保持、防治荒漠化、草原建设、生态农业等对生态环境有利的建设工程，是指建设工程的。这是在国家《全国生态环境建设规划》指导下由国家计划发展委员会牵头，会同有关部门建立全国生态环境建设部际联席会议制度，协调行动；农业、林业、水利等行业主管部门加强行业指导和工程管理，得到财政、金融、科技、国土资源等部门的积极支持的工程建设活动。

生态环境保护是指依据生态学原理、工程学原理和生态经济学原理，按照所保护对象的生态状况，对其进行维护、保护、恢复和重建的过程。例如，对没有受到大的破坏，生态状况较好的原始森林、湿地、草原等重要生态功能区的现状进行维护，避免人为地干扰自然生态过程；对有利用价值的且已经开发利用的生态功能区，虽然已受到人为的干扰和破坏，但只要消除或减轻人为干扰，其生态功能可以自行恢复的，就实行保护；对已经受到人为的严重干扰，部分或全部丧失其应有的生态功能的区域，就应当采取措施，在开发利用的同时，对其生态功能进行恢复和重建，以其达到未干扰前的初始状态或可替代状态。生态环境保护的范围和内涵要比生态环境建设的内涵广泛得多，生态环境建设是各部门的事，生态环境保护是全民的事。环境保护行政主管部门是唯一的代表政府对环境保护工作实行统一监督管理的部门。

在生态环境保护体系中，除法律法规已有明确规定外，当环保部门与其他部门在环境保护职责上出现交叉时，应按照由环保部门统一法规、统一规划、统一监督的"三统一"原则，进行职责划分。温家宝总理在 2000 年全国污染防治会议上指出，环境保护工作有三个主要领域，一是污染防治，二是生态保护和建设，三是资源的保护和合理利用。国务院明确指出，环保部门是全国环境保护工作中最具权威的执法监督部门。资源管理部门虽然也有一定的环境保护职责和任务，但也要受环保部门的指导、监督和协调，这些部门更多地承担着环境建设的任务。

9.5.4 生态影响类工程环境监理的原则

全国生态保护的基本原则：坚持生态环境保护与生态环境建设并举；坚持污染防治与生态环境保护并重；坚持谁开发谁保护，谁破坏谁恢复，谁使用谁付费、谁治理谁受益的制度。生态影响类工程环境监理不仅涉及面广、牵涉部门多，而且现有的法律、法规又过于原则，很多规定可操作性不强，甚至有关生态保护方面的立法尚存着空白，环保部门的生态环境监察尚在试点阶段，刚刚起步的建设工程环境监理如何对生态影响类建设项目进行环境监理更是困难重重。路是人走出来的，"创新是一个民族的灵魂"，要推行生态影响类工程环境监理，编者认为环境监理应遵循以下原则。

1. 突出重点

以《全国生态环境保护纲要》为指南，围绕重要生态功能区的抢救性保护，重点资源开发区实施强制性保护，生态良好区的积极性保护的要求，明确工程项目所处区域范围和对生态环境影响的突出问题，加强生态环境影响类建设项目环境管理，典型引路，着重监理工作成效。

2．依法"借"权，具体监督

虽然目前缺乏专门的生态保护法律法规，但现已公布的一些环境、资源法律、法规中涉及的有关生态保护内容及相关文件，可以作为工程环境监理工作的法律依据。在生态环境保护管理体系中，环保部门和资源管理部门在环境保护职责上有交叉，但国务院明确指出，环保部门是全国环境保护工作中最具权威的执法监督部门，资源管理部门虽然也有一定的环境保护职责和任务，但也要受环保部门的指导、监督和协调。"上边千条线，下边一根针"，因此在建设项目施工期环境监理时从环境监理的角度进行现场监督、检查，发现环境污染和生态破坏问题时要及时指出，督促纠正。重大环境问题要报告环境保护行政主管部门。

3．结合实际，把好"三关"

在生态影响类工程环境监理中，环境监理单位和环境监理工程师要找准定位。不是环境执法，不能越俎代庖，但还必须履行环境监理单位和监理人员的职责。因此，要结合建设项目特点和所在生态环境实际，把好项目环评批复及初步设计环境"标准关"、把好项目环保投资及污染防治和生态保护措施"落实关"、把好建设项目竣工环境保护验收管理"要求关"。

4．各负其责，分步推进

凡生态影响类项目，一般投资额比较大、范围广、线路长，参与监理的单位、人员比较多，如建设监理、水利监理、交通监理、地质灾害监理等专业较多，各有专长，必须分工协作，发挥综合智力。环境监理单位和环境监理工程师应提高自身的监理能力和水平，认真履行环境监理职责，根据现有环境法律、法规和政策以及标准、规范和规定，选择好工作突破口，分步推进，逐步拓展工程环境监理工作空间。

习　题

1．生态影响类项目的含义是什么？环境敏感区通常包括哪些类型？

2．什么是生态因子、生态系统、生态平衡阈值？要维持某一生态系统的稳定应该做到哪四项？

3．生物多样性通常所含三个层次都是什么？广义上讲环境安全的概念是什么？

4．什么叫生态工业园区？生态工业的特点是什么？

5．当前生态城市建设的重点是什么？什么叫生态示范区？

6．生态经济学与环境经济学和传统经济学有何差异？

7．我国生态环境保护的主要内容和要求是什么？

8．生态环境建设和生态环境保护有何区别？开展生态影响类工程环境监理应遵循哪些原则？

第 10 章 生态环境质量评价

10.1 生态环境质量评价概述

10.1.1 生态环境质量的含义

生态环境质量是指生态环境的优劣程度，它以生态学理论为基础，在特定的时间和空间范围内，从生态系统层次上，反映生态环境对人类生存及社会经济持续发展的适宜程度，是根据人类的具体要求对生态环境的性质及变化状态的结果进行的评定。

现行的环境影响评价和建设项目"三同时"竣工验收是以污染控制为宗旨，其评价标准有两类：环境质量标准和污染物排放标准。环境监理单位和环境监理工程师在进行建设工程施工期环境监理时也离不开这两类标准，但生态环境质量如何评价，在生态影响类建设项目工程环境监理中对生态环境质量如何判别，是需要认真思考的一个重要问题。

目前国内外的各种文献资料对"生态环境"的确切含义仍有不同理解，尚未形成统一的认识，《中国大百科全书·环境科学》对"生态环境"也未做出明确的定义。"生态环境"概念的不同，生态环境质量的描述也有所异。环境质量主要指大气、水、土壤和生物的质量，其中显著标准是大气、水、土壤、噪声是否符合规定的环境标准和生物可食部分是否符合卫生标准，是否对人体有害。因此，也有人把环境质量称为生态质量，即整个生态系统是否受破坏（特别是受污染破坏），是否保持良性循环，保证人体健康和社会的正常发展。环境质量和生态环境质量两者并无本质的区别，只不过侧重点略有不同，二者均是以人为中心，以生态系统为基础，以食物链为污染物流通途径和作为生态系统的支架，以营养级作为追踪污染物的去向和对象，以生物多样性的保护和生态系统的良性循环为研究的主要内容，以经济、社会、环境效益的高度统一为目的，所研究的层次深度有所不同。

在环境科学的研究范畴内，"生态环境"的定义为：以人类为中心的各种自然要素（生物要素、非生物要素）和社会要素的综合体。因此，生态环境质量除大气、地表水、噪声环境指标外还应有生物指标。

需要指出的是，对于生态环境质量，不能用"看、摸、敲、照"、"靠、吊、量、套"检验建筑工程质量的方法去检测，生态系统也不是像大气和水那样的均匀介质和单一体系，而是一种类型和结构多样性很高、地域性特别强的复杂系统，其影响变化包括内在本质的变化（生态结构变化）和外在表征的变化（环境功能变化），既有数量变化问题也有质量变化问题，并且存在着由量变到质变的发展变化规律，还有系统的重建、系统变换、生态功能补偿等复杂问题。因生态环境的层次性、复杂性和多变性决定了对其质量进行评价的难度。

10.1.2 生态环境质量评价类型

根据评价的目的，生态环境质量评价的类型主要包括：关注生态问题的生态安全评价和生态风险评价；关注生态系统对外界干扰的抗性和稳定性评价；关注生态系统服务功能与价值的生态系统服务功能评价；以及从生态系统健康角度进行的生态系统健康评价和生态环境承载力评价等。

生态现状评价要有大量数据支持评价结果，也可以应用定性与定量相结合的方法进行。目前环评中常用的方法有图形叠置法、系统分析法、生态机理分析法、质量指标法、景观生态学法、数学评价方法等。

图形叠置法：目前该方法被用于公路或铁路选线、滩涂开发、水库建设、土地利用等方面评价，也可将污染影响程度和植被或动物分布叠置成污染物对生物的影响分布图。

生态机理分析法：评价过程中有时要根据实际情况进行相应的生物模拟试验，如环境条件——生物习性模拟试验、生物毒理学试验、实地种植或放养试验等，或进行数学模拟，如种群增长模型的应用。

类比法：类比法可分成整体类比和单项类比。整体类比是根据已建成的项目对植物、动物或生态系统产生的影响来预测拟建项目的影响。该方法需要被选中的类比项目，在工程特性、地理地质、环境、气候因素、动物和植物背景等方面都与拟建项目相似，并且项目建成已达到一定年限，其影响已基本趋于稳定。在调查类比项目的植被现状，包括个体、种群和群落的变化，以及动物、植物分布和生态功能的变化情况，之后再根据类比项目的变化情况预测拟建项目对动物、植物和生态系统的影响。

由于自然条件千差万别，在生态环境影响评价时很难找到完全相似的两个项目，因此，单项类比或部分类比可能更实用一些。

列表清单法：其基本做法是将实施的开发活动和可能受影响的环境因子分别列于同一张表格的列与行，在表格中用不同的符号判定每项开发活动与对应的环境因子的相对影响大小。该方法使用方便，但不能对环境影响程度进行定量评价。

质量指标法（综合指标法）：该方法的核心问题是建立环境因子的评价函数曲线，通常是先确定环境因子的质量标准，再根据不同标准规定的数值确定曲线的上、下限。对于已被国家标准或地方标准明确规定的环境因子，如水、大气等，可以直接用标准值确定曲线的上、下限；对于一些无明确标准的环境因子，需要对其进行大量工作，选择其相对的质量标准，再用以确定曲线的上、下限。权值的确定大多采用专家咨询法。

景观生态学方法：景观生态学方法既可以用于生态环境现状评价也可以用于生境变化预测，目前是国内外生态影响评价学术领域中较先进的方法。

系统分析法：系统分析法因其能妥善地解决一些多目标动态性问题，目前已广泛应用于各行各业，尤其在进行区域规划或解决优化方案选择问题时，系统分析法显示出其他方法所不能达到的效果。

生产力评价法：绿色植物的生产力是生态系统物流和能流的基础，它是生物与环境之间相互联系最本质的标志。

数学评价方法：生态环境最重要的特征之一是它具有区域性，用数学的方法，以数学模型模拟（或拟合）生态数据的空间分布及其区域性变化趋势的方法，称为趋势面分析，这也是生态评价的方法之一。

10.2 全国各省市生态环境质量及排序

国家环境质量监测最权威的部门——中国环境监测总站，在《中国生态环境质量评价研究》一书中，综合国内外生态环境评价指标体系研究的成果及针对生态环境质量评价中存在的问题，利用其选择的评价指标及计算方法和质量分级标准首次对全国除台湾、香港、澳门外的各省市生态环境质量进行了评价并分县、市得出了结果，这对生态影响类工程环境监理具有重要意义。

全国各省（自治区、直辖市）的生态环境质量现状用质量指标法分成 4 类，即优类，包括琼、浙、闽、粤、滇、桂、湘、赣 8 个省（自治区）；良类，包括鄂、黔、皖、川、黑、吉 6 个省；一般类，包括沪、苏、渝、辽、京、津、鲁、豫、冀、陕、蒙、藏 12 个省（自治区、直辖市）；较差类，包括青、晋、甘、宁、新 5 个省（自治区），没有出现差类。本评价由于缺少资料，没有对我国香港、澳门和台湾省（区）进行评价和排序见表 10-1。

表 10-1　全国生态环境质量排序（以省、自治区、直辖市为单元）

等级	省份	EQI	生物丰度指数	植被覆盖指数	水网密度指数	土地退化指数	污染负荷指数
优	海南	92.66	100.00	88.93	81.47	97.32	99.08
	浙江	87.67	80.70	100.00	80.39	92.81	94.41
	福建	86.99	83.74	98.01	75.60	90.59	97.75
	广东	86.56	82.81	95.75	74.92	95.42	95.20
	云南	81.4	96.86	96.11	44.47	86.81	89.85
	广西	80.2	83.44	90.09	53.38	96.64	93.07
	湖南	79.98	77.62	91.59	62.27	90.43	92.42
	江西	79.28	68.38	93.16	71.80	83.20	97.03
良	湖北	64.65	46.20	67.07	61.69	82.37	96.00
	贵州	62.37	65.64	61.10	40.88	82.53	78.55
	安徽	62.04	28.25	55.97	73.77	95.06	96.66
	四川	59.07	52.45	63.42	38.61	77.84	93.18
	黑龙江	56.65	37.37	78.26	25.47	90.81	98.02
	吉林	55.43	37.81	72.76	24.81	91.82	95.62
一般	上海	54.7	23.42	29.07	97.45	97.50	28.73
	江苏	53.27	10.63	33.83	80.01	97.42	86.96
	重庆	51.12	43.99	53.95	46.37	54.99	72.95
	辽宁	49.96	29.76	57.91	29.16	89.18	87.82
	北京	48.52	35.16	52.37	28.11	93.53	64.40
	天津	46.52	10.08	26.83	67.42	96.84	67.50
	山东	44.83	23.41	24.10	50.01	79.82	85.10
	河南	43.03	15.19	35.03	33.02	94.59	90.19
	河北	41.35	23.30	37.68	21.23	88.08	83.06
	陕西	39.68	25.78	45.69	25.47	47.99	92.40
	内蒙古	36.28	24.69	50.28	9.70	44.06	97.82
	西藏	35.07	25.37	24.36	30.66	32.90	99.89

等级	省份	EQI	生物丰度指数	植被覆盖指数	水网密度指数	土地退化指数	污染负荷指数
较差	青海	31.1	13.55	19.07	19.38	55.96	99.87
	山西	30.12	20.38	29.89	12.61	57.74	62.15
	甘肃	25.69	14.91	24.23	12.90	22.68	97.47
	宁夏	25.67	10.66	23.27	13.28	58.97	56.55
	新疆	30.03	8.62	14.88	10.97	12.11	99.02
全　国		44.06	28.40	46.12	31.88	58.78	95.32

注：资料来源于中国环境监测总站《中国生态环境质量评价研究》。

根据生态环境质量类别分级，计算出以省为单位全国生态环境质量各类型面积百分比如下：

其中生态环境质量优的占 15.19%；

生态环境质量良的占 12.19%；

生态环境质量一般的占 41.25%；

生态环境质量较差的占 31.37%。

10.3 生态现状调查与评价

10.3.1 生态现状调查

生态环境调查至少要进行两个阶段：影响识别和评价因子筛选前要进行初次调查与现场踏勘；环境影响评价中要进行详细勘测和调查。生态现状调查的基本内容：

1. 自然环境调查：调查地形、地貌、地质、水文、气象、土壤基本情况。调查中须特别注意与环境保护密切相关的极端问题，如最大风级、最大洪水。

2. 生态系统调查：生态环境现状调查首先须分辨生态系统类型，包括陆地生态与水生生态系统，自然生态与人工生态系统，然后对各类生态系统按识别和筛选确定的重要评价因子进行调查。陆地自然生态系统的调查包括植被（覆盖率、生产力、生物量、物种组成）；动、植物物种特别是珍稀濒危、法定保护生物和地方特有生物的种类、种群、分布、生活习性、生境条件、繁殖和迁徙行为的规律；生态系统的整体性、特点、结构及环境服务功能，稳定性与脆弱性；与其他生态系统关系及生态限制因素等。

3. 区域资源和社会经济状况调查：包括人类干扰程度（土地利用现状等）、资源赋存和利用，如果评价区存在其他污染型工、农业，或具有某些特殊地质化学特征时，还应该调查有关的污染源或化学物质的含量水平。

4. 区域敏感保护目标调查：即调查地方性敏感保护目标及其环保要求。

5. 区域土地利用规划、发展规划、环境规划的调查。

6. 区域生态环境历史变迁情况、主要生态环境问题及自然灾害等。

10.3.2 陆生植被、生物量调查和评价

1. 主要植被类型

按生物群落的特点，植被类型主要包括热带雨林、热带落叶林、热带旱生林、稀树草原、荒漠和半荒漠、温带草原、亚热带常绿林、温带落叶林、北方针叶林、冻原

等类型。

2．植物的样方调查和物种重要值

自然植被经常需进行现场的样方调查，样方调查中首先须确定样地大小，一般草本的样地在 1 m² 以上，灌木林样地在 10 m² 以上，乔木林样地在 100 m² 以上，样地大小依据植株大小和密度确定。其次须确定样地数目，样地的面积须包括群落的大部分物种，一般可用种与面积和关系曲线确定样地数目。样地的排列有系统排列和随机排列两种方式。样方调查中"压线"植物的计量须合理。

在样方调查（主要是进行物种调查、覆盖度调查）的基础上，可依下列方法计算植被中物种的重要值：

①密度＝个体数目/样地面积

$$相对密度 = \frac{一个种的密度}{所有种的密度} \times 100\%$$

②优势度＝底面积（或覆盖面积总值）/样地面积

$$相对优势度 = \frac{一个种优势度}{所有种优势度} \times 100\%$$

③频度＝包含该种样地数/样地总数

$$相对频度 = \frac{一个种的频度}{所有种的频度} \times 100\%$$

④重要值＝相对密度＋相对优势度＋相对频度

3．陆生生态调查和评价的基本方法

陆生生态现状调查应包括：工程影响区植物区系、植被类型及分布；野生动物区系、种类及分布；珍稀动植物种类、种群规模、生态习性、种群结构、生境条件及分布、保护级别与保护状况等；受工程影响的自然保护区的类型、级别、范围与功能分区及主要保护对象状况；进行生态完整性评价时，应调查自然系统生产能力和稳定状况。

4．陆地生态系统生产能力估测与生物量测定

生态系统生产力、生物量是其环境功能的综合体现。

生态系统生产力的本底值，或理论生产力，理论的净第一性生产力，可以作为生态系统现状评价的类比标准。而生态系统的生物量，又称"现存量"，是指一定地段面积内（单位面积或体积内）某个时期生存着的活有机体的数量。生长量或生产量则用来表示"生产速度"。生产能力估测是通过对自然植被净第一性生产力的估测来完成，通常采用地方已有成果应用法、参考权威著作提供的数据、区域蒸散模式三种方法来估测净第一性生产力。

生态系统的生物量是衡量环境质量变化的主要标志。生物量的测定，采用样地调查收割法。样地面积：森林采用 1 000 m²；疏林及灌木林选用 500 m²；草本群落选用 100 m²。

10.3.3　土地利用类型调查

国家实行土地用途管制制度。国家编制土地利用总体规划，规定土地用途，将土地分为农用地、建设用地和未利用地。严格限制农用地转为建设用地，控制建设用地总量，对耕地实行特殊保护。

前款所称农用地是指直接用于农业生产的土地，包括耕地、林地、草地、农田水利用地、养殖水面等；建设用地是指建造建筑物、构筑物的土地，包括城乡住宅和公共设施用地、工矿用地、交通水利设施用地、旅游用地、军事设施用地等；未利用地是指农用地和建设用地以外的土地。

10.3.4 水生生态调查

水生生物与生态现状调查应包括：工程影响水域浮游动植物、底栖生物、水生高等植物的种类、数量、分布；鱼类区系组成、各类、产卵场；珍稀水生生物种类、种群规模、生态习性、种群结构、生境条件与分布、保护级别与状况等；受工程影响的自然保护区的类型、级别、范围与功能分区及主要保护对象状况。

10.3.5 调查和确定生态敏感目标的方法

在建设工程环境监理中"敏感保护目标"也可按下述依据判别。

1. 具有生态学意义的保护目标。主要有：具有代表性的生态系统，如湿地、海涂、红树林、珊瑚礁、原始森林、天然林、热带雨林、荒野地等生物多样性较高的和具有区域代表性的生态系统。

重要保护生物及其生境，包括列入国家级和省级一、二级保护名录的动植物及其生境；列入红皮书的珍稀濒危动植物及其生境；地方特有的和土著的动植物及其生境以及具有重要经济价值和社会价值的动植物及其生境。

重要渔场及鱼类产卵场、索饵场、越冬地及洄游通道等；自然保护区、自然保护地、种质资源保护地等。

2. 具有美学意义的保护目标。主要有：风景名胜区、森林公园及旅游度假区；具有特色的自然景观、人文景观、古树名木、风景林、风景石等。

3. 具有科学文化意义的保护目标。如：具有科学文化价值的地质构造、著名溶洞和化石分布区、冰川、火山和温泉等自然遗迹，贝壳堤等罕见自然事物；具有地理和社会意义的地貌地物，如分水岭、省、市界等地理标志物。

4. 具有经济价值的保护目标。如：水资源和水源涵养区；耕地和基本农田保护区；水产资源、养殖场以及其他具有经济学意义的自然资源。

5. 重要生态功能区和具有社会安全意义的保护目标。主要有：重要生态功能区，如江河源头区、洪水蓄泄区，水源涵养区、防风固沙保护区、水土保持重点区、重要渔业水域等；灾害易发区，如崩塌、滑坡、泥石流区（地质灾害易发区）、高山、峡谷陡坡区等。

6. 生态脆弱区。主要包括：处于剧烈退化中的生态系统，都可能演化为灾害易发区，应作为一类重要的敏感目标对待，如沙尘暴源区、严重和剧烈沙漠化区，强烈和剧烈水土流失区和石漠化地区；处于交界地带的区域，如水陆交界之海岸、河岸、湖岸岸区，处于山地平原交界处之山麓地带等；处于过渡的区域，如农牧交错带、绿洲外围带等。

生态脆弱区具有容易破坏又不容易恢复的特点，因而应作为环评和环境监理中的特别关注的保护目标。

7. 人类建立的各种具有生态环境保护意义的对象。如植物园、动物园、珍稀濒危生物保护繁殖基地、种子基地、森林公园、城市公园与绿地、生态示范区、天然林保护区等。

8．环境质量急剧退化或环境质量已达不到环境功能区划要求的地域、水域。

9．人类社会特别关注的保护对象。如学校（关注青少年）、医院（关注体弱有病的脆弱人群）、科研文教区以及集中居民区等。

10.4　环评、环境监理与竣工验收三者之间的关系

10.4.1　环评为环境监理提供了依据和目标

环境影响评价是建设项目环境管理从源头控制污染，实现污染减排的重要手段，也是保护环境促进发展的切入点。环评工作的出发点和落脚点在于有效地改善环境质量；环境影响评价是指对规划和建设项目实施后可能造成的环境影响进行分析、预测和评估，提出预防或者减轻不良环境影响的对策和措施，进行跟踪监测的方法与制度。

工程环境监理是指社会化、专业化的工程环境监理单位，在接受工程建设项目业主的委托和授权之后，根据国家批准的工程项目建设文件，有关环境保护、工程建设的法律法规和工程环境监理合同以及其他工程建设合同，针对工程建设项目所进行的旨在实现工程建设项目环保目标的微观性监督管理活动。

环评是建设项目环境保护管理的重要程序，建设项目环境保护管理程序对参建各方及相应政府部门的环境保护职责均有明确要求，该程序制定的一个重要目的就是对工程项目建设行为进行环境监管并使之规范化。生态影响类项目也不例外，不进行环评就不能进行设计，不设计就不能进行施工，环评的要求是什么？环保设计、污染防治设施、生态保护措施有哪些？没有环评在施工期就无法进行环境监理。

《环评法》第三章第二十六条　"建设项目建设过程中，建设单位应当同时实施环境影响报告书、环境影响报告表以及环境影响评价文件审批部门审批意见中提出的环境保护对策措施"。《建设项目环境保护管理条例》第三章第十七条"建设项目的初步设计，应当按照环境保护设计规范的要求，编制环境保护篇章，并依据经批准的建设项目环境影响报告书或者环境影响的报告表，在环境保护篇章中落实防治环境污染和生态破坏的措施以及环境保护设施投资概算"。以上法律、条例条文的规定，既是工程环境监理的法律依据，也指出了工程环境监理的目标。其目标就是协助业主"实施"环境影响报告书、环境影响报告表以及环境影响评价审批部门审批意见中提出的"环境保护对策"，"落实"初步设计环境保护篇章中"防治环境污染和生态破坏的措施以及环境保护设施投资概算"。

10.4.2　环评为环境监理提出了具体任务和服务内容

建设工程环境监理的目的是力求实现工程建设环保目标，落实环保设施与措施，防止环境污染和生态破坏，满足工程环境保护验收要求。无论是项目环评还是区域环评，环评报告书是环评单位众多环境科技工作者辛勤劳动的结晶。环评批复是环境行政主管部门从区域规划、产业政策、总量控制、清洁生产、以新带老、增产减污、生态安全等

方面对建设项目环保准入的认可。环评和环评批复对建设项目所执行的环境质量标准、污染物排放标准、总量控制标准以及需要落实的环保设施与措施、项目环境保护竣工验收的条件和要达到的环保目标都有明确的要求。建设监理关注的是施工安全和施工质量；各承包商一般也不可能见到建设项目的环境影响报告书和环评批复；业主往往又忙于施工外部环境的协调，关心的是所建设项目的造价、质量和进度；环境质量和环境安全基本上是建设监理的盲区，环境监察力量所限不可能随时随地跟踪监管每一个工地，只有环境监理单位才能充分利用自身的专业优势和特长，通过有效的环境监理控制工作和具体的控制措施，在满足投资、进度和质量要求的前提下，确保防治环境污染和生态环境破坏的措施以及环境保护设施投资概算等环境保护对策的落实。

全国有不少省市在生态环境保护建设规划中，都提出要加快水电开发、公路建设、矿山开采区、旅游开发区、工厂废弃地、地质灾害毁弃地和煤矿塌陷区的治理和生态恢复步伐，推进毁损土地的复垦绿化和矿渣无害化处理与资源化利用，对生态环境有影响的建设项目实施生态环境监理制度。如何对生态影响类项目进行环境监理，而环评报告和报告批复为环境监理提出了具体任务和服务内容。

10.4.3　环境监理能补充完善环评之不足

近年的环境监理实践经常碰到这样一些情况，建设工程在施工过程中没有完全按照环评报告书或环评报告表及批复要求去做，其原因：一是环评对项目地址的地理环境、地质、地貌调查不清；二是环评对项目污染防治、生态保护设施措施及工艺不适用；三是环评所列项目环保投资估算与建设市场实际预算定额和价格距离太大；四是从设计到施工中间变更多，特别是生态影响类建设项目如铁路、公路、矿山开采等，投资大、工期长，取弃土场、改路改渠、道涵变更更多。环评工作时间紧、任务重，尽管通过专家评估改进后最终得到批复，也只能提出大的原则和方向，根本无法追踪每一个建设项目长时间去监管。环境监理通过审查承建合同、施工图及施工期现场巡视、旁站可以发现上述问题，及时地建议并协助业主解决这些问题；同时报告环保行政主管部门施工期项目信息，一方面反馈评价单位进一步提高环评质量，另一方面采取必要措施真正实施对在建项目的全过程环境管理。

10.4.4　环境监理为环保验收和后评价奠定了基础

建设项目竣工环境保护验收是指建设项目竣工后，环境保护行政主管部门根据《建设项目竣工环境保护验收管理办法》规定，依据环境保护验收监测或调查结果，并通过现场检查等手段，考核该建设项目是否达到环境保护要求的活动。

国家环境保护总局令第13号令《建设项目竣工环境保护验收管理办法》第四条规定，建设项目竣工环境保护验收范围包括：

（一）与建设项目有关的各项环境保护设施，包括为防治污染和保护环境所建成或配备的工程、设备、装置和监测手段，各项生态保护设施；

（二）环境影响报告书（表）或者环境影响登记表和有关项目设计文件规定应采取的其他各项环境保护措施。

环境影响后评价是指对建设项目实施后的环境影响以及防范措施的有效性进行跟踪

监测和验证性评价。《环评法》第二十七条规定：在项目建设、运行过程中产生不符合经审批的环境影响评价文件的情形的，建设单位应当组织环境影响的后评价，采取改进措施，并报原环境影响评价文件审批部门和建设项目审批部门备案；原环境影响评价文件审批部门也可以责成建设单位进行环境影响的后评价，采取改进措施。

需开展后评价的包括两种情形：一是项目建设、运行过程中产生不符合经审批的环境影响评价文件的情形的；二是原环境影响评价文件审批部门责成的，主要针对建设项目周围环境状况、环境保护措施或是对环境的影响发生较大变化等情况，包括环境影响大、建设地点敏感、有争议、有较大潜在影响或是有重大事故、有风险事件发生的项目。

推行或实施环境监理制度，可以在施工期对建设项目实施全过程监控并提出补救方案或措施，实现项目建设与环境相协调。环境监理对于建设项目竣工环境保护验收也好，对于所监理项目的环境影响后评价也好，无疑都奠定了基础。

习　题

1. 什么是生态环境？环境质量与生态环境质量有何联系和区别？

2. 目前生态环境影响环评中常用的方法有哪些？适用范围是什么？

3. 用质量指标法进行生态环境质量评价所选用的指标有哪几个？生态环境质量指数是如何计算的？

4. 生态环境质量是如何进行分级的？

5. 污染负荷指数包括的污染指标有哪些？

6. 生态现状调查的基本内容包括有哪些？

7. 什么是生态系统的生物量？

8. 土地利用类型有哪些？如何进土地利用类型调查？

9. 环境影响评价与建设工程环境监理有何关系？

第 11 章　生态影响的识别

11.1　影响因素的识别

11.1.1　环境影响识别的目的

生态影响类项目环评需要进行环境影响识别，环境监理更需要生态影响的识别。

环境影响的识别是进行工程环境监理的重要步骤，它是将开发建设活动的作用和环境的反应结合起来作综合分析的过程，生态影响识别的目的是明确主要影响因素，主要受影响的生态系统和生态因子，从中筛选出环境监理的重点工作内容。

生态影响识别是一种定性的和宏观的生态影响分析、生态影响认识过程。依据生态保护原理，依据建设项目文件资料、实地调查资料和粗略的相关分析可进行影响识别。

11.1.2　影响因素的识别内容

这是对开发建设项目（即作用主体）的识别。工作的要点是全面性，既要识别全部工程组成，又要识别全时程和全部作用方式。

作用主体的组成应包括主要工程（或主设施、主装置）和全部辅助、配套、公用及相关工程在内，如为工程建设开通的进场道路、施工道路、集中的工业作业场地、重要原材料的生产（原料加工、采石场、取土场）、储运设施建设、施工队伍驻地和拆迁居民安置场地等。

在项目实施的时间序列上，应包括施工建设和运营期的影响因素识别，有的项目甚至还包括勘探设计期（如石油、天然气钻探、选址选线和决定施工布局）和死亡期（如矿山闭矿、渣场封闭与复垦）的影响识别。

此外，还应识别不同的作业方式所造成的不同影响（如公路建设之桥隧结合或大挖大填、机械作业或手工作业等），集中开发建设地区和分散的影响点，永久性占地与临时占地等因素。

影响因素的识别内容还包括影响的发生方式，作用的时间长短，直接作用还是间接作用等。

影响因素识别实质上是工程分析过程。该项工作建立在对工程性质和内容的全面了解和深入认识的基础上。详细研读建设项目可研报告、环评报告、环评批复、设计文件，同时还要类比已建同类工程项目，深入了解项目业主的建设思想、前期准备及项目的动态变化，这是做好影响因素识别工作的基本条件。

11.2 影响对象的识别

这是对影响受体（生态环境）的识别，即识别作用主体可能作用到的受体部位、作用因子等。识别的内容应包括：

11.2.1 识别受影响的生态系统

首先要识别受影响的生态系统类型。因为不同类型的生态系统所关注的生态环境问题是不同的，例如农田生态系统和自然生态系统，对生物多样性的关注程度很不相同。

接着要识别受影响的生态系统组成要素，如组成生态系统的生物因子（植物与动物）或非生物因子（水系和土壤等）。

11.2.2 识别受影响的重要生境

从生物多样性保护角度考虑，人类对生物多样性的影响主要是因为占据、破坏或威胁野生动植物的生境造成的。因此，在开发建设项目的工程环境监理中，要认真识别这类重要的生境，并采取有效措施加以保护。重要生境的识别方法见表 11-1。

表 11-1 生境重要性识别方法

序号	生境性质	重要性比较
1	天然性	原始生境>次生生境>人工生境（农田）
2	面积大小	同样条件下 面积大>面积小
3	多样性	群落式生境类型多、复杂区域>类型少、简单区域
4	稀有性	拥有稀有物种的生境>没有稀有物种者
5	可恢复性	不易天然恢复的生境>易于天然恢复者
6	完整性	完整性生境>破碎性生境
7	生态联系	功能上生态联系的生境>功能上孤立的生境
8	潜在价值	可发展为更具保存价值者>无发展潜力者
9	功能价值	有物种或群落繁殖、生长者>无此功能者
10	存在期限	存在历史久远者>就近形成者
11	生物丰度	生物多样性丰富者>生物多样性贫乏者

11.2.3 识别受影响的自然资源

在生态环境影响评价中，有时将自然资源与生态系统等量齐观，在工程环境监理中，有时也会这样，因为许多生态环境的退化和破坏是由于自然资源的不合理开发利用造成的。自然资源的含义很广，它是指在一定的时间、地点条件下，能够产生经济价值以提高人类当前和未来福利的自然环境因素和条件，通常主要包括能源、矿物、土地、水、气候和生物等资源。对我国来说，耕地资源和水资源都十分紧缺，都是应首先加以影响识别和保护的对象，尤其是基本农田保护区、城市"菜篮子"工程、养殖基地、特产地和其他有重要经济价值的资源，都是影响识别的重点自然资源。

11.2.4 识别受影响的景观

具有美学意义的景观，包括自然景观和人文景观，对于缓解当代人与自然的矛盾，满足人类对自然的需求和人类精神生活需求，具有越来越重要的意义。许多著名的风景名胜区已发展成为当地的旅游产业。事实上，任何具有地方特色的景观（自然景观大多具有地方特色，很难有完全相同的自然景物）都具有满足当地人民精神需求的作用，因而具有保护的意义。所有具有观赏或纪念意义的人文景观，也都具有地方文化特色，代表地方的历史或荣誉，为地方人民所钟爱和景仰，因而也具有保护意义。由于我国自然景观多样，人文景观又特别丰富，许多这类有保护价值的景观尚未纳入法规保护范围，需要在建设工程环境监理中给予特别的关注，需要认真调查了解和识别此类保护目标。

11.2.5 识别敏感保护目标

在环境影响评价中，敏感保护目标常作为评价的重点，是衡量评价工作是否深入或是否完成任务的标志。建设工程环境监理更是要特别关注环境敏感保护目标，利用环境监理的方法与手段，采取旁站和巡视加以重点保护，否则就失去了施工期环境监理的目的和意义。但是，环境敏感保护目标又是一个比较笼统的概念。按照约定俗成的含义，环境敏感保护目标概括一切重要的、值得保护或需要保护的目标，其中最主要的是法律已明确其保护地位的目标见表 11-2。

表 11-2   国家法律确定的保护目标

保护目标	依据法律
1. 具有代表性的各种类型的自然生态系统区域	《环境保护法》
2. 珍稀、濒危的野生动植物自然分布区域	《环境保护法》
3. 重要的水源涵养区域	《环境保护法》
4. 具有重大科学文化价值的地质构造、著名溶洞和化石分布区、冰川、火山、温泉等自然遗迹	《环境保护法》
5. 人文遗迹、古树名木	《环境保护法》
6. 风景名胜区、自然保护区、自然景观等	《环境保护法》
7. 海洋特别保护区、海上自然保护区、滨海风景游览区	《海洋环境保护法》
8. 水产资源、水产养殖场、鱼蟹洄游通道	《海洋环境保护法》
9. 海涂、海岸防护林、风景林、风景石、红树林、珊瑚礁	《海洋环境保护法》
10. 水土资源、植被、（坡）荒地	《水土保持法》
11. 崩塌滑坡危险区、泥石流易发区	《水土保持法》
12. 耕地、基本农田保护区	《土地管理法》

11.3 影响效应的识别

11.3.1 影响效应的识别内容

生态环境影响识别时主要需判别的内容是：

1. 影响的性质

即是正影响还是负影响，是可逆影响还是不可逆影响，可否恢复或补偿，有无替代方案，是累积性影响还是非累积性影响。

2. 影响的程度

即影响发生的大小范围，持续时间的长短，影响发生的剧烈程度，受影响生态因子的多少，是否影响到生态系统的主要组成因子等。

3. 影响的可能性

即发生影响的可能性与概率。影响可能性可按极小、可能、很可能来识别。

在影响后果的识别中，常可通过识别生态系统的敏感性来宏观地判别影响的性质和影响导致的变化程度。

11.3.2 人为生态破坏的主要形式及危害

一般认为，生态破坏既有自然、历史原因，又有人为因素造成，但更多情况下，人为生态破坏，特别是片面追求经济快速发展时期不合理的开发建设活动所造成的生态破坏规模更大、危害更重。人为生态破坏的方式是多种多样的，所产生的危害也是多方面的，并且有连锁效应和潜在危害等特点。当前，我国存在的主要生态破坏行为及其危害见表 11-3。

表 11-3　人为生态破坏的主要形式及其危害

类型	破坏行为	后果
土地破坏	毁林、毁草、开荒，过度放牧、樵采，不合理开发建设	水土流失：跑水、跑土、跑肥；河床抬高、水库淤积、工程效益和通航能力降低；威胁工矿交通安全；引起山崩、滑坡、泥石流
	盲目开垦、滥改水道、过度樵采和放牧、滥挖植物	土地沙化：土地生产力下降或丧失，水源枯竭，沙尘暴，农田、村庄被流沙吞没
	不合理灌溉，超量开采地下水导致海水入侵	次生盐渍化：作物生长不良，产量低；严重的作物无法生长，导致弃耕；地面沉降
	土地管理不当或灌排不当	次生潜育化：土壤通透性差，不利水稻生长
	对耕地掠夺式经营，广种薄收，只种不养，重用轻养	耕地肥力下降，产量降低
	向土壤排放"三废"，不合理使用农药、化肥	土地污染：动植物和各种农产品品质下降，污染物残留增加，危害人体健康
	露天采矿、渣石堆放、过度开采地下水	土地破坏：占用农田、水土流失，地面沉降，景观破坏
	城乡建设和二、三产业占用良田，缺乏统筹规划，乱占耕地	良田减少，人地矛盾加剧

类型	破坏行为	后果
植被和生物多样性破坏	刀耕火种，毁林开荒，乱砍滥伐，破坏防护林	森林面积减少，水土流失、肥力下降，涵养水源能力降低，抗灾能力变弱，野生动植物生存环境破坏
	森林病虫害防治技术落后，大量施用化学农药	病虫害抗药性增强、天敌减少、生物多样性破坏、导致森林病虫害爆发
	重采伐，轻育林，采育失调	造林保存率低，更新慢于采伐，森林资源减少，生态功能降低
	盲目开垦草原，超采放牧，鼠、虫害，水资源利用不当，乱捕滥猎，乱采滥挖	草原退化、沙化，草地生产力降低，动植物资源减少
	城镇发展，农业开发，交通、水利、采矿等工程项目建设不当	草原破坏，栖息地减少，破坏植被和生境，阻碍陆地动物迁移和水生生物洄游，不利动物繁殖
	盲目引进外来物种、转基因作物	外来物种暴发、疯长，有益生物和经济物种消亡，生态平衡破坏
水资源破坏	过量开采地下水，无证开采	地下水水位下降，形成漏斗区，引起海（咸）水入侵，地面沉降，工农业生产和人民生活受影响
	渠道渗漏，农业灌溉方式不合理，大水漫灌、串灌	浪费水资源，引起土壤盐渍化
	大量排放废水，向水体倾倒垃圾，大量施用农药化肥等	污染水体，加剧水资源紧张
	无科学规划地调水、用水，开垦湿地，围湖造田	水资源紧张，生态环境破坏，生态调节能力降低
矿产资源破坏	随意无证开采，无科学规划	生态破坏，资源浪费
	工矿占地，矿渣、尾矿占地	耕地减少
	露天采矿、采石、采沙，不进行回填、复垦恢复	破坏自然植被和地貌景观，土壤流失，土地荒芜，地面沉降
	沿江、沿岸、沿坡乱采滥挖矿产资源	导致崩塌、滑坡、泥石流、地面塌陷、沉降
	矿渣、尾矿未进行综合利用，废水排放、下渗	污染水体、大气，占地，浪费资源

习　题

1. 环境影响识别的目的是什么？什么叫影响因素识别？什么叫影响对象识别？
2. 生境重要性识别包括的生境性质有哪 11 种？如何进行重要性比较？
3. 在工程环境监理中，如何判别环境"敏感保护目标"？
4. 国家法律确定的保护目标有哪些？
5. 影响效应识别时主要判别的内容有哪些？

第12章　生态影响类工程环境监理

12.1 概述

工程环境监理内容涉及面广，因素复杂，特别是生态影响类项目，既包含多种自然因素和多种生态系统，又包含各种污染因素；生态环境保护法规是宏观的，工程项目环境监理是微观的、具体的；建设项目所在地的生态环境质量评价与检测也不可能像建筑质量标准和检测方法那样是便于操作的，但建设项目对生态环境的破坏和影响是实实在在的。针对当前我国生态环境面临的突出问题和生态环境保护的主要任务，依据建设项目所在区域生态系统的特点和地域分布的不同，特别是依据人类活动对生态资源的影响不同，可以将工程环境监理的工程项目分为不同行业类型。但不论何种类型的工程项目，在进行监理时，环境监理单位及其环境监理工程师都要首先做好的重要工作就是建议项目业主或审查承包商：建立环保目标责任制，明确责任单位和责任人；研究防止或减轻开发区或施工场地内重要生态环境要素与生态系统遭受破坏或污染的措施；明确对建设施工造成的生态破坏设定的恢复治理指标、步骤与时限，对绿化、植树造林与草场建设等活动可能带来的外来物种入侵的防范措施；考虑开发区内或施工现场的环境监测方案；具体落实生态环境保护实施的项目、机构、制度、资金与保障措施，特别注重环境保护设施建设等。

环保总投资＝污染防治设施投资＋生态恢复投资＋水土保持投资＋工程绿化投资＋
移民环保投资＋其他生态环保投资

环境保护设施建设是防止产生新的污染，保护环境的重要环节，环境保护设施主要有：

（1）污染控制设施，包括水污染物、空气污染物、固体废物、噪声污染、振动、电磁、放射性等的控制设施，如污水处理设施、除尘设施、隔声设施、固体废物卫生填埋或焚烧设施等。

（2）生态保护设施，包括保护和恢复动植物种群的设施、水土流失控制设施等，如为保护和恢复鱼类种群而建设的鱼类繁育场、为防治水土流失而修建的堤坝挡墙等。

（3）节约资源和资源回收利用设施，包括能源回收与节能设施、节水设施与污水回用设施、固体废物综合利用设施等，如为回收利用污水而修建的污水处理装置及其管道，为回收利用固体废物而修建的生产装置等。

（4）环境监测设施，包括水环境监测装置、大气环境监测装置、电磁辐射监控装置等污染物监测设施。

除环境保护设施外，还可以采取有关的环境保护措施用以减轻污染和对生态破坏的影响，如对敏感目标采取搬迁措施、补偿措施等。

12.1.1 生态环境保护措施分类

生态环境保护措施是生态环境影响评价工作的"重头戏"，也是生态影响类工程环境监理工作的"核心"，也是建设项目工程环境监理工作的出发点和落脚点。进行工程环境监理要以项目生态保护措施为突破口，狠抓落实，直至项目竣工环保设施达标验收，这是生态影响类工程环境监理的中心任务。

生态影响类项目的生态环境保护措施一般是从生态环境特点及其保护要求和开发建设工程项目特点两个方面提出的。环境监理单位和环境监理工程师应注意识别和认知。

1. 从生态环境特点划分的措施

从生态环境的特点及其保护要求考虑，主要采取的保护途径有三种：保护、补偿、恢复与优化。

（1）保护

预防性保护是必须优先考虑的生态保护措施。它是在开发建设活动前和活动中注意保护生态环境的原质原貌，尽量减少干扰与破坏，即贯彻"预防为主"的思想和政策。尽量避免发生不可逆影响。许多情况下，实行预防性保护几乎是唯一措施。

（2）恢复

开发建设活动虽对生态环境造成一定影响，但可通过事后努力而使生态系统的结构或环境功能得到一定程度的修复。例如，破坏土地的复垦，堆渣场的事后覆盖与绿化等。

（3）补偿与优化

这是一种重建生态系统以补偿开发建设活动而损失的环境功能的措施。补偿有就地补偿和异地补偿两种形式。就地补偿类似于恢复，但建立的新生态系统与原生态系统没有一致性；异地补偿则是在开发建设项目发生地无法补偿损失的生态环境功能，在项目发生地之外实施补偿措施。如在流域内或区域内的适宜地点以及其他规划的生态建设工程地点实施的补偿等。补偿中最常见的是耕地和植被补偿，补偿措施的确定是考虑流域或区域生态环境功能保护的要求和优先次序，建设项目对区域生态环境功能的最大依赖和需求，按照生物质生产等当量的原理确定具体的补偿量。补偿措施体现社会群体平等使用和保护环境的权利，也体现生态环境保护的特殊性要求。

在生态环境已经相当恶劣的地区，为保证建设项目的可持续运营和促进区域的可持续发展，开发建设项目不仅应保护、恢复、补偿直接受其影响的生态系统及其环境功能，而且需要采取措施改善项目周边区域生态环境。例如沙漠边缘的开发建设项目，水土流失严重或地质灾害严重的山区，受台风影响严重的滨海地带及其他生态环境脆弱带实施的开发建设项目，都需要为项目自身的生态保障而进行有关的生态建设。

2. 从建设工程本身特点划分的措施

从工程项目本身建设的特点来考虑其保护措施也有四种：替代方案、生产技术选择、工程措施、管理措施。其中在工程项目的设计期、施工期、运营期和工程结束期（死亡期）又不完全相同。

（1）替代方案

从保护生态环境出发，开发建设项目的替代方案主要有场址或线路走向的替代、施工方案的替代、工艺技术的替代、生态保护措施的替代等。替代方案的论证有时会涉及资源利用战略、产业政策、环保战略和区域发展战略等重大问题。例如一条河流是开发梯级电站发电还是发展流域森林植被建成峡谷旅游区，需要对其资源赋存特点、生态保护意义、长远利益与现实利益、局部利益与整体利益作深入分析的基础上才可能做出。替代方案的确定是一个不断进行科学论证、优化、选择的过程，最终目的是使选择的方案具有环境损失最小、费用最少、生态环境功能最大的赋性。

（2）生产技术选择

采用清洁和高效的生产技术和减少环境破坏的施工方式是从工程本身来减少污染和减少生态环境影响或破坏的根本措施。可持续发展理论认为：数量增长型发展受资源有限性的限制是有限度的，只有依靠科技进步的质量型发展才是可持续的。例如造纸工业不仅仅废水污染江河湖海导致水生生态系统恶化问题，还有原料采集所造成的生态环境影响问题。高速公路穿越山地重丘区在采用桥隧或高填深挖的技术上，根据所涉及的生态环境、景观、界岭、纪念地敏感保护目标的不同而要进行慎重选择。

（3）工程措施

根据耗散理论，人类进行的开发建设活动不管采用怎样清洁或高效的技术，都不可能完全消除环境污染和生态影响，因而必须发展专门的环保技术和环保产业来减少这种影响。生态环境保护的工程措施可分为一般工程性措施和生态工程措施两类。例如，为防止泥石流和滑坡而建造的人工构筑物，为防止地面下沉进行的人工回灌，为防止盐渍化和水涝而采取的排涝工程，为防止水土流失而进行的砌岸护坡，是工程措施；为防风或保持水土、防止水土流失或沙漠化而植树造林、种草、退耕还牧、退田还湖等，都属于生物性或生态性措施。工程环境监理应特别关注项目这两类工程措施的落实。

（4）管理措施

开发建设项目的生态环境管理主要包括建设期和生产运营期两个时段，有时还包括项目可研期如勘察设计期和项目死亡期，如矿山闭矿、工厂报废、废物堆场复垦等。工程环境监理主要是施工期的监理，监理人员的职责主要是在了解环境本底或背景值的基础上，提出必要的建议或措施进行必要的环境质量（包括可检测的生态项目）监测和观察，掌握施工污染造成的环境质量、生态效应和生态环境的动态变化，明确环境保护的目标和责任，建议项目业主和监督检查承包商以实现保护生态环境的目的。

12.1.2 生态影响类工程环境监理的原则

1. 要体现法律法规的严肃性

《中华人民共和国环境保护法》规定："开发利用自然资源，必须采取措施保护生态环境"，经环境行政主管部门批准的环评报告书中提出的污染防治和生态环境保护措施具有"规定"性。工程环境监理应维护法律的严肃性，建议项目业主和监督施工单位落实各自应当承担的环境保护职责与义务。

2. 要有明确的目的性

生态影响类项目无论作环境影响评价报告书也好，还是报告表加专题分析也好，其评价目的的功能都集中地反映和体现在环保措施中，换言之它应当满足三方面的要求，其中第一，针对性，针对项目业主所实施的开发建设项目；第二，科学性，它是为工程设计提出环境保护具体要求的科学依据；第三，约束性，开发建设项目除工程直接影响外，还有间接影响问题，区域可持续发展问题等，它是各级环境保护行政主管部门对建设项目实施环境管理的依据和具有约束力的文件，环境监理的目的就是要力求这些环境保护措施的落实。

3．要具有一定的超前性

从保护社会经济的可持续发展及其依赖的自然资源基础出发，生态环境保护措施是一种面向未来的工作。在工程环境监理过程中项目业主和施工单位，对工程建设直接所造成的生态环境污染或破坏可能会承担保护和恢复的责任，但对间接所造成的区域或流域的生态损害所进行的必要的补偿或建设就不一定会接受。环境监理单位和环境监理人员除坚持环评报告批复文件及设计文件中规定的环保设施和生态保护措施的要求外，还要加强宣传、教育工作，说服业主或承包商承担为改善区域或生态环境所应当承担的那部分责任。

4．要注重实效，提高针对性

不论任何一个生态影响类工程项目，要使有限的环保经费发挥最大的效益，其所采取的生态环境保护措施都是具有针对性的，都是针对项目所在地的具体生态环境和不同的保护目标所采取的具体措施，环境监理单位和环境监理工程师也要坚持"按图施工"，对已批准的生态保护措施不要随意或轻易"变更设计"，对环评和扩初设计中没有注意到的也可能是最重要的生态要素或生态因子，确需进行保护的，也要按程序向业主建议向环境行政主管部门反映。

5．坚持"预防为主"的原则

从体现"预防为主"的原则出发，开发建设项目的生态环境保护措施首先是避免干扰，即采用避让措施，尤其是防止施工期的偶发性、无意性和非必要的破坏。因为人类对生态的认识还处于懵懂时期，干预生态系统的行动大多是失败的，因而预防性保护和少加干预是现阶段最明智的举措。例如珊瑚礁盘被当成石灰石炸掉和采挖后，人类不可能再造它；自然景观和自然与文化遗产等都具有破坏后不可恢复的性质。即使可再生的生命系统中，破坏后也很难恢复或即使恢复也不能恢复原状。

6．遵循生态环境保护基本原理

环境监理，特别是对生态影响类工程环境监理，要像关注隐蔽工程、混凝土工程、防水处理、钢架焊接进行旁站、巡视那样，实施有效的环境监理。生态环境保护基本原理提出，有效的生态环境保护途径是：保护生态系统结构的完整性和运行的连续性；保持生态系统的再生产能力，以生物多样性保护为核心和关注焦点；关注重要生境、脆弱生态系统、敏感生态保护目标；解决区域性重要生态环境问题以及重建退化的生态系统。在实际环境监理过程中，使这些科学原理与现实的经济技术水平相结合，做到科学性与可行性相结合。

7．实施功能补偿原则

补偿是保持生态系统环境功能不因开发建设活动影响而削弱或损害的重要途径和措施，这也是环境监理中应注意的一个原则。

这里有两个重要概念：一是补偿的目的是维持区域或流域的生态环境功能不因开发建设活动的影响而削弱，满足区域或流域的可持续发展对环境和资源的要求，因而生态环境的补偿措施是从区域或流域生态功能来考虑的，而不是强调维持开发建设活动发生点的生态环境原貌。二是生态补偿措施可以就地实施也可以异地实施，而不能仅局限在项目建设直接发生的"厂界"之内。

8．强化生态敏感区重点工作的原则

在生态影响类工程环境监理中，应强化的重点是：

（1）凡涉及生态系统主导因子发生不可逆影响时；

（2）凡涉及珍稀濒危物种或重要生境和敏感保护目标发生不可逆影响时；

（3）凡造成再生周期长，恢复速度较慢的自然资源的损失时；

（4）凡可能造成一定区域内某种生态系统（如湿地）消亡或造成某种生态系统中生物多样性减少时；

（5）凡可能造成或加剧区域自然灾害时。

经环境影响识别，凡建设工程项目出现上述某一种情况时，均是工程环境监理的重点。

12.2 公路、铁路项目的环境监理

12.2.1 交通运输工程对生态环境的可能不利影响

1．道路的廊道与分隔效应

铁路、公路给人出行以便利，是连接城市与城市、城市与乡镇的通道，是人类相互连接的廊道。但是对生物来说，尤其是对地面的动物，它是一道屏障，起着分离和阻隔作用。它的分割使景观破碎，将自然生境切割成孤立的块状，使生境岛屿化，使生活在其中的生物变得脆弱（生物不能在更大的范围内求偶与觅食），不利于生物多样性保护。

2．迫近效应

交通运输的畅通使沿线的人流物流强度增加、速度加快、活动范围扩大，使许多原先难以进入的地区变得可达和易于进入。这对自然保护区的珍稀资源的保护造成了巨大威胁。在我国，常常是路通到哪里，树砍到哪里；出现路通山空鸟兽尽的现象。

3．诱导效应

从节省企业投资和增加自己的经济效益出发，新的工厂往往是倾向于建设在有土地可利用和基础设施较好的地方，首选地就是公路走廊地带或高速公路立交或进出口连接线地段。公路建成后，随之而来的是路旁商业的发展，于是沿着新修的公路就出现了带状或串珠状的城镇。公路交通运输诱导沿线的城镇化，从而间接地造成城镇景观代替农村景观或自然景观的巨变。

4．水文影响

公路、铁路建设会改变地表径流的固有态势，从而造成冲、淤、涝、渍等局部影响。我国的铁路和高速公路或国道主干线多采用高路堤，为的是保证洪水季节的交通畅通。但高路堤犹如百里长堤横卧在大地上，阻隔地面径流，改变径流方向，虽有桥涵但洪水季节行洪不畅，或行洪泄洪口流量过大造成局部地方被冲刷或淤积，特别是在湿地修路会因路堤阻隔破坏固有的水文规律，造成湿地生境改变和湿地生态系统的巨大变化。

5．土地占用

交通运输项目多为人口和经济密度都较高的地区的迫切需求而修建，筑路占地，似乎无可厚非，但我国由于人口密度过高人均耕地过少，筑路占地会加速减少本已不多的耕地，加剧对剩余耕地的压力，这是我国可持续发展过程中一道难解的题。此外道路开通所具有的城镇化效应，常使交通沿线的大片优质农田非农化，其对我国人民的食物保障不能说不是一个重要问题。

6．对生态敏感区的影响

交通运输线路长，会穿越各种生态系统，其中不可避免地会涉及一些特殊的、敏感的生态目标或穿越此类特殊地区，如湿地、自然保护区、天然森林、水源区、风景名胜区、特殊地质地貌区以及生态十分脆弱、自然灾害多发的地区等。打破原有生态系统的平衡，带来污染，造成对生境的影响和改变。

7．景观影响

在工业和城市未发达之际，浓烟滚滚、马达隆隆、钢花飞溅、高楼巍然，这些体现人的意志和力量的事物被视为壮观、欣欣向荣和美。但在城市化和工业化比较发达的今天，围于城市环境中的人们，却将这些昔日的美景斥之为"水泥森林"、"噪声扰民"、"烟尘污染"、"热岛效应"，代之以对自然的追求、视自然为美，而且不仅花和树是美的，青山绿水是美的，甚至沙漠戈壁也被视为辽阔、壮美，备受青睐。公路铁路的建设实际上是人造景观，也有与自然景观相互作用的问题；或者交相辉映，相互增彩；或者互不协调，破坏景观，尤其是破坏自然景观的美感。

8．建设施工期的生态影响

施工期是生态环境保护的关键时期，就生态环境保护而言，施工期的环境监理和预防性管理具有决定性意义。凡地质遗迹如火山口、地震断裂、地热泉、古化石等；地理特征如分水岭、河源地、峡谷口、省市界、高原冻土、草甸、地理标志物等；历史文化遗迹如古长城、古城址、古关隘、古栈道等，以及现代生态学关注的珍稀植物、特殊栖息地、古树名木、特殊景观等，若无施工期的及时发现，预防性抢救，一旦破坏就永远无法恢复。仅凭项目环境影响一次评价，或扩初设计室内的"纸上谈兵"，不可能穷其所有问题，而且有些遗迹遗址往往是需动土之后才可发现。如果施工期不能做到有效的环境监理，交通运输项目的施工期就会成为一场不小的生态灾难。众所周知，施工车辆穿越村庄、城镇，噪声扰民、尾气熏人、扬尘入室；穿越田间，扬尘四溢，使果木秸禾花不授粉，穗不结实，农业减产；施工车辆碾压草原会造成草死沙扬，或车道沟成排洪沟，逐渐形成沟壑；为开通施工辅道和作业场地，要清除植被，良莠难分，有可能影响稀有物种，水土流失亦会接踵而至；筑路民工，偷闲行猎，会使公路沿线动物受害；筑路改变地表排水，或使低田水渍，或使聚水冲淤；掘堑打洞，壅土填壑，会影响地下水脉，泉流涸断人畜饮水困难；深谷高山架桥开隧，劈山放炮会引发塌方滑坡；弃土弃石，顺坡滚滑，埋压植被，青山坡变成砾石堆；弃土随水流失，淤塞下游河床，水库、湖泊，严重者会形成泥石流；公路路面铺装，沥青烟气污染，施工场地、生活区废水污染地表河水，施工队伍管理不善会造成垃圾遍地，甚至发生传染性疾病，给当地居民带来危害；施工还阻塞交通，使当地经济活动和社会生活受到影响，甚至会增加事故危害……诸如此类，不一而足。

12.2.2　环境监理要点

1．识别敏感保护目标

对于环境敏感保护目标，一般在环评报告书或工程初步设计环保篇章中均有论述，在此基础上还要进行必要的资料调研和现场调查。

2．注意区域重点生态环境问题

公路、铁路是线带性质的项目，一般要跨越不同类型的生态系统，有不同的保护目标和功能要求，应注意点线结合，所谓"点"，是指场站和桥隧一类重点建设区和敏感的或重要的生态保护目标点（段、区），还包括沿线重点工段、工点以及集中取土场、采石场、料场、施工队伍集中驻地等。

3．对建设施工合同环保承诺审查

建议在施工合同中明确环境保护目标和责任，便于在施工期开展环境监理工作。

4．审查施工组织设计

落实环保法规、政策、标准，审查施工单位是否有环保机构或专职环保人员，在施工组织设计（方案）是否有环保工作要求或漏项。

5．在监理规划的指导下，编写专业实施细则

交通运输工程是对生态环境有重大影响的工程，环境监理必须编写实施细则，而且要有科学性、针对性和可操作性。

6．对环保投资、进度、质量目标进行动态控制

检查工程施工进度时，审查和会签环保设计变更、工地洽商；环保设施的主要材料、构配件和设备的复核；与工程质量监理一起核定试验报告和核查隐蔽工程；审查"施工记录"和"安装记录"；参与环保设备的试运行及签认；审查环保工程量及付款申请，参与环保工程的分项、分部、单位、单项工程质量验收。

7．对环保管理措施的督察

对施工现场环境管理制度的建立与落实、施工期废水、气、渣、噪声污染防止措施的落实、对生态环境保护措施的落实等进行监督检查。检查是否在生态保护区内的禁伐区、禁垦区、禁牧区、禁渔区、禁猎区、禁采（矿）区、禁挖（药）区从事与建设项目内容不符的其他活动。

8．主持环境质量的监测和生态环境质量的评定

环境质量监测和生态环境质量评定的结果，是落实环保法律、法规、标准的重要体现，是环境监理总结的重要内容，也是施工期环境管理的重要手段。环境监理单位和环境监理工程师应发挥专业特长，建议项目业主委托具有资质的环境监测部门做好交通运输建设项目施工期的环境监测和生态环境质量的评定工作。

9．进行工程环保措施项目的检查

交通运输工程的环保措施与项目较多，如水土流失防止措施包括：

预防性措施：控制施工场地扩大以减少破坏植被，避开暴雨施工等；

减轻措施：在暴雨时覆盖作业面和松土层，排水沟设挡或建造挡水墙或高填路基坡脚设挡水墙，坡度不大于1：1；

恢复措施：地面清理后尽快恢复植被（如青藏铁路）；

工程防护措施：隧道或深挖路段弃方进行稳定与表面防护，坡顶设截水沟，各种坡面固定技术等。

对生态环境保护措施也有预防性避免影响措施，减轻影响措施和补偿性措施，如设置动物通道、设栅栏减少野生动物上路碰撞、恢复遭受破坏的植被、用植物遮蔽影响点等。

对农业耕地保护的预防措施如选线避绕，尽量不占耕地。减缓措施：施工期某些工段地点洒水防尘以减轻对农业影响。补偿性措施：取土场和施工占地的复垦、熟土覆盖等。

10. 参与环保工程措施项目的验收与竣工结算

对合格的符合环评报告批复要求及设计文件中环保标准规定的环保工程措施项目进行验收和工程量进行审核签认。

11. 认真完成监理工作总结

一是总结项目环境监理组织对实施交通运输工程环境监理的成效、经验教训；二是整理环境监理档案文件资料，做好归档工作。

12.3 水利水电工程项目的环境监理

水利水电工程从其兴建的目的或主要功能来区分：有城市或区域防洪工程；农业灌溉工程；跨流域调水、输水、引水、供水工程；河流梯级发电工程；抽水蓄能调峰电站工程以及河流改道、防（海）潮闸坝等。规模上也有大、中、小型之分。

以蓄水发电为主的水利水电工程，这是一类有重大生态影响的工程。主工程一般有水坝及相应的引水口、溢洪道、过船闸、鱼道等，输水渠（管）道，用水或发电、河堤海堤构筑物等。

12.3.1 水利水电工程对生态环境影响

水利水电工程对生态环境影响有直接、间接影响，有可逆和不可逆影响，长期和短期影响之分，从考虑水利水电工程的长远效益，还有外环境对水利水电工程本身的影响。

1. 水文效应

在河流上筑坝截水，会深刻地改变河流的水文状况，或引起不同河段流速、流量和水位的变化，或形成脱水段（季节性断流），或改变洪水状况，或增加局部河段淤积，或使河口泥沙减少而加剧冲刷，或咸水上溯、污染物滞流，水质因之改变。

此外，水电站周期运行与停运（调峰），造成下游河段流量起伏变化较大或影响正常通航，或加剧冲刷河岸造成塌岸等。

2. 湖沼效应

筑坝蓄水形成人工湖泊会发生一系列湖泊生态效应。

（1）富营养化

淹没区的植被和土壤有机物，上游地区流失的肥料会在水库中积聚，使库水营养逐渐增加，水草就大量增加，营养物再循环、积聚；发展水上养殖业经常成为安置库区移民谋求新的就业之道的重要途径，会人为输入营养物；发展旅游、增加水上船舶、发展库周旅游点，经常将生活污水排入水库。这些都是导致或加速水库富营养化的原因之一。

（2）淤积

河流来水的泥沙，逐渐在水库中沉积，使水库逐渐淤积变浅，像湖泊一样"老化"。水库的淤积速率决定着水库的寿命，也是决定水库效率的关键因素。黄河干流 20 世纪 80 年代已在运行的 7 个大型水库、库容淤积达 40%，有的达 70%，还影响到发电，而长白山小丰满水电站运行近百年只损失库容 3%。

（3）影响局地气候

库水面积大，下垫面改变，水分蒸发增加，水陆之间水陆条件发生改变，可对局地小气候有所调节。使温差变化相对减小，夏季凉爽，冬季温和，湿度增加，水雾较多。有资料显示，水库温度影响距离 5 km，平均日温差 2.0～3.0℃，湿度变幅 10%～20%。

3．水生生态影响

水生生态结构改变。水库富营养后，随着河流流量改变和人为干预方式，干预强度的变化，水生生态结构会有较大改变。这种改变会发生于浮游植物、浮游动物、底栖生物、高等水生植物、鱼类及其他水生生物等不同层次上，但任何层次上的变化都会影响到其他层次上的生物种群动态和整个水生生态系统。

大坝隔断河道改变了河流水文条件，形成了两个截然不同的水生生态系统，水坝对洄游性鱼类的影响是不言而喻的。长江的洄游鱼类有十几种，其中我国特有的白鲟和胭脂鱼，都是在全江段活动（包括主流、支流）和在上游产卵的鱼类。大坝的修建使适宜流水生活的鱼类减少，适宜静水或缓水流域生活的鱼类增多。水库工程不但会对漂流性卵的鱼类产生直接影响，因水库滩涂、水草的工程还会对黏性卵的鱼类产生影响。水库的水生生态还与水质密切相关，当水库水质富营养化时，水生生态系统逐渐演变，清水性生物逐步为耐污染的生物所取代。

水电站引水发电形成的河流脱水段，不仅影响河流水生生物，还可能影响脱水段的工农业用水。

4．社会性生态影响

水库水坝工程都会造福一方、致富一方人。但另一个侧面，大型水利工程往往会造成成千上万的人口搬迁，而大多是因失去土地而必须迁居他乡的农民。这些人迁往哪里，会对哪些环境造成什么样的影响，他们的生计如何，往往是一个有始无终的问题。有很多人往往迁出一段时间后又都回迁到原籍，没有土地就开垦坡地、砍伐山林，造成水土流失，影响水利工程效益和安全。水利工程因重新分配了用水权、用水方式，无论怎样平衡，都会是有的受益，有的受损，因此也会引发社会矛盾加剧。

对于建在一些环境比较敏感地区的水利水电工程，其诱导的人口聚集和城镇兴起，会引起区域性新的问题，一些自然保护区可能因之受到较大压力，一些自然性较强且有生物多样性保护潜在意义的地方，可能因之丧失掉。

随着水库兴建而开通的道路，具有一般道路的诱导效应。最可能发生的是加强库区和库周的旅游活动，并因此带来旅游影响。水库公路开通增加迫近效应，也会加强水库周围开矿、采石、猎捕和林木砍伐等破坏活动，这些都是水库建设的间接效应。

5．库区蓄水环境影响

（1）土地淹没：这是水库建设最直接且有深远影响的重大问题，也是不可逆影响。

库区一般有两种方式：河道型和湖泊型。前者多为狭长沟谷，其损失主要是狭谷景观，生物多样性资源等；湖泊型水库则多占据山区的平坝地带，即山区最适宜耕种和居住的土地，为获得较大库容，因而占用耕地和房屋亦很多，需搬迁大量人口，从而产生人口搬迁的一系列社会性生态问题。

（2）环境地质与库岸稳定问题：水库蓄水后，由于库水浸泡，渗透和水库蓄水与泄水形成频繁的压力张弛交替变化，会使一些地质不良岸段出现失稳，滑塌，岩溶塌陷等，也会使沿岸地带的建筑物因地基下沉而损坏。现已发现，库区降雨强度越大、水位变化幅度越大，滑坡塌岸和地基下沉的频率就越高。

（3）水库蓄水可能诱发地震。

（4）水库淹没道路另辟新路问题：这类新路大多开辟在水库边的山体上，山高坡陡，路线蜿蜒。修新路造成的环境影响也十分严重。

（5）水库渗漏与防渗：水库因水位升高，压力增大及地层原因或处理不周，会使水库上游或库周围地下水位升高，进而引起库周围土壤浸渍或盐渍化，也会使居民房屋受损。反之，水库防渗切断地下水也可使下游水井涸竭，影响人畜用水。

（6）淹没历史文化遗迹：在人类活动较早的地区，此类遗迹也可能较多，如小浪底库区、长江三峡库区等。

（7）淹没矿产资源：蓄水可能增加开采的困难或因功能不相容而完全禁采。

（8）损坏优美自然景观资源：狭谷类景观是很重要的一类自然景观，也是一类重要的旅游资源，而且多半是尚未被人们认识和开发的景观资源。水利水电工程会将这一资源葬埋在深深的水底或破坏其形态，使其失去美学意义。

6．施工期生态影响

以库坝工程为主的水利水电工程施工期影响以直接影响为主，同时亦有间接影响。这些影响有主体工程造成的，也有辅助工程造成的还不能忽视的是大量临时工程的影响。

（1）进场道路和施工道路开通所导致的植被破坏、水土流失、地质灾害问题及土地碾压占用，其影响与一般公路铁路建设相似。

（2）大坝修建的水库基底清理和土石方采掘导致的植被破坏和水土流失以及水质问题，尤其是土石采场剥离物的堆弃。土石方工程在采掘中有打眼放炮惊扰居民和野生物问题，亦有土石方运输、堆置占地产生的生态问题。

（3）输水涵洞开掘，有出渣堆弃问题；也有物料运输人员流动的交通扰民，扬尘影响及拥挤堵塞等社会生活的影响。

（4）施工区因修路、弃渣、人为活动植被破坏或侵占某些野生物生境、活动场所或阻断其迁徙通道，或影响珍稀濒危与特有植物、古树名木等，可造成陆生生态影响。

（5）施工期不可避免地改变地形地貌，可造成景观影响，甚至会破坏有保护或观赏价值的自然景观。

（6）施工期会对文物古迹或其他纪念意义的保护目标造成影响。

（7）施工队伍住区建设造成植被破坏、土地占用及污染问题，施工人员偷猎盗伐滥采对自然资源和生物多样性构成威胁；施工人员引入疫源性疾病会对当地居民健康带来影响。

7．其他间接影响

（1）完善配套工程所带来的影响

如输电线路建设、输水渠道和管道建设、灌区建设。

（2）移民安置在异地产生的影响

这是一类影响重大而且长远存在的影响，是属于新定居点建设问题，一般说来移民安置的环境问题有：

引发的地质灾害：移民安置往往采取后靠或在近邻地区选址新建，多为山地地区。由于开路建房、清理地基多会形成人工高陡边坡；大挖大填和无科学的填沟造地；不完善的排水系统、不合理的地基形成，或未识别潜在的地质灾害问题；都会加剧迁建地的地质灾害如滑坡、塌方、地基沉降、泥石流等。国内有因地质灾害原因三次搬迁者，使居民不能安居，陷入贫困，家徒四壁。

引发水土流失：山区型新定居点，不仅存在劈山开路、炸石建房而且还有垦荒、采樵和耕作的长期影响，而且在开发初期就有一个集中而严重的水土流失期。有资料显示：在生产开发第 1～4 年，土壤侵蚀模数高达 20 000～6 000 t/（km^2·a）以上。

引起区域生态结构变迁：新定居点大多选择在原来居民相对较少，自然条件相对较好的地区。大量人口的移入，会使自然生态系统在短时期内转化为城市人工生态系统或受人工支配的农业生态系统。由此会造成生物多样性减少、污染增加等问题。

引发新的人群健康问题：新定居点使原来不同地方的人聚居一地会使某些传染病具备流行条件。水库蓄水改变了原有河流生态系统，形成静水、死水、浅滩、河汊等低洼杂草丛生地生境，蚊虫会得到滋生繁殖的良好条件，建坝蓄水过程，逼使库区鼠类不断向高处搬迁，最终可进入沿岸新定居点，因而可能使一些传染病发展。

（3）赋予水库过多的功能，各功能之间相互影响

水库上游伐木、建房耕种导致水土流失，引起水库水质泥沙太多影响发电功能。为城市供水而修建的水库，因道路开通的廊道效应、迫近效应、城镇化效应会使库区发生产业结构的巨大变化，有引入旅游者、有为安置移民而发展工业者、发展养殖业者、发展航运业者、各类发展导致库区人口大量增加，污染逐步加重，最终会使水质恶化而失去水库的主功能。

12.3.2 环境监理要点

1. 识别影响

（1）要识别工程的全部内容及其施工建设进行方式、特点

工程内容应包括主工程、辅助工程、公用工程、配套工程和作业场地等。对各种工程须明确其组成、规模、地点、作业方式及相应的环境状况。弃土弃渣场临时道路等临时工程是工程的重要组成部分，是环境监理关注的重点。

（2）识别区域的生态系统之类型，基本结构与特点

区域自然条件如气象、地质、地理、水文等，尤其应了解其特点或"极点"，如极端降雨条件、极端气温、极端干旱和自然灾害情况（自然灾害往往是生态环境极端恶化的后果和表现）。识别区域或流域敏感环境保护目标及其与工程的关系，了解影响区域生态环境的主要因素。

（3）识别主要自然资源及其特点

其中包括支持区域人口，社会经济基础的水土资源，区域有特色的或有开发潜力的资源（如珍稀动植物资源或典型生态系统、特产或矿产资源），区域的景观资源等。

（4）应逐项工程进行识别，明确其可能产生的影响，包括影响对象、范围、性质和影响程度。不能只计及主工程而忽视其他工程；只识别部分影响不识别全部影响；只识别集中施工场地的影响而不识别分散施工场地的影响；只识别直接影响而不识别间接影响或相关问题；以及缺乏生态观念，不能从生态系统水平或整体上识别各种影响，只简单而肤浅的就事论事。

2．明确敏感生态保护目标

水利水电项目的库坝工程大部分在山区，有的甚至在人迹罕至的高山峡谷地带。这些地区往往也是生态学上有重要价值的保护目标。这类目标有的可能在库区、有的可能在流域内、有的可能在周边。由于水利水电工程的建设，使这些保护目标可能受到直接和间接的影响，或增加潜在的影响。例如四川省有一条河要规划四级开发，单独从一期的两个梯级看工程量不算太大，影响可限制在一定的地域内。但从整个规划看，则对流域有十分重大的影响。梯级开发的环境影响大多具有这种由小到大，由一般到敏感的过程，而且在前期影响较小的工程已建，很可能成为后续环境影响大的工程过环保"关"的重要通关牌或"令箭"。

在西部大开发或发展区域经济战略中，环境监理单位和环境监理人员应该关注和了解这类涉及"特别生态保护目标"的项目。

我国生态环境保护战略必须重视的三类重点区域，其中有"特殊生态功能区"包括江河源头区、调洪蓄洪区、生物多样性集中区、风沙防护重点区等。无论单个工程也好多级开发也好，施工期监理中必须尽量限制和缩小活动范围。

3．关注特殊问题

根据项目的工程组成，建设地点具体环境，除一般共同的生态环境问题外，每个工程都会有一些特别需要关注的生态问题。例如，施工期对河流的污染问题、移民问题、施工区与驻地群众的卫生防疫问题，特别是库区或库周的水土流失问题，库周地质问题和库岸稳定问题也应成为环境监理的关注问题。

4．落实环境保护措施

水利水电工程建设期长，运营期更长，影响复杂而深远。有许多生态环境影响问题一时不可能都认识清楚，需要假以时日，长期监测，不断研究，深化认识，坚持不懈动态管理。

这里所说的落实措施是从环境监理的角度在施工期，建议项目业主和督察承包商落实工程项目的环境保护（包括生态环境保护）措施。不是环境行政执法，也不是代理项目业主的环保责任或承担承包商的环保义务。

（1）熟悉环保措施类型，找出环境监理工作重点

当代水利水电工程建设的实践证明，维持与保护河流的生态平衡并使之良性循环，是河流流域开发应遵循的准则，水资源的开发利用只有在环境可持续发展的限度内才是可取的。因而，水资源的开发应把生态环境影响及环境可承载力作为临界尺度。从这点出发，环评单位会在水利水电建设项目环境影响报告书中提出一系列有针对性的环境保护对策、措施和建议。它大体分为三类：政策性措施、工程性措施和管理性措施。这些措施在扩初设计或施工图设计中，设计单位要把其更加具体化或细化，还可能有所创新或发展。环境监理单位以及环境监理工程师要完成工程施工期的环境监理任务，必须熟悉

这些措施。例如在环境监理资料收集中要有地形图、土地利用现状图、区域水系图、植被图、土壤侵蚀图以及动植物资源分布图、自然灾害分布图、生态环境质量现状评价图等，其目的便于全局在胸，找出重要保护目标和监理工作的重点和难点。

（2）对政策性措施要宣传贯彻

从流域或区域生态整体出发，水利水电工程仅是流域区域开发建设的一个组成部分，是其中有决定性影响的成分，但不是全部。政策性措施是规划决策部门和环境管理部门从全局高度出发对个体工程的制约和要求，应该向业主和施工单位宣传到，提高其全局观念和生态环境保护意识。

（3）对工程性措施要督查其具体执行

工程性措施又分为规定性措施和建议性措施，主要为开发建设者履行其环境责任时执行。凡属工程性措施包括规定性和建议性措施都是纳入建设工程竣工环保设施验收内容的，有检测项目的还要进行定量的环境监测或定性的环境评估，包括环保投资使用情况，这是环境监理的重点也是难点，在监理日记、监理月报、监理总结中都要有具体显示或形象进度描述。

（4）对管理性措施要检查落实

环评所提出的管理措施一般包括施工期管理和运营期管理，环境监理的重点是施工期建设项目的环境管理，尤其是施工队伍的环境管理。对必要的规章制度执行情况要定期或不定期地进行检查，在监理例会进行讲评，与各施工单位的项目经理或业主代表进行通报，防治污染，及时制止有意无意造成环境污染或破坏生态环境的现象发生。

12.4 矿产资源开发工程项目的环境监理

矿业项目，按其产品性质分类，有石油天然气、金属矿（黑色金属、有色金属）和非金属矿（煤矿、石料、陶土类）；按其开采方式，有露天开采和地下开采（硐采）两类；按其所处环境，有山地、丘陵、平原、海岸和海洋等不同环境。

12.4.1 矿产资源开发的生态学效应

1. 污染生态效应

矿产开采和加工是一种污染型产业。尾矿和矿渣堆置，风吹会扬尘，雨淋会有金属或酸性污染物沥滤流出，煤矸石堆会自燃而产生大量空气污染物，矿坑水也是一大污染源。矿业废地的复垦率较低，国外经立法，通过巨大努力使复垦率可达到 50%以上，我国只 2%左右，相对很低。从防治污染、恢复土地资源和促进矿区可持续发展出发，矿区生态环境的保护与恢复成为矿产资源开发的一个新的注目点。

2. 城镇化效应

矿业是一种劳动密集型产业。矿产资源的开发必然伴随着矿区城镇的形成和发展，我国有很多城市就是由于采矿业发展而形成和兴起的。如冠之以煤都、锡都、钢都、镍都和誉之为铜城、石油城等城市，都是矿业发展的结果。同所有城镇一样，矿区城镇也是一种人工生态系统，具有一般城镇的生态环境特点和问题。但矿区城镇与一般城镇不同，因矿产分布在特定区域，矿区城镇为方便生产和生活靠近矿区其选址受到很大限制，有建高岗、有建深谷、七高八低，建筑零星分散，道路曲折迂回，矿区的生态环境问题较多。

3. 景观生态学效应

伴随矿产开发而发生的地表景观格局变化，包括清除地表植被、增建人工生产、生活设施，挖毁原地貌、废弃物（弃土、弃石、垃圾）堆置，地表塌陷形变等，是矿区发展最突出的特征。这种景观格局的变化，使矿区固有的自然生态功能会完全丧失，而产生诸如水土流失、环境污染等生态问题，并且随着时间的推移和开发规模的扩大，这种景观结构的变化还会不断延伸、扩大。矿产资源开发工程将导致采矿区景观生态结构的全面变化。

4. 区域生态影响和廊道效应

矿产开发，特别是大型矿产的发展，会带动一系列工业，例如矿产品加工业、相应配套产业等。一个矿区的建设，往往会在交通便捷可达或具有匹配资源的地区形成一系列工业和商业企业或新的工商业城镇，从而导致区域性生态环境的巨大变迁。此外，无论是矿区、矿点都必须修筑交通运输网络，因交通运输工程所具有的廊道效应和其他效应，在矿业开发项目中同样存在。

12.4.2 环境监理要点

对矿产资源开发工程环境监理，除按常规的环境监理程序进行外，重点要把握以下几点：

1. 熟悉工程内容

矿产资源开发工程包括主工程（矿山、油井、气井、矿井、坑洞）、配套工程（选矿、加工等）、公用工程（供水、供电、通信、交通和生活服务设施等），特别是废弃物处置工程。要熟悉这些工程的规模、范围、所处地理位置及生态环境特征和环境保护的对象与目标，特别要掌握工程环保投资的建设项目名称、内容、工艺要求和完成时限，为进行实质性的工程环境监理做准备。

2. 施工期环境保护面临的主要问题

（1）生态系统变换

以植被为核心的生态系统，将由于开发矿产破坏植被而发生根本性变化。露天开采会完全清除掉植被，硐采则部分清除植被。这种清除植被的活动还包括所有配套和辅助工程，公用工程建设占地和采矿废弃物的堆置占地以及取得枕木，建材的伐木等。完全或部分清除植被将使原自然生态系统的所有功能完全损失或削弱，如农副产品资源生产力损失、蓄水保土功能丧失等。由此还可能导致矿区小气候变化，区域生态环境功能减弱，产生新的环境问题而影响区域（含矿区）经济的可持续发展。

（2）诱发地面变形与自然灾害

矿产开采和相关工程的兴建会使矿区地形发生巨大变化，如劈山开路填塞沟渠，或地面沉陷，陆地成塘。在此过程中，可能会发生严重的水土流失，可能会引起山体失稳而发生塌方，甚至会引发泥石流灾害，可能会使水利设施报废、农田被毁、房倒屋塌，居民无安全之感。我国青海大通煤矿，沉陷面积 9.7 km²，几乎与矿区面积相等；贵州开阳磷矿多家乡镇企业开矿，弃石堆积，受暴雨挟持，形成洪峰泥石流，使坐落在峡谷中的矿区几被夷平。

（3）水资源影响

矿业项目对水资源的影响包括地表水和地下水资源。对地表水影响有取水、改变河道和水文、污染水质；对地下水影响有过度采水或疏干地下水使地下水位下降，供水困难和地面沉降问题（深层采矿必须疏干潜水以防止事故）；还有固体废弃物堆存或其他途径污染地下水问题等。在干旱地区地下水位下降可能会造成地表植被死亡。

（4）污染

采矿引起的环境污染影响是巨大的，并依矿种不同而不同，如晋陕豫接壤的秦岭"金三角"地区的氰化物污染、晋陕蒙接壤的"黑三角"煤尘污染、重庆油气"井喷"的硫化氢污染……采矿本身的污染主要来自剥离物、尾矿和矿渣等固体废物，矿坑排水和选矿废水、爆破掘进和交通运输产生的气态污染物、矿产品加工产生的工业污染物、施工运输各种机械的噪声等。这些污染的生态效应依具体情况而异：有的影响地表水，可使河流生物绝迹；有的影响地下水，使地下水资源报废；有的影响人体健康，有的影响工农业生产；污染影响的范围可能是局部的（如矿区内），有可能是流域的或更大范围的；矿区的污染物类型和污染方式也是多种多样的。

3．环境监理的中心内容

（1）污染防治

在施工期环境监理中，建设合同中应有污染防治条款。要有灾变观念，要像矿业生产安全那样从矿区长远的生态安全出发，考虑矿区防灾减灾、长治久安问题。避免施工期的火灾、水灾和大气污染、水体污染事故发生，还有伴生的地质灾害对矿区生态环境都会造成严重的甚至是不可逆、不可补救的影响。

（2）研读水土保持方案（报告），审查施工图水土保持内容

水土保持方案（报告）是水利部门应履行的职责，这是矿区资源开发建设项目生态环境保护的重要组成部分。在施工图设计中应有工程措施，在承包商施工组织设计（方案）中应有技术措施和管理措施。未执行水土保持方案的一律不得开工建设、不得竣工投产。

（3）根据恢复生态学原理，督察工程建设各项环保措施的落实

矿产项目的环保措施包括工程措施、工艺措施、管理措施，环境监理单位和环境监理工程师都要建议项目业主和监督承建单位认真落实到位。矿产资源的开采应有矿业行政主管部门按规定发给的采矿许可证，并在划定的矿区范围内开采。督察是否在环境敏感保护目标的禁伐、禁垦、禁牧、禁渔、禁猎、禁采、禁挖区有从事与保护目标不一致的矿产资源开发活动建设。如有发现应予制止，严重者要告知项目业主并报告环境行政主管部门处理。

对建设项目的工程措施、工艺措施、环保资金要逐项督察落实。例如土地复垦和生态恢复措施其恢复方法主要有两种。

稳定化工艺：稳定对象包括地表景观稳定和矿山废弃物稳定，稳定方法有物理法和化学法。物理法主要是堆场基底防渗，顶部覆盖，就是下防渗漏，上防风雨冲刷和侵蚀。化学法是施用一种或多种化学稳定剂于尾矿表面，使之反应形成壳膜，防止风蚀水蚀。

恢复植被法：分直接植被法和覆土植被法两种。植被恢复取决于废弃物的物理条件、

营养条件、土壤毒性及合适的物种和管理措施。我国煤矿业已将采矿地生态重建作为一种行业规程要求，其他金属矿业废地的恢复亦正在研究之中，施工期监理应注意这些动态变化。

（4）注重景观学措施实施的环境监理

矿区是人群聚居之地，甚至会形成新的城市，由于国家对环境保护的高度重视和人们环境意识的提高，在矿产资源开发建设项目中，因工程可研报告、环评报告书或扩初设计水平的不断提高，也常有合理巧妙地利用矿区地形地物和景观资源对其进行预防性保护和划区开发与保护；消除一切不良景观，如废弃渣场的及时处理与恢复植被、垃圾集中处理、禁止随处弃渣；进而进行矿区绿化美化，将绿化（注重生态功能）与美化（注重社会效果）很好地结合起来。对矿区景观学措施也应纳入环境监理的视野。

12.5 农业开发类项目的环境监理

中国是世界上的人口大国，农业是国泰民安的保障条件。为养活越来越庞大的人口，满足人民生活不断提高所增加的需求，农业必须增长再增长，扩大再扩大。然而中国农业发展的条件很差，不仅山多坡陡耕地狭小，而且气候恶劣、水旱不均、灾害频繁，加上中国又是有五千年开发历史的农业古国，早已做到了地尽其力，物尽其用，将适宜农业开发的土地和其他农业资源几乎开发殆尽。农业、农村、农民"三农"问题是中国经济发展的"瓶颈"。为了全面建设小康社会的宏伟目标，加强农业基础设施建设，增强农业发展后劲；扩张区域规模优势，大力推进农业产业化经营；依靠科技手段，积极发展标准化农业；做大做强畜牧业，提高畜牧业在农业中的比重已成为响亮的口号，为实现"三化"——工业化、城镇化、农业现代化目标，各类农业开发工程项目也接踵而来。

12.5.1 农业生态系统特点与农业生态工程

农业生态系统是一种人为干预下的"驯化"生态系统。现代的农业是广义的农业，即包括农、林、牧、副、渔和种植、养殖、加工业甚至包括农工商在内的综合产业。它是一种对环境有高度依赖性产业，又是人工生态系统与自然生态系统的复合体。农业生态系统是农业生物系统、农业环境系统和人为调控系统的集合。

大农业生态系统涉及的自然生态领域包括农田生态系统（农）、森林生态系统（林）、草地生态系统（牧）、水域生态系统（渔），再加上人类的经济、技术因素和人类创造或受人类左右的自然因素，形成一个复合的生态系统。

1. 农业生态系统的结构

农业生态系统结构包括形态结构、食物链结构、人类社会经济与自然生态系统的结构。

形态结构又包括水平、垂直和时间三种形态。

水平结构是各种农业生物类群的平面布局。农业区划和作物布局就是寻求最佳结构形式的努力，其方向是使生物类群与当地自然资源条件相适应，如产粮区、产棉区、产烟区等。

垂直结构包括各种农业生物类型的高低匹配，以合理利用光热和土壤水肥条件。新郑、兰考的枣粮、桐粮间作、南方热带的胶茶结构均属此类。

时间结构则是根据农业类群不同的生理特点和习性要求进行合理组合，如套种、间作、混养等，目的也同样是充分利用自然或人工创造的生境条件，生产更多的农副产品。

农业生态的食物链结构是人类模拟自然生态系统的食物链形式创造的，受人控制的食物链。例如用秸秆养牛、花生壳、玉米芯养菇，将人类不能直接利用的资源转化为人类可直接利用；再如用七星瓢虫、赤眼蜂控制棉蚜，抑制棉蚜的消费（切断食物链）等，其目的也是提高农副产品的利用率和提高经济效益。

至于人类社会经济系统与农业的自然半自然生态系统的关系，其作用方式、联系途径，则更为多变。

2．农业生态系统特点

农业生态系统的特点主要有：

（1）农业生态系统是一种半自然的人工生态系统

一方面它依赖于自然生态系统创造的条件，如适宜的气候、温度、湿度、土壤等并遵循自然生态规律运行；另一方面，它的所有过程又都受人工调控，按人的意志目的进行成分的选择和结构的安排，其社会性特别强，因此有些是反生态或不符合自然生态规律的。

（2）生物多样性趋于均化

农田多是垦荒而成，农田作物的多样性比之原来耕种前的森林、草原、荒地的生物多样相差甚远。即使如此，种田还要锄草，保留单一作物。世界作物品种由传统农业的几千种或几万种减少到甚至只有小麦、玉米、水稻等为数不多的几种，带有极大的生态风险。

（3）高度的变动性

自然生态系统形成时间久远，系统内生物、非生物因素长期适应和相互作用、协调，因而比较稳定。农业生态系统因受人类强烈干扰，系统形成快消亡也快，作物年年更换，旱作与水作、植树或种田，不断变化，是十分不稳定的系统。

（4）系统的高度开放性

农业生态系统不是自给自足、自我循环的完全的、更不是平衡的生态系统，它是高度开放的不稳定系统。为了增加产量，人为输入物质与能量，造成系统超乎寻常的大通量的能量流动。这样的系统只有在人工控制之下才能存在。如在初级生产率中，全球绿色植物光能利用率平均为 0.13%，而农作物平均为 0.4%，高产稻田则高达 1.2%～1.5%。

显而易见，农业生态系统的主要生产者是农作物，因而农田是整个农业生态系统的基础。农田生产力就成为关注的第一个焦点。其次，养分循环是农业生态系统的主要过程及稳定机制，因作物收获而将养分不断带出系统的循环链，农业生态系统因之遭到破坏，成为不稳定和不可持续系统，土壤养分是系统生产力持久的决定因素。

3．农业生态工程

农业生态工程的概念可以这样理解：就是人类利用自然环境条件模仿自然生态系统建造的人工农业生态系统。这是农业生态学研究的重点，在我国对农业生态工程的设计又称生态农业。它包括种植业生态工程、林业生态工程、畜牧与水产养殖生态工程以及庭院生态工程等。

12.5.2 农业灌溉工程环境监理

1. 工程认知

农业灌溉工程分渠灌、井灌和污灌，监理单位和监理人员一是应明白农灌工程的类型、灌溉工程的组成；二是灌溉设计与制度；三是灌溉水质（这是环境监理的重点，其水质指标应符合《农田灌溉水质标准》）；四是工程规模分类（设计灌溉在 50 万亩以上的灌溉工程为大中型建设项目，小于 50 万亩的为小型建设项目）。

2. 环境监理内容

农业灌溉工程对生态环境的影响主要包括有：水文效应、气候效应、土壤变化、区域影响、地下水影响、灌区生物效应、污水灌溉与土壤污染、建设施工期直接影响等。在明确各类影响的基础上，针对施工期的直接影响进行环境监理。监理内容包括：宣贯政策性措施，重点检查落实工程措施；检查环评审批手续、水土保持方案、审查施工单位施工组织设计；对占压土地、清除植被、土石方工程以及施工交通施工队伍人为活动等直接影响的监理；落实环保总投资，特别是对基本农田保护区的耕地面积采取的必要预防性保护措施一定要落实。

对其他方面的生态环境影响如占用土地，主要是指工程建设占用的土地面积，占地面积≥占用耕地面积＋占用林地面积＋占用草地面积＋占用湿地面积。

环境监理人员应掌握环保投资和占地面积的统计与计算。

12.5.3 宜农荒地开发工程环境监理

1. 荒地开发对生态影响

根据我国情况，残余的荒地资源大多是传统农业技术无法利用的土地，一般生态环境十分脆弱，干预不当不仅达不到预期效果，而且会导致许多难以治愈的生态痼疾。以往开垦草原的沙化问题，围湖造田的得失问题，都前事可追，应引以为鉴。荒地开发的生态影响主要有：

开垦清理荒地，损失自然资源，减少生物多样性，甚至"唇亡齿寒"，影响到自然保护区等法定保护目标；

干扰土壤，扰动地表坡面，引起或加剧水土流失和土地沙化，造成局地气候恶化，不恰当的灌溉和排水导致土壤次生盐渍化；

所建新生态系统与原生境的协调问题，包括农药化肥的污染、病虫害的带入、引入新物种与当地土著物种竞争导致土著物种的灭绝、景观破碎化、改变河流水系和地形、地貌引起的问题；

引发的其他社会问题，包括共用荒地的产权之争，新移民进入与原居民的关系等。

2. 环境监理内容

检查、核实建设项目占用生态用地的报批情况，对"占一补一"制度执行情况；

检查制止任意侵占森林、草原作为耕地，在倾斜度大于 25°的坡地上开荒以及不遵守退耕还林、还草、还荒有关规定的行为；

检查制止围湖造田、破坏湿地等违法行为；

加强对环境敏感点、天然林保护工程、各类水源涵养林、水土保持林、防风固沙林、特种用途林等生态公益林的保护、检查落实荒地开发施工过程中的防止水土流失、土地沙化的预防措施；

恢复废弃土地，代替处女地开发，对已划定的禁垦地、禁伐区、禁牧区要严格监管，对开发项目中留有的生物走廊、生态屏障地带、缓冲地带要确实落实到位；

检查并督促建立荒地开发工程项目环境管理体系及规章制度。

12.5.4 草原地区、草业、畜牧业项目的环境监理

1. 草原地区建设对生态环境影响

草原的草业和畜牧业项目主要有为山区和少数民族地区脱贫致富而进行的农牧业生态系统建设工程、为建立高效益的商品畜牧业而进行的综合化工程，其主要生态环境影响特点有：

放牧过度造成植被退化：过度放牧可造成草原植被退化，草被稀疏单位草地面积草产量下降；草群落组成发生变化，可食性或可口性牧草比例下降，杂草、毒草所占比例上升；引发土壤的侵蚀，造成土地退化和生态环境整体恶化。

草原生物资源过度利用导致草原破坏：草原特有的经济植物和药材，如发菜、蘑菇、甘草、枸杞、麻黄、锁阳、虫草、天麻等常受到掠夺性采掘；过度采集薪柴是草原植被遭受破坏和北方草原沙漠化的主要原因之一。

水资源利用不当导致草原退化：干旱地区因地下水过度抽取使区域水位下降，可导致地面植物枯死；河流改道或截流，会打破固有的水平衡招致草场干化、沙化；草原灌溉不当，只灌不排可使草地盐碱化等。

农业垦荒破坏草原：北方开荒，大多为草原，导致草原沙化，过去几十年已有无数惨痛的教训。

草地缩小加剧残余草地的退化：草地因局部农垦、开矿、建厂、建居民点使草地面积缩小，而依靠草地畜牧业生存的牧民并未相应减少，或改变生产经营方式，因此会加剧残余草地的压力，发生超载放牧，强度利用而加剧草地退化进程。

交通道路分割侵占草原导致生态恶化：草原上的交通很多是不固定的土路；草原空旷平缓，车辆可随意而行，因此草原上的路常是车辆自行碾压出来的；或避泥泞或取捷径或时兴起驰骋，使草原上的"道路"四通八达，畅通无阻；交通车辆碾压草原是一些地区草原植被破坏的重要原因；此外高速公路、铁路永久性道路的修建还会将草原分割成块，引起一般的道路生态效应。

草原鼠虫灾害增加亦是草原生态环境退化的表现之一，草原生态环境恶化不仅影响畜牧业，而且对农业区生态有重大影响。

2. 环境监理内容

建议项目业主，督察承建单位在建设合同中明确环境保护责任，明确环境保护目标，加强对禁垦区、禁伐区、禁牧区的保护和管理。

检查并及时制止采集发菜、滥挖甘草、麻黄草等各类具有固沙保土作用的野生药用植物，检查并制止捕捉、猎杀濒危野生动物以及收购、加工野生动植物的行为。

在生物与资源开发利用项目中要核查外来物种引进时是否进行过风险评估，加强对转基因生物和产品、外来物种的监督。

水资源是干旱草原生态系统起主导作用或限制作用的主要因素，水资源的保护和利用是监理工作中的重点。

12.5.5 农村规模化养殖工程环境监理

农村生态环境在全国生态环境保护中有着举足轻重的地位。中国人口有 70%是农民，居住分散，范围广泛，遍布祖国各地的城乡农村。农村生态环境保护包括农村工业污染、农业面源污染、农村生活污染、秸秆焚烧污染、规模化畜禽养殖污染等，尤其是规模化畜禽养殖污染在 2003 年全国水环境容量核定中，已列入到重点污染源的核算范围。对农村环境保护问题在有关法律规定和相关标准中均有具体要求，如农产品安全质量无公害产地环境要求、畜禽养殖业污染防治技术规范、畜禽养殖业污染物排放标准、国务院关于加强新阶段"菜篮子"工作的通知等，要实施"从农田到餐桌"的全过程管理。因此，对农村规模化畜禽养殖工程在农业开发项目环境监理中应引起一定关注。

1. 规模化畜禽养殖的概念及其对环境的污染

随着我国集约化规模化畜禽养殖业的迅速发展，养殖场、养殖区及其周边环境问题日益突出，已成为制约畜牧业进一步发展的主要因素之一。规模化畜禽养殖场和规模化畜禽养殖区是两个相近而又不同的概念：

规模化畜禽养殖场：指进行集约化经营的畜禽养殖场。集约化养殖是指在较小的场地内，投入较多的生产资料和劳动，采用新的工艺与技术措施，进行精心管理的饲养方式。

规模化畜禽养殖区：指距居民区一定距离，经行政区划确定的多个畜禽养殖个体生产集中的区域。

按照国家环保总局《畜禽养殖污染管理办法》规定，规模化畜禽养殖场"是指常年存栏量 500 头以上的猪，3 万只以上的鸡和 100 头以上的牛的畜禽养殖场"。其他种类的养殖场和养殖区的养殖量可折算成猪的养殖量，换算比例为：30 只蛋鸡折 1 头猪，60 只肉鸡折 1 头猪，1 头奶牛折 10 头猪，1 头肉牛折 5 头猪，3 只羊折 1 头猪。

畜禽养殖业对农村生态环境污染的影响主要表现有：

施工期的影响：畜禽舍的建设，护栏、围墙、饲料储藏加工及管理人员用房建设、道路、施工原材料堆放、占用土地、扬尘，施工噪声会对周围环境造成的影响。

畜禽粪便的无组织排放：畜禽养殖业是我国农村生态环境中最重要的有机物来源，如不加控制，无组织排放就会造成地表水沟渠、江河、湖泊的富营养化，对浅层地下水水质造成污染。

恶臭与废渣污染：恶臭指一切刺激嗅觉器官，引起人们不愉快及损害生活环境的气体物质；废渣指养殖场、养殖区外排的畜禽粪便、畜禽舍垫料、废饲料及散落的毛羽等固体废物。

病死畜禽尸体的处理污染：病死畜禽会造成对其他散养畜禽甚至人类疾病的传播和危害；对尸体进行焚烧和填埋，如果处理不当也会造成空气和土壤、水体的二次污染。

2. 环境监理内容

研读施工图设计：核查是否符合《畜禽养殖业污染防治技术规范》，检查畜禽粪便综合利用，污染防治设施是否执行了"三同时"制度，凡没有综合利用设施和污水治理设施的一律不得开工和投产；

建议项目业主和督察施工单位建立完善环境管理制度和环境监测制度，加强施工期的环境监管，落实排污口的规范化建设；

做好农村生态环境保护、农业开发工程、规模化畜禽养殖工程等建设项目环境管理法律、法规、政策、规范、标准的宣传，取得项目业主和施工单位及广大农民的支持与理解。

12.6 城市建设项目的环境监理

城市是人口集中居住的地方，是当地自然环境的一部分。但城市本身并非完整的、自我稳定的生态系统。因为，一方面城市所需要的物质和能量大都来自周围其他系统，其状况如何往往取决于外部条件。另一方面，城市也具有生态系统的很多特征如城市生物除人类外有植物、动物、微生物；能够进行初级和次级生产；具有物质的循环和能量的流动；与周围的生态系统存在着千丝万缕的联系，彼此相互影响、相互作用，但这些作用都因人类的参与发生或大或小的变化。

12.6.1 城市基础设施项目环境监理

1. 城市基础设施项目的内容及环境影响

根据国家发展计划委员会办公厅计办投资〔2002〕15 号《关于出版〈投资项目可行性研究指南（试用版）的通知》的界定，城市基础设施项目包括：供水、排水（含污水处理）、供热、燃气供应、垃圾处理、城市交通道路、城市绿化工程等。

城市化是人类社会发展的必然趋势，也是一个国家走向现代化的必经阶段。城市是一个国家、一个地区政治、经济、文教科技的中心，在现代化建设中起着主导作用。提高城市化水平、拉大城市框架、实行经济膨胀、地域膨胀、人口膨胀，招商引资也好、旅游开发也好、生态工业园区建设也好，为了提高城市品位、强化城市功能、经营好城市，都必须进行城市基础设施项目建设。

城市基础设施工程施工期的环境影响撮其大要，一般为：

地面开挖，造成水土流失、尘污染、施工噪声污染；

工程破坏树林，侵占绿地，甚至影响到文物古迹等敏感目标；

工程施工增加运输量，车辆密集形成拥挤、事故、噪声污染等社会性问题；

工程施工产生废土石碴，甚至产生有害废物（如污水处理厂污泥），造成空气、水体污染或景观影响；

管线铺设，在城市街道形成"拉链工程"损坏电缆、光缆，影响通信、广电收听收视、城市单位居民供电等；

侵占河堤、河滩甚至填垫河道、池塘，由此束狭河道或阻塞行洪，降低蓄洪调洪能力，加剧洪水的威胁和渍涝灾害；

蚕食城市地区农用土地，破坏城市"菜篮子"工程，从而削弱城市地区的可持续生存和发展能力；

垃圾及危险性废弃物处理问题包括：垃圾的收集、运输、堆放、填埋渗透、焚烧污染问题等。

2．环境监理内容

城市基础设施建设工程多为"环境工程"又称"环保工程"，如污水处理厂、集中供气、集中供热、垃圾处理厂等。通过城市基础设施工程项目的完成，完善城市排水管网，建立城市污水处理厂、垃圾处理厂，提高城市环境保护设施的水平。通过集中供气、集中供热，提高城市燃气率扩大无烟区面积；通过城市园林绿化、城市水系及旧城改造，改善城市的生态环境，提高城市的自净能力，促进城市生态系统的良性循环。对于此类工程环境监理内容思路是：

（1）提高对城市生态环境综合整治的认识，走出"环保工程"不需进行环境监理的误区

所谓城市生态环境综合整治，就是从发挥城市整体功能最大化出发，来协调经济建设和环境建设之间的关系，运用综合的对策、措施来整治、保护和塑造城市环境，促进城市生态环境的良性循环。环保工程同样也存在着一个投资省、见效快、质量好的问题，不能把为了创建文明卫生模范城市、创建生态城市而花巨资要完善的城市基础设施的建设当成一种摆设；也不能因为这些项目都是为了保护环境，促进城市生态体系良性循环的"环保工程"而不进行环境监理；恰恰是为了达到投资建设的应用功能，发挥保护环境的效益，更应该进行环境监理。

环境监理单位和环境监理工程师应从大处着眼，小处着手，只有把每个工程的"投资、质量、进度"三大控制目标落实好，同时使施工期对城市生态环境造成的影响减到最小，使工程竣工满足环保设施竣工验收的标准要求，才真正发挥了环境监理的真实作用。

（2）学习环境保护法律、法规，查阅工程项目审批文件，编写好监理大纲，监理规划，实施细则等监理文件

要熟悉工程建设总投资、建设规模、建设内容及主要处理工艺；管网铺设走向、线路材料材质、施工方式方法、施工时间及工期和施工期对城市生态环境的主要影响；主要环境保护敏感目标及环评批复要求和各项环保验收标准；协助项目业主和监督承包商建立环保目标责任制和施工期环境管理制度；核查工程占地是否符合城市总体规划、"环保工程"建设是否符合城市或区域环境保护规划等。

（3）按照监理程序规范化的开展环境监理工作

包括：审核分包商资质；审核施工组织设计；核验管线走向、水平、标高铺设的测量；保证供水管线使用无污染的材质，预防饮用水污染；了解明沟开挖、顶管、盾构、倒虹管等施工方法的特点，认真监督承包商落实环评批复及扩初设计，施工图设计中的污染防治工程措施和技术措施。

（4）从影响工程质量的"人、机、料、法、环"五大因素出发，加强建设项目的工程质量控制，为工程竣工的环保达标验收做充分准备

对城市内施工造成的地面开挖、侵占绿地、水土流失、粉尘、振动、噪声、水体、空气污染和固体废弃物要有预防措施；防止管网施工的泥浆、试压、消毒所造的污染和影响；认真做好工程量的计核和环保工程款的签认；注意保留和扩大城市绿地以满足城市园林绿地的定额指标（绿化率占总用地面积 30%以上，每个居民至少应有 6 m² 的公园

面积）。

（5）加强项目监理机构的内部管理，创造性地开展"环保工程"的环境监理工作

按照工程项目施工的承包方式和监理方式，落实好项目总监理工程师负责制，调动各专业监理工程师和监理人员的工作积极性，围绕监理范围和监理目标，采用"一查、二督、三报告"的方式科学的开展环境监理工作，应当进行环境质量监测的工程主持好施工现场的环境监测和评定工作，做好监理日记、月报、季报和监理工作总结，不断创新提升监理工作水平。

12.6.2 工业项目环境监理

1. 工业项目对城市生态环境的影响

这里所称工业项目泛指：能源、轻纺、医药、酿造、食品、建材、石化、机电制造等一般工业项目。

实施项目带动战略，发展区域经济，争取经济总量突破，"振兴东北老工业基地"、"开发西部"、"实施中部崛起"用"工业化促进城镇化、促进农业现代化"，这是全面建设小康社会的迫切需要。工业化是相对农业、农村和农民而言的，工业化的过程就是"化"农民为市民、"化"传统农业为现代农业、"化"农村为"都市村庄"、"化"农业社会为工业社会的过程。因此，在加快城镇化进程，实施体制改革、经济结构调整中，一般工业项目的建设也是城市建设中一股锐不可当的强劲潮流。

（1）污染影响

城市一般工业项目污染造成的生态效应是最突出的影响，与基础设施项目相比是环境监理关注的重点。工业项目建设工程造成的污染主要有水域污染、大气污染、噪声污染、固体废物对空气、水（含地下水）、土壤造成的污染；相应的生态环境影响，主要是水生生态影响、景观影响（空气污染影响景观）、人群健康影响和与土壤污染相关的生态影响，包括土壤生态系统、动植物或农业生态影响等。

污染可导致整个生态系统结构变化，例如水域污染就可导致生物组成变化，相应通过生物的变化也可判断水域污染程度见表12-1。

表 12-1　水域污染的生态效应

污染程度	指　标	水生物种类
严重污染	COD 高、DO→O，还原性气体（H_2、CO_2、CH_4 等）增加	异养生物增多，如水中细菌总数>10^6 个/ml
中度污染	有机物较多，DO 仍在饱和值以下	生物种较多，水细菌数在 10^5 个/ml 左右，有原生动物，蠕虫及硅藻偶有鱼类
轻度污染	有机物少，DO 丰足，CO_2 少无 H_2S	细菌数<10^3 个/ml 有大量浮游植物（如硅藻、甲藻等），并有显花植物、浮游生物、鱼类等

城市环境污染最主要也是最终的结果是对城市人群健康的影响，目前国家宏观调控的电解铝、钢铁、水泥工业项目均是对水体、大气、噪声以及固废污染严重的行业。

（2）土地利用的环境影响

城市大都建在土壤肥沃、地势平展、水源丰富之处，所占用的都是生产力最高的土

地，城市地区土地、寸土寸金，工业项目的建设更加剧了土地利用的激烈竞争。由此可以引发的问题是：

选址不当会加重对城市水体、大气的污染（例如以废水污染的工业项目应选在城市水系的下游，以废气污染为主的工业项目选址应在城市主导风向的下风向，又有水污染又有废气污染的建设项目就会受地理因素各方面的限制）。

项目高大构筑物改变地表形态，或建高岗，或建低洼，或建于不稳定的斜坡，及易发地质灾害区，为防止避免本身受到灾害威胁，还需要挖沟修渠、修桥修路来保障安全；有可能阻塞通风之道，或形成闭合圈，造成闭塞环境，使污染物不易扩散，清新空气不易进入，加剧城市空气污染和夏季酷热。

侵占和破坏城市生态功能区如河道、湖泊、堰塘、绿地、园林等，会给城市生态带来长远的影响和严重问题。

（3）城市景观影响

大多数工业项目设计只注重其生产功能，很少顾及景观设计，虽然将浓烟滚滚视为兴旺发达的时代已过去，但工业设计讲求与周围环境协调或为城市建设增美添彩的时代还未到来，这是城市景观千篇一律和工业区建筑杂乱无章的重要原因。

（4）安全影响

城市是自然灾害多发和环境风险高发的地区。城市的风险大多是人为造成的。城市建设规划布局不合理或城市建设设计不符合当地自然环境特点与规律，都会加剧城市的自然灾害，而且随着工业项目的建设、城市的扩建、人口和经济的密集，自然灾害造成的损失亦会越来越大。城市中完全人为的环境风险主要有：有毒有害物质、火灾和交通事故三大类。这些都可能与工业项目工程的建设有直接或间接关系。

（5）施工期环境影响

上述一些不同类型的工业项目对城市生态环境的影响各自不同，但工程施工期的环境影响是类似的。大多数建设项目都有土石方工程，除工程施工产生废土石渣，甚至有害废物造成空气、水体、噪声污染或景观影响这些直接影响外，还会有许多间接的影响。

2．环境监理内容

城市生态破坏的原因主要是因人口膨胀与资源短缺的矛盾不断增长与激化，导致对资源的不合理开发利用，以及由于规划建设不科学，人为侵占等导致城市绿地生态系统功能缺陷，甚至引起生态恶化，所以对城市建设的监理重点是放在各种不合理的开发利用水、土地等资源，工业项目的污染防治以及占用，破坏城市绿地等方面。工程环境监理不仅要关注直接影响，还要注意由工程建设施工造成的间接影响。对于一般工业建设项目的工程环境监理，其监理内容可以宏观、微观两个方面着手：

（1）研读环评报告与扩初设计，把握工程项目特点

一个好的工业建设项目一定是符合工程所在城市的整体规划，选址是合理的，同时符合国家产业发展政策，不是受限制或淘汰的生产规模及落后的生产工艺。

对有废水或废气污染的工业项目，根据所在城市的所处区域（特别是三河、三湖、两控区）均有污染物总量控制指标（例如 COD 总量、SO_2 总量指标）以及对废水、废气总排放口有强制性的污染物排放标准，必须达标排放，包括无组织排放的粉尘、恶臭以及施工期的噪声等。

对扩建、改建包括新建工业项目都要推行清洁生产增产减污或者是增产不增污（对于整个城市、区域而言），扩、改项目还要实行"以新带老"、把工厂建成"无泄漏工厂""清洁文明工厂"进而实现"无烟控制区"和"生态工业园区"以及"生态文明城市"的规划目标。这是从宏观方面环境监理单位和环境监理工程师应该掌握的。

（2）重点监理工业项目的污染治理和生态保护措施的落实

对于城市一般工业项目，包括能源、轻工、建材、石油化工、机械制造等，对城市生态环境造成污染影响是不可避免地也是第一位的，对各行业工程项目，每一种污染因子，在建设期和运营期都有一定的污染防治和生态保护措施，从微观上讲环境监理单位和环境监理工程师就是要运用监理的原理、方法与手段监控环保投资的科学使用及具体落实。

①区分措施类别，就污染防治措施而言，有工程措施、技术措施和管理措施。工程措施还可分为大气污染控制工程措施，水污染控制工程措施，固体废弃物处理工程措施，噪声污染控制工程措施和其他污染（如辐射、恶臭、土壤污染）控制工程措施等。生态保护措施也同样有工程措施、技术措施和管理措施。如为防止泥石流和滑坡而建造的人工构筑物，为防止地面下沉进行的人工回灌，为防止水土流失进行的砌岸护坡等；技术措施像绿化工程是植树或种草、养花，还是设置防护林防风保土、涵养水分等技术问题，厂区的绿化也同样涉及这些措施的内容；管理措施主要有环境管理、监测规章制度等。

②熟悉环保设施的工艺流程，对工业项目的环保设施，环评报告书在"结论与建议"中提的比较原则从初步设计到施工图设计逐步趋向具体，但建设项目施工期仍有很多变化因素，环境监理必须坚持按程序监督检查逐项落实，除非万不得已不易实施环保设计变更。不同的工业污染源、不同的污染物和不同的排放方式其治理工艺大不相同。

废气治理工艺，可采用冷凝、吸附、燃烧和催化转化；

废水治理工艺，可采用物理法（如重心分离、离心分离、过滤、蒸发结晶、高磁分离等），化学法（如中和、化学凝聚、氧化还原等），物理化学法（如离子交换、电渗析、反渗透、气泡悬上分离、汽提吹脱、吸附萃取等），生物法（如自然氧化沟、生物滤池、活性污泥、厌氧发酵）等方法；

固体废弃物污染治理工艺，对有毒废弃物可采用防渗漏池堆放，放射性废物可采用封闭固化；生活垃圾可采用卫生填埋、生物降解、堆肥、焚烧发电处理，无毒害固体废弃物可作建材或添加物综合利用等；

粉尘治理工艺，可采用湿法除尘、袋式过滤除尘、旋风除尘、静电除尘等；

噪声污染治理可采用吸声、隔音、减振、隔振等方式。

③熟悉环保设施设备，工业项目环保设施的投资，除了土建上的建筑物、构筑物（如厂房、泵房、烟囱、化验室、各种工艺用水池）外，另外很大一部分是环保设备。

按设备的构成可分为单体设备、成套设备和生产线三类；按设备的性质可以分为机械设备、仪器设备、构筑物。例如除尘器、风机、水泵、污泥泵、污泥压滤机属机械设备；仪器设备是指各种用于环境监测及污染物总量控制的光化学仪器、电化学仪器、色谱分析仪及各种采样器和在线自动监测设备等；构筑物一般指钢筋混凝土结构件，如各种沉淀池、过滤池等，但也有用玻璃钢、钢结构或其他材料建造的构筑物。

④推荐当前国家鼓励发展的环保产品和设备，国家经贸委、国家税务局已分别于2000

年、2002 年分两批公布了《当前国家鼓励发展的环保产业设备（产品）目录》目录公布的环保产业设备（产品）、包括水污染治理设备、空气污染治理设备、固体废弃物处理设备、环保监测设备、节能与可再生能源利用设备、资源综合利用与清洁生产设备、环保材料与药剂 8 类共 125 项。这些都具有较高的技术含量，有可靠的运行实践，有免税、贴息支持或财政补助优惠政策，对建设单位和承包商均有益处。

（3）合理使用定额，正确计算工程量，确保环境工程造价的准确性

在当前的经济建设中，浪费国家资源和资金的现象比较普遍，概算超估算、预算超概算、结算超预算的"三超"现象及乱取费、乱摊派、乱挤占成本的"三乱"现象十分严重，导致投资规模失控、工程造价失真、建设内容失实，严重影响了投资效益的提高。我国环保产业和环保市场虽然经过 20 多年的历史由一万多家 90%为民营企业，发展到今天已有国内大企业和国外企业合伙股份制运作的国家级环保产业基地，从无到有、由小变大，但也存在有不少问题：一是缺乏市场竞争机制；二是环保企业缺乏管理经验；三是技术力量薄弱。这就很难保证工业项目污染防治工程设施和设备的质量和价格；另一方面，环保工作起步较晚，我国环保技术主要是从国外引进的，老环保专家多是半路转行而来且在环保企业和污染治理工程一线长期任职者甚少，现从事环保治理的多是近些年来毕业的大学生，可以说是老的老小的小，这是其他行业很少见的。环境监理单位及其环境监理工程师更应当运用其专业特长，为项目业主承担起环保投资、质量、进度控制的应尽职责。

（4）注意对施工现场的监控，做好工程环境监理各项工作

①城市工业项目施工期应有环境质量监测方案，建设项目对城市环境空气、水体（饮用水、地表水、地下水）质量、噪声环境状况应有必要的监测数据。在模范卫生城市、生态城市建设中均有具体的检查指标要求，因施工造成的环保投诉或信访在城市居民中占有相当比重。

②在施工过程中往往工业项目施工图设计中疏忽遗漏排污口的规范化整治、烟囱、排气筒上的检测孔预留及监测操作平台，现场监理过程中应注意加以弥补，这些问题常常对工业建设项目竣工环保设施验收造成不必要麻烦。

③对项目污染防治设施、设备凡采用新工艺、新技术、新材料的要认真了解是否事先进行过试验，有无权威性技术部门的技术鉴定证书，质量数据、指标以此作为判断与控制质量的依据。

④按时开监理例会，通报环境监理信息，监理工作人员要认真做好监理日记、监理周报、月报以及监理工作任务完成时的监理工作总结。

⑤在环保设备单机调试或整个环保治理设施有负荷联动试车时，监督承包商应有污染事故发生预案，同时随机处理施工过程中的污染纠纷。

12.7 旅游资源开发项目的环境监理

12.7.1 旅游资源开发与对生态环境的影响

旅游业是当今世界发展最快、最具活力的产业之一，被誉为"朝阳产业"、"无烟工

业"和新的经济增长点，早已超过了石油、汽车、钢铁、军火工业、成为许多国家或地区的主要经济支柱产业。我国旅游人数，旅游收入，创汇速度都逐日递增。旅游业呈现出了五种新现象：一是旅游将成为人们日常生活、休闲方式之一；二是旅游方式趋于多样化；三是旅游客源市场趋于分散化；四是生态旅游将是旅游业发展的新亮点；五是旅游业在以跨越式的势态迅速发展。

1. 旅游资源的构成

旅游资源主要有自然景观资源和人文景观资源两大类。自然景观资源包括：地貌景观、水体景观、生物景观、气象气候景观、世界遗产与自然保护区等；人文景观资源包括：文物古迹、宗教文化、特色文化、民俗文化、风物特产等。旅游资源的构成见表 12-2。

表 12-2 旅游资源的构成

自然景观资源	地貌景观	山岳景观：岩溶山水、流纹岩地貌、变质岩地貌、丹霞地貌等
		平原景观：平原审美、田园村色、观光农业等
		盆地景观：四川盆地、南阳盆地、天坑、大地缝等
		黄土地貌：指黄土高原地貌，陕、甘、宁、晋、内蒙古一带
	水体景观	江河景观：长江、黄河、等大江大河等
		湖泊景观：西湖、太湖、千岛湖、日月潭、青海湖等
		泉与瀑布：温泉、冷泉、观赏泉、壶口、黄果树、诺日朗瀑布等
		海洋与海滨景观：青岛、大连、北戴河、三亚、厦门海滨等
	生物景观	植物景观：草本、木本、常见、稀有植物等；我国有被子植物 25 000 种，裸子植物 240 余种
		动物景观：具有娱乐、观赏、垂钓、狩猎、科研、造园、维持生态平衡等作用，我国兽类 414 种、鸟类 1175 种、两栖类 196 种、爬行类 315 种
	气象气候景观	气象景观：雨冰雪景、云雾景、霞景、旭日景、雾凇、宝光（佛光）景、海市蜃楼等
		气候景观：我国复杂的气候形成了各地气候景观的差异，东北的林海雪原、海南的海岛椰林、北京的香山红叶、杭州的苏堤春晓等
	世界遗产与自然保护区	我国有：世界文化遗产 20 项、世界自然遗产 3 项、双重遗产 4 项
		自然保护区：有综合型、珍稀植物型、珍稀动物型、自然遗迹型等
人文景观资源	文物古迹	古文化遗址：仰韶文化、河姆渡文化、大汶口文化、蓝田文化等
		古代建筑：古代园林、宫殿庙坛、著名城关、楼阁、古桥、陵寝、民居建筑等
		博物馆及文物精品
	宗教文化	佛教、道教、伊斯兰教、基督教
	民俗文化	居住、饮食、服饰、婚丧、民俗、语言、文字
		地方戏曲、艺术
	特色文化	寻根游、武术游、花卉游、红色游等
		历史名城名人游

2．我国旅游资源的基本特点

由于受中国特定的自然地理环境和人文环境的影响，使中国旅游资源表现出如下基本特点：

（1）种类的多样性和数量的丰富性

山川河流、峡谷瀑布、湖海泉涌、河滩礁岛、峰林溶洞、雪源冰川、沙漠戈壁、珍禽异兽、奇花异草、历史古迹、文化遗产、园林建筑、风土民情、风味佳肴、工艺特产、如此等等，种类极多，数量丰富。

（2）空间分布的多样性和区域独特性

从东海之滨到西北内陆，从南海礁岛到黑龙江畔，从高原到盆地，从峡谷到平原，从城镇到乡野都有着丰富的自然和人文旅游资源。如东北的雪淞树挂，东海的渔林盐场、阳光海水沙滩；海南岛的椰风海韵，西南的石林溶洞，青藏高原的风土人情，西北内陆的沙漠绿洲、草原驼铃；江南周庄的小桥流水人家，北方皇家园林的辉煌奢华，内蒙古族的那达慕、傣族的泼水节、壮族的山歌、高山族的杵舞等。

（3）时间分布的季节性和时代性

由于中国大部分国土位于季节变化明显的亚热带和温带地区，四季交替、景象交叠、春光明媚、鸟语花香、夏热雷雨、万象峥嵘、秋高云淡、果木飘香、冬雪纷扬、银装素裹。洛阳牡丹花国色天香四月观赏，钱塘江大潮汹涌澎湃中秋方生。

不同的历史时期不同的社会经济条件下，原来不是旅游资源的事物和因素，今天或明天就可能成为新的旅游资源，如唐山地震遗迹，长江三峡告别游，威海的北洋水师，山西的"皇城相府"等。

（4）文化内涵的深远性和教育性

中国是世界四大文明古国之一，有五千年的文明历史，旅游资源的文化内涵十分丰富，它既可以满足人们对美的事物观赏，又可使人们通过旅游获得丰富智力；既可满足人们休闲疗养，松弛身心的需要，也可以给人以猎奇探险，发现自身潜能的经历；具有启迪心灵、陶冶情操、接受教育、开发智慧的作用。如天安门的雄伟壮丽，圆明园的残垣破壁；都江堰的智慧，地动仪奥奇等。

3．旅游资源开发对生态环境的影响

旅游资源开发工程同其他生态影响类建设项目一样，总体上讲，从施工期的工程实施对生态环境影响的途径分析，主要包括施工人员施工活动、机械设备使用等使植被、地形、地貌改变，使土地和水体生产能力及利用方向发生改变，以及由于生态因子的变化使自然资源受到影响，具体地说涉及如下几个方面：

（1）旅游资源的开发规划用地要涉及生态环境敏感区

凡开发为旅游区的多半是风景名胜区、自然保护区、森林公园，涉及森林、草地、滩涂、湿地等具有国家及地方重点保护的珍稀、濒危动植物天然集中分布的区域，具有特殊地质意义的区域及水源涵养区域。可能是不允许的开发建设活动范围而进行了开发建设活动。

（2）对景区的景观指标，造成一定影响

开发建设项目建筑物、构筑物（房屋、道路、桥梁、旅游设施等）的几何要素本身的形状、相互间的组合关系及所处的位置会对旅游区的景观级别、景观相容性、景观色彩及质感造成一定影响，甚至会违背当地民俗和宗教禁忌。

（3）对当地的生态质量指标造成一定影响

山岳型风景名胜资源是不可再生的自然资源与历史遗产。山岳型风景资源的开发，其山地森林生态会涉及寒温带针叶林、温带针阔混交林、暖温带落叶阔叶林、亚热带常绿阔叶林、热带季雨林及雨林区和动植物的生物多样性保护；江河源头的旅游开发涉及水土保持、土壤侵蚀和水体污染问题等。亦有可能降低旅游区的生态环境质量等级。

（4）对开发区域内的大气环境质量、水环境质量、噪声环境造成影响

施工道路、交通运输的扬尘、尾气排放，修路的沥青烟雾、施工场地搅拌、施工驻地生活废水，燃煤排放的二氧化硫等均会造成对周围环境的影响，会造成分割效应、廊道效应，影响珍稀、濒危野生动物的栖息与游动。

（5）对风景游览区的感应指标有影响

对旅游资源开发工程项目在施工期和运营期，其建筑物的拥挤度（建筑物占地百分比）、景区游人密度、景点游人密度、卫生状况均会对游人心理和生理上产生感应，降低游人的意向和兴趣，达不到旅游的目的。

（6）引发地质灾害和生态安全

当建设项目扰动山体时，有产生滑坡、崩塌、水土流失、泥石流的可能性；项目的开挖工程可能导致地下水锐减；多余土石方的临时或永久堆存会阻塞坡面径流通道和地表水体；对项目建筑和施工所用材料，可能携带病原体，人员可能引发流行病，易燃易爆物会引发森林火灾等。

12.7.2 环境监理内容

旅游经济是"眼球经济"，对旅游资源开发建设项目的环境监理，除按其他生态影响类工程环境监理的程序和内容进行施工期的监理外，要突出对景观资源影响的监理。具体内容是：

1. 提高对旅游开发项目环境监理重要性的认识

认真学习和理解涉及旅游资源开发环境保护管理的相关法律法规、部门规章和标准，这是做好旅游项目监理的基础，只有提高了认识，才能做好工作。

国家环保总局为了防治旅游区的环境污染和生态破坏，保障旅游资源的永续利用，促进旅游业的持续发展，在多个文件中均有具体明确的要求，如：

（1）1995 年 8 月 17 日环发[1995]462 号《关于加强旅游区环境保护工作的通知》中要求："旅游区内的一切开发建设活动必须遵守国家有关建设项目环境保护的规定和生态影响评价技术规定的要求。开发新的旅游区和在旅游区内兴建新的旅游景点及旅游接待设施，必须进行环境影响评价，其废水、废气、废渣的处理设施和防止水土流失、植被破坏、景观破坏的措施必须与主体工程同时设计、同时施工、同时投入使用。旅游区内禁止建设污染环境的工业设施和对环境有害的项目。"

（2）1999 年环发[1999]106 号《关于加强对自然生态保护进行环境监理的通知》中要求：要"对开展旅游的三区（指自然保护区、风景名胜区、森林公园）内废弃物及旅游垃圾的处理处置、宾馆饭店生活污水和炉灶烟尘的处理与排放，旅游建设对生态环境与自然景观的影响与破坏，旅游线路开发对自然生态系统和野生动植物栖息地的影响与破

坏以及超越批准范围，擅自扩大旅游景区等情况进行监督检查，发现违法行为及时制止，责令纠正……"

（3）2001年国家环保总局令第13号《建设项目竣工环境保护验收管理办法》第十六条中规定：把对"施工期环境保护措施落实情况进行工程环境监理的，已按规定要求完成……其相应措施得到落实"，作为建设项目竣工环境保护验收八个必备条件其中内容之一。

2．熟悉所监理旅游项目的各项控制指标

应熟悉所监理的旅游开发建设项目的各项控制指标包括：规划指标、生态指标、环境质量指标、环境感应指标和人为自然灾害预测指标。

（1）规划指标

规划指标是开发建设项目用地的可行性指标，即规划确定的各类型地域中允许或限制的开发建设活动的规定和要求见表12-3。

表 12-3　规划指标内容表

景观类别	景观级别	用地特征	保护方式	允许的开发建设活动
特别保护区	一级	重要生态保护小区，精华景点（含人工景观），饮用水源保护小区	绝对保持原有面貌，人工干预是为了保持	自然风景名胜的保护；天然植被抚育和绿化；人文景观维持和利用
重点保护区	二级	一般生态保护小区，重要景点	严格控制人工干预，不允许破坏地貌、水体、植被	除一级保护区允许的开发建设活动外，可建设供观光的交通设施项目
一般保护区	三级	一般景点，局部利用工程技术实现"天人合一"	人工有条件的改变自然生态，提高生态质量，实行一般保护	可建设交通和基础设施、旅游服务设施等工程项目
保护控制区	四级	外围保护带，环绕划定保护范围外的地带	限制工矿业生产，提高绿化水平，禁止乱采滥伐	除规划明确限制的项目外均可

注：重要生态保护小区是指具有典型代表性的自然生态系统区域，具有国家及地方重点保护的珍稀、濒危动植物天然集中分布的区域，具有特殊地质意义的区域及水源涵养区域。

（2）生态指标

生态指标是以山岳型风景资源的山地森林生态并按生态原则评价的生态质量来衡量的指标（**注：这里的生态质量是指微观的、具体的旅游开发区建设所划定的范围或评价范围的生态质量，不是指中国环境监测总站以省、市、县为单位所评价得出的宏观的生态环境质量**）。

对于景观类别为一级（特别保护区）、二级（重点保护区）的区域是有条件严格控制开发建设的。对于三级、四级（即一般保护区和保护控制区）根据区域内管束植物不同类型（分别为寒温带针叶林区、温带针阔混交林区、暖温带落叶阔叶混交林区、热带季雨林和雨林区），每百年的植物种数多少和陆栖脊椎动物的种数多少作为主要生态质量指标来划分的，把区域生态质量分为优、中、可、劣四个等级。生态质量等级优者允许人工有条件地改变自然生态，建设旅游交通、服务设施，但建设项目中不得降低区域的生态环境质量等级；建设项目在等级较低的区域建设，需提出人工改善措施；建设项目对自然环境中地貌地表物质组成、水体、生物组成等方面造成改变或影响时，要有修复措施。

（3）环境质量指标

环境质量指标包括大气环境质量指标、地表水环境指标和环境噪声指标。其标准执行国家标准见表12-4。

表 12-4　旅游开发项目应执行的环境质量标准

指标名称		标准及等级	
大气环境		GB 3095—1996	一类区标准
地表水环境	饮用水体	GB 3838—2002	I 类标准
	与人体直接接触的景观娱乐水体	GB 12941—91	A 类标准
	与人体非直接接触的景观娱乐水体	GB 12941—91	B 类标准
	一般景观用水水体	GB 12941—91	C 类标准
环境噪声①		GB 3096—93	O 类标准
		GB 3096—93	I 类标准

①我国没有针对风景区的环境噪声标准。这类区域一般参照《城市区域环境噪声标准》（GB 3096—93）执行，一般划定为 O 类或 I 类标准执行区由当地环境主管部门确定。
O 类标准：适用于疗养区、高级别墅区、高级宾馆区等特别需要安静的区域。
I 类标准：适用于以居住、文教机关为主的区域。乡村居住环境可参照执行。

（4）人为自然灾害预测指标

人为自然灾害预测指标是指因旅游开发项目建设可能触发的各类自然灾害。主要是地质灾害、地表径流、地下水量、森林火灾、生态安全、流行病等。若开发项目扰动山体，系大范围的影响应对施工方案进行修改；若系小范围的影响需采取工程措施抑制；若可能导致地下水锐减时，应中止项目或采取工程措施；多余土石方临时永久堆放不得阻塞坡面径流通道和地表水体；对火灾隐患、病虫害、流行病等要有严格的检测、检验管理措施，预防灾害发生。

3．研读所监理的开发工程项目文件资料，掌握开发项目监理工作重点

（1）要对施工期分析，掌握所监理的旅游开发项目施工区域面积、施工方式和内容，项目施工对生态影响的途径、方式、强度、时限和范围。

（2）根据开发项目所处景观类别级别、环境特点，掌握工程项目生态防护、恢复、补偿措施与替代方案的原则、方法、内容、范围与时段。

（3）根据"国家重点保护野生动物名录"、"国家重点保护野生植物名录"和"中国外来入侵物种初步名单"，核查施工区及开发活动范围有无所列国家重点保护的野生动、植物品种名称、保护级别，有无属于外来入侵的物种。

（4）鉴别施工区和开发活动范围内有无《中华人民共和国文物法》所列五条应保护的具有历史、艺术、科学价值的文物；有无《地质遗迹保护管理规定》中所列六项应当予以保护的地质遗迹。

（5）掌握旅游开发项目的污水、烟尘、生活垃圾等污染防治工程措施的投资额度、项目数量、规模、位置、设计标准等。

4. 认真编写监理规划，规范化地开展环境监理工作

（1）建议项目业主和监督承包商建立环境保护（包括生态）管理体系，确定环境保护管理目标和责任人，明确各级责任人的具体工作任务和职责。

（2）对旅游开发中的生态环境保护措施要进行旁站加强巡视、检查；对补偿绿化措施要落实经费及时限，进行跟踪检查；对施工期的环境质量应有必要的环境监测计划。

（3）协助项目业主管理好环保投资资金的使用，严格控制工程环保设计项目内容的随意变更，加强对工程质量的监控，强化生态环境保护法律法规的宣传教育，严防有关建设单位环保违法案件和环境污染事故的发生。

（4）认真组织好监理工地例会，经常通报工程环境监理工作中的有关动态信息，协调好建设各方的关系，加强建设合同管理，利用环境监理必要措施力争工程各项环保目标的全面实现，并及时做好监理日记、周报、月报和监理工作总结各项工作。

（5）组织好各项环保工程设施、设备的预验收与调试，对符合设计与验收质量标准的工程量应予以签认，按照《生态影响类建设项目环境管理指标体系（暂行）》有关规定，协助项目业主填写好"生态环境影响类建设项目竣工验收管理登记表"等管理台账和信息表格。

（6）在被委托监理任务完成后，项目监理机构、环境监理单位要认真总结经验教训，进行必要的讲评、培训，不断提高监理人员个人业务素质和监理单位整体监理水平，研究生态影响类工程环境监理的规律、方法和特点，开创工程环境监理工作新局面。

习 题

1. 生态环境保护措施是如何分类的？具体类型有哪些？
2. 生态影响类工程环境监理的思路包括哪几个方面？
3. 交通运输工程对生态环境的影响有哪些？监理内容有哪些？
4. 水利水电工程对生态环境有何影响？在监理中如何落实环境保护措施？
5. 矿产资源开发工程的生态学效应有哪些？对矿产资源开发工程环境监理的中心内容是什么？
6. 什么叫农业生态系统？其结构如何？有什么特点？
7. 建设项目环保总投资包括哪几项内容？
8. 宜农荒地开发和草原地区建设工程对生态环境影响有哪些不同？如何监理？
9. 城市基础设施项目有哪些？施工期对环境的影响有哪些？如何对其进行环境监理？
10. 城市工业项目对城市生态环境有何影响？在工业项目环境监理中如何进行污染治理和生态保护措施的落实？
11. 旅游资源开发对生态环境有何影响？
12. 什么叫景观质量、景观敏感度和景观阈值？
13. 对旅游开发项目如何实施环境监理？

第13章 环境污染事故与污染纠纷的调查处理

13.1 环境污染事故的基本概念

在施工过程中特别是生态影响类建设项目中，不可避免地会发生拆迁、占用土地、毁坏林木等现象，经常碰到由此而引发纠纷或阻工。不论是建设监理或者是环境监理都应该了解什么是环境污染事故，如何界定污染事故级别，熟悉污染事故与污染纠纷的调查处理程序和方法。环境监理人员更是如此。

13.1.1 环境污染事故的定义

环境污染事故是指由于违反环境保护法律法规的经济、社会活动与行为，以及意外因素的影响或不可抗拒的自然灾害等原因致使环境受到污染；国家重点保护的野生动植物、自然保护区受到破坏，生态环境受到损害，生态环境安全受到威胁；社会经济与人民财产受到损失，人体健康受到危害，造成不良社会影响的恶性突发事件。

环境污染事故可分为水污染事故、大气污染事故、噪声污染事故、固体废物污染事故、放射性污染事故，国家重点保护的野生动植物与自然保护区破坏以及其他生态破坏事故等。还可分为违法污染事故和意外污染事故。

违法污染事故是指由于造成污染事故的单位和个人不遵守国家有关的环保法规造成污染物高浓度大量集中排放而造成的污染事故。如：不定期偷排储存待处理的污染物（废水、固体废物等）；未按审批的"三同时"项目标准实施污染防治项目，造成污染防治设施不能正常有效处理污染物而造成污染事故等。

意外污染事故是由于难以预料的事故引起的污染事故。此类事故分三种情况：一是因自然灾害；二是因生产事故；三是正常排污引起的非正常影响。例如某厂达标排放的废水流入河道后被用来灌溉，由于当时上游来水减少，使污染物浓度剧增造成灌溉农田作物大量死亡或养鱼专业户经济受挫，尽管排污单位未违法排污，但仍要承担一定的污染赔偿责任。

13.1.2 环境污染与破坏事故的分级

为了对环境污染事故进行适当的处理，根据《报告环境污染与破坏事故的暂行办法》（国家环境保护局1987年9月10日）规定一般按照环境污染与破坏的程度将环境污染事故分为四级：

1. 一般环境污染与破坏事故

由于污染或破坏行为造成直接经济损失在千元以上、万元以下（不含万元）的。

2．较大环境污染与破坏事故

凡符合下列情形之一者为较大环境污染与破坏事故：

（1）由于污染和破坏行为造成直接经济损失在 1 万元以上、5 万元以下（不含 5 万元）；

（2）人员发生中毒症状；

（3）因环境污染引起厂群冲突；

（4）对环境造成危害。

3．重大环境污染与破坏事故

凡符合下列情形之一者为重大环境污染与破坏事故：

（1）由于污染或破坏行为造成直接经济损失在 5 万元以上、10 万元以下（不含 10 万元）；

（2）人员发生明显中毒症状、辐射伤害或可能导致伤残后果；

（3）人群发生中毒症状；

（4）因环境污染使社会安定受到影响；

（5）对环境造成较大危害；

（6）捕杀、砍伐国家二类、三类保护的野生动植物。

4．特大环境污染与破坏事故

凡符合下列情形之一者为特大环境污染与破坏事故：

（1）由于污染或破坏行为造成直接经济损失在 10 万元以上；

（2）人群发生明显中毒症状或辐射伤害；

（3）人员中毒死亡；

（4）因环境污染使当地经济、社会的正常活动受到严重影响；

（5）对环境造成严重危害；

（6）捕杀、砍伐国家一类保护的野生动植物。

环境污染事故分级的确定主要由三方面的因素确定：一是造成的经济损失折合的金额数值；二是对人体的伤害程度或对环境、生态造成的影响程度；三是对捕杀、砍伐国家野生动植物的级别。这几方面的因素只要有一项或两项达到事故等级规定的危害程度，即可认定该事故等级。

13.1.3　环境污染事故的确认

环境污染与破坏事故发生后，当地环境保护部门应当立即抵达现场调查取证，并对事故的性质和危害做出恰当的认定。

国家环保总局规定：凡属一般或较大环境污染与破坏事故，均由县级（含县级）以上环境保护部门确认；凡属重大或特大环境污染与破坏事故均由地、市级以上环境保护部门确认。

13.2　环境污染事故的报告与应急

事故普遍具有突发性特点，一般情况下，一旦发生环境污染事故往往会措手不及，造成较为严重的影响。有些污染事故不仅造成了直接环境污染，而且还对当地生态系统造成了不可逆转性的影响。

13.2.1 环境污染事故的报告

《中华人民共和国环境保护法》第三十一条规定："因环境事故或其他突然事件，造成或者可能造成污染事故的单位，必须立即采取措施处理，及时通报可能受到污染危害的单位和居民，并向当地环境保护行政主管部门和有关部门报告，接受调查处理。可能发生重大污染事故的企事业单位，应当采取措施，加强防范。"

环境污染与破坏事故报告的基本形式有三种，分为速报、确报和处理结果报告：

速报是在环境污染事故发生的 48 h 内，将有关事故的基本情况上报。速报内容主要包括环境污染与破坏事故的类型、发生时间、地点、污染区、主要污染物质、经济损失情况、人员受害情况、捕杀与砍伐国家重点的野生动植物的名称和数量，自然保护区受害面积及程度等初步情况。

确报是在查清有关基本情况后立即上报。确报的内容是在速报的基础上报告确切的数据、事故发生的原因、过程及采取的应急措施等基本情况。

处理结果报告是在污染事故处理后立即上报。处理结果报告的内容是在确报的基础上，报告处理事故的措施、过程和结果，事故潜在或间接的危害、社会影响，处理后的遗留问题，参加处理工作的有关部门和工作内容，出具有关危害与损失的证明文件等详细情况。

《中华人民共和国环境保护法》第三十二条规定："县级以上地方人民政府环境保护行政主管部门，在环境受到严重污染威胁居民生命财产安全时，必须立即向当地人民政府报告，由人民政府采取有效措施，解除或减轻危害。"环保部门在到达污染现场，对污染事故进行初步分析后，必须立即按规定报告同级人民政府和上级环境保护部门，统一指挥，分工协作，使污染事故能够得以及时控制，不致蔓延和扩散，使损失减少到最小程度。

根据国家环保总局《报告环境污染与破坏事故的暂行办法》及《关于切实加强重大环境污染、生态破坏事故和突发性事件报告制度的通知》规定："凡属重大环境污染与破坏事故，地、市级环境保护部门除应及时报告同级人民政府外，还应同时报告省级环境保护部门；凡属特大环境污染与破坏事故，地、市级环境保护部门除应及时报告同级人民政府和省级环境保护部门外，还应同时报告国家环境保护总局。"

"各地环保部门，各直属单位和派出机构对于环境污染事故、生态破坏事故和突发性事件应迅速赶赴现场调查处理，并及时上报，不得隐瞒。重大事故和事件的有关情况应于事发后 6 h 内上报到国家环保总局办公厅值班室。特别重大事故和事件发生地的环保部门并可直接上报总局办公厅值班室。"

"重大事故和事件的上报要尽可能说明事发的时间、地点、原因、造成影响、后果、范围、处理措施以及联系人、联系方式等，并随时上报调查处理的进展情况。上报可用电话传真等方式。"

13.2.2 环境污染与破坏事故报告的作用

环境监理单位及其环境监理工作人员，身处施工现场保护环境第一线，有责任而且有义务预防环境污染、生态破坏的事件发生，一方面要加强宣传教育，另一方面一旦发生环境污染与破坏事故发生应明确报告程序、层次和要求的有关规定，立即向当地环保部门报告，做好自己应作的工作。

对环境污染与破坏事故的发生及时报告有以下几种作用：

（1）及时报告环境污染事故和环境紧急情况，可以使受到威胁的单位和居民提前采取防范措施，避免或减少对人体健康和生命安全的危害；

（2）及时报告和处置环境污染事故及环境紧急情况，可以避免或减轻国家、集体或个人的财产遭受重大损失，避免环境受到更大的污染和破坏；

（3）可以使有关部门和当地人民政府及时采取措施，控制污染和生态环境破坏，防止事故的扩大和蔓延；

（4）及时报告还可以查清事故原因、危害、影响以及为顺利处理环境污染和破坏事故创造条件；

（5）可以及时消除或减缓由于污染事故带来的社会不安定因素，化解矛盾，有利于解决因事故给群众带来的生产、生活困难；

（6）及时报告还能取得上级环保部门的支持与帮助，避免因地方不具备处理条件造成的不良后果。

13.2.3 环境污染与破坏事故应急

当环境监理人员在施工现场发现或发生环境污染与破坏事故后，特别是出现不利于环境中的污染物扩散、稀释、降解、净化的气象，水文或其他自然现象，使排入和积累于环境中的污染物大量聚积，达到严重危害人体健康，对居民的生命财产安全形成严重威胁，极易发生重大污染或公害的环境紧急情况时，应对事件作出初步判断，并立即会同有关部门采取措施，尽可能地帮助排污单位消除或减轻污染危害。

环境污染事故处理的原则是先控制后处理。

《环境保护法》规定因发生污染事故或其他突发性事件应向当地环境保护行政主管部门和有关部门报告，接受调查处理。其他环境保护的法律、法规对不同情况和管辖范围也作了比较具体的规定，对有调查处理权的"有关部门"作了分工。

环境污染事故的调查处理责任部门及处罚机关和"有关部门"分工是：

（1）发生大气污染事故，向当地环境保护部门报告，接受调查处理；

（2）发生水污染事故，向当地环境保护部门报告，由环境保护部门或其授权的有关部门进行调查处理；

（3）在江河、湖泊、运河、渠道、水库中的船舶发生水污染事故，向就近的航政机关报告，接受调查处理；

（4）发生饮用水水源污染事故，向当地城市供水、卫生防疫、环保、水利、地矿等部门和污染单位的主管部门报告，由环境保护部门根据当地政府要求组织有关部门调查处理；

（5）发生渔业水域污染，造成渔业损失的由渔政、渔港监督管理部门协同环保部门调查处理（渔业水域包括我国内陆水域和其他一切被我国管辖的海域）；

（6）船舶发生海洋污染损害事故，造成或可能造成海洋环境重大污染损害的，向中华人民共和国港务监督报告，接受其调查处理；

（7）海洋石油勘探开发作业发生大量溢油、漏油和井喷等重大污染事故，向国家海洋管理部门报告，接受其调查处理；

（8）发生陆源污染损害海洋环境事故向当地环境保护部门报告，并抄送有关部门，由县级以上环境保护行政主管部门授权的部门进行调查处理；

（9）发生尾矿污染事故，向当地环境保护行政主管部门报告，接受其调查处理；

（10）发生放射性环境污染事故，向所在地环境保护部门及县以上卫生、公安部门报告，环境保护部门会同有关部门进行调查处理；

（11）在禁猎区、禁猎期或者使用禁用的工具、方法猎捕野生动物的，陆生野生动物由林业部门调查处理，水生野生动物由渔业行政主管部调查处理；

（12）违反规定进行开垦、采石、采砂、采土、采种、采脂和其他活动私砍滥伐致使森林、林木、珍贵树木遭受毁坏的，由林业行政主管部门调查处理；

（13）未取得采集证或者未按采集证规定采集国家重点保护野生植物的，发生在林区内的野生植物由林业主管部门调查处理，城市园林和风景名胜区内的野生植物由建设主管部门调查处理，其他区域的野生植物由农业行政主管部门调查处理，但均要由环境保护行政主管部门对野生植物环境保护工作的协调和监督。

13.3 环境污染纠纷的调查处理

13.3.1 环境污染纠纷的概念

环境污染纠纷是指因环境污染引起的单位之间、单位与个人之间、个人与个人之间的矛盾和冲突。

环境污染纠纷的主要性质是一种民事侵权纠纷，在一般污染事件和污染事故中，只要污染存在民事侵权行为，都可能产生环境污染纠纷。这种纠纷通常都是由于单位或个人在利用环境和资源的过程中违反环保法律规定，污染和破坏环境、侵犯他人的合法权益而产生的。

环境污染纠纷一般可以通过协商的方式予以疏导、化解矛盾、妥善解决。

但是，企事业单位内部引起的环境污染纠纷和因公伤害问题不能称为环境污染纠纷，那是属于企事业单位内部劳动保护问题，应由劳动法调整。要构成污染纠纷，还应有污染物、污染源、防治管理标准、影响、危害等定量条件。

13.3.2 环境污染纠纷产生的原因

环境污染产生的原因错综复杂，大致有以下原因：

（1）经济建设不合理，规划失控，环境保护欠账太多，许多老污染企业和经济欠发达的地区或小城镇污染纠纷多属于这种情况；

（2）违反"三同时"规定，产生新的污染源，许多乡镇、街道、个体企业和"三产"企业产生污染纠纷属于此种情况；

（3）许多排污者因管理不善或设备陈旧，生产过程中跑、冒、滴、漏现象严重，经常对周围单位和群众产生污染危害；

（4）排污者法制观念淡薄，无视环境保护法律、法规的规定，不仅不积极治理污染，还经常偷排偷放各种污染物，常常产生污染纠纷；

（5）数量众多的饮食、娱乐、服务企业与居民和单位相邻很近或者就在同一座楼内、楼上楼下产生的油烟、噪声、异味扰民影响很大，也是大部分污染纠纷产生的原因；

（6）人民群众生活水平改善，环境法制观念和环境意识迅速提高，对不良环境状况的危害有了更深刻的认识，但有时也会因为缺乏环境科学知识而造成纠纷。

13.3.3 处理环境污染纠纷的基本原则与途径

1. 处理原则

（1）认真调查，及时处理。在施工现场如发生项目业主或者建设承包商与周边企事业单位或居民之间有污染纠纷，监理单位和监理工程师应积极协助当地环境保护行政主管部门进行调查处理，但不是调查处理的主体，不能越位处理。

（2）处理污染纠纷以协调为主，防止事态扩大和矛盾激化。为使协调成功要做好双方的工作，互谅互让。一般而言，在污染纠纷中，污染和破坏环境的一方是矛盾的主要方面，环境监理人员应当动员他们主动听取受害群众意见，设身处地地理解受害者的心情，承担责任，积极进行污染的防治和环境破坏的制止，主动进行相应的赔偿；同时，还要做好受害者的工作，不要提出过高要求，使环境污染调解陷入僵局，宜尽早解决问题。

（3）实事求是，注重证据。环境污染纠纷一旦发生，环保部门的环境监察人员就要进行全面综合调查，查明事实真相，包括查明纠纷发生的时间、地点、原因、责任者、受害者、危害程度等。环境监理人员应站在公正的立场上如实反映自己所了解的情况，尊重科学技术，防止主观臆断和避免片面性。不管调查处理的结果如何，考虑到受害方往往是弱者，监理人员一定要尊重事实，该提供证据的也应提供出监理机构所掌握的证据。

（4）要兼顾国家、集体、个人三方的利益，既要重视对污染受害人的经济赔偿，又要重视对污染的治理，排除污染危害，保护环境减少污染危害是最终的目的。

（5）对情况比较复杂的污染纠纷，跨地区、跨流域、涉及面广的环境污染纠纷要尽量依靠环境保护行政主管部门去进行协调处理，项目环境监理机构和监理人员只应做好必要的配合工作即可。

2. 环境污染纠纷的解决途径

根据我国现行法律规定，环境污染纠纷的解决途径主要有四个。

（1）双方当事人自行协商解决

因环境污染产生纠纷，一般都是由受害者先向排污单位反映，要求治理和加强管理，给予解决。此时由污染纠纷双方或有关单位、居民代表参加，经过协商可使纠纷得到缓解和正确处理。

关于这种解决方法，《环境保护法》没有明文规定，但并不禁止；而《水法》、《草原法》、《土地管理法》、《矿产资源法》等法律都有关于当事人协商解决纠纷的规定。在实际生活中，也常有当事人自行协商解决环境污染纠纷的事例。在双方当事人自行协商解决环境污染纠纷的过程中，环境监理人员应找准自己的位置，不能把自己摆到污染者或受害者任何一方，即不能把自己摆进项目业主、承包商或环保行政主管部门、周边受害群众任何一方中，这些显然均不合适。环境监理机构及其监理工作人员最大的作用就促使或帮助双方当事人自行协商解决成功。

（2）环境执法行政机关调解处理

双方协商，长期不能缓解矛盾，而污染纠纷又通过信访反映到环境行政主管部门和有关部门，由环保部门邀请有关单位和矛盾双方进行座谈予以调处。

《环境保护法》第四十一条规定："赔偿责任和赔偿金额的纠纷，可以根据当事人的请求，由环保部门或者其他依法律规定行使环境监督管理职能的部门处理。"关于行政调处需要说明三点：

①这里的"处理"是环境执法机关对民事权益争议进行调解，没有处罚的意思；

②对环境污染纠纷进行行政调处，是以当事人的请求为前提，即进行行政调处必须根据当事人的请求；

③上述规定中虽然只明确了"赔偿责任和赔偿金额的纠纷"，但在实践中也应包括排除危害的纠纷，因为这些都是环境民事纠纷。

（3）司法处理

当事人不服行政调处和仲裁处理，或矛盾已经发展到公私财产与人身权益受到严重危害，就要按司法程序解决矛盾，由人民法院按民事诉讼程序处理污染纠纷案件。司法处理可以是当事人向人民法院起诉，也可以由环境保护部门提请人民法院进行处理。

（4）通过仲裁程序解决

仲裁程序只适用于涉外性的海洋环境污染损害赔偿案件，不适用于一般污染损害赔偿案件。

根据 1988 年 9 月 12 日中国国际贸易促进委员会通过的《中国海事仲裁委员会规则》的规定，由该海事仲裁委员会以仲裁的方式解决关于海洋污染损害的争议。

有时有人把环境保护部门调解处理环境污染纠纷称作仲裁，这是不恰当的、不正确的。

以上四种环境污染损害赔偿纠纷的解决方式，是相互联系相互补充的，各有优劣，都可以发挥很好的作用。

13.4　处理环境污染事故和污染纠纷应注意的事项

13.4.1　处理环境污染事故应注意的事项

为了妥善处理环境污染事故，应注意做好以下事项。

（1）建立应急预案，堵塞事故发生漏洞

对待环境污染事故和破坏事故与对待火灾是相似的。"防范胜于救火"，只有建立一种防范制度和机制，才能避免和减少污染事故的发生或破坏的损失。环境监理单位及其环境监理工程师在施工期环境监理过程中，对易发生污染事故的单位、设备、工艺、原材料、排放口，周边环境状况应做到心中有数，增加对关注点的巡检次数，经常在工地例会上通报有关检查情况，及时发现隐患，堵塞事故发生漏洞。要建议项目业主和督察承建商建立应急预案，万一发生环境污染和破坏事故应有必要的应对措施，防止手忙脚乱和事态扩大。

（2）建立通畅、快速、有效的事故报告渠道

在建设合同中应有环境保护责任的条款内容，在施工管理组织中应有环保工作负责人，应有明确的工作职责范围，平时在施工中一旦发现污染事故，施工单位发生的事故应有谁负责，项目业主方面发生的问题应该找谁联系，当地环境保护部门的主要负责人、联系电话、通信方式等，包括应采取的措施，环境监理人员都应当掌握。当发生突发事故需要由项目监理机构报告的，应做到及时、快速、准确报告环境污染和破坏事故。

（3）注意在采取应急措施的同时，配合环保部门做好调查、监测、取证工作

环保行政执法人员不可能像项目环境监理机构的环境监理人员一样长期派驻施工现场，当发生环境污染和破坏事故后，为了对事故进行处理需要作调查、监测、取证等工作。除了当事人外，现场环境监理人员也是一个重要方面，环境监理人员应当了解与之相应的程序、规范，配合环保执法人员以利调查、取证过程合法，资料真实可靠。

（4）进行必要的人员培训，熟悉和掌握避险知识和方法

在有条件或有必要的地方，应对项目建设单位、承包商、当地公众及有关人员进行有关知识培训，如有毒、有害、易燃易爆具有放射性物品的保管、运输、储存和使用应注意的事项等；对食人鱼、杀人峰、食蝇草等野生动植物或其他不知生长习性特征的稀有、罕见野生动植物不能因为好奇而随意养殖和遗弃。

13.4.2　环境污染与破坏事故调查处理程序

这里所说的处理程序主要是指环境行政执法部门的处理程序，项目环境监理机构不具备执法条件，不能直接对环境污染与破坏事故进行查处，只是当在施工期环境监理过程中如有环境污染与破坏事故发生，应了解调查处理的基本程序，便于做好相应的本职工作。

环境污染与破坏事故调查与处理程序分为：现场污染控制、现场调查和报告、依法处理、结案归档四个步骤。

1．现场污染控制

根据国家环境保护法律法规规定，发生环境污染事故或突发性事件造成或可能造成污染事故的单位，必须：

（1）立即采取措施，已发生污染的，立即采取减轻和消除污染的措施，防止污染危害的进一步扩大；尚未发生污染但有污染可能的，立即采取防止措施，杜绝污染事故的发生。

（2）及时通报或疏散可能受到污染危害的单位和居民，使得他们能及时撤出危险地带，避免人身伤亡。

（3）肇事单位应当向当地环境行政执法部门报告，接受调查处理，报告必须及时、准确，不得拒报、谎报、瞒报。

2．现场调查与报告

这里的报告是指当地环境行政执法部门应向本级人民政府和上级环境保护行政主管

部门的报告。

（1）现场调查

①污染事故现场勘察

实地勘察并记录环境污染与破坏事故现场情况：包括事故对土地、水体、大气的危害；动、植物及人身伤害；设备、物体的损害等。详细记录污染破坏范围、周围环境状况、污染物排放情况、污染途径、危害程度等。提取有关物证。

②技术调查

采样监测　利用各种监测手段测定事故及扩散地带有毒有害物质的种类、浓度、数量，各种污染物在环境各要素（如土壤、水体、大气）区域、地带和部位存在浓度等。

声像取证　录制了解污染事故当事人员的陈述及被害人介绍事故发生情况的陈述等。

技术鉴定　对重大或情况比较复杂的环境污染与事故，环境行政执法部门还可能聘请有关专家或专业技术人员对事故所造成的危害程度和损失作出技术鉴定。

经济损失核算　根据污染事故造成的危害程度、损失范围，按照国家、地方或当地市场价格核算危害承受物的经济损失额。对无可靠依据计算损失标准的或不能准确计算损失额的，要根据具体情况作具体分析，推出比较接近实际，双方基本能够接受的方案，避免明显偏差。

（2）报告

按照《报告环境污染与破坏事故的暂行办法》及《关于切实加强重大环境污染、生态破坏事故和突发性事件报告制度的通知》规定进行报告。

3. 依法处理

环境污染事故的受理、调查证据收集完成后，即进入审查、决定、处理阶段。审查是环境执法人员对所调查的证据、调查过程、调查意见、处罚建议进行认真的审理。审查结束后，对环境污染或破坏事故依法进行处理，做出决定。

（1）审查人员组成

一般情况下受理、调查取证阶段与审查、依法处理阶段截然分开，由不同的环境执法人员进行，实行"查处分开"的原则。

接受、受理、调查主要由环境监察人员负责；而审查、依法处理多由环境保护行政主管部门的法制管理人员和环境监察部门的负责人负责，环境行政处罚决定还必须由同级环保行政主要领导签字。

审查小组由各级环境行政主管部门组成，由三人或三人以上单数组成。

（2）审查内容

审查内容主要是对调查材料、调查处理、调查意见、处罚建议进行书面审理。

重点审查：违法事实是否清楚；证据是否充分确凿；查处程序是否合法；处理意见是否适当。必要时由调查人员进行补充调查，然后提出处理意见。

（3）确定赔偿金额，提出处理决定

根据《环境保护法》第四十一条第一款规定："造成环境污染危害的，有责任排除危害，并对直接受到危害的单位或个人赔偿损失。"依据调查分析结果合理确定环境污染与破坏事故给受害单位或个人所造成的经济损失，并下达处理决定，提出具体赔偿金额。

（4）追究环境法律责任，进行行政处罚

根据环境污染与破坏事故发生的情节，危害后果（刑事责任除外）应依有关环境法律法规追究造成环境污染与破坏事故的单位或个人的法律责任，进行行政处罚，并提出杜绝和避免类似事故再次发生的措施和要求。

（5）送达与执行

环境保护行政执法部门依法对环境污染事故作出的环境处理决定或行政处罚决定应由环境执法人员及时将决定书的正本送达当事人或被处罚人。送达时间必须在 7 日内完成。环境执法人员在送达决定书时，应要求当事人和被处罚人在副本上签收。按规范要求，环境保护行政执法部门应制作送达回执，由送达人员填写送达回执，送达回执的主要内容包括：决定书制作的环境保护行政执法部门，回执字号、被送达人、案由，送达地点、送达人、受件人签名、受件人拒收事由，不能送达的理由及有关时间。

送达决定书有直接面交、留置送达、邮寄送达或委托送达、公告送达等送达方式。送达人视具体情况采取其中一种，但不管采取何种方式送达人员都应将有关回执和证明依据妥善归档。

决定书送达当事人或被处罚人后，依法产生法律效力，进入执行阶段。环境污染事故处理决定书依法执行完毕后，整个处理程序到此便告结束。

4．结案归档

环境行政执法部门将受理的环境污染和生态破坏事故全部材料及时整理，装订成卷，按一事一卷要求，填写《查处环境污染事故终结报告书》，存档备查。

13.4.3 环境污染纠纷调查处理程序

环境监察机构对于环境污染纠纷也要依据一定的程序进行，以便调处过程合法，并使纠纷得到有效解决。污染纠纷的调处程序是：

登记审查→立案受理→调查取证和鉴定→审理→结案→立卷归档

如前所述，建设项目环境监理机构及其环境监理工程师，不是环境污染事故或环境污染纠纷执法和调处的行为主体，不具备执法权。当环境行政执法部门要求协助调查时只是做好配合工作，这一点是和工程监理中的工期索赔、费用索赔是完全不同的。对于环境污染纠纷的经济赔偿金额是由环境行政执法部门依法确认，下达调处决定或处罚决定书交由当事人或被处罚人执行，无须总监理工程师签认。但为了做好污染纠纷调查的配合工作，环境监理单位及其环境监理人员对其处理程序中"登记审查"和"立案受理"的有关内容应当有所了解。

1．对登记审查应了解的内容

环境监察机构调处环境污染纠纷是以当事人的请求为前提的。当环境监察人员在接到当事人书面或口头申请，应先接受登记，接受人大、政协有关环境污染或生态破坏的提案、群众的污染举报，环保部门承接的来信来访进行登记。对于当事人书面或口头申请，不管是否有权管辖权，反映的情况是否属实，是否符合受理立案的条件，都应认真登记备案，然后对是否立案进行审查，审查内容包括有三个方面：

（1）管辖权审查 首先审查是否属本部门管辖，其次审查级别管辖和地域管理问题。

县级环境行政执法机关负责调处本行政区内的环境污染纠纷；市级环境行政执法机关管辖本行政区域内重大环境污染纠纷的调处；

上级环境行政执法机关对所属下级环境行政执法机关管辖的环境纠纷有权处理，也可以把自己管辖的环境污染纠纷交下级环境行政机关处理；

跨行政区域的环境污染纠纷，涉案各方都有权管辖，但由被污染所在地的环境行政执法机关管辖，双方管辖发生争议的，由双方协商解决，协商不成的，由其共同的上级环境行政执法机关管辖。

（2）时效审查 《环境保护法》第四十二条规定："因环境污染损害赔偿提起诉讼的时效时间为 3 年，从当事人知道或者应当受到污染损害时计算。"超过 3 年不追溯的，权利人将丧失胜诉权。调处环境污染纠纷也适用此时效期限的规定。

（3）审查有无具体的请求事项和事实依据。

2．对立案受理应了解的内容

环境行政执法部门是否立案受理最迟应在接到申请之日起 7 日内作出决定。

对不符合受理条件的，环境行政执法部门应告知当事人其他解决问题的途径。

对符合立案受理条件的，正式立案受理。环境行政执法部门发出受理通知书，同时将受理通知书副本送达被申请人，要求其提出答辩，不答辩的，不影响调处。

在有些情况下，即使当地环保部门有管辖权，也不应受理的是：

（1）人民法院已经受理的环境污染纠纷；

（2）其他有管辖权的部门已经受理的重大环境污染纠纷；

（3）下级环境行政执法机关已经受理辖区内的环境污染纠纷；

（4）上级环境行政执法机关或人民政府已经受理的重大环境污染纠纷；

（5）行为主体无法确定的环境污染纠纷；

（6）因时过境迁，证据无法搜集，也不可能搜集到的环境污染纠纷；

（7）超过法定期限的污染纠纷。

13.4.4 污染事故案件调查取证应注意的问题

环境污染纠纷和污染事故的调查处理有许多相同之处，例如都涉及赔偿问题，都需要取证。两者具有密切的联系，污染事故解决不好往往引起污染纠纷。两者又有明显区别，污染事故常常是由于严重违反法规和管理规定造成的，污染和破坏的责任者一般要受到依法处罚；污染纠纷的责任人，可能有明显的违法行为，但多数不十分严重。所以涉及调查取证应注意的问题是：

1．取证要求

处理环境案件，首先必须查明事实，而事实要由证据来证明。因此环境案件从立案、调查、处理，主要围绕着搜集证据、判断证据、认清事实进行的。

环境案件总是在一定时间、地点、条件下发生的，不可避免地要对事故发生地的环境造成一定危害。因此，环境案件的证据不能是猜测怀疑和主观想象的东西，必须是客观存在的事实，必须是与案件有联系的事实。那些与案件无关的事实不能成为证据。

2．证据的划分

（1）原始证据和传来证据

原始证据：主要源于污染事件现场或目睹的证人、证言、证物，这类证据有较大的真实性和可靠性。

传来证据：主要是对原始证据的转述或传抄，其失真的可能性较大。

（2）直接证据和间接证据

直接证据是能够直接证明违法事件事实的证据，直接证据通常包括当事人的陈述，目击或了解事件的证人、证言，能反映当时情况的现场照片、录音、录像等。间接证据只能证明事件的某一片断或个别情节。

直接证据与事件的主要事实有直接证明关系，只要查证属实，即可作为定案的证据。间接证据必须属实，间接证据必须有一定的数量，才能作为一个整体的有效证据。

3．环境污染案件证据的类型

（1）物证和书证；

（2）证人证言；

（3）视听材料；

（4）被害人陈述；

（5）污染者的陈述和辩解；

（6）现场检查、勘验笔录；

（7）技术鉴定结论。

4．污染事故案件取证应注意事项

（1）要注意相关物证。如被有害气体污染了的现场物品、植被残叶、被损害的农作物等物品；被废水污染的水体、死亡的鱼虾、水生物、植被等。能证明环境污染事实的一切文字材料，例如拍摄的被污染损害的环境现场，并加注文字说明。

（2）注意被害人陈述。在环境案件公诉中，被害人处于类似证人的地位，他的陈述类似证言，但由于他有自己的特点，因此是一种特殊的证人证言。

（3）注意被告人的陈述和辩解。被告人向环境行政执法部门或司法机关就其被控告的污染环境的行为所作的口头的或书面的陈述和辩解，经查证属实后，都是证据，是处理污染事故的依据之一。但对被告人的陈述和辩解，必须查证属实，不能采取盲目轻信态度。

（4）注意鉴定结论。在环境案件中当遇到某些专门性的疑难问题时，需要用环境科学以外的其他科学技术和其他专门知识才能解决的时候，需邀请具有专门科学技术的单位或专家，对这些疑难问题进行科学的鉴别判断，提出书面意见或鉴定结论，例如请水产专家就水污染对某些水生物的生长规律、损害程度，价值作出鉴定等。

（5）注意做好现场勘验，检查笔录。环境监理人员需要协助环境执法人员对污染现场、物品、水体及人或动物尸体进行勘验，检查时，应对勘验现场检查情况有所记录。但正式的勘验检查笔录应由环境执法人员去完成。

5．要注意及时取证并确保证据的准确性

（1）取证速度要快。环境污染赔偿案以污染为中心，事故往往发生在瞬间，因此事故发生后，必须尽快赶赴现场，捕捉实物，获取污染事故发生的证据，才能对事故做出

较为切合实际的判断。

（2）必要时进行追踪取证。所谓追踪取证，就是顺着或逆着污染物污染过的现场取证。如在发生水污染事故时常需到上游或下游追踪取证。

（3）取证时监测分析与查阅档案并进。

（4）取证要生产记录、气象资料和化学分析三结合。环境污染事故的产生往往是情况比较复杂的，涉及企业的生产状况、纳污水域的水文状况，造成大气污染的气象状况以及区域环境中的其他排污企业排污情况等，所以要进行"三结合"综合分析。

6．污染事故案件取证应注意公正、权威，并尽量取得定量的证据

（1）主要问题要由既具备条件又有权威的部门负责。例如有毒有害物质对水体或大气的污染，不能仅凭定性认识要有权威的监测、检验部门的监测报告。

（2）取证应由有关部门联合进行。除了技术性很强、时间性很强的证据外，凡条件许可、时间允许的证据，一般应由法定或权威机关的人员参加取证。为了保证证据的真实性、完整性，在一般情况下，取证应由双方当事人及其主管部门代表参加，有利于案件的处理。

（3）要综合思索判断。证据的收取不是简单地堆集，必须排队分类，分清主次，并把它们联系起来思索、比较、进行综合分析，把案件的主要事实搞清楚，并找出案件主要事实的各种证据的必然联系，从而做出正确的判断。

13.4.5　解决污染损失赔偿应注意的事项

1．环境污染赔偿的构成要件

根据环境污染损害赔偿的法律、法规规定，构成环境污染损害赔偿的要件有三条：

一是意识行为实施了排污，即有行为把污染物排入环境；

二是引起环境污染并产生了污染危害后果，即造成财产损失和造成人身伤害或死亡；

三是排污行为与危害后果之间有因果关系。

具备了以上三条，排污单位就必须赔偿受害者由于污染危害造成的一切损失。

需要说明的是：排污行为与危害后果之间的因果关系变化的以下几种情况，排污单位不负赔偿责任：

第一种情况是由于不可抗拒的自然灾害如地震、海啸、台风、山洪、泥石流等。尽管已经采取了力所能及的合理措施，仍然无法避免发生环境污染，并造成损失，免除污染者承担污染责任和赔偿责任；

第二种情况是由于第三者的过错引起污染损失的，应由第三者承担责任；

第三种情况是由于受害者自身责任引起污染损害的，由受害者自己承担责任。

在排污行为与危害后果之间的因果关系上，有时还会出现双方构成混合责任的情况（例如厂方明知有人引水灌溉，在排放的污染物种类、浓度等发生较大改变的情况下，未告知农民，致使引污水灌溉的农民遭受了不应有的损失或是扩大了损失，此时厂方和农民就构成了混合责任），根据《民法通则》第一百三十一条"受害人对于损害的发生也有过错的可以减轻侵害的民事责任"的规定，双方应根据各自过错的大小，承担各自赔偿责任（注：新修订的《水污染防治法》对此实行了"倒举证"）。

2．排污单位达标排放造成的污染损失同样负赔偿责任

在实际工作中，时常碰到排污单位在达标排放的情况下，造成不同程度的污染损害，排污单位提出自己属合法的达标排放，对造成的损失不负责任，只对超标排放造成的损害承担赔偿责任。根据《环境保护法》第四十一条第二款的规定和国家环保总局[1991]环法函字第 104 号《关于确定环境污染损害赔偿责任问题的复函》精神，确定污染赔偿责任的法定条件是由于排污单位的污染行为造成环境污染危害，并使其他单位或个人直接受到人身和财产损失。即衡量排污单位是否造成污染危害（也就是排污单位是否应赔偿直接损失）的标准，主要依据是形成了危害的客观事实与实际后果，而不是将排污单位的排放物是否超标排放作为确定排污单位是否应承担赔偿责任的条件。《征收排污费暂行办法》第三条及其他有关法规也明确规定，排污单位缴纳排污费，并不免除其赔偿损失的责任。这一点是需要给排污单位讲明的。

3．环境污染纠纷赔偿金额的确定方法

损害赔偿金额一般应包括：受害者遭受的全部损失；受害者为消除污染和破坏实际支付和应支付的费用；受害者因污染损害而丧失的正常效益。但在实行全部赔偿原则的同时还必须兼顾加害人无力全部赔偿和涉外应按国际条例规定的两种情况。

环境污染赔偿金额的确定经常采用的几种方法和原则是：

（1）考虑当事人经济能力的原则。根据民事损害赔偿原则，在处理损害赔偿案件时，既要坚持完全赔偿原则，同时也要考虑当事人的经济能力，实行完全赔偿与考虑当事人经济能力相结合的原则，酌情确定赔偿金额。

（2）直接计算法。首先确定受污染损害的范围和项目，然后确定污染浓度与受害时的效应关系，最后用货币进行经济评估。

（3）环境效益代替法。某一环境单位受污染后，完全丧失了功能，其损失费用可以借助能提供相同环境效益的工程来代替，这个方法也称"影子工程法"。

（4）防治费用法。即为防止污染采取保护和消除污染设施而支付的费用。

由于环境污染造成损害而进行赔偿经常遇到的是厂矿企业排放污染物造成对农、林、牧、渔业及人体健康危害，因此在具体确定金额时，首先应实地勘察污染受害面积、受害物的种类数量，以及它们正常年景的平均产量，然后按当年的合理价格计算应赔偿的基本金额。同时还应考虑受污染危害者根治污染、减轻污染危害等所需人工、材料等金额，即治理污染的补偿金额。

厂矿企业因污染环境而使群众身体健康受到损害时，应尽赔偿责任，其赔偿金额应包括：受害人的医院检查、确诊费用；恢复健康而耗费的医疗费用；因检查和治疗误工费用；转院治疗的路费、宿费；陪护误工费；因环境污染而致残、致畸或丧失劳动能力则应承担生活费用；如受害人丧失生活能力，经医院证明需长期有人照顾，还要按国家有关规定承担陪护人的生活费用；同时还应考虑受害人提出的其他合理的赔偿要求。

习 题

1．什么是污染事故？它有哪些特点？污染事故是如何分级的？

2．违法污染事故和意外污染事故都是由什么原因造成的？

3．污染事故的确认要求是什么？污染事故报告的基本规定有哪些？

4. 排污单位报告污染事故的主要内容和责任是什么？对污染事故有调查处理权的部门和管辖范围是如何分工的？

5. 环境污染事故调查与处理程序分哪几个步骤？产生污染事故的单位应采取哪些现场处理措施？

6. 对环境污染事故和污染纠纷进行现场调查的主要内容是什么？

7. 处理环境污染纠纷的原则和途径有哪些？

8. 处理环境污染事故应注意些什么？

9. 处理环境污染纠纷应注意些什么？

10. 环境污染赔偿金额的确定常采用哪些方法和原则？

第三篇

案例精选与自学模拟试题

编写说明

    自 2002 年 10 月 21 日《中国环境报》产经周刊头版"第三方监理浮出水面——河南驻马店建设项目环境监理试点分析"一文刊发以后，在河南及有关省市引起不同反响，环境监理作为一项崭新的事业近年来得到快速发展。本篇所列案例是从多年开展建设工程环境监理实践中不断收集整理出来的实例，特别是环境监理总结，它是整个环境监理活动过程重大成果的体现。环境监理总结报告水平的高低，也有一个不断发展不断深入提高的过程。在建设工程环境监理制度暂时还游离于法规以外、没有全国统一的环境监理规范的情况下，所选案例仍仅仅是部分行业少数地区的个案；它既是有关部、委、省、市众多支持和从事建设项目工程环境监理事业的领导、专家、工程技术建设施工人员智慧的结晶，也是对建设工程环境监理理论与实践的初步尝试和探索。选编这些案例的目的一是为热心建设工程环境监理工作的同行、朋友进行交流和分享；二是为促进建设项目工程环境监理工作制度的推广推波助澜；三是期望能对今后建设工程环境监理业务水平的提高和发展有所帮助。

第14章　环境监理大纲及委托监理合同案例

案例1　白云纸业有限公司年产3.4万t麦草浆工程《环境监理大纲》

一、工程概况

（1）建设单位：驻马店市白云纸业有限公司。

（2）工程项目名称：年产3.4万t麦草浆工程项目。

（3）建设地点：遂平县城工人路东段。

（4）建设规模：年产3.4万t麦草浆生产线，日处理1 300 t黑液的碱回收装置，日处理2.5万m^3污水处理厂及配套的公用工程设施。

（5）项目投资：项目总投资25 244万元，其中建设投资24 191万元，流动资金1 053万元，建设项目环境保护总投资4 630万元，占项目建设投资的19.1%。

（6）建设工期：二〇〇一年三月—二〇〇二年五月。

二、工程项目环境监理的工作范围及目标

本监理工作受驻马店市白云纸业有限公司的委托，驻马店市环科所以第三方地位完成以下工作：

（1）协助建设单位在项目建设过程中执行建设项目环境管理的有关规定；

（2）代表建设单位解决项目施工过程涉及的环境问题；

（3）掌握本项目各类污染治理设施的施工计划和资金落实情况；

（4）对各类污染治理设施的施工进度和施工质量实施全过程控制；

（5）监督各方履行合同情况；

（6）协调建设单位、施工单位及有关各方的关系。

通过以上工作，确保本工程严格执行"三同时"，确保工程投产后各项污染治理设施及配套工程能充分、有效地发挥效益。

三、工程项目监理机构

环境监理单位（驻马店市环科所）履行施工阶段的委托监理合同时，在驻马店市白云纸业有限公司施工现场设立驻场环境监理机构，根据委托监理合同规定的服务内容、服务期限、工程类别、规模、技术复杂程度、工程环境等因素配备相应的环境监理工程技术人员。本项目的环境监理人员包括总工、总监理工程师、专业监理工程师和监理员。

本项目拟派环境监理人员的组成及分工情况如下：总工1人，由驻马店市环保科研

所总工担任，主要负责协调环境监理单位和建设单位有关事宜；总监理工程师 1 人，由驻马店市环保科研所设计室主任担任，具有国家注册监理工程师资质；专业监理工程师 2 人，为驻马店市环保科研所在编人员，具有项目经理培训合格证书；监理员 2 人。合计 6 人，采用直线监理制，总监理工程师、环境总监为同 1 人。

四、本项目环境监理的主要内容

本项目环境监理主要包括以下方面的内容：

（1）施工期各类环境问题的监理；

（2）锅炉除尘设施及烟囱；

（3）碱回收炉除尘设施及烟囱；

（4）中段水处理（即 25 000 m³/d 污水处理厂）；

（5）厂内绿化工程；

（6）厂内其他与上述设施配套的工程；

（7）工程试运行期间其废水处理设施调试方案及废水排放预案。

（一）施工期各类环境问题的监理

监督各施工单位切实落实施工期应采用的各项环保措施，并对措施执行情况及效果进行检查。监督、检查内容包括以下方面：

1．施工粉尘控制措施监理

散装物料的堆放场应选择于施工现场季（期）主导风向的下风向，风力超过三级或遇雨、雪天气时，散装物料应加覆盖；施工现场路面应经常洒水，旱季每天洒水不少于两次，上、下午各一次。

2．施工废水控制措施监理

各施工场地的施工废水不能直接排入河道，施工废水设简易沉淀池沉淀后排入城市下水系统。

各施工单位的施工营地应设固定厕所，并设简易化粪池，施工营地各类生活污水经化粪池简单处理后排放。

3．施工噪声控制措施监理

各施工现场场界噪声应符合《建筑施工场界噪声标准》（GB 12523—90）。

一般情况下各施工单位应在夜 22：00 至次日 6：00 停止施工活动；为赶工程进度确需夜间施工时，应事先通知可能受到影响群众，求得可能受到影响的周边群众的谅解。

4．施工期固体废弃物控制监理

各施工现场的各类施工废弃物、建筑垃圾应集中定点堆放，由业主、遂平县城建、环保、土地等部门协调这部分固废的处置方案，各施工单位应严格按处置方案执行。

5．施工期各方执行环境保护法律法规方面的政策咨询

协调项目业主执行建设项目环境管理的有关规定；

监督各施工单位落实建设项目施工期环境保护方面的法规、规定；

受理各方环境保护法律、法规的政策咨询。

（二）环保投资控制的内容

项目环境监理机构的监理工程师应根据现场调查和计量，检查前述各项环保设施及配套工程的建设进展情况，了解并掌握按施工合同的约定审核工程量清单和工程款支付申请表，报总监理工程师审定。

环境监理工程师会同工程专业监理工程师审核环保设施承建单位报送的竣工结算报表。

总监理工程师审定环保设施竣工结算报表，与白云纸业有限公司协商一致后，签发环保设施竣工结算文件和最终的工程款支付证书并报建设单位。

环境监理单位应依据施工合同的有关条款、施工图，对上述环保工程项目造价进行分析。总监理工程师应从造价、环保工程的功能要求、质量和工期等方面审查工程变更的方案，并在工程变更实施前与白云纸业有限公司、承包单位协调确定工程变更的价款。

环境监理工程师应及时建立月度完成环保工程量和工作量统计表，对实际完成量与计划完成量进行比较分析，在监理月报中向白云纸业公司报告。

（三）环保工程进度控制的内容

总监理工程师审核环保工程承建单位（中国建设第七工程局、河南省第五建筑公司、中国铁路建设第四工程局）报送的施工总体进度计划和年、季、月度施工进度计划。

环境监理工程师和监理员对环保工程进度计划的实施情况进行检查、分析、记录实际进度和其他相关情况。当发现实际进度滞后于计划进度时，应商同专业监理工程师签发监理工程师通知单指令承包单位采取调整措施；当实际进度严重滞后于计划进度时，应及时报总监理工程师，由总监理工程师与白云纸业有限公司商定采取进一步措施。

总监理工程师在监理月报中向白云纸业公司报告环保工程进度和所采取的进度控制措施的执行情况，并提出合理预防由白云纸业有限公司原因导致的工程延期及其相关费用索赔的建议。

（四）环保工程质量控制的内容

环境监理工程师应会同工程专业监理工程师对环保工程承包单位（中国建设第七工程局、河南省第五建筑公司、中国铁路建设第四工程局）报送的拟进场工程材料、构配件和设备的工程材料/构配件/设备报审表及其质量证明资料进行审核，并对进厂的实物按照委托环境监理合同约定或有关工程质量管理文件规定的比例采取平行检验或见证取样方式进行抽检。

对未经监理人员验收或验收不合格的工程材料、构配件、设备，监理人员应拒绝签认，并应签发监理工程师通知单，书面通知环保工程承包单位限期将不合格的工程材料、构配件、设备撤出现场。

总监理工程师安排监理人员对施工过程巡视和检查。

对未经监理人员验收或验收不合格的工序，监理人员应拒绝签认，并要求环保工程承包单位严禁进行下一道工序的施工。

对施工过程中出现的质量缺陷，环境监理工程师应会同专业监理工程师下达监理工程师通知，要求环保工程承包单位整改，并检查整改结果。

环境监理人员发现环保工程施工存在重大质量隐患或施工不符合环保设计要求时，应通过总监理工程师下达工程暂停令，要求承包单位停工整改。整改完毕，经环境监理人员复查，符合规定要求后，总监理工程师应及时签署工程复工报审表。

总监理工程师下达工程暂停令和签署工程复工报审表，应事先向白云纸业有限公司报告。

（五）合同管理的内容

驻马店市环科所和白云纸业有限公司双方都应履行环境监理合同签订的条款，对于合同中未预见的其他问题通过协商解决，对于由于不履行合同而造成的损失，通过公正的责任认定程序后，一切后果将由违约方承担，并负责包赔损失。

驻马店市环科所受白云纸业有限公司的委托，监督环保工程有关合同、条款的落实。

（六）组织协调的内容

为了便于更好地开展白云纸业有限公司建设项目的环境监理工作，驻马店市环科所派驻的环境监理人员应参加由工程监理部门主持召开的工程监理例会，使环境监理人员在本项目施工过程中发现并提出的环境问题及时与白云纸业有限公司、承包单位（中国建设第七工程局、河南省第五建筑公司、中国铁路建设第四工程局）、设计单位（清华同方股份有限公司）和驻马店市工程监理公司之间沟通，并妥善解决。

对工程施工过程中出现的环境问题，环境监理单位应积极协调市、县环保部门、建设单位和各施工单位的关系，及时解决。

（七）污染治理工程调试期间污染物排放预案

（1）锅炉除尘系统及冲灰水排放情况；
（2）碱回收锅炉电收尘系统；
（3）中段水处理系统。

五、环境监理报告目录

（1）环境监理周报（主要环保工程的进度）；
（2）环境监理月报；
（3）环境监理阶段性总结；
（4）环境监理总结。

六、经费

本项目为环境监理试点项目，按市环保局领导指示，环境监理单位为无偿服务。

专家点评

这是实践环境监理之初的工程环境监理实例，从中可见环境监理带有部分环境监督的影子。该环境监理大纲简明扼要地说明了被监理项目环境监理的主要内容，监理单位是无偿服务；个别工程项目的环境监理工作刚刚起步阶段暂时不收费是可以的，但不符合市场经济原则。该环境监理大纲明确反映出环境总监是具有国家注册监理工程师资质的，专业监理工程师是环保科研所在编人员具有项目经理培训合格证书，是复合型专业人才，这说明从事环境监理的环保专业人员必须具备一定的建设实践和基础知识。

环境监理大纲的编写是评标的重点内容之一。在工程环境监理业务承揽实行招投标制时，评标的主要内容包括：项目环境监理机构及人员的配备、环境监理大纲、仪器设备及手段、监理费用、环境监理单位的业绩与信誉以及项目总监理工程师等内容。

不足之处是没有列出总工、总监理工程师、环境总监的职责权限。也没有说清污染治理工程调试期间污染物排放预案中的环境监测问题。

案例 2 双汇集团 4 000 m³/d 污水处理工程 《委托环境监理合同》（节录）

一、工程环境监理（试点）协议

漯河市双汇集团有限责任公司（以下简称"业主"）与漯河市环境科学技术研究所（以下简称监理单位）经过双方协商一致，签订本协议。

1. 业主委托监理单位进行工程环境监理（试点）的工程（以下简称"本工程"）概况如下：

（1）工程名称：4 000 m³/d 污水处理工程；

（2）工程地点：双汇工业园内；

（3）工程规模：4 000 m³/d；

（4）总 投 资：800 万元人民币；

（5）监理范围：施工期环境保护及工程设计的落实完善。

2. 本协议中措辞和用语与所属的监理协议条件及有关附件同义。

3. 下列附件为协议的组成部分：

（1）监理委托书；

（2）工程环境监理（试点）协议的标准条件；

（3）工程环境监理（试点）协议的专用条件；

（4）在实施过程中共同签署的补充与修正文件。

4. 监理单位同意，按照本协议的规定，承担本协议专用条件中规定范围内的工程环境（试点）的监理业务。

5. 业主同意按照本协议注明的期限、方式、币种向监理单位支付酬金。

本协议的监理业务自二〇〇三年八月二十日开始实施至二〇〇四年二月二十八日完成。

本协议一式两份，双方各执一份。

业主：（签章）　　　　　　　监理单位：（签章）

法定代表人：（签章）　　　　法定代表人：（签章）

其他（略）

二、标准文件

词语定义、使用范围和法规。

1. 下列名词和用语，除上下文另有规定外，有如下含义：

（1）"工程"是指委托人委托实施环境监理的工程。

（2）"委托人"是指承担直接投资责任和委托环境监理业务的一方以及其合法继承人。

（3）"环境监理人"是指承担环境监理业务和环境监理责任的一方，以及其合法继承人。

（4）"环境监理机构"是环境监理人派驻本工程现场实施环境监理业务的组织。

（5）"总监理工程师"是指经委托人同意，环境监理人派到环境监理机构全面履行本合同的全权负责人。

（6）"承包人"是指除环境监理人以外，委托人就工程建设有关事宜签订合同的当事人。

（7）"工程环境监理的正常工作"是指双方在专用条件中约定，委托人委托的监理工作内容和范围。

（8）"工程环境监理的附加工作"是指：①委托人委托环境监理范围以外，通过双方书面协议另外增加的工作内容；②由于委托人或承包人原因，使环境监理工作受到阻碍或延误，应增加工作量或持续时间而增加的工作。

（9）"日"是指任何一天零时至第二天零时的时间段。

（10）"月"是指根据公历从一个月份中任何一天开始到下个月相应日期的前一天的时间段。

2. 建设工程委托环境监理协议适用的法律是指国家的法律、行政法规；以及专用条件中议定的部门规章或工程所在地的地方法规、地方规章。

3. 本协议使用汉语语言文字书写、解释和说明。与专用条件约定使用两种以上（含两种）语言文字时，汉语应为解释和说明本协议的标准语言。

三、委托人义务

（1）委托人负责工程建设的外部关系的协调，为环境监理工作提供外部条件。

（2）委托人应当在双方约定的时间内免费向环境监理人提供与工程有关的为环境监理人所需要的工程资料一套。

（3）委托人应当在双方约定的时间内就环境监理人书面提交并要求作出决定的一切事宜作出书面决定。

（4）委托人应当授权一名熟悉本工程情况，能迅速作出决定的常驻代表，负责与环境监理人联系，若更换常驻代表要提前通知环境监理人。

（5）委托人应当将授予环境监理人的环境监理权利，以及环境监理人主要成员的职能分工及时书面通知已选定的第三方，并在第三方签订的合同中予以明确。

（6）委托人应当为环境监理人提供如下协议：

①本工程使用的原材料、构配件、机械设备等生产厂家名录。

②提供工程有关的协助单位、配合单位的名录。

四、环境监理人的义务

（1）向委托人报送委派的总监理工程师及其环境监理机构主要成员名单、环境监理大纲，完成环境监理协议约定的建设工程范围内的环境监理业务。

（2）环境监理人在履行本协议的义务期间，应运用本专业技术理论知识为委托人提供与其水平相适应的咨询意见，认真、勤奋地工作。帮助业主实现合同预定的目标。公正地维护各方的合法权益。

（3）环境监理机构在监理期间办公和生活设施均自行负责，委托人提供方便。

（4）在本协议执行期间或协议终止后，未征得有关方同意，不得泄露与本工程、本协议业务活动有关的保密资料。

（5）委托人有权要求环境监理人更换不称职的监理人员，直至终止协议。

五、环境监理人的权利

委托人在委托的工程范围内，授予环境监理人以下环境监理权利：

（1）对工程建设有关事项包括工程规模、设计标准、规划设计、生产工艺设计和使用功能要求，向委托人的建议权。

（2）工程结构设计和其他专业设计中的技术问题，按照安全经济可行和优化的原则，向设计单位提出建议，并向委托人提出书面报告；如果拟提出的建议会提高工程造价，延长工期，应当事先取得委托人的同意。

（3）审批工程施工组织设计和技术方案，按照保质量、保工期和降低成本的原则和环境管理的要求向承包商提出建议，并向委托人提出书面报告；如果拟提出的建议会提高工程造价，延长工期，应当事先取得委托人的同意。

（4）与工程建设有关的协作单位的组织协调的主持权，重要协调事项应当事先向委托人报告。

（5）环保工程施工进度的检查、监督权。

（6）环境监理人在委托人授权下，可对任何承包人合同规定的义务提出变更。如果由此严重影响了工程费用或质量进度，则这种变更须经委托人事先批准。在环境监理过程中如发现承包商工作不力，不注重环境保护，违反环境管理有关规定，环境监理可提出调换有关人员的建议。

六、委托人责任

（1）委托人应当履行环境监理协议约定的义务，如有违反则应当承担违约责任，赔偿给环境监理人造成的经济损失。

（2）委托人如果向环境监理人员提出的赔偿要求不能成立，则应当补偿由该索赔所引起的环境监理单位的各种费用支出。

七、环境监理人的责任

（1）环境监理人的责任期即环境监理协议有效期。

（2）环境监理人在责任期内，应当履行环境监理协议中约定的义务。

八、其他

（1）委托的建设工程环境监理所必要的监理人员出外考察，其费用支出经委托人同意的，在预算范围内向委托人实报实销。未经委托人同意的费用自理。

（2）在环境监理业务范围内，如需聘用专家咨询和协助的，其费用由环境监理人承担；由委托人聘用的，其费用由委托人承担。

（3）环境监理人在监理工作中提出的合理化建议，使委托人得到了经济和环境效益，委托人应按专用条件中的约定给予经济奖励。

（4）环境监理人在监理过程中，不得泄露委托人申明的秘密，环境监理人亦不得泄露设计人、承包人等提供并申明的秘密。

（5）环境监理人对于由其编制的所有文件拥有版权，委托人仅有权为本工程使用或复制此类文件。

九、争议的解决

因违反或终止合同而引起的对对方损失的赔偿，双方应当协商解决，如未能达成一致，可提交主管部门协调。

十、专用条件

1. 本协议使用的法律及监理依据

（1）国家现行有关环境保护方面的法律、法规、政策标准。

（2）漯河市环境保护局批准的河南双汇集团有限责任公司有关的环境影响评价批复文件。

（3）正式设计的施工图纸，说明及施工预算。

（4）经委托人认可的本工程的环境监理大纲及其他环境监理文件，会议纪要。

（5）与本工程有关的合同及协议。

2. 环境监理（试点）的范围和工程环境监理工作内容

工程环境监理（试点）的范围：河南省漯河市双汇集团有限责任公司 4 000 m^3/d 项目处理工程施工期的环境保护及工程设计工艺的落实完善。

工程环境监理（试点）的主要工作内容：

按照已批复的环评要求，重点落实、完善工程设计，同时对施工期出现的环境问题及工程本身及时提出合理化建议，做到"一查、二督、三报告"。即

（1）参与建设项目环境影响报告的评估、审查设计整体，施工计划和资金落实情况；

（2）监督和检查项目施工现场的环境污染防治和工程建设的落实情况；

（3）向业主，环境保护行政主管部门提交环境监理月报，工作阶段报告，总结报告，提交环境监理报告，参与项目的竣工验收。

3. 委托人应及时提供环境监理（试点）人员所需要的施工图纸及其他设计。

4. 委托人应对环境监理（试点）人书面提交并要求作出决定的事宜作出书面答复。

5. 委托人的常驻代表为：＿＿＿＿＿＿＿＿＿＿＿

6. 经业主和监理单位充分协商，本着服务、志愿、平等的原则，按中标价＿＿＿＿＿＿＿

的_____计算，合计人民币支付监理单位酬金。

7. 未尽事宜由双方协商解决。

专家点评

和建设单位与环评单位之间办理的建设项目委托环境影响评价合同及委托书相比，本案例所列委托环境监理合同是一大进步。按照《合同法》第二百六十七条规定"建设工程实行监理的，发包人应当与监理人采用书面形式订立委托监理合同。发包人与监理人的权利和义务以及法律责任，应当依照本法委托合同以及其他有关法律、行政法规的规定。"环评人员往往不关心委托环评合同书的具体内容，环境监理人员则不同，在环境监理业务中有"合同管理"工作，要对业主与各承包商、供货商的建设合同、供货合同进行管理。合同成立的条件是签订合同的主体合法、内容合法、程序和形式合法。进行环境监理不能"君子协议"、"口头协议"，否则就无法进行工程承包、供货等合同的管理，就不可能全面地履行环境监理职责。

委托环境监理合同，依照建设部、国家工商管理局修订后的《建设工程委托监理合同（示范文本）》（GF-2000-0202）进行签订将更好。不足之处，对专用条件环境监理范围、工作内容"参与建设项目环境影响报告书的评估、审查设计整体……"描述不够准确、严谨。

第 15 章　监理规划和监理细则案例

案例 1　西藏自治区省道 306 线米林（南伊桥）至朗县公路 改建整治工程环境监理实施计划（节录）

一、编制目的（略）

二、编制依据（略）

三、公路工程概况

省道 306 线是西藏东南部一条重要的国防公路和省道，位于雅鲁藏布江中下游段江畔，公路所在区域与印度东北部接壤，东起林芝县八一镇，接川藏公路，西止于乃当东县泽当镇，公路总里程 456 km，靠近中印边境，是我军重要的国防公路。米朗公路为该省道东段路线，由东向西沿雅鲁藏布江南岸逆流前进。起点米林县南伊桥东南方（K75+700处），海拔 2 939.35 m，终点朗县城内（K237+113），海拔 3 090.18 m。全段均属米林县及朗县境内，路线全长为 175 km。该路线主要位于西藏林芝地区，是西藏矿产、森林、旅游资源非常丰富的地区，有很大的经济潜力。由于当地经济历史条件的限制，该路是西藏地区运输网的重要组成部分，也是藏东南的主要运输线路。该公路的整治对改善藏东南地区公路网的现状，带动沿线地区经济发展，促进民族团结和社会进步，改善边境地区交通和战备保障条件，具有重要的经济及战略意义。

本项目为米林县（南伊桥）至朗县段县际公路改建整治工程，起点米林县南伊桥东南方（K75+700 处），海拔 2 939.35 m，终点朗县城内（K237+113），海拔 3 090.18 m。项目位于西藏自治区米林县及朗县境内，主要控制点有余松、仲萨、里龙、卧龙、奔中、曲美单嘎、日旭、甲格、20 道班、嘎村、洞嘎等乡镇。项目路线全长为 175 km（含短链164.584 m、长链 50.395 m、金东乡支线 8 317.938 m、拉多乡支线 6 369.814 m），估算总投资额为 69 033.67 万元，平均每公里造价 392.3 万元。

（一）公路工程主要技术指标及工程量

推荐全线采用山岭区三级公路标准改建，设计行车速度 30 km/h，路基宽度 7.5 m。全路以满足工程条件为主，基本不加高路基。对于路基拓宽确实困难，可能造成环境的严重破坏和引发新的病害路段，在满足平面指标、桥涵和路面的荷载标准等军事需求的条件下，可适当减小路基宽度，按四级公路标准设计。

主要技术指标统计见表 1 和表 2。

表1 主线主要技术指标表

指标名称	单位	内容
桩号范围		K75+700.00～K237+113.00（主线）
公路等级	级	三级公路
路线长度	km	175.986 56（含短链 164.584 m、长链 50.395 m、金东乡支线 8 317.938 m、拉多乡支线 6 369.814 m）
设计速度	km/h	30
路基宽度	m	7.5
路面结构及厚度		Ⅰ：4 cm 细粒式沥青砼面层+20 cm 水泥稳定沙砾+15 cm 底层天然砂粒；路面总厚度为 39 cm Ⅱ：4 cm 细粒式沥青砼面层+20 cm 水泥稳定沙砾+10 cm 底层天然砂粒；路面总厚度为 34 cm Ⅲ：4 cm 细粒式沥青砼面层+20 cm 水泥稳定沙砾，路面总厚度为 24 cm（Ⅰ适用于一般路基路段，Ⅱ、Ⅲ适用于基岩路段）
桥梁净宽		净-7
其余技术指标		按《公路工程技术标准》（JTGB01—2003）执行
设计荷载		公路-Ⅱ级
地震动峰值加速度系数	G	0.15～0.2（对应地震基本强度Ⅶ度—Ⅷ度）

表2 支线主要技术指标表

指标名称	单位	内容
桩号范围		金东乡支线：K0+000～K8+084.030 拉多乡支线：K0+000～K6+350
公路等级	级	简易一级
路线长度	km	8.317 938　　　6.369 814
设计速度	km/h	20
路基宽度	m	4.5
路面结构及厚度		3 cm 沥青表处+15 cm 水泥稳定沙砾+16 cm 天然沙砾
桥梁净宽		净-7
其余技术指标		按《公路工程技术标准》（JTGB01—2003）执行
设计荷载		公路-Ⅱ级
地震动峰值加速度系数	G	0.15～0.2（对应地震基本强度Ⅶ度—Ⅷ度）

建设规模及主要工程量

（1）全线共设置中桥 7 座，全长 440.2 m，小桥 20 座，全长 386.56 m，新建涵洞 424 道；新建改性沥青混凝土路面 $1\,070.11 \times 10^3$ m²；水泥混凝土路面 4.624×10^3 m²。

（2）工程用地

由于本项目属于整治改建项目，主要使用旧有老路，因此新征用的土地数量较少。线路共征用土地 2 032.438 亩[①]，其中征用耕地 37.338 亩，草地 946.06 亩，林地 1 049.04 亩。

（3）基础设施拆迁

工程共拆迁沿线民房 5 556.5 m²，拆迁光缆 41.2 km。

[①] 1 亩=1/15 hm²。

项目的具体工程数量见表 3。

表 3　主要工程数量表

项目	单位	推荐方案
建设里程	km	175.987
路基土方（计价方）	10^3m^2	768.968
路基石方（计价方）	10^3m^2	722.318
防护排水工程圬工	10^3m^2	299.742
特殊路基处治	km	12.3
改性沥青混土路面	10^3m^2	1 070.11
水泥混凝上路面	10^3m^2	4.624
中桥	m/座	440.2/7
小桥	m/座	368.56/20
涵洞	道	424
征用土地	亩[①]	125.0
拆迁房屋	10^3m^2	4
拆迁光缆	km	39.2
路线平面交叉	处	3
沿线设施	km	122.194
投资估算	亿元	6.903 367
平均每公里造价	万元	392.3

① 1 亩=1/15 hm²。

（二）施工标段划分情况

米林县（南伊桥）至朗县公路工程划分为 8 个合同段，各合同段情况见表 4。

表 4　米林县（南伊桥）至朗县公路改建整治工程标段划分情况

合同段	起点	终点	长度/km	主要工程
A	K75+700	K118+000	42.292 57	路基工程
B	K118+000	K158+000	39.994 198	路基工程
C	K158+000	K189+750	39.994 082	路基工程
D	K189+750	K214+000	24.240 811	路基工程
E	K214+000	K237+113	29.468 502	路基工程
F	K75+700	K131+000	55.286 768	路面工程
G	K131+000	K185+500	54.421 285	路面工程
H	K185+500	K237+113	51.590 758	路面工程

（三）监理标段划分情况

本项目施工监理为全一合同段。

（四）工期安排

本项目总工期为 24 个月，缺陷责任期两年，于 2006 年 8 月开工。

四、项目环境保护要求与措施

（一）项目环境保护工作进展情况（略）

（二）环境影响报告书与水保方案报告书批复规定要求

国家环境保护总局以环审[2004]12 号文《关于省道 306 线南伊桥至桑日大桥段公路改建项目环境影响报告书审查意见的复函》批复了环境影响报告书。中华人民共和国水利部以水函[2003]110 号文《关于西藏自治区省道 306 线八一至泽当公路改建整治工程水土保持方案的复函》批复了水保方案。

批复的要点如下：

（1）西藏地区生态环境极为脆弱，地质条件差，施工对地表表层结构的扰动易诱发土地沙化、冻土翻浆、边坡岩体崩塌、滑坡等地质灾害。公路改建应遵循预防为主、保护优先的原则，在设计及施工阶段落实报告书的各项生态保护和恢复措施。采用最小土石方工程，尽量减少对原有地表结构和边坡的影响，避免高填深挖的路基工程，防止公路建设诱发地质灾害。

（2）加强沿线生物多样性及生态环境的保护，在宽阔河谷、植被茂密处设置动物通道警示标志，施工要避开动物的繁殖季节。加强对施工人员的宣传教育和管理，严禁施工中破坏植被，严禁捕猎高原野生动物，加强对珍稀濒危野生动、植物的保护工作。米林线境内路两侧 20～50 m 为西藏工布自然保护区的实验区，施工时要严格限制机械车辆作业范围和人员活动范围，严禁砍伐或损坏征地之外的林木、灌木、草地。进一步优化路线走向，最大限度地避让或少占林地，并做好占用林地的移栽补偿工作；强化防止地质灾害的各项环保措施。

（3）遵循分段集中取土、弃土和先剥离表层防护堆存的原则，在路堤上坡 200 m 以外、植被稀少的地带设置取、弃土场，避开林带、草场和耕地；施工便道要设置明显标志，划定施工范围，并配置专人进行施工疏导和管理，严禁擅自改变或扩大施工便道的路线和范围。应避免在靠近林区地带设置营地、道班等，加强对森林植被的保护工作。施工应尽量利用各公路道班，设置太阳能取暖照明装置，禁止砍伐林木、采挖固沙植物作燃料。工程结束后，必须及时对取、弃土场，临时占地及施工便道等进行地貌恢复和平整，落实水土保持措施，促进自然植被恢复。

（4）禁止向河流弃渣、排放施工生活废水。施工营地附近应设置蒸发池处理生活污水，设置旱厕处理粪便；生活垃圾按环保要求集中处置。施工结束后，将蒸发池、旱厕覆土掩埋。桥梁施工应采用先进的工艺，严禁将泥渣、废料、垃圾等弃入河道和河滩，应及时清运至当地允许放置的地点或依照有关规定处理。

（5）建立有效的施工期环境监控机制，积极开展工程环境监理工作。编写《施工期环境保护管理手册》，对施工人员进行环境保护知识培训，进一步明确有关各方环境保护的责任，提高文明施工意识。

（6）项目建设应严格执行环境保护设施与主体工程同时设计、同时施工、同时投入使用的环境保护"三同时"制度，落实各项生态保护和生态恢复措施。工程竣工后，建设单位应按规定程序申请环保验收。验收合格后，项目方能投入正式使用。

（7）请西藏自治区环境保护局负责辖区内项目施工期间的环境保护监督检查工作。

（8）同意水土流失防治分区，基本同意水土流失防治总体布局及分区治理措施。土石方开挖应避开暴雨季节，并在雨季到来之前做好边坡防护措施及排水措施；对大开挖地段应控制爆破药量，留足保护层，进行人工削坡，以防开挖线以外的岩石震裂或失稳；对料场开采时应先将表层覆盖物剥离集中堆放，并用土工布进行临时防护，待开采完后回铺，恢复植被；对于弃渣量大于 1 万 m³ 的弃渣场，应根据实际情况分别采取浆砌石拦渣墙、干砌石挡渣墙、浆砌石排水沟和干砌石排水沟等工程防护措施，并对气候适宜的弃渣场采取植被防护措施，施工弃渣和废弃土石方应随时清运至指定的渣场。工程建设中要进一步加强临时的防护措施，严格控制施工中可能造成的水土流失。

（9）建设单位在工程建设中要做好以下工作：

①按照方案抓紧落实资金、管理等保证措施，做好本方案下阶段的工程设计、招投标和施工组织工作，加强对施工单位的管理，切实落实水土保持"三同时"制度。

②定期向省级水行政主管部门通报水土保持方案的实施情况，并接受有关水行政主管部门的监督检查。

③委托相应的监测机构承担水土流失监测任务，并定期向有关水行政主管部门提交监测报告。

④加强水土保持工程监理工作。

⑤编制单位应按照规定将批复的水土保持方案报告书分送项目所在地各级水行政主管部门，并在 30 日内将送达回执报我部水土保持司。

（三）施工标段的环境敏感点、保护目标与重点监理对象

本公路改造路线多经过西藏工布自然保护区的实验区（K75+700～K189+750，工程起点至金东沟）。西藏工布自然保护区属"自然生态系统"的"森林生态系统类型"自然保护区，是以保护该地区生物多样性，即保护尼洋河中下游和雅鲁藏布江中游两岸原始山地生态系统及珍稀野生动植物资源为宗旨的特大型综合性自然保护区。

本项目监理的标段起点为 K75+700，终点为 K237+113，路线总长 175.986 563 km。施工期间的主要环境影响要素为生态环境、声环境、大气环境以及社会环境。经实地调研，位于公路主线左右 500 m 范围内的环境敏感点总结如下。需要指出的是，由于本路段设计线路有部分改动，沿路桩号发生变化，且环境影响评价报告书编制较早，所以本路段内的取弃土场、砂场、料场等临时用地都与环境报告书中所列有所不同。目前已将新的临时用地位置、面积等相关环境情况报送林芝环保局备案。各标段施工期间的主要环境影响要素、主要环境保护目标及重点监理对象：（略）

（四）施工期主要环境影响问题（略）

（五）施工期执行的环境标准

1．声环境

营运期公路沿线两侧村庄声环境质量执行《城市区域环境噪声标准》（GB 3096—93）

中的 4 类标准，学校、医院执行 2 类标准，标准值见表 5。

表 5 城市区域环境噪声标准（GB 3096—93）

类别	昼间	夜间
2 类	60	50
4 类	70	55

施工期噪声执行《建筑施工场界噪声限值》，标准值见表 6。

表 6 建筑施工场界噪声限值（GB 12523—90）

施工阶段	主要噪声源	噪声限值	
		昼间	夜间
土石方	推土机、挖掘机、装载机	75	55
打桩	各种打桩机等	85	禁止
结构	混凝土搅拌机、振捣棒、电锯等	70	55
装修	吊车、升降机等	65	55

2．水环境

公路沿线经过的主要水体为雅鲁藏布江，河流水质基本处于自然状态，水质良好。环境质量标准采用《地表水环境质量标准》（GB 3838—2002）中的Ⅲ类标准，其中 SS 参照《农田灌溉水质水质标准》（GB 5084—92）中的标准执行。水污染排放标准采用《污水综合排放标准》（GB 8978—1996），具体标准见表 7 与表 8。

表 7 河流水体执行的环境质量标准 单位：mg/L

河流名称	水质标准	COD_{Cr}	石油类	SS
雅鲁藏布江	《地表水水质标准》Ⅲ类	20	0.05	150

表 8 水污染排放标准（GB 8978—1996） 单位：mg/L

污染物	COD_{Cr}	石油类	SS
一级标准	100	5	70

3．环境空气

本项目路段属农村地区，大气功能区划为二类区，因此执行《环境空气质量标准》（GB 3095—1996）中的二级标准，见表 9。

表 9 环境空气质量标准 单位：mg/m³

污染物 取值时间	二氧化氮（NO_2）		总悬浮颗粒（TSP）	
	一级	二级	一级	二级
日平均	0.08	0.12	0.12	0.30

4．水土流失

水土流失执行《土壤侵蚀分类分级标准》（SL 190—96），标准值见表 10。

表 10　水土流失评价标准

级别	侵蚀摸数/（t/km²·a）
Ⅰ微度侵蚀（无明显侵蚀）	＜500
Ⅱ轻度侵蚀	500～2 500
Ⅲ中度侵蚀	2 500～5 000
Ⅳ强度侵蚀	5 000～8 000
Ⅴ极强度侵蚀	8 000～15 000
Ⅵ剧烈度侵蚀	＞15 000

本项目水土流失背景为轻度，所以选择"Ⅱ轻度侵蚀"作为本项目水土流失的控制标准。

（六）施工期环境保护措施及对策

由于本项目环境影响评价报告及水保方案都是在 2003 年编制的，现场很多环境敏感点已有变化，因此本方案在重新进行现场调研的基础上，结合环评和水保的要求，制定了以下施工期环保措施和对策。

1．生态环境影响减缓措施

（1）取弃土场生态保护措施（33 个弃土场、18 个取土场、4 个取弃土场）

①遵循改建原则，尽量利用老路；合理布线，多方案比选，尽可能地避免高填深挖，减少土石方数量。废方必须尽可能地用于填方，减少借方。

②工程取土应遵循分段集中取土的原则，取土场应选择在路堤一侧 200 m 以远、植被稀少的地带设置，取土后应平整，所在地区水源、交通条件较好的情况下采取人工恢复植被措施。

③工程在不良地质地带、横坡明显的坡地边缘地带和植被发育良好的地带不得设置取弃土场。取弃土场一般应在公路沿线较开阔、坡度较平缓的地段选址。

④工程取弃土场的选择应避开林带、草场和耕地。

⑤在沿线固定、半固定沙丘地段不得设计取弃土场，在流动沙丘、沙地地段设置取弃土场时应选择其下风侧并采取平整、覆盖等措施。

⑥根据《省道 306 线南伊桥至桑日大桥段公路改建项目环境影响报告书》及项目组实地调研成果，建议取土场拟采取恢复措施。

按照"适地适树"的原则对弃土（渣）场采取合适的生态恢复措施，选择锦鸡儿、沙棘、绣线菊、高山柳、蒿草等作为弃土（渣）场植被恢复的灌草种。路段（K75+700～K150），具备植物生长的立地条件；路段（K150+000～K235+500）弃土（渣）场土壤组成成分中粒径小的块石居多，绿化主要采用灌草混交的方式进行。灌草种选择在公路沿线生长较多的沙棘、锦鸡儿、绣线菊和蒿草等，灌木采用点播或植苗造林，草本采用撒播；沿途风沙严重路段则主要选择沙棘、高山柳、蒿草混合栽植，沙棘采用点播或植苗造林，蒿草采用撒播的方式，高山柳采取插条造林的方法进行。

（2）料场的生态保护措施

沿线选择砂石料场 54 处（沙砾料场 20 处、碎石料场 3 处、石料场 31 处），料场占地区绿化与生态恢复措施主要有：

①料场的位置及地形地貌差异很大，有河谷阶地、山腰陡坡、山前缓坡等。河道取料场，在工程结束后应对河道进行必要的平整，及时疏通洪水通道；河谷阶地取料场，平整恢复措施应结合表土回填进行；对位于山坡上的料场，根据自然条件和研究成果，建议取土完毕后平整，采取自然恢复措施；对位于陡坡地带的石料场，由于本身无植被生长条件，建议稍作修整后待其自然恢复。

②料场土地整治与绿化措施主要针对土料场和沙砾石料场进行。对于土料场，因其原有土层相对深厚，故可在回填表土后种植当地适生的乔灌木，选择高山松、圆柏营造混交林；对于沙砾石料场，在覆盖一定厚度的原表土层后，具备植物生长的条件，选择固沙保沙能力强的高山柳、沙棘和锦鸡儿进行乔灌混交；对于石料场，因开采厚为裸露基岩且坡度较大，不适宜采取植物措施，可让其自然恢复生境。工程的各类料场相互交错，可将石料场剥离的表土就近覆盖于各土料场和沙砾石料场内，以增加其覆土厚度，为植被生长创造有利的土壤环境。

（3）施工临时占地生态保护与恢复措施

①施工营地的生态保护与恢复措施

a. 公路沿线营地的布设要采取"减少布点，集中建设"的原则。施工营地应该避开已经识别的野生动物栖息活动区，营地与其之间的距离应在 2 km 以上。施工营地建设应尽量集中，尽量靠近各公路道班或村镇，减少临时占地。

b. 施工营地应尽量使用太阳能采热和照明装置，充分利用当地丰富的太阳能资源，减少柴油和其他燃料的使用。

c. 施工营地的生活垃圾要定时收集，选择合适地点妥善填埋处理，应特别做好塑料袋等不可降解垃圾的收集和管理工作，禁止随意丢弃。

d. 施工结束后要对营地进行彻底的拆除和清理，恢复原貌。施工营地的临时建筑物，在施工结束后，除必须保留的之外，都要彻底拆除，拆除的垃圾全部运走或择地填埋，恢复原有的地形、地貌；结合公路绿化防护工程，对施工营地原址进行复土、绿化等生态恢复工作。

②施工便道的生态保护与恢复措施

a. 施工期间的交通，宜采用半幅施工的办法，工程量大的路段则宜采用集中力量突击抢建，并规定定时开放交通的时间。

b. 便道修建应基本符合路线设计走向，注意农田保护。

c. 合理规划设计施工便道及便道宽度，并要求各种机械和车辆固定行车路线，不能随意下道行驶或另行开辟便道。施工便道要严格按设计规定的路线和范围使用，不得擅自扩大施工便道的范围。施工便道应设置明显标志划定其范围，并有专人进行施工疏导和管理。

d. 便道整治：施工便道使用前多数在路面铺设料石土方，在施工期结束后，应将铺设料石土方先行去除，恢复原有的基础地面，或暂不去除铺设料石，对已塌陷部位进行适当平整。在工程施工结束后，进行绿化等生态恢复措施。

e．其他环保措施：在施工的过程中，采取对施工便道进行洒水或对运输车辆加盖篷布的降尘措施。

（4）野生动植物保护措施

①在公路改建施工期间，加强沿线生物多样性及生态环境保护的宣传教育，特别是针对沿线施工人员的宣传教育和科学管理，禁止猎杀高原野生动物，保护高原动物和植被类型。

②要注意合理采取土、砂和石料方，不得随意布设取料场，尽量减少对野生动植物的影响。

③林区江边较平缓处（K139～K175）可能有野生动物到江边饮水的重要通道，应在路边设立一些警示标志，提醒过往司机注意观察，防止伤害野生动物。

④若发现大型野生动物活动的痕迹，施工时也应采取最大限度的保护措施，尽量减少工程施工对野生动物的影响。

⑤公路沿江段分布着许多古柏（K175～K189），选线时注意避让，施工时尽量采取保护措施。建议加强施工管理。靠近林区地带应避免设置施工营地、施工便道、取弃土场等。

（5）沿线及边坡绿化恢复措施

①生态恢复措施落实原则

按照"三同时"原则，坚持预防为主，及时进行防治；坚持"边施工、边防护"原则，结合主体工程施工及时控制施工过程中的水土流失；工程弃土（渣）场坚持"先防护，后堆放"原则，即弃土（渣）场坡脚挡护及排水工程措施在弃土（渣）场堆渣前完成；鉴于工程所处的特殊地理位置，植物措施可施工的时间很短，要求植物措施在具备条件后尽快实施。

②恢复措施

a．立地条件分析及林草种选择：米林至朗县境内沿线部分地区植被较好，多为针叶林带，主要植被有松、柏、高山柳、锦鸡儿、绣线菊、蒿草、沙棘、白草等；其他路段植被稀少，覆盖率低，且多为高寒灌丛草甸。对公路行道树和边坡种植灌草主要是在米林至朗县部分路段（K75+700～K150）进行，其余路段的立地条件则相对较差，仅考虑对其土质边坡采取植草的方式进行绿化。选择松树、柏树作为公路道旁绿化树种；选择锦鸡儿、绣线菊、蒿草、沙棘等作为公路边坡绿化防护的灌、草种。各树木、灌草生物学特性详见表11。

表11　公路绿化树、灌草种生物学特性一览表

名称	科属	生物学特性
高山松	松科	常绿乔木，喜光、耐干燥瘠薄土壤，对土壤要求不严，适应性强，能在贫瘠石砾地或冲刷严重的荒山生长，为荒山造林的先锋树种；播种造林
圆柏	柏科	常绿乔木，喜光、耐寒旱、耐瘠薄，对土壤要求不严，对土壤酸碱度的适应范围广；浅根性，侧根、须根发达；用于庭院、四旁和荒山荒坡造林，通常采用植苗造林
锦鸡儿	豆科	干旱草原、荒漠草原常见旱生落叶灌木，高 1～3 m，常多数丛生；喜光，耐高温、耐寒旱和贫瘠，对土壤要求不严格，分布广泛；根系发达，具根瘤，有固氮作用，能够改良土壤；萌生力强，生长迅速；常与蒿草、白草等构成群丛；植苗造林或直播造林

名称	科属	生物学特性
沙棘	胡颓子科	落叶小乔（灌）木，耐干旱瘠薄、耐水湿及盐碱，适应性强，在石质山地、黄土丘陵及沙地均能生长；根系发达，萌生力强，生长迅速；播种造林或植苗造林；具有保持水土、固沙、改良土壤的作用
绣线菊	蔷薇科	落叶灌木，喜光，耐寒、耐旱容易形成密集灌丛或林下灌木；种子或扦插繁殖
蒿草	菊科	多年生草本，耐旱，耐湿，耐瘠薄，适应性强

b．林草配置：道旁绿化段主要在米林至朗县段（K75+700～K150，朗县以前）立地条件较好的路段，计长约 75 km。对公路外侧排水沟边侧单行栽植乔木，采用圆柏和高山松隔株混交的方式进行。对公路沿线的土质边坡防护主要采用灌草混交方式进行，以恢复其植被和景观。灌草种选择在公路沿线生长较多的沙棘、锦鸡儿、绣线菊和蒿草等，采用种子混合撒播。

（6）不良地质病害防治措施

由于公路沿线地形起伏多变，地质状况复杂，存在多种不良地质病害路段，对其处理措施详见表 12。

表 12　公路沿线不良地质及病害一览表

序号	起止桩号	所属类型	拟采取整治措施
1	K116+800～K117+000	坡面水毁	左侧设浆砌边沟和截水沟排水
2	K118+600～K120+800	坡面水毁	设挡土墙挡坡面砂土，设浆砌边沟、涵洞加强排水
3	K122+700～K122+950	水毁	采用透水性材料提高路基，增设下挡墙
4	K126	沙害	种植草、灌木及树等生物防护措施
5	K138+850－139+300	沙害	种植草、灌木及树等生物防护措施
6	K160+500～K161+800	沙害	（1）按现通车便道走，需修挑水坝，对浸水路堤还需进行种植草、种树等生物措施防护；（2）路线走山腰避绕沙害
7	K163+700	沙害	种植草、灌木及树等生物防护措施
8	K180+000	沙害	种植草、灌木及树等生物防护措施
9	K187+200	沙害	种植草、灌木及树等生物防护措施
10	K188+700	沙害	种植草、灌木及树等生物防护措施
11	K190+100－200	沙害	种植草、灌木及树等生物防护措施
12	K190+580－K190+900	沙害	种植草、灌木及树等生物防护措施，配挡沙板
13	K194+950－K195+120	沙害	设防风挡沙板，植草、种树等生物防护措施
14	K204+700～K204+900	水毁	适当提高本路段路基，修浆砌下挡墙

防止公路建设诱发地质灾害的环保措施主要有以下几条：

①对于山坡不稳定的中小型崩塌、滑坡路段，或由于人工切割高边坡而引起山体崩塌变形的地段，可采用明洞、棚洞等遮挡工程措施。这样既可遮挡边坡上部崩塌落石，又可加固边坡下部的岩体，起到稳定和支撑的作用。对于基本稳定的山坡，仅有小型崩塌和零星落石的地段，可在坡脚下或半坡上设置落石平台、落石槽、挡石墙等拦截建筑物，以防小型崩塌或落石对公路的危害。当岩石突出或有不稳定的大孤石等危岩，且清

除有困难时，可采用各种形式的支挡建筑物，以保持危岩的稳定，或采用锚杆、锚索将危岩加固。对易风化剥落的边坡，对于岩体中的张开裂隙和空洞或者不稳定的孤石危岩等地段，可分别采用护墙、护坡、喷锚、镶嵌、勾缝或刷坡等加固措施。治理潜在泥石流的小型沟谷，应视泥石流发生的规模，公路通过泥石流沟谷的部位，选择治理方案，针对情况采用桥、涵、输导等不同的措施，以达到减小危害程度的目标。

②线路的风积沙地区必然会存在沙害问题。治理本区沙害主要是通过对已经形成的河漫滩、阶地和山坡上的水成和风成沙源给予固定，尽量减少沙害的物质来源。本区所处海拔较低、气候湿润，植被易于生长，固沙的治理方法则应以生物措施为主、生物措施与工程措施相结合。对公路沿线风沙危害较重的部分路段，采取设置挡沙墙、挡沙板等工程措施及种植树木、灌木、本草等生物措施进行防护。

③对开挖形成的不稳定边坡应采用抗滑锚固工程进行防治。原有挖方边坡已趋于稳定的路段，应尽量减少对原有边坡的破坏，避免高填、深挖或半填半挖的路基工程；严禁在高、陡边坡上采料、取土，以免使边坡失稳；应采用必要的防护工程措施，避免水土流失。在石质挖方路段，采用光面爆破技术，减轻对山体的扰动，降低工程活动诱发新地质病害的概率。严禁大爆破。

④为了避免和减轻水土流失，在施工和病害治理过程中，应适当增加土石方的运输距离，使余方尽量利用，废方按指定地点堆放。

⑤施工取土和运输要按设计严格管理，尽量减少对天然地表和森林植被的破坏。施工队伍要自带能源，严禁砍伐植被，缓解土壤的风蚀和沙害。同时，应设法减少废气、废油、废水、废渣等对环境和水源的污染。

⑥及时清理施工现场，尽快将临时性的占地还林、还耕。加强施工后的后续生物措施，以尽快恢复生态平衡，风积沙路段应加强绿化防沙工程；有条件路段可栽行道树或成片林，美化路容。

⑦在公路沿线分布有大小 11 处存在泥石流危害的地段，工程主体设计中拟采用相应的工程措施进行治理，主要的措施有：设置过水路面 510 m、导流堤 1 660 m，并每年及时清理路面堆积物；新建 2～10 m 小桥一座，修建涵洞 1～3 m 配急流槽。主体工程设计中治理泥石流措施见表 13。

表 13　公路沿线泥石流一览表

序号	桩号	泥石流现状	拟采取整治措施
1	K85+638	小型暴雨泥石流，平时无水，地表为卵石及漂石	路线下增设涵洞
2	K106+950	路线左侧小型暴雨型泥石流，还有少量流水	路线增设小桥
3	K184+500	小型暴雨泥石流，堆积物主要为卵石，还有少量流水	路线增设小桥

（7）景观恢复措施

①在公路建设中，改变就地取弃土的做法，采用集中取土、集中弃土、加强保护并同时进行生态恢复的做法，使公路沿线景观基本保持原貌。

②施工营地一般紧邻公路，破败的临时建筑和遗弃的生活垃圾会对公路沿线的生态景观环境产生长期的不良影响，因此，在营地设置、生活垃圾的处理和善后工作方面要

采取必要的措施，减小或消除这些影响。施工结束后，要彻底清理营地，拆除所有建筑设施，清理生活垃圾，平整土地，尽量恢复原有的地形地貌。

③施工后要平整施工便道，特别是平整便道边缘，消除施工便道留下的土埂。同时以新带旧，清除原道路施工和养护中造成的施工遗迹。

④本项目的景观保护应与公路的绿化及生态恢复措施紧密结合，通过绿化手段实现与自然的和谐，沿线绿化时，尊重原有景观，不做大面积种植，只做重点点缀，并注意选用适合当地生长的乡土植物。

（8）其他减缓生态不利影响的措施

①河流生态系统保护措施：在河道取砂石料时，要控制取料场的面积和深度，防止无限扩大开挖面积。在汛期到来之前要将取料场推平以减少行洪阻力，减轻泥沙流失。

②耕地与林地保护措施：根据自治区的规定，工程建设对农田的占用要采取占一补二的措施，此外，农田被临时占用后应及时恢复。要坚持在农田临时占用前，将表层 20 cm 的土壤挖出就近存放，待农田恢复时利用。本工程征用的 4 亩林地在米林县境内 K145+000 附近的路段内，由于本地区林地稀少且多为人工林，对当地来讲损失巨大，应在适当地段予以补种。

③凡改建农田附近涵洞、小桥工程应尽量在非灌溉期施工并完成，确保灌溉期河渠畅通；涵洞竣工时，应对涵洞内的杂物进行清理以保证畅通。

④桥梁基础施工中的废泥沙、废渣等不得弃于河道和河滩地，以防抬高河床或压缩过水断面。

⑤施工人员应使用自带的清洁燃料，禁止砍伐当地的树木做燃料，以避免破坏生态环境并减少燃料燃烧废气的排放。

2．水土保持措施及对策（从略）

3．水环境保护措施对策

对沿线雅江河流水质进行抽测，COD 为 10 mg/L，氨氮为 0.1 mg/L，SS 为 20 mg/L，达到地表水环境 I 类标准。因此施工期间应该注意对水环境的保护。

4．环境空气保护措施对策

沥青集中拌和，合理安排沥青搅拌站……

5．噪声污染防护措施

施工营地、料场、材料制备场地应远离环境保护目标，距居民点、学校等敏感点距离应大于 100 m……

6．固体废物影响控制措施

施工过程产生的石渣、泥沙以及泥浆废水处理后的沉渣……

7．社会环境影响减缓措施（略）

（七）项目环保投资估算

本项目概算总投资额为 69 033.67 万元，平均每公里造价 392.3 万元。估算用于环保的直接投资为 1 850.0 万元，约占工程总投资的 2.7%。

五、施工期环境管理计划

（一）环境管理机构

西藏自治区交通环境保护管理机构的设置及其主要职责见表 14。

表 14　环境管理机构主要职责

机构名称	机构职责	备　注
交通部环保办	宏观指导自治区公路项目的环境保护工作，负责组织本项目环评报告书的评审工作，宏观指导建设单位的环保管理工作	—
西藏自治区交通厅	负责具体指导自治区公路项目的环境保护工作，制订公路建设项目环境保护工作计划；联系建设单位与主管部门之间的环境管理工作；指导建设单位执行各项环保管理措施	—
米朗公路项目办	负责拟建项目在设计、施工、营运各个阶段的环境管理资料和审批资料的收集和归档，为项目竣工环保验收提供相关的环保文件资料；负责营运期的环保措施实施与管理工作，委任专职人员管理本项目的环保工作	本公路的建设和营运机构

环境管理体系由项目办、施工单位以及驻地监理机构组成。其中：

①项目办成立环保领导小组，主任任组长，总工任副组长，其他领导和各处室负责人任组员。下设环保办公室，办公室设在项目办，具体负责施工期环境管理计划的实施与管理。

②环监办全面负责整个项目的工程环境监理组织实施及管理工作。

③环监办下设施工合同段高级驻地监理工程师办公室（以下简称"驻地办"）和环境监理小组。驻地办负责本辖区内的工程环境监理组织及管理工作，环境监理小组具体负责合同段的施工工程环境监理工作。

④各施工单位对本施工标段内的环境保护和水土保持负责，具体落实环评报告书、水保报告书，以及本环境监理实施方案提出的有关措施及相关要求。

⑤由项目办委托有环境监测、水土保持监测资质的单位分别承担施工期环境监测和水土保持监测工作。

西藏自治区环保局和林芝地区环保局对环境管理工作有监督和指导的职能，可定期或不定期对项目环保情况进行检查，及时发现项目中的环保问题并提出整改。

（二）人员配备及要求

（1）项目办

①配备环保专职工作人员两名，在项目办主任的领导下，专门负责施工期环境保护管理工作；

②环保专职人员中 1 人为公路工程专业，1 人为环境保护专业或相关专业，熟悉公路工程管理，并经环保人员培训考核合格后上岗。

（2）监理机构

人员配备及要求见第 6 章《工程环境监理实施计划》。

（3）施工单位

①成立以项目经理为组长、各职能部门负责人以及各施工队队长为成员的环保小组；

②设立安全环保部具体负责本单位施工期环境保护工作，配备 1 名专职环境保护管理人员。各施工队均配备1名兼职环境保护管理人员，负责本施工队的环境保护工作；

③环保小组成员及专、兼职环境保护管理人员均参加项目办组织的施工单位环境保护管理人员培训，考核合格后上岗。

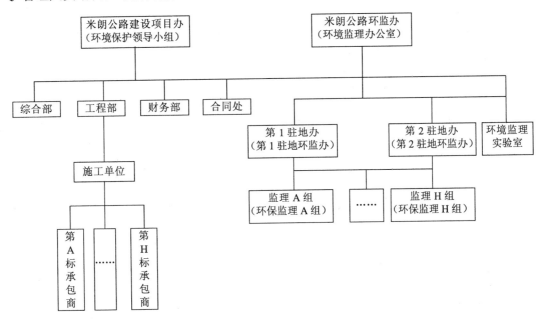

图1　米朗公路施工期环境管理机构图

（三）机构职责

（1）项目办

①贯彻、执行国家和当地各项环境保护方针、政策和法规；

②负责落实环保工程的设计单位，组织环保工程的施工招投标工作；

③负责落实施工期环境监测单位和水土保持监测单位；

④负责组织实施环境管理人员培训计划；

⑤负责落实项目环保投资；

⑥落实项目竣工环保验收调查单位，组织竣工环保设施验收工作；

⑦定期检查公路建设过程中的环境保护工作，监督各项环保措施的落实。

（2）项目办工程部

在总工程师和工程部长的领导下，负责施工期环境保护管理工作。

①负责施工期环境保护日常管理工作，监督施工单位落实有关环境保护措施与要求；

②负责施工期环境保护日常管理工作，监督施工单位落实有关环境保护措施与要求以及社会环境问题投诉的收集与处理；

③负责具体落实环境影响报告书和水土保持方案报告书所提出的各项环保措施及有

关要求；

④组织制定《米朗公路施工期环境保护责任合同》，并与施工单位、监理单位签订责任合同；

⑤负责组织实施环境管理人员培训计划；

⑥定期或不定期检查施工单位、监理单位的环境保护工作情况，监督各项环保措施的落实情况；

⑦协助环监办做好施工期工程环境监理方案的实施工作；

⑧负责组织先进环境保护管理经验与措施的推广应用；

⑨交工验收阶段，负责组织单位工程环保单项验收；

⑩完成项目办领导交付的其他环境保护管理工作。

（3）环监办

在总监理工程师的领导下，负责全路段工程环境监理工作。

（4）驻地办

在驻地高监的领导下，承担本驻地办监理标段内的工程环境监理工作。

（5）施工单位

在项目经理的领导下，对本单位施工标段内的环境保护负责，落实有关环保、水保措施和要求。

①贯彻、执行国家和西藏自治区各项环境保护方针、政策和法规；

②建立健全环境保护组织机构，配备必要的专兼职环境保护管理人员；

③制定本单位施工期环境保护计划、措施与管理制度，按照环评报告书和水保方案报告书提出的施工期环境保护与水土保持措施与要求落实有关措施；

④服从环境监理工程师的监理，按照有关要求做好施工期环境保护工作；

⑤定期向环境监理工程师汇报本单位施工期环境保护管理及措施落实情况；

⑥协助环境监测和水土保持监测单位做好施工期环境监测和水土保持监测工作；

⑦交工验收阶段负责编制本单位施工期环境保护工作总结；

⑧完成项目办规定的其他环境保护任务。

（四）联系制度及工作程序

（1）项目办和环监办定期召开会议，研究施工期环境保护中的重要问题，将会议决定下发各施工单位、驻地办、驻地监理组和环境监测、水土保持监测单位。

（2）项目办每月召开一次由施工单位、监理单位以及监测单位负责人参加的环保工作会，听取各单位当月环保工作情况，推广先进的环境保护措施及行之有效的管理方法，研究解决工作中出现的问题，布置下月工作。

（3）环监办每月召开一次由总监、高级驻地监理工程师及监测单位负责人参加的工程环境监理会议，听取各监理单位上月工程环境监理工作情况和监测单位的监测结果汇报，研究和布置本月工程环境监理工作，并指出下月工作的重点及应注意的问题。

（4）各单位内部、相互之间明确联系方式、联系人，并报项目办和环监办备案。

（5）各单位应严格按照本实施方案确定的工作程序和方法，对施工中出现的环境问题逐级上报。

（6）环境保护押金制度：为了督促施工单位按照施工期环境管理计划严格落实施工期环境保护措施，项目办扣留施工单位中标总金额的 1%～5%作为环境保护押金。施工单位如果严格落实所辖标段内的环保措施，经监理工程师、驻地办和环监办审查合格后，可全部返还其环保押金。若施工单位未严格落实所辖标段内的环境保护措施，可由建设单位使用环保押金委托其他单位采取相应的环保措施。

（五）施工期环境管理计划

本项目在全面开展环境监理之前已经开工建设。因此，项目办、环监办和施工单位应该补充实施以下管理计划。

1. 补充实施计划

（1）项目办

①成立环保领导小组，制订相关管理办法与职责；项目办主任兼任环保办主任，全面负责施工期环境保护管理工作；

②配备专职环境保护管理人员；联合环监办召开由全体施工单位、监理单位、监测单位负责人参加的环保动员大会；组织项目办各处室负责人、专兼职环境保护管理人员参加由项目办组织的建设单位环境保护管理人员培训；

③与各施工单位签订施工期环境保护责任合同。

（2）环监办

①由项目办任命环保总监，由总监兼任，负责其办事机构内部管理运行规章制度的建立；环监办全面负责环境保护管理及施工期工程环境监理工作，配备专职环境监理工程师；

②负责组织编制施工招标文件中的环境保护责任条款，在招标文件中落实有关环境保护措施和水土保持措施与要求；负责编制施工监理招标文件中的环境保护责任条款，在监理内容中增加工程环境监理内容。

（3）施工单位

①成立以项目经理为组长，项目总工为副组长，各部门负责人及施工队队长为组员的环境保护小组，设立安全环保部，配备施工期专职和兼职环境保护管理人员，并建立和制定相关管理制度与规定。

②编制《工程项目施工期环境保护管理计划》，报驻地环境监理工程师审批。

施工期环境保护管理计划应包括以下内容：

a 本标段公路工程概况及自然环境概况；

b 本标段的主要环境敏感点及保护目标；

c 拟达到的环境保护目标；

d 环境保护管理组织机构及职责；

e 环境保护管理规章制度；

f 各分项工程施工中拟采取的主要环保措施（分路基、路面、桥梁以及临时工程分别阐述）；

g 经费概算；

h 实施保证措施。

③与项目办签订施工期环境保护责任合同。

④进行施工营地的选址和环境建设，并报驻地环境监理工程师审批。

⑤按照施工图设计规定的地点设置沙石料场、预制场和拌和站、施工便道以及临时材料堆放场等临时设施，采取相关环保措施，并报环境监理工程师审查。

⑥按照施工图设计规定的地点设置取土场、弃渣场，采取拦渣措施。

⑦明确本标段内的环境敏感目标分布情况、施工招标文件、合同中环境保护条款的规定、环境影响报告书和水土保持方案报告书提出的环保措施及要求，编制施工组织设计中的环境保护措施条款，报驻地环境监理工程师审批。

⑧组织本单位主要管理、技术人员以及专兼职环境保护管理人员参加开发公司组织的施工单位环境管理人员培训。

⑨在施工人员中开展有关环保法律、法规及环保知识的普及宣传教育。

⑩编制分项工程（如路基、路面等）开工实施性施工组织设计中的环境保护内容，报环境监理工程师审查。

实施性施工组织设计中的环保措施应针对该分项工程的施工过程，提出具体的环境管理和环保措施，并制定相应的管理办法。

2．全面施工阶段环境管理计划

（1）项目办

①全面开展施工期环境保护管理工作；定期或不定期现场检查施工单位的环境保护工作，监督相关环保措施、水保措施的落实。

②审批施工单位报来的环境保护请示和报告。

③每季度末组织一次施工环境保护评优活动，推广先进环境保护管理措施、环保技术与交流经验。

④配合环监办做好工程环境监理工作。

⑤编制本年度施工环境保护工作情况报告，上报项目办有关领导审批后报交通厅审查。

年度施工环境保护工作情况报告应包括以下内容：

a 工程情况概述；

b 本年度施工环境保护工作情况；

c 各合同段环境保护管理及措施落实情况；

d 本年度施工期环境管理计划执行情况；

e 存在的问题与建议；

f 下一年度施工环境保护工作重点与计划。

⑥受理地方单位和居民的环保问题投诉，并进行处理。

⑦路基工程施工完成前，环保工程的设计单位；组织环保工程设计审查；路面工程完工前，组织环保工程施工招投标工作，落实环保工程施工单位。

（2）环监办和驻地办

全面开展施工期工程环境监理工作。

（3）施工单位

①在各项分项工程施工中，落实各项环境保护措施与要求。

②服从环境监理工程师的监理，主动向项目办和环境监理工程师汇报本辖区可能出现或已经出现的环境问题以及解决的情况。

③每月 25 日前编制一份环境保护月报送达环境监理工程师。月报应对本标内的环境监测、"环境问题通知"的响应等有关环境保护工作的履行情况进行全面总结。

④环保工程施工单位同其他主体工程，按有关工程管理规定实施质量、进度和费用控制。

⑤对于施工期的取弃土场、施工营地等临时用地应该采取以下措施：

a 施工期旱季定期洒水，抑制道路扬尘；

b 施工期间专人维护，保持路面平整；

c 施工结束后表土回复，平整后植草或复耕；对达到设计弃渣高度和弃渣容量后的弃渣场及时做好坡面植草绿化和坡顶土地整理工作。

3．交工及缺陷责任期阶段环境管理计划

（1）项目办

①组织编制施工期环境保护工作总结报告；

②组织工程环保单项验收，对施工单位施工期环境保护工作和环保措施的落实情况进行全面的检查验收；

③组织竣工环保验收资料准备工作。

（2）施工单位

①对施工临时用地采取恢复措施，报环境监理工程师审查；

②编制施工期环境保护工作总结，报监理工程师审查；

③绿化工程施工单位继续进行绿化养护作业，直至合同期满。

六、工程环境监理实施计划

（一）编制依据（略）

（二）监理依据（略）

（三）监理体制

1．机构设置

（1）组织结构框图

项目办设置总监理工程师（以下简称"总监"）负责的三级监理管理体系。即项目办设立总环境监理工程师办公室（以下简称"环监办"），环监办下设高级驻地监理工程师办公室（以下简称"驻地办"），驻地办下设环境监理组。本项目的工程环境监理工作由环监办负责组织实施，两个驻地办（兼驻地环监办）和 8 个环境监理小组具体承担监理任务。

总监兼任环保总监，主管工程环境监理工作；环监办全面负责整个项目的工程环境监理组织实施及管理工作；驻地办具体负责合同段的工程环境监理工作；环境监理组具体负责每个合同段的工程环境监理工作。

米朗公路工程环境监理组织机构框架见图 2。

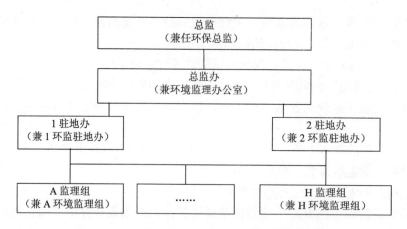

图 2　西藏米朗公路工程环境监理组织机构框架图

（2）人员组成及要求

①环保总监

1 人，由总监兼任。

②环监办

由总监办兼。

专职环境监理工程师 1 人，兼职环境监理工程师 1 名。

其中：专职环境监理工程师应具有工程师以上职称，从事环保专业并熟悉公路工程监理工作；兼职环境监理工程师应具有工程师以上职称，路桥专业，取得交通部颁发的监理工程师资格证书。

③环监驻地办

环监驻地办设专职环境监理工程师两名。应具有工程师以上职称，取得交通部颁发的监理工程师资格证书，经参加项目办组织的环境监理工程师培训合格后上岗，驻地高监兼环境高监。

④环境监理组

由工程监理组兼，工程监理组长兼环境监理组长。

环境监理工程师由专业监理工程师兼任。驻地办的所有道路、结构、路面专业监理工程师兼任环境监理工程师，分别负责各自监理的主体工程范围内的环保达标监理工作。环保工程的监理人员与驻地办分工一致。所有人员均经参加项目办组织的环境监理工程师培训合格后上岗。

2．环境监理机构、人员的职责

（1）环监办

①在总监的领导下，经办环保总监职权内的工程环境监理业务工作，为环保总监审批文件做准备，办理对驻地办及环境监理小组环境监理报告和文件的审核批复；

②负责组织实施工程环境监理方案，落实工程环境监理组织机构及人员，组织制定工程环境监理计划、实施细则、考核标准以及相关管理制度；

③负责组织编制工程环境监理工作月、季、年报；

④负责落实施工期环境监测和水土保持监测计划，监督检查施工期监测计划执行

情况；

⑤不定期现场巡视，检查施工单位的环境保护工作和监理单位的环境监理工作；

⑥负责组织编制项目工程环境监理总结；

⑦协助项目办做好施工招标文件、合同中环境保护措施和水土保持措施责任条款的落实工作，以及环保工程的设计审查及施工单位招标工作；

⑧编制下发工程环境监理用表格，收集汇总上报环境监理报表及有关监理资料；

⑨完成环保总监交办的其他环境保护管理工作。

（2）驻地环监办

在环监办的领导下，负责监理标段内的现场工程环境监理指导工作。

①检查、督促和协调统一驻地办的工程环境监理工作执行情况，及时解决和处理驻地办提出的问题；

②审批施工单位施工组织设计中的环境保护条款和施工期环境保护管理计划；

③掌握工程动态，汇总审核驻地办按规定上报的各种环境保护报表，汇总编制工程环境监理月报，及时向环监办报告施工期环境保护措施落实情况及监理情况；

④参加各合同段的工地会议，检查督促上级下达的各项环境保护指令的执行情况；

⑤及时向环监办报告施工中发生的重大环境污染和水土流失事件，并进行应急措施决策；

⑥建立健全环境保护资料、计划、统计、档案、制度和管理工作；

⑦组织交工验收工程环境监理文件的编制工作；

⑧完成环监办交办的其他环境监理与环保管理工作。

（3）环境监理组

在监理组长的领导下，负责本标段监理标段内的环境监理工作。

①承担本组监理标段内的现场工程环境监理工作，组建现场工程环境监理机构，制定环境监理工程师职责、进行分工；

②制定相关管理制度，编制施工期工程环境监理工作计划；

③熟悉监理标段内的环境敏感点和保护目标，按照合同文件、环境影响评价报告书、水土保持报告书以及本实施方案等文件提出的环保措施、开展全面的工程环境监理工作；

④定期向驻地办汇报施工期工程环境监理工作情况；

⑤审查施工单位的环境保护管理组织机构、施工组织设计中的环境保护条款和施工期环境保护管理计划，将所有审查项目的审查意见报驻地办；

⑥检查各项环保措施的落实情况，对突发性环境污染事故和重大水土流失事故进行初步调查，监督施工单位采取相应的应急处理措施，并报驻地办审批；

⑦主持每月的工地会议，整理记录，编写会议纪要并发送参加工地会议各方，同时报驻地办备案；

⑧建立、管理工程环境监理档案，填写监理日志，编写工程环境监理月报，定期向驻地办报告施工单位环保措施实施情况，进行交工验收环境监理文件的编制工作；

⑨负责协助环境监测和水土保持监测单位做好施工期环境监测和水土保持监测工作；

⑩完成驻地办交付的各项环境保护管理工作。

（4）环保总监岗位职责

①对工程环境监理负有全面责任，在项目办授权范围内对工程环境监理业务具有独立决定权；

②分管环监办的工程环境监理业务工作，领导驻地办和环境监理小组开展工程环境监理工作；

③签发环境监理工作计划、环境监理月报及其他重要环境保护管理文件；

④重大环保问题的决策和批复；

⑤需要向业主上报文件的审批。

（5）驻地环境监理工程师岗位职责

①驻地高监岗位职责

驻地高监兼任驻地环境高监。

a 全面负责组织、领导本驻地办监理合同段内的工程环境监理工作，对业主和监理公司负责；主持编制《工程环境监理计划》、《工程环境监理实施细则》等环境监理工作文件，制定驻地环监办各项管理制度；

b 主持驻地环监办的日常工程环境监理业务工作；

c 审查和处理各专业环境监理工程师的报告及函件，检查、考评环境监理工程师的工作，解决其提出的有关问题；

d 主持重大环保问题的研讨；

e 主持编制驻地环监办工程环境监理工作月报、季报、年报；按要求向业主和环监办上报各类报告报表；

f 巡视检查施工中的环境保护措施落实情况；坚持定期、不定期检查，及时解决现场的各种环保问题；

g 调查处理工程中的重大环境污染问题和重大水土流失事件，督促承包人按规定及时上报有关部门；

h 评估承包人的交工环保验收申请，参与组织对拟交工程的环保措施的检查验收；

i 主持编制工程环境监理方面的竣工文件；配合业主的竣工环保验收工作；

j 履行业主和环监办委托的其他环境监理职责。

②专业环境监理工程师岗位职责

a 按环评、水保报告及有关法律、法规、标准以及规范的要求负责各分部分项工程施工中的环境监理工作；

b 组织、领导现场环境监理人员的工作，填写环境监理日志并检查现场环境监理人员的环境监理日志，负责实施施工环境监理细则；

c 熟悉各分部分项工程施工中的环境监理要点、环境敏感点和保护目标以及环保措施和要求，监督承包人落实有关环保措施和要求；

d 审查承包人分部分项工程的现场环境管理机构组成及人员配备、施工环境保护计划、施工组织设计中的环保措施及施工方案，提出审查意见供高监审批时参考；

e 熟悉合同文件、环评报告书和水土保持报告书提出的环保措施和要求以及相关法律、法规、标准和规范要求，在施工过程中对工程环境保护措施的落实情况进行全面控制，对于施工中出现的环境问题，按有关要求提出处理意见；

f 对承包人施工的各道工序中的环保措施组织检查，对承包人施工中出现的环境问题向高监建议签发环境监理通知书；

g 坚持经常性工地旁站和巡查，及时发现环境问题及时处理；对施工可能产生重大环境影响的工程、工序要亲自到场，监督施工；

h 有权越级向总监提出环境监理工作中的建议、反映环境监理工作中存在的问题；

i 完成高监安排的其他工作。

（6）驻地环境监理工程师岗位分工（略）

3．工程环境监理工作制度（略）

（四）工程环境监理程序和方法

1．监理程序

（1）施工准备阶段

①建立工程环境监理机构：将环境监理人员审查表报总监审查→安排环境监理人员进场→购买环境监理试验检测设备→组建工地环境监理实验室（纳入工地实验室）→进行内部分工→制定环境监理个人岗位职责、工作制度、工作纪律→制定工程环境监理工作计划。

②岗前准备：熟悉项目环评报告书、水保报告书、相关环保法律、法规、标准和规范→参加项目办组织的环境监理工程师培训→调查施工环境、熟悉监理标段内的环境敏感点和保护目标。

③核实"环评报告书"、"水保方案报告书"中的批复意见的落实情况。

由环监办组织驻地办和环境监理小组的环境监理工程师，对照"环评报告书"、"水保方案报告书"提出的环保措施及相关批复提出的要求，在现场踏勘的基础上，核查施工图设计文件中环保措施与要求的落实情况。对未落实的重大环保措施，应提请设计单位复核并进行变更设计。

④检查承包人的施工准备：审查施工组织设计中的环保条款→检查施工期环境管理体系（包括环境管理机构、人员及岗位、职责、环境管理措施、计划等是否完善、明确）→检查承包人场地占用情况（重点是临时占地）及采取的环保措施情况→审批承包人提交的施工期环境管理计划→组织召开第一次工地会。

⑤施工营地、预制场与拌和站、施工便道、沙石料场、取、弃土（渣）场等临时用地选址确认，程序见图3和图4。

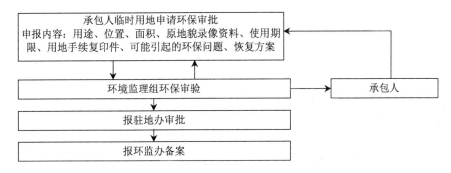

图3　临时用地选址确认流程图

（2）施工阶段

①环保达标监理程序

由环境监理工程师通过对施工过程、行为的巡视，辅以简单的测定，对照国家和地方环境保护标准、规范，监督承包人的施工活动，使环保措施得到落实。

其监理程序为：环境监理工程师发现问题→报告高监→高监下达整改指令→承包人改正→环境监理工程师复查。重大环保问题同时还应报环监办，由环监办决策。

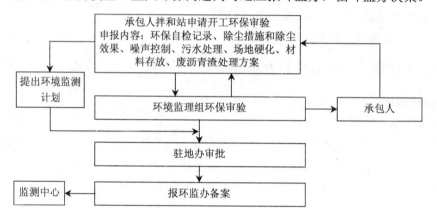

图 4　拌和站与预制场开工确认流程图

②环保工程监理程序

环保工程监理同其他土建工程，实施工程质量、进度和费用监理，其程序应符合《公路工程施工监理规范》（JTJO 77—95）的规定。

③环保工程设计监理

由环境监理工程师根据施工中环境敏感点的变化情况，在现场监测的基础上，根据项目环境影响评价报告书确定的预测方法和模式进行计算，预测营运期噪声、污水的超标情况，提出开展环保工程设计的建议。同时，对环保工程的设计情况进行审查。

其监理程序为：环境监理工程师统计路线变化情况→确定环境敏感点及保护目标变化情况→现场实测背景值→查阅环境影响报告书→计算预测营运期超标情况→提出环保工程设计建议→报环监办审批→总监签发报业主审批→设计单位进行环保工程设计→审查设计文件。

④单位工程完工环保验收

路基、路面、桥涵等单位工程完工后，由施工单位提交《单位工程完工环保验收申请报告》，环监办组织工程处、驻地办、环境监理组以及施工单位对单位工程的环保措施落实情况进行验收，验收结果作为交工验收时环保单项验收备查。

其监理程序为：施工单位提交《单位工程完工环保验收申请报告》→环境监理工程师现场复查→驻地高监签认报环监办→环监办组织现场验收→总监签发《单位工程完工环保验收合格证书》。

（3）交工及缺陷责任期

①环境监理工程师应对施工单位的环保措施落实情况进行现场核查，审查施工单位提交的施工环保总结报告，参加交工检查小组，完成小组交给的检查任务。

②生物防治工程一般滞后于主体工程期，依据设计要求和合同规定对其进度、质量、成活率进行监理。在施工初期先付款 50%，两年内其生物防治工程经检查后成活率高于80%才进行余款的计量支付。

③缺陷责任期与主体工程结合进行监理。

缺陷责任期一直延续到项目环保竣工验收时期为止。

2．监理方法

在分项工程施工期间，环境监理工程师将对承包人的施工环保方面及可能产生污染的环节应进行全方位的巡视，对主要污染工序进行全过程的旁站与检查。其工作内容主要有：

（1）环监办重点巡视施工现场，掌握现场的污染动态，指导环境监理工程师工作，并监督承包人和监理双方共同执行好工程环境监理细则，及时发现和处理较重大的环保污染问题。

（2）环境监理工程师、监理员对各项工程部位的施工进行全过程旁站监理，检查承包人的施工记录。

现场检查监测的内容有：

①施工是否按环境保护条款进行，有无擅自改变；

②通过对监测数据分析检查施工过程中是否满足环保要求；

③施工作业是否符合环保规范，是否按环保设计要求进行；

④施工过程中是否执行了保证环保要求的各项环保措施。

（3）环境监理工程师应将每天的现场监督和检查情况予以记录并报告高监，高监应对监理人员的工作情况予以督促检查，及时发现处理存在的问题。

环境监理人员检查发现环保污染问题时，应立即通知承包人的现场负责人员纠正。一般性或操作性的问题，采取口头通知形式；口头通知无效或有污染隐患时，监理员应将情况报告主管环境监理工程师，主管环境监理工程师应及时发出《整改通知单》，要求承包人整改，并检查整改结果。该通知单同时抄送驻地办、环监办和项目办。

承包人接到环境监理工程师通知后，应对存在的问题进行整改，整改后填报《整改复查报审表》报环境监理工程师。经主管环境监理工程师审查，批准确认该问题已消除。

（4）建立工程环境监理实验室，购置相关仪器，定期对公路全线水、声、气等环境要素进行现场监测。通过开展环境监测工作，为环境监理顺利实施提供有力的数据支持，使环境监理更有说服力。

（五）监理的工作内容

1．环保达标监理

根据项目的主要环境影响及环境影响报告确定的环境保护目标，米朗公路环保达标监理的工作重点是生态环境保护（植被保护和水土保持）和水环境保护。环保达标监理的主要工作内容见表 15 至表 18。

（1）施工准备阶段（所有标段）

表 15 施工准备阶段环境监理要点

施工活动	监理要点	监理方法	手段
施工招投标	编制工程环境监理计划		
	复核施工合同中的环保条款	文件复核	
	复查施工标段现场环境敏感点和保护目标	巡视	现场记录
	审查承包商的施工组织设计中的环保措施	文件审查	
	审批承包商的施工期环境管理计划	文件审查	
	审查分项工程开工申请中的施工方案及相应环保措施	文件审查	
施工营地建设	审批施工营地的选址及占地规模	文件审查 抽检	测量仪器测施工营地的面积
	检查施工营地的场界噪声是否达到 GB 12523—90 标准	抽检	使用噪声监测仪器监测
	检查施工营地产生生活污水是否达到排放标准、有关要求及处理设施建设情况	巡视 抽检	检查排放去向 环境监测站配合环境监理工程师监测
	监督施工营地生活垃圾的集中堆放以及检查回收、处置情况，应选择 30 m 范围内无生活用水的废弃沟凹或废弃干塘。堆放点应无直通沟道与邻地相通。不得向垃圾点内排放生活污水	巡视	
预制场和拌和站建设	审批预制场和拌和站的选址及占地规模	文件审查 巡视 抽检	测量仪器测施工营地的面积
	检查场界噪声是否达到 GB 12523—90 标准要求	抽检	使用噪声监测仪器监测
	检查施工期产生的污水是否达到 GB 8978—96 标准要求，预制场是否建设有沉淀池	巡视 抽检	检查设备安装情况，环境监测站配合环境监理工程师监测
	检查沥青拌和站下风向 300 m 内是否有居民点、学校等敏感点	巡视	
	检查施工期设备污染物排放是否符合 GB 16297—1996 中的一级标准，检查拌和设备是否采用了密封作业和除尘设备	巡视 定点监测	检查设备安装情况、作业期间是否有明显粉尘产生；由环境监测站定点监测
施工便道修筑	检查施工便道布设是否满足施工图设计规定	文件审查 巡视 抽检	测量仪器测长度和宽度
	严格控制施工道路修筑边界	巡视 抽检	抽查便道宽
	检查监督旱季施工定期洒水情况，控制道路扬尘，检查两侧环境空气敏感点质量是否达到 GB 3095—1996 标准要求	巡视 定点监测	检查洒水情况 由环境监测站定点监测
	检查施工便道两侧声环境敏感点的声环境质量是否满足 GB 3096—93 标准的规定	定点监测	由环境监测站定点监测

施工活动	监理要点	监理方法	手段
砂石料场	审核施工单位外购砂石料合同中的水土保持条款和砂石料供应商的合法性	合同审查	
临时材料堆放场	检查材料仓库和临时材料堆放场的防止物料散漏污染措施	巡视	
	沥青、油料、化学物品等不堆放在民用水井及河流附近，并采取措施，防止雨水冲刷进入水体	巡视	
	检查水泥和混凝土运输是否采用密封罐车，采用敞篷车运输时，是否将车上物料用篷布遮盖严密	巡视	
取土场	进一步核实确认取土场的位置	文件审查巡视、抽检	测量取土场的面积、深度，估算取土量
	检查取土场的排水设施情况	巡视检验评定	对排水设施的工程质量进行检验评定

（2）施工阶段
①路基工程（A 标－E 标）

表 16　路基工程施工阶段环境监理要点

施工活动	监理要点	监理方法	手段
施工前准备	审查承包商的路基工程开工实施性施工组织设计的环保措施，在挖方路基开工前至少 14 天，承包人应将开挖工程断面图报监理工程师及业主批准，未得到正式书面通知前不得开挖，否则，后果由承包人自行承担	文件审查	
	检查施工测量控制线，设置明显的路基征地范围界桩；路基边坡设计采用一坡一设计的方法，第一次清场结束后，施工、监理、设计及业主代表根据路线线位、地形特点及地质情况确定边坡坡率及分台高度。边坡开挖时应顺应地形，紧贴自然，连贯平顺，与地形的连接应利用弧线过渡，顺势而为，不得生搬硬套设计，避免边坡出现"一刀切"的人工痕迹，让边坡与原地貌融为一体，形成自然的示范效果	巡视	抽查
	审查承包商的新增临时用地计划，监督承包商办理相关征地手续	文件审查抽检	现场测量临时用地的面积
场地清理	检查清理现场工作界线，确定需要保留的植物及构造物	巡视	
	检查地表清理作业情况，禁止跨越红线作业	巡视	
	检查剥离表土层是否运至指定集中堆放点予以保存，并做好排水设施，达到设计堆放高度后是否采取覆盖或临时植被恢复措施	巡视	
	监督承包商在拆除旧通行及排水结构物前做好新的通道和排水设施，确保正常交通和排水	巡视	
	结构物拆除点周围 30 m 范围内有居民点时，监督承包商采取整体大部件吊装拆除框架混凝土结构，并且在拆除前对被拆体充分洒水，保持湿润，以减少粉尘排放	旁站	
	监督承包商严格控制开挖作业面，避免超挖	巡视	

施工活动	监理要点	监理方法	手段
路基开挖	检查路基施工中的临时排水设施，施工场地流水不得排入农田、耕地或污染自然水体，也不应引起淤积、阻塞和冲刷	巡视 检验评定	检查评定临时排水设施的工程质量
	检查施工现场 200 m 之内的居民点、学校的环境空气质量是否达到 GB 3095—1996 标准要求，监督承包商在旱季施工时对施工场地和施工便道每天定时洒水	巡视 定点监测	检查洒水情况、由环境监测站定点监测
	检查施工现场 200 m 之内的居民点、学校的环境噪声是否满足 GB 3096—93 标准要求，监督承包商在敏感点场地采取减噪措施，禁止高噪声机械设备夜间施工	巡视 抽检	采用噪声仪监测
	监督施工土石方是否按土石方平衡表进行调运，检查是否按指定地点弃渣	巡视	
	检查在雨水地面径流处开挖路基时，是否及时设置临时土沉淀池，是否及时设置排水沟及截水沟，避免边坡崩塌或产生滑坡	巡视	
	监督承包人在路基开挖施工中发现的文物古迹，报当地文物部门处置；弃渣严禁运入工布自然保护区核心区和缓冲区	巡视 旁站	发现文物后应全程旁站
	检查改沟和改路工程中的环保措施	巡视	
	边坡防护原则上最大限度地减少上挡护面墙、浆砌护坡等圬工砌体，尽量以植物生态防护为主，当工程需要设置挡防结构时，应根据实际地质、地形条件采用各式生态景观结构物，其断面形式及尺寸应灵活设置，采用多层防护与生态植被防护相结合的方法进行边坡防护。挡土结构外观设计应避免千篇一律，尽量减少人工痕迹，结合实地可采用小卵石嵌入式、干码式、台阶式、花台式、分台植草式、民族风格式等景观挡墙	巡视 检验评定	对植物防护工程质量进行检验评定
	边坡开挖时由于爆破引起的危石，必须清除，但对于边坡上稳定的整块孤石可不予清除。开挖的稳定岩体边坡，只要不存在安全隐患，无需按设计坡率放缓边坡，但应处理为自然的坡面 检查路基填筑前是否先挖排水沟，结合地形和汇水面积在排水沟出口处设置沉沙池或临时沉淀池，出口处设土工布围栏拦截泥沙	巡视	
路基填筑	检查施工现场 200 m 之内的居民点、学校的环境噪声是否满足 GB 3096—93 标准要求，监督承包商在敏感点场地采取减噪措施，禁止高噪声机械设备夜间施工	巡视 抽检	采用噪声仪监测
	检查施工现场 200 m 之内的居民点、学校的环境空气质量是否达到 GB 3095—1996 标准要求，监督承包商在旱季施工时对施工场地和施工便道每天定时洒水	巡视 定点监测	现场检查洒水情况由环境监测站定点监测
	检查承包商雨季施工时，是否及时掌握气象预报资料，按降雨时间和特点实施雨前填铺的松土压实等防护措施	巡视	
	审批取土场选址，监督承包商是否按指定地点取土，是否做好路基边坡防护工程；监控取土面积和深度	文件审查 抽检	采用皮尺或钢卷尺抽检

施工活动	监理要点	监理方法	手段
路基填筑	检查施工场地污水和弃渣是否排入农田、耕地或污染雅江水体，也不应引起淤积、阻塞和冲刷	巡视	
	检查弃渣场弃渣完成是否采取植被恢复措施或复垦措施，检验恢复工程质量	巡视 检验评定	检查土地整理质量 对植物恢复措施进行 质量检验评定
	检查路基填筑完工后，是否及时按设计要求开展防护工程施工。填方高度较小的填地段可采用较缓的坡比，使其平纵面的线形与原地貌圆顺过渡，避免出现起伏和折点	巡视	
	路基防护工程施工完成后，检查承包商是否及时开展植物防护工程施工，并对植物防护工程的质量进行检验评定	巡视 检验评定	对植物恢复措施进行 质量检验评定

②路面工程（F标－H标）

表17　路面工程施工阶段环境监理要点

施工活动	监理要点	监理方法	手段
施工前准备	审查承包商的路面工程开工实施性施工组织设计中的环保措施	文件审查	
路面基层施工	检查施工现场200 m之内的居民点、学校的环境噪声是否满足GB 3096—93标准要求；监督承包商在敏感点场地采取减噪措施，禁止高噪声机械设备夜间施工	巡视 抽检	采用噪声仪监测
	检查施工现场200 m之内的居民点、学校的环境空气质量是否达到GB 3095—1996标准要求，监督承包商在旱季施工时对施工场地和施工便道每天定时洒水	巡视 定点监测	现场检查洒水情况、由环境监测站定点监测
	检查石灰、粉煤灰等路用粉状材料运输和堆放是否采取遮盖措施，其混合料是否集中拌和	巡视	
	检查施工期产生的污水是否达到GB 8978—96标准要求，禁止施工污水及路面径流直接流入河流中	巡视 抽检	现场检查污水排放去向、由环境监测站配合环境监理工程师监测
	泥石流是否对路面产生破坏	巡视	
沥青路面施工	检查施工现场200 m之内的居民点、学校的环境噪声是否满足GB 3096—93标准要求；监督承包商在敏感点场地采取减噪措施，禁止高噪声机械设备夜间施工	巡视 抽检	采用噪声仪监测
	检查施工现场200 m之内的居民点、学校的环境空气质量是否达到GB 3095—1996标准要求，监督承包商在旱季施工时对施工场地和施工便道每天定时洒水	巡视检 定点监测	现场检查洒水情况、由环境监测站定点监测
	检查施工期产生的污水是否达到GB 8978—96标准要求，禁止施工污水及路面径流直接流入河流中	巡视 抽检	现场检查污水排放去向、并进行水质监测
	禁止沥青材料废渣进入水体	巡视 旁站	现场检查沥青废渣排放去向
	风积沙是否覆盖路面，对周围植被产生破坏		
	监督检查沥青摊铺过程中的施工人员保护措施	巡视	

③桥涵工程（所有标段）

表18 桥涵工程施工阶段环境监理要点

施工活动	监理要点	监理方法	手段
施工前准备	审查承包商的桥涵工程施工方案和实施性施工组织设计中的环保措施	文件审查	
	检查桥梁附近的施工营地或施工现场是否远离水体。若不得不布设在水体附近，产生的污水、粪便严禁排入水体，生活污水、粪便必须经化粪池处理后给当地农民还田	文件审查 巡视	现场测量临时用地的面积
桥涵施工	检查施工现场 200 m 之内的居民点、学校的环境噪声是否满足 GB 3096—93 标准要求；监督承包商在敏感点场地采取减噪措施，禁止高噪声机械设备夜间施工和夜间禁止打桩作业	巡视 抽检	采用噪声仪监测
	检查施工污水排放是否达到 GB 8978—96 一级标准。架桥时应设防护网，不让杂物掉进河中，铺路面、路面养护时也不能让泥沙、废水流入河流	巡视 抽检	现场检查污水排放去向、由环境监测站配合环境监理工程师监测
	对桥梁施工机械严格进行检查，防止油料泄漏。严禁将废油、施工垃圾等随意抛入水体	巡视	
	检查桥梁施工中的工程用水是否经沉淀池沉淀后方可排放，涵洞出口流速较大时，必须在进出口进行加固，防止冲刷	巡视	
	检查对于不可避免的河道及河岸开挖工程，是否明确并严格控制开挖界限，不得任意扩大开挖范围	旁站	
	检查施工期间承包人采取的维护天然水道并使地面排水畅通措施	巡视	
	检查钻孔灌注桩施工中产生的泥浆的处置情况，孔中污水不得直接排入水体中；监督混凝土的灌注施工，溢出的泥浆应引流至适当地点处理	旁站	
	检查旱桥施工中是否有砍伐除墩、台永久施工部分以外，桥跨范围的植被的现象；原始森林内桩基施工建议采用挖孔方法进行，确需采用钻孔桩施工时，承包人不得随地排放泥浆污染周围环境，而应排放至专设的泥浆池内循环使用，待钻孔桩施工完成后，应回填泥浆池，恢复植被	旁站	
	基础基坑开挖及挖孔桩施工时，挖出的土石方不允许横向弃土压盖原始森林的丛林、灌木，而应运至指定的弃土场废弃。基础施工完成后应回填基坑并将建筑垃圾清除到弃土场。检查基础开挖产生的废方及泥浆是否运至指定地点堆放，是否有随意丢弃河流中或岸边的现象；全部堆放完毕后是否采取绿化或复垦措施	旁站	
	施工过程中是否造成水体生物死亡，是否造成水生植物大面积减少，水生动物死亡	旁站 抽检	

④其他工程

其他工程如交通设施、标志标线等。环境监理的重点是环境噪声。

⑤社会环境和环保宣传、管理措施监理（公众参与）

采用发送问卷调查表或座谈会的形式，了解施工影响范围内居民和单位对施工期环保工作的意见和建议，处理群众投诉问题。对施工单位环保管理机构的建立、环保管理措施，环保宣传的措施、施工环保手册的落实等进行监理。

（3）交工验收及缺陷责任期阶段

交工验收阶段环境监理工作的重点是环保工程的施工以及验收准备工作，主要包括施工营地、取、弃土场、拌和站、预制场等临时用地的恢复措施监理、环境监理预验收工作，整理资料、编写总结报告，协助业主准备竣工环保验收工作等。

各标段所有临时用地的位置、面积等状况以及恢复措施在第 4 章环境敏感点及环保措施中有详细叙述，环境监理严格按照提出的措施进行监理。

缺陷责任期阶段监理的工作同主体工程。

2. 环保工程监理

根据项目环境影响报告、水土保持方案和现场调查，环保工程包括如下几项：

A 生态保护：沿线河流生态系统保护，取、弃土（渣）场绿化，路基边坡绿化，临时用地恢复绿化工程。

B 水污染防治：道班养护区的生活污水处理设施。

C 水土保持：路基边坡防护工程、排水工程；土建工程施工中的临时水土保持设施如拦挡工程、取、弃渣场排水设施等。

D 环保工程设计落实情况监理：对环保工程设计情况进行监理。包括环评报告、水保报告已提出的环保工程措施和根据实际情况（包括施工期环境监测数据预测）进行调整和新增环保工程措施的设计进行监理。

环保工程的监理采用主体工程的质量、进度和费用控制方法。

本工程项目主要的环保工程有绿化工程、污水处理工程及水土保持工程。

（1）绿化工程

①施工放样

主要控制苗木间距、绿化图案。

②材料规格质量控制

a 绿化植物种子质量主要控制品种、千粒重、发芽率等指标，由施工单位提交由国家法定种子检验机构出具的种子检测报告，报环境监理工程师审查；

b 绿化苗木质量：常绿乔木主要控制苗木高度和冠幅、落叶乔木主要控制胸径、灌木主要控制地径、分支数等；

c 草皮质量主要控制厚度、覆盖率以及杂草率；

d 绿化辅助材料的质量控制由施工单位提供检测报告或合格证，报环境监理工程师审查。

③工序质量控制

a 绿化工程施工工序可划分为绿地整理、施工放线、植物种植、养护管理等；

b 绿化整理控制地面标高、土层厚度以及土壤质量；

c 施工放线主要控制苗木间距、图案放线质量；

d 植物种植主要控制树坑规格、播种量等；

e 养护管理主要控制苗木成活率、草皮覆盖率等。

④工程质量检验评定

1）单位、分部、分项工程划分

a 每一合同段为一个单位工程；

b 一个单位工程主要为边坡和取、弃土（渣）场绿化等分部工程；

c 每个分部工程划分为绿化基础工程（包括绿地整理与土壤改良）、植物种植工程（包括种植材料的定点、放线以及苗木栽植、草坪播种等）以及绿化辅助设施工程（包括灌溉设施、园林小品等）3 个分项工程。

2）评分方法

见 JTG F80—2004《公路工程质量检验评定标准》。

3）评定标准

见 JTG F80—2004《公路工程质量检验评定标准》。

其质量检验评定重点：绿化苗木的成活率、草坪植物的覆盖率。

（2）污水处理设施工程

污水处理设施纳入房建工程，其质量控制执行房建相关标准。

①施工放样

由承包人提供设备工艺流程图，报监理工程师审查；

承包人按工艺设计流程图及有关设备安装图进行施工放养。

②材料质量控制

污水处理系统涉及的水泥、钢材等材料执行国家相关标准，污水处理设备应提供国家法定部门出具的检验证书、产品合格证和质保证书，报监理工程师审查。

污水处理系统主要控制其处理量、处理效率以及处理效果（出水水质）。

③工序质量控制

a 施工工序可划分为土方开挖、管线安装、土方回填、设备安装等；

b 土方开挖主要控制开挖工作面、沟槽宽度和深度、坡降等因子；

c 管线安装主要控制管道密封质量，在回填前进行密封性和加压实验，实验合格方可进行土方回填；

d 土方回填主要控制分层压实质量；

e 设备安装主要控制设备连接顺序。

全部系统安装完毕后应进行试处理试验。

④工程质量检验评定

1）单位、分部、分项工程划分

a 每一处污水处理设施为一个单位工程；

b 每一处污水处理设施为一个分部工程；

c 每一个分部工程划分为土方工程、管线安装工程以及设备安装三个分项工程。

2）评分方法

见 JTG F80—2004《公路工程质量检验评定标准》。

3）评定标准

见 JTG F80—2004《公路工程质量检验评定标准》。

其质量检验评定重点：对污水处理设施的处理效果进行检验评定。

（3）水土保持等临时环保工程（设施）

临时环保工程按第 4 章环保措施的要求进行监理，其中的临时拦挡措施、排水设施等工程质量检验评定参考公路工程规定执行。

取土场、施工营地、施工便道、预制场和拌和站等临时用地的恢复应重点监控整地、植被覆盖度、植物成活率、覆土厚度等指标。

3．环境敏感路段监理要点

施工期环境敏感路段包括以下几方面：

（1）工布自然保护区及古柏的分布区域；

（2）跨越雅江的桥梁；

（3）全线施工营地、场地、拌和站、预制场、取弃土场、学校、医院及集中居民区路段等。

这些环境敏感路段的监理要点见表 19。

表 19　环境敏感路段的监理要点

序号	环境敏感路段	监理要点
1	工布自然保护区实验区及古柏的分布区域	◇ 监督是否在保护区范围内要布设警示标志，布设地点在森林茂密处、拐弯处和河流交汇、坡滩平缓处等大型野生动物可能去江边饮水的途径，提醒过往司机注意观察，防止伤害野生动物 ◇ 严禁施工人员猎杀沿线的野生动物 ◇ 严禁施工人员滥伐树木，尤其禁止砍伐古柏 ◇ 林区江边较平缓处可能有些野生动物到江边饮水的重要通道，在路边设立一些警示标志
2	沿线雅鲁藏布江干流	◇ 在取砂、石料的布置中，充分考虑河床上沉积丰富的沙、沙砾源，布设了一定数量的砂、沙砾料场。在河道取沙石料时，监督取料场的面积和深度，防止无限扩大开挖面积，并在汛期到来之前监督是否将取料场推平以减少行洪阻力，减轻泥沙流失；施工营地的污水严禁直接排入地表河流
3	施工营地、场地、拌和站和预制场（具体位置见第 4 章第 2 节）	◇ 监督施工承包商是否严格执行了标书中的"施工人员环保教育" ◇ 监督在施工营地、场地设置干厕，采用化粪池将生活污水（主要是粪便污水）收集处理，上清液鼓励还田，底泥定期抽运 ◇ 监督施工营地、场地、拌和站和预制场的生活垃圾是否堆放在固定地点，其堆放点选址是否远离敏感区，是否集中清运处理 ◇ 监督施工营地、场地、拌和站和预制场在完工后是否得到及时恢复，防止植被破坏和水土流失等环境问题的产生
4	取弃土场（具体位置见第 4 章第 2 节）	◇ 监督施工单位在施工中是否按照设计在拟定的取弃土场取（弃）土，在取（弃）土前是否按照环评报告的要求挖设了简易的排水和沉淀设置，在取（弃）土过程中是否注意减少占用农田、破坏植被 ◇ 取土完工后是否对取土场进行了恢复，对取弃土场是否采取了有效的排水防护措施和植被恢复措施，防止水土流失等环境问题的产生，恢复效果是否达到要求
5	沿线受影响的学校和集中居民区（具体位置见第 4 章第 2 节）	◇ 监督施工场地是否尽量远离学校、集中居民区 ◇ 监督施工车辆在夜间施工时，要采取减速缓行、禁止鸣笛等措施 ◇ 监督是否按照环评要求尽量避免夜间施工，若确实需要在夜间施工时，应严禁打桩等高噪声施工作业

值得注意的是，环境监理工程师除应根据本监理内容开展工作外，还应根据工程施工的实际情况采取相应的临时措施。

（六）重大生态破坏和环境污染事故处理

当工程施工过程中，出现重大生态破坏和环境污染事故事件时，按如下程序处理：

（1）承包人在发生事故后，除口头报告环境监理工程师外，应事后书面报告并填写《工程生态破坏和污染事故报告单》附事故初步调查报告环境监理工程师，污染事故报告应初步反映该工程名称、部位、污染事故原因、应急环保措施等。该报告经高监、驻地办签署意见，环监办审核后报总监并转报项目办环境保护领导小组。

（2）事故发生后，环境监理工程师应现场监督承包人采取应急措施，并向驻地高监报告。驻地高监审核后报环监办，环监办报告总监并与项目办联系，同时书面通知承包人暂停该工程的施工，并采取有效的环保措施。

（3）环境监理工程师和承包人对污染事故继续深入调查，并和有关方面商讨后，提出事故处理的初步方案并填报《工程生态破坏和污染事故处理方案报审表》（附工程生态破坏和污染事故详细报告和处理方案）报高监，该报告经高监签署意见，总监核准后转报项目办环境保护领导小组研究处理。

（4）总监会同项目办组织有关人员在对污染事故现场进行审查分析、监测、化验的基础上，对承包人提出的处理方案予以审查、修正、批准，形成决定，方案确定后由承包人填《复工报审表》向环境监理工程师申请复工。

（5）总监组织对污染事故的责任进行判定。判定时将全面审查有关施工记录。

（6）报林芝地区环保局备案，事故严重时应报西藏自治区环保局，并请环保局派专人前来处理。

（七）环境监理费用估算（略）

七、施工期监测计划

（一）目标

（1）对环境影响报告书中提出的拟建项目潜在环境影响的结论加以核实，确定实际的影响程度，核实环境保护措施的有效性和适当性，确认和评价预期不利影响的程度、范围；

（2）及时掌握工程建设所引起的水土流失状况以及对工程区域生态环境的影响程度，为工程建设的水土流失防治工作提供科学依据；

（3）通过对工程水土保持设施的运行状况及水土流失防治效果的监测，为提高水土流失防治效果提供技术管理、设计依据和补充措施的设计依据；

（4）根据监测结果适时调整环境保护实施方案，为环保措施的实施时间和实施方案提供依据。

（二）内容

施工期环境监测计划包括定点常规监测和环境监理工程师抽测，其中定点常规监测由环境监测站进行，抽测由环境监测站配合环境监理工程师进行。

结合工程建设和工程水土流失的特点，对本工程主要水土流失部位的水土流失量以及影响水土流失的主要因子进行监测，分析各因子对流失量的作用情况，分析监测部位水土流失量随时间变化情况，为今后同类建设项目的水土保持提供基础数据；观测各种水土保持措施的实施效果。

对料场和施工公路监测点在施工期雨季 8 月监测一次，监测典型高陡开挖冲刷及垮塌情况，同时观测风力侵蚀、搬运和堆积情况、冻土深度及沉陷情况；在工程完工后 3 年内主要是观测生物措施实施后的效果，林草生长情况等。在雨季观测渣场的稳定情况、跨塌情况，在秋季调查渣场灌草生长状况等。

施工区监测点在施工期雨季 8 月监测一次，主要对施工区临时防护措施的效果进行观测，监测排水口的泥沙含量、沙积情况，工程完建后观测生物措施实施效果、林木生长状况等。

（三）监测机构

施工期环境监测由项目办委托具有环境监测资质的单位，按施工期环境监测计划进行；

施工期水土保持监测由项目办委托具有水土保持监测资质的单位，按施工期水土流失监测方案进行。可委托地方水土保持监测站或水文站承担，由地方水行政管理部门对监测工作进行协调和监督。

（四）监测计划

根据预期的环境影响，本项目施工期的环境监测计划见表 20，水土保持监测计划见表 21，施工期水土保持监测方法见表 22。

表 20 施工期环境监测计划和方法表

监测要素	监测点位	监测项目	监测方法	监测频次	监测历时	采样时间	执行标准	实施机构	监督机构	备注
地表水	雅鲁藏布江	COD SS 石油类	GB 3838—2002，表 4、表 5 和表 6 中规定的标准分析方法	2次/年	1 日	涨落潮各一次	《地表水环境质量标准》（GB 3838—2002）中的III类标准，SS 参照《农田灌溉水质水质标准》（GB 5084—92）中的标准执行，污水排放执行《水污染物排放限值》（DB44/26—2001）中第二时段的一级标准	具有环境监测资质的单位	西藏自治区的环保局和其他相关行政主管部门	环境监测合同中约定
环境空气	里龙乡	TSP	环境空气监测技术规范，监测日均浓度	施工期监测一次	连续3日	正常施工时采样连续采样1日1次	执行《环境空气质量标准》（GB 3095—1996）中的二级标准			
噪声	朗县洞嘎中心小学	等效连续 A 声级 L_{Aeq}	GB/T 14623—93《城市区域环境噪声测量方法》	施工期间每月 1 次	2 日	正常施工时间内昼、夜各1次	按照国家环保总局环发[2003]94 号文执行			

表 21　施工期水土保持监测计划表

监测点	位置	施工前期		施工建设期
		监测项目	监测频率	监测项目
1#监测点	米林县（K70+000）处	植被 水土保持设施和质量 水土流失状况 土壤侵蚀形式 土壤流失量	施工前后各 监测 1 次	植被、水土保持设施和质量、水土流失状况、土壤侵蚀形式 土壤流失量、拦渣工程效果、护坡工程效果
2#监测点	朗县（K240+000）处			植被、水土保持设施和质量、水土流失状况、土壤侵蚀形式 土壤流失量、护坡工程效果
3#监测点	K161+800			植被、水土保持设施和质量、水土流失状况、土壤侵蚀形式 土壤流失量、拦渣工程效果、护坡工程效果
4#监测点	K194+500			植被、水土保持设施和质量、水土流失状况 土壤侵蚀形式、土壤流失量

表 22　施工建设期水土保持监测方法表

监测项目	监测指标及方法	监测频率
植被	主要指标包括林草植被的分布、面积、种类、群落、生长情况和演变等。植被覆盖度可选择有代表性的地块作为标准样地，采用目估法，或利用遥感监测资料进行评价	观测三次，分别在水土流失现状调查、水土保持工程完工和投入使用后的第一个雨季结束时进行
水土保持设施和质量	观测各项治理措施的保护面积和设施保存情况、各类水土保持工程的数量和质量，以及水土流失治理度	水土保持设施和质量观测三次，分别在水土流失现状调查、各分项水土保持工程完工和公路工程试运行 1 年第一个雨季结束时进行
水土流失状况	水土流失状况调查主要调查土壤流失分布和面积，并实地测量土壤流失量	土壤流失状况观测多次，分三个时期进行，结合土壤侵蚀形式、土壤流失量调查进行
土壤侵蚀形式	水蚀形式包括面蚀和沟蚀，重力侵蚀形式包括陷穴、崩塌和滑坡	土壤侵蚀观测分三个阶段。第一阶段调查一次，在水土流失现状调查时进行；第二阶段，汛期（6~9 月）每月观测 1 次，最好选择在大暴雨过后立即调查；第三阶段调查一次，在公路工程试运行 1 年的第一个雨季结束时进行
拦渣工程效果	指土料场、开挖段表层腐殖土堆放场、服务区的拦渣墙（编织土袋挡土墙）。监测指标包括拦渣围堰的个数、规格、拦渣量和保护与维修情况等，并根据拦渣量计算拦渣率	在拦渣墙修建初期及投入使用期间的汛期每月监测一次
护坡工程效果	指主线路基、取土场坡面的防护工程。监测指标包括护坡工程的个数（处）、主要措施及规格、减少水土流失量和保护与维修情况	对于永久工程（包括植物措施工程）在护坡工程修建初期和水土保持工程完工投入使用后第一个雨季结束各进行一次观测。对于临时工程（如塑料薄膜路基边坡防护工程）则投入使用期间汛期每月观测一次

1．常规环境、水保监测

每次监测工作结束后一周内，监测单位应汇总监测数据，编制监测数据报表，并上报环监办审查。

环监办每半年汇总 1 次环境质量监测报告和水土保持监测报告，以备自治区环保局和自治区水利厅核查。

环境监测站、水土保持监测站每年 1 月 30 日以前提交上一年度监测年报。

环境监测报告编制内容应符合《国家环境监测报告编写技术规定》规定，水土保持监测报告编制内容应符合《水土保持生态环境监测网络管理办法》规定，同时还应包括施工中应加强监控的方面、解决措施以及下一阶段监测重点等内容。

环监办对监测报告进行审批，由总监签认后下发驻地办、环境监理小组和各施工单位。

2．抽测

（1）敏感点噪声抽测；

（2）雅江水质和污水水质抽测（COD，SS，石油类）；

（3）沿线村庄和学校的 TSP 和 NO_2 值；

（4）沿线的临时用地的生态恢复情况，路域植被生长情况。

环境监理工程师抽测并记录结果，将结果报告高监，高监审核后报环监办审批，并下发施工单位。一旦发现超标，将严令施工单位进行整改。

西藏自治区环保局和林芝地区环保局可在适当时期进行抽测，及时发现项目中的环保问题并提出整改。

（五）监测费用

以环评报告、水保报告为依据，由施工期环境监测合同和水土保持监测合同确定。

八、环保人员培训计划

（一）目的

通过培训，使有关单位环境管理人员了解国家、交通部和西藏自治区有关建设项目环境保护法律、法规，熟悉本项目的环境保护目标、环境保护措施以及施工期环境保护要求，为施工期环境保护计划的顺利实施奠定基础。

（二）组织单位及实施机构

组织单位：西藏自治区交通厅
实施机构：交通部科学研究院
在施工单位、监理单位确定后、项目开工建设以前，由西藏自治区交通厅委托交通部科学研究院开展施工期环保人员培训。

（三）培训对象

（1）各施工单位项目经理、主要工程技术负责人及专职、兼职环境保护管理人员；

（2）环监办、驻地办以及环境监理小组环境监理工程师及有关人员；

（3）交通厅及项目办主要负责人及有关环境保护管理人员。

（四）授课内容

授课内容主要包括以下几个部分：

（1）国家、交通部、西藏自治区对建设项目管理中有关环境保护、水土保持等方面的法规、文件及有关要求；

（2）其他工程在环境监理工作实践中的经验和教训；

（3）本工程在设计中提出的环保措施及施工期的环保要求；

（4）本项目工程环境监理实施方案。

（五）课程设置

课程设置见表23。

表 23　米朗公路环境保护管理人员培训课程表

序号	课程名称	课时
1	公路建设项目环境保护及环境监理法规及标准	4
2	其他工程在环境监理工作实践中的经验和教训	4
3	公路环境监理实施过程中问题和疑难解析	4
4	本工程环保要求和工程环境监理实施方案	4

（六）培训时间

在施工单位、监理单位确定后、项目开工建设以前进行。

九、方案实施保障措施

（一）加强组织领导，明确责任

加强公路施工阶段的环境管理与监控，控制施工阶段的环境污染和生态破坏，是做好整个公路建设项目环境保护工作的关键。各施工单位和监理单位应高度重视，切实加强领导，做好各项措施的落实工作。

西藏自治区交通厅成立工程环境监理领导小组，主管副厅长担任组长，交通厅环办主任和质监站站长担任副组长，全面指导西藏自治区公路工程环境监理的开展和实施。米朗公路项目办成立以主任为组长、总工为副组长、各职能科室负责人为成员的公路施工期环境保护领导小组，项目办具体负责施工期环境保护方案的实施工作。

环监办具体负责工程环境监理方案的实施和管理。

各施工单位成立以项目经理为组长、主要技术负责人为成员的项目经理部环境保护实施小组，按照实施方案的要求落实施工期环境保护措施与要求。

驻地办和工程环境监理组，具体执行施工期工程环境监理工作。

（二）加大监督检查力度，确保各项环保措施的落实

施工期间，以工程环境监理为核心，以施工期环境监测、水土保持监测结果为依据，加大对施工过程环境保护的监督检查力度，切实抓好环境影响报告书、水土保持方案报告书提出的环保措施的落实工作。环监办制定施工期工程环境监理规划，督促检查驻地监理组的工程环境监理工作。驻地环境监理工程师应按照工程环境监理方案的要求，加强现场巡视和检查，做好各项环保措施实施的监理工作，将环境保护与进度支付相结合，督促施工单位搞好环境保护工作。

（三）建立施工期环境保护专家咨询机制

项目施工期间，由项目办长期聘请国内有关公路环境保护专家担任本项目的环境保护顾问，对公路工程施工全过程开展环保专家咨询。在重大环境决策过程中，充分征求有关环保专家的意见和建议，科学决策。

（四）落实营运期环境影响减缓措施的设计和施工

由项目办根据项目环境影响报告书、水土保持方案报告书提出的营运期环境影响减缓措施，落实相关环保工程（绿化工程以及污水处理设施等）的设计单位，签订环保工程设计合同。

由项目办负责组织环保工程的施工招投标工作，各环保工程单独招标，落实施工单位。

（五）实施交竣工环保验收制度

各项单位工程（路基、路面、桥梁等工程）在完工前，由米朗公路环监办负责组织工程处、驻地办和环境监理小组对单位工程进行环保验收检查，符合环保要求的单位工程签发《单位工程环保验收合格证书》。只有经环保验收通过的单位工程，方可进入下一单位工程的施工。

项目交工验收前，由工程处组织项目办其他部门、工程环境监理单位、施工单位以及地方环保、水保部门有关环保、水保专家对整条公路的环保（水保）工作进行专项环保验收，环保验收通过后方可进行工程交竣工验收。

同时，在项目各项环境保护设施完成后应及时进行竣工验收，由项目办委托有相关资质的单位开展项目竣工环保验收调查，接受由有关环保、水保主管部门组织的专家进行的工程竣工环境保护验收。

（六）资金保证措施

本项目工程环境监理费用主要包括监理方案编制费、监理工作人员费、环境监理培训费及相关仪器设备费，共计310万元。

由项目办负责落实环境保护工程措施和水土保持措施的建设资金，制定严格的经费管理办法，专款专用，确保环保、水保工程和措施的顺利实施。

（七）开工建设后的补救工作

针对项目已开工建设，项目办应做好下列补救工作：

（1）补充施工、监理合同条款

由项目办对施工、监理合同条款进行复核，施工合同中应补充对施工单位环保管理人员配备要求条款，要求施工单位设立安全环保部具体负责本单位施工期环境保护工作，配备 1 名专职环境保护管理人员。各施工队均配备 1 名兼职环境保护管理人员，负责本施工队的环境保护工作。监理服务合同中应补充工程环境监理内容。

（2）核查已施工工程的环保措施

在本方案经交通厅审查批准后，建设单位应根据本方案及环保、水保方案报告书的要求，对已开工工程的环保措施进行核查，针对已经出现的问题采取补救措施。

专家点评

按照《建设工程监理规范》（GB 50319—2000）术语，监理规划是在总监理工程师的主持下编制、经监理单位技术负责人批准，用来指导项目监理机构全面开展监理工作的指导性文件，在《公路工程施工监理规范》（JTG G10—2006）中称为监理计划。监理大纲（监理方案）是用来承揽监理业务的，监理实施细则是根据监理规划，由专业监理工程师编写，并经总监理工程师批准，针对工程项目中某一专业或某一方面监理工作的操作性文件。监理大纲（监理方案）、监理规划（计划）和监理实施细则三者，从编写时间、编制人员、编写内容、所起作用都是有所区别的，对于较小的建设项目有比较详细的监理规划时，也可以不再编写监理实施细则。

环境监理方案、规划是否要通过评审，没有条文明确规定，目前在工程环境监理试点阶段，根据监理项目的情况，有选择地进行评审还是必要的。其好处是可以使环境监理人员目标更明确，任务更清晰，缺点是程序复杂、费用增加。

本案例的特点

1. 环境监理规划的主要内容应有：工程项目概况、项目环境保护要求与措施、监理工作范围、监理工作内容，监理工作目标、监理工作依据、项目监理机构的形式、人员配备、岗位职责、监理工作程序、工作方法及措施、工作制度及监理设施等。该规划内容全面，增加了施工期监测计划、环保人员培训计划和整个方案实施保障措施，能紧密结合当前公路工程环境监理试点工作实际，凸显了环境监理规划的专业特点。

2. 在对各施工标段的环境敏感点，保护目标与重点监理对象描述中说明：由于所监理的路段设计线路有部分改动，沿路标号发生变化，且环境影响评价报告书编制较早，所以，路段内的取土场、砂、场、料场等临时用地都与环境报告书中不同。显现监理规划的编制是在详读了环评报告、设计文件等以后完成，弥补了环评报告的不足，避免了施工期各施工标段实际环境敏感点、保护目标、重点监理对象与环境监理的脱节。该监理规划同环评报告中的对策措施相比，更具有针对性和可操作性。

3. 本项目是一条旧路改造工程，与新修公路在环境监理上有不同之处，监理规划对施工便道的生态保护与恢复提出了宜采用半幅施工、集中力量突击抢建，规定定时开放交通时间等措施，是新建公路中不常见的。环境监理也要考虑"以新带老"，既要关注新建公路的环境监理也要关注改建公路的环境监理，不能是对新修公路要求严而对旧路改造要求宽。

4. 《水土保护法》规定国务院水行政主管部门主管全国的水土保持工作。环境监理机构能否承担水土保持的监理工作，一是看环境监理单位的人员结构、素质和实力，二是看项目业主的委托与授权。在实际监理工作中尤其是铁路、公路、矿山开采工程项目，环境监理常担负有水土保持的监理工作，熟悉水土保持、生态保护的工程措施和生物措施十分必要。

5. 施工期环境管理规划中所列"环境保护押金制度"是矿山地质行业"环境治理保证金制度"在交通工程中的灵活应用，在其他环境监理规划中尚未见到。环境保护押金制度的推广可以调整环境监理人员的责权关系，有利于环境监理制度的实施。

该环境监理计划中明确指出："本项目在全面开展环境监理之前已经开工建设"。对环境监理的介入时段有一个界定，这是应当的，这样可以划清责任，日后避免不必要的纠纷。

6. 对各级环境监理人员组成及要求方面，环监办专职环境监理工程师应具有工程师以上职称，环保专业，熟悉公路监理工作；兼职环境监理工程师具有工程师以上职称，路桥专业，取得交通部颁发监理工程师资格证书；驻地环境高监、专职环境监理工程师取得交通部颁发的监理工程师资格证书；驻地办、环境监理组，从事环保达标监理和环境工程监理的所有人员均要参加项目办组织的环境监理工程师培训合格后上岗。层次专业要求明确，结构组成得当。

7. 监理本身就是要严格执行工程建设程序，环境监理也是一样，本案例所提出的施工准备期、施工期、交工验收及缺陷责任期三阶段环境监理程序和方法，不但交通工程适用、其他工程也同样适用。特别是环保工程的监理从设计监理、施工放样、材料规格质量控制、工序质量控制、工程质量检验评定到单位、分部、分项工程划分及单位工程完工环保验收，实现了环境监理和工程监理的有机结合，为其他工程项目环境监理提供了参照依据。

不足之处是该环境监理规划引用项目环评文件、水保文件内容太多，施工期环境管理计划与工程环境监理实施计划多有重复；项目办与环监办的关系、环境管理机构、环境监理机构职能和各级环境监理人员岗位职责区分不清；环境监理规划不是为了承揽监理业务，所以，"环境监理费用估算"在环境监理规划中不宜再列。

案例2　驻马店市蚁蜂生活垃圾填埋场工程环境监理实施细则（节录）

一、项目概况

驻马店市苇子冲固体废物处置有限公司提出了"驻马店市蚁蜂生活垃圾填埋场工程"项目，并委托中国市政工程中南设计院编制了《驻马店市蚁蜂城市生活垃圾填埋场工程项目可研报告》。

驻马店市蚁蜂生活垃圾填埋场地处河南省中南部，驻马店市确山县蚁蜂镇境内。东距驻马店市 19 km，西距蚁蜂镇政府 2 km，商桐级公路从厂址南经过，交通十分便利。

根据对拟建场址的建设条件及库容进行初步估算，服务年限 15 年，工程建设期 1～2 年，工程建设规模为日均处理垃圾 550 t。项目总投资 7 119.84 万元。

项目组成及其规模见表 1。

表 1　蚁蜂生活垃圾填埋场项目组成及规模

序号	项目名称	工程规模	工程量	备注
1	卫生填埋场	填埋场总库容为 297 万 m³，有效库容为 263 万 m³，服务年限为 15 年	填埋区占地 220 亩①	
2	渗滤液处理站	日处理渗滤液 200 m³	渗滤液处理站占地 8.78 亩①	
3	调节池	库容 15 000 m³	占地 12.5 亩①	
4	管理区		占地 10.6 亩①	
5	维修区		占地 5.5 亩①	
6	沼气焚烧处理站			
7	进场道路（包括环场道路）	宽 7.0 m，总长 1 180 m		
8	供电	10 kV 配电系统，另设一台 200 kW 柴油发电机组作为备用	距场区 1 公里的变电站引一路 10 kV 电源	

① 1 亩=1/15 hm²。

二、项目环境监理依据（略）

三、环境监理的目的及任务

实施环境监理的目的是强化施工期的环境管理，使施工现场的环境监督、管理责任分明，目标明确，并贯穿于整个工程实施过程中，从而保证环境保护设计中各项生态保护、环境保护措施能够顺利实施，保证施工合同中有关生态保护、环境保护的合同条款切实得到落实。

工程施工阶段的监理任务一是监督；二是组织协调；三是目标控制。具体包括以下内容：

（1）了解掌握项目对地面水、地下水、基本农田所造成的影响、保护措施落实情况，以及生态保护、各类污染防治措施的施工计划和各项环保资金的落实情况，及时协调解决存在的问题。

（2）对项目环保工程的质量、费用、进度实施全过程监控，严格要求，防止出现问题，确保工程运营后能长期、有效地发挥环境效益和社会效益。力保施工期水、气、噪声、生态各项环境质量目标不降低。

（3）按照国家环保总局和省、市环保局的要求，对工程建设工程中的环境保护与环保设施施工进行旁站、巡视或环境质量监测，发现问题及时提出建议和协调解决，并分别向建设单位和环保部门报送监理月报或阶段报告。

（4）参与工程环保竣工验收并提交环境监理工作总结报告，对建设项目在建设工程中执行环境保护法律法规、标准、规范、程序和各项规定措施落实情况进行评价与总结，作为工程竣工验收的重要依据。

四、环境监理机构

本项目业主委托有工程监理同时委托有环境监理，二者对同一个工程实施各有侧重的平行监理，项目环境监理设置环境总监办，配置环境总监理工程师 1 人，专业环境监理人员 2 人及其他临时工作人员。工程总监办与环境总监办合署办公。

五、本项目环境监理的原则要求

（一）工程环境监理的内容和要求

工程环境监理主要包括环保达标监理和环保工程监理。环保达标监理是使施工期的环境质量达到环境质量标准，污染物排放如废气、污水、噪声等应符合环境保护有关标准的要求。环保工程监理是指主体工程及辅助工程应符合环境保护设计规定要求，包括：生态环境保护，水土保持，基本农田、文物古迹、遗地、水源地的保护，污水处理设施、扬尘防护、排水工程、绿化等在内的环保设施建设的监理。

各施工单位应根据本项目的《环境影响报告书》和《设计文件（环保篇章）》的内容及要求，结合施工现场的地形、地貌及生态现状和设计、施工要求，制订切实可行的环境保护实施方案，报环境监理单位审核后执行。驻地办应根据本项目的《环境影响报告书》、《初步设计文件（环保篇章）》的内容及要求和各施工单位经审核的环境保护实施方案，制订本工程各施工区域的环境保护监理工作计划，开展环境监理工作。

（二）环境监理的资料

工程环境监理资料与工程监理资料是一致的，主要包括：

（1）监理例会及日常工作记录：①监理日志中记录当天环境监理的工作内容；②监理日报中记录发生环境影响时采取的措施以及执行情况。

（2）环境监理月报：在监理月报中增加环境监理内容，主要描述施工中土地和耕地占用、对区域地表水、环境空气和声环境的影响、主要废弃物（工程、生活）的处理、相关环保设施的建设等情况，本月环境监理工作内容，施工中发生环境影响时采取的措施以及执行情况。

（3）与业主、施工单位往来函件。

（4）开工、施工、竣工、试运行等各重大活动，工程重大变更的图片、照片、声像资料等。

（5）环境监理报告。

（三）环境监理的考核

监理单位每半年对环境监理工作进行一次考核，主要考核驻地办对国家和地方有关的环境保护法律、法规和文件以及指挥部相关文件的执行情况、环境监理工作开展情况和各施工单位施工现场环境保护的现状。环境监理工作完成后，驻地办应及时提交就工程环境监理情况的总结报告，该报告作为环保单项验收的资料之一。

六、填埋场施工阶段环境监理要点

承担环境监理的人员在施工阶段应执行的准备工作：审核施工组织设计、熟悉施工单位、施工现场、建立通信联系方式、审核施工环保计划等，对施工人员进行环保知识培训以及对于该阶段具体的施工行为进行监理。

（一）施工营地

本工程施工营地紧邻省道商桐路，对施工营地环境影响采取的主要措施：

（1）施工营地生活污水和洗车污水，不得排入《地表水环境质量标准》GB 3838—2002中所规定的Ⅰ、Ⅱ类水域。排入其他水域时，必须符合相应的水质标准，不符合时要进行水质处理，如油污水应进行隔油处理。机械和车辆由附近专门清洗点或修理点进行清洗和维修。

（2）生活垃圾堆放点应选择 30 m 范围内无生活用水和渔业用水体的废弃沟凹或废弃干塘。堆放点应无直通沟道与邻地相通。不得向垃圾点内排放生活污水。如施工人员集中，生活垃圾需增加处理设施和加强管理，人员较多时可增设垃圾筒。

（3）施工营地向周围生活环境排放噪声应当符合国家规定的环境噪声施工场界排放标准（GB 12523—90）。施工营地对环境影响最大的噪声源是备用的柴油发电机，应放置在室内，加强门窗隔声，并在进风口、出风口安装消声器。生活服务区应离开居民点 200 m 以远。

（4）自建宿舍，应配套建设简易厕所，简易厕所尽量建成有冲洗水和粪便回收装置的流动厕所。

（5）厨房应设置排风系统。

（6）生活区洗浴用锅炉应配套相应除尘设施，并确保废气污染物达标排放。

（7）营地紧邻省道，围墙外不足 5 m，人员、车辆出入应有交通协管员在岗，确保交通和施工人员安全。

（二）道路施工

本项目设计道路共分两段。A 段：由公路接入厂区，途径地磅房，全长 130.074 m，宽 9 m；B 段：从 A 段终点向库区围绕或环形行走，全长 1 549.492 m，宽 7 m。

临时施工道路的周围环境的潜在影响主要是对土地利用的影响和水土流失及扬尘等污染，例如临时施工道路的开辟和修筑以及运输车辆的行动会破坏地表植被，包括耕地、用地、林地以及牧草地等。主要防治措施有：

（1）严格规划临时施工道路的路线走向，以减少植被破坏为首要原则，尽量利用现有道路，若无现成道路可利用，则应严格控制施工道路修筑边界。施工结束后，必须恢复临时占用土地原有的土地利用功能。

（2）施工便道应保持平整，设立施工道路养护、维修专职人员，即时洒水、清洁，保持运行状态良好，减少扬尘污染。

（三）临时材料堆放场

临时材料堆放场的环境潜在影响是对土地利用的影响，为符合材料的堆置要求，料场的选址多位于地势较平坦的地域，通常不涉及耕地、园地、林地等。此外，物料的散失和飘散污染也会影响环境。主要措施和办法：

（1）材料仓库和临时材料堆放场应防止物料散漏污染。仓库四周应有疏水沟系，防止雨水浸湿，水流引起物料流失。

（2）水泥运输应采用密封罐车。

（3）HDPE 高密度聚乙烯防渗膜、土工布应注意防火、防刺、防掛。

（四）填埋区

施工中主要措施及防治：

（1）在施工前应明确清理对象和范围，对于古树名木等有保存价值的植物，应事先联系当地林业部门，采取移植等异地保护的方法加以保护。地表清理物应有专门的场地用以处置，不得随意丢弃。

（2）施工清场的树木、农作物、杂草，除部分可作为肥料外，应及时清运。

（3）施工中应加强施工管理，将临时占地面积控制在最低限度。

（4）对于临时占地和新开辟的临时便道等破坏区，施工结束后应当进行土地复垦和植被重建。

（5）对于施工过程中破坏的树木要制定补偿措施（主要是在平面布置图中拟建管理区及库区，即 x：45 182.518，y：482 860.23 到 x：45 358.578，y：482 943.332 区域的树木）。

（6）合理组织土方调配。

（7）道路管线施工应统筹安排。

（8）沙石料冲洗废水其悬浮物含量大，需建沉降池，悬浮物进行沉淀后排放。部分废水澄清后可用于工地洒水防尘。

（9）对于施工过程中因平整场地、建筑材料运输及装卸过程中产生的扬尘和临时堆料产生的扬尘，应采取专人定时洒水的防尘措施，以减轻对周围环境的影响。

（五）垃圾坝工程

（1）清理坝基、岩坡和铺盖地基时，应将树木、草地、树根乱石及表层的粉土，但砂磨填土淤泥等，均应清除干净。

（2）基槽内若遇水井，泉眼及洞穴，必须上报设计单位协商处理。

（3）基槽内，表面应平实，坝体填土必须在无水状态下进行。

（4）坝体施工采用分层碾压，压实系数不小于 0.95，护坡保护层，预制混凝土砌块下，50 mm 厚碎石层应拍实再上坐浆铺石层。

（六）截洪沟工程

（1）截洪沟走向原则上沿等高线布置，如施工中图纸与实际地武汉相差较大时，应按实际地形作相应调整。

（2）截洪沟下垫层为 C10 砼垫层，不得以砂垫层和碎石垫层等透水性强的垫层替代。

（3）截洪沟每 20 m 设一伸缩缝，缝宽 2 cm 缝内嵌沥青杉木条；地基度代处，另增设治降缝。

七、村庄搬迁工程环境监理要点

(一)村庄搬迁规划

本工程恶臭气体卫生防护距离为 500 m,场址 500 m 范围内有赵林村,该村属搬迁范围。

(二)村庄搬迁潜在环境影响

主要防范措施:

(1)统一规划、节约用地,应本着便利群众生产和生活的原则进行搬迁。

(2)业主应会同有关部门通过全面论证,进行新址预选。新址一般选在便利群众生产和生活的地方。

(3)新址选定后,必须报请驻马店市土地矿产资源部门和驻马店市人民政府批准同意后征用。

(4)新建房屋应充分考虑当地群众居住习惯及群众要求,经当地政府部门集中规划后,房屋应样式统一,结构紧凑,排列整齐,同样考虑建设村内道路、公共设施,并对村落进行植树绿化,将使居民的居住条件和生活环境得到改善。

(5)搬迁时对于古树名木等有保存价值的植物,应事先联系当地林业部门,采取移植等异地保护的方法加以保护。

(6)新址建设施工清场的树木、农作物、杂草,除部分可作为肥料外,应及时清运。

(7)对于临时占地和新开辟的临时便道等破坏区,施工结束后应当进行土地复垦和植被重建。

(8)对于施工过程中因平整场地、建筑材料运输及装卸过程中产生的扬尘和临时堆料产生的扬尘,应采取专人定时洒水的防尘措施,以减轻对周围环境的影响。

(9)旧址拆迁产生的建筑垃圾应统一收集,运往市政部门规定的垃圾填埋场。

八、环保、绿化工程环境监理要点

环保工程包括:调节池、渗漓液处理站、沼气焚烧处理站、施工场地生产生活污水处理、监测井、设备噪声治理、绿化工程等。

(一)调节池、渗漓液处理站、沼气焚烧处理站

1. 施工前监理要点

(1)设计图纸交底。

(2)场地勘察。

2. 施工中主要措施及防治

(1)排水管线设置、走向合理性检查。

(2)施工过程中,应当采取措施,控制扬尘、噪声、振动、废水、固体废弃物等污染。

(3)将弃土、弃渣于指定地点堆放,并采取防护措施,避免其流入水体。

（4）施工单位向周围生活环境排放噪声应当符合国家规定的环境噪声施工场界排放标准（GB 12523—90）。该阶段施工场界噪声限值为昼间 70 dB，夜间 55 dB。

（5）焊接的废弃物如电焊渣、废弃的焊材，应收集处理。

（6）油漆应妥善存放和使用，避免滴、漏影响水体和土壤。油漆包装物应统一收集处理，不应随意抛弃。

（二）施工场地生产生活污水处理

1．施工前监理要点

（1）设计图纸交底。

（2）场地勘察。

2．施工中主要措施及防治

（1）排水管线设置、走向合理性检查，设备安装检查。

（2）施工过程中，应当采取措施，控制扬尘、噪声、振动、废水、固体废弃物等污染。

（3）将弃土、弃渣于指定地点堆放，并采取防护措施，避免其流入水体。

（4）施工单位向周围生活环境排放噪声应当符合国家规定的环境噪声施工场界排放标准（GB 12523—90）。该阶段施工场界噪声限值为昼间 70 dB，夜间 55 dB。

（5）焊接的废弃物如电焊渣、废弃的焊材，应收集处理。

（6）油漆应妥善存放和使用，避免滴、漏影响水体和土壤。油漆包装物应统一收集处理，不应随意抛弃。

（三）监测井

鉴于该项目施工图设计中，没有按照环评报告中设置地下水监测井，因此施工中主要措施及防治：重点是落实监测井的位置、数量、深度，利于施工期、运营期的监控和环境监测采样。

（四）设备噪声治理

主要防治措施：

（1）高噪声设备禁止夜间作业。

（2）隔音间建设应合理规范。

（3）设备安装中焊接的废弃物如电焊渣、废弃的焊材，应收集处理。

（五）水土保持措施

本工程对水土的影响是工程施工期见的土地占用、临时修筑的运输道路、施工材料的堆放、施工弃土堆放等占用或破坏部分人工植被和天然植被；另外对施工过程中形成的高挖方或填方边坡如处理不当造成的塌方，引起水土流失；施工弃土土质松散，易被降雨和地表径流冲刷流失，若处理和管理不善，易引起水土流失、淤塞渠道和河道。主要防止措施如下：

（1）对于管理区、维修区、渗漓液处理站及填埋库区在场地平整过程中的多余土石方，设置临时堆放场，场地周边设置排水沟防护。多余土方用于垃圾填埋覆盖及库底填方，弃渣及时外运处理。

（2）对覆盖土源取土场区取土后的场地采取坑凹回填，对取土后形成的开挖边坡采取浆砌块石护坡等措施。

（3）在施工开挖过程中形成的永久性的边坡，视其边坡坡度情况采取浆砌块石护坡、浆砌块石方格草皮护坡、浆砌块石挡墙护脚等措施，并在护坡边沿设置砌石排水沟，以利于坡面径流、地下水流等的通畅排出。

（4）对生产管理区、维修区、渗漓液处理站各建筑物周边，种植草皮及各种乔木、小灌木。

（5）对进场道路两侧种植常绿小灌木。

（6）对覆盖土源取土场开挖形成的高陡岩面以及不易采取工程措施处理的边坡，设计布置攀缘植物，防止裸露岩面快速风化，美化环境。

（7）对各种填方和挖方形成的低缓边坡或其他小于土壤自然稳定坡度（30°），且受到扰动的边坡采取草皮护坡处理。

（六）绿化工程

1. 施工前的准备
（1）施工图纸交底。
（2）施工组织设计审查。

2. 施工期间监理要点
（1）种植材料和播种材料的要求。
（2）种植前土壤的要求。
（3）种植穴、槽的要求。
（4）苗木种植前的修剪。
（5）树木的种植。
（6）草坪、花卉的种植。

3. 工程验收
配合工程监理，按《城市绿化工程施工及验收规范》（JJ/T 82—99）执行。

（七）环境监测计划

施工期间环境监测计划
垃圾处理场区及其周围附近地区设置地下水监测井。根据工程所在区域地下水流向等因素，在垃圾场的填埋场两旁 30～50 m 处各设一个污染扩散井；填埋场地下水下游 30 m、50 m 处各设一个污染监测井；地下水上游 30～50 m 处设一个本底井。对上述监测井在填埋场使用前监测一次本地水平，具体监测项目是：pH、COD_{Cr}、SS、NH_3-N、TP、TK、氯化物、细菌总数、总大肠菌群、硬度、硫酸盐。

建设项目施工期间和营运期间的环境监测可委托有资质的环境监测单位承担，每次监测应编制监测报告提供给业主和承包商。监测报告至少应包括数据统计、简要分析、现阶段措施建议以及下一次监测方案调整等。

（八）环保工程投资、质量、进度控制与合同管理

根据本项目环评报告书及初步设计文件的要求，本项目环保措施及投资估算为：

表 2　环保投资一览表

序号	类别			投资额（万元）
1	工程防渗措施			1 986.18
2	废水治理			300
3	填埋气体焚烧站			80
4	绿化			26
5	金属防护网			32
6	设置地下监测井			10
7	环境监测仪器设备			75.5
8	封场生态恢复			45
9	垃圾运输车	20	50	100
10	渗沥液运输车	2	100	200
11	环境监理		30	30
	合计			2 884.68

本项目环保投资为 2 884.68 万元，占总投资的 40.5%。

1. 环保投资控制内容

项目环境监理机构的监理工程师应根据现场调查和计量，检查前述各项环保设施及配套工程的建设进展情况，了解并掌握按施工合同的约定审核工程量清单和工程支付申请表，报总监理工程师审定。

环境监理工程师会同工程专业监理工程师审核环保设施承建单位报送的竣工结算报表。

总监理工程师审查环保设施竣工结算报表，与业主、承包商协商一致后，签发环保设施竣工结算文件和最终的工程款支付证书，并报业主。

环境监理单位应根据施工合同的有关条款、施工图，对上述环保防治措施工程项目造价进行分析。总监理工程师应从造价、环保工程的功能要求、质量和工期等方面审查工程变更的方案，并在工程变更实施前与业主、承包单位协商确定工程变更的价款。

环境监理工程师应及时建立完成环保工程量和工作量统计表，对实际完成量与计划完成量进行分析比较，在监理月报中向业主报告。

最终目标使各项环保措施的资金落实到位，资金额控制在环境影响评价报告书批复和初步设计中确定的环保投资范围。

2. 环保工程（设施）进度控制

总监理工程师审核环保工程承建单位报送的施工总体进度计划和年、季、月度施工进度计划。

环境监理工程师和监理员对环保工程进度的实施情况进行检查、分析、记录实际进度和其他相关情况。当发现实际进度滞后于计划进度时，应商同专业监理工程师签发监理工程通知单，指令承包单位采取调整措施；当实际进度严重滞后计划进度时，应及时

报总监理工程师，由总监理工程师同业主商定，采取进一步措施。

总监理工程师在监理月报中向业主报告环保工程进度和所采取的进度控制措施的执行情况，并提出合理预防由业主原因导致的工程延期及相关费用赔偿的建议。

3．环保工程质量控制内容

环境监理工程师应会同工程专业监理工程师对环保工程承包单位报到的拟进场工程材料、构配件、设备报审表及其质量证明资料进行审核，对环保控制措施的实施进行跟踪检查，看是否符合设计的质量要求，一经发现问题，及时通知业主、施工单位或承包商，要求其共同合作，完成环保工程（措施）质量。

对未经监理人员验收或验收不合格的材料、构配件、设备，监理人员应拒绝签认，并应签发监理工程师通知单，书面通知环保工程承包单位或者施工单位，限期整改，保证环保工程质量。

总监理工程师安排监理人员对施工全过程进行巡视和检查。

对未经监理人员验收或者验收不合格的工序，监理人员应拒绝签认，并要求环保工程承包单位严禁进行下一道工序。

对施工过程中出现的质量缺陷，环境监理工程师应会同工程专业监理工程师下达监理工程师通知，要求环保工程承包商整改，并检查整改结果。

环境监理人员发现环保工程施工存在重大质量隐患或者施工不符合环保设计要求时，应通知总监理工程师下达工程暂停令，要求承包商停工整改。整改完毕，经环保监理人员复查，符合规定要求后，总监理工程师应及时签署工程复工报审表。

总监理工程师下达工程暂停令和签署工程复工报审表，应事先向业主报告。

4．合同管理

（1）合同管理的依据

a．业主与承包商签订的施工承包合同文件；

b．国家和河南省有关法令、法规或规定；

c．业主与承包商在施工过程中签订的补充协议；

d．有关规定、标准和规程；

e．业主监理和承包商在施工过程中产生的有关文件或记录；

f．第三方对工程做出的科学结论。

（2）合同管理原则

a．合同管理的总原则："全面监督，重点控制，环保专项管理"。

b．合同原则：环境监理工程师对合同事宜的处理应严格遵循合同文件确定的范围、原则、方法和程序。

c．以事实为根据：环境监理工程师对合同事宜的处理，应以发生并确切记载的事实为依据。

d．科学和公正原则：环境监理工程师对合同事宜的处理应做到科学、公正。

（3）合同管理的方法

根据合同管理的依据，对合同事宜继续客观和科学的评估，从而得出结论是合同管理的最基本的方法。

（4）施工合同文件组成及解释顺序

根据规定合同文件应能互相解释、互为说明。除专用条款另有约定外，组成合同的文件及优先解释顺序如下：

a. 施工合同协议书

b. 中标通知书

c. 投标书及其附件

d. 施工合同专用条款

e. 施工合同通用条款

f. 标准、规范及技术文件

g. 图纸

h. 工程量清单

i. 工程报价或预算书

合同履行中，发包人（业主）与承包商（施工单位）有关工程条款的洽商、变更书等书面协议或文件视为合同的组成部分。

（5）工程变更的一般规定

a. 任何对原工程形式、数量、质量和内容的改变，统称为工程变更。

b. 业主、监理和承包商都可以提出工程变更，但任何工程变更必须以监理工程师签发的经业主批准的工程变更通知和工程变更令为准，并由监理工程师监督承包商实施。

c. 工程变更应符合国家现行规范、规程和技术标准，内容表示准确，图示规范。

d. 工程变更的内容应及时反映在合同施工图纸上。

e. 工程变更涉及的费用增减按照合同文件有关规定办理。

（6）工程变更的办理程序及工程延期、索赔按工程监理的一般程序进行

九、环保工程交工验收及缺陷责任期环境监理要点

交工验收是指从监理工程师收到施工单位提交的合同工程交工验收申请之日起到交工验收签发合同工程交工证书止，缺陷责任期是指合同工程交工证书签发之日起到施工单位获得合同缺陷责任终止证书之日止。

完工后的环境监理工作内容主要有施工队退场前的环境监理预验收工作，以及整理资料、编写监理总结，协助业主准备竣工环保验收工作等。

（一）交工验收的前提

1. 提交交工申请。

2. 工程实际已完成。

3. 工程检验合格。

4. 现场清理完毕（包括工程现场、临时用地、材料现场等），结果令人满意。

5. 交工资料齐全。

（二）缺陷责任期环境监理主要内容

1. 核查承包商缺陷责任期工作计划执行情况，发现问题及时处理；

2．经常检查已完工程，重点是质量缺陷及修复情况；

3．对缺陷责任发生的原因和责任继续调查，并对非承包商原因造成由承包商继续修复的质量缺陷，做出费用评估。

（三）签发缺陷责任期终止证书的必要条件

1．监理工程师确认承包商完成全部剩余工作；

2．全部剩余工程质量得到监理工程师认可；

3．承包商提出书面申请。

专家点评

对于环保工程不少人认为不需要环境监理，一是认为项目的建设本身就是为了保护环境，二是认为这完全是工程监理的事没有必要环境监理介入。本案例也给人一个启示：施工图中没有按项目环评报告书要求设置地下水监测井，这是设计缺陷。工程监理人员不一定都能看到监理项目的环境影响报告，但判别垃圾填埋场渗滤液影响地下水质情况重要的环境监测设施——监测井，是环境监理人员非常关注的。环境监理人员提出设计缺陷，这是环保专业人员的技术优势，也是"三同时"环保设施竣工验收的要求。环境监理人员在图纸会审与设计交底中，同工程监理一样能够发挥重要作用。

要不要进行"村庄搬迁环境监理"这是比较重大的问题。在交通工程中称作"社会环境监理"。虽然项目环评报告书对卫生防护距离提出明确要求，但村镇居民搬迁常涉及拆迁补偿、耕地占用、移民安置等一系列重大事项，也常是工程建设多发阻工现象的主要原因。从拆迁规划到居民的搬迁实施是当地政府应完成和落实的事情，环境监理机构只能办力所能及的事项。

该案例从填埋库区、垃圾坝、截洪沟、道路施工等分部、分项工程编写环境监理实施细则也是一种尝试。环境监理实施细则应体现专业工程的特点，其主要内容应包括环境监理工作流程、环境监理工作的控制要点及目标值、监理工作的方法及措施，实施过程中还要根据实际情况进行补充、修改和完善。

不足之处是作为实施细则不够"细"，对于防渗膜、土工布的铺设、盲管的连接、应采取的旁站、见证部位，如何与工程监理衔接等缺乏控制和可操作性。

案例3　国道主干线（GZ40）二连浩特—河口公路
水富至麻柳湾段工程环境监理规划（节录）

一、总论

水富至麻柳湾段高速公路位于云南省昭通市水富、盐津、大关三县境内，是国道主干线（GZ40）二连浩特—成都—昆明—河口公路滇境昆明至水富公路中的一段。该项目的建设不仅对完善我国公路网具有十分重要的意义，同时作为一条扶贫路对于带动沿线社会经济发展、加快沿线人民脱贫致富的步伐具有极大的促进作用。

水麻高速公路建设指挥部于2004年11月委托交通部环境保护中心承担了该项目的

环境监理方案编制及相关工作。

（一）监理目的

公路建设项目不同于其他工业类型的建设项目，其规模大，建设周期长，工程的可变性和不确定性大，工程的实施内容与项目的工可研报告存在较大的差异，因此，项目的环境影响报告书中往往因工程的不确定性而对项目的环境影响评价不充分，措施针对性不强。另一方面，由于工程规模大，工期紧凑，环评报告中的一些环保措施也得不到落实，施工过程中会造成严重的、难以恢复的不利影响。针对公路建设项目环境影响特点，本项目环境监理的目的为：

（1）对项目的环境影响报告书提出的环保措施与国家环保总局、交通部环办批文的落实情况进行全面监理，使项目的环保措施落实到实处；

（2）对施工过程中主要的环境影响问题（生态环境影响）进行全面监控，使项目可能引起的水土流失、地表破坏、生物隔离等不利影响减小到最小限度；

（3）对施工过程中可能发生的水质污染、噪声扰民、扬尘污染、妨碍交通等因素进行监控，及时处理污染事件。

（二）监理意义

通过对本项目展开环境监理，同时结合其他试点的经验，对工程监理承担环境监理的可行性、工作内容、监控方法、管理模式等，对环境监理涉及的方法、内容、过程、文档管理等，对环境监理与主体工程监理的关系等进行实践研究，这对于进一步开展公路工程环境监理有着重要意义。

（三）监理依据（略）

（四）监理内容（略）

（五）监理范围

本工程环境监理的监理范围与环境影响评价的评价范围基本一致，详见表1。

表1　监理范围一览

监理对象	监理范围
社会环境	公路中心线两侧各 200 m 内的基础设施、文物古迹、风景名胜
生态环境	生态环境监理范围为拟建公路中心线两侧各 500 m 范围；对于水土流失监理扩大到取土场、弃土（渣）场、施工辅道、连接线
水环境	拟建公路中心线两侧各 200 m 范围内所涉及水域
环境空气	拟建公路中心线两侧各 200 m
声环境	拟建公路中心线两侧各 200 m

（六）监理方式

水麻公路环境监理采用全线由工程监理担任或兼任环境监理的监理模式。全部监理人员由具有监理工作资质的公路监理工程师组成。

二、工程概况

水富至麻柳湾公路工程起点 K0+000 位于水富伏龙口（H-316 m），接四川省宜宾至水富高速公路止点处；止点 K132+527 接已建成的昭通至麻柳湾二级公路止点 K92+683（H-640 m）。路线全长 135.55 km，比原有老路缩短里程 9 km。水富县境内 48.11 km，盐津县境内 61.30 km，大关县境内 26.14 km。

路线所经主要河流为：关河、庙口河、串丝河、黄坪溪、冷水溪、上清河、会同溪。

路线所经乡镇有：水富县的云富镇、楼坝镇、太平乡、两碗乡；盐津县的串丝乡、普洱渡镇、中和乡、豆沙乡；大关县的吉利乡、寿山乡。

本段公路全线以挖方为主，土石方总数量为 1 578.05 万 m³（不含立交区），平均每公里土石方 11.9 万 m³。

表 2　路基土石方数量　　　　　　　　　　　　　　　单位：10^4 m³

工程段	路基土石方	每公里土石方	备注
水富至普洱渡	675.880 5	9.799 1	9～13 合同段不含隧道弃渣
普洱渡至麻柳湾	902.168	13.551	

全线共设置特大桥 27 座，长 33 286 m（单座、单幅长，下同）；大桥 249 座，长 56 598 m；中桥 83 座，长 5 413 m；小桥 4 座，长 110 m；石台钢筋混凝土盖板涵 123 道，长 2 875 m。全线桥梁占路线总里程的 35.2%。

全线共设隧道 20 处，其中分离式长隧道 5 座，单洞长 17 617 m，中隧道 10 座，单洞长 7 270 m，短隧道 4 座，单洞长 665 m，隧道占路线总里程的 9.5%。

全线设置互通式立交 7 处，跨线桥 2 座，通道 45 处，预留串丝立交。

沿线共设置收费及收费设施 9 处，管理设施 6 处，服务设施 4 处。

根据《工可》路线方案，按交通部颁布《公路工程技术标准》要求，水富至麻柳湾段告诉公路拟按四车道高速公路标准建设。其主要技术指标如表 3 所示。

表 3　主要技术指标

指标名称	单位	水富至普洱渡段	普洱渡至麻柳湾段
公路等级		高速公路，双向四车道	
综合里程	km	68.973 99	66.575 60
计算行车速度	km/h	60	
路基宽度	m	22.50（11.25）	22.5
行车道宽度	m	4×3.50	
平曲线最小半径	m	197/1	125
最大纵坡		6%	
桥涵设计荷载		汽车——超 20 级，挂车——120	

按"可行性研究"的实施计划，本项目拟分两段两期建设，水富至普洱渡段在 2003 年开工，2006 年初竣工；普洱渡段至麻柳湾段 2004 年开工建设，2007 年初竣工。施工期均为 3 年。

水富至麻柳湾段公路全长 132.527 km，总投资 80.8 亿元，平均每公里造价 6 096.9 万元，其中：水富至普洱渡段长 65.8 km，投资 37.49 亿元，评价每公里造价 5 697.3 万元；普洱渡段至麻柳湾段长 66.727 km，投资 43.31 亿元，平均每公里造价 6 490.9 万元。

三、环境监理规划制定基础

（一）环境影响报告书（略）

（二）水土保持方案报告书（略）

（三）使用林地可行性报告

1. 项目区背景情况

（1）项目区森林资源

项目区多为沿河（沟）线，由于人为活动频繁，森林植被已遭很大程度破坏，其密度低、种群少而杂，多已衰败为灌木林、次生植被和人工植被。在局部地区分布有以壳斗科为主的中山湿性长绿阔叶林和以壳斗科、樟科、山茶科为主的亚热带季风长绿阔叶林，其他以人工杉木林、经济林、竹林分布较为广泛，它们的分布与居民点有密切的联系，以居民点及周围为集中分布区，远离居民区则很少。主要乔木树种有峨眉栲、石栎、木荷、滇杨、亮叶桦、三角枫、五角枫、檫木、龙眼、杉木以及其他阔叶树等；主要竹类有黄竹、慈竹、楠竹、水竹和罗汉竹等；主要经济树种有杜仲、苦丁茶、橘子、枇杷、核桃、板栗、黄柏、苹果等；主要灌木树种有盐肤木、羊蹄甲、青香木、马桑、苦檀子、悬钩子、火把果、矮刺栎、槭树、米饭花等，主要草本植物有蕨类、牛毛草、苫草、扭黄茅、飞机草、紫茎泽兰、白茅、金发草等。

项目公路位于云南省昭通市水富、盐津、大关三县境内。三县森林资源的具体情况可参见表 4。

表 4 公路沿线所经县森林资源一览

所在县	林地面积/hm²	占土地总面积比/%	森林覆盖率（含灌木）/%
水富	23 831.7	54.2	45.1
盐津	93 245.5	46.6	41.8
大关	99 581.8	57.9	49.1

（2）项目区域的野生珍稀植物资源

经调查，水麻高速公路工程建设项目区用地范围内涉及国家重点保护野生植物有国家一级保护植物南方红豆杉 11 株，鹅掌楸 40 株，金毛狗 309 颗；国家珍贵树种有国家二级保护植物滇楠[*Phoebe nanmu*（*Oliv.*）*Gamble*] 2 株。

（3）项目区域的国家重点保护野生动物资源

水富、盐津、大关三县行政区域内现已查明的国家一级保护野生动物有两种，即云豹[*Neofelis beiuiosa*]、野牛[*Bos gaurus*]；国家二级保护野生动物有 11 种，即黑熊[*Selenarctos thibetanus*]、穿山甲[*Manis nigricollis*]、大灵猫[*Viverra zibetha*]、白腹锦鸡[*Chrysolophus amherstiae*]、金猫[*Felis tenimincki*]、斑羚[*Naemorhedus goral*]、岩羊[*Pseudois nayaur*]、小灵猫[*Viverricula indica*]、丛林猫[*Felis chaus*]、秃鹫[*Aegypius monahus*]、红腹锦鸡[*Chrysolophus amherstiae*]等。

经调查，水麻高速公路工程建设项目区用地范围内无重点保护的野生动物分布。

（4）项目区域古树名木

经调查，水麻高速公路工程建设项目区用地范围内无古树名木分布。

（5）项目区域风景名胜情况

经调查，水麻高速公路工程建设项目区用地范围内无风景名胜古迹。盐津县豆沙关省级重点保护文物"五尺道"、国家级重点文物"唐袁滋题记摩崖"位于水麻高速公路同侧的石门关关口的半山岩；拟建公路在此处（K100＋200），位于"五尺道"、"唐袁滋题记摩崖"上方高程约 30 m 处设马家岩隧道（长 380 m）通过，公路建设总体上不会对这两处文物古迹产生重大影响，但前提是隧道施工时应采用掘进机开挖的方式，以免爆破振动对文物造成破坏。

2．野生植物保护措施

（1）工程措施

1）许多珍惜植物的生存环境为沟谷阴湿处。因此，应尽可能地维持河道的原貌，减少对河流进行改道，减少对河道和沟谷种草木的清理。

2）工程的取、弃土场所选择的场地是以灌草为主的次生植被和弃荒地，对原生植被没有直接影响；但是，由于该项目地处于河沟地段，到了雨季对施工影响很大，因此施工期应多选择在旱季施工，减少水土流失对自然植被（含珍稀植物）所产生的毁坏作业。

（2）施工措施

1）禁止在天然林内搭建施工营地；

2）禁止在天然林内设置其他临时用地；

3）禁止在天然林内丢弃生产生活垃圾和随意堆放建筑材料；

4）禁止在天然林内伐木、砍柴、采集（食用植物、药材等）、用火，枯木、风倒木等亦不得随意动用。

（3）管理措施

1）教育施工人员遵守国家和地方的法律及相关规定，自觉保护好天然林内的各种植物和自然景观。

2）在整个施工过程中，需设专人进行生态环境监理，监理人员必须是具有相关知识的专业技术人员。对于路线范围内植物的清理，应在生态环境监理人员指导下进行。

3）对于将受到破坏的国家重点保护野生植物，在施工前应尽可能地移植到邻近的林地中。移植时应采取就近原则、生态相似性原则、高成活率原则。

4）对于确实难以移植的重点保护野生植物（如高大乔木、部分附生植物和陡峭岩石上生长的植物），在施工前可采用采种的人工繁育手段进行就近繁殖，再将种苗移植到邻近的林地中，但人工繁育须经林业主管部门批准立项，在经费和技术保障情况下方能进行。

四、环境监理体系

（一）环境监理机构与职能

1．指挥部机构设置与职能（略）

2．环境监理机构与职能

（1）环境监理机构设置

水麻高速公路施工期环境监理采用融于工程监理体系之中的监理模式，并根据指挥部的机构设置确定环境监理执行三级（环境监理部、环境监理分部、环境监理组）监理体系，其机构设置如图1所示。

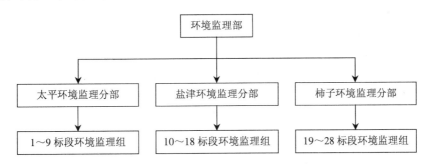

图1 水麻高速公路环境监理机构设置

（2）环境监理部

根据指挥部的机构设置，确定环境监理部由总监工程师办公室、安全保通处和征地拆迁环保办公室的负责人组成，环境总监由总监兼任。

（3）环境监理分部

根据分指挥部的机构设置，确定环境监理分部由总监代表以及综合办和工程技术质量科的部分人员（由总监代表指定人数和人员）组成，环境监理分部由环境总监代表负责主持所辖标段范围内的环境监理工作。

（4）标段环境监理组

标段环境监理组是确保做好公路施工中各项环境保护工作的第一线环境监理组织，由标段工程监理人员兼任，原则上各标段设1名生态监理工程师和1名水土保持工程师，共两名环境监理工程师，分别承担生态监理和水保监理的任务。具体来说，水土保持工程师负责水土保持监理，生态监理工程师负责生态监理、水环境监理、环境空气监理、声环境监理以及社会环境监理。

（二）环境监理工作内容

1．环境监理分类（略）

2．环境监理方法（略）

（1）旁站

（2）巡视

（3）检测

3．主要工作环节

（1）承包商环境保护措施报告审批

此报告要求各标段承包人编制，随总体施工组织设计、各单项工程开工申请表同时呈报。要求承包人依据国家和地方环境保护法规，合同文件，以及本项目环境影响报告书、水土保持方案、林地用地可行性报告、文物评估报告等，针对具体施工活动，提交施工的环保承诺。本报告具体内容至少应包括：下一阶段工程进度计划，环境保护措施基本信息（建议分成水土保持、生态环境、水环境、环境空气、声环境、社会环境等几个方面）与实施进度计划，主体工程和环境保护措施进度变更（或延期）及其原因说明，环境保护措施实施费用预算与明细、实际费用与明细、差额说明等事项，同时还应对上一阶段前述事项进行总结。

此报告书由标段环境监理工程师和环境监理分部初次审批通过后经环境监理部审批通过后成为标段环境监理工程师监理的一个重要依据。承包人应按照工程监理的有关规定定期向环境监理分部呈报环境保护措施报告。报告审批通过后，承包人应将在实际操作中产生的变动及时通知标段环境监理工程师并附以书面说明，以便其相应地调整监理计划。

本工程环境监理工作的开展稍滞后于工程施工，因此承包人呈报的第一份环境保护措施报告中应包括两个阶段的相关内容，第一阶段为开工至环境监理开始，第二阶段为环境监理开始至呈递第二份报告。

（2）编制环境监理实施细则

各标段的生态监理工程师和水保监理工程师应按工程监理的相关规定定期向环境监理分部呈递各自（或整合后）的环境监理细则，经分部同意后依此开展监理工作。实施细则编制的主要依据是环境保护措施报告、国家和地方环境保护法规、合同文件，以及本项目环境影响报告书、水土保持方案、林地用地可行性报告、文物评估报告等。

若承包人实际施工时产生了变动，环境监理工程师应将其呈递的说明以及由此而产生的实际监理的变化作一说明一并附于环境监理实施细则后。

（3）环保措施实施核查

环境监理工程师依据环境监理计划对施工现场进行核查，检查承包人是否落实和执行环境保护措施报告书、环境影响报告书和水土保持方案等中的各项措施，及时纠正不规范操作。

（4）阶段性环境监理工作汇报

1）标段环境监理组应阶段性地向环境监理分部呈报标段环境监理工作汇报，详细阐述本阶段所在标段的环境监理工作情况，并介绍下一阶段工作计划；环境监理分部依据此以及现场巡视抽查情况，向环境监理部呈报分部环境监理工作汇报。由总监代表确定阶段性环境监理工作汇报的频次。

2）各环境监理分部应审核、分析并总结环境监理工程师和业主呈报的相关资料，定期向环境监理部汇报所辖范围内的环境监理工作状况，并介绍下一阶段工作计划。环境监理部根据监理、现场视察以及其他相关资料来把握工程全局，保证监理机构有序、高效地开展工作。阶段性环境监理工作汇报的频次由总监确定。

4. 环境监理分工

本公路沿线所经地区属云南省水土流失重点治理区，同时拟建公路沿线地形复杂，绝大多数路段线路布设在关河河谷滩地上，工程建设很容易形成新的严重水土流失。因此，本工程环境监理将水土流失及其防治的监理单列，由水保监理工程师负责；而生态监理工程除负责生态环境监理外，同时还负责水、大气、声以及社会环境的监理工作。

5. 环境事故处理

（1）环境事故分类

1）污染事故

2）投诉事故

3）社会事故

（2）环境事故处理流程

当工程施工过程中，出现上述环境事故时，按如下程序处理：

a. 标段环境监理工程师和承包单位应暂停该工程的施工，立刻开展事故调查，确定并实施应急措施；同时应及时与环境监理部联系，并呈递《环境事故报告单》。

b. 环境事故处理组应考察污染事故现场，并继续深入调查，在和有关方面（当地主管部门）商讨后，提出事故的指导意见，并限期承包方填报《环境事故处理方案报审表》；同时全面审查有关施工记录和环境监理记录，召开有事故发生所在地的环境监理分部、环境监理工程师、承包人参加的环境事故处理会议对污染事故的责任进行判定并进行相关处理，该会议纪要应抄送各环境监理机构以及各标段承包人。

c. 承包方根据事故的起因并结合环境事故处理组的意见进行事故的治理和工程的整改设计，填报《环境事故处理方案报审表》，由环境事故处理组进行审核，若审核不通过，应重新填报；承包人在该方案审批通过后应依据呈报的处理方案及其审核意见采取相应的措施。

d. 工程整改完毕后，由环境事故处理组进行验收合格后，承包方填报《复工申请》。

e. 环境事故处理组收到承包方填报的《复工申请》后，应组织现场复验；承包方在复验通过后方可重新开工，而复验不通过，则承包方应继续根据复验意见继续整改，重新填报《复工申请》。

（3）异议事件

当承包方对环境监理工程师所作的决定有异议以及环境监理工程师认为承包方没有按相关规定施工和（或）没有根据有关指示进行整改时，双方无法形成统一意见而影响施工时，则视为异议事件。双方皆可向分部呈报事件说明，分部经调查后作出决议；若分部难以决定，则由环境事故处理组（或总监）做最终解释。

（三）环境监理工作制度

1. 记录制度（略）

2. 报告制度（略）

3. 会议制度（略）

4. 奖惩制度

环境监理部或环境监理分部应根据各种环境监理的记录、事故发生量以及现场抽查等各方面情况，在召开的环境监理会议中应对由于责任心不强、环境监理不力而造成的环境污染事故、严重水土流失、生态环境破坏、文物古迹遭受损坏的环境监理相关部门和人员以及承包方根据情节给予批评、警告，直至解聘；对于做出成绩的承包方和环境监理相关部门和人员以及业主给予表彰和奖励。

5．培训制度

本项目环境监理采用由工程监理兼任模式。对监理工程师而言，对公路工程有着丰富的监理经验和理论水平，然而对环保专业的了解无论其广度和深度都较为欠缺。因此，对兼任环境监理工程师的人员进行环保监理培训尤为必要。

培训内容建议分为环保基础知识、环保法规、环保监理和环境监测四个部分。

（1）环境保护基础知识，包括生态环境、水环境、环境空气、声环境和社会环境等环境保护概论；

（2）公路工程项目环境保护法律法规及相应标准；

（3）水麻高速公路工程环境监理程序、内容、方法等；

（4）公路工程环保工程监理，包括环保工程设计、工艺、质量、进度、预算等；

（5）环境监测：水、气的取样以及噪声的监测方法。

采取集中培训形式，以 6 天为宜。培训后，参加人员经考试合格后，由交通部颁发证书。参加培训的人员除环境监理工程师和施工单位的环保员必须参加外，施工单位的项目经理、技术主管、建设指挥部的有关人员建议参加，以增强环保理念，拓宽思路，重视公路建设中的环境保护。

详细的培训计划和培训教材由培训单位编写。

6．档案制度（略）

五、水土保持监理

（一）监理对象

本项目水土保持监理主要针对以下对象：

（1）主体工程：路基、桥梁、隧道、互通立交、联络线、收费站、管理所等附属设施。

（2）临时用地：取土场、弃土（渣）场、自采砂石料场。

（3）临时工程：施工便道和其他的临时用地（拌和站、预制厂等）。

（4）直接影响区：拆迁安置区、外购砂石料场区、改移老路及改河工程等。

（二）工程监理要点

1．主体工程水土保持工程

（1）完成主体工程已有水保设计

承包方应遵照主体工程设计，完成其中已提出的边坡防护、排水工程、土地整治及绿化美化工程等水土保持项目。

（2）完成新增防治措施

1）临时性防治措施

路基施工过程中对于半填半挖路段填方一侧边坡，应在路肩边缘设置宽 0.5 m、高 0.2 m

的防水下泄的挡水土埂，并沿线路纵向每隔 50 m 在路基边坡上设置一临时性边坡排水沟，用以排泄路面上的集中汇流，边坡排水沟在坡脚处需设缓冲带。必要时边坡排水沟下方应修建沉淀池，以阻留坡面上冲蚀下来的土壤。临时性边坡排水沟可与路基排水工程中边坡排水沟结合修建。

2）补充性防治措施

丘陵及山区路基排水沟沟口应截至原始排水通道或水系，不能截至坡面上；截至大的水系的路基排水沟，在沟口前应设置沉砂池。

（3）优化施工安排

1）跨河桥梁施工尽量选择在枯水季节进行，避免在汛期进行河槽内墩台施工。

2）对于滑坡、崩塌等不良地质路段，应首先对其采取抗滑、锚固等防护措施，然后进行路基的开挖和填筑，对于多余的堆积物或小的滑坡层，应进行清除处理。

3）对不良地质路段开挖爆破时，应尽量减少爆破药量，以减少爆破震动；同时，施工过程中还应对不良地质区域作定期检查，发现开裂变形时及时进行清除。

4）区内隧道数量较多，施工时会出现涌水、坍塌、岩溶塌陷等问题。因此，在隧道工程过程中，应加强对地下水位、水量、流速、流向等信息的采集，充分考虑围岩的变形和破坏分析，以免造成重大灾害。

2．取土场水土保持工程

（1）确保表土剥离和合理堆放

1）取土应在场地较平缓处开始进行，先整理出一块场地存放剥离的表土。

2）然后采取边剥离边取的方式取土，对于本地堆放困难的工程单元，可另行选择新的堆放场地，但应注意尽量少占土地，少破坏植被。表土剥离厚度以 20 cm 为宜，对于深耕作土地，可适当加深至 30 cm。

3）然后对于土堆的四面坡脚均采用干砌石或编织袋装土护脚进行临时性防护；除此之外，对于土堆裸露的顶面和坡面，首先需要进行压实或拍实处理，然后采取塑料薄膜或彩条布进行满铺防护。

（2）设置截、排水工程

1）本工程取土场均设在山坡地上，且由于各处场地均在坡脚，上方坡面汇流区域较大，为避免取土场地受上游汇水的冲蚀，取土前必须在取土范围外缘设置截、排水沟，疏导上游来水。

2）由于取土场面积较小，截、排水沟按四级标准进行设计，坡面洪水频率标准按 20 年一遇设计。

3）将取土场截排水沟与弃渣场截排水沟结合进行设计，即取土场、弃渣场采用统一的截排水沟断面设计。

（3）强化后期防护

取土结束后，采取削坡开级、土地整治、综合护坡以及植物措施等进行取土场防护。

1）削坡开级

本公路设置的取土场多设置于荒坡上，在取土结束后，会形成较大的开挖坡面，最大的开挖深度达 40 m 以上。对此，可对其进行削坡开级。根据当地降雨及径流情况，每级平台宽度不小于 2 m，平台成 1%～2% 的倒坡，以防止上游来水直接下泄，同时将平台设置成弓背形（中间高两头低），沿平台内侧边缘设横向排水沟，将平台汇水导入取土场两侧的周边排水沟内。由于平台积水量较少，横向排水沟断面尺寸可采用 30 cm×30 cm 矩形设计。两级平台之间高差根据取土坡面的形状而定，土质边坡坡度不大于 1：0.5，石质边坡不大于 1：0.3，第一级平台的宽度根据取土场的宽度和取土量而定。

2）土地整治

取土场取土完毕后，及时对取土场进行平整、覆土，为植被恢复或复耕提供条件。首先根据地块大小和平整程度进行合理的规划，沿等高线方向标识地埂线，并分块将各单元的平地和坡地初步平整并夯实。对整平夯实后的土地采用整体薄层覆土和局部深层覆土两种方式进行覆土，即对于取土场各级平台进行全面均匀覆土用以种草；根据该公路沿线原始土层、降雨条件以及植被的生长特点，确定土地整治整体覆土的厚度为 15～20 cm；同时对每个植树穴进行局部深覆土，局部覆土厚度根据树种不同而不同。

3）综合护坡

对于取土场开级形成的坡面，须采用综合防护工程进行防护。对于取土场的土质挖方边坡，坡脚采用干砌石护脚，坡面采用挂网植草或采用攀缘植物覆盖边坡。对于石质边坡，若坡面为坚硬的岩石层，可不进行防护，只需在坡脚种植攀缘植物进行美化。对于坡面风化严重，结构松散的石质坡面，需清除松散物并采取工程护坡进行防护。详见水土保持方案报告书附图 5。

4）植物措施

取土场生态恢复采用树种及草种已在本项目的水土保持方案报告书中有推荐，本处不再赘述；植物措施的布置详见水土保持方案报告书附图 11（略）。

3. 弃土（渣）场水土保持工程

（1）做好先期防护和临时性防护

1）拦渣堤/挡渣墙

公路沿线设置得弃土（渣）场中绝大多数位于河道边，因此，在开始弃渣之前，必须先在弃渣场与水域之间适当位置修建足够长和高得拦渣堤和挡渣墙（一般设计图可参考水土保持方案报告书附图 9），以防弃土和弃渣被水冲入河道。

2）截、排水沟

弃渣场投入使用之前，必须首先在弃渣场上游沿等高线设置截水沟（存在一定的纵坡），两侧设排水沟、截水沟将上游来引入弃渣场两侧的排水沟，并由排水沟将其排入下游河道，从而避免上游来水对弃土和弃渣的直接冲蚀。必要时在排水沟汇入下游河道之前应设置沉砂池，以阻留径流中携带的泥沙。截、排水沟设计标准同前面的取土场截排水工程断面设计，详见水土保持方案报告书附图 10（略）。

3）表土剥离、存放

可参照取土场表土剥离及存放方式进行设计和实施。

4）临时措施

弃土（渣）过程中，应分层堆放并及时碾实；同时应加强管理，禁止乱堆滥弃；降雨时，应对弃土（渣）采取临时性覆盖措施（例如铺盖塑料薄膜或彩条布）。

（2）强化后期防护

对于弃土（渣）完毕的场地，还应采取减小边坡坡度、分级、干砌石护脚以及植物措施等进行防护。弃土（渣）场防护的典型设计参见水土保持方案报告书附图 6、7、8。

1）控制渣体边坡坡度、分级

为确保渣体稳定，在施工过程中需要严格控制堆渣程序，杜绝在工程期间因弃渣方式不当而产生高陡渣体边坡。鉴于弃渣极为松散、稳定性差，弃渣体边坡坡度应控制在 1：1.5 以下，当弃渣高度大于 5 m 时，每隔 5 m 应设置一 2～4 m 宽的平台。

2）综合护坡工程

对于高度大于 5 m 的弃土（渣）场边坡，应在每级边坡的坡脚处采用干砌石方式进行防护，以保证该级坡面渣体的稳定，护脚以上的坡面裸露部分采用挂网植草防护；高度小于 5 m 的边坡，可直接采用种草进行防护。

3）渣体排水工程

对于占地面积较大且弃渣量较多的弃渣场，弃渣结束后，渣场的每一级平台上应修建横向排水沟，将坡面径流集中并导入两侧排水沟；对于宽度较大的弃渣场，可在渣体边坡上每隔 50 m 修筑一条辅助的排水沟，以迅速将弃渣场的汇水排除。排水沟采用浆砌石修筑，截面宽度根据弃渣场周围汇水面积的大小而定，排水沟和截水沟的边坡坡度均采用 1：1。以上排水工程的修建必须在渣体夯实或沉降稳定的前提下实施。由于拦渣堤和挡渣墙采用浆砌石挡墙设计，墙体上每隔一定距离（水平距离 3～5 m）必须设置排水孔。

4）土地整治

在弃土（渣）结束后，应及时进行弃土（渣）场的土地整治工作，土地整治应根据弃土（渣）场用地不同的后期利用方式分别进行设计和实施。首先，根据弃土（渣）场地形分别划块整平、夯实。然后先在整平的土地上铺设 10 cm 厚的黏土层，以减少水分入渗，最后再将剥离存放的表层土铺在黏土层上，对于绿化用的土地，覆耕植土的厚度可参照取土场进行；对于复耕用地，采用全地块统一厚度覆土，覆耕植土厚度按 30 cm 进行。

5）植物措施

弃渣场整治结束厚，及时采取适当的植物措施对其进行更加有效的防护。包括对弃土（渣）场边坡进行整治种草（对于坡度较缓的坡面，可直接撒播草种，必要时可采用挂网植草的方式），对顶部和平台种植适宜的乔灌类植被或种树后交地方政府进行复垦。树种应选择适应能力强、根系发达、生长快、易种植和易存活的植物，可以参考取土场推荐的物种，植物措施的布置详见水土保持方案报告书附图 12（略）。

4．自采料场水土保持工程

（1）表土剥离与堆放

可参照取土场表土剥离及存放方式进行，然后平整路面。

（2）拦渣工程

对于设在山坡且下游距水域较近的砂石料场，在材料之前，应先在料场下游边缘修建拦渣堤工程。具体的拦渣堤设计参见本项目水土保持方案书的取土场拦渣工程设计。

（3）截排水工程

对于设在山坡且上游汇水面积较大的砂石料场，施工前应在料场最上端开采面上适当位置（开采面以上 2～3 m）修建截水沟，并在料场两侧边缘外 1～2 m 处修建排水沟，使之上游与截水沟相接，下游延伸至水域或不致对料场产生冲蚀为止，使二者构成一个有效的排水系统。具体的截排水工程设计参见本项目水土保持方案书的取土场截排水工程设计。

（4）削坡分级

对于开采砂石料而产生的新的裸露坡面，应采取削坡开级的方式进行边坡坡度和坡高的控制。在取料结束后，可对料场边坡进行削坡开级，根据当地降雨及径流情况，在边坡上每 6 m 设一级平台，平台宽度不小于 2 m，平台成 1%～2% 的倒坡，平台内侧设排水沟，可参照取土场边坡平台排水沟断面设计；每级边坡坡度一般不大于 1∶0.5，对于稳定性较好的硬质岩层，可适当放大至 1∶0.3。

（5）土地整治

采料结束后应及时对料场进行土地整治，可参照取土场进行。

（6）护坡工程

对于风化严重的料场裸露坡面，应采取浆砌石护坡、护面墙或软式防护网工程对其进行防护。

（7）植物措施

可以采取两种方式进行植物防护：一种是全面采取植物措施（种树种草）进行防护，另一种是先种树，再交地方政府进行复垦。对于分级后形成的各级边坡，可采取边坡坡脚处种植攀缘植物进行美化。植物物种和措施的布置参照取土场进行。

5．施工便道水土保持工程

（1）表土剥离与堆放

可参照取土场表土剥离及存放方式进行，然后平整路面。

（2）施工期防护与管理

1）对于开辟施工便道过程中新产生的废渣须及时清除，运至弃渣场统一进行处置；

2）施工便道线性应具有一定的曲率，避免出现较长的顺直线路，以降低地表径流下泄的速度；

3）施工期间应做好施工便道的防、排水措施，如临时土质排水沟（必要时需铺砌石块以减少沟底和沟岸土壤的冲刷）等。

（3）后期治理

施工结束后，应根据施工便道占地的后期规划利用方向，及时进行土地整治和植被恢复工作；若与地方政府协商后计划改造为地方道路的，可以参考主体工程中的水土保持设计进行监理。

1）土地整治

对于需要进行植被恢复或复耕的施工便道占地，施工结束后，应及时对其进行分级分块处理，使每小块土地呈水平或 1%～2% 的倒坡，块地的大小视原施工便道纵坡的大小而定，每个地块的边缘应修建一条挡水土埂（梯形截面，上底×高：0.2 m×0.2 m）。对于分好的地块，还需进行覆土处理，以备复耕或植被恢复，覆土设计可参照取土场进行。

2）对于整治后的土地，如需复耕的，则可先撒草籽进行初步植被恢复，然后交由地方政府进行复耕；不复耕的，则需进行全面的植被恢复，植被恢复的方式为：行状栽植乔、灌木类，然后在其间撒播草籽，以增加地表的植被覆盖率。具体可参照取土场植物措施布置进行。

6．其他临时用地的水土保持工程

（1）做好先期防护

对于设在山坡且下游有水域的施工场地，在进行场地平整和投入使用前，应先期建设下游拦渣措施和上游的截排水工程，具体设计可参照取、弃土场拦渣工程和截排水工程进行。

（2）剥离表土层

可参照取土场表土剥离及存放方式进行，然后平整路面。

（3）施工期管理

严格控制施工过程中料、渣的堆放和处置，禁止无序地乱堆滥放；堆料或堆渣过程中，应采取措施对料或渣的边坡进行防护，防护措施包括草袋或塑料薄膜覆盖坡面、干砌石进行料（渣）场坡脚防护；及时清除截排水沟中的冲淤物，保持排水系统的通畅。

（4）后期防护

对于非汛期在河滩或河床设置的场地，在汛期来临前应清理现场后及时撤走；对于设置在山坡或平地的场地，在施工结束后，应按照施工场地后期使用规划，做好场地的土地整治、绿化等工作，可参照取土场进行。

7．改移老路水土保持工程

工程初步设计文件中，已对道路改移工程区进行了防护设计，包括边沟、排水沟、护脚墙等，从设计和工程数量来看，主体工程对填方边坡采取的护脚墙及排水边沟基本上可以满足填方边坡防护和路基排水的需要。对于主体工程中所涉及的具体内容，本方案不再赘述。

根据本项目水土保持方案报告书，该工程需新增对路基挖方边坡进行防护设计，主要内容是对挖方边坡采取护脚墙、排水边沟以及边坡绿化（挂网植草）。

8．改河水土保持工程

执行主体工程设计中提出的河床铺砌和护岸墙等措施，此外在施工过程中应注意废渣或河道中障碍物的及时清除。

9．拆迁安置区与外购沙石料场

（1）拆迁安置区水保措施

本项目采用货币包干拆迁制，拆迁安置费用由建设单位统一交给地方政府，由其解决拆迁问题。地方政府在拆迁安置中要考虑水土保持，如需在村庄外开辟新的宅基地，或开辟新的厂区等均需要进行水土保持论证。此外，包干合同中要注明水土保持责任，侵占水土保持设施的必须另外进行水土流失治理或交纳水土流失防治费用。

（2）外购砂石料场水保措施

施工单位应选择合法和手续齐全的料场采购砂石料，采购费中含料场水土流失防治费，并在与料场签订的采购合同中明确水土流失防治责任由料场一方承担。

（三）工程质量监理

1．质量控制的基本程序

（1）开工报告

在各单位工程、分部工程或分项工程开工之前，环境监理分部应要求承包人提交工程开工报告并进行审批。工程开工报告应提出工程实施计划和施工方案，依据技术规范列明本项工程的质量控制指标及检验频率和方法，说明材料、设备、劳力及现场管理人员等项的准备情况，提供放样测量、标准试验、施工图等必要的基础资料。

（2）工序自检报告

环境监理工程师应要求承包人的自检人员按照批准的工艺流程和提出的工序检查程序，在每道工序完工后首先进行自检，自检合格后，申报环境监理工程师检查认可。

（3）工序检查认可

环境监理工程师应紧接承包人的自检或与承包人的自检同时对每道工序完工后进行检查验收并签认，对不合格的工序应指示承包人进行缺陷修补或返工。前道工序未经检查认可，后道工序不得进行。

（4）中间交工报告

当工程的单位、分部或分项工程完工后，承包人的自检人员应再进行一次系统的自检，汇总各道工序的检查记录及测量和抽样试验的结果提出交工报告。自检资料不全的交工报告，环境监理工程师应拒绝验收。

（5）中间交工证书

环境监理工程师应对按工程量清单的分项完工的单项工程进行一次系统的检查验收，必要时应作测量或抽样试验。检查合格后，提请高级驻地监理工程师签发《中间交工证书》。未经中间交工检验或检验不合格的工程，不得进行下项工程项目的施工。

（6）中间计量

对填发了《中间交工证书》的工程，方可进行计量并由环境监理分部签发《中间计量表》。完工项目的竣工资料不全可暂不计量支付。

2．质量控制的主要依据、方法

（1）质量控制的主要依据

1）有关设计文件和图纸。

经批准后的设计文件应是监理工程师控制质量的主要依据。

2）施工组织设计文件。

3）合同中规定的其他质量依据，如施工遵循的规程规范、材料技术标准、检验方法等。

（2）质量控制方法

1）巡视。

2）旁站。

3）检测。

4）指令。对发现质量问题的，环境监理工程师应以书面形式及时通知施工方，要求其改正。

5）环境监理工程师还可以结合当地的降雨来实际检验水土保持工程的质量。

3．质量控制措施

（1）事前质量控制

1）正式开工前，主要治理措施的设计图纸应已完成。

2）工程技术人员应提前在现场进行勘测放线。

3）本工程施工队伍中雇用了大量当地的民工。因此，为保证项目建设质量，在正式开工前应进行民工骨干队伍的技术培训。

4）承包方应对水保工程中用到的一些原材料进行抽检，防止不符合标准的原材料进入施工现场；对施工一段时间后用到的树苗、草籽等，应提前订货，防止出现因苗木准备不足而临时改变品种的情况。工程用材料、产品必须征得监理工程师同意。

（2）事中质量控制

1）各项治理措施应严格按施工方法和工艺的要求进行施工，并要求施工单位建立自身的质量"三检"制度。在工序控制方面，应严格执行工序交接检验，对上一道工序未检验或检验不合格的，不得进入下一道工序，例如取弃土场未经剥离表土层不得进行取弃土。

2）在施工过程中，出现下列情况监理工程师应及时下达停工令，进行整改。

①未经检验直接进入下一道工序；

②未按设计施工施工，或更改设计但未经审批；

③擅自将工程分包给另一个单位并进场作业；

④没有质量保证措施自行施工；

⑤使用未经批准的材料；

⑥没有采取有效措施控制工程质量下降。

3）其他质量控制

根据监理工程师的职责之一，是对施工现场出现的问题进行协调解决，记载监理日志，对不符合质量要求的不予签证，及时处理质量事故。

（3）事后质量控制

相对事前质量控制，事后质量控制仍是针对工程检验。主要是对施工质量检验报告及有关技术文件进行审核，整理相关资料，存档备案。

4. 绿化工程质量监理特点

绿化是水土保持工程中重要的一步，对于施工后的生态恢复有着关键的作用，必须对这一工程实行全过程的监理。

（1）准备阶段质量监理

监理工程师应核实苗源，把握质量。这样的核实工作可以靠已有经验、查看订货单、询问等办法确定。

种苗出场必须具备"五证"，即种子（含苗木）生产许可证、种子经营许可证、良种使用证、种子质量检验证和植物检疫证，不具备"五证"的任何部门和单位不得购买，坚决禁止在工程中使用；生产单位的种苗必须分级种苗质量检验机构要对种苗进行检验，确定种苗的等级。

（2）施工质量监理

1）种植工程

①施工方应清除种植场地的废渣，种植用土应选用原地表层熟土或含有有机营养的腐殖土。

②乔灌木种植工程的基本工序为：号苗、整形（疏枝、截干等）、起苗、包装、装运、到场验收、清理场地、整地挖坑、施底肥、散苗、种植、交定根水、支撑等；草地种植工程的主要程序为：清理场地、细致整地（换土、筛土）、播种（移植）、覆土、浇水、

保墒、除去覆盖物等。实际施工中是否必须包括所有步骤，要看合同是否要求，具体情况不同时工序会有所增减。

在这些工序中，乔灌木种植前半部分的监理关键是"到场验收"环节。因为要保持水分，苗木起运到场的安排经常是下午起苗、夜里运输、凌晨到场；监理工程师除检验苗木是否具有前述的各种证明外，还应对苗木的质量进行检验，首先检查苗木的品种是否与设计相同，等级是否与设计相同（裸根苗采用 GB 7908 标准检验，容器苗采用 LY1000 标准检验，经济林采用 GB 6000），其次应抽样检验病虫害、机械损伤等；后半部分应以旁站监理为主，整地深度对于针叶树推荐不小于 30 cm，阔叶树应大于 40 cm，并尽量增加对种植、浇水等环节的监理。

对于草地种植，应对种子质量按国家有关种子质量的规定进行试验检测，例如：《豆科主要栽培牧草种子质量分级》（GB 6141—1985）、《禾本科主要栽培牧草种子质量分级》（GB 6142—1985）；覆土厚度应符合设计要求，一般为种子直径的 3～5 倍。

2）初期管护

种植工作结束，施工方应进行有效的管理。其主要工序一般包括：浇水或洒水，包裹或缠绕树干，去叶或修剪，清除杂草、杂物，防治病虫害，低温期间树干涂白灰，以及保护种植地带的整洁和美观等，适当补充废料（草地补肥尤其重要）。

在管理期内，对有严重病虫害、损伤或其他不符合设计条件的植株应立即清除，在季节条件许可时，及时补种同种植物。

（3）交工验收阶段质量监理

1）各工序的中间交工质量认可

对于土木工程来说，各工序的全部即是最终质量的保证；而绿化工程则有可能即便省略若干工序，对最终质量也没有显著的影响。如果不对承包人的工序进行检查，阶段计量的工程量不一定是合格工程，因为其中可能就包含了当时难以发现的问题；而且，如果监理工程师没有对承包人中间工序进行签证，也就说明承包人可能没有支出那部分工序的成本。

因此，承包方完成的阶段工程或最终工程，必须符合技术规范，具备各工序的中间交工质量认可。

2）交工质量验收

苗木和草地种植工程质量应符合各项要求，例如品种、位置、规格、数量和覆盖度等，灌溉等附属工程应符合设计和有关技术规范。

（4）缺陷责任期和工程竣工

相对于土木工程来说，绿化工程的维护工作量比较大，其缺陷责任期的长短就成为了决定费用和利润的关键因素。因此，业主应根据实际情况来合理确定质量保证期的期限，一般可以在综合考虑项目所在地的多年平均降水量、绿化后的喷灌条件、土壤肥力等因素后确定。

1）承包方在缺陷责任期终止前，应对绿化成活率没有达到设计要求的进行补植，尽快完成监理工程师在交接书上列明的、规定之日要完成的工程内容，以使工程尽快符合设计和合同的要求。

2）对绿化来说，养护投入的比重、承担的风险甚至大于种植，因此在各项手续符合要求时，监理工程师应及时地组织竣工验收。

（四）工程进度监理

1．进度总体把握

水土保持工作的进度是建立在道路施工进度的基础上的。本着水土保持措施与主体工程"三同时"的方针，并根据该工程实际特点，提出水土保持工程进度监理总体把握：

（1）主体工程防护

工程防护措施应与路基工程同时完工，路基工程完工后，开始边坡等处裸露地面的生态恢复工作。

（2）取土场、弃土（渣）场

应坚持先拦挡后弃的原则，施工前先做好弃土（渣）场的工程防护措施，包括拦沙坝、排水沟等；等路基工程完工后，即进行取弃土（渣）场的平整、护坡、生态恢复等措施的施工。取弃土之前应做好表土剥离的工作。

（3）施工临时占地

路基工程完工后，进行施工便道、施工营地及其他临时性占地的地面平整、植被恢复工作。

（4）改路、改河工程区

改移老路必须事先完成道路的排水工程，路基施工后期及时进行护坡施工河植被恢复；对于改河工程区，各项防护措施（包括护坡、护岸墙和河床铺砌等措施）必须先期完成。

以上各项工作均需在工程竣工时全部完工。

2．进度控制的主要任务

（1）审查审批施工单位的施工进度计划

1）施工进度计划

环境监理部应根据展开环境监理的计划，规定承包商在限定的日期向环境监理分部提交施工进度计划。此计划经批准后，成为工程建设的合同文本和标段环境监理工程师进行进度监理的重要依据。生态工程的进度计划，以横道图较为实用，同时还要说明施工方法、地块安排、临时工程及辅助设施等。主要应包括以下计划：

①劳动力调度计划：应提出不同时段、不同工程所需劳动力的类型、数量。

②材料物资调配计划：在施工材料方面，如树苗、草籽、水泥、钢筋等的品种、规格、数量，预制件的名称（品种）、规格、数量等。在机械设备方面，在计划内应列举说明其名称、规格、数量等。

③技术保障计划：提出施工各阶段技术指导、技术服务人员的安排。

④资金流动计划：对工程施工建设所需资金进行详细安排，主要包括材料、设备、人工等费用的支出计划。

由于本工程环境监理滞后工程施工，同时在现场调查中各标段水土保持工程进展不一，甚至部分标段没有采取水土保持的措施；因此，各承包商在向环境监理分部提交施工进度计划时，应同时说明环境监理前的水土保持工程施工进度，并结合目前的现状来编制施工进度计划。

2）审批工程进度计划

环境监理分部在审核承包商提出的施工计划时，应着重从以下几方面进行审核：

①进度安排总体上是否满足工程开工和竣工的时间要求。

②是否符合水土保持措施与主体工程"三同时"的方针。

③提出的施工进度是否有充分的保障（劳动力、材料、物资等）。

④提出的生态恢复措施是否符合当地的气候条件，如绿化。

（2）落实业主应提供的施工条件

根据施工承包合同，业主应为施工单位提供必要的工作条件，特别是施工条件，如按进度支付工程款、及时提供施工图纸、准备施工场地等。

（3）进度协调与控制

1）进度协调

监理工程师在控制工程进度时，需要对各方的工作特别是工程进度进行协调，其协调工作一般有：

①协调施工单位与业主的工作。施工单位的施工往往受业主或项目法人提供的材料、物资、资金等影响，在施工过程中会出现承包商与项目法人之间的矛盾，这时就需要监理工程师进行协调，以保证工程进度。

②协调设计单位与施工单位的工作进度。对于施工过程出现的一些情况需要设计人员现场设计或变更设计，要求环境监理工程师给予协调。

2）组织会议协调

①环境监理会议

②工地例会

③现场专题协调会

3）施工暂停与复工

水土保持工程施工进度受自然环境特别是气候、气象、水文、地质等自然因素的直接影响较大，在施工过程中，往往会因各种原因造成施工的暂停、复工。环境监理工程师依照有关规定发布工程暂停令和复工令时，应充分考虑这些多变因素，避免对工程总工期造成影响；承包方更应谨慎考虑，制订应急方案和替代方案，抓住有利时机赶工期，避免盲目上工造成不必要的经济损失。

（4）进度监督

1）检查施工日志

环境监理工程师对承包商的施工日志（主要包括日进度报表和作业状况表）要随时进行检查、分析，从报表上对工程的具体进度加以详细了解。承包商关于水土保持工程的施工日志应单独成册。

2）检查施工现场

要掌握工程实际进展情况，更重要的是要通过进驻施工现场，检查施工日志，并实地检查工程进展的实际情况。

（5）控制关键线路关键工作进度

在水土保持工程中如果能抓住这些制约工期关键线路上的关键工作进度，则能起到事半功倍的效果。

1）截排水

修建坡面截排水设施，是治理坡面水土流失、保护坡脚的重要措施。应在雨季来临前完成修筑。

2）种子苗木准备

生态恢复所需苗木、种子数量大、品种多，有些需要是优良品种。这些种苗在市场上不是随时都能买到，需提前半年甚至一年订购；如果承包方能自己育苗，更要做好苗圃建设和育苗准备。

3）造林

大多在春季、秋季栽植。容器栽植可在雨季进行。造林的补植时间在当年冬季或第二年春季。

4）种草

长日照草以秋末和冬初播种为主，短日照草则以春播为主。工程所在地具有无霜期长、日照少等特点，因此适宜春播短日照草。若在雨季播种（5～10月）应抢墒播种。

3．施工进度报告

（1）施工单位月进度报告

施工单位一般应在下一月的月初向环境监理工程师报告当月的施工进度，其报告内容有：

1）工程施工进度概述。

2）本月完成的工程量和累积完成工程量。

3）本月现场施工人员情况。

4）工地设备、机械清单及使用情况。

5）材料入库、消耗、库存情况。

6）工程形象进度和进度描述。

7）工地气象、水文实测记录。

8）工程施工过程中的不利因素。

9）施工中需解决的问题。

（2）环境监理工程师月进度报告

环境监理工程师在施工现场应做好监理日志记录，整编施工资料，管理有关文档，每月向项目法人和上级环境监理机构报告月进度，其报告内容有：

1）工程施工进度概述。

2）工程形象进度和进度描述。

3）当月完成的工程量和累积工程量。

4）当月支付工程款和累积支付工程款。

5）施工出现的设计变更、索赔等情况。

6）施工中发生的事故及处理结果。

7）下阶段施工要求项目法人解决的问题。

（五）工程水土保持费用监理

与主体工程一样，水土保持工程的费用监理也包括工程计量和工程费用支付，水土保持工程中的许多工序例如截排水工程、护坡等均在主体工程中有涉及，可以参照工程监理中的费用监理方法和程序进行监理，同时有关费用监理的表格亦可沿用工程监理中的相关表格，本方案不再赘述相关内容。因此，在这一部分仅阐述绿化费用监理的特殊性，作为各级环境监理机构进行绿化费用监理的一个参考。

1. 费用的影响因素

（1）设计、工程量清单和清单工程量

工程设计文件产生的工程量在投标文件中列为"工程量清单"，其中的各项"清单工程量"是施工活动的直接依据，是进一步产生费用实际值的基础。绿化等环境保护工程经常受场地影响，面积的增减、水源土质的改变，都会使其清单工程量的变化比土木工程的变化大。

（2）合同因素

1）成本和单价

土木工程基本上可以按照定额分析直接成本，而公路绿化目前没有定额。同时公路绿化普遍不接受园林定额，两者之间在施工条件、品种、数量上存在很大差别。但可以参考园林定额的项目，如直接费、其他直接费、间接费、人工费、材料费、机械费等进行公路绿化的分析，帮助业主和各级环境监理机构进行单价分析，从而分步进行费用控制和支付。

在计量支付时，应强调要求承包方在报出单价的同时，分析费用的构成，即分析有关工序的组成，对各工序基本内容、要求以及成本等费用因素予以明确。如果建植、养护等环节发生问题，可根据工序内容，提出费用控制的处理意见。

2）工程量

在费用调整中，增加的同类工程量越多，补充合同的单价可能降低；而增加少量原合同没有的项目时，承包人需要投入较多的精力和经费成本，合同单价可能提高。

3）合同条款

环境监理工程师在检查条款时，需尽量预见有关问题，对不明确、不细致的内容，事先向业主和承包方进一步明确，达成一致，并签署补充文件，避免工程量无法准确计量、费用无法准确估价和支付。

对绿化工程而言，缺陷责任期即养护时间的长短，决定了费用和利润的大小。

（3）业主管理因素

业主对整体工程的把握和对环保工程的协调安排等直接影响到工程费用。

1）业主没有提供充分的施工条件，例如施工道路、水、电等条件不具备。

2）由于缺乏造林等相关知识或了解当地气候、气象特征不够详细从而造成决策失误。例如，不合时令地要求造林绿化。

3）没有及时提供设计图纸的变化。

4）工程量发生较大变化。

5）施工方式发生变化。

6）经费问题，含合同规定的启动经费不足，拖欠进度款等。

（4）自然因素

水土保持工程施工期较长，受自然环境特别是气象、水文、地质等自然因素的直接影响。遇到连续干旱或者连续暴雨、连阴雨等，工程难以有序施工。

（5）社会因素

物价因素、汇率因素、法规因素、不可预料的地质灾害和社会动乱，以及由于苗木、草籽因供需关系变化导致的价格上涨等。

2. 工程计量

（1）计量的依据

以设计图纸、清单工程量和经批准的设计变更为依据，多出的部分不予计量。计量前承包方完成的阶段工程或最终工程，必须符合技术规范，具备质量和进度监理的认可。

（2）计量的方法

绿化计量的方法包括图纸法、抽样检查法、逐一清点法、分项计量法等，同时还经常采用与主体工程一样的凭证法、均摊法、估价法等其他一些方法。

1）图纸法和抽样检查法

对于规则的面积和整齐的设计形式的种植可以采用设计图纸法进行统计，配合现场的抽样检查法。

2）逐一清点法

单价较高的大、中型树木和珍贵树种、喷灌材料等，应该采用逐一清点的方法，核实数量和质量。

3）分项计量法

如果由于种种原因，绿化工程中的有关子项目进度不一，因此就有可能将先后完成的草地、灌木、乔木等分项分次进行计量。计量单位一般是，草地和部分成片成带状的小灌木为"平方米"；一些小灌木和大、中型灌木、乔木为"株"。

（3）绿化的工序计量次数和时间

较之主体工程而言，绿化的工序计量次数较少。多数在质量保证期 1 年额情况下，分 2～3 次阶段计量，以冬春季开始的绿化为例，分别为：种植工程量计量、秋季管护计量、春季或竣工管护计量。如果质量缺陷责任期为 2 年，一般第二年夏季的阶段管护期满后的记录，经过冬季的阶段管护期满后的春季计量。如果由于种种原因，草、灌、乔进度不一，就可能需要分项计量，次数也会增加一些。

种植工程量的计算时间为种植完成后的 30～35 天。环境监理工程师应把握好计量验收的时间。如果急于验收，则可能难以发现存在质量问题的苗木，因为起苗伤根或种植不好的苗木需要一定的时间才能表现出质量问题；而如果拖延验收，则承包方因种植工程量得不到确认无法获得进度款，从而影响管护工作的安排和质量，并可能导致不必要的责任争论。

3. 支付费用调整

（1）材差

苗木或草籽的价格受季节变化以及供需关系变化的影响较大。但从实际情况来看，招标后业主一般不对苗木价格进行调整。因此，为维护双方的利益，合同招标时间与开工时间，或计划的开工时间和实际的开工时间不应相距太远；同时，环境监理工程师根据现场情况，可以提示承包人组织订货，从而减少开工时价格风险。

（2）工程变更

应根据业主与承包商达成的相关的新协议或合同，统计审核变更工程量，进行支付。

（3）补助

由于业主、天气、社会等原因，承包商提出申请，监理认为合理的，报请业主同意，适当予以补助。

（4）索赔

1）延误和变更带来的费用增加引起的索赔，如果原因经分析后合理，则考察其数额的多少。办理程序与主体工程的索赔程序一样。

2）场地原因和交叉工程延误增加承包人费用时，由承包方提出申请，监理公正地确认原因的主体，如果是业主，或是其他施工单位时，应办理相关事项。

3）遇到恶劣气象条件和气象灾害，如果明确的特殊规定，通常不应取消承包方工程款的支付，并应适当考虑承包人的索赔申请；如果不属于以上两种气象条件之一的一般气象条件下的延误或质量缺陷，环境监理工程师有责任要求其返工或赔偿，不存在索赔事项。

（六）监理表格使用

水土保持监理工程师在日常监理时，应认真做好相关记录，并将承包方出示的相关证明或文件附于记录表格之后。对于水土保持工程的质量、进度以及费用监理可沿用工程监理的相关表格。

1．常规项

（1）对于标段号、承包单位、监理单位、合同号、编号这五项可以直接在表格电子版本中录入。

（2）监理工程师签字、日期、气象（含水文）、气温四项均应手工填写。

（3）有降水（降雨、降雪）时应在"气象"中记录具体的降水量。

（4）气温应记录最低和最高气温。

2．巡视项

（1）"序"即按顺序对所监理的对象进行编号，如：1，2，3等。

（2）"工程名称"即填写监理对象属于何种工程，例如：路基（填方或挖方）、庙口特大桥、清除地表物、取土场、弃土场、拌和站等，其中对于临时用地应标明在本标段内的编号。

（3）"桩号"即填写监理对象所在的区域范围。

（4）根据水土保持方案报告书，本项目存在的不良地质主要包括软基、岩溶、滑坡、崩塌以及不稳定高陡边坡等；若不属于不良地质类型，该项可以不用填写。

（5）水土流失描述或潜在的水土流失隐患

①依据水土保持方案报告书，本项目可能形成水土流失的环节主要有：路基开挖与填筑，桥梁、隧道施工，取土、采料，弃渣，其他临时工程占地、不良地质路段以及试营运期管护等。

②工程建设中可能引起的水土流失形式有水力侵蚀、水力和重力侵蚀两种；其中前者是工程区内最主要的水土流失类型，易发生在路基边坡（特别是高填深挖段边坡）、取

土场开挖面和弃渣场等处；后者是工程区内的一种复合水土流失类型，易发生在路基高边坡路段和高填路段、弃渣场等处。

③综合①②所述，对于本项的填写应说明水土流失的环节、水土流失原因以及水土流失的形式等。举例来说，可以这样填写：路基挖方时没有设置拦沙坝，导致大量土石冲进关河；取土场取土结束后没有及时进行生态恢复，暴雨时导致严重的水力侵蚀；弃渣松散堆置，不经压实或进行覆盖，遭遇暴雨或上游汇水下泄时存在水力侵蚀的隐患。

（6）已有的水保措施及评述

即列举工程已经采取的水土保持措施，并评述其是否符合项目水土保持的各项定量要求及其效果。

（7）备注

在"备注"项中可记录限定整改的时间，承包方所出示的证明或文件的名称等相关的其他事项。

3. 旁站记录

（1）首先记录所进行旁站的项目，即在各项前的方框内画"√"；若选择"其他"，则还应说明具体旁站的项目。

（2）对旁站的过程进行简明扼要的描述，即说明施工过程、采取的水保措施以及存在的不规范操作。

4. 监理回顾

首先应说明承包方是否按照环境监理工程师的指示纠正施工过程中的不规范操作；若进行了纠正或部分纠正，则在选项项前的方框内画"√"，并说明采取的纠正措施以及是否符合要求和需要进一步改善的地方；若没有采取任何行动，则直接记录环境监理工程师对此采取的进一步措施。

5. 监理评议

即对所进行的水土保持监理从总体上评议承包方采取的环境保护措施。

六、生态监理

（一）监理对象

本项目生态监理主要针对农田（耕地、基本农田）、临时用地、辅助工程、植被（含珍稀物种）、野生动物。

（二）监理要点

根据前节所述生态监理对象和"第 3 章 环境监理规划制定基础"确定水麻高速公路工程生态监理要点。

1. 取弃土场

（1）选址合理

1）取土场占地类型为荒山、荒坡，尽量少占用林地、农地，严禁从基本农田和天然林地取土；弃土场占地类型为荒弃的山谷、洼地，充分利用山坳、荒沟来堆放弃土，严禁占用耕地、基本农田和天然林地。

2）取弃土场的设置应方便运输，且不得影响其他设施的正常运作，不得堵塞河道、沟谷，防止抬高水位和恶化水流条件；不得布设在设计洪水水位以下。

3）取弃土场的选址与取、弃土量的设计应有当地环保、水利、农业等部门的参与和同意，并应具备相关证明和手续文件；当取弃土场的选址不符合①②的原则时，应有相关部门的同意，并应具备相关证明、手续文件以及相关部门所作论证。

（2）优化设计、平衡土石方

公路全线以挖方为主，因此原则上不宜再新增取土场；应优化施工设计，加强土石方调运的协调和管理，利用符合筑路需要的挖方来替代取土。

（3）确保表层土剥离

取、弃土场使用前应先剥离表层土。根据本项目水土保持方案，表层土剥离厚度以20 cm为宜，对于深耕作土地，可适当加深至30 cm。

（4）优化管理

1）取弃土场占地边界应设置明显标志，严格控制在指定范围内取弃土，严禁随意扩大占压土地面积和损坏地貌、植被。标志牌内容应不少于：标段，指定负责人，取、弃土场序号（标段内编号，下同），起讫桩号，与项目公路方位关系和距路中心线距离，占地类型，面积，设计取、弃土量，取弃土供需方，实际取弃土量使用起止日期（其中实际取弃土量和使用结束日期在场地使用完毕后及时注明）。

2）向标段环境监理工程师提供占地前场地及周边环境的影像资料。

2．隧道弃渣场

（1）选址合理

1）弃渣场占地类型为箐沟、凹地或荒山荒地等，严禁占用耕地、基本农田和天然林地。

2）弃渣场的设置应方便运输，且不得影响其他设施的正常运作，不得堵塞河道、沟谷，防止抬高水位和恶化水流条件，不得布设在设计洪水水位以下。

3）隧道口靠近具有旅游价值的景点时，隧道弃渣应尽量选择远离景点的荒山荒地内堆放。本工程豆沙关隧道靠近两处文物古迹，其弃渣场设置距工程约 3 km，比较合理；若新增弃渣场亦应符合此要求。

4）弃渣场的选址与容纳量的设计应有当地环保、水利、农业等部门的参与与同意，并应具备相关证明和手续文件；当取弃土场的选址不符合 1）2）3）的原则时，应有相关部门的同意，并应具备相关证明、手续文件以及相关部门所作论证。

（2）确保表层土剥离

弃渣场使用前应先剥离表层土。参照本项目水土保持方案，表层土剥离厚度以 20 cm为宜，对于深耕作土地，可适当加深至30 cm。

（3）优化管理

1）弃渣场占地边界应设置明显标志，严格控制在指定范围内弃渣，严禁随意扩大占压土地面积和损坏地貌、植被。标志牌内容应不少于：标段，指定负责人，弃渣场序号，起讫桩号，与项目公路方位关系和距路中心线距离，占地类型，面积，设计弃渣量，弃渣来源，实际弃渣量，使用起止日期（其中实际弃渣量和使用结束日期在场地使用完毕后及时注明）。

2）向标段环境监理工程师提供占地前场地及周边环境的影像资料。

3．施工便道

（1）合理设置

尽量利用现有道路，避让不良地质，严禁占用耕地、基本农田和天然林地。

（2）优化管理

占地边界应设置明显标志，严禁随意扩大占压土地面积和损坏地貌、植被。标志牌内容应不少于：标段，指定负责人，中心桩号、宽度、长度、与项目公路方位关系和距路中心线距离、占地类型、使用起止日期（结束日期在场地使用完毕后及时注明）等。

4．施工驻地

（1）合理设置

尽量租用项目区域内的场院，严禁占用耕地、基本农田和天然林地。

（2）优化管理

自建的施工驻地占地边界应设置明显标志，严禁随意扩大占压土地面积和损坏地貌、植被。标志牌内容应不少于：标段，指定负责人，中心桩号、面积、与项目公路方位关系和距路中心线距离、占地类型、使用起止日期（结束日期在场地使用完毕后及时注明）等。

5．其他临时用地

（1）选址合理

1）严禁占用耕地、基本农田和天然林地。

2）附近有敏感点时，稳定土拌和站和沥青拌和站等易产生大气污染物的临时场地应在敏感点下风向 300 m 以外，其余临时用地应距敏感点 200 m 以外，若因地形等因素限制无法遵从上述要求时应配备相应的防污染设施和制定施工行为规范，并征得当地居民和标段监理工程师的许可。

3）运输方便，占地面积合理，不影响其他设施安全。

4）选址与面积的设计应有当地环保、水利、农业等部门的参与和同意，并应具备相关证明与手续文件；当选址不符合 1）2）3）的原则时，应有相关部门的同意，并应具备相关证明、手续文件以及相关部门所作论证。

（2）确保表层土剥离

场地使用前应先剥离表层土。参照本项目水土保持方案，表层土剥离厚度以 20 cm 为宜，对于深耕作土地，可适当加深至 30 cm。

（3）优化管理

1）占地边界应设置明显标志，施工机械和物料应严格控制在指定范围内，严禁随意扩大占压土地面积和损坏地貌、植被。标志牌内容应不少于：标段，指定负责人，编号（例如 1 号预制厂），起讫桩号，与项目公路方位关系和距路中心线距离，占地类型，面积，使用起止日期（使用结束日期在场地使用完毕后及时注明）。

2）向标段环境监理工程师提供占地前场地及周边环境地影像资料。

6．辅助工程

本项目大部分沿河布线，所经地区为山岭重丘区，因此公路的辅助工程不可避免地要占用一部分农田或者林地。为保护当地紧缺的土地资源和便于施工完毕后的生态恢复与复耕，迫切需要对辅助工程的占地实施表土层剥离。

（1）确保表层土剥离

取、弃土场使用前应先剥离表层土。根据本项目水土保持方案，表层土剥离厚度以 20 cm 为宜，对于深耕作土地，可适当加深至 30 cm。

（2）优化管理

1）辅助工程占地边界应设置明显标志，严格控制在指定范围内施工，严禁随意扩大占压土地面积和损坏地貌、植被。标志牌内容应不少于：标段，指定负责人，工程名称，起讫桩号，与项目公路方位关系和距路中心线距离，占地类型，面积，施工起止日期。

2）向标段环境监理工程师提供占地前场地及周边环境的影像资料。

7．动植物

（1）保护天然林

1）禁止在天然林内搭建施工营地。

2）禁止在天然林内设置其他临时用地。

3）禁止在天然林内丢弃生产生活垃圾和随意堆放建筑材料。

4）禁止在天然林内伐木、砍柴、采集（食用植物、药材等）、用火，枯木、风倒木等亦不得随意动用。

（2）加强珍惜植物资源保护

1）对于将受到破坏的国家重点保护野生植物，在施工前要尽可能地移植到邻近地林地中；对于确实难以移植的，在施工前可采用采种的人工繁育手段进行，再将种苗移植到邻近的林地中。这两项工作必须有林业主管部门相关人员指导，对于人工繁育须经林业主管部门批准立项，在经费和技术保障情况下方能进行。

2）对重点保护野生植物的移植、繁育，施工单位应向监理师提交过程报告和影像资料（或关键步骤的照片），并出具林业主管部门人员现场指导的证明（或其复印件）。

3）对于受施工影响小可以就地保护的珍稀植物，应加设标识牌，明确负责人。标志牌内容应不少于：树种名称，保护等级，标段，桩号或地点，与公路方位关系，距路中心线距离，指定负责人。

（3）规范地表植被清除

清理路线范围内植被时，严禁破坏指定的地表保留物。

（4）规范林木采伐

采伐林木必须遵守《森林法实施条例》的相关规定，采伐林木时须有县级林业主管部门现场监督指导，并出具相关证明（或其复印件，下同）。

（5）文明施工

严禁任何猎杀项目区域内外野生动物的活动以及进行野生动物买卖交易。

（三）监理执行

1．临时用地生态监理

（1）临时用地开工环保审验

为了节约用地、合理使用土地资源，使临时工程符合各项环保要求，有必要对临时用地进行严格的环保审验，审验程序图 2 所示。即临时用地在开工前须向生态监理工程师提交申报，审批合格并经分指挥部环境监理师同意后方可开工。

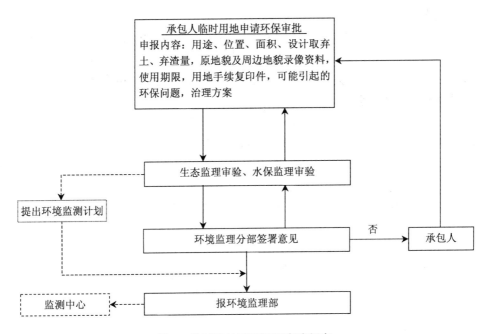

图2 临时用地开工环保审验程序

备注：图中虚线部分不针对取弃土场、隧道弃渣场、施工便道等临时用地。

由于本工程环境监理滞后于工程施工，因此对于已开工的临时用地应由施工单位补交相关申报内容，对于开始环境监理后新增的必须严格执行临时用地开工环保审验程序。对于审验过程中的相关资料均应进行存档备案。

（2）临时用地开工后生态监理

1）临时用地审批合格后，在未投入使用之前，应进行表层土的剥离和堆置保护。如果不遵循有关的规定和要求，忽略表土层剥离或剥离不规范，则有可能引起重大的环境影响并妨碍后期的生态恢复。因此，生态监理工程师对于这一关键的施工过程应采取旁站的监理方式，密切关注现场作业过程，及时发现问题，纠正不规范操作，并做好相关记录。施工连续作业时，由分指挥部调配其他标段生态监理人员轮班监理。

2）临时用地投入使用后，生态监理可采取巡视的方式对临时用地的使用进行监理，监理内容参照"六、（二）监理要点"中对应对象的相关监理要点，及时发现问题，纠正不规范操作，并做好相关记录。

（3）临时用地完工后生态监理

临时用地使用完毕后，生态监理可采取巡视的方式对临时用地的使用进行监理，其监理内容主要包括：

1）临时用地标志牌的维护以及相关指标的补充标明。

2）临时用地场地的清理。

3）若作本项目的其他使用，应记录使用用途，并据此决定其后续的监理操作，其中施工便道若与地方政府协商后计划改造为地方道路，则由水保监理工程师进行后续的监理；若超出本项目的范围，则记录使用用途后停止环境监理。

2．农田保护环境监理

由于对耕地、基本农田的监理内容基本涵括在临时用地生态监理要点中以及在社会环境监理要点中，同时在本项目的环境监理中由生态监理工程师同时承担生态监理和水、气、声以及社会的环境监理，因此不单列农田保护环境监理要点和监理执行。

3．动植物保护生态监理

可采取巡视的方式进行监理，监理内容参照"六、（二）监理要点"中对应对象的相关监理要点，及时发现问题，纠正不规范操作，并做好相关记录。

（四）监理表格使用

生态监理工程师在日常监理时，应认真做好生态监理的相关记录，即监表 3，并将承包方出示的相关证明或文件附于记录表格之后。

（1）常规项

常规项的填写同水土保持监理表格（即监表 2，下同）。

（2）巡视项

1）"序"、"工程名称"、"桩号"的填写同水土保持监理表格。

2）生态破坏描述

在"生态破坏描述"这一项中应说明生态破坏源、生态破坏的具体对象，并对所造成的生态破坏进行扼要的描述。所谓生态破坏源是指造成生态破坏的工程，应具体到造成破坏的工程子项或环节；所谓生态破坏对象，对于本项目基本上如表 5 所示；对于基本农田和耕地应说明破坏的面积和地表物，对于表层土应说明是否进行剥离或剥离的厚度，对于破坏的天然林应说明天然林的类型和面积，对于受保护物种和野生动物应说明破坏的数量，对于受破坏的风景名胜应说明受破坏的具体部位。举例来说，"生态破坏描述"可以这样填写：拌和站沥青烟影响居民的环境空气质量，清除地表物破坏滇楠一株。

表 5　生态破坏对象一览表

项　　目	具体对象
土地资源	基本农田，耕地，表层土
动植物资源	天然林，国家珍贵树种（滇楠）、野生动物、国家重点保护野生植物（南方红豆杉、鹅掌楸、金毛狗）
人居环境	环境空气、声环境
风景名胜	豆沙关风景区（五尺道，袁兹题记摩崖）

若没有造成生态破坏，该项可以不用填写。

3）生态破坏原因或不规范操作

本项的填写对应于"六、（二）监理要点"中各监理对象的环境保护要求，亦即承包方在施工过程需要纠正之处。承（2）中所举例子，这一项可以这样填写：拌和站选址不合理，在敏感点上风向；地表物清除过程没有对国家珍稀树种进行相应的保护。

没有造成生态破坏时，也可能存在不规范操作，例如没有设置标志牌等。

既没有造成生态破坏，也不存在不规范操作时，该项可以不用填写。

4）已有的环保措施及评述

即列举工程已经采取的生态环境保护措施，并对其效果进行评述。

5）备注的填写同水土保持监理表格。

（3）旁站记录

1）首先记录所进行旁站的项目，即在各项前的方框内画"√"；若选择"其他"，则还应说明具体旁站的项目。

2）对旁站的过程进行简明扼要的描述，即说明施工过程、采取的环保措施以及存在的不规范操作。

（4）监理回顾和监理评议

监理回顾和监理评议的填写同水土保持监理表格。

七、水环境监理（略）

（一）监理对象

（二）执行标准

（三）监理要点

1.合理处置桥梁施工废渣

桥梁桩基钻孔和灌注砼时，溢出的泥浆不能随意排入水体，应运出河区存放并采取一定的防护措施；存放地点必须与当地环保局、水利局等有关部门协商选址，并咨询应采取的防护措施。

2.合理处置路基工程废方

本项目大部分沿河布线，路基开挖时应事先设置拦沙坝，防止废方进入水体。

3.合理处置弃方、弃渣

弃方、弃渣应堆置在指定的弃土场或弃渣场。弃土场或弃渣场选址靠近河流的，必须按设计在弃方前设置拦沙坝等防护措施。若因道路缘故，不能运至指定地点而暂时将弃方（渣）堆置在河岸附近的必须设置临时性的防护措施，防止弃方（渣）进入水体，并应由标段环境监理工程师根据实际情况限定时间将弃方（渣）运至指定地点。

4.辅助工程污水达标排放

收费站、管理所、服务区等辅助工程应配备相应的污水处理设施，其污水排放执行《污水综合排放标准》（GB 8978—1996）中一级标准。

5.施工驻地污水达标排放和生活污水资源化

（1）严禁采用渗水井形式排污。

（2）在施工驻地设置干厕，采用化粪池将生活污水（主要是粪便污水）收集处理，上清液鼓励还田，底泥由环卫部门定期抽运，施工驻地产生的其他污水应经过处理后排放，执行《污水综合排放标准》（GB 8978—1996）中一级标准。

6.严格含油废水处理

施工含油废水、机械废水应采取有效措施（如隔油池）进行集中处理，并收集此过程中的废油，同时隔油后的废水应达标排放，执行《污水综合排放标准》（GB 8978—1996）中一级标准。

7．严格材料管理

（1）施工期间，应严格管理施工材料如水泥、油料、化学品等的堆放，防止雨季或暴雨时这些材料随地表径流排入地表水域造成污染。

（2）施工作业中的残油、废油以及处理施工含油废水、机械废水时收集的废油，应按其杂质情况分别用不同容器收集存放，视情况进行回收利用或送至当地环卫部门处理。

（3）对油抹布单独回收贮存，交环卫部门处理；有毒有害物质的处理应在有关部门专业人员指导下进行。

8．文明施工

（1）施工驻地的生活垃圾应按当地环境保护部门指定地点堆放，或用专门器具收集后运至当地垃圾处理站。

（2）定期对施工驻地进行灭菌、灭蚊保持环境卫生；靠近生活水源施工时，应设置屏障使施工地与生活水源隔开（但不得妨碍居民取水）防止扬尘、物料等污染水体，并设置警示牌和指定责任人。

（3）当施工、生活用水使用当地村民生活水源时，必须使用清洁的水具运水，严禁一切污染行为。

9．填写污水处理调查表

环境监理工程师应详细了解和调研监理范围内污水处理的情况（统计表 4），核实排污去向和受纳对象状况，对于设备应包括设施名称、型号、厂商以及所采用的工艺类型、装置结构、具体指标（如处理能力、排放标准等），对于附属设施应调查人员编制，排污量等。

（四）监理执行

1．环境达标监理

（1）对于要点 1、2、3 的监理除通过巡视的方式监理外，还应根据环境监测的数据来进行判断和作出指示。

（2）对于"辅助工程污水达标排放"即要点 4 的监理，在配套的污水处理设施安装投入使用后可采取的巡视方式监督设备是否投入使用以及运转是否正常，根据环境监测的数据来判断污水是否达标排放，并由此作出相应的决定；因承包方未按相应的环保要求或监理工程师指示进行水环境质量的保护，以及标段环境监理工程师未按监理要求监理和纠正承包方不规范行为等原因而产生的事故按污染事故处理。

（3）对于要点 9，标段环境监理工程师应及时开展调查，并在工程竣工环境保护验收之前完成汇总表的填写。

2．环境工程监理

公路环境保护工程监理可分为两类，一是土木的环保工程如声屏障、污水处理等；二是生态（含水保）工程，如绿化、取弃土场生态防治与恢复等。生态的环保工程监理具有较强的特殊性（如第 5 章所述），而土木的环境工程监理与主体工程内容基本一样，因此，各级环境监理机构进行污水处理工程监理时作为参考。

（1）污水处理工程监理，首先要核实污水排放标准，核实排污去向和受纳水体状况。对于污水处理设备而言，完成同一处理目的、达到同一排放标准要求的水处理装置很多，应核实合同中规定的处理装置的名称、型号、厂商以及所采用的工艺类型、装置结构、具体指标（包括处理能力、排放标准、性能及运行指标）。

（2）应对污水处理设施的各处理单元施工质量及各附属设施应达到的质量标准进行检验，并进行系统清水试车情况的检验。

（3）整套装置的达标排放检验应在营运后缺陷责任期内进行，但由于公路通车之初交通量和客流量较小，污水水质、水量可能还达不到设计的处理能力和要求的指标，因此在监理工作结束后，业主可与承包人协商有关验收和维护办法，必要时将"终身保养"写入合同。

（4）根据环境保护的有关规定，有时业主需要报请环保行政主管部门，由其参与或进行环保工程的验收。

（五）监理表格使用

八、环境空气监理（略）

（一）监理对象

（二）执行标准

（三）监理要点

1．临时场地选址应合理

（1）附近有敏感点时，稳定土拌和站和沥青拌和站等易产生大气污染物的临时场地应在敏感点下风向 300 m 以外，若因地形等因素限制无法遵从上述要求时应配备相应的防污染设施和制定施工行为规范，并征得当地居民和标段监理工程师的许可。

（2）施工便道的选择也应尽可能远离居民生活区。

2．采用环保工艺

（1）为防止熬炼沥青时产生的大量有害气体对大气的污染，沥青混凝土拌和采用集中在拌和站拌和的工艺，对拌和设备应有较好的密封并加装二级除尘装置。

（2）运转时有粉尘发生的施工场地，如水泥混凝土搅拌站等对投料器均应安装防尘设备。

3．严格物料管理

（1）为防止建筑材料在运输过程中粉尘对空气的污染，水泥、石灰、土石方尽量用袋装运输，当必须散装运输时应加盖篷布，存放时应压实料堆表面并采取防风遮拦措施；

（2）粉煤灰运输应做到湿取湿运，并用专用车辆运输，以减少起尘量。

（3）车辆运输物料严禁超载。

4．保障施工人员健康

处于高浓度 TSP 污染下以及沥青拌和站的施工人员应采取必要的防护措施。

5. 优化机械使用

优先选用电动机械和环保型机械，燃油机械（含车辆）应使用清洁型燃料，定期进行设备的维修和保养，使之保持最佳的工作状态和最低油耗水平，严禁机械带故障运行。

6. 主体工程及时降尘

路基施工时，应及时压实路面，并注意洒水降尘，对未铺装的道路必须经常洒水，以减少粉尘污染。

7. 减少施工便道扬尘

（1）施工便道应进行平整（建议利用符合要求的隧道石质挖方铺路），保证每天一定的洒水频率，保持路面湿润、防止扬尘。

（2）对于料场，由于积尘较多，出入料场的道路应加大洒水频率，并建议铺设竹笆、农作物秸秆等以减少道路扬尘。

8. 文明施工

（1）物料的装卸应控制力度，堆放应整齐，对易起尘的物料应压实料堆表面并采取加盖塑料薄膜等防尘措施。

（2）无相关部门的允许，严禁焚烧任何废弃物。

（3）施工驻地应使用电能或其他清洁能源。

（4）严禁在林地内吸烟、放火。

（四）监理执行

（五）监理表格使用

九、声环境监理（略）

（一）监理对象

如前所述，为便于环境监理人员操作和简洁各项环境监理对象，本项目声环境监理主要针对施工机械（含施工车辆）噪声、爆破噪声和应采取的临时和永久性降噪措施。

临时和永久性降噪措施是实实在在的对象，通过查报告书得到，通过勘察现场落实。

（二）执行标准

1. 噪声标准

施工期执行 GB 12523—90《建筑施工场界噪声限值》标准，见表 6。该标准适用于城市建筑施工场地产生的噪声，表中所列噪声值是指与敏感区域相应的建筑施工场地边界线处的限值。公路施工时的场界噪声执行该标准。

运营期声环境监理参照原国家环保总局环函[1999]46 号文执行：对于非城市区域公路两侧评价范围内的居民集中建筑群，邻路第一排建筑物参考《城市区域环境噪声标准》（GB 3096—93）中 4 类标准执行；对学校的教室室外昼间按 60 dB 要求；对医院昼间执行 60 dB 要求，夜间执行 50 dB 要求（见表 7）。

表6 GB 12523—90《建筑施工场界噪声限值》

施工方式	主要噪声来源	噪声限值（dB）	
		昼间	夜间
土石方	推土机、挖掘机、装载机等	75	55
打桩	打桩机	85	禁止施工
结构	混凝土搅拌机、振捣棒、电锯等	70	55
装修	吊车、升降机等	65	55

表7 城市区域环境噪声标准

类别	昼间	夜间
学校教室	60	—
医院病房	60	50
4类	70	50

2．健康保护标准

国家卫生部及原劳动总局于1979年颁发了《工业企业噪声卫生标准（试行草案）》。该标准主要是针对劳动者的健康保护而制定的，标准值见表8。

表8 工业企业噪声卫生标准（试行草案）

每个工作日接触噪声时间（h）	允许噪声 dB（A）	
	现有企业	新建企业
8	90	85
4	93	88
2	96	91
1	99	94
最高不得超过115 dB（A）		

（三）监理要点

1．场地选址应合理

（1）附近有敏感点时，对使用搅拌机、空压机等高噪声机械的临时用地应距敏感点200 m以外。若因地形等因素限制无法遵从上述要求时应具有相应的降噪措施和制定施工行为规范，并征得当地居民和标段监理工程师的许可；其中可采取如下降噪措施：安装消音设施、简易隔声屏障、合理利用建筑物隔声以及利用堆放的物料（建筑材料、临时土方、废方等）形成屏障等。

（2）运输筑路材料的主要通道也应尽量远离居民区和学校。

2．不影响公路沿线学校教学环境

昼间施工应确保施工噪声不影响公路沿线学校教学环境。现场调查发现有5所学校距离本公路较近，分别为林场小学（19标）、万古小学（19标）、豆沙关中学和小学（建于同一处，21标），平安希望小学（28标），其中林场小学拟定搬迁。对于搬迁的学校，

在未搬迁之前也应确保正常的教学不受施工噪声的影响。

3. 不影响沿线居民正常休息

为保证施工现场附近居民夜间休息，对距居民区 150 m 以内的施工现场，在夜间 22：00 至次日 6：00 禁止噪声大的施工机械施工和爆破。对于拆迁的居民，在未拆迁之前也应确保正常的生活秩序不受施工噪声的影响。

4. 优化机械使用

（1）优先选用电动机械和低噪音设备，定期进行设备的维修和保养，使之保持最佳的工作状态和最低噪声水平，严禁机械带故障运行；

（2）适当控制机械布置密度，条件允许时应拉开一定距离，避免机械过于集中形成噪声叠加；

（3）尽量降低夜间车辆出入频率。

5. 保障施工人员健康

（1）合理安排工作人员轮流操作高噪声机械，减少接触时间；

（2）对于高噪声环境范围内的操作人员和其他施工人员，应发放并严格要求使用耳塞、防声棉、耳罩等保护措施。

6. 文明施工

（1）承包商应对施工人员进行文明施工教育、制定文明施工守则；

（2）施工人员应按规范操作机械，材料（尤其是钢筋等）的装卸应尽量轻拿轻放，并避免无必要的敲击及其他可能产生强噪声的活动；

（3）昼间施工车辆经过居民区时应减速和限制鸣笛，夜间应减速、禁止鸣笛。

7. 编写敏感点汇总表

环境监理工程师应在路基工程基本完成时，详细了解和调研监理范围内敏感点（学校、村镇、零散分布的居民住宅、风景名胜等）的情况（统计表 5），其基本内容包括地点、桩号、敏感点名称、数量（户数和居民）、与公路中心线距离、方位（左、右）、相对高差等。

（四）监理执行

（五）监理表格使用

十、社会环境监理

（一）监理对象

本项目社会环境监理主要针对拆迁与安置、征地、文物与古迹保护、通行便利性、施工安全与保通、环境保护宣传教育、文明施工教育、沿线新建建筑。

（二）监理要点

1. 编写拆迁与安置调查报告

标段监理工程师应详细了解和调研监理范围内拆迁与安置情况，并编制调查报告。

该报告至少应包括以下几方面内容：

（1）拆迁地点（含对应公路的桩号、行政区属）及与公路的位置关系、拆迁户数、每户人数、拆迁建筑占地面积和建筑面积等。

（2）拆迁户基本情况，例如：职业、经济收入、文化水平、拆迁房屋基本情况等；对于被拆迁的农户还应调查失去的耕地和基本农田数量，农田作物种类与产量等。

（3）拆迁户对公路建设的态度、希望的补偿与安置方式和对拟定方式的态度。

（4）负责拆迁的部门制定的拆迁与补偿政策及其落实情况，拆迁和安置之间的衔接工作。

（5）安置去向及安置地基本情况，提供的住房、生存途径或分配的农田数量与质量。

（6）拆迁前后生活质量的对比（区分农户与非农户），公众的满意程度。

由于本工程 19 标段还涉及学校（林场小学）的搬迁，因此监理 19 标的环境监理工程师在编制的调查报告中还应包括对学校搬迁与安置，其内容至少应包括以下几方面内容：

（1）学校基本情况：名称、地点（含对应公路的桩号、行政区属）、面积、师生来源与人数、学校建筑物基本情况、高程、周边环境。

（2）学校与公路之间的位置关系。

（3）学校对公路建设的态度、希望的补偿与安置方式和对拟定方式的态度。

（4）负责拆迁的部门制定的拆迁与补偿政策及其落实情况，拆迁和安置之间的衔接工作。

（5）新学校基本情况：地点、面积，学校建筑物基本情况、高程、周边环境。

（6）搬迁前后学校环境质量的对比，师生的满意程度。

2．编写征地调查报告

标段监理工程师应详细了解和调研监理范围内征用耕地的补偿和补充情况，并编制调查报告。该报告至少应包括以下几方面内容：

（1）所征地基本情况：性质，地点（含对应公路的桩号、行政区属）及与公路的位置关系、面积、归属；当所征地为耕地或基本农田时还应调查耕地质量、农田作物种类与产量等，征地为林地时还应调查林地类型、林种、蓄积量等。

（2）被征地户对公路建设的态度、希望的补偿方式和对拟定补偿方式的态度。

（3）实际的补偿情况与两者质量对比。对于征用基本农田所作的补充应调查是否符合《基本农田保护条例》的规定。

3．跟踪记录沿线新建建筑

标段环境监理工程师应对公路沿线新建建筑物进行跟踪记录，调查范围为监理区域内公路中心线两侧各 200 m，记录内容为新建建筑开工和完工时间、地点（含对应公路桩号）、与公路位置关系（含距离）等。

4．保护文物与古迹

（1）对于水富楼坝崖墓群（2 标段）和盐津官仓坝墓葬（12 标段），施工单位应严格按照《水富—麻柳湾公路减少文物考古调查勘探评价报告》所提出的处理意见来部署施工，在文物保护完成后向标段环境监理工程师申请开工，并将文物迁移完工的证明（或复印件）附于其后。

（2）对于水富涨滩坝青铜时代墓地、盐津豆沙关秦汉"五尺道"及大关岔河崖墓群等距公路施工范围较远的文物古迹，施工单位应加强人员管理，严禁在其保护范围内布设任何与施工有关的设施以及活动。

（3）在公路施工过程中发现其他文物、古迹，施工方应立即停止该地段施工通知文化部门，并按其处理意见（该意见应呈报各级环境监理机构）部署施工，在文物保护完成后向标段环境监理工程师申请开工，并将文物迁移完工的证明（或复印件）附于其后。

5．确保施工安全与道路畅通

（1）施工现场应有明显的安全标志，例如"严禁烟火"、"前方爆破，禁止通行！"等。

（2）夜间施工时，施工区及道路须有足够的照明，在交通口及转弯处设专人值班，负责交通安全。

（3）炸药领用、运输、装药、起爆等应严格遵循《爆破安全规程》。爆破前应发布告示，防范区域设置醒目标识，设专人定岗定区域警戒，将人员撤至安全区域；露天爆破不少于 5 分钟，地下爆破不少于 15 分钟，爆破作业人员才能进入爆破地点；每次爆破后施工方应做好安全评估工作。

（4）在施工便道与原有道路或正线有交叉的路口设置明显的交通警示标志。

（5）施工期间施工方应派专人负责便道的养护和维修，保证便道路况良好。

（6）路线交叉口、道路狭窄处、影响行车安全的土石方施工段应设置专职的保通人员，并配备联络设施，确保道路畅通和及时调配保通人员。

（7）与公路交叉改造地段，断道前先选择并完成绕行方案，然后方可断道施工。

6．保护现有公用设施

（1）不得影响农田灌溉系统。

在农田沟渠灌溉地段施工时，优先施工灌溉涵及水沟，确保农田排灌需要；有必要时应修建边沟、泵站等临时措施以确保农田的正常灌溉。确实因施工不能避免影响灌溉和占用农田时，施工方应提出施工方案与应对措施，并通知标段环境监理工程师和向其上级监理机构提出请示，由环境监理部（或分部）、地方相关部门、施工方 3 方共同协商解决。

（2）施工过程中，对其他的公用设施都应明令禁止任何损坏，尤其对于沿线光缆、地下管道等地下设施应设置明显的标识，划定需要施工防护的范围。

7．自觉接受群众环境监督

各环境监理分部应设置投诉电话，并要求所辖标段的施工单位在各自标段内设置一定数量标有投诉电话号码的标志；施工单位应合理地点设置标志，例如居民点或学校等离施工场地较近的敏感点。

8．开展环境保护教育

施工方应定期对施工工人开展针对性的环保教育，例如：本公路建设中可能产生的环境问题及其防治措施，识别公路施工范围内保护植物等，并应对每次所开展的教育向环境监理工程师递交纪要（监表 13），其内容应不少于：始末时间、地点、主办方、参加人、内容、意义等。

（三）监理执行

（四）监理表格使用

十一、环境监测方案

（一）环境空气

1. 布点

依据《环境影响报告书》中提出的环境监测计划，施工期监测点仍布设在这些位置。

初步选取沿线灰土拌和站 2 个、铺装的施工路段 3 个，共 5 个有代表性的监测点，开展环境空气监测。具体监测点位如表 9 所示。

表 9　环境空气监测点位

	桩号或标段	环境监测点名称
灰土拌和站	待定	待定
	待定	待定
施工路段	19 标	万古小学
	20 标	会同溪隧道入口
	K78+600	中和互通立交

由于公路施工尚未进入沥青摊铺阶段，沥青搅拌站位置不清。待沥青搅拌站设置位置明确后，结合沿线环境空气敏感点分布情况，再布设监测点。

2. 监测项目与频次

监测项目与频次详见表 10。

表 10　环境空气监测项目与频次

监测点位	监测项目	频　次
沥青搅拌站	TSP、沥青烟	1 次/季度
灰土拌和站	TSP	1 次/季度
铺装的施工道路	TSP	1 次/季度

3. 采样方法

按照《环境监测技术规范》大气部分和《固定污染源排气中颗粒物测定与气态污染物采样方法》（GB/T 16157—1996）中的规定进行。

4. 测试方法

监测项目测试方法详见表 11。

表 11 环境空气监测测试方法

监测项目	依据方法
TSP	环境空气 总悬浮颗粒物的测定 重量法（GB/T 15432—1995）
沥青烟	固定污染源排气中沥青烟的测定 重量法（HJ/T 45—1999）

5. 监测仪器

监测所需仪器的基本信息详见表 12。

表 12 环境空气监测仪器及其基本信息

监测项目		仪器名称	型号	生产厂家	检定日期
TSP	采样	智能中流量总悬浮颗粒物采样器	TH150A	武汉天虹	2004.6
	测定	电子天平	BS210S	德国	2004.6
沥青烟	采样	便携式废气采样器	TH300B	武汉天虹	2004.6
	测定	电子天平	BS300B		2004.6

（二）噪声（略）

（三）水质（略）

专家点评

这是一个相对比较完整的以水土保持生态保护为重点的工程环境监理规划。该规划编制的主要特点是：

一、对于生态影响类建设项目特别是山区、森林区开发项目，除环境影响报告、水土保持方案报告外，使用林地可行性报告也是工程环境监理规划编写的重要依据之一。使用林地可行性报告是全面评价占用、征用林地对环境和林业发展的综合影响，特别对涉及重点野生动植物和古树名木的保护，对项目区域及项目区的森林资源的影响以及对环境和林业发展的影响进行客观分析和评价的技术文件。本工程环境监理规划，充分吸纳了有关内容。

二、在"水土保持监理、生态监理"两章中结合项目所在云南省昭通市水富、盐津、大关三县地理位置、地形、地貌，从监理对象，工程监理要点及工程质量、进度、费用监理到监理表格的使用，实现了环境监理与工程监理的有机结合。这种尝试不仅为环境监理提出了先例，也为工程监理提供了帮助，在环境监理实践中具有重要指导意义。

三、水环境、环境空气、声环境监理即"达标监理"中规划的编写突出了执行标准，采用"监理对象→执行标准→监理要点→监理规划→监理表格使用"这种模式有较强的可操作性，在没有全国统一的环境监理规范的情况下，其他行业项目环境监理也可作借鉴。

四、项目环境监理机构，环境监理部→监理分部→监理组三级组织结构明确，水保监理工程师，生态监理工程师专业分工合理。本规划引入了环境污染，投诉事故处理程序将为项目竣工环保设施验收、公众参与、调查报告提供依据，加强了建设项目施工期环境管理的力度。

值得商榷之处是：

环境事故分类应以原国家环保总局发布的文件为准。环境污染、投诉事故处理程序以图代文更直观简洁。

在水土保持监理中设有工程费用监理一节，若能引用交通部科技司"公路建设项目环境保护投资界定"课题组建议，扩大到包括环境污染治理投入、生态环境保护投入、社会经济环境保护投入和环境管理及其科技投入，全面考虑本项目环保投资内容的控制，将为落实环境影响报告书要求内容、实现"三同时"及日后项目环境监理总结报告编制打下良好基础。

环境监测方案除水、气、噪声环境因素外，增加上水土保持和生态监测内容，将更为完整。

第16章　环境监理月报、会议纪要案例

案例1　驻马店市白云纸业年产 3.4 万 t 漂白麦草浆工程环境监理月报

（2001 年 8 月 30 日—2001 年 9 月 30 日）

一、本月施工环境监理述评

1. 环保工程形象进度

本月，各施工单位积极采取措施，加快工程进度，截止到 9 月 30 日，锅炉烟囱已垒至标高 29 m，碱回收车间土建工程已经结束，碱回收锅炉正进行底部钢筋绑扎。污水处理厂各构筑物都在紧张有序的施工过程中。具体进度为：初沉池底部钢筋绑扎结束，直壁竖筋正在绑扎。均衡池直壁正在支模板。配药间、成品库地上一层主体工程已建成。曝气池地下工程已经完成，地面部分直壁处于钢筋绑扎阶段。二沉池处于基础面浇筑养护阶段，底部构筑完成。斜网过滤池处于钢筋绑扎阶段。

2. 工程质量情况

本月现浇混凝土质量比较稳定。砌体施工中有些工人不能保证砌体砂浆饱满度，局部砌体垂直度略有超标，已责其更改。

3. 存在问题及建议

（1）从本月施工现场情况看，污水处理厂集水井构筑物在挖建过程中，大量地下水被抽至公路上，这样既浪费了水资源，又影响到周边环境，建议采取有效措施做到物尽其用。

（2）一些施工单位项目经理部对施工现场管理不符合环保要求，水泥、砂石等建筑材料没有做到设置盖棚堆放有序。

（3）碱回收工区生活污水四处滥排，建议业主督促施工单位加强管理。

（4）施工现场扬尘污染现象比较普遍，必要时应对一些部位及时喷洒水，并对道路尘埃及时清除。另外，局部施工机械噪声较大，应加强对施工机械的维护管理。

4. 下月环境监理工作重点

（1）落实环境监理工程师通知单的执行情况，保证环境监测孔及监测平台按规范要求预留好，为以后的环境管理创造条件。

（2）继续针对施工过程中出现的和不可预见的环境问题给予关注，并提出合理化的建议。

二、施工环境监理资料统计

1.施工条件

月平均出勤劳	泥工 200 人，木工 60 人，钢筋 100 人，其他 40 人
天气	晴 28 天，阴 2 天
施工机具运转	正常
水电供应	正常 29 天，停水 0 小时，停电 1 天

2.工程设计变更

序	变更内容	变更原因	变更估计对工期投资的影响
	增加锅炉烟囱环境监测孔和监测平台	建设项目环保设施竣工验收监测管理有关问题通知中的技术规定	影响不大

3.环境监理例会

序	会议日期	纪要编号	会议内容
1	2001.8.30	第一期	与会各方就第三方环境监理试点在白云纸业公司开展达成共识并表示给予全力支持
2	2001.9.5	第二期	环境监理单位依据本工程环境影响报告书的内容就工程中有关环保事宜通报情况

专家点评

　　监理月报的编写是环境监理人员的基本功。监理月报《建设工程规范》（G1350319—2000）有固定的编写模式，一期好的监理月报可以反映建设工程综合进展情况和环境监理在本月的主要监理业绩，也能体现出编写人员的业务能力与水平。

　　该案例，在初期进行环境监理试点时就能够抓住监理月报的主要内容，如：环保工程形象进度、工程质量情况、本月存在的环境保护问题及下月环境监理工程重点等基本要素，思路清晰、内容全面、语言简练。

　　存在问题是工程质量进度多是定性描述，缺少检测和定量数据支持，如果业主有环保投资支付签认权，还应有工程计量和工程款支付内容，对承包商施工情况的讲评缺乏针对性。

案例 2　双汇污水处理工程周例会会议纪要

工程环境监理例会纪要
环监字（2006）第 11 号

时间：2006 年 7 月 17 日上午 10：00

地点：工地临建

主持人：×　×（项目总监）

参加人员：

甲　方：×××

监理方：×　×　　×××　　×××　　×　×

总包方：×××　　×××　　×　×

施工方：×××　　×　×　　×××　　×××（防腐）

纪要内容：

（一）上周工程进展情况

1. 提升加热间扩洞及挖沟完成，已具备安装管道条件。

2. 厌氧南池上层大罩已安装完毕，底部布水器配管完成。

3. 好氧池滗水器安装完成。

4. 由于 FRPP 管件未到，调节池的管道安装未按计划完成。

5. 土建未及时修整异型梁，造成厌氧池北侧小罩的就位、焊接未按计划进行。

6. 由于集水槽预留洞修整未完成，厌氧南池集水槽未进行就位安装。

7. 甲方代表、环境监理对目前工程进度迟缓及材料报验不及时表示强烈不满，必须按合同和环境监理规划的要求执行。

8. 要求所有安装工作必须在 7 月 22 日全部完成，否则将采取以下措施：

（1）延期一天罚款一万元。

（2）本月工程款将延期审批。

（3）将施工情况通知总包方总经理。

9. 近期的施工顺序是先安装后土建再防腐。

10. 各相关单位对甲方提出的施工期限的要求做最后确认。

11. 近期要编制调试运行方案，报送甲方、环境监理审验。

12. 对电气安装人员和在集气罩吊装工序中作出突出贡献的安装人员提出表扬。

13. 工程安装质量要严格把关，按要求和规范进行施工，不要有侥幸心理。

14. 7 月 22 日为安装工程的完工期限，这个目标不得动摇，要想尽一切办法去实现这个目标。

15. 施工人员数量、材料供应、施工机具要综合考虑，统筹安排。

16. 内回流系统的完工时间可以延期很短时间，但要视这段时间的施工表现来决定是否进行处罚。

17. 监理人员对两组动力电缆进行了绝缘和线径、横截面积测试，平行检验结果如下：

（1）总控室至鼓风机房

电缆型号：VV22—50 $mm^2 \times 3 + 25\ mm^2 \times 1$

兆欧表型号：ZC 25—4，电压等级：1 000 V，测量范围：0～1 000 MΩ。

耐压标准：动力电缆 1 MΩ，照明电缆 0.5 MΩ。

绝缘测试数据：

AB：200 MΩ　　　　　　　　AE：100 MΩ

AC：150 MΩ　　　　　　　　BE：100 MΩ

BC：100 MΩ　　　　　　　　CE：100 MΩ

线径测试数据：

A 相：ϕ=2.56 mm×10　　　　S=51.44 mm²

E 相：ϕ=2.16 mm×7　　　　S=25.63 mm²

结论：合格

（2）总控室至提升加热间照明电缆

电缆型号：VV22—6 mm²×3＋4 mm²×1

兆欧表型号：ZC25—4，电压等级：1 000 V，测量范围：0～1 000 MΩ。

耐压标准：动力电缆 1 MΩ，照明电缆 0.5 MΩ。

绝缘测试数据：

AB：200 MΩ　　　　　　　AN：500 MΩ

AC：200 MΩ　　　　　　　BN：500 MΩ

BC：300 MΩ　　　　　　　CN：300 MΩ

线径测试数据：

A 相：ϕ=2.77 mm　　　S=6.02 mm²

E 相：ϕ=2.3 mm　　　　S=4.15 mm²

结论：合格

（二）下周工作计划及要求

1. 调节池、气浮池、污泥贮池管道安装完成 90%。

2. 厌氧北池小罩焊接完成，上层大罩吊装就位。

3. 好氧池至厌氧池之间的污泥管安装完毕。

4. 提升加热间水泵及高位水槽的配管安装，提升加热间到厌氧南池的池外管道安装。

5. 厌氧池之间的沼气管道的配管、安装。

6. 厌氧南池内排泥管的安装。

7. 电气所有明装线管固定完毕，配电柜安装完成 60%。

（三）施工及环境监理要求

1. 好氧池北侧进水之后，排泥管标高下降，必须进行开挖校正处理。

2. 溁水器支架要增加 400 mm。

3. 好氧池东侧第二个池子潜污泵耦合件不垂直重新校正。

4. 两厌氧池中间先夯实，后作地埋管的敷设。

5. 地埋的 FRPP 管要解决好浇水引起的不均匀沉降（特别是弯头处），两日内拿出施工方案（一是处理基础，二是设置基础支墩）。

6. 水封罐周四到场，着手准备厌氧池外沼气管的安装。

7. 抓好"三大控制"做好资金投入，控制好质量，保证工期。

8. 业主、监理、承包方之间要协调好，抓主要问题，关键是乙方内部的协调，要敢于面对矛盾，不得推诿扯皮、互相埋怨和指责。

9. 要在施工过程中落实好施工组织设计。

10. 设备、材料、重要工序（例：厌氧池内部防腐，集气罩的就位，集气罩和异型梁之间的相对位置、距离，集气罩内沼气管的固定，沼气管、调节池吸泥管上孔径尺寸的依据等）要及时报验，不得拖延。

11．厌氧内沼气收集管及调节沉淀池排泥管的孔径、数量、开孔方法等要以书面形式提交监理方检验。

12．要做好安全、防暑降温及劳动保护用品的使用，特别是防腐工作人员的防毒面具一定要按要求佩戴，以保证施工人员的身体健康及安全，以保证施工质量及进度。

13．环境监理旗帜鲜明地支持乙方技术人员对分包单位严格的技术要求和管理。

14．本周三电缆必须到场，没有条件可讲。

15．为加快工程进度，做好防暑降温，安装人员实行轮班作业，因此本周三人员必须增加到 78 人。

专家点评

经常性工地会议（即工地例会或工地周会）是在开工以后，由业主、承包商和监理方共同协商时间，由总监理工程师定期主持召开的会议。它是总监理工程师对工程建设过程进行监督协调的有效方式，它的主要目的是分析、讨论工程建设中的实际问题，并作出决定。

本案例是业主没有委托工程监理，仅委托一家环境监理单位监理屠宰、食品废水处理工程建设的实例，会议纪要反映了环境监理人员驾驭整个工程建设的能力与水平，展现了"严格监理、热情服务、秉公办事、一丝不苟"的监理原则，提供了环境监理单位独立完成环保工程监理的范例。

存在不足之处：纪要应层次分明，重点突出，不是会议记录式开药方，应经过适当整理，参会各方会签，存档备查。

第 17 章　公路、铁路项目环境监理总结

案例 1　青藏铁路建设中的环境保护监理

青藏铁路是国内铁路建设史上首次引入环境监理制度和第一份签订环境保护责任书的建设项目。项目实施过程中，对环境保护管理和环境监理机制进行了卓有成效的探索和实践。健全的环保管理与环境监理机制，在有效落实环境影响报告书及其批复文件提出的生态保护和污染防治措施方面发挥了重要作用，也为国内建设项目开展施工期的环境监理提供了宝贵经验。

一、青藏铁路工程概述

青藏铁路举世瞩目，是世界上海拔最高、线路最长、穿越冻土里程最长的高原铁路。一期工程西宁至格尔木段 814 km 1958 年开工，已于 1979 年铺通，1984 年交付营运。青藏铁路二期工程限于当时的经济实力和高原、冻土等筑路技术难题尚未解决，格尔木至拉萨段停建。

1994 年 7 月中共中央召开第三次西藏工作座谈会后，铁道部对进藏铁路进行了多方案选线，经过比较，提出了首选青藏铁路建设的建议（当时规划还有三条，即甘藏铁路、滇藏铁路和川藏铁路）。2001 年 2 月，国务院批准青藏铁路立项，2001 年 6 月 29 日开工建设，全长 1 142 km，计划投资约 262 亿元。

青藏铁路二期工程（青海格尔木至西藏拉萨段）经过海拔 4 000 m 以上地段 960 km，翻越唐古拉山口的铁路最高点海拔 5 072 m；全长 1 142 km，铁路沿线地质复杂，其中仅多年冻土地段就达 550 多 km。工程艰巨，要求高，难度大。为了解决青藏铁路面临的世界性"三大难题"，即多年冻土、生态环保、高寒缺氧等问题，青藏铁路自开工建设以来，中国铁道部高度重视青藏铁路冻土攻关难题，先后安排了上亿元科研经费用于冻土研究。科学家采取了以桥代路、片石通风路基、通风管路基、碎石和片石护坡等措施，目前，采取的措施十分有效，冻土攻关取得重要进展。

青藏铁路是世界级生态环保铁路，仅环保总投资达 20 多亿元，占工程总投资的 8% 左右，是目前中国政府环保投入最多的铁路建设项目。

二、青藏铁路沿线的生态环境特点

青藏高原是我国和南亚、东南亚地区主要河流的发源地，具有独特的自然景观，复杂的生物区系，脆弱而多样化的生态系统。生态脆弱的主要原因是：海拔高、空气稀薄、气候寒冷而干旱；动植物种类少，生长期短，生物量低，生物链简单，生态系统中物质循环和能量的转换过程缓慢。生态脆弱的明显表现是：1974 年至 1985 年青藏公路改扩建

时铲除植被的地方，至今仍然光秃秃的；1975 年至 1978 年为兴建输油管线而开挖的地面，目前仍未见植被生长；藏北草甸上不到半米高的爬地松，其生长期竟长达七八十年……正因为青藏高原的生态系统如此"不堪一击"，所以，当 2001 年 2 月初国务院正式批准建设青藏铁路之后，海内外曾有舆论认为：修建这条铁路将会破坏沿线的生态环境，甚至造成"生态灾难"。

青藏铁路格尔木至拉萨段位于青藏高原腹地，跨越青海、西藏两省区。线路北起青海省西部重镇格尔木市，基本沿青藏公路南行，途经纳赤台、五道梁、沱沱河沿、雁石坪，翻越唐古拉山进入西藏自治区境内后，经安多、那曲、当雄至西藏自治区首府拉萨市。青藏高原具有独特的高原、高寒生态系统，有极具保护价值的特有的珍稀濒危野生动植物物种资源。有独特的气候条件，连片的冻土、湖盆、湿地及缓丘构成原始的高原面貌。长江、黄河、怒江、澜沧江、雅鲁藏布江等许多大江、大河都源自青藏高原，随着高原内部水热条件的差异，形成了由高寒灌丛、高寒草甸、高寒草原、高寒荒漠组成的高寒生态系统，具有独特的高寒生物区系。其中，尤以高寒草原分布最广。青藏地区的高寒草原在亚洲和世界高寒地区中均具有代表性，至今还基本保持着原始的自然演变过程。

三、青藏铁路建设环境保护目标、任务

"一定要十分爱护青海、西藏的生态环境，十分爱护青海、西藏的一草一木，精心保护我们祖国的每一寸绿地"，这是国务院领导同志对青藏铁路建设中的环境保护工作作出的重要批示。青藏铁路开工建设始终，各施工单位认真贯彻落实这一指示精神，努力把青藏铁路建设成为生态环保型铁路。

为使青藏铁路的建设对青藏高原环境的影响得到有效控制。在建设前认真做好环境影响评价，贯彻预防为主，保护优先的原则，在工程的设计、建设、运营中充分重视环境保护和生态建设工作，采取相应的措施。

1. 高原、高寒地表植被的保护

为了保护青藏高原特殊的植被系统，工程有针对性地采取了多项措施。合理规划施工便道，施工场地、取弃土场和施工营地，严格划定施工范围和人员、车辆行走路线，防止对施工范围之外区域的植被造成碾压和破坏；对施工范围内的地表植被，施工前先将草皮移地保存，路基上的草皮移植于路侧如图 1 所示，施工中或施工后及时覆盖到已完工路段的路基边坡或施工场地表面；对昆仑山以南自然条件允许的地段，工程中安排了有关植被恢复工程，采取选育当地高原草种播种植被和使用部分当地草甸采用根系繁殖方式再造植被。移植原草皮后的边坡如图 2 所示。

2. 自然保护区和珍稀濒危野生动物资源的保护

为了保护青藏铁路沿线的自然保护区和野生动物生活环境，工程设计中对穿过可可西里、楚玛尔河、索加等自然保护区试验区的线路区段进行了多方案比选，将工程活动尽量局限在线路两侧一定范围内，以减少对环境的干扰。进入西藏后的线路方案，为保护林周彭波黑颈鹤自然保护区，选择了羊八井方案，绕避了黑颈鹤保护区。根据沿线野生动物的习性、迁徙规律，通过调查研究，工程在相应路段设置了野生动物通道和畜牧、行人通道。

图1 路基上的草皮移植于路侧

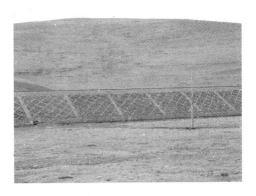

图2 移植原草皮后的边坡

3. 对高原湖泊、湿地生态系统的保护

为避免因路基工程对地表漫流阻隔和工程取弃土（渣）场的占用湿地，而造成湿地的生态功能退化，引起湿地萎缩，设计中对线位和取弃土（渣）场的选择做了充分比选，尽量绕避湿地，无法绕避时，对通过湖泊、湿地进行桥路方案比选，并尽量选择以桥代路方案，为了避免路基建筑对地表径流的切割影响，在相应路段加大了涵洞设置数量，以保证地表径流对湿地水资源的补充，防止湿地萎缩。

4. 高原冻土环境和沿线自然景观的保护

为了保持冻土环境稳定和避免对沿线原生的自然景观产生影响，采用导热棒保护高原冻土环境，如图3所示。工程采取了路基填方集中设置取土场，取、弃土场尽量远离铁路设置并做好表面植被恢复；对挖方地段，要在路基基底铺设特殊保温材料并换填非冻胀土，避免影响冻土上限和产生路基病害，以确保路基两侧区域冻土层的稳定。

图3 采用导热棒保护高原冻土环境

5. 严格控制污染物排放，保护铁路沿线环境

在高原上尽量减少铁路车站的设置，以减少车站排放污染物对环境的影响。对必须设置的铁路会让车站，将采用相应的污水处理措施，对车站产生的生活性污水进行处理，处理后出水达到国家标准后将用于车站范围内的绿化，不直接排入地表水体；车站用能将尽量选用太阳能、风能等清洁型能源；施工期和运营期产生的各类垃圾集中收集，定期运交高原下邻近城市垃圾场集中处置。

四、环境管理的组织体系

为强化施工期的环境管理，探索环境监理工作机制，青藏铁路建设总指挥部结合国内建设项目管理中的工程监理制度的特点，委托了具有环境影响评价和工程竣工环境验收资质的铁道科学研究院环控劳卫所作为第三方，负责对全线环境保护进行全过程监控。构筑起了由青藏铁路建设总指挥部统一领导、施工单位具体落实并承担责任、工程监理单位负责施工过程环境保护工作的日常监理，环境监理单位对环保工作实施全面监控的"四位一体"的环境保护管理体系。如图4所示。

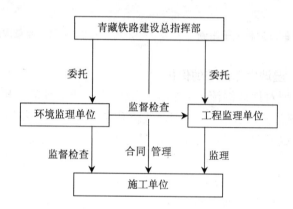

图4　"四位一体"的环境保护管理组织体系

青藏铁路建设总指挥部是青藏铁路施工期环境保护工作的组织者和管理者，负责对各施工单位、工程监理单位和环境监理单位的环境保护工作进行归口管理，调查处理施工期的重大环境保护问题。

施工单位是施工期环境保护的实施者和责任者，接受工程监理单位的环保监理，同时也接受环境监理单位的监督和检查。负责工程施工期环保措施和环保设计方案的实施。

工程监理单位根据施工期的环保措施和环保设计方案，负责对施工单位的环保工作进行日常监理。

环境监理单位依据《环保监理指南》及《环保监理细则》，对施工单位的环境保护工作、工程监理单位的环保监理工作进行评价，对施工单位不符合环保要求的行为提出书面整改意见，限期整治，并跟踪检查和落实。为保证这些工作的约束力度，具体建立了环保行政管理和技术管理的制度体系。

在青藏铁路建设总指挥部，建立了由指挥长主管，工程技术部负责环保技术的优化和环保实施方案审查、工程监理部负责环保实施过程的质量监督控制、合同财务部负责合同和资金管理的环保管理组织机构；全线各施工标段按照青藏铁路建设总指挥部要求，均建立了由局指挥部领导挂帅，环保部门主管、项目施工队专职环保人员具体负责的两级环保管理体系和自上而下的环保目标责任制，从而在青藏铁路建设中形成了一个纵向统一领导、分级管理，横向分工合作、协调一致、职责分明的管理机构统一体。

"四位一体"环境保护管理体系的建立，为施工期环保管理工作的程序化、规范化运行奠定了基础。

五、环境管理的制度体系

为使"四位一体"的环境保护管理体系运行起来有法可依、有章可循、有据可查，青藏铁路建设总指挥部首先建立了完整的环境监理制度，同时具体制定和完善了一整套法规性办法、见证性办法和技术指导性办法。

在"环境保护监理制度"的指导下，实施了"环保工作记录制度"、"环保措施审查制度"、"临时工程现场核对优化和审批制度"、"环保工作质量与工程验工计价挂钩制度"、"环保工作一票否决制度"以及"环保工作奖惩制度"等，形成了一套具有多层次制约机制的管理制度体系。

法规性办法："施工期环境保护管理办法"、"监理管理办法"、"优质样板工程评选办法"、"设计优化规定"、"施工组织设计编制管理规定"等。

见证性办法："环境保护实施记录"、"环境保护计划报审单"、"期中环境保护质量评价表"、"环境保护验收单"、"环境监理通知书"、"环境保护整改验收单"等（见附表）。

技术指导性办法："站前工程施工环保措施要求"、"站后工程施工环保措施要求"、"临时工程生态环境恢复技术要求"、"草皮移植施工工法"等。

六、环境监理工作

（一）任务及内容

环境监理主要任务是控制施工行为，监督落实工程设计中提出的各项环保措施（设施）。生态保护和污染控制是主要的监理工作内容。其中：生态保护以沿线高寒植被、珍稀野生动物、湿地、原始景观地貌、江河源头水质、地表土壤及水土保持功能为重点保护对象；污染物控制则以水、气和固体废弃物为重点控制对象。

环境监理工作范围包括主体工程、临时工程（施工场地、营地、便道、取弃土场、沙石料场及材料贮存场、轨排厂、制梁厂）及其邻近受影响范围。

（二）工作程序

根据青藏铁路项目建设的特点，组织研究并制定了"青藏铁路施工期环保监理指南"，建立了操作性强、行之有效的环境监理工作程序（如图5所示）。

七、环境监理工作控制要点

（一）准备阶段

施工准备阶段的环境监理控制重点是做好"事前控制"，充分体现"预防为主"的管理理念。包括严格审查施工组织设计中的环保方案，组织环保技术交底，严格管理临时工程，确保临时工程设置合理、环保措施方案合理、得当。

为做好"事前控制"，"施工期环保管理办法"中就规定有以下条款：

1. 开工前，施工单位与青藏铁路建设总指挥部、地方环保局以及施工单位内部各级之间必须签订有明确管理措施和环保目标要求的《环保责任书》。

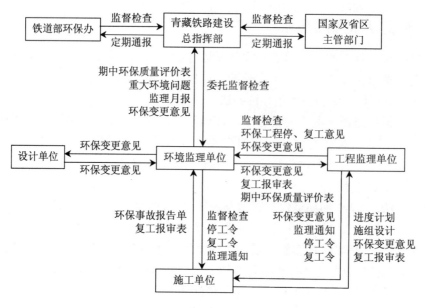

图5 环境监理工作程序

2. 主体工程的施工组织方案设计中，要根据工程项目中环保的自身特点，提出明确的环境保护措施，施工组织设计方案的审核中要有明确的环保方面的批复意见。不符合环保要求的施工组织设计不得批准施工。

3. 施工临时工程开工前，施工单位按照相关环保要求填写《环境保护计划报审单》报环保监理工程师审查。

4. 施工便道、营地、场地的平面布置和重点施工工艺的环保措施以及沙石料场的选择等必须经审核或优化设计，并由总指挥部批准后方可组织实施。

（二）施工阶段

工程施工阶段，重点是做好"事中控制"。加强对施工过程中的环保监督管理，狠抓制度兑现和落实，确保施工行为、施工工艺对环境的影响最低。

监理工作以日常的现场检查为主，对检查过程中发现的环境问题，下发《环境监理通知书》，及时督促施工单位进行整改和追踪检查。工程监理在每月的工程监理月报中必须对各施工单位的环保效果进行评价。环境监理单位定期或不定期地对施工单位各工点环保措施落实情况进行检查，对存在的问题下发《环境监理通知书》，并对整改情况实施监督检查。青藏铁路建设总指挥部不定期组织对沿线工点环境保护情况，对已经出现或将要出现的环保问题，及时下发通知，督促责任单位做出整改或加强防范，利用《监理简报》向全线通报环保突出问题，推广环保先进经验和好的做法；同时委托具有相应监测资质的机构对沿线江河水质、水土流失以及野生动物进行监测，为评价和改进施工中的环保和水保工作提供依据。

为了做好施工阶段的环保管理，"施工期环境保护管理办法"中就明确规定有以下条款：

1. 施工单位和监理单位要做好环境保护实施记录（包括影像资料）及文档的管理，详细记载施工前、后的环境状况，各种环境保护措施的执行情况等。

2. 环境监理单位每季度应根据每个施工标段和重点结构物的环保工作质量，填写《期中环境保护质量评价表》。施工中破坏环境和环境恢复不及时的，由现场工程监理根据其程度，在《期中环境保护质量评价表》中估列环境恢复费用，总指在季度验工计价中予以扣除，用于安排其他单位和人员进行恢复。

3. 环境监理单位除进行现场的日常环保监理工作外，应每月向总指提交《环境监理月报》，《环境监理月报》的内容应包括环境保护的执行情况和环保工作中存在的主要问题及建议。每季度提交《环境监理季度报告》。

4. 环境监理单位会同工程监理每月组织召开一次工地例会（必要时总指派员参加），及时处理施工过程中出现的环境保护问题。除例行的工地例会外，可根据需要，由环境监理单位组织召开环保专题会议。

（三）验收阶段

尾工阶段的工作重点是做好验收把关，组织开展环保内部验收，对环保工作质量进行全面评定。对于环境恢复和环保设施施工质量不合格的提出整改意见，并监督落实。

为做好尾工阶段的环保工作，"施工期环境保护管理办法"中就明确规定有以下条款：

1. 每个单位主体工程或临时工程完工前，施工单位要按照相关环境恢复要求，填写《环境保护验收单》报环保监理工程师审查。

2. 对未完成环境恢复的主体工程和大型临时工程，不进行项目的竣工验收。

3. 工程完成后，环境监理和工程监理单位必须分别提出各标段工程的《环境保护监理报告》，对施工前、后环境变化进行对分析，做出施工对环境影响的分析报告，并附上相关影像资料说明。

4. 每个标段内的工程完工后，由总指组织设计、工程监理、环境监理及施工单位组成环境保护验收组，并邀请地方环保部门参加，进行预验收。工程施工期的环保和水保工作验收合格后，施工单位方可正式撤离现场。

在建设管理工程中，青藏铁路建设总指挥部吸收了环境管理体系中 PDCA 管理理念，持续改进管理措施，不断提升环境保护管理水平和环保工作质量。随着不同建设阶段任务的变化，环保工作的重点也随之变化。每年开工之初，在总结、分析和评价往年环保工作效果的基础上，依照当年的建设任务，研究制定年度环保工作目标，明确工作要点，部署落实实现目标的工作措施。

八、环境监理工作成效

在青藏铁路建设过程中，环境监理制度的引入对促进和提升青藏铁路环保工作水平发挥了关键作用。2002 年以来，环境监理单位赴现场重点检查 8 300 点次，发出环境监理通知 91 份，备忘录 66 份，对 430 处工点提出整改要求，实现了对施工期全方位、分阶段的环境监督管理。环境监理单位除了进行日常的环保工作监控外，还重点参与了施工过程中的许多专项环保工作，主要体现在以下几个方面：

（一）系统开展了全员环保培训

为充分发挥"全员参与"的力量，环境监理单位受青藏铁路建设总指挥部委托，在施工准备阶段，编制培训教材，先后多次组织对站前和站后施工单位以及工程监理单位的技术管理人员进行了系统的环保培训，内容包括环保法律法规、环境标准、沿线环境特征、环保工作目标、环境管理制度、环保竣工验收以及施工期的环保措施要求等，累计 4 次共 1 300 多人，培训面涵盖了全线 33 个站前施工标段、17 个站后施工标段以及所有监理标段。环保知识的培训教育，有效提高了广大参建员工的环保质量意识、环保工作技能和环保工作的主动性，在全线形成了人人重视环保、人人参与环保的浓厚氛围。

（二）全面参与了沿线临时设施的现场核对和优化

在施工准备阶段，配合青藏铁路建设总指挥部，从环境保护角度，对沿线设计中的取弃土场、沙石料场逐个进行现场核对和设计优化：将全线原初步设计中 295 处取土场优化为 238 处；昆仑山以南沿线取土场由原设计距线路 200 m 左右移至距线路 500 m 以上的景观区以外；取消了原设计中玉珠峰景区内 6 处取土场、错那湖景区内 2 处沙石料场。对沿线施工临时场地、营地和道路的设置进行了系统规划，以最大程度减少破土面积，并确保沿线临时工程的设置避开景观敏感区，最大限度地保持了高原景观的完整。

（三）高度重视野生动物保护措施的落实

青藏铁路建设过程中，野生动物的保护是环保监理单位工作的重中之重。为此，环境监理单位协助青藏铁路建设总指挥部制定了详细的工作计划和措施：一是做好施工期野生动物保护的宣传工作；二是要保证藏羚羊等具有典型迁徙特性的野生动物在施工过程中的迁徙活动；三是监督落实野生动物通道的建设；四是及时组织开展野生动物对通道适应性的观察。

通过宣传教育和加强施工队伍的管理，不仅杜绝了伤害野生动物现象，而且还经常出现自觉救治受伤的野生动物，及时送至动物保护机构的环保事迹。铁路建设的施工过程中，除避免在动物通道附近设置诸如沙石料场、取弃土场及施工营地等临时设施以及加快通道建设进度外，藏羚羊的每年往返迁徙期间，环保监理单位积极组织施工单位采取了及时清理和恢复迁徙地带的施工场地、适时调整施工时间或停工、对相应公路路段的车辆实施管制并设立醒目的宣传和警示牌，提醒司机减速行车、禁鸣喇叭和严禁停靠等措施，尽最大可能地创造安全的环境条件，确保了施工高峰期藏羚羊的顺利迁徙。动物通道建成后，适时组织施工单位研究方案，开展现场人工观测工作，掌握藏羚羊及其他野生动物对建成的动物通道的适应情况，并对动物通道的优化提出了建议和意见。

（四）重点监督检查高寒植被保护措施的落实

施工过程中沿线脆弱的高寒植被保护也是环保工作重点之一。环境监理单位重点抓了以下三个方面的工作：一是严格控制施工临时设施的设置。如施工道路、场地、营地等尽可能利用公路废弃便道、场地、道班以及乡村道路等，设法减少对高原植被生态的破坏。二是重点监督检查沿线永久占地和临时用地内的地表植被和表土，进行异地移植保存，确保施工完毕后回铺场地地表、路基边坡。三是重点监督检查适宜人工恢复植被的安多至拉萨地段的施工临时用地、路基边坡植被恢复措施的落实，包括对草皮边坡和草皮水沟的施工质量监督。

（五）积极组织探索环保施工方法和工艺

施工中，环境监理积极组织探索和推行了诸如：路基及挡水埝填筑时，不设纵向施工便道，运输车辆在路基范围内倒行卸土的施工方法；挡水埝、电杆基坑及电缆槽开挖施工临时弃土时，采用在原地面铺设彩条布等防止破坏地表植被的施工方法；草皮水沟以及草皮边坡施工工艺等，并在全线组织观摩和推广。

在开心岭大桥湿地地段施工中，组织施工单位研究施工环保措施，严格控制桥梁桩基和墩台的施工活动范围，施工便道上设置足够的过水管道，保证湿地上下游的水力联系等，并树立样板示范，在全线其他湿地路段施工中进行推广。

在古露车站施工中，环境监理组织相关施工单位，探索和尝试了湿地异地重建补偿措施，在该地实施人工重建湿地达 3 万 m^2。

在错那湖路段（色林错自然保护区边缘地带）施工中，指导施工单位编制了环保专项施工组织方案，沿湖畔约 20 km 长的沙袋护堤，有效地防止了水土流失和对湖水的污染，成了全线施工现场环境保护的又一个亮点。

（六）严格控制高寒地区的固体废弃物污染

作为污染控制的重点之一，高寒地区施工中的固体废弃物污染控制也是环境管理的重点。环境监理单位监督检查的重点是沿线生活垃圾是否进行了分类处理，不可降解的是否集中运往山下垃圾场处理，施工生活污水是否经沉淀处理。根据对施工期江河水质的跟踪监测表明，施工活动对沿线河流和邻近湖泊的水质无明显影响。

青藏铁路建设中，"四位一体"环境管理体系以及环境监理工作制度的探索和实践，实现了环境监理和工程监理制度的有机结合，形成了青藏铁路建设施工期环境管理的多层次的制约机制，各项环保措施得到了全面贯彻和落实，同时还成就了一支环保意识强、环保技能高的铁路建设大军。国家环保总局等部门的多次检查、全国人大环资委的调研、审计署的环保专项审计等，都对青藏铁路建设中的环境保护工作成绩给予高度评价。青藏铁路竣工环境保护验收认为：青藏铁路严格执行了环境影响评价和环境保护"三同时"制度，有效落实了环境影响报告书及其批复文件提出的生态保护和污染防治措施和要求。有效保护了铁路沿线野生动物迁徙条件、高原高寒植被、湿地生态系统、多年冻土环境、江河源水质和铁路两侧的自然景观，实现了工程建设与自然环境的和谐。青藏铁路在环境管理制度、环保科研攻关、施工期环境保护等方面实施了一系列创新，青藏铁路建设环保工作居国内重点工程领先水平，在全国重点建设项目中具有示范意义。2008 年被评为"全国十佳环境友好工程"。

附件：青藏铁路建设环境监理用表

1. 环境保护计划报审单　　　　（青环施监—01）

2. 环境保护验收单　　　　　　（青环施监—02）

3. 期中环境保护质量评价表　　（青环施监—03）

4. 环境保护实施记录　　　　　（青环施监—04）

5. 环境监理通知书　　　　　　（青环施监—05）

6. 环境保护整改验收单　　　　（青环施监—06）

青藏铁路建设环境保护计划报审单

施工单位： 监理单位： 标段： （青环施监—01）

单位工程名称			编号	
致（监理站）_____： 　　我单位已按设计文件及有关环保要求，完成了_____工程环境保护工作实施计划（措施），现上报请予审批。 附：①_____工程环境保护计划（措施） 　　②_____环境保护实施记录（施工前） 　　　　　　　　　　　　　　　　　　　施工负责人：　　　年　　月　　日				
监理工程师审批意见： 　　　　　　　　　　　　　　　　　　　专业监理工程师：　　　年　　月　　日				
  　　　　　　　　　　　　　　　　　　　总监理工程师：　　　年　　月　　日				

注：本表一式三份，总监签字后监理分站、监理站各留一份，施工单位一份。

青藏铁路建设环境保护验收单

施工单位： 监理单位： 标段： （青环施监—02）

单位工程名称			编号	
致（监理站）_____： 　　我单位已按设计文件及有关环保要求，完成了_____工程环境保护工作，现报上请予检查验收。 附：①_____工程环境保护措施要求 　　②_____环境保护实施记录（施工后） 环保措施的实施效果： 　　　　　　　　　　　　　　　　　　　施工负责人：　　　年　　月　　日				
监理工程师审批意见： 　　　　　　　　　　　　　　　　　　　专业监理工程师：　　　年　　月　　日				
  　　　　　　　　　　　　　　　　　　　总监理工程师：　　　年　　月　　日				

注：本表一式三份，总监签字后监理分站、监理站各留一份，施工单位一份。

青藏铁路建设期中环境保护质量评价表

施工单位： 监理单位： 标段： （青环施监—03）

重大结构物或标段名称		编号	
致（施工单位）＿＿＿＿＿＿＿＿＿： 　　根据设计文件及有关环保要求，对你单位承担的＿＿＿＿＿＿＿＿＿重大结构物工程或标段的 环境保护工作质量评价如下： 环境恢复费用估算： 　　　　　　　　　　　　　　　　　专业监理工程师：　　　年　月　日			
总监理工程师意见： 　　　　　　　　　　　　　　　　　总监理工程师：　　　年　月　日			
  　　　　　　　　　　　　　　　　　施工单位负责人：　　　年　月　日			

注：本表一式五份，监理分站、监理站、总指挥部各留一份，施工单位两份。

青藏铁路建设环境保护实施记录

施工单位： 监理单位： 标段： （青环施监—04）

单位工程名称		编号	
施工前（施工后）环境状况： 附：影像资料 　　　　　　　　　　　　　　　　　施工单位负责人：　　　年　月　日			
    　　　　　　　　　　　　　　　　　专业监理工程师：　　　年　月　日			

注：本表一式三份，监理分站、监理站各留一份，施工单位一份。

青藏铁路建设环境监理通知书

施工单位：　　　　　　监理单位：　　　　　　标段：　　（青环施监—05）

单位工程名称		编号	
致＿＿＿＿＿＿＿＿＿＿ 事由： 内容： 要求：			
环保监理工程师：　　　（签发）　　　年　　月　　日			
工程监理工程师：　　　（签发）　　　年　　月　　日			
施工单位负责人：　　　　　　　　　年　　月　　日			

青藏铁路建设环境保护整改验收单

施工单位：　　　　　　监理单位：　　　　　　标段：　　（青环施监—06）

单位工程名称		编号	
致＿＿＿＿＿＿＿＿＿＿ 根据环境监理通知书（编号　　　　　）的要求，我单位已按期完成整改内容。请予以验收。 施工单位负责人：　　　　　　年　　月　　日			
监理工程师意见： 工程监理工程师：　　　　　年　　月　　日			
环保监理工程师意见： 环保监理工程师：　　　　　年　　月　　日			

专家点评

一、环境监理总结重点分析

青藏铁路是国家环保总局、铁道部、交通部等部门联合发布的"关于在重点建设项目中开展工程环境监理试点的通知"（环发[2002]141 号）中被列为全国 13 个重点建设项目工程环境监理试点的第一个。

"青藏铁路建设中的环境保护监理"总结报告，从青藏铁路工程概述，青藏铁路沿线生态环境特点、青藏铁路建设环境保护的目标任务、环境管理的组织体系、环境管理的制度体系、环境监理工作内容范围与程序、环境监理工作控制要点、直到环境监理工作成效及附件环境监理用表介绍，勾画出了青藏铁路建设项目中环境管理和环境监理工作的基本面貌。

该总结利用管理控制理论中的事前、事中、事后控制，详细介绍了施工期准备阶段、施工阶段和交工验收阶段环境监理控制要点。"三阶段"环境监理控制要点为有效落实环境影响报告书及批复文化提出的各项污染防治和生态保护措施发挥了重要作用，也为国内建设项目开展施工期的环境监理提供了宝贵经验。

青藏高原独特的高原、高寒生态系统以及极具保护价值的特有的珍稀濒危野生动植物物种资源保护，要求青藏铁路建设对青藏高原环境的影响，必须实行有效控制。影响工程建设的"人、机、料、法、环"五大因素中，人是第一要素。青藏铁路建设中创造的"四位一体"的环境管理组织体系，在青藏铁路建设施工期环境管理中起到决定性作用。"环境监理单位依据《环保监理指南》及《环保监理细则》，对……工程监理单位的环保监理工作进行评价，……并跟踪检查和落实。"这是特殊项目的特定环境监理管理体系，其特殊之处在于环境监理与工程监理不只是平等的、独立的合作伙伴关系，环境监理对工程监理还带有某些监管检查成分，体现了环境保护的重要性。从总结报告"四位一体"的环境管理组织体系图中也可以看出，其环境监理组织管理模式在其他建设项目中是绝无其有的。其次，青藏铁路建设总指挥部在组织实施环境监理试点工作中制定和完善了一整套规章制度，其中有法规性办法、见证性办法和技术指导性办法。青藏铁路环境管理制度体系中的法规性、见证性和技术指导性办法又是其独特之处。还有项目法人向环境行政主管部门签订了铁路建设史上第一份环境保护目标责任书，履行项目法人的环保责任与义务。各级施工单位向业主、同时向当地环保部门签订环保目标责任，从试点单位意义讲，大型建设项目法人与地方环保行政主管部门签订项目建设施工与试运期的环保目标责任书对强化施工期环境管理是必要的，值得推广。

该总结附件中 6 个环境监理用表尤其是《期中环境保护质量评价表》（青环施监—03）也是一种创新，其创新点在于把环境监理关注的环境质量和环境安全，在监理用表上就有明显体现。就环境监理用表来说，数量不在其多，简洁实用就行。公路工程监理培训教材《公路施工环境保护监理》设计就有 14 种之多，目前各行业自成系统，如何统一、通用还有待于研究、规范。

二、案例分析点评

从《关于在重点建设项目中开展工程环境监理试点的通知》（环发[2002]141 号）文精神出发，对照试点项目该案例开展工程环境监理总结内容有以下几点：

1. 试点项目各部门职责分明，铁道部、国家环保总局，青藏铁路建设总指挥部，作为行业主管部门，环境行政主管部门和试点项目建设单位三者在组织实施、监督检查及具体负责项目设计与施工阶段的污染防治和生态保护工作，组织有力、监督到位、成效卓著。仅 2003 年 8 月 9 日至 14 日，国家环保总局会同国家青藏铁路建设领导小组办公室、铁道部、交通部、水利部、国土资源部、国家林业局，邀请青藏两省区有关部门和部分生态、动物和植物专家组成检查组，采用听取汇报和现场检查相结合的方式，对青藏铁路建设中环保工程设计、环保工作管理以及环保措施落实情况进行了全面检查。检查组行程 1 600 余 km，检查里程 1 100 多 km，途经青海省海西州格尔木市、玉树州治多县、曲玛莱县、西藏自治区那曲地区安多县、那曲县，拉萨市当雄县，堆龙德庆县及拉萨市区等 8 个县市。检查组认为：开工两年以来，青藏铁路公司和青藏铁路建设总指挥部及各参建单位以生态保护为重点，高标准、严要求，推动各项环保措施落实到位，取得了显著成效，有效保护了多年冻土环境、江河源水质、野生动物迁徙条件和铁路两侧自然景观。青藏铁路建设中的环保工作在国内重点工程建设项目中居于领先水平，具有示范作用。《通知》第 1 条全部得到落实。

2. 工程设计全面贯彻环评意见。青藏铁路环境影响评价是我国铁路建设史上最特殊、要求最高、工作内容最复杂的一次环境影响评价，为确保环评结论在工程实施中得到落实，铁一院在初步设计及施工图设计阶段，严格贯彻了环境评价结论及批复意见。在铁路选线过程中，尽量避让主要环境敏感点。在西藏自治区境内，线路先后避开了纳木错自然保护区、林周黑颈鹤自然保护区；在青海省境内，对无法避绕的可可西里与三江源自然保护区，经多方案比选后采用了对保护区扰动最小、影响最小的线位通过。从环境保护角度，对沿线设计中的取弃土场、沙石料场逐个进行现场核对和设计优化：将全线原初步设计中 295 处取土场优化为 238 处；昆仑山以南沿线取土场由原设计距线路 200 m 左右移至距线路 500 m 以上的景观区以外；取消了原设计中玉珠峰景区内 6 处取土场、错那湖景区内 2 处沙石料场。对沿线施工临时场地、营地和道路的设置进行了系统规划，以最大程度减少破土面积，并确保沿线临时工程的设置避开景观敏感区，最大限度地保持了高原景观的完整。设计单位应将批准的环境影响报告书（含水土保持方案）及其审批文件中要求的污染防治和生态保护措施在设计文件中予以深化落实，并将环保投资纳入投资概算。《通知》第 2 条对设计单位的要求得到落实。

3. 建设单位按环境影响报告书（含水土保持方案）审批文件要求制定了施工期工程环境监理计划。青藏铁路建设总指挥部，建立了由指挥长主管、工程技术部负责环保技术的优化和环保实施方案审查，组织研究并制定了青藏铁路施工期环保监理指南。青藏铁路总指挥部依据设计文件中的环境保护要求，在施工招标文件、施工合同和工程监理招标文件、监理合同中明确施工单位和工程监理单位的环境保护责任。建设单位完全依照《通知》第 3 条执行。

4. 施工单位在建设项目施工阶段，对主体工程的施工组织方案设计中，根据工程项目中环保的自身特点，提出明确的环境保护措施，施工组织设计方案的审核中有明确的环保方面的批复意见。不符合环保要求的施工组织设计不得批准施工。施工临时工程开工前，施工单位按照相关环保要求填写《环境保护计划报审单》报环保监理工程师审查。每个单位主体工程或临时工程完工前，施工单位要按照相关环境恢复要求，填写《环境保护验收单》报环保监理工程师审查。对未完成环境恢复的主体工程和大型临时工程，不进行项目的竣工验收。工程完成后，环境监理和工程监理单位必须分别提出各标段工程的《环境保护监理报告》，对施工前、后环境变化进行对分析，做出施工对环境影响的分析报告，并附上相关影像资料说明。不少施工单位顾全大局，例如一施工单位为保护错那湖的环境在没有施工预算的情况下，牺牲单位利益，在临湖一侧 20 km 长的路基坡脚设置了沙袋或片石临时拦挡措施，有效防止施工弃渣进入湖中，同时疏导湖边坡体地表径流，防止水土流失；便道及路基基底植被及表土均采取了异地移植和保存，并定期洒水养护，移植草皮达 9 万 m²；采用拉线或围栏的方式限定施工活动范围，施工期环保措施有效防止了对错那湖及湖畔湿地造成污染。青藏铁路建设开展工程环境监理试点实践成就了一支环保意识强、环保技能高的铁路建设大军。

5. 工程环境监理单位的资质问题是当前试点单位和其他推行工程环境监理试行项目实践中的共性问题。"青藏铁路建设总指挥部结合国内建设项目管理中的工程监理制度的特点，委托了具有环境影响评价和工程竣工环境验收资质的第三方，负责对全线环境保护进行全过程监控。"这一点和《通知》中"建设单位应委托具有工程监理资质并经环境保护业务培训的第三方单位对设计文件中保护措施的实施情况进行工程环境监理；工程环境监理资质按国家工程监理行政主管部门的有关规定执行"的要求有所不符。目前国内各行业监理的资质互不通用。工程监理行政主管部门的有关规定对推行建设监理制和规范监理市场行为，提高工程建设实体质量以及监理人员素质发挥了极其重大作用，但根据坚持科学发展观构建和谐社会发展的需要，工程监理也有着与时俱进的问题。具有"环境影响评价和工程竣工环境验收资质的第三方"能否进行建设项目的环境监理，青藏铁路建设工程环境监理试点单位的成功做法，应充分得到肯定。

6. 《通知》第六条"工程承包合同和监理合同中应有环境保护条款。"开工前，施工单位与青藏铁路建设总指挥部、地方环保局以及施工单位内部各级之间必须签订有明确管理措施和环保目标要求的《环保责任书》，批准开工后，建设项目所列建设投资年度计划，应包括相应的环境保护投资。各施工单位为履行环境保护责任，结合自身实际，采取从管理费中提取一点费用和为环保奖励基金的办法，从每季度工程款中提取 0.05% 作为环境保证金等方式，扩大环境资金筹集渠道，加大奖惩力度。环境监理和工程监理单位必须分别提出各标段工程的《环境保护监理报告》，对施工前、后环境变化进行对分析，做出施工对环境影响的分析报告。2002 年以来，环境监理单位赴现场重点检查 8 300 点次，发出环境监理通知 91 份，备忘录 66 份，对 430 处工点提出整改要求，实现了对施工期全方位、分阶段的环境监督管理。工程环境监理制度的引入对促进和提升青藏铁路环保工作水平发挥了关键作用。

7. 有关领导和部门对青藏铁路建设环境保护工作评价。原中共中央政治局委员、国务院副总理曾培炎批示："青藏铁路建设中认真做好环境保护工作的经验，值得全面总结推广。"

全国人大环资委在调研后认为，青藏铁路建设是构建人与自然和谐的重要范例，是依法保护环境的先进典型。

全国人大环资委主任委员毛如柏说："青藏铁路的建设者不仅修建了一条高起点、高标准、高质量的世界一流高原铁路，同时也修建了一条生态环保型铁路，成为我国大型重点工程建设项目环境保护的样本，具有重要的示范作用。""青藏铁路的建设者不以条件恶劣为借口，不因资金有限而逃避责任，不因程序繁琐而放弃，在环境保护方面做出了大量艰苦而卓有成效的努力。"

审计署组织了对青藏铁路格尔木至拉萨段环境保护资金的审计。该路段全长 1 142 km，总投资 330.9 亿元，其中环保投资 15.4 亿元，占总投资 4.6%。"审计调查未发现严重违规使用资金的问题"。

原审计署长李金华说，该路段 33 处野生动物通道已全部建成，审计实地调查的 4 处通道全部达到了有关技术要求。已完工的保护沿线地表植被和自然景观的护坡、挡土墙、冲刷防护、风沙防护、隧道弃渣挡护等设施，基本达到环境影响评价报告要求长度的两倍以上，弃渣挡护率达到 100%。环境影响评价报告要求采取的冻土和湿地保护措施已全部完成。

三、应当关注的问题

1. 由于青藏铁路建设项目的特殊性，本项目环境监理总结从环境监理技术和环境监理总结的作用意义讲，还缺少对今后开展工程环境监理有关建议内容。

2. 试点工作中环保监理工作程序问题，突出了环境监理的中心地位，能否在其他铁路项目上适用和推广有待进一步说明。

3. 环境监测在环境监理中的地位与作用及监测计划的实施情况、环保措施投资的界定与环保投资的控制情况也是其他项目环境监理汲取的重要经验。

4. "环保监理"、"环境监理"、"工程环境监理"、"工程监理"、"环保工程监理"俗称与名称的界定与统一问题应当关注。

案例2　国道主干线三穗至凯里高速公路工程环境监理试点工作汇报

一、环境监理试点工作概述

根据国家环保总局、交通部等部门联合发布的"关于在重点建设项目中开展工程环境监理试点的通知"（环发[2002]141 号）以及交通部"关于下发上海至瑞丽国道主干线（贵州境）三穗至凯里段环境监理试点工作计划的通知"等文件精神，贵州三凯高速公路被列为全国 13 个重点建设项目工程环境监理试点之一。该试点工作得到了交通部、贵州省交通厅及贵州高速公路总公司的高度重视，特成立了以交通部海事局副局长为组长，成员包括贵州省交通厅、交通部环办、三凯高速公路总监等组成的三凯公路环境监理试点工作领导小组。同时，在三凯高速公路实施现场设立环境监理办公室。试点工作于 2003 年 8 月正式启动，与施工工程同步进行，2006 年 7 月 20 日，随着三凯公路的通车，为期 3 年的三凯公路环境监理试点圆满完成。

三穗至凯里高速公路是国道主干线上海至瑞丽公路（贵州境）的组成路段。该路段起于三穗，东接已建成的沪瑞国道主干线玉屏至三穗公路，经台烈、岑松、革东、台江、三棵树。西接已建成的凯里至麻江高速公路，路线全长 88.205 km。全线采用四车道高速公路标准建设，设计速度 80 km/h，路基宽度 24.5 m，桥涵与路基同宽。建设特大桥 5 座

105 842 延米，大桥 62 座 13 877.1 延米，中桥 21 座 3 553.5 延米。在三穗、台烈、岑松、剑河（革东）、台江设置五处互通式立交。全线桥涵设计车辆荷载采用汽车——超 20 级、挂——120，地震基本烈度六度，工程建设概算投资 42.64 亿元，批准工期 4 年。

二、环境监理组织机构介绍

三凯公路环境监理试点工作由贵州高速公路开发总公司、三凯公路总监办和贵州省交通科学研究所共同承担。根据三凯公路的实际情况，现场监理设环境总监及副总监各 1 人，三凯公路环境办公室设主任及副主任各 1 人，环境监理工程师专职及兼职人员各 5 人，各标段现场环境检查员共 16 人，三凯公路环境监理组织机构如图 1 所示。

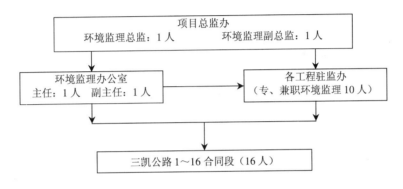

图 1 三凯公路环境监理组织机构图

三、环境监理工作实施情况简介

三凯公路环境监理试点工作从 2003 年 8 月份开始，到 2006 年 7 月份结束。在此期间，三凯公路环境监理办公室严格按照有关上级主管部门对环境监理试点工作的总体要求，结合三凯公路建设的实际情况，做了许多探索性的工作，无论是在外业方面还是在内业方面，均取得了明显的成效，达到了对三凯公路施工环境进行有效监督和管理的目的。

在外业方面，三凯公路环境监理办公室除了开展施工环境现状每月例行检查工作外，还针对某一时期的典型环境问题开展专项调查，此外，还分阶段开展了施工环境现状监测工作。在试点工作期间，三凯公路环境监理办公室共开展施工环境现状例行检查 35 次，专项调查 6 次，施工环境现状监测 5 次。

在内业方面，三凯公路环境监理办公室按时完成试点工作所要求提报的有关环境监理报告，同时完成了有关专项调查专题报告和施工环境现状监测报告，并及时上报试点工作上级主管部门。在试点工作期间，三凯公路环境监理办公室完成的内业资料有：环境监理大纲 1 份，环境监理月报 32 份，环境监理季报 10 份，环境监理年报 3 份，环境监测报告 5 份，环境问题处理建议汇总 2 份，环境监理专题报告 14 份，环境监理基础资料 1 份，施工环境现状调查表 35 份，下发了环境问题整改通知单 220 份并已全部回复。

本公路环境监理的工作内容是按照环境要素来确定的，具体包括社会环境、生态环境、水环境、声环境、大气环境、水土保持环境、固废处理环境和景观保护环境监理八个部分，下面将对这几个方面的工作内容及其所取得的成效进行阐述。

（1）社会环境监理

建设单位专门成立了征地拆迁办公室，根据国家土地管理法及房屋拆迁安置补偿条例等相关法律法规，制定了合理的安置计划，对涉及公路用地的拆迁居民作了妥善安置，保证了受影响居民的生活稳定。

三凯公路建设中许多标段使用了 320 国道作为施工便道，施工车辆对 320 国道的破坏极大，为了保证 320 国道交通的正常通行，三凯公路环监办要求相应路段所属承包单位成立 320 国道养护队，负责对路面进行平整维护，并在晴天扬尘较大时采取洒水降尘措施。

（2）生态环境监理

环境监理办公室非常重视施工期的生态环境保护措施落实工作，监督承包单位按照《三凯公路环境影响报告书》中关于生态环境保护措施的要求进行整改落实。在施工中，各承包单位均能做到尽量减少临时占地与借土占地，落实弃土（渣）场防护排水措施，避免因洪水冲刷而损毁农田，切实做好耕地保护工作。环监办在三凯公路全线范围内加大环境保护工作宣传力度，提高广大建设者尤其是施工人员的环境保护意识，各承包单位在施工中均能做到不捕杀野生动物，保护地表植被，对位于公路红线范围内的珍稀树种，采取了移栽保护措施。

对于施工中因洪水或地质灾害等不可抗力而导致农田损毁的，环监办要求所属承包单位根据实际情况采取相应的处理措施。对于能恢复的受损农田，采取了恢复措施，恢复农田的使用功能；对于不能恢复的，采取了相应的征地补偿措施，保护了农田受损农户的利益。

（3）水环境监理

针对施工期的水环境保护，三凯公路环监办根据《三凯公路环境影响报告书》的相关要求，对承包单位提出了如下建议：对于跨河桥梁，孔桩施工中产生的泥浆必须经沉淀池沉淀后过滤排放，施工弃渣不能直接倾入河道，对因不可避免落入河道的弃渣，应在分项工程完工后及时清理，确保河道畅通；对于跨河施工便桥，其设计高度应满足防洪要求；对于被洪水冲毁的施工便桥，应及时清理；工程完工后需拆除的施工便桥，拆除后应及时清理；对于临时施工驻地产生的生活污水，不能直接排放进入附近水域，需经集中处理后达标排放；对于改河工程，如果河堤的长度和高度不能满足防洪要求，建议设计单位进行变更，适当增高和延长；对于施工中产生于河道的施工固废以及被洪水冲毁的河堤残渣，建议承包单位及时清理，保证河道畅通。

三凯公路绝大部分承包单位十分重视环监办提出的建议，在施工中落实了各项水环境保护措施，有效地保护了公路沿线的水环境。当然也有极少部分承包单位未能按照办环监的建议要求进行落实，在施工中发生了一些水环境污染事故，对此，环监办均作了处理，并要求发生水环境污染事故的承包单位限期作出整改。

（4）声环境监理

针对位于三凯公路主线两侧 200 m 范围内的集中居民区和学校，三凯公路环监办建议承包单位在 22：00～次日 6：00 这一时段停止施工作业；强噪声机械施工作业应避开学校上课时段；应加强对强噪声施工机械操作人员及受强噪声影响的相关现场人员的防噪声劳动保护，采取相应的个人防护措施。

三凯公路环监办施工现场声环境进行实地监测，监督检查各承包单位对以上建议措施的落实情况，对噪声值超标的承包单位，下发环境问题整改通知单，要求其限期作出整改。

（5）大气环境监理

针对施工期的空气环境保护，对承包单位提出如下建议：对于料场，应设在距离大的居民区 150 m 以外，石料加工过程中应采取洒水降尘措施；对于拌和场，应设在开阔空旷的地方，距离环境空气敏感点常年主导风向 300 m 以外，拌和过程中应采取洒水降尘措施；对于施工便道，晴天扬尘较大时应采取洒水降尘措施。

三凯公路绝大部分承包单位在施工中均能按照以上建议要求整改落实，有效保护了三凯公路沿线的大气环境。当然也有极个别的承包单位未采取有效的洒水降尘措施，导致大气环境污染，对此，环监办及时下发了环境问题整改通知单，要求承包单位进行整改。

（6）水土保持环境监理

三凯公路位于贵州省的东南部，属于亚热带气候，雨量充沛，植被茂密，但地质状况较差，多为残积土及强风化基岩，岩体蠕动变形显著，节理发育，松软破碎，地形地貌复杂。在施工中，由于高填深挖，致使土体大面积裸露，增大了边坡的不稳定性，在外力作用下，极易引起塌方及水土流失。在三凯公路环境影响报告书中，环评人员将水土保持作为施工期环境影响评价的重点。为了保证有关水土保持措施能够真正落到实处，三凯公路环监办加大了对水土保持环保措施落实的监理力度，并做了大量扎实有效的工作，相继开展了与水土保持有关的 6 次专项调查，并针对调查中发现的环境问题作了及时处理，责成施工单位进行整改。由于环境监理的介入，增强了各承包单位的环境保护意识，提高了他们在施工中搞好环境保护工作的主观能动性，并在实践中取得了理想的成效。

（7）固废处理环境监理

固废处理环境监理的内容划分为两部分：一是对施工固废处理进行环境监理；二是对施工驻地生活垃圾处理进行环境监理。

针对施工固废处理，三凯公路环监办提出的建议是，要求承包单位在分项工程施工中做到"工完料尽"，保证施工现场的清洁。

对于施工驻地生活垃圾处理，三凯公路环监办建议承包单位修建完善的生活垃圾池集中收集，集中处理，并搞好驻地的绿化工作。

三凯公路绝大部分承包单位固废处理工作做得比较好，基本上做到了文明施工。但也有少部分的承包单位在这方面存在一定的问题，对此，环监办均作了处理，并要求发生此类环境问题的承包单位及时整改。

（8）景观保护环境监理

三凯公路环监办在试点工作中十分重视对公路沿线景观的保护，如三凯公路第七合同段清水江大桥施工便道方案的调整，三凯公路环境监理办公室建议承包单位综合考虑工程效益、环保效益和社会效益，采取有利于景观保护的方案进行施工。承包单位最终采取了在征地范围内修建施工便道的方案，减小了开挖面，使清水江沿岸景观得到了有效保护。

（9）环境监测手段

三凯公路环监办在试点工作中利用环境监测手段对有关水、声、气等环境要素的重要环境监测点位进行监测，对于监测数据超标的环境敏感点位，环监办及时下发环境问题整改通知单，要求承包单位限期作出整改。通过开展环境监测工作，为试点工作的顺利实施提供了量化的监理依据，使环境监理工作的开展更具有科学性。

四、环境监理典型事例介绍

（1）十标 K105+330 处 320 国道改线环境问题整改落实

三凯公路环监办于 2004 年 9 月份例行检查了十标施工现场，发现其 K105+330 处 320 国道改线路面极不平整，晴天车辆通过时扬尘很大，行车能见度极低，严重影响 320 国道的行车安全。为此，环监办下发了环境问题整改通知单（编号为 SKHJ-10-09），建议承包单位派人平整路面，晴天洒水降尘。承包人十分重视环监办提出的建议，积极作出整改，成立临时民工养路队，负责对该路段进行养护，保证路面平整。同时，在晴天扬尘较大时，用洒水车洒水降尘，保证 320 国道的正常通行。该环境问题整改情况对比请参见图 2 和图 3。

图 2　十标 K105+330 处 320 国道路面扬尘　　　图 3　十标正在对 320 国道路面洒水降尘

（2）地表植被保护

由于环境监理的介入，大大提高了三凯公路广大建设者的环境保护意识，使其在工程建设中增强环境保护的主观能动性，大胆实践，努力把三凯公路建设成为生态路、环保路。如三凯公路第六合同段展架 I 号隧道设计方案的变更就是这一理念的最好体现。该隧道左线出口原设计洞门里程为 K89+750，由于 K89+750～+766 段边坡高达 100 m，高边坡的危害难于预测，边坡防护费用大，为减少高边坡路基长度，减少运营养护费用，从有利于环保的角度考虑，将隧道暗洞延长 12 m，出口洞门里程变更到 K89+762。隧道右幅出口段，路基横坡较陡，开挖边坡较高，为缩短高边坡长度，消除边坡隐患，有利于环保，将隧道暗洞延长 70 m，隧道出口里程由原来的 YK89+730 延伸到 YK89+800。这一方案的变更，无论是从工程的角度还是从环保的角度考虑，都是非常成功的。从工程的角度来看，展架 I 号隧道出口端如果采用高边坡路基，由于地质条件恶劣，容易导致边坡滑坡，将给施工和以后的公路养护带来很大的困难，用延长隧道代替高边坡路基，能够避开这些不利因素。从环保的角度来看，用延长隧道代替高边坡路基，能够避免对原始山体表面植被的破坏，有利于防止水土流失，保护生态环境。展架 I 号隧道出口端施工前期与后期的环境状况对比见图 4 和图 5。

图4　六标展架Ⅰ号隧道出口端（前期）　　图5　六标展架Ⅰ号隧道出口端（后期）

（3）树种保护

三凯公路环监办在试点工作中会同当地林业部门对位于三凯公路第五合同段红线范围内的香樟树进行了成功移栽，如今移栽的香樟树已成活。

五标香樟树移栽前后的状况对比见图6～图7。

图6　五标香樟树移栽前的状况　　　　图7　五标香樟树移栽后已长出新叶

（4）对跨河施工便桥发生的水环境问题进行处理

对于跨河施工便桥，其设计高度应满足防洪要求；对于被洪水冲毁的施工便桥，应及时清理；工程完工后需拆除的施工便桥，拆除后应及时清理。三凯公路一标三穗大桥施工便桥水环境问题处理前后的环境状况对比见图8～图9。

图8　一标三穗大桥施工便桥残渣　　　图9　一标三穗大桥施工便桥残渣已清理

（5）边坡水土保持措施落实情况监理

三凯公路边坡水土保持措施除极少数采取完全的生物防护措施外，绝大部分采取工程防护与生物防护相结合的综合防护措施，三凯公路边坡水土保持措施落实的一些典型事例见图10～图13。

图10　十二标 K118+400 上边坡综合防护

图11　七标 K92+800 匝道边坡综合防护

图12　七标 K94+600 上边坡生物防护

图13　七标路基下边坡生物防护

（6）弃土（渣）场水土保持措施落实情况监理

在弃土（渣）场水土保持措施落实方面，三凯公路各承包单位在施工中基本上能做到"先挡后弃"，同步落实排水措施，在弃方完成后及时整平表面并作相应的生态恢复，三凯公路弃土（渣）场水土保持措施落实情况的一些典型事例见图14～图17。

图14　九标 1-4 弃土场挡墙

图15　八标 2 号弃土场排水沟

图16 二标2号弃土场已复耕

图17 九标1-2弃土场已种植香耕草

五、环境监理工作经验

三凯公路环境监理办公室在试点工作中积累了以下一些工作经验。

（1）定期检查与不定期抽查相结合的外业调查方式

三凯公路环境监理办公室采取定期检查与不定期抽查相结合的外业调查方式。定期检查能掌握环境敏感点位环境状况的周期性变化，不定期抽查有利于发现随机性较强的环境隐患，并采取及时的环境保护防范措施。两者的有机结合，实现了对三凯公路全线施工现场环境状况的全面掌握和有效监控。

（2）环境监理日常报告与专题报告相结合的监理报告制度

三凯公路环境监理办公室采取环境监理日常报告和专题报告相结合的监理报告制度。日常报告包括环境监理月报、季报和年报，这些报告能反映环境监理的日常工作情况。专题报告是指针对某一类环境要素所作的调查和总结报告，如水土保持专题报告。实行日常报告与专题报告相结合的环境监理报告制度，能全面反映环境监理所开展的工作，便于有关上级主管部门了解环境监理工作动态，指导环境监理试点工作。

（3）敏感点位环境状况变化情况滚动调查方式

三凯公路环境监理办公室要求承包单位针对每一个环境敏感点位每月填报一次《施工环境现状报告》，通过上月与本月的环境现状对比，能清楚地掌握该环境敏感点位的环境状况变化情况，便于发现环境问题或环境隐患，并及时采取防范或治理措施。这种调查方式环监办称之为滚动调查方式，它能全面跟踪环境敏感点位的环境状况变化情况，直至该环境敏感点位的环境问题不复存在，则取消对该环境敏感点位的记录。当然，这种调查方式必须与现场调查相结合，通过现场调查，能对报告填报内容进行复核，保证调查内容的真实性。

（4）环境监理例会与工程监理例会合并举行的例会制度

三凯公路环境监理办公室根据实际情况，采用环境监理工地例会与工程监理工地例会合并举行的工地例会制度。采用这种工地例会制度，与单独自行组织环境监理工地例会相比，有利于节约人力资源，提高办事效率。

（5）环境监理与环境监测的统一

三凯公路环境监理办公室不仅实施环境监理的职能，而且还实施环境监测的职能，环监办专门设立了环境监测实验室。环境监测工作的开展，能为环境监理工作的顺利实施提供有力的数据证据，从量化的角度使环境监理工作的开展更具有科学性和说服力。

（6）环境监理与工程监理的工作协调

环境保护与主体工程建设具有矛盾的一面，实践中应强调环境监理对工程监理的制约，但与此同时，由于环保工程与主体工程又具有同一性的一面，决定了环境监理与工程监理也应当相互配合，协调工作，只有这样，才能共同搞好公路建设环境保护工作。三凯公路环境监理办公室十分重视加强与各工程驻监办的工作关系协调，在实践中努力寻求工程与环保这对矛盾的最佳平衡点，实现工程效益与环保效益双赢。

（7）环境问题处理办法

针对不同程度的环境问题，三凯公路环境监理办公室在实践中采取了相应的处理方式。对于一般性的环境问题，环监办采取口头形式或以《环境问题整改通知单》的形式要求施工单位进行整改，并要求以《环境问题整改回复单》的形式回复环监办；对于重大的环境事故，环监办及时上报总监办，由总监办统一研究处理。

六、环境监理工作建议

在三凯公路环境监理试点工作期间，环境监理人员在努力实践完成试点工作任务的同时，不断总结经验，吸取教训，在不断解决问题的过程中提高了环境监理工作的水平，为环境监理工作的正式开展奠定了基础。为了搞好今后的环境监理工作，提出如下建议：

（1）合理设置工程环境监理机构

试点工作实践表明，工程环境监理机构设置是否合理，直接关系到交通工程环境监理工作开展的有效性。

工程环境监理工作应作为工程监理的一个重要组成部分，纳入工程监理体系统筹考虑。建设项目的工程总监办负责对工程和环境实施统一监理工作。一般可在总监办设置一名工程环境监理的兼职或专职的副总监，重点负责工程环境监理工作。驻地办可任命一定数量的工程环境监理工程师（工程监理工程师兼任），具体落实各项工程的环境保护工作。

这种将工程环境监理纳入工程监理体系的机构设置模式有利于项目总监办统一指挥，协调工作，密切配合，共同搞好交通建设环境保护工作。但是，如何把握好工程与环保这一对矛盾的平衡点，是这种机构设置模式运作成功与否的关键所在。要把握好工程与环保这一对矛盾的平衡点，要求从事工程环境监理的人员必须具备过硬的业务素质，为此，必须加强对工程环境监理人员的业务培训，培训内容应包括土木工程、环保工程、法律法规以及相关的监理知识，培养一批复合型的工程环境监理人才，为交通工程环境监理工作的顺利开展提供人才保障。

（2）保障工程环境监理经费投入

为了保证交通工程环境监理工作的有效开展，应落实和保障工程环境监理的有关经费，将环境保护工程费用列入概预算，增加交通环境保护监督、管理、监理和验收费用，使工程环境监理费用纳入工程监理费用之中。

为了有效开展交通工程环境监理工作，减小交通建设对环境所造成的负面影响，我们有必要在设计中明确公路项目的环境保护费用，做到专款专用，而不是靠从工程建设费用（预备金）中临时划拨。在交通建设项目费用预算时适当提高环保工程费用占项目总投入资金的比例，落实和保障工程环境监理费用。

（3）提高交通工程相关建设人员的环保意识

在实践中，交通工程环境监理工作能否有效开展，除与工程环境监理人员的业务素质有关外，还与设计及承包单位有关人员环保意识的高低有很大关系。

就设计而言，有必要培养一批既懂土木工程又精通环保工程的复合型人才，在交通建设项目设计中做到主体工程与环保工程的有机统一，设计出优质环保的交通工程。

设计中提出的环境保护措施只有通过施工人员的具体劳动才能转化为现实，施工人员有无环保意识，环保意识水平的高低直接关系到设计中的各项环境保护措施能否落实和落实效果的好坏。在施工中有些破坏环境的行为本来是可以避免的，但由于承包人缺乏环保意识，主观上持无所谓的态度，因此导致了一些环保事故的发生。

为了有效开展交通工程环境监理工作，监督承包单位落实各项环境保护措施，有必要通过培训学习以及宣传教育等方式增强承包单位广大建设者的环保意识，尤其是要提高项目管理层人员的施工环保意识，并在此基础上普及广大建筑工人的环保意识，从而为保证交通工程环境监理的有效开展奠定思想基础。

（4）制定切实可行的工程环境监理规划和监理实施细则

由于交通工程建设周期较长，可变性较大，使得工程的实际施工方案与设计方案存在较大的差异，从而导致项目环境影响评价报告书中提出的环境保护及减缓措施的针对性不强，而项目环境影响报告书是实施交通工程环境监理的主要依据，如果完全按照环境影响评价报告书的内容进行监理，必然会导致交通工程环境监理工作脱离实际，达不到对交通工程项目建设实施有效环境监理的目的。因此，为了保证交通工程环境监理工作的有效开展，制定切实可行的工程环境监理规划和监理实施细则是十分必要的。建议建设单位要及时通报项目设计信息，对环境监理单位组织编制的环境监理方案和环境监理规划进行认真阅读审查、提出业主方意见。

专家点评

一、监理总结重点分析

贵州三凯高速公路是 2002 年国家环保总局、交通部等部门联合发文全国 13 个重点建设项目中开展工程环境监理试点的三个公路项目之一。2004 年交通部交环发[2004]314 号文《关于开展交通工程环境监理工作的通知》这样评价："为了有效地控制工程施工阶段的生态环境影响和环境污染，从 2002 年开始，部先后组织开展了洋山深水港区一期工程、宁夏银川至古窑子段高速公路工程、贵州三穗至凯里段高速公路工程和湖南邵阳至怀化段高速公路工程环境监理试点工作，有效地解决了施工期的环境问题，受到了社会各界的好评"。该总结是三凯公路总监理工程师办公室和环境监理办公室提供的试点工作汇报。汇报材料反映了该建设项目中开展工程环境监理的组织机构、工作实施和典型成效，同时对试点工作积累的工作经验和有待解决的问题进行了总结并提出建议。根据云贵高原地理环境和公路项目实际，围绕社会环境、生态环境、水、气、噪声、固废、水土保持、景观保护八个方面开展工程环境监理、内容全面、重点突出，有实例、有体会，是很难得的环境监理总结材料。

监理工作完成后，项目环境监理机构应及时从两方面进行监理工作总结。其一，是向业主提交的监理工作总结，其主要内容包括：委托环境监理合同履行概述，监理任务和监理目标完成情况的评价，由业主提供的供监理活动使用的办公用房、车辆、试验设施等的清单，表明环境监理工作终结的说明等。其二，是向工程环境监理单位提交的监理工作总结，其主要内容包括：（1）监理工作的经验，可以是采用某种监理技术、方法的经验，也可以是采用某种经济措施、组织措施的经验，以及委托环境监理合同执行方面的经验或如何处理好业主、承建单位关系的经验。（2）环境监理工作中存在的问题及改进的建议。

交环发[2004]314 号文基于试点单位的经验，对环境监理单位要求：对环境监理进行考核"单独完成工程环境监理的总结报告"，所以，环境监理总结报告是环境监理机构重大监理技术材料之一，应引起足够重视。

二、案例分析点评

1. 项目环境监理组织机构模式，在国家重点项目试点中，有专职式（独立的、专业化的环境监理机构，受项目办公室直接领导，与工程监理是并列关系，不受工程监理的领导）、兼职式（工程监理完全兼职环境监理，工程总监兼任环境总监，工程监理人员完全兼管环境保护），还有一种是介于二者之间的专兼职式（在总监办设置环境总监办由工程副总监担任环境总监履行环境监理职责）。也有学者分为专一式，捆绑式，切块式。结合监理项目实际，不论采用何种模式只要能贯彻"环境优先"，以社会利益为重，从根本上保证环境监理对工程建设中产生的环保问题进行有效的监管，就可以认为是合理的环境监理组织机构模式。

2. 环境监理应该从定性管理向定量管理转变。本项目环境监理办设立环境监测实验室，实现环境监理与环境监测的统一，涉及环境监测的资质认证和监测数据的法律效力问题。如果环境监理机构没条件，或条件不成熟，应建议业主委托具有环境监测资质的单位来承担，环境监理按可监测计划进行组织管理，这样既可以减少不必要的开支，也可以同样达到好的效果。

3. 环境监理的依据之一是环评报告，落实环保措施投资额、其数额的多少又是环评报告中提出的。公路项目（包括其他建设项目）在环评时就应该把工程环境监理费、"三同时"竣工验收费用纳入到项目环保投资内容。如何保障工程环境监理费用，交环发[2004]314 号有明确保证措施；环保投资的界定《建设项目环境保护设计规定》（1987 年3 月 20 日国家计委、国务院环保办发布）给出了原则意见；环境监理的取费标准，可以参照国家发展改革　建设部关于印发《建设工程监理与相关服务收费管理规定》的通知（发改价格[2007]670 号）执行。

4. 环境监理人员要有较高的综合素质：要懂管理、工程技术、环境知识、环境法律，协调能力和沟通能力要强。然而从事环境监理的环境保护和环境工程技术人员很多不具备工程监理方面的知识、技能，而公路工程技术人员很多又不具备环保知识，这是目前现状。逐步提高监理人员综合素质，交环发[2004]314 号文制定：加强对监理人员的培训、考试和发证工作。按照现行的工程监理人员管理制度，对工程环境监理人员进行培训、考试和发证，从事工程环境监理工作的人员都应持证上岗。具体实施中，采取"新人新办法、老人老办法"，即对新申领工程监理上岗证的人员，在监理培训中增加环境监理的课程和考试，对已具有工程监理资格的人员逐步进行环境监理的专项培训。在推行工程环境监理工作初期（两年内），可允许少数人员具备环境监理培训合格证。为共同推动工程环境监理工作逐步制度化、规范化和标准化奠定了基础。

5. 环评—设计—施工—"三同时"竣工验收四个阶段中，设计是落实环评意见决定环保措施投资的重要阶段。"地形选线、地质选线、环保选线"的理念强不强，公路设计人员对环保法规、政策及环保工程的掌握熟悉程度也与公路项目工程环境监理工作的开展有很大关系。应转变只重视主体工程环境保护而忽视附属工程环境保护工作的观点，特别在施工图设计中要尽量减少破坏环境以及针对环境的破坏采取补救措施。只有设计人员熟悉环保，环境监理人员熟悉工程设计，才能做到主体工程、环保工程及临时工程有机统一，环境监理才能监理到"点子上"。

三、问题与思考

1. 由于交通工程建设周期长、可变性大、施工方案与设计方案变更多，环评报告提出的环境保护及减缓措施针对性不强，如何进行工程环境监理？

2. 为了保证环评报告中提出的有关水土保持措施能真正落到实处，如何界定公路工程的环保投资？

3. 公路建设中的"三改"（改路、改水、改渠）涉及沿线居民群众的切身利益，常发生"阻工"现象，是否属于工程环境监理的工作范围和监理内容？

4. 文明施工很多方面与环境保护有关，业主授权环境监理负责文明施工，环境监理机构要不要接受？

案例 3　改建铁路京广线信阳至陈家河段改造工程环境监理

一、项目由来

根据国家环保总局环审［2005］975 号《关于改建铁路京广线信阳至陈家河段改造工程环境影响报告书的批复》文件及相关法律法规要求，受武汉铁路公管局的委托，信阳市众鑫清洁生产工程环境监理中心承担了京广线信阳至陈家河段改造（信阳段）工程环境监理工作。在项目总监理工程师的主持下，项目环境监理部根据委托合同，结合广泛收集工程信息资料，编制了项目工程环境监理规划与细则。

信阳市发改委和市支铁办在李家寨镇政府组织召开"改建铁路京广线信阳至陈家河段改造工程环境保护座谈会"后，从 2006 年 1 月开始每周六由业主单位组织召开由建设单位、各项目单位、各监理单位参加的工程项目例会，该工程环境监理工作正式开展。

二、监理工作依据（略）

三、监理工作目的和范围

工程环境监理目标是：力求实现工程建设项目环保目标、落实环境保护设施与措施、防止环境污染和生态破坏、满足工程施工环境保护全面验收要求。

具体内容：一是监理铁路主体工程的施工过程应符合环保要求，如噪声、废气、污水等污染物排放达标，减少水土流失和生态环境破坏的工程环境达标监理；二是对运营和施工期的环境保护而建设的配套环境保护设施进行的环保工程监理，包括水处理设施、声屏障、绿化工程、振动治理等。

工作范围：以合同规定工作内容为主，并在业主授权的范围内对工程施工期进行环境监督管理，协调参与工程各方落实环保措施。

四、监理机构设置、岗位职责（略）

五、工程实施概况

1. 工程建设情况

拟建改建铁路京广线信阳至陈家河段改造工程（以下简称工程）总投资 20 亿元，是京广铁路郑州至武汉段一部分。北起河南信阳李家寨（K1008+500），南至湖北广水陈家河（K1089+400），工程从北往南依次经过李家寨、鸡公山、新店、武胜关、孝子店、东皇店、广水、杨家寨、陈家河，全长 63.47 km。

本工程环境监理范围是河南省境内信阳段 17 km 作业区（详见附图），分为两个承建标段，其中中铁十四局建设标段为 K1008+500～K1022，中铁十二局建设标段为 K1022～1025。设计铁路等级为一级双线，线路按 200 km/h 速度目标值进行 6‰落坡改造，线路经过鸡公山国家级自然保护区和浉河支流——东双河。工程总投资约 4 亿元，其中环保投资为 3 643.88 万元。信阳段隧道 3 座、站场 1 个，永久性占地 44.2 hm²，临时用地 28.2 hm²。详见表 1。

表 1　信阳段主要工程状况表

工点	工程名称	位置	规模	水文地质概况
1	鸡公山隧道	DK1011+320～DK1016+978	5 658 m	表层第四系粉质黏土，下伏基岩中粒花岗岩，水量不大
2	唐家湾隧道	DK1021+318～DK1021+528	210 m	表层第四系粉质黏土，基岩为中粒斑状花岗岩，地下水不发育
3	新武胜关隧道	DK1022+236～DK1022+436	200 m	表层第四系粉质黏土，下伏基岩肉红色，细中粒斑状花岗岩，地下水量不大
4	新鸡公山站		20.5 hm²	

2. 工程项目周围环境状况

（1）自然环境概况（略）

（2）鸡公山自然保护区珍稀野生动植物

鸡公山自然保护区位于豫鄂交界处，地理坐标为东经 114°01′～114°06′，北纬 31°46′～31°52′，面积 2 917 hm²，森林覆盖率 90%。具有北亚热带向暖温带过渡的季风气候和山地气候特征，属北亚热带湿润气候区。主要保护对象为森林生态系统和野生动物。鸡公山自然保护区共有植物 259 科，903 属，2 061 种及变种。

原鸡公山林场 1982 年经有关部门批准为省级自然保护区，1988 年经国务院批准为国家级自然保护区。鸡公山森林植被主要有 4 种类型，针叶林、阔叶林、竹林和灌木林。

鸡公山现有自然分布的国家重点保护植物 9 种，属国家二级保护的 2 种，三级保护的 7 种，如香果树、独兰花、天竺葵、桢楠、天目木姜子、野大豆、天麻、青檀、黑节草。此外，还有 10 种河南省濒危保护植物以及引种的 19 种珍稀濒危保护植物。

鸡公山共有陆生野生脊椎动物 258 种，其中鸟类 170 种，隶属 17 目 39 科；兽类 45 种，隶属 6 目 18 科；属国家重点保护的鸟兽有 27 种，包括国家一级保护动物金钱豹。两栖、爬行类动物亦相当丰富。

该保护区同时是国务院首批公布的国家级重点风景名胜区，著名的避暑游览地，其云海、日出、飞瀑、流泉，景色变化动人，主要景点有报晓峰、灵华山、青龙潭、将军石等。

（3）社会环境概况

信阳市位于河南省南部，全市总面积 18 915 km²，总人口 780 万人，辖固始、光山、罗山、淮滨、新县、商城、潢川、息县八县和浉河、平桥二区。2003 年全市生产总值实现 344 亿元，其中农业产值 96 亿元，工业产值 136 亿元。目前正在建设国家生态示范区建设试点市。

（4）环境质量现状

①生态环境

本段铁路跨越大别山区西段，线路大多行进于低山或丘岭区域，评价区内植被发育、人口稀疏。总体线路两侧生态环境较好，生态问题主要表现在水土流失，土壤退化等，水土流失强度一般为轻度和中度侵蚀，侵蚀模数在 500～4 500 t/km²·a。

②声环境

沿线城镇区域敏感点较为集中，两侧距铁路中心线 30 m 处昼间、夜间等效声级值为 67～76 dB（A）。

③空气环境、水环境

线路两侧较空旷，人口稀疏，空气环境质量较好，达到 GB 3095—1996《环境空气质量标准》二级标准。

本段改线铁路临近信阳东双河，该河是浉河支流，发源于光头山两侧，流经李家寨、柳林、东双河，流程 32 km，现无水体功能区分类，接纳污水主要是工业企业排放的工业污水，城镇生活污水，主要污染物为石油类、氨氮、化学耗氧量等，上游可达到 II 类水体。

④敏感、生态问题的现状（鸡公山自然保护区）

鸡公山自然保护区位于豫鄂交界外，改建铁路从保护区西侧 107 国道以西经过，远离保护区的核心区，在 DK1020+360 处下穿既有线，转向现有铁路东侧，在 DK1021 距离保护区试验区经营利用区最近为 400 m，保护区西侧线路情况见表 2。

表 2　保护区西侧线路分布情况表

序号	线路情况	里程	长度/m	%
1	路桥段	DK1010+300～DK1011+320	1 020	
2	鸡公山隧道	DK1011+320～DK1016+978	5 658	
3	路桥段	DK1016+978～DK1021+318	4 340	
4	唐家湾隧道	DK1021+318～DK1021+528	210	
5	路桥段	DK1021+528～DK1022+236	208	
6	新武胜关隧道	DK1022+236～DK1023+300	1 064	
7	路桥段小计		6 068	46.7
8	隧道小计		6 932	53.3
9	保护区段线路合计		13 000	

六、施工组织

1. 施工总工期

项目总工期 15 个月，施工准备期 3 个月。控制工程鸡公山隧道采用台阶法或断面开挖，按进出口及斜井共四个工区组织施工，总施工期 11.5 个月。路基、桥梁下部施工为 7 个月，铺轨利用既有卫家店焊轨厂焊接 500 m 长钢轨，焊接为无缝线路，铺架工期为 4 个月。工程施工的主要工序如图 1 所示。

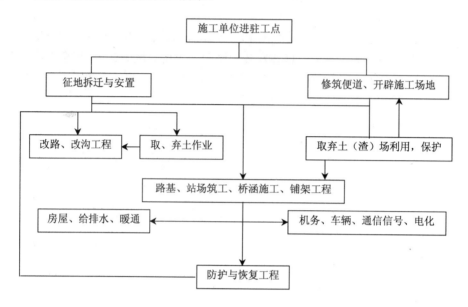

图 1 工程施工的主要工序图

2. 施工方法、进度

改线工程挖方较大，故以移挖做填为主，部分路堑挖方需弃掉。路基工程分为基底处理、本体填筑、基床表层填筑和过渡段填筑。土方工程以机械施工为主，采用推土机、铲运机、挖掘机配合汽车施工。路基施工避跨线作业，减少行车干扰。路基施工在施工准备完成后开工，铺轨前半个月完工，土方工程采取集中取弃土，信阳段设 3 个弃土场，见表 3。

表 3 信阳境内弃土场概况

序号	弃土场名称	里程	弃土量/$10^4 m^3$	弃土高度/m	面积/hm^2	备注
1	李家寨弃土场	DK1010+000	30	6.5	5.1	均选择荒草地和植被覆盖度低的灌丛草地
2	新店村弃土场	DK1017+000	41	6.6	6.8	
3	唐家湾弃土场	DK1021+800	16	5.6	3.2	

3. 隧道工程

鸡公山隧道为全线最长双线隧道，全长 5 658 m，属于控制性工程，设置二斜井，1 号斜井设在 DK1013+430 处，承担 1 760 m 的施工；2 号斜井设在 DK1014+970 处，承担 1 850 m 的施工，总施工期 11.5 个月。

新武胜关隧道位于河南、湖北交界处，全长 2 450 m，信阳境内 200 m。

鸡公山、唐家湾、新武胜关隧道出渣岩性为花岗岩，岩石性质较好，设计中将此三个隧道出渣量的 2/3 利用（衬砌混凝土碎石，路基级配碎石和站场填方），不可利用的出渣，在隧道口选择山坳，支沟内堆砌，并进行渣面平整绿化和排水。见表 4。

表 4　信阳段内渣场概况

序号	弃渣场名称	位置	弃渣高度/m	弃渣量/$10^4 m^3$	面积/hm^2	占地类型
1	鸡公山隧道进口弃渣场	DK1011+320 右侧	9	6	0.67	水田
2	鸡公山隧道 1# 斜井弃渣场	DK1013+430 左侧	9	5.9	0.67	旱地
3	鸡公山隧道 2# 斜井弃渣场	DK1014+970 右侧	9	6	0.67	荒草地
4	鸡公山隧道出口弃渣场	DK1016+978 左侧	9	6	0.67	水田
5	DK1021+600～800 弃渣场		5.5	4.4	0.8	水田
6	新武胜关隧道进口弃渣场	DK1022+500 右侧	9	6	0.67	水田

七、施工现场监理情况

环境监理将本次监理目标、对象具体交代给各个施工方，明确施工方的工作目的、范围、程序和要求，根据不同的施工环境要素，要求施工方预先制定切实可行的生态保护方案，采取有效预防措施，对发现的问题及时解决，使整个施工期对当地的生态破坏降到最低限度。整个施工期间，施工方严格按照生态保护要求，落实了部分生态保护措施，对一些由客观条件造成的问题，如弃渣场未能按"环评"要求进行覆土植被，还提出了专门要求，施工方与当地部门和居民做好协调沟通，及时整改修复。

1. 环境监理委托合同履行情况

信阳市众鑫清洁生产工程环境监理中心于 2006 年 1 月～2007 年 5 月完成了对工程施工期的工程环境监理工作，并提交了约定的环境监理资料。本工程的环境影响报告书主要结论和批复要求得到基本落实。

2. 环保措施落实情况

（1）路基工程

对路堤边坡高度小于 3 m 的，边坡采用喷播植草防护；对路堑边坡高度小于 3 m 的，采用三维立体网固土结合喷播植草防护；路堑边坡高度大于 3 m 的，采用拱形截水骨架内三维立体网固土结合喷播植草防护。在路基两侧设排水沟。

（2）站场工程

对站场路基边坡采用喷播植草、二砌片石或浆砌片石进行防护。施工结束后，对临时用地进行清理、平整后绿化。对新鸡公山车站按新增用地面积的 15% 左右进行了绿化，采取乔、灌、草、花相结合的种植方式。

（3）桥涵工程

施工时避免在汛期进行河槽内桥涵基础的施工。钻孔施工时，设立了泥浆池、沉淀池，随时将施工产生的弃土、废浆集中干化运至指定弃土场。在桥墩施工时，使用的草袋、土坝等施工设施，在施工结束后及时清除，恢复河道原貌。

（4）隧道工程

隧道施工采用减少堑坡和开挖的作业方式，避免了对原生地表大范围的破坏。隧道洞口建有完整的排水系统，将隧道渗水引入线路侧沟内外排。洞口边仰坡进行了必要的坡面防护。针对施工中揭露的地下水，及时采用了帷幕注浆堵水的措施，堵塞、密封地下水泄漏通道。

（5）弃土（渣）场工程

针对施工过程中设置的弃土（渣）场，施工方在施工期间未能按照"环评"及"监理细则"的要求进行施工，造成弃渣场弃渣零乱，场地的高度及面积都超过设计要求，未建挡土墙、排水沟。施工结束后，施工方仍然未进行弃渣顶面的平整、绿化，未建设排水、挡土设施。根据建设单位承诺，本着资源利用最大化原则，施工产生的弃石利用已与当地村民签订了利用协议。由村民在施工结束后三个月内利用完全，并对原场地进行植被绿化。

（6）临时便道工程

施工便道两侧开挖土质排水沟，顺接原有沟渠，并设有明显标志牌。对施工便道和施工场地占用草地、林地的，在施工前预先对具有肥力的原始表土进行剥离，并在相应弃土场集中堆放，施工结束后用作绿化和取弃土场复耕使用。表土堆放过程中，边缘采用装土编织袋挡护，雨季堆积表土表面用薄膜覆盖。施工便道和施工营地在施工结束后，原则上要根据其原有土地类型予以恢复。

八、监理要点完成情况

1. 施工期噪声作业监理情况

噪声主要来源各种机械，包括钻孔、沙石料加工、土石方开挖和混凝土拌和等系统，对此要求施工单位合理安排施工作业时间，夜间禁止进行打桩等强噪声作业，对部分敏感点采用隔声措施减轻影响，同时要求施工单位按《中华人民共和国噪声污染防治法》要求，提前向当地环保部门申报作业时间，并告知附近居民。

2. 施工期振动作业监理情况

振动产生于各种机械设备的使用、交通运输等，主要有打桩、钻孔、夯实、重型运输车辆行驶等，其通过直接接触和传播媒介对人体等产生危害。为减轻影响程度，施工单位严格按照"环评"要求，合理布局施工场地，选择环境要求较低的位置进行作业，振动设备距离敏感区 30 m 外，并合理安排作业时间，在居民稠密区域，限制强振动施工作业。

3. 施工期水环境监理情况

（1）施工期施工人员基本住在宾馆和城市居民区，生活污水排入原有的生活污水系统，在施工人员集中地段，设置了可移动厕所进行无害化处理，对地表水环境影响较小。

（2）针对隧道施工过程产生的少量施工废水，我们严格按照相关技术规范进行现场监理，要求施工单位加强施工机械的养护和维修，及时收集隧道内渗漏的油污，并在隧道出口建设了沉淀隔油气浮处理装置，处理后外排废水水质满足规定标准要求。

（3）桥梁施工通过采用薄壁少筋钢筋混凝土围堰，设立沉淀池对施工过程中产生的泥浆进行回收利用。对存放油料的施工场地进行硬化，对车辆、机械冲洗及维修产生的废油集中回收，利用棉纱进行吸附处理，外运垃圾处理场。

4．施工期空气环境监理情况

施工期环评空气的影响主要为扬尘污染，表现为空气中 TSP 指标升高、破坏景观、环境卫生等方面，施工单位采取利用原乡间道路，减少开挖，对道路进行洒水保湿，并及时清运道路的泥土等措施，取得较好成效。

5．生态环境监理情况

本工程对路基边坡分别采取了喷播植草、土工网垫、土工格栅、挂网喷浆喷砼植生、干砌片石、浆砌片石护坡、浆砌片石护墙、设挡墙等防护与加固措施。合理调配土石方，土石方工程尽量做到移挖作填，减少了取弃土（渣）场临时用地。对李家寨大桥因设置桥墩而加剧河道冲刷地带，采取了加固堤防及浆砌片石护岸等措施。虽然隧道开挖设置的弃碴场在施工中未能及时落实生态保护措施，但已制订了生态保护计划。

九、监理目标完成情况

1．生态环境

施工区生态环境质量较好，隧道开挖远离鸡公山自然保护区，施工期间除弃土（渣）场工程外，其他工程均能按"环评"和"监理细则"的要求，落实各项环保措施。由于弃土（渣）场在利用过程中未能落实生态保护措施，隧道弃渣未得到足够利用，造成弃渣场面积和高度超标，施工结束后，未进行清理、平整和恢复场地，未建挡护、场顶平整、植被恢复等防护措施，造成弃石裸露，已影响到保护区的生态环境和景观环境，根据建设单位承诺，本着资源利用最大化原则，施工产生的弃石利用已与当地村民签订了利用协议，由村民在施工结束后三个月内利用完全，并对原场地进行植被绿化。

2．噪声环境质量

施工过程严格按照"监理细则"的要求，通过合理安排工作时间和采取隔声降噪等措施，施工噪声对附近居民影响较小。敏感点噪声监测见表 5。

表 5 敏感点噪声监测结果

工点	昼间噪声/dB（A）	夜间噪声/dB（A）	评价结果
李家寨大站区	52	43	达标
隧道进口	48	39	达标
3#斜井	45	40	达标
新店村	44	38	达标

3．水环境质量

隧道、桥涵施工等产生的生产废水做到了专门处理后排放，生活污水排入原处理系统，因此，施工过程的外排废水对水环境影响较小。隧道开挖处外排废水水质状况见表 6。

表 6 隧道开挖外排废水水质状况　　　　单位：mg/L（pH 除外）

项目	pH	SS	COD	BOD_5	石油类
Ⅱ类水体标准	6～9	/	15	3	0.05
鸡公山隧道口	7.5	95	7.0	2	0.04
新武胜关隧道出口	7.3	90	6.5	2	0.04

4．大气环境质量

针对施工期间的扬尘污染，施工期间通过利用原乡间道路、洒水保湿和车辆覆盖等措施，施工扬尘对环境空气影响较小。环境空气 TSP 监测结果见表 7。

表7　环境空气 TSP 监测结果统计表　　　　　单位：mg/m^3

监测地点	浓度	达标情况	监测时间
鸡公山隧道入口	0.14～0.22	达标	2006 年 4 月～8 月
1#斜井	0.12～0.21	达标	2006 年 4 月～8 月
2#斜井	0.09～0.19	达标	2006 年 4 月～8 月
3#斜井	0.10～0.19	达标	2006 年 4 月～8 月
4#斜井	0.11～0.20	达标	2006 年 4 月～8 月
新武胜关隧道入口	0.15～0.23	达标	2006 年 4 月～8 月
备注	执行《环境空气质量标准》（GB 3095—1996）二级标准		

5．弃渣场监理情况

本工程在信阳段内设置了 5 个弃渣场，这些弃渣场均按"环评"提出的优化原则进行布置，在利用过程中施工单位未按设计要求进行，未遵循"先挡后弃，分级挡护"的原则，未对弃渣进行充分利用，未清排水沟等，造成弃渣场的面积和高度不能满足设计要求，弃渣零乱，并存在相当大的安全隐患。施工期间对此问题共下发了六次环境监理工程师通知单，要求施工单位及时整改，并向武汉公管局进行了报告，但效果均不明显。目前，鸡公山隧道进口弃渣场的弃石已全部被当地村民碎石加工，进行了综合利用，现已平整，正在进行植被恢复。2#斜井、3#斜井、4#斜井和新武胜关隧道入口弃渣场弃石未能及时平整以及渣场绿化，主要是本着对"三农"政策的响应和对"三农"经济的支持，考虑当地村民的经济利益和资源的有效利用，现施工方与当地村民已达成综合利用协议，村民正在对渣场遗留弃石进行破碎并外售，待利用完毕后由当地村民植被恢复。环境监理将对弃渣场的生态保护措施落实情况进行跟踪监理。

十、环境监理主要制度

1．工作记录制度

环境监理工作情况做出监理工作记录（文字和图像），重点描述现场环境保护工作的巡视检查情况，对于发现的主要环境问题，分析原因，监理工程师对问题的处理意见等均做记录。

2．报告制度

编制的环境监理报告包括环境监理月报 8 期、监理中心文件报告 1 份及监理总结向业主和环境保护行政主管部门报告。

3．函件来往制度

监理工程师在现场检查过程中发现的环境问题，首先口头通知施工单位，并要求以书面函件的形式予以确认，在征得业主的同意下，下发问题整改监理工程师通知单 6 份，通知施工单位需要采取的整改措施。

4．工程例会制度

及时参与业主定期组织各施工单位、监理单位及设计单位召开的工程例会，就工程进度情况进行小结，所有问题进行通报，安排解决上阶段的遗留问题和安排下一步工作，尽量在当场解决，需协调的，安排专人负责，尽快解决，确保工程顺利进行。本次监理中始终采取预防为主，修复补救措施为铺的理念，在例会上，环境监理根据不同的施工环境，对各施工单位提环境保护的相关要求，及早采取预防措施。

5．施工现场巡视制度

该项制度是工程环境监理的主要工作方式之一，环境监理根据项目工程实际情况不定期对各个工地巡视，对于敏感点巡视频率适当增加。通过巡视使问题能及时发现，各项环保措施得到落实。

十一、环保投资落实情况

对照环评报告书中环保投资分析，在实际施工中，严格执行"三同时"制度，部分环保措施都得到认真落实。生态、水土保持措施实际投资 3 308 万元，噪声治理实际投资 75 万元，污水处理实际投资 260 万元。

十二、环境监理结论

在本工程环境监理期间，根据国家环保总局环审〔2005〕975 号批复文件及监理细则的要求，对施工期的隧道开挖、桥梁建设、路基施工和其附属工程生态环境保护措施落实情况进行了认真监理，施工过程中中铁十四局和中铁十二局都能严格执行"三同时"制度，并按照"环评"报告书提出的要求认真落实。

（1）严格执行了国家相关法律法规和"监理细则"中的各项监理制度，按照确定的监理程序开展工作。

（2）通过合理选择工点和作业时间分配，施工噪声对当地居民和自然保护区的动物影响较小。

（3）施工期生活污水排入原有的生活水系统，临时冲洗水排放量小，排放时间短，对地表水环境影响较小。

（4）通过采取洒水保湿和覆盖等措施，施工扬尘污染较小，对生态景观和环境卫生影响不大。

（5）隧道开挖过程中设置的 5 处弃渣场，由于未按"环评报告书"提出的要求进行落实，弃石的高度和面积，超过设计标准，没有进行平整、覆土和植被恢复，已对国家级自然保护区的生态环境造成影响，经多次向施工单位提出整改要求，现根据建设单位承诺，本着资源利用最大化原则，承包商施工产生的弃石已与当地村民签订了利用协议，由村民在施工结束后三个月内利用完全，并对原场地进行植被绿化。

（6）对于路堤和路堑的边坡，施工采取浆砌片石骨架护坡和喷播植草进行防护，有效减少水土流失。

（7）施工单位按照"监理细则"要求，对生活垃圾、建筑垃圾进行了集中收集、处置的措施，减少了其对环境影响。

（8）取、弃土场严格执行各项设计指标和"环评"要求，本着"移挖作填，尽量利用"的原则进行，较为显著地减少取弃土数量和占地。

（9）在农田和植被丰富地区施工中，能按照工程环境监理要求，对开挖土层进行有效利用和及时复耕，减少对原土质的影响。

十三、建议

（1）在环评阶段就应提出，并在"报告书"批复中明确工程环境监理；同时在制定标书文件时纳入"环评"报告的批复要求，推动工程环境监理工作正常开展。只有施工承包合同中明确规定了施工方环境保护的任务，再加上业主对工程环境监理工作的大力支持，并给予一定的授权，工程环境监理工作才能顺利开展。监理人员才能在工程环境监理过程中更好地落实"环评"批复中的各项环保措施。

（2）加强环境监理宣传，提高大家环境保护意识，积极推行建设项目工程环境监理制度。

（3）加强法制建设，尽快出台工程环境监理的法律法规，建立环境监理技术规范、标准。尽快制定工程环境监理机构资质管理、人员培训及注册管理制度。

（4）适应市场需要，向工程建设的全方位、全过程监理发展，积极拓展环境监理业务。

专家点评

鸡公山自然保护区位于豫鄂交界处，属国家级自然保护区。改建的京广铁路信阳至陈家河段从保护区西侧通过，最近处距离保护区试验区 400 m。鸡公山自然保护区生态环境保护是该项目建设环境保护工作的重点。环境监理单位在熟悉工程施工工序、施工工艺方法、尤其是隧道施工情况，并能结合路基、桥涵、站场、临时便道、弃土渣场等分部工程、单位工程划分及施工组织设计的情况下进行环境监理，因而环境监理任务完成就比较顺利。针对报告给业主的工程环境监理总结，一定要有环境监理委托合同履行情况。环境监理总结内容除采用环境要素不同类别编写方法外，还可采用监理目标完成情况、监理要点完成情况，环保投资落实情况，施工现场监理情况为主要内容的编写方法。该监理总结最后给出整个环境监理工作结论，具有画龙点睛之效，结合环境监理实践提出的 4 条建议，也是本总结中的亮点之一。

其不足之处是缺少合同管理和对承包商施工组织设计审查，也没有缺陷责任期环境监理和社会环境监理的有关内容。

案例 4　信阳至南阳高速公路泌阳至南阳段工程环境监理总结报告（节录）

一、项目背景（略）

二、工程概况

（一）上武与信南高速

上武高速公路是国家重点干线公路"十三纵、十五横"建设规划中的"第八横"，起自上海止于甘肃武威，全长约 2 750 km，是贯穿东南和西北的大通道。上武高速经过河南省信阳市、驻马店市、南阳市，到豫陕省界，也是河南省"五纵、四横、四通道"

规划中的"第四横",贯穿中原地带,在全国、河南、南阳高速网中都具有十分重要的地位和作用。上武高速在河南省由"叶信高速"(安徽省叶集至信阳,186.5 km)、"信南高速"(信阳—泌阳—南阳,182.9 km)和"宛坪高速"(南阳市区至豫陕省界,150.8 km)三段组成,连接到豫陕省界,省内全长 520.2 km,南阳市辖区内全长 260.8 km。信南高速通过南阳市的桐柏县、唐河县、宛城区和卧龙区 4 个县(区)。

(二)信南高速前期工作

信南高速公路工程严格按照国家环境保护法规,办理了各个阶段的环保报批手续。信南高速分为"信阳至泌阳"和"泌阳至南阳"两段同时审批建设。9 月 11 日国家环保总局对《上海至武威国家重点公路河南省信阳至南阳高速公路泌阳至南阳段工程环境影响报告书》(报批版)做出批复(环审[2004] 341 号),为泌阳至南阳段高速工程环境保护和沿线经济发展规划提供了科学依据。

2005 年 6 月 24 日,河南交通厅批准该项目施工图设计(豫交计[2005] 150 号文)。

信南高速由"河南省信阳至南阳高速公路有限公司"承建,建设工期 3 年,2004 年 9 月开工建设,2006 年 12 月 26 日提前建成通车试运营,施工期历时 28 个月。建设单位委托南阳市环境工程评估中心对泌阳至南阳段高速公路施工期实施环境监理工作。

(三)泌南高速工程概况

泌南段高速由 91.086 km 主线和 26 km 的互通连接线组成,处于平原和微丘区。线路通过驻马店市泌阳县 5.8 km,南阳辖区段 85.286 km。走向由东向西经过泌阳县、南阳市唐河县(59.1 km)和南阳市区(宛城、卧龙 26.186 km),与"宛坪高速"南阳市区起点顺接。

泌南高速主线起于泌阳县城南曲岗附近(起点桩号 K90+000),接信泌高速泌阳互通立交,在唐河县王集乡附近穿越河南石油勘探局王集油田;西行与 S239 公路相交,设大河屯互通立交;经古城北与省道 S335 相交,然后跨越唐河与 S240 公路交叉,设唐河西互通立交;西行下穿 G312 公路至桐寨铺与河南油田官庄中心区道路交叉,设置桐寨铺互通;路线继续西行,设陈观营枢纽立交与南阳至邓州高速公路互通;前行与 S103 公路交叉,设翟庄互通立交;跨越宁西铁路和白河,于卧龙区潦河镇辛店北到达本项目终点,与宛坪高速辛店互通立交起点顺接(终点桩号 K181+086)。路线途经驻马店泌阳县陈庄乡、赊湾乡北,南阳市唐河县王集乡、毕店乡北、大河屯乡南、古城乡、城郊乡北、桐寨铺乡南,南阳市宛城区汉冢乡、溧河乡南,卧龙区潦河镇共 11 个乡镇。

泌阳至南阳段按双向六车道高速公路标准建设,实行全部控制出入和收费管理,按交通部《公路工程技术标准》(JTJ B01—2003)执行,全长 91.086 km,设计行车速度 120 km/h,路基宽 34.5 m。全线路基土石方 1 706 万 m³,路面 271 万 m²。共设互通式立交 5 处、分离式立交 10 处、特大桥 2 座、大桥 8 座、中桥 87 座、小桥 57 座、天桥 29 座以及涵洞、通道 177 道。公路配置有完善的供电、照明、通信、监控、收费等机电交通工程系统。全线还设有防撞护栏、交通标志、标线、公路隔离栅等安全设施。房屋工程 7 处,其中收费站 4 处,服务区 1 处,停车区 2 处。工程概算批复 34.7 亿元人民币。工程于 2006 年 12 月 26 日建成并投入试运营。

泌阳至南阳段高速公路走向和标准断面见图 1,各土建标工程量见表 1 和图 2。

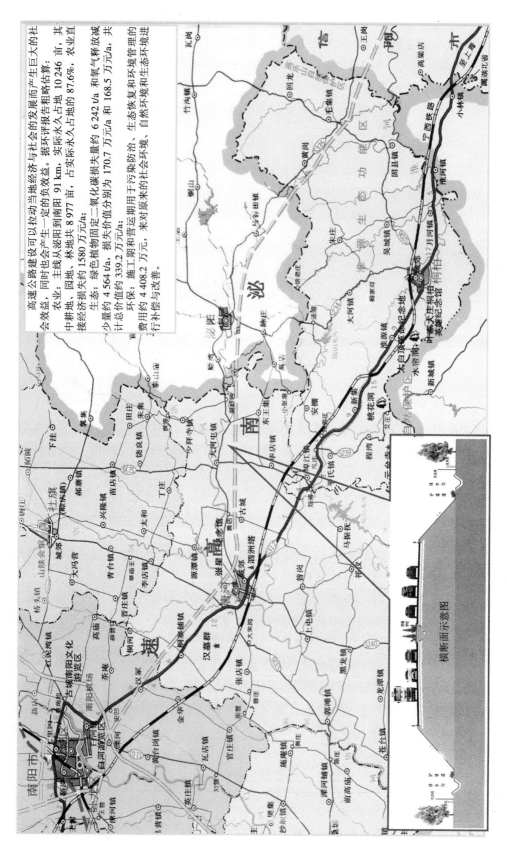

高速公路建设可以拉动当地经济与社会的发展而产生巨大的社会效益，同时也会产生一定的负效益。据环评报告粗略估算：

农业：主线从泌阳到南阳 91 km，实际永久占地共 10 246 亩，其中耕地、园地、林地共 8 977 亩，占实际永久占地的 87.6%，农业直接经济损失约 1580 万元/a；

生态：绿色植物固定二氧化碳损失量约 6 242 t/a 和氧气释放减少量约 4 564 t/a。损失价值分别为 170.7 万元/a 和 168.5 万元/a，共计总价值约 339.2 万元/a；

环保：施工期和营运期用于污染防治、生态恢复和环境管理的费用约 4 408.2 万元，未对原来的社会环境、自然环境和生态环境进行补偿与改善。

图 1 泌南高速公路线路图

表1 各土建标段工程量表

合同段	起讫桩号	建设里程（km）	主要工程内容	行政区
No.1	K90+000～K106+510	16.510	挖土方 129.997 万 m³，填土方 133.736 万 m³，7.5#浆砌片石边沟 35 097m，7.5#浆砌片石护坡 66 970 m³，大桥 257.22 m/2 座，中桥 306.6 m/6 座，涵洞 30 道，机耕天桥 13 座，盖板通道 6 道，桥式通道 12 座	唐河县泌阳县
No.2	K106+510～K115+800	9.290	挖土方 63.139 万 m³，填土方 132.683 万 m³，7.5#浆砌片石边沟 20 195 m，7.5#浆砌片石护坡 20 094 m³，中桥 348.26 m/6 座，涵洞 11 道，互通式立交 1 处，机耕天桥 2 座，盖板通道 6 道，桥式通道 9 座	唐河县
No.3	K115+800～K127+737	11.937	挖土方 65.726 万 m³，填土方 146.107 万 m³，7.5#浆砌片石边沟 23 514 m，7.5#浆砌片石护坡 19 013 m³，中桥 507.44 m/11 座，涵洞 17 道，机耕天桥 6 座，盖板通道 9 道，桥式通道 11 座	唐河县
No.4	K127+737～K135+800	8.063	挖土方 8.013 万 m³，填土方 121.027 万 m³，7.5#浆砌片石边沟 14 357 m，7.5#浆砌片石护坡 10 168 m³，大桥 1 173.56 m/2 座，中桥 251.88 m/6 座，涵洞 8 道，分离式立交 1 座，桥式通道 7 座	唐河县
No.5	K135+800～K147+200	11.400	挖土方 73.155 万 m³，填土方 162.491 万 m³，7.5#浆砌片石边沟 20 498 m，7.5#浆砌片石护坡 12 955 m³，中桥 512.36 m/11 座，涵洞 20 道，分离式立交 1 座，互通式立交 1 处，机耕天桥 3 座，桥式通道 9 座	唐河县
No.6	K147+200～K155+000	7.800	挖土方 34.606 万 m³，填土方 126.209 万 m³，7.5#浆砌片石边沟 13 200 m，7.5#浆砌片石护坡 19 394 m³，大桥 254.08 m/1 座，中桥 609.49 m/11 座，涵洞 14 道，互通式立交 1 处，机耕天桥 3 座，盖板通道 0 道，桥式通道 5 座	唐河县
No.7	K155+000～K165+000	10.000	挖土方 4.443 万 m³，填土方 177.146 万 m³，7.5#浆砌片石边沟 9 568 m，7.5#浆砌片石护坡 40 092 m³，大桥 210 m/1 座，中桥 675 m/14 座，涵洞 11 道，分离式立交 4 座，盖板通道 9 道，桥式通道 5 座	南阳市宛城区
No.8	K165+000～K171+000	6.000	挖土方 12.8 万 m³，填土方 135.7 万 m³，7.5#浆砌片石边沟 19 486 m，7.5#浆砌片石护坡 2 805 m³，中桥 8 座，互通式立交 2 处，盖板通道 0 道，桥式通道 1 座	南阳市宛城区
No.9	K171+000～K174+000	3.000	挖土方 5.635 万 m³，填土方 24.182 万 m³，7.5#浆砌片石边沟 3 041 m，7.5#浆砌片石护坡 4 056 m³，大桥 1 272.2 m/1 座，中桥 2 座，涵洞 1 道，分离式立交 1 座，盖板通道 2 道，桥式通道 2 座	南阳市宛城区
No.10	K174+000～K181+180	7.180	挖土方 78.864 万 m³，填土方 70.656 万 m³，7.5#浆砌片石边沟 11 841 m，7.5#浆砌片石护坡 11 414 m³，大桥 1 590.2 m/1 座，中桥 195m/5 座，涵洞 6 道，机耕天桥 1 座，盖板通道 2 道，桥式通道 4 座	南阳市卧龙区
统计	K90+000～K181+180	91.18	挖方 476.379 万 m³，填方 1 229.998 万 m³，7.5#浆砌片石边沟 170 770 m，7.5#浆砌片石护坡 206 961 m³，大桥 8 座，中桥 80 座，涵洞 118 道，分离式立交 6 座，互通式立交 5 处，机耕天桥 28 座，盖板通道 34 道，桥式通道 65 座	2 县 2 区

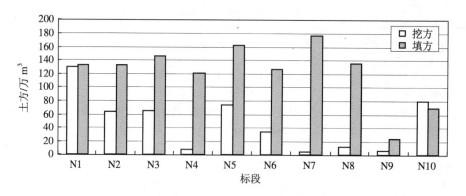

图2　各标段挖填方比较表

（四）涉及的环境问题

高速公路的建设为国民经济的发展提供了快速通道，社会综合效益巨大。但高速公路作为带状开发项目，其在施工和运营过程中也会对沿线社会环境、自然环境带来一定的负面影响，主要影响因素有：

（1）社会环境：公路永久占地对农民的补偿和土地的调整、沿线部分居民和学校的搬迁安置、部分农业和电信等公共设施的拆迁等，同时全封闭高速公路也对沿线居民通行习惯造成不便。

（2）生态环境：91.086 km 挖填 1 706 万 m^3 土石方工程量，将部分改变原生态环境和地形地貌，会造成一定程度的水土流失；农作物产量和植被量相对减少，部分林木造成一定程度的损毁；道路分割效应会限制动物的活动范围等。

（3）水体环境：使局部区域改变自然水系和农田灌渠走向，对地下水走向也可能产生一定影响；公路跨越唐河、桐河、白桐干渠、白河等主要河流灌渠，施工期和运营期潜在污染事故对水环境安全可能构成威胁。

（4）环境污染：施工期噪声、扬尘、废水、废气、垃圾和营运期生活污水、生活垃圾、车辆噪声、汽车尾气等对沿线环境质量的影响，对敏感点居民生活环境会产生一定干扰。

建设单位对高速建设环境保护工作非常重视，会同环评和设计单位为减轻沿线环境的不利影响，首先根据《中华人民共和国环境影响评价法》和交通部[1990]17 号《交通建设环境保护管理办法》的规定，对工程进行了环境影响评价，并按照环评报告提出的一系列环保对策措施予以落实，最大限度地减小不利影响，保证沿线居民的正常生活。

三、《环评》结论与批复意见

（一）施工前环境状况

1. 自然环境（略）

2. 社会环境

（1）项目所经的驻马店市和南阳市 2 个地级市均以第二产业为主，总体经济发展水平低于河南省平均水平，而沿线经过的 4 个区县，除宛城区和卧龙区为南阳市城区，经济发展水平较高外，唐河县和泌阳县均是以第一产业为主，经济发展水平较低。

（2）项目与沿线大多数城镇保持了适当的距离，但在终点段受工程条件的限制，穿越了南阳市中心城区外围框架规划的南阳市生态工业园区，以路堤形式穿越规划的工业用地，穿越长度约 6 km（K167～K173），此段共设置了 1 座互通立交、4 座分离式立交、1 处机道、3 处人通。

（3）路线与河南油田中心区距离约 15 km，但穿越了河南油田的王集油田（K90～K125）。

（4）沿线农民住房面积较大，但住房比较简单，生活水平较低。

（5）路线没有涉及风景名胜区，路线两侧 300 m 范围内也没有发现地表文物。但由于南阳市历史悠久，极有可能存在丰富的地下文物未发掘出来，建议项目建设单位委托专业文物考古单位对沿线区域进行文物调查和勘探工作。

3．生态环境

（1）评价范围内主要为农业区，开发历史悠久，人工种植等因素干扰较多，基本没有野生植被及大型的野生动物，也没有国家或省级批准建立的自然保护区。

（2）调查沿线范围内农业生产属于当地中上等水平。

（3）整个项目区范围内各种群落类型交替连接，多为人工强度管理的农作物群落类型。

（4）从生物量的调查结果来看，人工林及农田群落中有作物长势较好，生物量水平相对较高，一般水肥、土壤条件较好时，生物量较多。综合看来，评价范围内的生态系统生产能力较好，且由于人工管理的加强，生产能力一般不会下降。

（5）水土流失现状为微轻度侵蚀地区，流失量不明显。

4．声环境

评价筛选了 12 个具有代表性的声环境敏感点进行现状监测，监测结果表明，拟建项目展布于农村地区，大部分敏感点可以满足《城市区域环境噪声标准》的 1 类标准，声环境质量较好。而对于果园小学 24 小时监测表明，该敏感点的等效连续 A 声级昼夜均满足 3 类标准，不能达到 2 类或 1 类标准，主要是由于该敏感点靠近现有的 G312，受现有交通噪声的影响较大。

5．地表水环境

经过调查，项目跨越的唐河、桐河、白桐干渠段规划为饮用水源二级保护区，执行Ⅲ类水质标准；白河桥位河段为规划的景观用水，执行Ⅵ类水质标准。据监测结果，上述 4 条河流水质良好，所监测的污染物浓度全部满足、部分优于相应的水环境功能区划的要求。

6．环境空气环境

拟建公路位于岗地平原区，沿线农村地区地势开阔，无重大空气污染源，通过监测可知，沿线 NO_2 日均值在 0.033～0.054 mg/m³，TSP 日均值在 0.135～0.236 mg/m³，均满足《环境空气质量标准》（GB 3095—1996）中的二级要求。

（二）环评结论

1．社会环境（略）
2．生态环境

（1）永久占地影响：通过典型乡镇影响分析知，项目占地一般不会改变所经区域的农业生产结构，但降低了种植业经济水平，通过调查，沿线乡镇的未利用土地较多，可通过调整、开发等缓解占地对农业的影响。

（2）从项目平均路基高度、分离式立交、桥梁等的设置、基本农田占用的比例看，项目永久占地有一定的合理性，但个别超高路段的存在、服务区、停车区、互通立交占地面积与其他同类工程相比比例较大，对上述不合理现象应采取改进措施。

（3）项目临时占地 6 941 亩，其中取土对生态的影响主要是破坏原有地表植被，导致土壤肥力降低，或者不合理的取土深度导致农田内涝等，从而减少了区域耕地数量；而施工场地等临时占地部分通过利用公路永久占地范围，减少了占地面积，并且由于施工场地分布分散，只要采取合理的恢复措施，则对生态影响不大。

（4）项目共设置了 68 个取土场，数量较多，但分布较散，将影响分散化；前面大半路段的土方来源为沿线岗地取土，根据周围地势取平后有利于取土后的复耕；部分采用较远运距的低产田、大坡度岗地等，都显示了取土占地比较合理；但是对 K151+000～K173+900 的冲积平原区，采用分散取土的方式有待改进，而且对取土深度必须严格控制，建议充分利用南阳火电厂的粉煤灰。或者在较远处的岗地取土远运利用。

（5）拟建项目占地造成植被的损失，沿线乡镇植被覆盖率降低 0.151%～1.556%。通过对公路用地范围内约 104.6 万 m^2 的绿化，可弥补 17.1%的植被覆盖率损失，且有约 20%的生物量可以得到补偿。

（6）施工期是水土流失的发生期，这期间路基边坡、取土场和表土堆放场是水土流失的重点防护对象，在高速公路实施工程防护和生物防护措施，以及排水设施完善后，水土流失将得到控制。

3. 声环境

施工期：公路施工期各种施工机械具有高噪声、无规则的特点，对周围环境影响较大，在采取相应的降噪措施和施工管理措施后，其影响较小。

营运期：根据营运期噪声预测计算结果，在营运近期昼间离路中心线两侧 160 m 能满足 2 类标准，夜间在评价范围内不能满足 2 类标准，可见，项目交通噪声对该区域内的声环境影响较大。通过对沿线敏感点噪声的预测结果表明，在营运近期沿线 35 个村庄、果园小学、方庄小学有不同程度的超标（其中果园小学现状已经超标），根据超标情况和敏感点特征，在采取降噪窗、声屏障、降噪土墙或者搬迁等措施后，可以减缓交通噪声的影响。

4. 地表水环境

施工期：主要是施工营地生活污水，可以设置干厕；项目桥梁施工通过合理安排施工时间、加强施工营地的管理等，可大大降低对沿线地表水的影响。项目跨越的唐河、桐河、白桐干渠河段为规划的饮用水源二级保护区，必须采取必要的措施来保护三条河流的水质。

营运期：营运期水环境的影响主要来自三个方面：沿线设施排放的污水、桥面径流以及危险品污染事故的发生。通过分析，桥面径流对水体水质的影响较小；而对沿线设施的生活污水（包括洗车废水、厨房油污水）进行处理后，达标排放，对沿线地表水水质的影响也较小；而危险品污染事故虽是小概率事件，一旦发生，则对水体水质的影响程度和范围不可估量，尤其是对唐河、桐河和白桐干渠三条河流，所以必要的防范和应急措施，是降低危险品污染事故发生的关键。

5. 大气环境

施工期：拟建公路施工期的大气污染物主要是扬尘污染和沥青烟气的污染。扬尘污染主要来自未铺装路面粉尘污染物、运输车辆扬尘、基层拌和站等，沥青烟气污染主要来自沥青搅拌站。经过类比分析，扬尘污染对周围环境的影响较大，但通过采取适当措施，可大大降低污染；而沥青烟气的污染较小。

营运期：根据类比分析，营运中期前汽车尾气对沿线大气环境影响较小，公路两侧的环境空气质量能满足《环境空气质量标准》（GB 3095—1996）中的二级标准；但营运远期随着车流量的增加，影响将逐渐增加，公路沿线一定范围内 NO_2 浓度可能超标。

6．景观环境（略）

7．连接线工程环境

纳入本项目的连接线工程为桐寨铺连接线，为二级公路。连接线工程对环境的影响主要是占地以及运营期交通噪声的影响，但通过类比分析，上述影响较小。连接线工程均由地方政府具体实施，建议建设单位与地方政府签订相关环境保护工作的协议，将上述适用于公路建设的相关环保措施纳入其中，由地方政府在连接线建设过程中加以监督和管理，由承包商进行具体落实。

（三）环保对策措施

1．设计阶段

（1）路线布设时充分考虑了沿线的城镇布局，尽量做到"近城而不进城"的原则。

（2）路线在穿越南阳生态工业园区规划区路段，设置了相应数量和技术标准的立交和通道，适当减缓了园区内的阻隔影响。

（3）路线穿越王集油田路段，根据河南石油勘探局的建议，根据《原油和天然气工程设计防火规范》（GB 50183—93）以及油田的实际生产和运输情况，对线位、通道、管涵等的设置不断优化，有效减小了高速公路建设对油田的影响。

（4）本项目共设置各类通道 184 道，平均间隔约为 480 m，基本能满足拟建项目两侧的通行要求。

（5）拟建项目根据现有河网布局和沟渠的分布情况，共设置桥梁 47 座，涵洞 28 道，基本保证了现有的水利布局。

（6）本项目从工可至初步设计，使平均路基下降为 3.4 m，全线每公里线外取土量比平原微丘区高速公路平均取土量下降 30%～50%。

（7）本项目取土场设置原则是全部复耕，取土前全部收集表土。同时，线外取土中 63.1% 的土方来自沿线岗地集中取土，设计中明确岗地取土深度以取平岗地为目标，变坡耕地为平地。

（8）本项目设计了完善的路域绿化，这些绿化将在一定程度上缓解项目占地带来的植被生物量损失。

2．施工期

（1）建议建设单位考虑在施工期聘请熟悉公路环保的专业人员开展施工期环境管理，或者聘请环保监理人员，执行施工期环境管理计划。

（2）生态环境：根据区域环境特点，本项目生态环境保护措施主要分为防治措施和恢复措施，包括耕地保护和补偿、植被恢复、水土保持措施等，在采取了相应措施后，施工造成的不利影响可以得到一定的缓解、补偿和恢复。

（3）声环境：施工期噪声影响是短期行为，施工管理是防治和缓解噪声影响的主要途径，比如根据敏感区人群作息、学习规律，调整施工时段，合理安排施工便道和场地；如管理不能达到目的，则必须实施临时降噪工程措施。

（4）水环境：公路、桥梁施工时对沿线河流的影响是短期的，主要可通过加强管理来减缓公路建设对水环境的影响，尤其是桥梁建设点和施工营地的管理。由于唐河、桐河、白桐干渠河段属于规划的饮用水源二级保护区，原则上在河流两侧 200 m 内不设施工场地和堆场。

（5）环境空气：为防治和缓解施工期大气污染，应在未铺装路面、粉状建材堆场、施工便道等处采取洒水抑尘等措施；对本项目拟设的 10 个基层拌和站，建议在拌和站选址时尽量按照下面三个原则：

a 选取沿线空旷、周围 200 m 内无敏感点的地点。

b 根据当地主导风向和次主导风向，尽量设置在最近敏感点的东南方向或西北方向。

c 项目立交、服务区、停车区等周围比较空旷，建议充分利用上述永久占地作为拌和站位置。沥青搅拌须采用全封闭搅拌设备，基层拌和采用合格的混凝土搅拌楼，对搅拌操作人员实行劳保防护。

3. 营运期

（1）声环境保护：根据交通噪声预测结果，建议营运近期对 35 个村庄和方庄小学分别采取安装通风降噪窗、设置降噪土墙、设置声屏障、搬迁等降噪措施。并建议对其他 4 个敏感点跟踪监测，一旦出现严重超标，即采取降噪措施；另外，本次评价还给出了路线穿越规划南阳市生态工业园区路段的等声级曲线，各级政府在制定公路沿线的声环境功能区划或居民房重建时，可以参考该等声级曲线。

（2）水污染防治措施：1 个服务区和 2 个停车区的生活污水均采用二级生化处理装置（共计 3 套），厨房含油污水经隔油后与生活污水一并处理，处理后的水质应达到《污水综合排放标准》（GB 8978—1996）中的一级排放标准；洗车废水经隔油沉沙池处理后部分可回用，其余与处理后的生活污水一同排放。在服务区（停车区）范围一侧设置一集水池，与边沟相连，将处理后的生活污水排入该集水池，部分作为服务区（停车区）绿化灌溉用水，部分通过溢流口引入边沟，流入自然水体中。匝道收费站的生活污水采用化粪池处理，上清液鼓励当地农民还田，底泥联系当地环卫部门定期抽运。

（3）生态环境保护：本项目对公路绿化美化中的植物选择和绿化配置提出了建议。

（四）环保投资估算

本项目直接环保投资为 4 408.2 万元，占项目总投资的比例为 1.4%。

（五）环评建议

（1）对穿越南阳市生态工业园区路段（K168～K173），陈官营枢纽互通、翟庄互通和宁西铁路分离式立交的占地过大，建议对上述 3 处的用地进行进一步技术论证，尽量减少此段的用地；建议结合整个南阳生态园区的分区布局，采取高架桥形式，并尽量扩大桥孔间距，可尽量保持园区内工业用地的整体性。

（2）建议初步设计和施工图设计审查中，解决横向通道的排水问题，避免出现积水现象。

（3）本项目路基平均高度为 3.4 m，虽然在河南省目前高速公路中处于比较合理，但建议进一步降低路基，从而减少永久占地和路基土方量。根据咨询设计单位，此方案可行。主要通过对现有多数通道采用主线下穿的方式，能把路基高度降低 0.5 m 左右，一方面公路永久占地可减少 200 多亩[①]，另一方面路基用土量可减少 120 多万 m³，以取土深度 2.5 m 计，可节约取土场面积 700 多亩[①]。可见，通过尽可能采用主线下穿的方法，降低路基高度，则可大大节省公路的占地。

（4）通过降低路基高度，在项目所经起点段的丘陵地区，将产生一定的挖方量，通过本桩利用或者远运利用，可基本实现挖填平衡，大大减少了线外取土量。根据咨询设计单位的意见，以项目 K90～K109 约 19 km 路段，若通过主线下穿降低路基高度，则目前所设的 12 个取土场可全部取消，从而减少了取土占地面积 700 多亩[①]。

（5）与其他高速公路相比，本项目古城停车区、唐河服务区和汉冢停车区设计用地数量较多，分别达到 149.6 亩、264.33 亩、177.6 亩，建议下阶段设计中进一步缩减上述三区的用地数量。

（6）桐寨铺互通和陈官营互通占地数量远远高出同类互通的平均占地数量，建议改进设计，减少占地。

（7）本项目 K151+000～K173+900 处于冲积平原地区，共设计了 23 个取土场，占用耕地 2 205 亩，建议考虑使用南阳鸭河口电厂和蒲山电厂等的粉煤灰，减少取土占地；若粉煤灰用量不够，必须设取土坑取土，则首先应考虑利用前半段岗地地形，在荒岗上取土后进行适量的远运利用；另外取土场取土深度必须严格根据地下水位进行控制，取土后的地面高程必须高于地下水位 1 米以上。

（8）阶段设计中补充临时用地设计，除一些桥梁两侧、分离式立交等的临时占地外，其他临时占地应尽量考虑立交区、服务区、停车区等永久占地，并尽可能进行合并。

（9）建议委托有专业资质的单位开展公路绿化美化设计和景观设计工作。

（10）建议白河、唐河、桐河和白桐干渠大桥防撞栏设计增加防撞系数，同时桥面泄水孔应设计成方便封闭的形式，以便在危险品泄漏于桥面时能及时封闭泄水孔，减少危险品对上述水体的影响。

（11）建议在白河、唐河、桐河、白桐干渠大桥两端设置危险品车辆谨慎驾驶、禁止超车的标志。

（12）建议委托专业单位对服务区和停车区的污水处理设施进行专业设计和施工。

（六）环保总局批复要求（略）

四、工程环境监理工作

（一）环境监理依据

1. 环境保护法律法规：《中华人民共和国大气污染防治法》；《中华人民共和国水污

---

① 1 亩=1/15 hm²。

染防治法》；《中华人民共和国环境噪声污染防治法》；《中华人民共和国固体废物污染环境防治法》；《中华人民共和国水土保持法》；《建设项目环境保护条例》。

2．环境标准：《城市区域环境噪声标准》（GB 3096—93）；《环境空气质量标准》（GB 3095—1996）；《城市区域环境振动标准》（GB 10070—88）；《地表水环境质量标准》（GB 3838—2002）；《污水综合排放标准》（GB 8978—1996）。

3．行政主管部门文件

（1）国家环保总局《关于上海至武威国家重点公路信阳至南阳高速公路泌阳至南阳段工程环境影响报告书审查意见的复函》（环审［2004］341 号文），交通部文件《关于开展交通工程环境监理工作的通知》（交环发［2004］314 号）。

（2）河南省环保局《上海至武威国家重点公路信阳至南阳高速公路泌阳至南阳段审查意见》（豫环监［2004］119 号），《泌阳至南阳高速公路项目环评执行标准的意见》（豫环监函［2004］60 号），《关于对 2000—2004 年省环保局审批建设项目加强管理的通知》（豫环监函［2005］38 号）。

（3）南阳市环保局《关于进一步加强对重点建设项目环境监理的通知》（宛环［2005］97 号），《关于对信阳至南阳高速公路建设项目施工期开展环境监理的意见》（宛环［2005］68 号）。

4．有关工程技术文件（略）

（二）目标责任和义务

总体目标：根据环发［2002］141 号文件精神和国家、省、市环保行政主管部门对本项目建设的要求，本项目施工期环境监理工作作为建设项目环境管理的一个重要环节，旨在把国家有关环保法律法规、环境质量标准、环评报告、环保批复、环保设计等落实到位，把环境污染和生态破坏降到最低限度，实现公路建设与环境保护的协调发展，达到环保"三同时"的要求。这既是工程建设的环保目标，也是环境监理的目的所在。

建设单位：建设单位是工程的建设者和组织者，对工程环境保护承担法律责任。委托具有环境监理资质的单位承担工程环境监理工作；编制招标文件时，要求投标单位在投标书中提出环保实施方案，评标时将环保实施方案和有关承诺作为重要的依据，并将环保方案与主体工程施工一并考核；在施工合同中明确施工单位和工程监理单位的环保责任，工程开工后，建设单位对监理单位和施工单位同时进行考核。

施工单位：标段施工项目部经理对本标段环境保护负责，建立相应机构，具体落实施工合同中环保责任和目标任务，认真执行《工程环境监理细则》具体要求，配合环境监理人员履行正常环境保护责任与义务。

环境监理单位：本着对工程、业主、环保部门负责的态度，对本工程施工期实施全过程环境监理工作。组织本项目环境监理机构和人员，按照环评和环保批复要求，制定相应的《环境监理细则》，建立巡视记录、阶段报告、文件通知、监理例会等环境监理工作制度，工程完成后提交工程环境监理报告，作为主体工程竣工环保验收的必备材料。

（三）工程监理与环境监理相互关系

本项目环境监理与工程监理单位之间是协作互补关系，有利于发挥各自的专业优势。

环境监理是工程监理的延伸与发展，依据环评和环保批复要求，着重从事施工过程中环保监督、指导和服务工作。环境监理与工程监理同样具有社会化、专业化的特点，环境监理是建设项目环境微观管理的重要措施与手段，既涉及工程本身环境管理措施，又涉及环保技术、环保标准和环保法规等，具有其专业性和相对独立性；环境监理与工程监理同样受雇于业主并共同对业主负责，是平等、合作的关系。对同一个工程实施各有侧重的现场工程监理和环境监理，有利于更好地实现工程建设目标和综合效益的发挥。

（四）工作程序与技术文件

有关工程《环境监理大纲》、《环境监理规划》、《环境监理细则》和《环境监理报告》等技术文件以及过程文书资料的编写，依据实际情况确定。《环境监理大纲》是环境监理工作的纲要性文件，一般在《环境监理合同》签订之前编出，主要包括编写依据、监理范围、监理机构和监理人员配置方案、环保目标控制方案、机构组织协调方案以及主要内容、监理目标、监理方式、主要文书、阶段性文件等。《环境监理规划》是对《环境监理大纲》的细化，《环境监理细则》又是对《环境监理规划》的细化，根据工程实际情况，可以顺序编写。结合本工程实际，一开始便注重《环境监理细则》的编写，并依据细则实施环境监理工作。一般工作程序和技术文件编写要点参照图3执行：

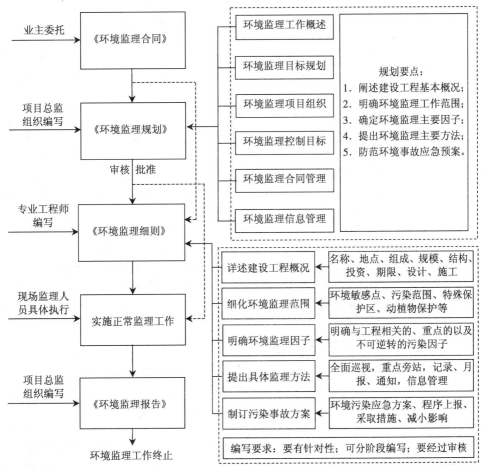

图3　环境监理工作程序与监理文件编写提纲框图

（五）环境监理要点

施工期和环保工程监理要点分别列于表 2 和表 3。

表 2　施工期环保措施监理内容

监理要素	环境监理重点内容
唐河 （K132+747） 桐河 （K137+210） 白桐干渠 （K158+133） 白河 （K176+240）	①建立工程进度报告制度，在整个施工过程中跨越河流采取相应的防护措施； ②桥梁水下作业施工的时间选择在枯水期或平水期； ③采用推荐的环保法围堰法或沉井法进行水下构筑物的施工，并要求其严格按照环评报告书的要求，禁止将水下构筑物施工产生的渣土直接排进水体，应在岸上选择合适的地方进行吹填处理并尽可能进行绿化，严禁随意堆放； ④大桥施工营地远离跨越河流河堤面中心线向陆地纵深 200 m 范围，而且施工营地应设置集中干厕，粪便污水必须经化粪池集中收集处理，鼓励当地农民将上清液还田，或者联系环卫部门抽运清除； ⑤严禁跨越河流两岸河堤面中心线向陆地纵深 200 m 范围内堆放沥青、油类、石灰、水泥等物料； ⑥跨越河流桥梁所用的施工机械经过严格的漏油检查，避免在水上施工时发生油料泄漏污染饮用水体的水质； ⑦承包商做好施工人员的环境教育工作，提倡文明施工，保护水源
施工营地 施工便道	①施工承包商严格执行了标书中的"施工人员环保教育"； ②在施工营地设置干厕，采用化粪池将生活污水（主要是粪便污水）收集处理，上清液鼓励还田，底泥由环卫部门定期抽运；施工营地的污水严禁直接排入地表河流； ③施工营地的生活垃圾是否堆放在固定地点，其堆放点选址是否远离居民区、水体等敏感区，由环卫部门集中处理； ④施工便道设在红线以内，原则上不新征土地，也要尽量少占用社会通道
沿线学校和居民集中区	①施工场地尽量远离学校、集中居民区； ②施工车辆在夜间施工时，要采取减速缓行、禁止鸣笛等措施； ③按照环评要求尽量避免夜间施工，若确实需要在夜间施工时，应严禁打桩等高噪声施工作业
其他共同监理（督）事项	①搅拌站设置位置的合理性，采用集中的厂拌方式，并采用封闭式搅拌，搅拌站距敏感点距离最低不小于 200 m，并设在当地主导风向的下风向一侧； ②施工人员有无砍伐、破坏施工区以外的植被和作物，破坏当地生态的行为； ③对沿线路基边坡防护工程，尤其是植物防护工程进行监督； ④对路线的绿化工程进行监督

表 3　为运营期配套环保工程监理内容

环保项目	要求措施内容		要　　求
敏感区域 噪声防治	主要 措施	环保搬迁	
		居民	施工期监督落实
		学校	施工期监督落实
		工程降噪	
		隔声窗	施工期监督落实
		声屏障	（属于后续或遗留任务，运营单位应实施跟踪监测，并根据监测结果，利用工程预留资金随时采取工程降噪措施
		降噪墙（林）	

环保项目	要求措施内容	要　　求
水污染防治	服务区污水、垃圾处理： 收费站、停车区等生活污水、垃圾处理和处置设施	施工期监督落实
	上跨桥梁排水措施： 主要涉及工程跨河桥梁	施工期监督落实 （通过工程措施，将桥面径流污水经收集后排入公路两侧排水沟，雨水汇集边沟后不得直接排入敏感水体）
	危险品运输事故预防措施： 重点加强跨越河桥的预防措施	施工期监督落实 （对大桥护栏进行加高加厚设计，公路管理部门应配备排险能力，并制定危险品运输事故应急预案）
生态保护及恢复	工程与生物相结合防护措施： 边坡、边沟、取土场、弃土场生态恢复，防水土流失等	施工后期监督落实
	绿色通道工程	施工后期监督落实
绿化工程	互通立交、中央分隔带、服务区等	施工后期监督落实

（六）监理工作方式

结合高速公路施工特点，按照阶段进度实施点、线、面相结合的动态监理。环境监理工作实行总监理工程师负责制，主要发挥项目环境总监和环境监理人员的作用履行环境监理职能，对施工过程生态环保措施落实情况和环保工程进度进行重点检查，对发现的问题及时督促解决，并将有关情况及时向建设单位报告，必要时向环保部门报告，确保各项环保措施的落实，主要工作方式是：

（1）现场巡视、监督指导各标段施工过程环保措施的落实。根据施工的不同阶段决定巡视的频次，一般每月不少于2次。

（2）对污染防治、敏感点防护、生态保护、植被恢复等环保工程措施落实情况实施重点监控，随时发现和解决存在的重点问题。

（3）实施环境监理月报制度，根据实际需要发出环境监理通知、简报或阶段报告，为各级环保部门和建设单位加强施工期环境监督管理提供信息。工程竣工后提交工程环境监理报告，为工程环保验收提供必需的环境监理资料。

（七）工作组织实施

南阳市环境工程评估中心下设建设项目环境监理所。环境监理人员曾经长期从事环境管理和环境工程技术工作，并经省环保局组织环境监理专业培训后持证上岗。按照《环境监理合同》约定的范围对该工程施工期实施环境监理工作。成立本工程环境监理处，配备相应专业人员。要求环境监理人员具有环保专业能力，具有良好的职业道德和认真负责的科学态度。本项目监理人员组成和分工为：

中心负责人：负责项目环境监理整体工作，组织本项目环境监理机构，确定人员分工和岗位职责，协调处理环境监理工作重要事项。

总工程师：负责《环境监理规划》或《环境监理细则》的审定；签发工程环境监理

月报、阶段报告和项目环境监理报告等；指导环境总监理工程师的工作，负责环境监理方面的培训；协调处理施工过程环保方面的重要问题，并向中心负责人提出建议。

环境总监理工程师（项目负责人）：组织专业监理工程师负责编写本工程《环境监理规划》或《环境监理细则》；主持环境监理例会或参与工程监理例会，与各工程监理单位密切协作，监督本工程环保措施的落实；编写工程环境监理月报、阶段报告和项目环境监理报告等；指导环境监理员的工作；审查和处理施工过程环保方面的问题，向总工程师提出建议；接受中心负责人和总工程师的监督管理。

环境监理员（2 人）：设生态保护和污染防治专业各 1 人，各自负责现场环境监理工作，检查施工现场生态环保措施的落实和环保工程进度与资金投入情况；做好检查记录，上报有关监理资料；负责信息采集和统计处理；接受项目负责人的领导和管理。

对项目施工过程中存在的问题，按一般、必要、重大三个层次分别予以处理和解决。对项目有重大变更或久拖不决可能造成较大影响的问题需要报环保部门指令建设单位予以解决。

本工程自 2004 年 9 月到 2006 年 7 月，为本工程环境监理期，主要开展了人员组织、培训以及详细了解项目《设计》、《环评》技术资料和环保部门要求等基础工作，同时环境监理人员按照环保要求对施工现场实施监理。通车试运营后，部分配套工程仍在施工，生态恢复任务尚未完成，缺陷责任期需要监督，现场监理工作仍在继续。到 2007 年 8 月份现场监理工作基本结束，9 月份开始转为内业为主、外业为辅的工作方式，对资料进行分析整理和归纳总结工作，并着手编写项目环境监理总报告，11 月份环境监理工作基本结束。

通过环境监理工作，对有关资料进行汇总、归纳和总结后提出环境监理总结报告，主要包括：设计和施工阶段环保措施落实情况，施工阶段环保措施、生态恢复、绿化工程落实情况，为运营期配套的环保设施落实情况，以及环保投资、问题分析、监理结论和监理建议等。

五、环保设计目标与措施

（一）总体目标与实施

建设单位依据环境影响评价文件要求，会同工程设计单位，本着经济效益、社会效益与环境效益统一的原则，通过合理设计达到开发利用环境和改善提高公路环境质量的目的，把对沿线自然环境和社会环境所带来的不利影响降到最低限度。在建设目标上，按照交通部典型示范工程设计要求，贯彻"安全、舒适、环保、和谐"的方针，树立"以人为本"和"可持续发展"的理念进行精心设计，努力打造出一条"人文、生态、环保"之路，成为落实科学发展观的一个具体工程的典范。

为此，建设和设计单位对泌南段工程建设在环保设计和施工方面要求较高，并给予必要的保障措施。一是体现业主的意图和意志，发挥专业设计和管理人员的作用，做到设计到位、投入到位和管理到位；二是通过招标选择优良施工单位、配备专业技术人员、采用专业施工设备，重点强化公路绿化和生态恢复工程的施工和管理；三是在施工过程中，通过周密组织、制订详细方案、加强技术攻关和现场管理，使生态理念融入到整个工程的各个建设环节。

（二）工程设计措施（略）

（三）对环保设计总体评价

从本工程环保设计总体目标、设计措施和实施过程来看，通过尽可能保持地形地貌、节省耕地、恢复植被以及大手笔绿化等具体工程行为中体现了尊重自然、保护环境的意识。把沿线自然生态、人文景观、社会要素统筹考虑，人性化、实用化、景观化有机结合，新的设计理念成就了工程形象。在编制招标文件时，将环境影响报告书提出的各项环保措施和环保批复要求列入相应的施工合同条款中约束落实，体现了业主保护环境的意志。

六、施工期环保措施落实情况

（一）环保管理措施

环保管理措施主要体现在建设单位环保责任制和施工组织与管理之中。

1. 业主环保责任制

（1）业主重视。河南省信南高速公路有限公司将环保工作作为重要工作来抓，在思想上给予充分认识和高度重视，建立和完善各项环境保护管理制度，要求全体员工及施工单位参建人员参加环保培训，树立环保意识，保证施工期间环保制度和措施的实施，并把环保与工程质量挂钩，进行不定期检查总结，奖优罚劣。

（2）组织保证。由河南省信南高速公路有限公司董事长、总经理亲自指挥负总责，下设办公室、工程处、协调处分管环境保护工作，实行环保责任制。

①工程处：主要负责监督施工期公路绿化、美化、保护。恢复破坏的自然环境、生态环境，防止水土流失，同时负责施工期弃土场的选择、工地粉尘的控制、保证沿线居民正常通行等环境保护工作。

②协调处：主要负责社会环境的保护即与当地政府做好征地拆迁、补偿、移民安置等工作，协调处理污染纠纷。

③监理代表处：负责指导、监督施工单位在工程建设中做好环保工作。

④营运单位：建成通车后由管养单位负责沿线绿化的养护、防护、工程维护等，由路政执法人员负责对行驶车辆进行管理，制定各种措施防止尾气超标车上路和监督控制危险品运输车辆运行，同时限制超速车辆产生的噪声。

各部门在环保工作上齐抓共管，把政策、制度、措施落到实处，为该段高速公路施工期环保工作的落实提供了坚强的保证。

2. 施工组织与管理

建设单位在抓施工质量、施工进度、投资控制的同时，也加强了环保工作的组织领导。由总经理负责，工程处、办公室、协调处等部门配合。在招标选择专业施工单位、施工期间管理等环节，全面落实环保责任制，按协议逐项分解逐级落实，建立相应的规章制度，加强检查和考核。具体工作中严格程序，分级负责，有章可循，把环保工程措施落到了实处。环保施工管理主要采取了以下措施：

（1）制定环保规范。建设单位在施工单位进场后开工前，按照环保法规，结合当地施工现场情况，制定相应的规章制度，以正式文件的形式下发到各施工单位项目经理部，明确施工中的环保要求：

①各施工单位施工废水、生活区污水、垃圾不得排入农田、耕地、饮用水源、灌渠和水库，集中统一处理。

②施工区域、沙石料场在施工期间和完工后，都要进行妥善管理和后期恢复植被，减轻对生态环境的影响。

③施工单位在河道上修建便道时，不得影响河流正常功能，施工完毕后及时清理疏竣河道，防止对河道造成阻塞。

④加强对沿线植被的保护工作，各种临时设施和机械设备要避免破坏现存植被、树林。

⑤填筑路基所用的土沙及粉料，在运输中用苫布遮盖，尤其是石灰矿粉运输要求洒水、装实、苫好，控制运输速度，减少粉尘污染。

⑥施工过程中，建管处要求各施工单位噪声较大的机械要在距离村子较远的位置或限时施工，不允许在居民休息时施工。

（2）建立管理体系。总监理工程师为其代表处所辖各驻地办环保第一责任人，各驻地办也相应设立了专职环保工程师，负责各驻地办辖区内环保工作的实施。施工合同段经理为环保第一责任人。在施工前，要求承包人在编制施工组织设计时，包含施工环保技术措施和组织措施，尤其对容易引起环境污染的工程要提出切合实际的施工方法及技术措施。在施工过程中，责任人督促承包商把以下工作作为重点来抓：

①科学安排施工，充分利用旱季施工，避免雨季施工带来的水土流失。

②路堤填筑前，应先挖设排水沟，并在必要路段加高筑固，防止施工时泥沙流失，并预设临时涵洞等过水设施。尽早进行沟渠的疏通，防止有暴雨时影响当地的排洪。

③填方段集中取土场（荒丘、河砂）选在远离高速公路路基 100 m 以外，对高出原地面的部分进行防护和绿化，防止水土流失。挖方段弃土选择合适低洼部位造田。

④互通式立交、服务区范围不允许有任何取土和弃土，保护原貌和原有植被。

⑤在桥梁桩基施工中对泥浆和废油排放进行控制，设置泥浆池和排水系统，防止造成泥浆外溢；另外定期检修机械，防止机油、废油溢流。人工挖孔桩必须将挖出的基土及时运出施工现场，严禁弃在河道。桥梁的预制场必须有良好的排水系统，避免排水不畅影响路基质量，控制施工用水漫溢造成污染。施工完毕后，临时用地的预制场地必须平整绿化，恢复至工前自然状态。

⑥施工人员集中居住点生活污水、粪便池定期清运。严禁将废油、垃圾等倒入水体或河、渠附近。施工临时房屋等生活设施和拌和场、堆料场，工程竣工后予以清理，恢复至工前自然状态，并种植草皮或苗木。

⑦爆破炸飞的乱石，侵占农田时，及时清理。

为保证各施工单位的有效执行，信南公司每季度按环保要求的内容对各单位的执行情况进行检查。对未能达到环保要求的除必须纠正外，还要进行处罚，对执行良好的单位进行表扬，同时给予奖励，以补偿施工单位在环保方面的投资，确保了施工单位环保措施的落实。

（3）采取合理的工程环保措施。根据具体情况及时补充原设计中的不足，将原设计中对原有自然环境破坏较大的工程进行合理变更，最大程度保护原有的生态环境。

（4）加强文物保护工作。信南公司在施工前就把河南省文物考古研究所《关于信南高速公路文物分布点控制范围的函》转发到下面的监理代表处和施工单位，要求施工单位在施工过程中，做好标记，有序作业，发现情况立即采取措施予以保护，并迅速报告文物部门和项目公司，防止因野蛮作业和处置不当造成文物破坏。

3．管理落实情况评价

本项目《环评报告》审批后，建设和设计单位加强了工程环保设计和管理工作，在筹备期、准备期、施工期和运营期的环境保护方面，建设单位都建立了环境管理制度，落实了环保责任制，并在机构、人员、资金上予以保证；根据批复调整的环保措施重新核定环保投资概算，同步开展环境保护设计，在两阶段设计和招投标时，将环保措施纳入招标和施工合同与工程监理中；能够定期向公路主管和地方环保部门报告开工前后各阶段环境保护工作执行情况。

（二）施工期污染防治

建设单位对高速公路施工期污染防治比较重视，在很大程度上控制和减缓了施工对环境的不利影响，使路域范围内的社会和生态环境得到了有效保护，以较低的资源与环境代价带来较高的公路经济效益、社会效益和环境效益，实现了公路建设可持续发展的基本要求。

工程施工临时设施的选址和建设在"节约土地、合理布局"的前提下，基本达到了既不影响居民生活环境，又能便利施工的要求，污染控制措施基本到位，施工期内没有发生污染事故和大的污染纠纷。施工期污染防治控制措施分述如下。

1．噪声与振动

（1）防治措施

①施工机械和运输车辆噪声。施工单位选用的机具和车辆基本符合国家有关标准，采用低噪声机械和工艺，并加强机具和车辆的维护保养。

②施工单位合理安排作业人员轮流操作较强噪声的施工机械，减少接触时间，或穿插安排高噪和低噪作业，保护施工人员健康。

③针对筑路机械施工噪声具有突发、无规则、不连续、高强度等特点，采取合理安排施工工序等措施加以缓解。噪声较大的作业基本做到了在 06:00～22:00 施工，离居民区 150 m 以内的施工现场，施工机具在 22:00～次日 06:00 停止施工。

④建设单位责成施工单位在施工现场张贴通告和投诉电话，建设单位在接到群众噪声扰民报案后及时与当地环保部门取得联系，以便及时处理。

（2）防治措施效果分析

全线 37 处敏感点除去 9 处环保搬迁外还有 28 处，选择其中的 10 处进行 6 次施工噪声、振动的重点监测。施工期主要敏感点噪声与振动监测范围值列于表 4。

表 4　主要敏感点噪声与振动监测范围值　　　　单位：dB

敏感点名称	位置	噪声（6 次范围值）		振动（6 次范围值）	
		昼间	夜间	昼间	夜间
前李庄	K100+350	52.1～73.3	41.7～44.8	45.3～78.5	40.1～44.8
黄棚	K103+550	53.7～66.6	41.9～54	47.5～59.8	42.5～48.3
南杨岗	K125+550	45.9～63.2	38.6～44.2	43.9～60.3	40～42.9
曲庄	K135+400	48.7～71.6	38.8～45.6	45.7～67.2	39.2～45.8
果园小学	K139+350	51.2～63.5	41.8～46.8		
太山庙	K145+900	47.1～70.9	39.2～58.2	42.7～51.6	39.3～50.8
方庄小学	K152+100	49.4～66.5	40.5～51	46.9～59.7	40.5～48.7
新田庄	K167+850	51.3～65.2	42.7～60.2	49.3～59.3	37.7～54.6
范营	K171+600	59～68.9	52.7～59.9	51～62.5	49.2～59.2
大周庄	K178+450	47.6～63.4	43.1～51.9	43～64.8	41～43.5
敏感点范围值		45.9～73.3	38.6～60.2	42.7～78.5	37.7～59.2

依据河南省环保局对本项目执行环保标准的意见和《城市区域环境噪声标准》（GB 3096—93）的规定，果园和方庄小学执行 2 类区标准（昼 60 dB、夜 50 dB），前李庄、黄棚和太山庙执行 4 类区标准（昼 70 dB、夜 55 dB），其他执行 1 类区标准（昼 55 dB、夜 45 dB）。

对表 4 监测结果进行统计，施工期噪声影响情况是：8 个村庄敏感点昼间 6 次监测范围值在 45.9～73.3 dB 之间，达标率 77%；夜间监测范围值在 38.6～60.2 dB 之间，达标率为 71%。2 个小学昼间 6 次监测范围值在 49.4～66.5 dB 之间，达标率 67%；夜间监测范围值在 40.5～51 dB 之间，达标率为 100%。

据表 4，按照《城市区域环境振动标准》（GB 10070—88）中居民、文教区标准（昼间 70 dB，夜间 67 dB）评价施工期振动影响结果是：9 个敏感点昼间 6 次监测范围值在 42.7～78.5 dB 之间（前李庄 2006 年 7 月昼间超标 1 次），达标率 98.2%；夜间监测范围值在 37.7～59.2 dB 之间，达标率 100%。

总体情况分析：敏感点噪声和振动达标率 67%～100%之间，2 个小学及部分居民受到不同程度的影响。噪声超标的原因既与施工时段限制和昼间社会活动有关，也与控制措施落实不完全到位和赶工期有关，对敏感点区域昼夜间的声环境质量产生一定的影响，但未发生污染纠纷；敏感点振动声级昼夜间基本达标，说明大型机械在敏感点区域施工控制措施基本到位。

2. 大气污染防治

（1）污染控制措施

①工程开挖土方集中堆放，缩小粉尘影响范围，做到及时回填。

②水泥和混凝土运输采用密封罐车，采用敞篷车运输时，用篷布遮盖严实，防止物料抛撒流失造成污染。

③施工道路保持平整，配备施工道路养护、维修和清扫专职人员，每天用洒水车喷洒路基及施工便道，保持道路清洁和路况良好。

④在仓库和临时材料场中的粉状材料规范堆放并采取防风措施。

⑤加强对受粉尘、扬尘、燃油等影响的施工人员的劳动保护措施。

⑥施工期间对固定的燃油机械设备，在敏感点上风向 50 m 范围以内时，安装防尘设备。

⑦路面沥青拌和站废气全部安装除尘器、料场及时洒水防扬尘。

（2）污染物监测与分析

施工期环境空气污染是所有施工工地所存在的共性问题，其影响程度与所采取的防治措施落实是否到位有直接的关系。这里环境空气污染物主要是指总悬浮颗粒物（TSP），即施工粉尘作为大气特征污染物。施工期 TSP 监测情况列于表5。

表5　敏感点 TSP 污染物监测情况　　　　　单位：mg/m³

敏感点名称	2005年10月	2005年12月	2006年3月	2006年5月	2006年7月	2006年9月	日均值达标率/%	年均值
前李庄	0.401	0.328	0.335	0.513	0.353	0.379	0.00	0.385
南杨岗	0.379	0.261	0.327	0.342	0.366	0.366	16.67	0.340
曲庄	0.43	0.312	0.435	0.421	0.351	0.351	0.00	0.383
方庄小学	0.317	0.249	0.284	0.292	0.3144	0.342	50.00	0.299
范营	0.281	0.361	0.496	0.563	0.521	0.554	16.67	0.463
大周庄	0.368	0.366	0.512	0.467	0.399	0.401	0.00	0.419

依据河南省环保局对本工程环保执行标准的意见和《环境空气质量标准》（GB 3095—1996）的规定，农村地区执行二级标准（日均限值 0.30 mg/m³，年均限值 0.20 mg/m³）。

按照表5来评价施工期 TSP 的影响，则 6 个敏感点的日均值达标率在 0%～50%之间，最高值出现在 2006 年 5 月范营点为 0.563 mg/m³，超标 0.87 倍。36 个点次值达标率不到 14%，其中前李庄、曲庄、大周庄达标率为 0%，南杨岗、范营达标率为 16.67%，方庄小学还好一点为 50%。各敏感点年均值全部超出 0.20 mg/m³ 限值，最高值也是出现在范营，为 0.463 mg/m³，超标 1.32 倍。

施工期 TSP 超标的原因是多方面的，但主要是工程施工引起的。地面作业、交通运输以及自然风力等因素都会造成局部区域大气中 TSP 的增加。尽管工程施工引起局部区域短时间 TSP 轻度污染是不可避免的，但达标率很低已充分说明是施工单位污染控制措施落实不到位造成的，同时也说明在施工监督管理环节也存在一定的问题。当地群众对此也有过反映，由于整改和协调工作及时而得到群众的谅解，没有发生大的污染纠纷。

3．水污染防治

（1）防治措施

①沙石料冲洗废水。悬浮物通过沉降池进行沉淀后排放，部分澄清水用于建筑工地洒水防尘，多余排放。

②混凝土养护废水。混凝土养护采用薄膜或塑料溶喷刷在混凝土表面，待溶液挥发后，在混凝土表面结合成一层塑料薄膜，使混凝土表面与空气隔离，与传统洒水养护相比节约了大量用水。

③机械和车辆冲洗废水。施工机械和车辆多数情况下到附近专门清洗点或修理点进行清洗和修理，减少了单独清洗造成的水资源损失和污染。

④施工人员生活污水。施工人员尽量租用有污水排放系统的民房作为宿营地，使生活污水进入当地的排污系统。

⑤桥梁桩基泥浆。把泥浆抽至沉淀池沉淀，不得进入河流。

⑥防物料流失。材料仓库和临时材料堆放，仓库四周设疏水沟系，防止随雨水流失造成污染。

⑦拌和站设置废水沉淀池，废水全部重复利用，拌和料罐车要求每天刷车，刷车废水洒在路基内。

（2）河流水质监测与分析

河流水质特征污染因子监测情况列于表6。

表6　主要河流特征因子监测情况

采样地点	采样时间	取水位置	化学需氧量/（mg/L）	悬浮物/（mg/L）	石油类/（mg/L）
唐河大桥	2005 年 10 月	上游	24.78	26	未检出
		下游	24.81	26	未检出
	2006 年 5 月	上游	25.43	32	未检出
		下游	25.68	36	未检出
	2006 年 9 月	上游	18.92	21	未检出
		下游	18.86	23	未检出
桐河大桥	2005 年 10 月	上游	36.8	33	未检出
		下游	36.6	33	未检出
	2006 年 5 月	上游	39.32	40	未检出
		下游	39.44	41	未检出
	2006 年 9 月	上游	26.2	37	未检出
		下游	26.25	36	未检出

本段高速公路跨越唐河、桐河、白桐干渠、白河等主要河渠。白桐干渠较窄且两侧护堤不易纳入污水；公路跨越白河位置处于南阳市中心城区下游已被污染的水体不易监测出施工的影响。故只对唐河、桐河进行了施工期特征污染因子的监测。

依据河南省环保局对本工程环保执行标准的意见（豫环监函［2004］60 号）和《地表水环境质量标准》（GB 3838—2002）的规定，唐河、桐河执行Ⅲ类标准（化学需氧量≤20 mg/L）。

从表6可以看出，在 2 条河流上下游 4 个断面 6 次监测值共 18 组数据中：化学需氧量除唐河 2006 年 9 月上下游监测值符合Ⅲ类标准外，其他均不符合Ⅲ类水体的要求。从化学需氧量、悬浮物、石油类 3 项特征因子上下游断面 18 组监测值比较来看，几乎没有变化，说明大桥施工过程中没有使下游污染物浓度明显升高，污染防治措施基本落实到位，对河流水质未造成污染影响；至于达不到Ⅲ类水体水质标准的原因是上游水质已经受到轻度污染，与大桥施工没有必然的关系；石油类污染物均未检出，同时在对桥梁施工现场多次巡视中也未发现河道存在污水、油污和垃圾现象。

本段高速施工期没有发生水污染事故和环境纠纷。

4. 固废污染防治

（1）防治措施

①清场物处理：施工场地清出的农作物、杂草，除部分作为肥料外，及时清运，树木采取赔偿或移栽，表层土集中堆存，用作绿化用土。

②施工弃土处理：路基开挖弃土除部分回填外，统一规划处置。对弃土统一填置于洼地（弃土场），然后对洼地进行平整、复耕或绿化。

③施工废料处理：首先考虑废料的回收利用，对钢筋、钢板、木材等下角料分类回收，交废物收购站处理。对路面基层、面层施工采取定点拌和后运送到现场进行摊铺施工，残余废渣采取深挖埋置处理。

④生活垃圾处理：施工人员集中的地方增设垃圾筒，临时垃圾堆放点防止浸出液外流，加强垃圾处理设施的管理。

⑤对自建的施工人员宿舍，配套简易厕所或配备具有粪便回收装置的流动厕所。

（2）防治效果

在施工期间和通车之后，对沿线多次监督巡视来看，固体废弃物清理回收措施基本落实到位，临时占地平整后绝大部分已经得到恢复，少数待恢复，沿线工程施工痕迹逐渐在消失。固体废弃物未对环境造成影响，无污染纠纷。

5. 施工期污染防治投入

施工期环保投入主要用于施工噪声与振动、粉尘、污水和垃圾等污染的防治，10 个土建标段施工期环保投入 509 万元，6 个路面标段施工期环保投入 30 多万元，土建和路面施工期合计用于环保措施的资金有 539 万元。

路基和路面施工期各标段环保措施资金投入情况列于表 7。

表 7　施工期环保费用投入情况

标段号	施工期环保费用/万元	供水与排污设施费用/万元	小计/万元
土建 No.01	83.0	2.1	85.1
土建 No.02	46.5	10.0	56.5
土建 No.03	60.0	4.0	64.0
土建 No.04	40.0	3.0	43.0
土建 No.05	57.0	5.0	62.0
土建 No.06	40.0	6.0	46.0
土建 No.07	50.0	3.0	53.0
土建 No.08	30.0	13.0	43.0
土建 No.09	14.9	5.0	19.9
土建 No.10	34.5	2.0	36.5
6 个路面标	25.0	5.0	30.0
合计	480.9	58.1	539.0

（三）生态保护和恢复措施

建设和设计单位在工程前期，通过对部分路段进行调查，使土石方尽量平衡，在路基填筑时，利用沿线的河沙、沙砾石、坡石资源作为填料，既节约了土地，又疏通了河道，更减少了植被破坏，保护了生态环境。同时，在施工过程中要求各施工单位责任到人，认真做到"五个一"即"慎砍一棵树、慎借一方土、慎弃一方土、慎弃一堆垃圾、慎放一声炮"。工程垃圾弃置到低洼或荒坡处，其上填土覆盖，用以耕种或绿化。

由于各种原因,生态保护和植被恢复方面的分项投资明细表暂无法列出,也无法从绿化投资中分离出来,故这方面的投资含在绿化投资中(全线用于边坡防护的总投入约3 700万元)。

1. 取弃土场设置原则

泌南高速大部分路段多为膨胀土,不能直接用于高速公路路基填筑,需要进行灰土改良。经过技术经济比较,建设单位改用当地丰富的河沙资源和垄岗荒地土作为路基填料,挖方作为弃方。起点至桐寨铺段(K90+000~K150+900)采用沿线垄岗和独立岗地集中取土,取土后平整复垦;桐寨铺至终点路段(K150+900~K180+986)处于南阳盆地平原,取消路两侧取土方案,主要以河沙为主。

泌南段挖填方量比值大体为1∶2.6,以填方为主,借方占填方量的80%。具体数量关系列于平衡表8。

由于挖方主要作为弃方,弃土场的选择显得尤为重要。建设单位在听取当地政府和群众意见基础上,较好地解决了这一问题。主要原则是:

(1)实施集中弃土,要求施工标段不得随意堆放弃土,发现随意堆放弃土的现象除立即纠正外,并处于罚款;

(2)弃土场不得占用良田和经济林,尽量选择低洼地带,堆放平整后与周围地形相一致,采取水保措施,恢复改造成农田。

表8　泌南段挖方与填方量平衡表

序号	起止桩号	挖方/m³	填方/m³			
			总数量	本桩利用	远运利用	借方
1	K90+000~K94+000	38 082.8	378 641.8	22 438.8	19 956.7	336 246.3
2	K94+000~K95+000	22 128.2	17 815.5	4 270.7	13 544.8	0
3	K95+000~K99+000	74 959.4	367 367.4	30 970.8	43 988.6	292 408.0
4	K99+000~K100+000	80 220.7	47 741.6	5 931.9	41 809.7	0
5	K100+000~K103+000	131 941.6	319 201.4	32 342.5	132 078.3	154 780.6
6	K103+000~K104+000	78 668.9	49 858.1	14 839.6	35 018.5	0
7	K104+000~K105+000	31 077.7	67 770.8	5 763.9	57 602.6	4 404.3
8	K105+000~K107+000	115 195.6	1 081 224	10 389.9	97 732.5	0
9	K107+000~K115+000	32 065.4	960 134.9	31 261.1	52 434.7	876 439.1
10	K115+000~K116+000	57 553.3	9 518.1	1 763.3	7 754.8	0
11	K116+000~K149+000	357 525.9	3 084 386	123 208.3	234 317.7	2 726 860.0
12	K1449+000~KI74+000	71 199.9	2 381 290	69 914.7	31 118.7	2 280 257.0
13	K174+000~K180+960	538 914.6	507 795.8	20 083.4	487 712.4	0

2. 取弃土场恢复情况

各土建施工单位遵守建设单位关于取弃土场的设置原则和恢复要求,取消原设计路侧取土场68处,采用集中荒丘河沙取料方案后,保护了约230 hm²的农田,同时也保护了路两侧原有农田地貌和生态功能。挖方弃土填于低洼地作为弃土场所47处,分别与乡村组签订协议，最后经深犁虚耙、平整护坡、设排水沟后交付村民进行耕种，使原来排水不畅的易涝地改造为耕地 580 亩。以上取土和弃土两项在设计理念上的变化保护和改造农田面积 4 000 多亩，在较大程度上弥补了公路建设的占地损失。弃土场基本情况列于表 9。

表 9　弃土场恢复基本情况一览表

序号	桩号位置	距主线距离/m		行政区	征地原貌	数量/亩[①]
		左	右			
1	K92+250	180		泌阳陈庄乡周庄村	丘岭洼地	3.6
2	K92+900	320		泌阳陈庄乡柏树庄村		8.5
3	K93+580		60	泌阳赊湾乡郭庄村		13
4	K93+900		60	泌阳赊湾乡董岗村		19.7
5	K94+332		350	唐河王集乡草场北沟		71.9
6	K95+010		320		耕地	26.1
7	K95+960	430			丘岭洼地	33.2
8	K96+034		290	泌阳赊湾乡刘岗村		6.5
9	K97+000		640		耕地	78
10	K97+200		480		丘岭洼地	21
11	K98+400	130		唐河王集乡李庄村		6.06
12	K98+400		125			4.6
13	K98+680		185			36.61
14	K99+100		770			50.85
15	K100+990		1 130	唐河王集乡黄棚村		24.76
16	K101+300		640			34.66
17	K102+100		580	唐河王集乡李花村		5.33
18	K103+286		640			29.63
19	K105+100	290			耕地	15.43
20	K105+940	840			丘岭洼地	42.63
21	K109+200		4 500	郝马庄村委	山丘	15.93
22	K110+800	3 000		王李棚村委		22.8
23	K107+600		200	马庄寨村委，上、下李庄	耕地	3.45
24	K108+000		300	马庄寨村委		4.5
25	K109+000	600		郝马庄村委		1.37
26	K111+364	300		李湾村		2.52
27	K111+364		200	王李棚村委		5.16
28	K115+500	200		肖棚村王盖自然村		54.69
29	K115+500		250	刘楼村焦庄		43.66
30	K111+900	200		李湾村		37.39
31	K111+900	800		李湾村		5.07
32	K116+035	60		唐河县.毕店乡.肖棚村		36.5
33	K116+250		70	唐河县.毕店乡.西古城村	耕地	12.1
34	K116+700	80	70			95
35	K117+000		70			13
36	K118+000		80			45
37	K118+830		70			9

序号	桩号位置	距主线距离/m		行政区	征地原貌	数量/亩①
		左	右			
38	K119+600	70		唐河县.古城乡.张庄村	耕地	15
39	K120+100		60			16
40	K120+680		80	唐河县.古城乡.古城村		26
41	K121+348	60				12
42	K122+376	60		唐河县.古城乡.许冲村		30
43	K123+831	60	70	唐河县.古城乡.魏庄村		24
44	K124+550	60	60			15
45	K126+575		70	唐河县.古城乡.王会村	荒沟	28
46	K140+350		70	城郊乡果园村	耕地	32
47	K157+450	500		汉冢乡顾庄	拌和站	50
						1 187.2

①1 亩=1/15 hm²。

3．生态恢复技术措施

对易造成水土流失的地方，采取生物和工程相结合的技术措施发挥长期效应。合理设置纵坡和竖曲线，使纵面线顺应地形成渐变或顺滑的纵坡线，避免大填大挖，注重填挖平衡，减少土石方量，节约土地资源，加强工后生态恢复，达到保护耕地和恢复植被的目的。生态保护工作做到了事前策划设计、事中控制减缓和事后恢复监管，确保生态恢复的即效性和长期性。

（1）边坡生态防护。施工阶段不断优化设计方案。沿线的膨胀土或粉沙土，边坡极易被雨水冲刷而产生崩塌。路基边坡高度在 5 m 以下者采用三维网垫植草防护，路基边坡高度在 5 m 以上的采用砼块拱形骨架内设三维网垫植草防护。在挖方边坡上，为达到美化环境和工程防护的目的，对膨胀土路段，进行了先改良土壤后进行客土喷播植花草防护，在风化岩路段先施工砼网格后进行客土喷播花草和小灌木种子并进行防护，定期浇水、施肥、喷药，并采取防寒措施，确保了公路绿化效果的巩固与提高，在保持边坡稳定、防止水土流失上发挥了重要作用。在确保边坡稳定的情况下，边坡的形状做到与周围的景观协调，坡脚、坡顶、坡面相交处等采用圆弧过渡，在自然美感中起到防风雨侵蚀的作用。植被选择耐贫瘠、生长旺盛、根系发达的草本植物、藤本植物、灌木（紫穗槐）、野花合理搭配组合，使春夏秋三季有花，每隔 2 km 左右进行种子配比的变化，增加美观性和观赏性，改善沿线生态环境。泌南高速公路填方、挖方路段边坡植被防护效果图片分别见附件（略）。

（2）暗边沟设计施工。挖方路段排水采用暗边沟，盖板采用 C30 钢纤维混凝土浇筑，槽内回填种植土植草，增加绿地面积，美化环境，抹去工程痕迹，使公路与自然融为一体。泌南高速公路挖方路段两侧暗边沟植草效果图片见附件（略）。

（3）绿色通道。为使居民在高速公路通车后减轻噪声干扰，结合地方政府在隔离栅外每侧种植宽 50 m 的绿色通道，吸附粉尘和尾气污染，衰减噪声。泌南高速公路部分已形成绿色防噪带情况图片见附件（略）。

（4）临时占地复耕。项目部、拌和站、预制场、料场、仓库、施工便道等临时占地，除尽量租用当地民房和现有场所外，对于不得不需要占用的临时占地，各施工单位在施工完工后基本做到及时复耕还田或恢复植被，履行临时占地合同，基本达到地方政府和群众的满意。其中施工便道（约 180 km）需临时占地 1 600 多亩，为尽量保护土地，把便道全部设在道路红线以内，施工后的便道按照设计要求进行排水工程和绿化建设。泌南高速公路施工场地清理平整恢复图片见附件（略）。

七、交通噪声防治措施

（一）防护措施

《环评报告》关于沿线各敏感点基本情况和噪声防治建议措施共计 37 处，红线内实际拆迁 439 户和红线外环保搬迁 15 户，声屏障措施 14 处。（略）

（二）落实情况分析

本工程可研阶段《环评》涉及主要环境敏感点有 37 处，各项噪声防护措施估算资金约需 1 116 万元，其中用于声屏障建设估算 824.6 万元，其他措施估算 291.4 万元。由于工程施工设计阶段因线路、挖填方等情况发生一定变化，环境敏感点噪声防护措施也作了相应的调整。实际批准噪声防护措施资金 488 万元，其中声屏障已建 3 426 m/11 处投入资金 719 万元，红线外环保搬迁居民共 15 户（含学校 1 所）费用 90 万元，两项合计 809万元（超出批准资金 321 万元）。部分未采取防护措施的敏感点有待声环境监测后通过预留资金（300 万元）再决定采取相应的措施（如设置声屏障或安装防噪窗等）。

鉴于公路已投入运营一年，特别是随着上武高速各路段陆续贯通，交通量不断增大，大吨位运输车辆增加及部分车辆超速行驶等因素，公路所带来的噪声问题会越来越突出，使敏感区域的居民由通车初期不敏感而逐渐敏感起来。因此，留有一定的交通噪声防护后备资金是必要的。

已建成声屏障图片见附件。（略）

八、污染防治工程

（一）站区污水处理

（1）处理工艺。本工程设唐河服务区 1 处（两侧），古城和汉冢停车区 2 处（两侧），大河屯、唐河东、桐寨铺、翟庄匝道收费站 4 处，共有 7 处 10 套生活污水处理设施和 10处垃圾收集场所。

建设单位对高速公路运营过程中产生的生活污水、洗车水、生活垃圾、桥梁径流水、危险品运输等水环境污染因素均采取了相应措施，基本落实到位。生活污水采取生物接触氧化法（填料生物膜法）处理。工艺如图 4 所示。

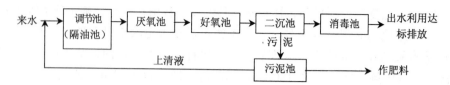

图 4　生活污水处理工艺流程图

（2）处理设备。建设单位按照沿线服务场所的布局情况共设置 10 套污水处理装置，总处理能力为 636 t/d，建设投资 207.6 万元。污水处理设施采用江苏惠友环保设备有限公司生活污水小型生化处理设备，型号为 WSZ 系列，单套处理能力在 24～120 t/d 之间。废水经处理后达到《污水综合排放标准》（GB 8978—1996）二级标准后，作为小范围农用水或作为本场所树木花草用水。

服务场所洗车水处理工艺与生活污水基本相同，不同的是调节池前加有隔油池。

站区地埋式污水处理站图（略）。

（二）站区餐饮油烟处理

服务区、停车站饮食服务部的餐饮业，在烹调过程中的油烟对局部大气环境质量有较大的影响，分别在产生油烟的部位安装了油烟处理设备，设备投资列入房建。油烟设备为双进风离心式排风柜，型号 DFTW-15-202-KW-4，由东莞市林发通风设备有限公司生产。油烟处理设备图（略）。

（三）污染防治综合情况

污水、垃圾等污染综合防治措施落实情况列于表 10。

表 10　污染处理处置措施落实情况汇总表

类别	保护对象与污染因素		《环评》措施与要求		实际落实情况		
	站区	所处位置	面积/人数 亩[①]/人	执行标准	设施 套数	处理/ （t/d）	投资/ 万元
生活污水与洗车污水	大河屯收费站（养护区）	EK0+676	20.4（60）	《污水综合 排放标准》 二级	1	24	16.8
	古城停车区	K120+600	149.6（120）		2	72×2	40.8
	唐河东收费站	K137+500	5.6（30）		1	24	16.8
	唐河服务区	K142+660	264.3（240）		2	120×2	55.2
	桐寨铺收费站	EK0+650	5.6（30）		1	24	16.8
	汉冢停车区	K161+500	177.6（120）		2	72×2	40.8
	翟庄收费站（养护区）	EK0+767	20.6（60）		1	36	20.4
	合计		644（660）		10	636	207.6
桥梁径流水	工程跨越唐河、桐河、白桐干渠、白河，属长江流域。 工程桥梁：特大桥 2 座；大桥 8 座；中桥 87 座。		工程措施： 上跨桥梁排水通过工程措施，将桥面径流污水经收集后排入公路两侧排水沟，雨水汇集边沟后不得直接排入敏感水体 横跨以上河流的桥梁排水均采用双面坡排水至桥头护坡处，在桥头左右侧处设置泄水槽，由泄水槽将水排至路基边沟再汇入当地自然排水系统		—		

类别	保护对象与污染因素		《环评》措施与要求		实际落实情况		
	站区	所处位置	面积/人数 亩①/人	执行标准	设施 套数	处理/ （t/d）	投资/ 万元
危险品 运输	在公路运营期，危险品运输车辆出现翻车肇事事故时可能发生危险品泄漏、燃烧、爆炸、中毒等非常事件，尤其对敏感区域和水体存在潜在影响		对大桥护栏进行加高加厚设计，公路管理部门应配备排险能力，并制定危险品运输事故应急预案 工程措施、预案制定： 按照高速公路设计规范要求，每公里路基两侧设置紧急太阳能电话对讲系统，全天候监控，出现问题，定位准确，一旦信号传至监控中心，监控中心可以立即安排救援车辆和人员将危险品可能发生燃烧、爆炸、污染、中毒等事故在第一时间控制或降低到最小程度，同时在"4改6"基础上，对大桥桥侧护栏进行加厚、加高处理。路政部门制定有路政大队突发事件预案				—
生活 垃圾	各区站按常驻 700 人，流动 300 人，按 1 kg/人·d，生活垃圾量 1 000 kg/d		各站区设垃圾箱，由站区与当地环卫部门签订协议，统一收集外运至城市垃圾处理场处理。与环卫部门签订的协议见《信南高速站区垃圾清运协议书》				—

① 1 亩=1/15hm²。

九、公路绿化工程

（一）绿化设计指导思想

泌南段高速处于信泌高速和宛坪高速的中间连接段，三段高速全部贯通后形成从信阳到豫陕省界 350 km 长的河南省重要路段。从三段高速所处自然生态环境来看，信泌和宛坪高速分别位于大别山和伏牛山南麓区域，生态系统良好，路域景观美好，而泌南段高速则是延伸于南阳盆地，生态系统和路域景观一般。

为不使本段高速在行车过程中因自然环境条件的不同而形成较大的视觉反差，一方面需要通过工程措施构建景观使公路披上绿装；另一方面也可以最大限度地弥补和改善因公路建设对自然植被造成的损失。绿化美化工程融入整个工程的建设环节，与主线、互通、站区以及排水、防护等工程有机融合在一起，来满足人们对美学的感知需求。

绿化应采用多元化、多层次的方案，使人工景观与自然景观、人工植被与周边植物群落相协调，把永久性路面这道植被"伤疤"尽可能得以弥补。植物品种以沿途常见的自然植被群落为主，将乡土植物充分加以利用，适当引进外来品种，按照不同植物生态习性和季节变化呈现出不同的绿化景观，达到三季有花、四季有绿的效果。

（二）绿化设计原则

（1）交通安全原则。为确保行车安全，以视线引导绿化种植，即通过绿地预告道路线形的变化，引导驾驶人员的操作，提高快速交通下的安全性。另外在禁植区避免种植妨碍视线的乔、灌木，以免影响行车安全。

（2）景观舒适原则。树立大绿化、大环境思想，将绿化景观和沿途两侧风光相结合，注意整体性、节奏感和韵律感；选用乔灌木及地被植物时，考虑降噪、防尘、减低风速、净化空气等功能，使公路集绿化、美化、净化于一体；注重植物习性、花期、花色以及树形的合理搭配，通过精心设计，创造时代感、风土人情和艺术的路域景观。

（3）生态适应原则。选用的植物应具有最佳的适应性，具有抗逆性、生长发育正常、病虫害少以及易繁殖、好管理的特点；选用的植物应该具有较强的水土保持能力，生物防护性能好；遵循适地适树原则，优先选择乡土树种，体现地方特色；合理控制密度，注重近远期效果。

（4）经济适用原则。选用植物时，尽量选用适应性强、无须特殊管理和价格低廉的植物种类，降低造价和后期管理费用；在互通立交桥的匝道里，大面积种植小苗密林，视其生长情况，逐渐移除；移除的苗木可做他用，既满足经济需求，又不影响绿地景观效果。

（5）基本保障原则。影响植物成活的最基本条件首先是水分，及时人工浇水养护是关键。在具体实施中，在中央分隔带及边坡地段创新设置自流渗灌系统，确保了植物绿化成活率，其次是正常的管理维护。

（三）植物种类选择

鉴于本段高速边坡土质变化多样、气候跨度大和后期养护水平低等路域环境的特殊性，必须考虑公路本身自然植被及潜在演替植被的关系，以人工方法加速其演替，使绿化后的植物群落与相邻地域植被保持一致，达到低养护管理水平下能够长久保持、美化环境的目的。不同部位的选择如下：

（1）中央分隔带绿化树种。为满足防眩要求，在中央分隔带选用高度在 1.5～1.8 m 的常绿树种，在个别路面起伏地段中间穿插一些花灌木，起到预防驾驶人员产生视觉疲劳的效果。主要树种为：蜀桧、大叶黄杨、紫叶李、百日红等。

（2）公路两侧绿化树种。因填挖方而造成的视线不同，选用不同高度的树种；单一树种会造成难以控制的病虫害；护坡道和碎落台上的植物选用根系浅的灌木类树种，保证路基的安全性和稳定性。主要树种为：速生杨、水杉、栾树、重阳木、大叶女贞、夹竹桃、木槿、迎春等。

（3）边坡绿化植物。边坡种植植物的目的是稳定路基，减少水土流失，恢复已破坏的生态系统，所选植物应该具有良好的护土固坡能力，同时兼具景观性和经济性，采取草灌套种的方式。主要树种为：紫穗槐、胡枝子、扶芳藤、高羊茅、狗牙根等。

（4）站区及互通立交区绿化树种。绿化树种因地制宜，根据所处地形、地貌及地理条件的不同选择生长良好的树种，乔、灌、地被类植物和常绿、落叶树种搭配。在不影响行车视距和安全的情况下，选用能反映当地特点的树种，形成能够自我循环的生态系统。主要树种为：火炬松、麻栎、雪松、湿地松、枫香、广玉兰、香樟、枇杷、桂花、法青、碧桃、樱花、杜鹃、小叶女贞、丰花月季等。

（四）绿化工程实施

1. 互通立交绿化

（1）大河屯互通立交。互通立交区内收费站所在的匝道区东部地势较低，易积水。

在地形基础上，设计了一处大的景观水面，周边种植乌桕、水杉、木槿等植物；用开挖蒸发池的土方塑造微地形，其上种植怕涝的植物紫叶李。出于安全行车的考虑，汇车点处不种植高大乔木，以密植灌木为主；分车点所在边角部位依据路基高度变化，选择乔木、开花灌木，营造多姿多彩的景观特色。

（2）唐河西互通式立交。互通式立交位于唐河县城郊乡，占地面积 359.7 亩，土壤以冲积砂为主，表层亚黏土，下部为中细沙，含淤泥质。处于亚热带向暖温带过渡地带，属典型季风大陆性气候，四季分明，阳光充足，雨量充沛。该立交处于填方区域，高差平均 4 m 左右，过往司乘人员观景视线为俯视，故片林式的栽植大乔木；地势低处种植耐水的湿地松和乌桕，地势平坦处设计自然起伏的地形以丰富路域景观；将收费站与匝道区内景观互相融合，互为背景，形成一个整体；在靠近路线的边缘种植花灌木，在司乘人员的视觉焦点上形成优美景观。

（3）桐寨铺互通式立交。互通式立交位于南阳市唐河县桐寨铺乡，占地 361.67 亩。该立交区的公路主线从挖方路基逐渐转入填方路基，所选用的植物依据人们的观景视野的变化而有所不同。植物栽植注意疏密有致，高低错落，尽力使其能恢复自然状态；就地调整土方，将地形予以整理，以顺畅的走向进行地形塑造，依地势的不同种植高低不同的植物；另外在场地中还预留了一条道路，供当地人使用；在挖方的边坡上种植红端木、木槿、迎春，形成山花烂漫的景象；主线南侧的匝道区在地势低的地方开挖了宽浅的蒸发池，把两个匝道区连接起来，形成了一个整体，既满足排水需求，又形成别致的景观。

（4）陈官营枢纽互通立交。互通立交位于南阳市宛城区汉冢乡，占地面积 1 019.59 亩。本立交区重点绿化区域依据地形挖湖推山，在观景的最佳位置留出透镜线，使司乘人员透过层层植被看到湖边的湿地风光，也为附近生活的白鹭营造其生活繁衍的栖息地，白鹭出现时为该枢纽立交的景观亮点；其余大部分区域片林式的栽植适应性强的松栎类树种，为过往的司乘人员营造一个绿色、自然的行车环境；该枢纽立交的周边分布有较多的桃园和水塘，景色优美，可作为本立交区景观的借景；匝道区内植物搭配注意错落有致，使植物花期、花色交错，随四季变化景致也有所不同。

（5）翟庄互通式立交。互通式立交位于南阳市宛城区汉冢乡境内，占地面积 404.5 亩。随匝道路基高度抬升或下降，选用树种的树高和树形也富于变化，达到在人们观景时"位移景移"的效果；注重植物层次的变化，采用立体式种植形式，高低有序，层次多变；部分地势较低的地方设置了蒸发池，周边种植适宜水环境的植物如水杉等。

泌南高速公路河流特大桥桥梁、天桥、互通立交桥与环境效果图片分别见附件一中的 T11～T12、T21～T28 和 T31～T37（略）。

2. 中央绿化带

全线综合考虑以线为主，点、线、面相结合的绿化设计。中央分隔带以唐河收费站为界，以东是带状绿地，以西是仿生带，主要目的是防眩，保证行车安全。中分带以规则或节点种植加以色彩上的变化来丰富绿化效果，按照车灯位置及扩散角度，合理设计植物的高度和间距，选用河南松、黄杨、木樱、百日红等低维护性的植物，通过植物品种、色彩、层次、形体及连续与间断的变化构造出植物景观，表现运动中平面和主体的美感，给司乘人员以新鲜感知情趣，有效缓解不良反应，达到调节视觉与缓解精神疲劳的目的。

3. 站区范围绿化

古城停车区（K120+600），占地57.2亩，建筑面积1781 m²；唐河服务区（K142+450），占地197.5亩，建筑面积6383 m²；汉冢停车区（K161+500），占地60.89亩，建筑面积1515 m²，站区占地面积除了建筑物、道路和必要的场地之外，尚有较大的绿化空间。站区绿化以自然式为主，规式为辅的原则，突出整体效果，形成大乔木、小乔木、灌木、地被花草等多样性、多层次的生态面域，按照三季有花、四季常青的要求予以设计和施工。

（五）绿化总量与投资

本工程中心隔离带、公路两侧以及站、区等区域的绿化由9个公司按合同承包，由郑州市绿都园林工程监理有限公司实施绿化工程监理。

（1）主线、停车区、服务区（A项）：绿化工程植物工程量明细、总量汇总见表11、表12。

表11　A项绿化工程量明细表（地被和植草）

序号	种类名称	单位	数量	单价/元	金额/元
1	葱兰	m²	50 370	32.79	1 651 632
2	鸢尾	m²	3 759	34.87	131 076
3	红花酢浆草	m²	28 997	33.83	980 969
4	麦冬	m²	26 605	30.71	817 040
5	午夜	m²	1 750	51.36	89 880
6	占祥草	m²	660	38.03	25 100
7	野花组合	m²	38 000	14.63	555 940
8	白三叶	m²	24 807	14.63	362 926
9	草坪	m²	23 724	13.49	320 037
	小计		198 672		4 934 600

表12　A项绿化工程量汇总表

序号	种类名称	单位	数量	金额/元
1	乔木	株	16 748	6 954 335
2	灌木	株	159 946	14 595 371
3	小灌木	m²	29 168.3	3 269 884
4	地被和植草	m²	198 672	4 934 600
5	购填土方	m³	28 660	940 335
	合计			30 694 525

（2）互通区、边坡绿化（B项）：B项绿化工程投资总量见表13。

表 13　B 项绿化工程投资汇总表

序号	名称	绿化投资/元
1	大河屯互通区	1 266 594
2	唐河西互通区	1 459 037
3	桐寨铺互通区	2 173 787
4	陈官营互通区	10 100 712
5	翟庄互通区	1 726 310
6	全线边坡绿化	37 000 000
	合计	53 726 440

（3）绿化工程总体评价。A 项绿化工程投资 3 069.452 5 万元，B 项绿化工程投资 5 372.644 万元，合计共投入绿化资金 8 442.096 5 万元，平均每公里绿化投入 87.94 万元，在高速公路绿化投资中处于较高水平。绿化工程总面积达到 688.939 万 m^2，其中边坡绿化三维网垫 92 万 m^2。防治水土流失实施边坡稳定各类防护工程 38.6 万 m^2。通过绿化很大程度上补偿了因公路建设造成的生物量损失，而且这种补偿也相应带来了沿途景观和生态环境的改善，公路与绿化的有机融合已成为一道靓丽的风景线。

公路绿化所带来的效果已初步显现，但要完全发挥出绿化投资效益和呈现出最佳的景观效果，还需一段时间。特别是已植乔灌木植物还比较小，已植地被花草植物覆盖区域生长不平衡造成局部植被"伤疤"还依然存在，所以还有精心养护和补栽植物等很多工作要做。

十、环境保护投资

（一）工程量与投资变化情况

项目可研、环评、初设阶段的工程量、总投资、环保投资与实际建成情况一般会有变化，甚至有较大的变化。如本工程主线"四改六"以及唐河以西"六改八"（双向准八车道）就是较大的变化。主要指标变化情况列于表 14。

表 14　项目环评、设计与实际落实情况对照表

序号	主项	分项	单位	《环评》与《初设》工程量	实际情况工程量	变化说明
1	工程占地	路线里程	km	90.986	91.086	
		永久占地	亩[①]	12 541	10 285	
		临时占地（取土场）	亩[①]	6 941（5 346）	1 217.2	取弃土方案改变
2	路基工程	挖方量	万 m^3/km	163	429	
		填方量	万 m^3/km	830	1 130	
		平均 km 方	万 m^3/km	10.91	17.11	
3	桥涵工程	特大桥	座	2	2	
		大桥	座	7	8	
		中桥	座	61	87	
		小桥	座	76	57	
		涵洞	道	90	110	

序号	主项	分项	单位	《环评》与《初设》工程量	实际情况工程量	变化说明
4	互通交叉工程	互通式立交	座	5	4	
		与铁路立交	座	1	1	
		分离式立交	座	33	10	
		天桥	座	22	29	
		通道	道	82	67	
5	路面工程	沥青砼	万 m²	324	1 271	
		水泥砼	万 m²	324	0.4	
6	房建工程	唐河服务区	处	1	1	
		古城、汉冢停车区	处	2	2	
		匝道收费站	处	4	4	
7	绿化工程	绿化带长度/宽度	km/m	91/3	47/2	四改六
		主线、区域绿化	万 m²		597	
		边坡绿化	万 m²		92	
		绿色通道两侧各 5 m	km/万 m²	91/91	91/91	
8	总投资	工程总投资	亿元	31.5	34.7	
		环保投资	万元	4 408.2	10 372	

① 1 亩=1/15 hm²。

（二）环保投资与分析

按照《环评报告》关于环保投资项目的口径，直接用于噪声防治、水污染防治、生态保护及恢复，以及环境管理、环境监测（不含运营期）、环保竣工验收等项费用和永久占地区内的绿化投资（包括中心隔离带、边坡、收费站、服务区等）等属于环保投资。本工程环保实际投资分项落实情况列于表 15。

表 15　工程环保实际投资落实情况汇总表

序号	环保项目	措施内容	实际落实情况		
			数量	金额/万元	说明
1	施工期污染防治	土建标污染防治，给水	10 个	509	
		路面标供水与排污设施	6 个	30	
2	噪声防治	隔声窗（未设）	23 处		预留 80 万元
		环保搬迁居民	15 户	90	
		搬迁学校	1 所	30	
		已建声屏障	11 处	719	
		未建声屏障	3 处	0	预留 300 万元
3	水污染防治	服务区污水处理	2 套		
		停车区污水处理	4 套	207	
		收费站小型污水处理	4 套		
4	油烟处理	站区餐饮油烟处理设施	6 套		列入房建投资
5	生态恢复	临时占地恢复与整治	全线	135	

序号	环保项目	措施内容	实际落实情况		
			数量	金额/万元	说明
6	永久占地绿化	主线、停车区、服务区	乔灌木 176 694 株，地被花草 227 840 m²	3 069	
		互通区绿化	5 个	1 673	
		边坡绿化	全线	3 700	
7	环境管理	环境管理、人员培训等		90	
8	环境监理	全程环境监理	3 年	30	
9	环境监测	施工期监测实施	3 年	45	
10	环保验收	竣工验收报告		45	
	合计			10 372	

　　本工程实际投资与《环评报告》投资比较，《环评报告》工程总投资 31.5 亿元，估算环保投资 4 408 万元，环保投资占总投资的 1.39%；实际工程总概算 34.7 亿元，环保投资 10 372 万元（不含预留资金和运营期环保费用），环保投资占工程总概算的 2.99%，比环评阶段高出 1.6 个百分点。在实际环保投资构成中，用于永久占地绿化 8 442 万元，占环保总投资的 81.39%；用于污染防治以及生态恢复投资 1 720 万元，占环保总投资的 16.58%；其他 210 万元，占环保总投资的 2.02%。平均用于每公里环保投资约 113.87 万元。

十一、环境监理意见与结论

（一）基本意见

　　（1）本高速公路主要特点。泌南段高速（91.086 km）占信南高速全长 182.9 km 的 50%，信泌高速还通过桐柏 24 km，故在南阳市辖区路段 115.086 km，接近信南高速全长的 63%。泌南段高速在建设中坚持安全、生态、环保的筑路理念，按照河南省示范高速公路标准进行建设，主要特点体现在：

　　①安全。唐河以东路段实施"四改六"，唐河以西路段实施"六改八"，拓宽了行车空间；唐河以东采用间或绿化隔离带，以西为新泽西防撞护栏。宽阔的空间和富有变化感的隔离带，起到了消除视觉疲劳的作用，增强了安全保障。

　　②科技。全线采用钢纤维混凝土技术、沥青玛蹄脂碎石技术、旋转剪切压实试验新方法，以及填沙路基沙砾石包边新技术。较高的技术含量提高了道路质量，有利于车辆运行平稳起到减小行车噪声的作用。

　　③生态。公路施工爱护沿线一草一木；采用边坡生态防护技术，既防治了水土流失，又提高了景观效果；绿化工程设计、施工和投入到位，生态补偿到位，绿色已成为公路靓丽的风景线。

　　④文化。沿线天桥、服务区、收费站构筑物设计融入当地历史人文元素，彰显文化内涵。南阳段统一采用仿汉代建筑，行车途中给人一种汉文化气息扑面而来的感觉。

　　⑤精品。泌南高速是蜿蜒于南阳盆地的绿色长廊，其中白河特大桥可称为一座精品

工程，它是采用无支架挂篮施工技术建成的河南省规模最大的连续箱形梁桥，既减少了施工对自然河道和水质的影响，也为南阳市增添了一大景观。

（2）本工程环境监理意见。作为一条示范性高速公路，除了其基本功能和内在质量外，应集中体现在资源节约和环境和谐方面，重点表现在对生态环境的保护与改善和对环境影响要素的防治与控制上。通过环境监理工作，我们认为本工程在建设过程中有以下几方面应当给予肯定：

①环保设计落实。本工程前期工作履行了环境影响评价审批制度，并按照环评和批复的要求，在合理选线、节约土地、搬迁补偿、水土保持、植被恢复、污染防治、绿化工程等方面分别列入主体工程设计和招投标内容与投资概算，符合建设项目环境保护与主体工程同时设计的规定，设计内容和投资概算基本满足环保要求，为施工期环境保护和生态建设奠定了基础，也为创建河南省示范高速公路创造了条件。

②保护土地资源。本工程主线通过优化已最大限度减少了永久和临时占地，并配合当地政府进行了征地补偿、拆迁安置以及土地调整工作；特别是取消两侧取土方案后，采用荒丘与河沙作为路基填料，相对原方案直接保护耕地 3 500 亩[①]左右，也保护了农田生态环境；把挖方用来填平洼地，改造出 580 亩[①]农田；施工便道设在红线内，节约临时占地 1 600 多亩[①]，也相应减轻了对社会交通的压力；部分取消原设置在南阳市生态工业园区路段互通立交和分离立交的方案，主要采取高架桥形式通过，基本达到了少占南阳市生态工业园区土地的要求。

③强调文明施工。在环保方面，建设单位及工程监理单位通过对施工单位的合同约束、监督检查和经济手段体现了业主文明施工的意志；各施工单位具有多项高速公路施工的经验，不少单位通过 ISO 14000 认证，内设环保机构和管理制度比较规范。因此，施工期各敏感点区域的噪声、振动、粉尘、污水、垃圾等得到有效控制和妥善处置，桥梁施工没有对自然河道和水源水质造成不利影响，未发生环境事故和大的污染纠纷，总体上体现了环境友好、以人为本的建设理念。

④注重生态保护。通过在施工期"慎砍一棵树、慎借一方土、慎弃一方土、慎弃一堆垃圾、慎放一声炮"措施，规范了施工行为；通过对临时占地及时恢复、边坡植被与绿化工程等措施，把对生态环境的负面影响给予了最大限度地补偿、减缓和改善，通车后全线环境面貌相对施工前环境现状有明显改观。在建设过程中，一方面做到了"最小的破坏就是最大的保护"，另一方面又对最小的破坏实行最大限度的生态补偿，是公路建设落实科学发展观的具体体现。

⑤配套环保设施。为运营期配套的站区污水处理设施、垃圾收集设施与最终处置措施比较完善；沿线已设置的敏感点噪声防护措施经过完善后基本能满足现阶段要求，部分敏感点采取预留资金跟踪监测后再确定相应的防护措施（声屏障、隔声窗等）也是可行的。环保设施建设总体上符合与主体工程同时设计、同时施工、同时投入使用的环保"三同时"法律规定。

⑥着力打造绿化。绿化是扮靓高速公路最有效的手段，因此也付出了较大的建设投入。主线、互通、站区绿化工程已初步显现出生态景观效果，互通立交区和站区绿化各

---

① 1 亩=1/15 hm²。

具特点和亮点。到各种植物稳定安家旺盛生长时绿化投资效益会更充分地发挥出来。这种不惜代价力求与大地环境相融合构建高速公路区域生态景观的工程实践是值得推广的。

⑦环保投资到位。在建设工程中未因资金问题影响环保工程建设。实际环保投资比例接近 3%，比"环评"和初设高出 1.6 个百分点，与其他已建或在建高速公路每公里环保投入相比，处于较高水平。

（二）环境监理结轮

综上所述，泌南段高速公路在工程建设过程中，建设单位按照建设项目环境管理的法律规定认真执行了前期"环评"和施工期环境监理制度；施工期各项环保措施得到较好落实，未造成明显的生态破坏、水土流失和环境污染，未发生环境事故和污染纠纷；节约和保护耕地以及挖方弃土改造低洼地的举措得到较好的落实，临时占地得到及时恢复，边坡植被、绿化美化、污染防治、排水系统等环境工程投资和落实到位，运营期污染防治基本配套，在很大程度上减缓、补偿和改善了生态环境质量；本工程基本符合环保"三同时"的规定，从公路试运营效果来看基本达到了建设目标的要求。

信南高速公路运营公司应在试运营阶段委托具有环境监测资质单位对各环境要素进行监测并提出监测报告，连同本《环境监理总结报告》一并提交环境保护行政主管部门申请环保验收。

十二、经验、问题与建议

（一）比较成功的经验

通过对本工程建设过程的认识，高速公路的建设理念比过去发生重大变化，突出表现在生态保护和以人为本方面，这是公路建设贯彻落实科学发展观的结果。有以下三方面经验可以认真总结，简述如下：

（1）公路建设协调发展。本项目建设和设计单位认真按照环评和环保批复要求，对沿线社会环境和自然环境要素进行综合分析后，在主体工程设计、施工组织、资金投入等方面体现了环境友好和以人为本的主题，兼顾了社会环境和自然环境方方面面的利益，较好地解决了高速公路建设面临的诸多环境问题，执行环保"三同时"法律规定是自觉的、认真的和负责任的，为其他项目的开发建设作出了榜样。

（2）尽量保护土地资源。高速公路永久占地将彻底失去原有土地功能，临时占地将短时期影响土地性能，而土地是宝贵的民生资源。本项目建设严格控制征地范围，在充分优化线路走向尽量减少占用基本农田的基础上，通过取消两侧取土方案、施工便道控制在红线内措施、挖方弃土填洼造田等，直接保护约 330 hm² 多农田免受施工影响，改造低洼地近 40 hm²，符合国家保护农田的基本要求。

（3）生态建设补偿到位。仅从原生态植被意义上讲，91 km 长的泌南段高速 271 万 m²的路面将永久成为一道植被"伤疤"；永久占用的耕地、园地、林地造成农业直接经济损失约 1 580 万元/a；绿色植物固定二氧化碳损失量约 6 242 t/a 和氧气释放减少量约 4 564 t/a，估算生态效应价值损失约 340 万元/a。本段高速公路一次投入 8 442 万元，种植乔木 1.6 万余棵，灌木近 16 万株，小灌木、地被和花草约 23 万 m²，总绿化面积约为 689 万 m²，是永久植被"伤疤"271 万 m² 的 2.54 倍，生态补偿到位。随着各种绿色植物的正常生长，生态效益和景观价值将更充分地显现出来。

（二）需要解决的问题

以下这些问题尽管不影响大局，但为了完善提高工程的综合功能也是不容忽视的，需要认真加以解决。

（1）在施工过程中，部分敏感点的噪声出现超标，大部分敏感点的 TSP 超标；局部施工作业面出现水土流失；少数施工营地生活污水和垃圾未得到妥善处理，需要今后注意。

（2）个别施工场地遗留物尚未完全清理，临时占用场地部分未恢复，洼地弃土造田后的土壤有待抽检观察或人工改良。涉及工程量并不大，需要尽快解决施工遗留问题。

（3）沿线局部坡面植被生长情况欠佳甚至死亡；路两侧仍能观察到局部裸露的地面（施工"痕迹"或植被"伤疤"）。尽管面积不大但影响水土保持和美学景观，需要尽快处理并加强护理和管理，使植被"伤疤"在沿线彻底消失。

（4）中心绿化带"四改六"后由宽变窄，某些路段未设绿化带，尽管节约了土地和增加了运营能力，也减少了绿化带面积，综合比较利大于弊。问题是现有绿化隔离带局部路段植物有枯死断垄现象，需要及时补栽与精心管护。

（5）部分服务区、停车区以及收费站的实际占地面积较大，超出文件批复的要求。

（6）服务区、停车区以及收费站的污水处理设施建成后，因初期车流量太小（到本报告编写时，到现场查看服务区和停车区的餐饮业以及部分生活卫生设施尚未对外开放），均未达到设计状态，已运行设施的出水感官性状很好。所以，污水处理设施的实际处理效果至少达到设计负荷70%后通过实测才能确定。

（7）运营期敏感点交通噪声的防护已采取了生态搬迁和设置声屏障措施，但随着高速公路的全线贯通后车流量加大，与实际需要相比需要有完善之处，主要是：

①已设置的声屏障是否满足噪声防护要求，是否需要加长；其他敏感点是否采取防护措施以及采取何种防护措施。需要在运营阶段根据实际情况，经监测和校核后尽快确定。

②本段高速终点处的辛店村有部分应该环保搬迁的房屋未完全拆除，在信南高速和宛坪高速的结合部，应尽快协商，确定解决方案。

（8）桥面排水采取直接排入水体方式，缺乏缓冲防范措施，一旦发生危险品运输车辆交通事故造成危险品撒落和泄漏时，对河流水质将构成重大威胁，是否增建桥面排水缓冲系统，请运营公司考虑。同时，运营公司已经制定的危险品运输事故应急预案要及时发挥作用。

（9）公路运营单位环境管理机构、人员应进一步明确，落实到人，制定相应的环境保护管理制度。

（三）希望和建议

（1）发挥绿化投资效益。为保证各种植物正常生长，加强运营期专业化管理是关键。建议运营单位除了按原绿化承包合同关于缺陷责任期内约定条款执行外，还要从长期运营的需要，建立起专业的管理维护"园丁"队伍，对所有绿化区域的植物进行精心管护

（如修整、补种、除杂、防病、浇水、施肥等），必要时予以更新，充分发挥绿化投资效益和生态效益。

（2）加强污染防治管理。污染防治主要指泌南段高速公路服务区（场、站、所）的废水处理、生活垃圾收集转运、声屏障等设施。废水处理设施需要具有一定经验的人员进行管理才能发挥出设计处理效果。应每隔一定时间对池内的污泥进行清掏，防止因更多的沉淀物占用池子空间，使废水处理效率下降，甚至失去作用。因此，污水处理设备供应商除负责设备的安装、调试、人员培训外，还应承担缺陷责任期内的维护、维修责任。经过培训的人员应保持稳定，并要求他们在实际管理运行过程中不断提高技能。垃圾收集储存和声屏障设施主要防止人为和自然损坏，一旦损坏要及时修复。建议运营单位配备专人管理，有关技术问题可以向专业人员咨询或参加专门培训。

（3）预防突发环境问题。按照《国家突发公共事件总体应急预案》有关规定，为防止运营过程中发生危险品运输泄漏事故造成污染危害，建议由运营单位与市政府公路管理部门协商，成立有相关部门（公安、交通、消防、卫生、环保等部门，以及各高速公路运营单位）参加的"南阳市高速公路危险品运输事故应急领导小组"，信南高速纳入其中一个控制单元。要组织专门人员、制订应急预案、落实相应措施，具体负责本区段内危险品运输管理及应急处理。

（4）提高环境监控水平。高速公路在运营过程中由于废水、噪声、固废、废气以及难以预见的突发性污染因素可能会对区域环境质量带来不利的影响，甚至威胁敏感区域环境安全。因此，落实运营期环境管理计划和环境监测计划，提高公路环境监控能力，对确保交通安全和环境安全都具有重要的意义。为此建议：

①运营单位委托资质单位对各敏感区域路段的声环境质量实施跟踪监测或例行监测；对重点敏感路段安装交通噪声自动监测警示装置，并联网至管理分中心进行实时监控、统计，为交通噪声控制提供决策依据。

②有关废水、噪声、生态的监测监控计划按《环评报告》要求执行。环境监测计划与建议列于表 16。

表 16　公路运营期环境监测计划与建议表

环境要素	监测地点	监测项目	监测时段与频次	承担单位	说明
水环境	唐河、桐河、白桐干渠、白河跨桥下游 200 m	石油类、COD、pH	每年 1 次（丰水期），每次 1 天，每天上午下午各采样 1 次	具备资质环境监测单位	例行监测
	危险品运输发生事故可能影响到的河流段	据危险品种类确定	据实际情况确定监测方案		随时执行应急监测
声环境	重点居民点、学校等	等效声级	每年 2 次，每次 3 天		例行监测
	重点敏感段	等效、瞬时声级	在线连续（自动监测显示装置）	公路运营商	以条件确定
空气环境	服务区	车辆尾气、餐饮油烟		具备资质环境监测单位	要求时抽查
生态环境	弃土场	监督	每年抽查 2 次，正常后不再抽查	环保、农业部门	例行监督

注：上表中例行监测和例行监督为环境监测计划应执行的任务，其他作为建议。

（5）不断追求新的目标。信南高速公路是国家上武重点干线公路的重要组成路段，在南阳市与太澳重点干线公路互通，对促进南阳经济与社会发展，展现南阳形象等方面起着长期重要作用。

公路运营单位在运营过程中要不断完善提高管理水平和公路环境形象工程，向"环境友好工程"的目标迈进。建议在运营单位内设置专门环保机构或在现有相关机构中配备专业人员负责全线环境管理工作，对公路噪声、污水、垃圾等污染控制设施和绿化工程实施正常的管理，对上路机动车尾气排放情况实施监督控制，在绿化美化形象工程方面不断提出新的目标，提高运营期环境管理水平，为信南和南阳高速增光添彩。

十三、有关说明与附件

（一）工作终结说明

本工程环境监理工作在建设单位的重视支持与密切配合下，已顺利完成本项目环境监理工作。在此，向建设单位表示衷心感谢，对在生态环境保护和建设方面取得的成就表示敬意。另外，由于编写水平有限，加之时间短促，对本报告中文字与数据难免存在的错误或不当之处敬请指正，以便提高我们今后的工作。

（二）有关附件目录（内容略）

专家点评

这是平原微丘地区的公路项目环境监理案例，基本农田的保护是这类项目的重要内容。

该总结报告有以下特点：

1. 编写人员对设计及各施工单位工程内容信息的掌握比较详细。对环境监理依据、法律法规、环境标准、管理部门文件、有关工程技术文件特别是设计文件作了认真研读，从客观上掌握了施工期环境监理工作的全局，一一对应作出答复，思路清晰。

2. 从工程环境监理工作、环保设计目标与措施、施工期环保措施落实情况、交通噪声防治措施、污染防治工程公路绿化工程及环境保护投资，各专题内容丰富。环境监理文件工作程序与编写提纲框图，很有创意，对初次或初期开展工程环境监理的单位具有指导意义。

3. 绿化工程部分包括绿化设计指导思想、绿化设计原则、植物种类选择、绿化工程实施、绿化总量与投资，为公路项目绿化工程的环境监理积累了实践经验、提供了参照。

4. 项目环保投资是保护环境坚持可持续发展的需要，是环评、设计、业主、监理、承包商参建各方都非常关注的项目资金。环境保护投资专题列出了环评、设计与实际落实情况对照表，同时附有工程量与投资变化分析说明，对环保投资的核算口径以环评报告所列十项内容界定，具有可操作性。

问题与讨论

1. 环境监理要不要对环保设计总体评价？一般来说业主仅仅是委托的施工期的环境监理而不是设计阶段的监理，环境监理总结可以不评议。如果在施工期环境监理过程中发现明显的设计缺陷或重大设计变更且又违反国家有关技术政策，可以向业主和承担本项目设计任务的单位提出建议。

2. 环境监理单位和项目环境监理组织是两个概念，对环境监理单位的介绍（包括单位的性质、资质、荣誉、内设机构等）是监理大纲中的事，环境监理总结不必再写。项目环境监理组织是环境监理单位派出对某个项目进行监理的组织机构（监理部、也有称监理组、监理代表处的）。项目环境监理机构设置根据所监理项目情况有不同级别（一级只设总监办，二级设有总监办、驻地办，三级设有总监办、驻地办和标段监理组）。环境监理模式是指与工程项目管理相适应的工作方式（直线制、职能制等）。环境监理与工程监理的关系指的是专职式、兼职式或是切块式，这些问题应加以区分。

3. 该总结报告不足是缺少信息管理，合同管理有关内容。

第18章 冶金、建材项目环境监理总结

案例1 安钢集团永通球墨铸铁管有限责任公司 4×120 m³ 高炉移地大修为 450 m³ 高炉项目环境监理报告书（节录）

前　言

安阳钢铁集团永通球墨铸铁管有限责任公司（以下简称永通公司）位于安阳县水冶镇，该公司始建于 1958 年，经过这几十年来的发展，该公司目前已经具有烧结车间、球团车间、炼铁车间、铸管车间和发电车间 5 个生产车间，年产生铁 104 万 t，烧结矿 136 万 t，球团矿 100 万 t，球墨铸铁管 15 万 t，职工 2 985 人，各类专业技术人员 529 人，其中高中级职称人员 173 人。

该公司球墨铸铁管产品有 50% 以上远销欧亚 10 多个国家和地区，为高附加值产品，同时也是国家鼓励发展的钢铁产品，永通公司 2005 年销售收入 25.5 亿元，利税 1.5 亿元。

根据《产业结构调整目录》（2005 年本），永通公司现有的 4 台 120 m³ 高炉属于淘汰类，为保证现有的铸管、烧结、球团生产线的正常运行，永通公司投资 8 950 万元，在现有 1# 450 m³ 高炉的基础上再建设一台 450 m³ 高炉以替换现有的 4 座 120 m³ 的高炉，维持生产产能基本平衡，以达到结构调整、节能降耗、装备升级换代的目的。

安阳市环境科学研究所受永通公司委托，承担了该项目建设期工程环境监理工作。

一、建设项目概况

（一）建设项目基本情况

该项目建设内容及建设方案见表1。

表 1　本项目建设内容及建设方案简表

序号	系统名称	建设方案	备注
1	炉体	矮胖炉型（$H_u/D=2.76$），有效容积 450 m³，全冷却壁结构，"陶瓷杯"+水冷炭砖炉底炉缸，14 个风口、1 个铁口、1 个渣口	置换现有的 4 台 120 m³ 高炉，维持生铁产能均衡，同时完善现有 1# 450 m³ 高炉出铁场除尘设施
2	炉顶	串罐无料钟炉顶，料罐容积：18 m³，炉顶压力 0.08～0.12 MPa	
3	出铁场	矩形风口平台、出铁场系统，设 1 个铁口，1 个渣口，6 个 35 t 铁水罐位和 2 个汽车铁水罐位	

序号	系统名称	建设方案	备注
4	原、燃料供应系统	在现有 1# 450 m³ 高炉系统东侧，新建设原、燃料供应系统，矿槽上设置 1 条 B=1 000 mm 烧结矿胶带输送机和 1 条 B=1 000 mm 焦炭、球团矿胶带输送机	置换现有的 4 台 120 m³ 高炉，维持生铁产能均衡，同时完善现有 1# 450 m³ 高炉出铁场除尘设施
5	槽下配料	矿、焦槽并列布置：10 个烧结矿槽，4 个焦炭槽，6 个球团及杂矿槽，槽下进行分仓筛分、分散称量，小块料回收。烧结矿、球团储存时间大于 12 h，焦炭贮存时间大于 8 h	
6	热风炉系统	3 座顶燃式格子砖热风炉，助燃空气、煤气双预热，入炉风温 1 100～1 200℃	
7	喷煤系统	在现有喷煤厂房东侧扩建，煤棚与现有公用，仅增加制粉和喷吹系统。喷煤比按 150 kg/t 设计	
8	渣处理	采用炉前水淬冲渣+气力提升+转鼓脱水工艺，冲渣水全部循环利用，不外排	
9	煤气除尘	重力+布袋干法除尘，布袋采用 10 个箱体，外径约 φ4 024 mm，单排布置。每个箱体的滤袋数 244 条，滤袋规格 φ130×6 000，每个箱体过滤面积约 595 m²，设计过滤速度 0.52～0.58 m/s	
10	除尘设施	出铁场、矿槽系统均采用布袋除尘器；出铁场除尘系统考虑与现有 1# 450 m³ 高炉共用 1 套系统	

（二）生产工艺简介

炼铁工艺流程（如图 1 所示），描述如下：

将烧结矿、球团矿、燃料、熔剂由皮带机运至贮矿槽，经筛分、称量，由高炉斜桥上料，加入炉内冶炼。鼓风机把热风炉内热风送入高炉，助焦炭燃烧，焦炭燃烧后生成煤气，炽热的煤气在上升过程中把热量传递给炉料。炉料随着冶炼过程的进行而下降。在炉料下降和煤气上升过程中，先后发生传热、还原、熔化、渗炭等过程使铁矿还原生成铁水；同时矿料中的杂质与加入炉内的熔剂（石灰石）相结合而生成炉渣。合格铁水从出铁口放入铁水罐内，热装送铸管车间铸管或铸铁机铸成铁块，高炉渣由出铁场的渣沟流出，经水淬冲成水渣后外销做生产水泥原料。高炉冶炼时产生的高炉煤气由管道引出净化后用作烧结机、球团竖炉、热风炉和燃气锅炉燃料。

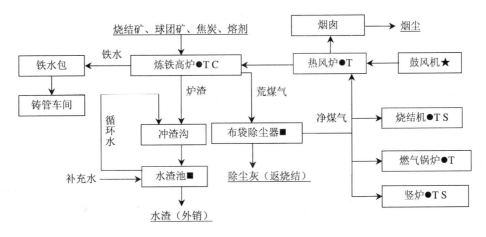

图 1 炼铁生产工艺流程图

图例　●—废气（其中 T—粉尘　S—SO₂　C—CO）　▲—废水　■—固体废物　★—噪声

喷煤工艺流程描述如下：

新建 2# 高炉与现有 1# 450 m³ 高炉共用一套喷煤系统，采用直接喷煤短流程技术，浓相输送高浓度喷吹，计算机自动控制等先进的喷煤工艺技术和设备，其工艺流程如下：

原煤→煤场→铲车→受料斗→圆盘给料机→永磁除铁器→大倾角皮带运输机→原煤仓→埋刮板输送机→中速磨→布袋收粉器→煤粉振动筛→煤粉仓→喷吹罐→分配器→喷煤枪→高炉

（三）环境影响评价要求

1. 施工期环境管理要求

（1）水土保持。（从略）

①场地开挖平整工序

②厂区水土保持措施

③施工临时占地区水土保持措施

（2）施工期大气环境污染防治措施（见表2）。

（3）施工期水污染防治措施。建议该工程设置一个临时沉淀池，收集施工中产生的各类冲洗废水，经过沉淀后反复使用，节约用水，减轻地面水环境的污染影响。

（4）施工期噪声防治措施。尽量选用低噪声的设备，混凝土搅拌车应置于厂区中心区域，编制施工计划，严禁打桩机、振捣棒夜间使用。

表2　施工期大气环境污染防治措施一览表

序号	主要环境影响	防治措施	效益
1	运输车辆行驶产生扬尘	汽车走时洒水抑尘	减少汽车运输扬尘
2	临时物料堆场扬尘	设置简易材料棚储存各类建筑材料，对可能散发粉尘的物料堆场采取覆盖或洒水等防护措施	减少扬尘
3	运输过程中撒落沙石、土等材料，产生二次扬尘污染	谨防运输车辆装载过满，采取遮盖、密闭措施，减少其沿途抛洒，并及时清扫撒落在路面的泥土和灰尘，冲洗轮胎，减少运输过程中的扬尘	减少二次污染
4	施工机械和运输车辆所排放的废气影响	施工现场运输车辆应控制车速，燃油车辆和施工机械做好维护保养，使用无铅汽油或柴油，禁止出现冒黑烟现象	减少废气影响

（5）施工期弃土和垃圾防治措施。建筑施工过程中将产生一定量的建筑废弃物，同时在建设施工期间需要挖土、运输弃土，运输各种建筑材料如沙石、水泥、砖瓦、木料等，工程完成后，会残留部分废弃的建筑材料，若处置不当，遇暴雨会被冲刷流失到水环境中造成水体污染。建设单位应要求施工单位规范运输，不能随路撒落，不能随意倾倒和堆放建筑垃圾，施工结束后，应及时清运多余或废弃的建筑材料和建筑垃圾。

所产生的生活垃圾如不及时清运处理，则会腐烂变质，滋生蚊虫、苍蝇，产生恶臭，传染疾病，从而对周围环境和作业人员的健康带来不利影响。因此应及时清运并进行处置。

（6）施工期环境管理。施工单位应详细编制施工组织计划并建立环境管理制度，要有专人负责施工期间的环境保护工作，对施工中产生的"三废"应按评价提出的防治措施及处置方法进行实施和管理。建设单位要认真贯彻国家的环保法规标准，加强施工期间的环境管理，督促施工单位建立相应的环保管理制度，做到有章可循，科学管理，文明施工。

2．环评要求建设的污染防治措施

表3　环评要求建设的污染防治措施一览表

		污染源	污染因子	防治措施	预期治理效果	备注
废气	技改工程	①新建 450 m³ 高炉出铁场	烟尘	集气罩、布袋	≥99%、60 mg/m³	转运站共用
		②新建 450 m³ 高炉矿槽	粉尘	集气罩、布袋	≥99%、60 mg/m³	
		③煤粉制备	粉尘	集气罩、布袋	≥99.5%、90 mg/m³	
		④高炉煤气	烟尘	重力+布袋	≥99.9%、≤10 mg/m³	
	以新带老	⑤现有 4 台 120 m³ 高炉	烟（粉）尘	淘汰		
		⑥烧结机头除尘改造	烟尘	电除尘	≥99%、90 mg/m³	
		⑦烧结成品矿仓	粉尘	集气罩、布袋	≥99.5%、60 mg/m³	新建高炉共用
		⑧现有 450 m³ 高炉出铁场	烟尘	集气罩、布袋	≥99%、60 mg/m³	
废水		⑨冲渣水、循环冷却水	SS	沉淀处理循环使用	全厂废水零排放	
固废		⑩水淬渣		外销做水泥原料	100%综合利用	
		⑪瓦斯灰、收尘灰		返回烧结车间配料		
噪声		⑫风机、振动筛、空压机	噪声	基础减振，消声器，室内	削减噪声 15～20 dB（A）	

（1）高炉出铁场除尘系统。

高炉出铁场的烟尘，一般是从出铁口、渣口、铁沟、兑罐等部位产生的，其中开、堵铁口时产生的二次烟尘具有短时散发量大，喷射速度高，较难捕集的特点，合理设计烟气捕集方式是高炉出铁场烟尘治理的关键。本工程根据高炉出铁场的工艺布置，在不影响冶炼操作、开堵口操作室、操作工视线及开口机、堵口机的检修、天车的操作及视线的情况下，在出铁口设侧吸罩和顶吸罩除尘，罩内设导流板，使其能有效的捕集烟气，铁罐上方采用半密闭罩除尘，其由顶罩、变径和排烟口切换阀组成，铁罐周围设封板，阻挡横向风对烟气的干扰，顶罩内设一上部连通的隔板，便于兑完铁水的铁水罐排出的烟气被顶罩吸风口吸走。

本工程在新建 450 m³ 高炉出铁口设三个抽尘点，每个铁罐上方设一个抽尘点，在各抽风罩的支管上分别设气动阀门，含尘气体经过管道送入布袋除尘器进行净化，净化后的烟气经 40 m 高排气筒排放，烟尘排放浓度小于 60 mg/m³，可满足《工业炉窑大气污染物排放标准》（GB 90781—1996）表 2 二级标准要求。本系统同时考虑现有 450 m³ 高炉的出铁场除尘，两座高炉采用不同时出铁操作工艺，共用一套炉前除尘系统，即达到减少污染物排放的目标，又可降低工程投资，措施可行。

（2）原、燃料供应系统除尘。

本工程新建设原、燃料供应系统，在烧结矿、球团矿、焦炭输送转运过程中产生粉尘，本工程在各产尘点设集气罩捕集后送入矿槽除尘系统处理净化，粉尘排放浓度为 60 mg/m³，可满足《大气污染物综合排放标准》（GB 16297—1996）表 2 二级标准要求，达标排放。

（3）高炉矿槽除尘系统。

本工程在高炉矿槽上、下各产尘点设密闭集气罩收集、袋式除尘器进行净化处理，袋式除尘器具有除尘效率高、运行稳定、捕集的粉尘易于回用、适合捕集微细粉尘等优点，为治理粉尘的通用设备，目前已成为钢铁企业用于炼铁、炼钢废气治理的典型除尘设备得以广泛应用，本工程采用性能优良的 XLDM-5400 型低压脉冲袋式除尘器，经治理后粉尘排放浓度小于 60 mg/m³。可满足《大气污染物综合排放标准》（GB 16297—1996）表 2 二级标准要求，达标排放。

（4）高炉煤气净化。

高炉煤气经重力除尘器粗除尘后，经半净煤气总管进入布袋除尘器，净化后的煤气进入净煤气管，重力除尘器出口浓度煤气含尘量：<6 g/m³，净煤气含尘量：<10 mg/m³，经调压阀组控制煤气压力在 8～12 kPa，并入净煤气总管网供热风炉、烧结机、竖炉，铸管退火炉及燃气锅炉用。除尘灰通过卸灰系统卸入拖拉机外运，作为烧结原料。该技术为目前广泛应用的高炉煤气净化技术，具有技术先进、运行安全可靠等优点。

（5）废水。

技改工程设置了较完善的净、浊循环水系统，全部闭路循环使用，定期补充新水弥补散失，不外排生产废水，本工程生产人员由企业内部调剂解决，企业劳动定员不增加，技改工程完成后做到全厂废水零外排。

（6）固体废物。

工程产生的固体废物主要有高炉水淬渣、瓦斯灰、除尘灰等。高炉水淬渣是生产矿渣水泥的原料，可全部外销综合利用。瓦斯灰、除尘灰中含铁丰富，以作为烧结原料，参与配料，全部返烧结工序。

（7）噪声。

工程高噪声源有两种类型。一是机械噪声，如振动筛等；二是空气动力性噪声，如风机、空压机等。根据不同设备的噪声特性，工程采取了不同的降噪措施。对于机械噪声源采用设置减振基础、置于室内等措施；对于空气动力性噪声采取安装消声器、设置风机房等措施。采取上述措施后，可有效降低噪声源强，各高噪声设备值均可降至 75～85 dB（A）。

（8）以新带老。

现有烧结成品料仓无环保治理措施，上料下料时粉尘无组织排放，污染严重，不符合环保要求，永通公司于 2006 年 11 月底设备检修时投资 128 万元对现有 4 个烧结成品矿仓进行污染治理改造，仓上上料扬尘点采用集气罩捕集，仓下采用大密闭罩进行密封，经布袋除尘净化处理后排放，净化效率为 99%，粉尘排放浓度为 60 mg/m³，满足《大气污染物综合排放标准》（GB 16297—1996）表 2 二级标准要求，回收烧结料粉约 1 600 t。

现有工程烧结机机头烟气经重力+旋风两级除尘净化后由 80 m 高排气筒排放，据环评资料其烟尘排放浓度为 562 mg/m³，不能满足《工业炉窑大气污染排放标准》（GB 9078—1996）表 1 二级标准要求烧结机（机头机尾）150 mg/m³，超标 2.75 倍。环评要求建设 2 台 80 m² 三电场电除尘器，永通公司实际建设为 2 台 92 m² 二电场电除尘器，建成后，委托安钢环境监测站于 2007 年 6 月 26 日对该除尘器进行了监测，其结果为 49.4 mg/m³，满足环评要求的 90 mg/m³ 下。排气筒高度 80 m。

烧结机机尾烟气采用电除尘器进行净化处理后由 60 m 高排气筒放，经监测其粉尘排放浓度为 130 mg/m³，可满足《工业炉窑大气污染排放标准》（GB 9078—1996）表 1 二级标准要求，达标排放。

现有 450 m³ 高炉出铁场无污染治理设施，出铁时烟尘为无组织排放，根据以新带老的原则，现有 450 m³ 高炉出铁场与建 450 m³ 高炉出铁场除尘一并考虑，采用不同时段交替出铁操作工艺，两座高炉共用一套除尘系统，出铁口设三个抽尘点，每个铁罐上方设一个抽尘点，在各抽风罩的支管上分别设气动阀门，出铁时开启气动阀门，含尘气体经过管道送入布袋除尘器进行净化，净化后烟尘排放浓度≤60 mg/m³，可满足《工业炉窑大气污染排放标准》（GB 9078—1996）表 2 二级标准要求，措施合理可行。

现有 4 台 120 m³ 高炉槽上、槽下和出铁场均无环保治理设施，粉尘呈无组织面源排放，不符合环保要求，根据国家产业政策，永通球墨铸铁管有限责任公司建 1 台 450 m³ 高炉替代现有 4 台 120 m³ 高炉，技改工程完成后现有 4 台 120 m³ 高炉将予以拆除。

高炉炼铁时产生含尘、CO 高炉煤气，本工程采用重力沉降加布袋除尘器净化处理后，送入净煤气干管供烧结机、竖炉、铸管退火炉、热风炉和发电锅炉燃用。

（四）环评批复要求

1．（略）

2．项目建设应重点做好以下工作：

（1）对现有烧结机机头、烧结成品仓、450 m³ 高炉出铁场烟气集气、除尘系统进行改造，提高集气和除尘效率；减少污染物排放量。按国家产业政策规定，在本工程投产前淘汰现有 4 台 120 m³ 高炉。

（2）本技改工程转运站、450 m³ 高炉槽上、槽下、煤粉制备、出铁场烟气应经布袋除尘器处理后排放；加强高炉炉顶密封，减少无组织排放。

（3）工程应设置完善的净、浊循环水处理系统；确保工业废水经处理后全部循环利用不外排。厂区排水应做到"雨污分流"。

（4）高噪声设备应采取降噪措施，确保厂界噪声达标；生产固废应全部综合利用。

（5）高炉应配套压差发电装置，高炉煤气应回收综合利用。

（6）加强厂区、厂界的绿化美化工作。按国家有关规定设置规范的污染物排放口，并设立明显标志，安装废气在线自动监测装置，与安阳市环境监控网络联网。

3．项目建成后，全厂污染物排放总量应满足安阳市环保局安环函〔2006〕130 号文提出的总量控制要求：二氧化硫 1 552 t/a，烟粉尘 4 850 t/a。

4．建设单位应建立专门的环保机构，由专人负责环保工作，并建立环保管理制度；加强环保设施的管理和维护，保障其正常运行；确保污染物稳定达标排放。

5．按安阳县人民政府安县政文〔2006〕67 号意见，在本工程投产前完成卫生防护距离内水冶镇阜城西街部分村民的搬迁工作。与当地政府结合；在卫生防护距离范围内不再规划新建学校、医院、居民区等环境敏感目标。加强对厂址周围 1 200 m 范围内环境及敏感点的环境质量监测，配合当地政府对厂址周围 1 200 m 范围内居民实施逐步搬迁。制定污染事故应急预案，防止发生污染事故。

6．项目建设过程中应严格执行环保"三同时"制度，施工期应开展工程环境监理工作，并纳入竣工验收内容。工程竣工后，按规定程序向我局申请试运行和环境保护验收，验收合格，方可正式投入运行。

7. 请安阳市环保局、安阳县环保局应加强日常监督管理，监督建设单位按规定落实现有 4 m³×120 m³ 高炉的关闭拆除工作及对周围卫生防护距离内居民的搬迁工作。省环境监察总队按规定进行检查。

（五）其他相关文件要求

关于责令安钢集团永通球磨铸铁管有限责任公司 4 m³×120 m³ 高炉移地大修为 450 m³ 高炉项目限期整改的通知：

（1）公司 4 m³×120 m³ 高炉移地大修为 450 m³ 高炉项目未经同意不得擅自进行试生产。

（2）立即拆除原有 4 m³×120 m³ 高炉。

（3）大修高炉出铁场烟气除尘管道与现有 450 m³ 高炉除尘系统连接；大修高炉槽上、槽下及出铁场烟气除尘系统排气筒应加高至 40 m 以上。

（4）安装烟气在线监测系统，并与安阳市环境监控网络联网。

（5）对厂区内物料堆放进行清理，规范堆放，完善防风抑尘措施；控制扬尘污染；改善厂区环境。

（6）认真落实事故风险防范措施，严禁出现事故排放。

（7）请安阳市环保局监督建设单位按环评及批复要求认真落实以上整改措施。整改工作完成后，建设单位提交整改报告；安阳市环保局现场核查后报我局，满足要求，方可同意试生产。在整改期间，项目不得违法试生产。如出现违法现象应立即制止并报告。

二、建设项目工程实施及监理概况

本项目环境监理主要包括以下方面的内容：

（1）工程施工过程中的环保法规、政策、标准的落实。

（2）施工期各类环境问题的监理。

（3）环境影响评价报告书及批复中规定的各项污染控制措施的落实情况的监理。

（一）工程建设情况

主体工程于 2007 年 1 月开始施工建设，于 2007 年 6 月 28 日建成投入试运营，其中环保工程与主体工程同步建设，于 2007 年 6 月试运营前建设改造完毕。

2007 年 6 月 1 日，河南省环境保护局环境监察总队组织现场检查，对尚未达到环评及批复要求的部分提出了整改意见。

2007 年 6 月 21 日，河南省环境保护局下达同意项目试生产的通知书。

（二）施工期环境监理

本次施工环境保护监理工作主要针对环评报告及审批意见及其他相关文件中要求的施工结束应恢复和保护的问题进行了现场监理工作。

1．场地开挖平整和水土保持

施工现场已经恢复完毕，场地已经进行平整并部分硬化，施工厂界四周及道路两侧，均种植了绿色植物。临时占地主要占用厂区原有的硬化地面，施工结束后，经过修整，已经恢复了其使用前状态。

2．施工期水污染防治

施工期设置临时沉淀池，产生的施工废水用于场地内洒水抑尘。

3．施工期弃土和垃圾防治

现场监理未发现建筑弃土随意堆砌和生活垃圾随意堆放的现象。

4．施工环境管理制度

项目指挥部安排定期在监理例会中研究组织计划和施工协调。

（三）污染防治措施落实情况

1．新建高炉出铁场除尘

现场监理主要内容：

（1）除尘器型号：XLDM-6500型低压脉冲袋式除尘器；

（2）要求设置有侧吸罩和顶吸罩、导流板，实际设置有固定罩；

（3）铁罐上方设有半密闭罩、铁罐周围设有封板；

（4）要求收尘系统设有 3 个抽尘点，实际在 1#高炉设置有 6 个抽尘点，2#高炉设置有9 个抽尘点；

（5）烟囱高度 40 m；

（6）与现有 1# 450 m^3 高炉共用出铁场除尘系统；

（7）出铁场除尘抽尘点由 3 个变更为 2#炉 9 个，1#炉 6 个。

上述内容与环评要求基本一致，已经同步建设完成。

2．新建 450 m^3 高炉矿槽除尘

现场监理主要内容：

（1）布袋除尘器型号 XLDM-5400；

（2）设置有密闭集气罩。

上述内容与环评要求基本一致，已经同步建设完成。

3．原材料供应系统

现场监理主要内容：

（1）原料供应系统、烧结矿、球团矿、焦炭运输转运均设置集气罩；

（2）送矿槽除尘系统共用；

（3）排气筒高度 40 m。

上述内容与环评要求完全一致，已经同步建设完成。

4．煤粉制备

（1）设置有袋式除尘器；

（2）排气筒高度 50 m。

5．高炉煤气净化

现场监理主要内容：

（1）重力除尘器型号：自制直径 9.2 m；

（2）设置有半净煤气总管；

（3）布袋除尘器型号；

（4）设置有净煤气总管。

上述内容与环评要求完全一致，已经同步建设完成。

6. 冲渣水循环系统

现场监理时，浊循环系统与现有工程共用，目前，该系统运转正常。

7. 净循环系统

现场监理时，1#、2#高炉各自建有净循环系统，该系统运转正常。

8. 水淬渣，用于生产矿渣水泥的原料

由于与现有工程共用浊循环系统，水淬渣产生后使用原有的矿渣水泥生产利用途径。

9. 瓦斯灰、除尘灰返烧结工序

利用运输车辆将瓦斯灰和除尘灰运至烧结工序。

10. 以新带老工程措施

（1）现有 $4 m^3 \times 120 m^3$ 高炉淘汰计划。

现有 $4 m^3 \times 120 m^3$ 高炉已经完全停产到位，炉顶设施、上料设施部分已经拆除，已经不具备生产条件。

（2）烧结机机头除尘改造。

环评要求建设 2 台 $80 m^2$ 三电场电除尘器，永通公司实际建设为 2 台 $92 m^2$ 二电场电除尘器，建成投运后，永通公司委托安钢环境监测站于 2007 年 6 月 26 日对该除尘器进行了监测，其结果为 $49.4 mg/m^3$，满足环评要求的 $90 mg/m^3$ 以下。排气筒高度 80 m。

（3）烧结成品仓。

仓上采用集气罩，仓下采用大密闭罩密封，使用布袋除尘器进行除尘治理，除尘器型号：GFC280—7 型布袋除尘器。

排气筒高度：30 m

（4）现有 $450 m^3$ 高炉出铁场。

与大修高炉共用除尘系统，并采用不同时段交替出铁工艺。

（四）环评建议措施及落实情况

1. 搬迁规划

卫生防护距离以内的阜城西街村民尚未进行搬迁，当地政府已经下文，规定在卫生防护距离内不得规划新建学校、医院、居民区等环境敏感目标。

2. 废气源设置永久采样孔、监测平台

每根排气筒均设置了永久采样孔和监测平台。

3. 排放口设置环保标志

排放口尚未设置环保标志，建设单位已经上报设置计划。

4. 环保机构设置

永通公司设置有完备的环保机构，机构名称安全环保部，设科长 1 人，副科长 1 人，专职环保工作人员 2 人，专门从事该公司环境保护管理工作。

5. 环保制度名录

（1）安阳钢铁集团永通球墨铸铁管有限责任公司环保管理考核办法；

（2）安阳钢铁集团永通球墨铸铁管有限责任公司环保设施统一管理办法。

（五）河南省环境保护局豫环审［2006］307号文件要求内容及落实情况

（1）高炉应配套压差发电装置。

根据现场监理情况，2#高炉正在安装风机，预计12月31日安装完毕，压差发电装置待风机安装完毕后即可着手安装。

（2）安装废气在线自动监测装置，并与安阳市环境监控网络联网。

现场监理时，废气在线自动监测装置已经建设完成，因光纤联网事宜尚未谈好，目前仍未与安阳市环境监控网络联网运行，现场察看单机运行工作正常，数据完备。

（3）制定污染事故应急预案，防止发生污染事故。

该厂针对污染事故制定相应的应急预案，内容见附件。

（六）存在主要问题

综上所述，现将监理中发现该公司存在的主要问题汇总如下：

（1）矿槽除尘排气筒高炉应加高到40 m；

（2）卫生防护距离内的居民搬迁工作应结合当地政府制定逐步搬迁的规划，并安排实施。

三、项目环境管理状况

（一）环境保护规章制度的建立和执行情况

根据调查，该公司目前环保制度主要包括以下几项：

a．安阳钢铁集团永通球墨铸铁管有限责任公司环保管理考核办法。

b．安阳钢铁集团永通球墨铸铁管有限责任公司环保设施统一管理办法。

有环保目标责任，可以实施有效地环境管理。

（二）检测机构和仪器设备的配置情况

该公司目前未设置监测机构，所有的监测任务均委托集团公司监测站进行。

（三）环境保护档案管理情况

该公司环境保护档案管理归口安全环保部，设置专职环保档案管理员1人。

（四）绿化情况

工程完成后，建设单位新增绿化面积2 000 m²，沿道路两侧种植大量树木，总计投资10万元。

四、项目环保投资落实情况

该项目环保投资1 170万元，实际落实1 170万元。另外，煤气净化设施投资和以新带老环保设施投资未列入以上环保投资计算。

表 4　项目环保投资明细表

环保设施		设备名称	投资/万元
以新带老	现有烧结机机头除尘改造	2 台 92 m² 二电场除尘器	520
	现有烧结机成品仓除尘改造	1 台 GFC—280 型布袋除尘器	128
煤气净化	煤气净化	重力＋袋式除尘	700
本工程	高炉矿槽除尘	袋式除尘器	390
	高炉出铁场除尘	袋式除尘器	490（含 1#高炉）
	浊循环水处理系统		80
	消声减振		30
	环评及环保设施投资		120
	绿化		10
本工程合计			1 170

五、环境监理结论

（一）监理过程简述

环境监理单位安阳市环境科学研究所 2007 年 9 月与建设单位安钢集团永通球墨铸铁管有限公司签订该公司 4 m³×120 m³ 高炉移地大修为 450 m³ 高炉项目的委托环境工程监理合同书。

2007 年 9 月 5 日，安阳市环境科学研究所进场实施环境工程监理工作。

2007 年 9 月 5 日—12 月 31 日，项目试运行结束，环境监理工作也随之结束。

（二）工程环境监理主要内容

对于本项目的环境监理工作主要内容为：

（1）对施工期环境问题，重点监理其恢复情况及造成后果的监理；

（2）对于污染防治措施的建设情况，则主要现场监理其实际安装的设备型号是否与要求一致；

（3）收集和项目有关的文件，监理其是否按照文件要求进行建设和管理。

（三）工程变动情况

工程变动情况主要有：

烧结机头除尘器改造，由设计的 2 台 80 m² 三电场静电除尘器改为 2 台 92 m² 二电场静电除尘器。

出铁场除尘抽尘点由 3 个变更为 2#炉 9 个，1#炉 6 个。

（四）监理结论

通过对安钢集团永通球墨铸铁管有限责任公司 4 m³×120 m³ 高炉移地大修为 450 m³ 高炉项目现场监理工作，有效地督促了企业在建设期间按照环境影响评价及批复意见的要求建设环境保护设施，加强施工期间环境保护工作，发现问题及时与上级环境管理部门联系并解决问题，确保了环保资金落实到位。本工程环境监理工作取得了预期的效果，促进了企业健康可持续发展。

专家点评

一、监理总结内容分析

根据《促进产业结构调整暂行规定》，钢铁行业中 $100 \sim 200 \ m^3$（含 $200 \ m^3$）高炉（不含铁合金高炉）应于 2005 年前进行淘汰。按照这一规定，永通公司的四座 $120 \ m^3$ 高炉，必须淘汰到位。为了避免重大损失，永通公司将四座 $120 \ m^3$ 高炉移地大修为 $450 \ m^3$ 高炉，同时淘汰四座 $120 \ m^3$ 高炉。

本项目建设涉及的环保防治措施主要有：高炉出铁场、高炉矿槽、煤粉制备、高炉煤气以及消烟除尘，冲渣水、循环水系统，隔声降噪等，此外还有以新代老对原有烧结机、高炉的环保治理工程。监理人员以产业政策及污染防治措施落实为重点进行环境监理，对推动和促进企业实施产业结构调整和节能减排非常有益。

但总结没有把实施监理过程中如何采用环境监理的方法与手段，完成了上述目标任务体现出来，例如监测平台、孔口，排污口的规范化整治，环境突发事故的预案等是如何进行监理的落实情况如何等。

二、问题讨论

在污染类工业项目中要不要环境监理，如何发挥作用？在质量、进度、费用三控制中有无文章可做？

案例 2　开曼铝业（三门峡）有限公司 1 000 kt/a 氧化铝及配套工程环境监理总结（节录）

一、项目概况

开曼铝业(三门峡)有限公司 1 000 kt/a 氧化铝厂工程，利用河南省三门峡市陕县铝矾土矿产资源丰富的优势，在陕县经济技术开发区投资新建年产 100 万 t 氧化铝厂，该项目一期设计规模为年产 30 万 t 氧化铝，二期设计规模为年产 70 万 t 氧化铝，最终规模为年产 100 万 t 氧化铝。

本工程采用拜耳法生产工艺，并在传统拜耳法工艺的基础上，充分应用目前国内外先进成熟的新工业、大型高效设备和有效的检测控制手段，如采用高温溶出技术、高效赤泥分离洗涤技术及设备、沙状氧化铝生产技术、悬浮焙烧技术、降膜蒸发技术以及立式叶滤机、大型机械搅拌分解槽高效设备等。本工程工艺与国内现行的主要生产方法混联法和烧结法相比，其建设投资可省 35%，生产成本约降低 22%，生产能耗降低 50%以上，产品全部为受电解铝行业欢迎的沙状氧化铝，投资效益及各项技术经济指标与国外氧化铝厂基本处于同一水平，因此这些工艺技术和装备的工业应用对促进我国氧化铝生产技术的发展进程具有重要的意义。

（一）工程审批建设

开曼铝业（三门峡）有限公司 1 000 kt/a 氧化铝工程，由一期 30 万 t/a 氧化铝和二期 70 万 t/a 氧化铝组成，均由东北大学设计研究院设计。

项目分期建设，一期工程为 30 万 t/a 氧化铝，于 2003 年 12 月通过河南省环保局审批，随即开工建设，2005 年 12 月 26 日完成项目主体建设，并进行试生产调试；二期工程为 70 万 t/a 氧化铝项目，于 2004 年 8 月份通过河南省环保局审批，2006 年 3 月开工建设，2007 年 3 月项目建设完成，进行试生产调试。一期、二期同时验收，于 2007 年 7 月 23 日通过省环保局竣工验收。

由于工程分期建设，建设内容复杂，建设周期长，因此该项目的建设内容分包给"中国七冶"、"中国八冶"、"中国二十三冶"、"江苏华能"、"浙江慈溪"、杭州党湾、义马亚达等九家承建商进行施工。

三门峡市清洁生产审核中心受开曼铝业（三门峡）有限公司委托，分别于 2005 年 8 月 18 日和 2006 年 9 月 6 日签订了委托环境监理合同，承担该公司一期 30 万 t/a 和二期 70 万 t/a 氧化铝项目及配套工程进行了施工期的环境监理工作。

（二）工程建设内容

本项目建设内容如下：

①拜耳法生产系统包括溶出、分解、蒸发、赤泥分离、洗涤、焙烧等系统；原料系统包括原料堆场、破碎间、原矿槽、原料磨等。

②自备电站系统。

③空压站。

④建设相应供排水系统、循环水系统，水处理系统。

⑤建设赤泥堆存场。

⑥煤气站及煤气接、配、供、储设施。

⑦废气处理、回收设施。

⑧厂区及渣场绿化。

（三）总平面布置

厂区总平面布置是根据氧化铝生产的特点及要求，结合现有场地和地形，力求工艺顺畅合理，运输短捷，合理的利用地形和土地，以减少土方工程量等原则。

氧化铝生产系统原料破碎堆场、均化库、原料制备、石灰烧制、脱硅、沉降洗涤、高压溶出、分解、蒸发、氢氧化铝过滤、焙烧、氧化铝仓等。原料装卸、堆放、破碎、磨矿等布置在厂区西北端，东北端依次布置生活污水处理车间和全厂循环水系统，高压溶出车间。厂区中部从东到西布置赤泥沉降分解洗涤车间、种子分解车间、母液蒸发车间。厂区南部布置焙烧和氧化铝成品包装储运车间。辅助设施根据生产系统的需要就近布置。东南端布置厂前区，如中心化验室、办公楼、食堂、浴室等。母液蒸发车间、脱硅工序及溶出等工序邻近厂区西侧。

（四）生产工艺简介

本项目主要分为氧化铝厂、自备电站两大部分，其生产工艺状况如下所述：

1. 氧化铝生产工艺

铝矿石用自卸汽车从铝矿山运至原料堆场，经配矿后用轮式装载机装运至粗碎间原矿槽，经原矿槽下设的板式喂料机送颚式破碎机粗碎，再经标准圆锥破碎机中碎，然后送筛分间筛分，筛上矿石送短头圆锥破碎机细碎，碎后矿石再送筛分间筛分，从而构成三段闭路破碎流程。筛下料破碎矿粒度小于 15 mm，经胶带机送至碎矿堆场堆存，由桥式抓斗机和胶带机送至原料磨磨头仓供配料用。

外购石灰由汽车运进厂，经斗式提升机卸入石灰仓，仓底设置板式给料机，胶带输送机，一部分石灰被送往原料磨磨头仓，另一部分石灰送往石灰消化段。用循环母液溶化石灰得到的石灰乳，液体苛性碱补充入循环母液。消化渣用胶带输送机送往渣堆场，消化渣最终用汽车运出厂送往赤泥堆场堆存。

预均化堆场送来的铝矿和用部分循环碱液化石灰后得到的石灰乳经计量后进入两段磨矿系统的棒磨机，棒磨机和球磨机出料进入同一搅拌槽，用泵送入水力旋流器进行分级，水力旋流器底流进入球磨机，水力旋流器溢流为合格原矿浆，由泵送往高压溶出预脱硅系统。

原矿浆经 100℃，8 小时预脱硅后与剩余循环碱液混合，经隔膜泵送入 6 级单套管二次汽预热至约 213℃，然后进入罐式加热器和保温溶出器，用新蒸汽间接加热至 265℃进行保温溶出 50 min。溶出后矿浆经 11 级自蒸发降温，二次汽用于预热矿浆，自蒸发的冷凝水逐级闪蒸后排出。末次自蒸发溶出矿浆温度为 125℃，降温后溶出矿浆进入稀释槽与赤泥洗液混合。二次汽用作预脱硅的热源，剩余部分送入低压汽管网。

溶出后的矿浆经赤泥洗液稀释后采用高效沉降槽进行分离和四次反向洗涤，絮凝剂经计量后分别加入分离和洗涤沉降槽。含水率约为 52%的末次底流赤泥经浆化后用往复泵直接送往赤泥堆场进行干法堆存。分离所得粗液用立式叶滤机精滤后送往精液降温。一次洗液用泵送至稀释槽。

精液在串联的板式换热器内分别与种分母液和水进行三级热交换，降温后的精液与种子一起用泵送入机械搅拌分解槽进行种子分解。种分采用一段高浓度分解生产砂状氧化铝工艺技术。种子过滤采用氢氧化铝种子制备机，$Al(OH)_3$ 分级采用氢氧化铝粒度分级机。

氢氧化铝粒度分级机的底流作为产品，泵送 $Al(OH)_3$ 分离洗涤工序的水平盘式过滤机，分离所得母液去精滤，洗涤所得 $Al(OH)_3$ 洗液送去稀释，$Al(OH)_3$ 滤饼去焙烧。

种子过滤和产品 $Al(OH)_3$ 分离所得的种分母液送袋式过滤机清滤回收氧化铝浮游物，精滤后的种分母液送去蒸发。

部分种分母液经蒸发排盐后得到的蒸发母液，与未蒸发的种分母液及补充的液体苛性碱混合调配成 $N_k=245$ g/L 的循环母液去原矿浆磨制和石灰乳制备工序。母液蒸发后分离出的结晶碱苛化后作为原料返回工艺系统。

氢氧化铝焙烧采用气态悬浮焙烧炉焙烧。成品氧化铝送入氧化铝仓待外运。

生产工艺流程及排污节点如图 1 所示。

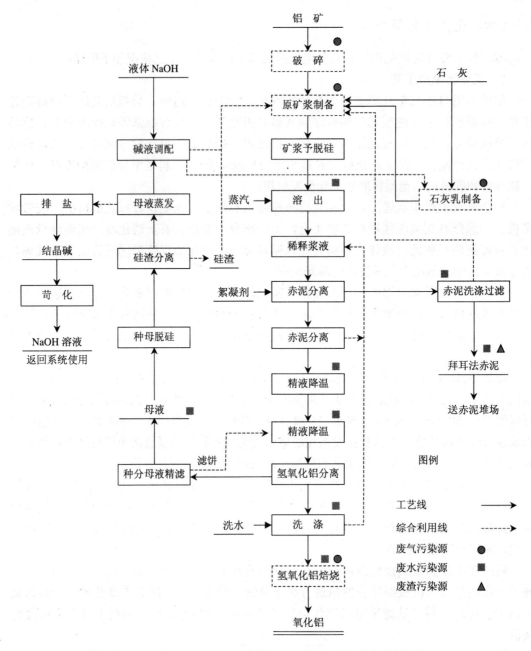

图 1　生产工艺流程及排污节点图

2. 热力站生产工艺

热力站生产流程为：燃煤经碎煤机破碎至 8 mm 以下，由输煤皮带送至原煤斗，通过给煤系统进入炉膛。原煤在炉膛一次燃烧后，烟气（含灰粒子）由炉膛出口经处置式旋风分离器分离出未燃尽大颗粒的灰粒子重新回送至炉膛燃烧；烟气（含飞灰）再经过过热器、再热器、省煤器、一二次风预热器从锅炉尾部排出。另炉膛底部设置有冷渣器，渣经过冷渣器冷却后排至渣斗，装入自卸汽车运至渣场（目前无法进行综合利用）。空气经一次风机加压，由空气预热器加热后的热风进入炉膛底部风板上，该系统上还设有风道点火器，点火时一次冷风直接进入风道点火器。二次风机供风分为三路：第一路未经预热的冷二次风作为给煤机密封用风；第二路经空预器加热后的热二次风作为二次风直接经炉膛上部的二次风箱送入炉膛；第三路热二次风作为密封风引至给煤口及石灰石给料口。采用加石灰石炉内燃烧脱硫，钙硫比为2.5，设计脱硫效率90%。烟气中含有燃料燃烧过程中产生的烟尘等污染物，设计经除尘效率99.3%的三电场静电除尘后，由150 m高烟囱排入大气。

热力站生产工艺及排污节点如图2所示。

二、环评报告主要环评意见、批复建议及"三同时"验收内容

（1）建设单位在项目建设中，应认真落实环评中提出的各项污染防治措施，优化供排水系统设计，实行"清污分流，雨污分流，以清补浊，循环套用"，保证做到生产废水零排放。生活污水经处理达标后排入城市污水管网，任何时候都不能排入三门峡水库。

（2）焙烧炉废气采用电除尘器处理，原料制备生产的粉尘采用袋式除尘器处理。

（3）工程热电厂的建设做到以热定电，不能擅自向外供电。热电厂废气治理采用五电场除尘器，除尘效率大于99.81%；二氧化硫脱除采用炉内喷钙加氨法脱硫，脱硫效率大于95%，并落实脱硫混合液综合利用和回收措施，安装二氧化硫在线检测仪器。

（4）设置专用赤泥渣场，认真落实赤泥渣场的防洪、防渗、防流失措施和地下水监控方案，积极探索赤泥的综合利用途径。

（5）任何时候，工程不能从黄河湿地保护区内打井取水。

（6）工程卫生防护距离900 m，在卫生防护距离内不得建设学校、医院、集中式住宅等敏感点。

（7）工程厂址北围墙应向南推移120 m并设置绿化隔离带，厂南、东、西侧设置50 m宽绿化带。

（8）建设单位应建立健全全厂环保管理、监测机构和制度，配备必要的仪器设备。

（9）项目建成后向省局申请进行试生产，试生产三个月后申请环保"三同时"验收，验收合格方能正式生产。

三、环境监理

（一）监理工作的依据

（1）《建设项目环境保护管理条例》（国务院令第253号）；

（2）《建设项目竣工环境保护验收管理办法》（国家环境保护局令第14号）；

（3）《三门峡市环境保护局关于对重点建设项目实施环境工程监理的通知》（三门峡环境保护局，三环［2005］86号）；

（4）河南省环境保护局《关于开曼铝业（三门峡）有限公司30万t/a氧化铝及配套工程环境影响报告书的批复》（豫环监［2003］162号文件）；

（5）河南省环境保护局《关于开曼铝业（三门峡）1 000 kt/a氧化铝厂二期70万t/a工程环境影响报告书的批复》（豫环监［2004］109号文件）；

（6）《开曼铝业（三门峡）有限公司100万t/a氧化铝及配套工程环境监理合同及大纲》。

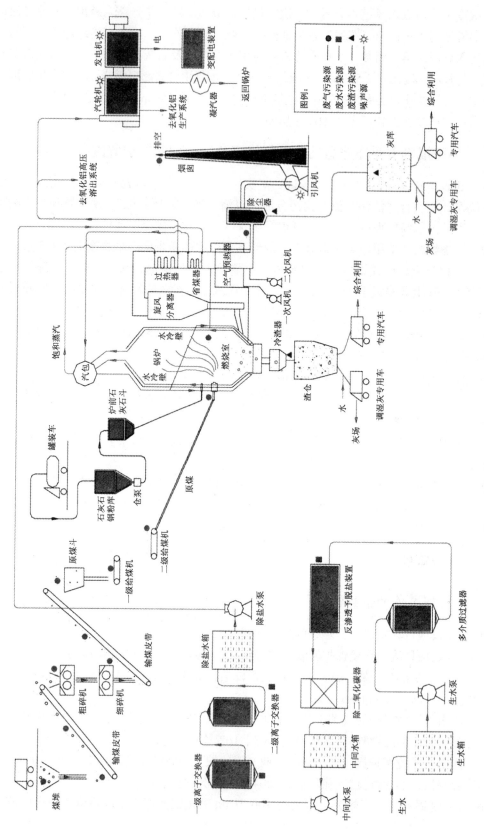

图 2 自备热力站工艺流程及排污节点图

（二）监理对象、范围

1．监理对象

开曼铝业（三门峡）有限公司 1 000 kt/a 氧化铝及配套工程。

2．监理范围

监理范围：陕县工业园区工程建设区及固废堆场。

（三）监理目的、目标

1．监理目的（略）

2．监理目标

在本项目环境监理工作中，其环境监理主要工作目标体现在四个方面：

（1）确保工程环保设计和相关监理文件中提出的环保工作得到合理的实施，使环境影响报告中的环保要求得到落实。

（2）结合工程实际情况，协助业主进行环境管理，宣传环保知识，增强环保意识。

（3）监督施工单位采取有效的措施将施工活动对环境的不利影响控制在可接受的范围内，提高环保工作水平，同时维护施工单位的权益。

（4）形成丰富完整的监理工作资料，真实反映建设施工与环境监理工作过程，为工程的环保验收工作提供依据。

（四）环境监理主要工作内容

环境工程监理内容主要涉及三个方面：一是对工程施工期各方环境保护法律法规方面执行情况和环境达标情况的监理；二是对项目《环评报告书》中提出的污染防治设施、企业环境管理机制建设情况的监理；三是对各级环保部门在项目环评批复的对环保治理的要求、建议等落实情况的监理。

1．施工期环境质量达标问题的监理

监督各施工单位切实落实施工期应采用的各项环保措施，并对措施执行情况及效果进行检查。监督、检查内容包括以下方面：

（1）施工期各方执行环境保护法律法规方面的政策咨询。

协调、建议项目业主自觉执行建设项目环境管理的有关规定；

监督各施工单位落实建设项目施工期环境保护方面的法规、规定；

受理各方环境保护法律、法规的政策咨询。

（2）施工粉尘控制措施监理。

从工程土方开挖到建设，以及交通运输过程中都会产生扬尘，对此要进行监理，督促施工期间粉尘控制措施的落实，监控控制措施的效果，以保护施工场地及周边的环境空气质量。具体粉尘的防治措施有清扫场地，经常洒水，防止扬尘；散装物料的堆放场应选择于施工现场季（期）主导风向的下风向，风力超过三级或遇雨、雪天气时，散装物料应加覆盖；施工现场路面应经常洒水，旱季每天洒水不少于两次，上、下午各一次。

（3）施工废水控制措施监理。

各施工场地的施工废水不能直接排入河道，根据施工废水其性质分别采用相应的治

理措施，治理后排放。施工单位的施工场地应设固定厕所，并设简易化粪池简单处理后排放。施工废水设简易沉淀池沉淀后排入城市下水系统。不经达标治理不能排入饮用水源地和功能要求高的河道。

（4）施工噪声控制措施监理。

各施工现场场界噪声应符合《建筑施工场界噪声标准》；

一般情况下各施工单位应在22：00时至次日6：00时停止施工活动；为赶工程进度确需夜间施工时，应事先通知可能受到影响的群众，求得可能受到影响的周边群众的谅解。

（5）施工废气的防治监理。

主要对施工机械和运输车辆排放的废气进行环境监理，督促采取防治措施积极防治，如采用优良机械设备、优质油料、尾气达标排放的交通工具以及适当的卫生防护距离等。

（6）施工期固体废弃物控制监理。

各施工现场的各类施工废弃物、建筑垃圾应集中定点堆放，由业主、城建、环保、土地等部门协调这部分固废的处置方案，各施工单位应严格按处置方案执行。

2．环保工程及企业环境管理机制建立的监理

环保工程及企业环境管理机制的建立监理内容详见表1。

表1　环保工程及企业环境管理机制建立监理内容

项目	环评要求措施	环评技术参数	监理内容
焙烧炉烟气除尘	设3套三电场静电除尘器	排气筒高度70 m、内径1.9 m，净化效率达到99.6%	①确保各项环保设施投资到位；②确保各项环保设施按施工进度及时开工建设；③确保环保设施建设按批复的设计规格、标准施工；④确保环保设施施工、安装效率达到环评要求；⑤及时了解设施施工质量现状，确保各项环保设施最终达标
铝矿石破碎除尘系统	密闭系统，布袋除尘器	排气筒高度30 m、内径1.6 m，净化效率达到98%	
原燃料输送及储存除尘系统	密闭系统，布袋除尘器	排气筒高度25 m、内径1.5 m，净化效率达到98%	
石灰消化	密闭系统，布袋除尘器	排气筒高度20 m、内径1.0 m，净化效率达到98%	
石灰贮运除尘系统	密闭系统，布袋除尘器		
原矿浆磨制除尘系统	密闭系统，布袋除尘器	粉排气筒高度25 m、内径0.8 m，净化效率达到98%	
氧化铝储运除尘系统	密闭系统，布袋除尘器	粉排气筒高度20 m、内径1.0 m，净化效率达到98%	
焙烧炉通风除尘系统	密闭系统，布袋除尘器	粉排气筒高度20 m、内径0.6 m，净化效率达到98%	
循环水系统	设3个循环水系统	减少新鲜水用量，循环水用量达到：100 443 m³/d	
二次利用水	二次利用水系统	污酸废水、锅炉酸碱废水处理后全部回用；生活污水经化粪池处理后用于绿化；生产污水经生产废水处理站处理作为二次利用返回系统；厂区初期雨水经收集沉淀池处理；全厂废水零排放	
生活污水处理站	设1座生活污水处理设施		
生产废水处理站及初期雨水收集沉淀池	设1座生产废水处理站及厂区初期雨水收集沉淀池		
噪声治理	对噪声源设消声隔音措施	室内布置或加隔声罩、消声器	
固废堆场	购地、堆场建设、管道输送	设置固废渣场、赤泥运输管道及赤泥附液回收回水管道	
监测监测站	监测站建筑、监测仪器设备	设置专门的环境管理机构	
绿化	场区绿面积不低于30%	厂区绿化及厂北侧设置120 m绿化隔离带	
热力站	3 MW×2.5 MW循环硫化床锅炉除尘、脱硫	五电场除尘，氨法脱硫	

　　针对上表中的内容，在施工期环境监理人员主要从以下几方面的落实情况进行了监理：

　　（1）环保投资控制的内容。

　　项目环境监理机构的监理工程师根据现场调查和计量，检查前述各项环保设施及配套工程的建设进展情况，了解并掌握按施工合同的约定审核工程量清单和工程款支付申请表，报总监理工程师审定。

　　环境监理工程师会同工程专业监理工程师审核环保设施承建单位报送的竣工结算报表。

　　总监理工程师审定环保设施竣工结算报表，与开曼铝业（三门峡）有限公司、承包单位协调一致后，签发环保设施竣工结算文件和最终的工程款支付证书报建设单位。

　　三门峡市清洁生产审核中心依据施工合同的有关条款、施工图，对上述环保工程项目造价进行分析。总监理工程师从造价、环保工程的功能要求、质量和工期等方面审查工程变更的方案，并在工程变更实施前与开曼铝业（三门峡）有限公司、承包单位协商确定工程变更的价款。

　　环境监理工程师及时建立月完成环保工程量和工作量统计表，对实际完成量与计划完成量进行比较分析，在监理月报中向开曼铝业（三门峡）有限公司报告。

　　（2）环保工程进度控制的内容。

　　总监理工程师审核环保工程承建设单位报送的施工总体进度计划和年、季、月度施工进度计划。

　　环境监理工程师和监理员对环保进度计划的实施情况进行检查、分析，记录实际进度和其他相关情况。当发现实际进度滞后于计划进度时，应商同专业监理工程师签发监理工程师通知单指令承包单位采取调整措施；当实际进度严重滞后于计划进度时，应及时报总监理工程师，由总监理工程师与开曼铝业（三门峡）有限公司商定采取进一步措施。

　　总监理工程师在监理月报中向开曼铝业（三门峡）有限公司报告环保工程进度和所采取的进度控制措施的执行情况，并提出合理预防由开曼铝业（三门峡）有限公司原因导致的工程延期及其相关费用索赔的建议。

　　（3）环保工程建设工艺控制的内容。

　　总监理工程师审核按环评及其有关文件批复的环保工程设计规模、规格、标准及施工图纸，同时对由环保设备厂商提供的设备进行确认，确保环保设施施工、安装效率达到环评要求；

　　环境监理工程师和监理员对于环保工程基础建设以及设备安装情况进行检查、分析，记录实际进度和其他相关情况。当发现土建及设备安装不能达到环评要求时，应商同专业监理工程师签发监理工程师通知单指令承包单位采取调整措施；当发现土建及设备安装与环评批复或设计工艺有较大出入时，应及时报总监理工程师，由总监理工程师与开曼铝业（三门峡）有限公司商定采取进一步措施。

　　环境监理工程师应及时建立环保工程建设工艺控制档案，并在监理月报中向开曼铝业（三门峡）有限公司报告。

　　（4）环保工程质量控制的内容。

　　环境监理工程师与建设监理工程师相互协作、密切配合对环保工程质量严格控制。

对环保工程承包单位报送的拟进场的环境设施工程原材料、构配件和设备严格把关，对工程材料/构配件/设备报审表及质量证明资料进行审核，并对进场的实物按照委托环境监理合同约定或有关工程质量管理文件规定的比例采取平行检验或见证取样方式进行抽检，并将质量控制现状作为环境工程监理记录材料之一。

总监理工程师安排监理人员对施工过程进行巡视和检查。

对于施工过程中发现的质量缺陷，环境监理工程师应及时告知专业监理工程师，并会同专业监理工程师下达监理工程师通知，要求环保工程承包单位整改，并检查整改结果。

环境监理人员发现环保工程施工存在重大质量隐患或施工不符合环保设计要求时，通过总监理工程师下达工程暂停令，要求承包单位停工整改。整改完毕，经环境监理人员复查，符合规定要求后，总监理工程师应及时签署工程复工报审表。

总监理工程师下达工程暂停令和签署工程复工报审表，事先向开曼铝业（三门峡）有限公司报告。

（五）委托环境监理合同履行情况

在监理过程中，项目环境监理人员针对环保设施建设中出现的问题共下达了监理通知单 36 份，监理联系单 14 份，同时针对环保设施重大变更情况及时上报环境主管部门，建议企业业主及施工单位进行整改，以避免企业环保设施建设不符合环评批复的要求。使项目施工期环境监理的重要作用得到有效的发挥。

四、工程建设及环保措施落实情况

（一）施工期环境质量达标监理情况

（1）施工期大气污染防治现场监理。

施工过程中使用的易扬尘建材如石灰、沙石、土方等，企业采用尽量减少以上建材的装卸时间，搭建工棚，避免露天堆放的方法，以减少其对周围环境的影响。针对施工过程中扬尘，采用一天两次或三次（在干燥或大风天气）在施工场地及附近运输道路上进行喷水降尘，控制扬尘污染。

（2）施工期水污染防治现场监理状况。

项目施工中，尽量减少用水量，以此来避免或降低施工废水排放。针对施工过程中产生的废水，企业按照要求专门设置若干个废水沉淀池，沉淀后回收，用做混凝用水和施工场地道路的洒水。

（3）施工期固废污染防治现场监理状况。

在施工过程中，土石方及管线的开挖严格按照在划定的施工区域内进行，减少作业面。开挖的土石方按照及时回填，做到挖填结合的方法，避免对土地的影响；无用或剩余的土石方集中分类堆放在指定地点，在施工结束后，可利用的进行综合利用，无利用价值的进行合理处置。

在施工中产生的废旧建材垃圾，企业指定了专人负责，进行分类后集中堆存在指定地点，在施工结束的同时全部进行集中处置。

（4）施工期噪声污染防治现场监理状况。

施工中，为了防止噪声对附近村庄造成污染，企业在施工区域外围修建 5 m 高围墙，以阻隔噪声传播，降低噪声的危害。同时将产生噪声和振动较大的打桩作业，都安排在昼间（7～20 时）进行，并且尽量避免夜间作业。

（5）施工期场地开挖及植被恢复。

在工程完成交工之前，各施工单位对工程开挖土方按照施工方案中要求，做到及时回填、平整，以有利于业主种植花草树木，进行必要的绿化设施。

（二）工程污染防治和环保措施落实情况

1．大气污染控制措施现场监理状况

中心环境监理人员在项目建设的过程中，按照环境监理程序方法，对施工现场进行监理核查，大气污染防治设施现场安装建设情况如下：

①氧化铝厂焙烧炉废气采用 3 套三电场静电除尘器；

②原料制备生产的粉尘采用滤筒、滤袋除尘器处理，氧化铝厂生产系统共安装 51 台（详见附表）；

③热力站锅炉烟气采用四套四电场除尘器；

④两套锅炉在线监测仪器；

⑤煤场设置有喷水装置，煤仓及碎煤机室设除尘器，并进行绿化。

根据环评要求，项目要求建设的大气污染防治设施与现场实际建设的污染防治设施对照情况见表 2。

表 2　大气污染防治设施建设情况表

类别	项目	环评要求治理措施	实际建设情况	备注
大气污染物	焙烧炉烟尘	一期、二期共三套高效双室三电场电除尘器，要求除尘效率≥99.6%，排气筒 70 m	一期安装一套、二期安装两套共三套高效双室三电场除尘器，设计除尘效率≥99.7%，并由 70 m 高空烟囱排放	相符
	生产系统粉尘	布袋除尘器，要求除尘效率≥98%	一期、二期共安装 51 套滤筒、滤袋除尘器，设计效率≥99.9%	相符
	电厂烟气	烟气连续监测系统	每个烟道各安装一套烟气连续在线监测系统，共两套	相符
	电厂除尘	四套五电场除尘器，要求除尘效率≥99.7%	四套四电场除尘器，设计除尘效率≥99%	不符
	电厂脱硫	炉内喷钙加氨法脱硫	炉内喷钙	不符
	煤场扬尘	设喷水装置、绿化、煤仓及碎煤机室设除尘器等	煤场设置喷淋系统，周围设置绿化带，种植草木。煤仓及碎煤机室安装除尘器	相符
	石灰石粉尘	购买石灰石粒，直接入湿式球磨机，厂内不设制粉系统	厂内建设三座石灰石粉储存库，直接购入石灰粉	相符
	矿石料场	设喷水装置、绿化	破碎外协，料场设置喷淋系统，周围设置绿化带	相符
备注	企业变更已上报省局			

（1）氢氧化铝焙烧污染防治状况。

开曼铝业（三门峡）有限公司 1 000 kt/a 氧化铝一期、二期项目根据环评及设计要求，在氢氧化铝焙烧工段采用三电场静电除尘器作为氧化铝粉尘捕集设备。企业一期建设一套三电场静电除尘器，二期建设两套三电场静电除尘器，设计除尘效率≥99.7%，满足环评除尘效率≥99.6%的要求，并由 70 m 烟囱高空排放。具体建设清单见表 3。

表3　氢氧化铝焙烧环保设备实际建设清单

项目	序号	实际建设情况	参数	备注
氢氧化铝焙烧污染防治	1	一期建设一套三电场静电除尘器	设计除尘效率≥99.7%	符合
	2	二期建设两套三电场静电除尘器	设计除尘效率≥99.7%	符合
	3	烟气处理后高空排放	70 m	符合

（2）生产性粉尘防治状况。

开曼铝业（三门峡）有限公司 1 000 kt/a 氧化铝一期、二期项目根据环评及设计要求，在氧化铝工程原料系统和氧化铝包装及堆栈等工序采用 51 台脉冲滤筒（袋）式除尘器，作为铝矿、石灰和氧化铝粉尘捕集设备。具体建设清单见表 4。

表4　氧化铝厂生产性粉尘环保设备实际建设清单

序号	规格	规格性能	除尘类型	数量	安装位置
1	LTMC-37	风量：1 800～2 400 m³/h　p＜1.2 kPa　除尘效率：≥99.9%　出口粉尘浓度：≤50 mg/m³	脉冲滤筒	1	K-1#铝矿皮带机头
2	LTMC-37	风量：1 800～2 400 m³/h　p＜1.2 kPa　除尘效率：≥99.9%　出口粉尘浓度：≤50 mg/m³	脉冲滤筒	1	K-2#铝矿皮带机头
3	ML-8	风量：6 480～10 800 m³/h，过滤风量：0.9～1.5 m/min，4～72 45A，7.5 kW，滤筒规格：直径 350 mm×900 mm，过滤面积 120 m²，滤筒数 8 个，除尘效率：99.5%	脉冲滤筒	1	3#铝矿皮带机头
4	ML-8	风量：6 480～10 800 m³/h，过滤风量：0.9～1.5 m/min，4～72 45A，7.5 kW，滤筒规格：直径 350 mm×900 mm，过滤面积 120 m²，滤筒数 8 个，除尘效率：99.5%	脉冲滤筒	1	4#铝矿皮带机头
5	LTMC-37J	风量：1 800～2 400 m³/h　p＜1.2 kPa　除尘效率：≥99.9%　出口粉尘浓度：≤50 mg/m³	脉冲滤筒	1	5#铝矿皮带机头
6	LTMC-37	风量：1 800～2 400 m³/h　p＜1.2 kPa　除尘效率：≥99.9%　出口粉尘浓度：≤50 mg/m³	脉冲滤筒	1	7#铝矿皮带机头
7	LTMC-37	风量：1 800～2 400 m³/h　p＜1.2 kPa　除尘效率：≥99.9%　出口粉尘浓度：≤50 mg/m³	脉冲滤筒	1	9#铝矿皮带机头
8	WXMC-312B	风量：17 580～43 950 m³/h　p＜1.2 kPa　除尘效率：≥99.9%　出口粉尘浓度：≤50 mg/m³	脉冲滤袋	1	石灰破碎机
9	WXMC-312B	风量：17 580～43 950 m³/h　p＜1.2 kPa　除尘效率：≥99.9%　出口粉尘浓度：≤50 mg/m³	脉冲滤袋	1	0#铝矿皮带机头
10	LTMC-37	风量：1 800～2 400 m³/h　p＜1.2 kPa　除尘效率：≥99.9%　出口粉尘浓度：≤50 mg/m³	脉冲滤筒	1	斗式提升机下料口

序号	规格	规格性能	除尘类型	数量	安装位置
11	LTMC-69	风量：1 800～2 400 m³/h　p＜1.2 kPa　除尘效率：≥99.9%　出口粉尘浓度：≤50 mg/m³	脉冲滤筒	1	1#石灰仓
12	LTMC-69	风量：1 800～2 400 m³/h　p＜1.2 kPa　除尘效率：≥99.9%　出口粉尘浓度：≤50 mg/m³	脉冲滤筒	1	2#石灰仓
13	LTMC-69	风量：1 800～2 400 m³/h　p＜1.2 kPa　除尘效率：≥99.9%　出口粉尘浓度：≤50 mg/m³	脉冲滤筒	1	3#石灰仓
14	LTMC-37D	风量：1 800～2 400 m³/h　p＜1.2 kPa　除尘效率：≥99.9%　出口粉尘浓度：≤50 mg/m³	脉冲滤筒	1	1#石灰振动给料机
15	LTMC-37D	风量：1 800～2 400 m³/h　p＜1.2 kPa　除尘效率：≥99.9%　出口粉尘浓度：≤50 mg/m³	脉冲滤筒	1	2#石灰振动给料机
16	LTMC-37D	风量：1 800～2 400 m³/h　p＜1.2 kPa　除尘效率：≥99.9%　出口粉尘浓度：≤50 mg/m³	脉冲滤筒	1	3#石灰振动给料机
17	LTMC-37D	风量：1 800～2 400 m³/h　p＜1.2 kPa　除尘效率：≥99.9%　出口粉尘浓度：≤50 mg/m³	脉冲滤筒	1	5#石灰皮带机尾
18	ML-8	风量：1 800～2 400 m³/h　p＜1.2 kPa　除尘效率：≥99.9%　出口粉尘浓度：≤50 mg/m³	脉冲滤筒	1	2#石灰皮带机头
19	LTMC-37	风量：1 800～2 400 m³/h　p＜1.2 kPa　除尘效率：≥99.9%　出口粉尘浓度：≤50 mg/m³	脉冲滤筒	1	3#石灰皮带机头
20	LTMC-92	风量：4 050～5 480 m³/h　p＜1.2 kPa　除尘效率：≥99.9%　出口粉尘浓度：≤50 mg/m³	脉冲滤筒	1	4#石灰皮带机头
21	LTMC-37SH	风量：1 800～2 400 m³/h　p＜1.2 kPa　除尘效率：≥99.9%　出口粉尘浓度：≤50 mg/m³	脉冲滤筒	1	5#石灰皮带机头
22	LTMC-69	风量：4 050～5 480 m³/h　p＜1.2 kPa　除尘效率：≥99.9%　出口粉尘浓度：≤50 mg/m³	脉冲滤筒	1	6#石灰皮带机头
23	LTMC-37D	风量：1 800～2 400 m³/h　p＜1.2 kPa　除尘效率：≥99.9%　出口粉尘浓度：≤50 mg/m³	脉冲滤筒	1	3#石灰消化仓上
24	LTMC-110	风量：5 850～7 840 m³/h　p＜1.2 kPa　除尘效率：≥99.9%　出口粉尘浓度：≤50 mg/m³	脉冲滤筒	1	1#磨头
25	LTMC-110	风量：5 850～7 840 m³/h　p＜1.2 kPa　除尘效率：≥99.9%　出口粉尘浓度：≤50 mg/m³	脉冲滤筒	1	2#磨头
26	LTMC-130	风量：5 700～10 500 m³/h　p＜1.2 kPa　除尘效率：≥99.9%　出口粉尘浓度：≤50 mg/m³	脉冲滤筒	1	3#磨头
27	LTMC-130	风量：5 700～10 500 m³/h　p＜1.2 kPa　除尘效率：≥99.9%　出口粉尘浓度：≤50 mg/m³	脉冲滤筒	1	4#磨头
28	LTMC-92	风量：4 050～5 480 m³/h　p＜1.2 kPa　除尘效率：≥99.9%　出口粉尘浓度：≤50 mg/m³	脉冲滤筒	1	1#铝矿仓顶
29	LTMC-92	风量：4 050～5 480 m³/h　p＜1.2 kPa　除尘效率：≥99.9%　出口粉尘浓度：≤50 mg/m³	脉冲滤筒	1	2#铝矿仓顶
30	LTMC-92	风量：4 000～7 400 m³/h　p＜1.2 kPa　除尘效率：≥99.9%　出口粉尘浓度：≤50 mg/m³	脉冲滤筒	1	3#铝矿仓顶

序号	规格	规格性能	除尘类型	数量	安装位置
31	LTMC-92	风量：4 000～7 400 m³/h　$p<1.2$ kPa　除尘效率：≥99.9%　出口粉尘浓度：≤50 mg/m³	脉冲滤筒	1	4#铝矿仓顶
32	LTMC-37J	风量：1 800～2 400 m³/h　$p<1.2$ kPa　除尘效率：≥99.9%　出口粉尘浓度：≤50 mg/m³	脉冲滤筒	1	1#铝矿仓底
33	LTMC-37J	风量：1 800～2 400 m³/h　$p<1.2$ kPa　除尘效率：≥99.9%　出口粉尘浓度：≤50 mg/m³	脉冲滤筒	1	2#铝矿仓底
34	LTMC-82	风量：4 000～7 400 m³/h　$p<1.2$ kPa　除尘效率：≥99.9%　出口粉尘浓度：≤50 mg/m³	脉冲滤筒	1	3#铝矿仓底
35	LTMC-82	风量：4 000～7 400 m³/h　$p<1.2$ kPa　除尘效率：≥99.9%　出口粉尘浓度：≤50 mg/m³	脉冲滤筒	1	4#铝矿仓底
36	ML-8	风量：6 480～10 800 m³/h，过滤风量：0.9～1.5 m/min，4～7 245 A，7.5 kW，滤筒规格：直径350 mm×900 mm，过滤面积120 m²，滤筒数8个，除尘效率：99.5%	脉冲滤筒	1	4#铝矿皮带机头

注：开曼铝业公司全厂共计配置各类除尘器51台（套）。

设施安装完成情况见实景图：

图3　氧化铝粉输送系统滤筒除尘器

图4　矿石破碎系统滤筒除尘器

（3）热力站污染防治状况。

根据开曼铝业（三门峡）有限公司二期项目设计及环评要求，在厂内建设 3 MW×2.5 MW 循环硫化床锅炉作为自备热力站，并要求建设做到以热定电，不能擅自向外供电。热电厂废气治理采用五电场除尘器，除尘效率大于 99.81%；二氧化硫脱除采用炉内喷钙加氨法脱硫，脱硫效率大于 95%，并落实脱硫混合液综合利用和回收措施，安装二氧化硫在线检测仪器。

但企业实际建设状况为：5 MW×2.5 MW 循环硫化床锅炉；热电厂废气治理采用四电场除尘器，设计除尘效率大于 99%；二氧化硫脱除采用炉内喷钙法，并没有建设氨法脱硫装置；安装二氧化硫在线检测仪器。具体建设清单见表5。

表5　热力站污染防治措施实际建设清单

项目	序号	环评要求	实际建设情况	备注
热力站	1	3 MW×2.5 MW 循环硫化床锅炉	5 MW×2.5 MW 循环硫化床锅炉	不符。2×2.5 MW 循环硫化床锅炉属于未批先建
热力站污染防治	2	四套五电场除尘器，设计除尘效率≥99.81%	四套四电场除尘器，设计除尘效率≥99%	不符。设备型号不符，设计除尘效率偏低
	3	脱硫采用炉内喷钙加氨法脱硫，脱硫效率大于95%	脱硫采用炉内喷钙	不符。氨法脱硫没有建设
	4	二氧化硫在线检测仪器	两套二氧化硫在线检测仪器	符合

热力站设施安装情况见实景图：

图5　热力站四电场静电除尘器

（4）厂区粉尘污染防治状况。

企业煤场、料场设置有喷水装置，煤仓及碎煤机室设除尘器，并进行绿化。

图6　煤场除尘系统

（5）大气污染防治设施现场监理结论。

企业大气污染防治措施中焙烧炉除尘系统、氧化铝生产除尘系统、煤场扬尘喷淋设施、石灰石除尘系统、热力站在线监测系统等按照环评要求，全部安装到位，技术型号相符，安装部位适当，预计可满足企业正常生产要求。

但企业热力站除尘系统设备、热力站脱硫系统设备发生重大变更，可能造成企业在实际运行中烟尘及 SO$_2$ 排放浓度及总量超标，不能满足企业正常生产要求。具体变更情况见表6。

表6　企业大气污染防治措施建设变更表

序号	变更事项	环评要求	变更内容	变更结果	变更程序
1	热力站锅炉	3 MW × 2.5 MW 循环硫化床锅炉	5 MW × 2.5 MW 循环硫化床锅炉	2 MW×2.5 MW 循环硫化床锅炉属于未批先建	未批先建
2	热力站除尘系统	四套五电场除尘器，要求除尘效率≥99.7%	四套四电场除尘器，设计除尘效率≥99%	理论除尘效率由≥99.7%降低为≥99%，可能造成实际运行中烟尘排放浓度超标	变更，已上报省局
3	热力站脱硫系统	炉内喷钙加氨法脱硫	炉内喷钙，没有建设氨法脱硫系统	没有建设氨法脱硫，理论脱硫效率降低，可能造成实际运行中 SO$_2$ 排放浓度超标	变更，已上报省局

2. 废水污染控制措施现场监理状况

企业废水处理系统主要有氧化铝厂循环水系统、氧化铝厂生产废水处理系统、热电厂冷却循环水系统、热电厂酸碱废水处理系统、全厂生活污水处理系统，根据环境监理人员现场的监理，废水处理设施建设情况如下：

①全厂废水实行"清污分流，雨污分流，以清补浊，循环套用"；

②氧化铝厂设置有三套循环水系统；

③氧化铝厂设置有全厂生产废水处理站，生产废水收集集中处理后，返回生产系统循环使用；

④热电厂设置一套冷却循环水系统；

⑤热电厂设置有酸碱废水中和处理池，处理后废水用于厂内绿化、喷淋；

⑥设置有全厂生活污水处理系统，处理后生活污水排入陕县城市管网。

环评要求的水污染防治设施与现场监理的污染防治设施对照情况见表7。

表7　水污染防治设施建设情况表

类别	项目	环评要求治理措施	实际建设情况	备注
水污染物	氧化铝循环水系统	三套循环水系统	氧化铝厂共建设三套循环水系统	相符
	热力站循环水系统	一套循环水系统	热力站建设有一套循环水系统	相符
	氧化铝厂生产废水处理系统	生产废水集中处理站	氧化铝厂建设有生产废水集中处理站，废水处理后回用生产系统	相符
	热力站酸碱废水处理系统	酸碱废水中和处理池	氧化铝厂建设有酸碱废水中和处理池，废水处理后回用厂区绿化	相符
	全厂生活污水处理系统	生活污水集中处理站	厂区建设有生活污水集中处理站，处理后生活污水排入城市管网	相符

（1）循环水系统。

氧化铝厂循环水系统：

企业设置了氧化铝生产循环水、逆流洗涤和二次利用水共三套水循环系统，提高水的重复利用率。

热力站循环水系统：

企业热力站设置了一套循环水系统，提高水的重复利用率。

（2）废液、废水综合利用系统。

企业高浓度含碱废液、废水由生产工艺系统直接回收；赤泥洗液和赤泥堆场返回的附液，收集后由罐车拉回厂区回用；热力站设置有酸碱废水中和处理池。

（3）生产废水和生活废水处理系统。

企业厂区分别设置了生产废水回收系统和生活污水排水系统，生产废水和生活废水严格分流。

生产排水全部进入生产废水处理站处理，废水经沉淀池、平流沉淀池去除悬浮物后作为二次利用供水返回生产系统；生活污水采用一体化污水处理设备处理，该设备由竖流式斜管沉淀池，一二级接触氧化、二沉池，消毒池，快滤池组合为一整体，污泥排入赤泥堆场。

表 8　氧化铝厂废水处理环保设备清单

子项名称	设备名称	规格型号	数量	安装位置
工业污水处理设备	回转式格栅除污机	HF-800 CTQH-800-20 宽：800 mm，$A=70°$，$H=6$ m，$N=0.75$ kW，间距 $B=20$ mm	1	雨排水调节池
	回转式格栅除污机	HF-800 CTQH-800-21 宽：800 mm，$A=70°$，$H=3.77$ m，$N=0.75$ kW，间距 $B=20$ mm	1	生产废水调节池
	一体化高浊度净水器	FA-200　12 000 mm×4 500 mm×4 350 mm	2	工业污水处理场
	行车吸泥机	SHB12　$B=12$ 400，跨距 $k=12.4$，$N=14$ kW	1	平流沉淀池
	加药装置	JY-III型	2	加药间
生活污水处理设备	地埋式污水处理设备	WSZ-20T/h	1	工业污水处理场
生产、生活废水处理池	雨排水调节池	9 800 mm×7 600 mm×7 700 mm	1	工业污水处理场
	生产废水调节池	9 800 mm×7 600 mm×5 500 mm	1	工业污水处理场
	回用水调节池	9 800 mm×7 600 mm×7 500 mm	1	工业污水处理场
	生活污水调节池	9 800 mm×9 800 mm×5 600 mm	1	工业污水处理场
	平流沉淀池	24 000 mm×600 mm×3 500 mm	2	工业污水处理场
	污泥干化场	6 000 mm×10 000 mm	2	工业污水处理场

（4）事故废水处理系统。

在厂区内设置雨水以及事故废水共用的收集池，在发生事故废水产生的情况下，收集事故排污废水，与赤泥一道送赤泥渣场，经渣场缓冲后在生产正常时调整生产供、排水量，逐步返回厂区回用于生产。

（5）废水污染防治设施现场监理结论。

环境监理人员通过对比企业设备现场安装状况与环评及设计的要求，得出如下监理结论：企业循环水系统，废液、废水综合利用系统，废水处理系统以及事故废水处理系统都同环评报告要求相符，设备全部安装到位，系统设计的处理能力、各项技术指标等可以满足企业正常生产要求。

3. 固体废弃物污染控制措施落实状况

（1）固体废弃物污染控制措施状况。

企业的固体废弃物为赤泥、石灰消化渣、尾矿和燃煤灰渣，环境监理人员在项目建设的过程中，对施工现场进行监理核查，固体废弃物污染防治措施如下：

①赤泥具有腐蚀性，因此它的堆放场应按照危险固废处置要求采取相应的防止附液流失、渗漏的防渗和回收措施。企业建设一山谷型的赤泥堆放场，堆放场底部和侧壁均铺设渗透系数小于 1×10^{-11} m/s 人工防渗膜，以防止赤泥附液对地下水及土壤的污染。堆场上下游两端设有防洪坝，底部铺设排洪管道，防止雨季山洪及雨水对堆场的危害。

②石灰消化渣与赤泥混合后经管道输送至赤泥堆场；

③尾矿浆经过滤，滤饼送赤泥堆场单独尾矿分区堆存；

④针对燃煤灰渣，环评要求企业建设灰渣场。但企业考虑灰渣的综合利用价值，目前在厂内建设一临时渣场对灰渣进行堆放，对灰渣进行综合利用。

环评要求的固废污染防治设施与现场监理的污染防治设施对照情况见表 9。

表 9 固废污染防治设施建设情况表

类别	污染因素	环评要求治理措施	实际建设情况	备注
固体废弃物	赤泥	一期要求建设容积为 500 万 m³ 赤泥堆存场，同时建设相应防渗、防洪、防流失等配套措施，其中渗透系数小于 1×10^{-11} m/s；为满足公司发展赤泥填埋要求，环评要求企业另新建一座容积达 3 000 万 m³ 以上的新渣场，渣场的防渗、防洪、防流失系数同一期渣场	一期建设容积为 80 万 m³ 梯型赤泥堆存场，在堆场的底部和侧壁均铺设 1.7 mm 厚防渗膜，渗透系数小于 1×10^{-11} m/s，并采用热焊工艺对防渗膜搭接处进行焊接。按照防洪设计标准，在赤泥堆场上游及两侧均设截洪坝及排洪道，修筑导流渠，堆场底部设有排洪涵洞。二期建设一座容积达 3 000 万 m³ 以上的新渣场，渣场的防渗、防洪、防流失系数同一期渣场	变更，已上报省局
	石灰消化渣	汇同赤泥，送往赤泥堆场堆存	汇同赤泥，送往赤泥堆场堆存	相符
	尾矿	尾矿滤饼汇同赤泥，送往赤泥堆场堆存	汇同赤泥，送往赤泥堆场堆存	相符
	燃煤灰渣	建设厂外灰渣场，对燃煤灰渣进行堆存处理	在厂区内建设临时渣场，配套建设粉煤灰砖场，对燃煤灰渣进行综合利用	相符环保要求

（2）赤泥渣场污染控制状况。

针对企业赤泥渣场建设进行重点监理控制，现场建设情况如下：

按照企业环评要求，赤泥由管道输送至赤泥填埋场进行干法堆存填埋，同时赤泥渣场设计库容为 300 万 m³，满足企业使用 10 年。截至企业试生产，渣场已经投入使用，但企业在固废污染控制建设过程中发生以下变更：

赤泥输送方式：

由于输送距离过远，且存在高程等原因，企业上报省环保局审核同意后，将赤泥输送方式由管道输送更改为汽车运输。

渣场建设规模：

企业渣场采用边铺设边使用方式进行建设，但由于与国家重点建设项目郑西高速铁路发生地址冲突，截至 2006 年 3 月 3 日企业试生产，渣场完成上半部约 50 万 m³ 建设；下半部渣场同步施工，于 6 月份完成 30 万 m³ 建设，渣场容积共 80 万 m³，只能满足企业一期 30 万吨氧化铝规模约为两年的使用，同时企业二期已同步建设，但二期渣场建设缓慢，造成一期库容压力增大。

渣场建设：

企业在渣场建设初期由于公共关系等问题，造成施工进度缓慢。企业为在试生产时投入渣场使用，一度简化渣场建设工序，坝体侧壁没有削坡，护坡植被没彻底清除，坝体沿原地形建设，四周凹凸不平，同时由于施工队伍技术水平不高，造成防渗膜铺设不规范，经常被凹凸地形或植被撕裂等现象，造成一期库容有一定的环境隐患。

表 10　固废污染控制措施变更表

序号	变更部位	变更内容	变更原因	变更对工程的影响	变更过程
1	赤泥输送方式	管道输送更改为汽车输送	管道技术问题	造成运输路线污染	上报批准
2	渣场规模	库容约为 80 万 m³	与高速铁路冲突	造成服役年限减少	上报批准
3	渣场建设问题	坝体侧壁没有削坡，护坡植被没彻底清除，沿原地形建设，四周凹凸不平	建设不规范	给防渗膜铺设造成技术困难，造成侧壁泄漏隐患	
		防渗膜铺设不规范，经常被凹凸地形或植被撕裂	建设不规范	造成侧壁泄漏隐患	
4	二期渣场建设	二期渣场建设缓慢		增加了一期渣场的运行压力	

图 7　企业使用的土工膜

图 8　渣场大坝前期建设情况

图 9　赤泥倾倒现场

（3）固体废物污染控制措施监理结论。

企业现有赤泥、石灰消化渣、尾矿和燃煤灰渣固废防治措施都已建设，基本可以满足企业正常生产要求；但企业赤泥渣场现有固废防治措施在施工建设过程中存在一定的缺陷，造成了一定的环境隐患；同时由于企业一期渣场服役已快满、二期渣场建设缓慢，给企业正常固废管理带来了一定的压力。

4. 噪声污染防治措施落实情况

企业氧化铝系统主要噪声源：原矿浆磨制系统球磨机，溶出系统高压隔膜泵，氢氧化铝过滤工段的真空泵，氢氧化铝分离洗涤系统鼓风机，赤泥输送工段的高压隔膜泵，氢氧化铝焙烧系统的排风机，空压站空压机等。热力站主要噪声源：破碎机、锅炉排汽噪声，汽轮机、发电机、送风机、引风机等。

企业为降低噪声的影响，首先从声源上进行控制，设计尽量选用低噪声的设备。其次，对锅炉排气管出口安装消声器，空压机采用阻抗性消声器，在大型鼓风机、引风机进出口设消声器，部分转动设备设置隔音罩。各类噪声设备均设置于车间内，并设有减振基础，有效阻止噪声向厂区内外扩散。

表 11　工程主要噪声设备及防治措施

序号	主要设备	工序	防治措施
1	对辊式破碎机	铝矿破碎	室内布置
2	球磨机	原矿浆磨制	室内布置
3	棒磨机		隔声罩
4	高压隔膜喂料泵	高压溶出	室内布置
5	真空泵	氢氧化铝过滤	室内布置
6	高压隔膜泵	赤泥输送	室内布置
7	焙烧炉排烟机	焙烧炉烟气净化	室内布置　消声器
8	空压机	空压站	室内布置　消声器
9	汽轮发电机	热力站	室内布置　消声器
10	风机		室内布置　消声器
11	冷水塔		—
12	锅炉排汽		消声器

在噪声防护中采取厂房隔声、减振治理、机械润滑、远离厂界等降噪措施，经治理后厂界噪声可满足《工业企业厂界噪声标准》要求。

5. 绿化及卫生防护措施落实情况

按项目环评批复要求：工程厂址北围墙应向南推移 120 m，并设置绿化隔离带，厂南、东、西侧设置 50 m 宽绿化带。企业在实际建设过程中，企业可绿化面积为 19 万 m²，拟绿化面积及已绿化面积约为 16 万 m²，绿化率为 84.2%，绿化系数 21.2%。已投入绿化资金为 200 万元，主要绿化树种有雪松、大叶女贞、国槐、龙柏、垂柳等。但厂区北围墙未向南推移 120 m，设置有 50 m 绿化隔离带，厂界南围墙、东围墙及西围墙各有设有 10 m、50 m、10 m 绿化林带。

企业卫生防护距离按项目环评批复要求：建设项目的 900 m 卫生防护距离内，不得建设居住、文教、医疗等敏感点。企业在实际建设过程中厂区 900 m 内未新建居住、文教、医疗等敏感点。

企业绿化面积及绿化系数满足环评要求，但厂区围墙绿化带不能满足要求；900 m 卫生防护距离内，没有建设居住、文教、医疗等敏感点。

6. 企业环境管理措施落实情况

（1）环保机构设置。

开曼铝业（三门峡）有限公司对环保工作高度重视，成立了以公司总经理为组长、副总经理为主管，各科室主任为成员的环境保护领导小组，下设环保科，直接归属总经理领导，环保科设清洁生产管理部门和监测站。为了把环境保护工作落到实处，企业实行了公司、车间、班组三级环境管理体制，具体情况如下：

①总经理作为环境保护工作的领导者，负责公司的环保工作；

②在总经理的领导下，由生产副总经理主管本企业的环境保护工作，其他副总经理各负分管范围内的环境保护工作，总工程师对企业污染防治技术负领导责任；

③各个职能科室按照其业务范围明确环境保护的职责，并在车间和班组建立健全环境保护岗位责任制，将环境管理工作落实到岗位及个人，企业环境管理机构设置框图如图 10 所示。

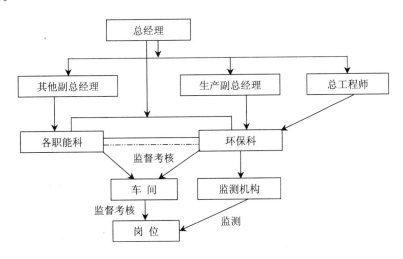

图 10　企业环境管理机构设置框图

（2）环境保护规章制度的建立和执行情况。

开曼铝业（三门峡）有限公司制定了《环境保护管理办法》、《环境保护监控实施细则》、《环保设施监督考核管理办法》、《环境监测站运行制度》等制度，同时不但针对正常生产过程中产生"三废"制定了具体的常规监测计划，而且还制定了相应的应急监测计划等一系列规章制度，进一步明确了环保管理、设备运行检修标准、人员职责范围以及奖惩标准等。

（3）监测机构和仪器设备的配置情况。

企业配套建设有环境监测站，共有 21 名员工，建设有完善的环境监测规章制度及环境监测计划，配备了完备的环境监测仪器。现有的监测机构和仪器设备可以满足扩建工程的监测需要。现有环境监测仪器一览见表 12。

表 12　公司现有环境监测仪器一览表

序号	仪器名称	用途	数量
1	万分之一天平	称量	2 台
2	分光光度计	分析气体、液体中成分	2 台
3	自计流量计	测水流量	2 台
4	BOD_5 生化培养箱	测 BOD_5	1 台
5	大气采样器	采集大气样品	10 台
6	声级计	测噪声	1 套
7	酸度计	测酸度	1 台
8	烟道气分析仪	分析烟道气	8 套
9	SO_2 监控仪	在线监控 SO_2	1 套
10	磁力搅拌器	搅拌	6 台
11	电冰箱	储存	1 台
12	电热干燥箱	样品干燥	1 台
13	计算机	数据处理	1 台
14	试剂、玻璃容器	试验	若干套
15	实验室	试验场所	不小于 400 m²

备注：设备类型完整、运行状况良好

（4）企业环境管理机构建设监理结论。

开曼铝业（三门峡）有限公司 100 万 t 氧化铝项目在建设过程中，遵循国家的环保政策，按照环评批复及要求，企业设置合理得当的环保机构，建立一系列完善的环境保护规章制度，配备了完备的监测机构和仪器设备，可以满足企业正常运行要求。

五、监理结论

（一）工程建设情况总结

对照《开曼铝业（三门峡）有限公司氧化铝项目环境影响报告书》本工程污染防治措施一览表内容，本项目环保工程实际建设项目与环评要求相符项目见表 13。

表 13　实际建设与环评要求相符环境工程项目表

类别	项目	环评要求治理措施	实际建设情况	备注
大气污染物防治	焙烧炉烟尘	一期、二期共三套高效双室三电场电除尘器，要求除尘效率≥99.6%，排气筒 70 m	一期安装一套、二期安装两套共三套高效双室三电场除尘器，设计除尘效率≥99.7%，并由 70 m 高空烟囱排放	相符
	生产系统粉尘	布袋除尘器，要求除尘效率≥98%	一期、二期共安装 51 套滤筒、滤袋除尘器，设计效率≥99.9%	相符
	电厂烟气	烟气连续监测系统	每个烟道各安装一套烟气连续在线监测系统，共两套	相符
	煤场扬尘	设喷水装置、绿化、煤仓及碎煤机室设除尘器等	煤场设置喷淋系统，周围设置绿化带，种植草木。煤仓及碎煤机室安装除尘器	相符
	石灰石粉尘	购买石灰石粒，直接入湿式球磨机，厂内不设制粉系统	厂内建设三座石灰石粉储存库	相符
	矿石料场	设喷水装置、绿化	破碎外协，料场设置喷淋系统，周围设置绿化带，种植草木	相符

类别	项目	环评要求治理措施	实际建设情况	备注
水污染物防治	氧化铝循环水系统	三套循环水系统	氧化铝厂共建设三套循环水系统	相符
	热力站循环水系统	一套循环水系统	热力站建设有一套循环水系统	相符
	氧化铝厂生产废水处理系统	生产废水集中处理站	氧化铝厂建设有生产废水集中处理站，废水处理后回用生产系统	相符
	热力站酸碱废水处理系统	酸碱废水中和处理池	氧化铝厂建设有酸碱废水中和处理池，废水处理后回用厂区绿化	相符
	全厂生活污水处理系统	生活污水集中处理站	厂区建设有生活污水集中处理站，处理后生活污水排入城市管网	相符
固废污染物防治	赤泥	赤泥堆场	一期80万t赤泥堆场已在使用，二期300万t赤泥堆场正在建设	相符
	石灰消化渣	汇同赤泥，送往赤泥堆场堆存	汇同赤泥，送往赤泥堆场堆存	相符
	尾矿	尾矿滤饼汇同赤泥，送往赤泥堆场堆存	汇同赤泥，送往赤泥堆场堆存	相符
	燃煤灰渣	建设厂外灰渣场，对燃煤灰渣进行堆存处理	在厂区内建设临时渣场，配套建设粉煤灰砖场，对燃煤灰渣进行综合利用	符和环保要求
噪声	氧化铝及热力站生产系统	选用低噪声设备，并进行基础固定、噪声削减措施	设备都选用低噪声设备，并进行基础固定、厂房隔声、减振治理、机械润滑、远离厂界等降噪措施	相符
绿化	厂区绿化	加大企业绿化率	绿化面积约为16万 m^2，绿化率为84.2%，绿化系数为21.2%	相符
卫生防护	卫生防护距离	卫生防护距离900 m	900 m 卫生防护距离内，没有建设居住、文教、医疗等敏感点	相符

实际建设与环评要求发生变更环保工程项目见表14。

表14 项目环境工程建设变更情况表

部位	变更事项	环评要求	变更内容	变更结果	变更程序
大气污染物	热力站锅炉	3×2.5 MW 循环硫化床锅炉	5×2.5 MW 循环硫化床锅炉	2×2.5 MW 循环硫化床锅炉属于未批先建	未批先建，已上报省局
	热力站除尘系统	四套五电场除尘器，要求除尘效率≥99.7%	四套四电场除尘器，设计除尘效率≥99%	理论除尘效率由≥99.7%降低为≥99%，可能造成实际运行中烟尘排放浓度超标	变更，已上报省局
	热力站脱硫系统	炉内喷钙加氨法脱硫	炉内喷钙，没有建设氨法脱硫系统	没有建设氨法脱硫，理论脱硫效率降低，可能造成实际运行中 SO_2 排放浓度超标	变更，已上报省局
固废污染物	赤泥输送方式	管道输送	管道输送更改为汽车输送	造成运输路线污染	变更，已上报省局
	渣场规模	库容约为300万 m^3	与高速铁路冲突，库容变更为80万 m^3	重新选址建设新渣场	变更，已上报省局
绿化	围墙绿化带	北围墙应向南推移120 m，并设置绿化隔离带，厂南、东、西侧设置50 m 宽绿化带	厂区北围墙未向南推移120 m，设置有50 m 绿化隔离带，厂界南围墙、东围墙及西围墙各设有10 m、50 m、10 m 绿化林带	厂区围墙绿化带面积不符合要求	企业变更

（二）总监理结论

开曼铝业（三门峡）有限公司 1 000 kt/a（一期为 30 万 t/a，二期为 70 万 t/a）氧化铝及配套工程设计的总投资为 41.66 亿元，其中环保投资为 2.1 亿元，占总投资的 5%。项目建设实际总投资 37 亿元，其中环保投资 2.9 亿元，环保投资占项目总投资的 7.8%。比设计的环保投资高 2.8%。环保投资增加的主要因素为建设氧化铝生产过程中的固废——赤泥堆放场的投资有所增加。

其中大气、废水、固废、噪声、绿化以及卫生防治设施现场监理总结论如下。

1．施工过程环保状况监理结论

从项目开工建设到企业试生产结束，企业针对这一时段的产生的污染物，按照环评要求及三门峡市清洁生产审核中的环境工程监理师的建议要求，采取了相应的防治措施，有效的降低和避免了项目施工期对周围环境的影响，做到了现场环境管理工作措施得力，成果显著，施工期施工现场环境状况良好。

2．项目污染防治措施及企业环保管理措施落实情况监理结论

大气污染防治监理结论

企业大气污染防治措施中焙烧炉除尘系统、氧化铝生产除尘系统、煤场扬尘喷淋设施、石灰石除尘系统、热力站在线监测系统等按照环评要求，全部安装到位，技术型号相符，安装部位适当，预计可满足企业正常生产要求；但企业热力站除尘系统设备、热力站脱硫系统设备发生重大变更，可能造成企业在实际运行中烟尘及 SO_2 排放浓度及总量超标，不能满足企业正常生产要求。

废水污染防治监理结论

企业循环水系统，废液、废水综合利用系统，废水处理系统以及事故废水处理系统都同环评报告要求相符，设备全部安装到位，系统设计的处理能力、各项技术指标等可以满足企业正常生产要求。

固废污染防治监理结论

企业现有赤泥、石灰消化渣、尾矿和燃煤灰渣固废防治措施都已建设，基本可以满足企业正常生产要求；但企业赤泥渣场现有固废防治措施在施工建设过程中存在一定的缺陷，造成了一定的环境隐患；同时由于企业一期渣场服役已快满、二期渣场建设缓慢，给企业正常固废管理带来了一定的压力。

噪声污染防治监理结论

企业在噪声防护中采取厂房隔声、减振治理、机械润滑、远离厂界等降噪措施，噪声防治措施可行。

绿化及卫生防治监理结论

企业绿化面积 16 万 m²，绿化率为 84.2%，绿化系数 21.2%，满足环评要求，但厂区围墙绿化带不能满足要求；900 m 卫生防护距离内，没有建设居住、文教、医疗等敏感点，满足要求。

环境管理状况监理结论

开曼铝业（三门峡）有限公司在建设过程中，遵循国家的环保政策，按照环评批复及要求，企业设置合理得当的环保机构，建立一系列完善的环境保护规章制度，配备了

完备的检测机构和仪器设备，可以满足企业正常运行要求。

综上所述，开曼铝业（三门峡）有限公司 1 000 kt/a 氧化铝及配套工程在建设过程中，大部分设备选型得当、建设完备，符合企业运行及环境要求；企业环境管理状况良好，可以满足企业正常运行要求。但同时企业部分设备建设及环境设施建设存在不同的问题，需要企业进一步改进。

六、存在问题与建议

（一）赤泥渣场及赤泥运输问题

赤泥渣场在建设过程中，存在建设不规范的情况，如渣场侧坡附着物清洁不到位，侧坡凹凸不平，导致部分防渗膜破裂并重新铺设；运输方式变更后，由于运输车辆密度大，途中不可避免出现滴、漏现象等问题，环境监理方已下达监理通知单及监理联系单，提出了明确的整改措施，建议企业进行整改。

赤泥渣场位置由于同（郑州—西安）高速铁路发生冲突导致了容积的变更；赤泥运输由于技术及距离问题，无法用管道输送，企业采用密封罐车输送等问题。针对上述情况，监理人员建议企业将变更情况形成文字材料，上报省环保局申请变更，并征得变更批复。

（二）污水处理问题

企业污水处理站在设计建设过程中存在缺陷，氧化铝厂废水、电场周期酸碱排水及煤气站废水混合后发生反应，导致企业部分污水不能及时正常处理，造成了很大的环境安全隐患。就这一情况企业应进行整改，而且上报市环局保局稽查科。针对此问题企业应积极进行部分管网改造，力争最终实现生产废水零排放。

（三）热力站烟气治理环保设施变更情况

与本项目配套的热力站烟气治理设施环评要求五电场除尘器+氨法脱硫，企业在建设过程中变更为四电场除尘器，未建氨法脱硫。脱硫减排环保有严格要求，环境监理人员已发送监理联系函，建议企业将变更情况上报省、市环保局主管部门，并得到意见批复。

（四）赤泥渣场二期建设滞后

企业的赤泥渣场分一期、二期建设，一期渣场已建成并投入运行一年多，现有效库容已所剩无几。现二期渣场在正建过程，根据企业赤泥产生量及二期渣场建设的进度推算，二期渣场的建设进度过慢，存在滞后问题。企业要加快二期渣场的建设进度，以确保赤泥的安全堆存。企业现正在积极协调，采取有效措施，加快赤泥渣场的建设进度。

专家点评

本案例为有色金属选矿业环境工程监理项目。近年来我国经济持续快速增长，原材料市场需求持续旺盛，带动矿产品价格持续上涨，采选业迅速发展，大量的小选矿厂相继建成投产使用。这些小选矿厂的尾矿库数量多、库容小，安全、环保投入不足，选矿方式落后，建库标准不高，浪费土地资源，超设计能力运行，事故隐患和安全、环保风险增加，导致尾矿库事故呈上升趋势，重特大事故时有发生。对选矿业施工期开展工程环境监理刻不容缓。

案例中环境监理 4 个目标非常明确而有针对性。环保工程建设工艺控制是环境监理的要点。各工艺的除尘设施是大气污染控制的主要工程措施，设计阶段不按环评要求设计变更多，施工中因资金等问题，数量、规格、型号、安装部位又不能落实，环境监理单位采取和企业环境管理人员同步巡查、积极与业主、施工单位协调、召开监理例会、下达环境监理联系单、监理通知单、停工整改通知单、上报环境主管部门等手段，督促业主及施工单位进行整改，避免了业主不必要的损失，为项目建设最终竣工验收奠定了良好的基础。环境监理单位在委托期内按照环评和批复要求对项目施工期污染预防和减缓措施落实、环保设施施工、环保设备安装等进行了有效的监理，为建设单位全面落实环保措施起到了较好的督促作用，对项目的安全、环保"三同时"验收提供了技术支持。

赤泥是氧化铝生产的主要固体废物，环评文件要求采用湿法管道输送到赤泥堆场。实际施工中，因国家重点工程郑州—西安高速铁路将从堆场穿过，堆场库容从 500 万 m³ 缩小到 80 万 m³，湿法管道输送调整为半干法汽车运输，库容和输送方式等发生重大变化。变更后环境工程监理不仅要对赤泥堆场建设情况进行监理，而且要对汽车运输路线进行比选；赤泥附液 pH 值有可能超过 12.5，为了保证环境的安全性，堆放场应按照危险固废处置要求采取相应的防止附液流失、下渗和回收处理措施，堆放场底部和侧壁要铺设渗透系数小于 1×10^{-11} m/s 人工防渗膜，以防止赤泥附液对地下水及土壤造成污染；同时，堆场上下游两端设有拦洪坝和赤泥坝，底部铺设排洪管道，防止暴雨对堆场的危害。环境监理人员对环评报告和批复进行了认真研读，比较完整地掌握了工程建设的详细内容和环保措施要求，取得环境监理的主动权。

监理总结中的表格设置非常重要，本案例总结《实际建设与环评要求环保工程对比表》及《环境工程建设变更情况表》中两个表格的设置，比较清晰地说明了业主对环评文件的执行情况，也反映了业主是否履行了环保责任和义务。

不足之处是：

选矿业项目一般占地面积大，生态破坏是很重要的方面，生态影响减缓和恢复措施只在赤泥堆场施工中提到，很不具体。监理报告对无组织粉尘排放控制措施描述不够，没有提出更好的建议方案。

案例3　灵宝市新凌铅业有限责任公司 10 万 t 氧气炼铅工程环境监理工作总结报告（节录）

一、建设项目概况

（一）建设项目基本情况

1. 概况

灵宝市新凌铅业有限责任公司位于灵宝市城南工业园区，近年来，灵宝市铅业生产得到了较大的发展，成为灵宝市的工业产业支柱，为振兴灵宝市经济做出了较大的贡献，但随着铅冶炼水平的提高，原有的灵宝市铅冶炼企业生产规模小、产品档次低、工艺落后、污染严重，已不符合国家产业政策以及环保要求，为此灵宝市决定淘汰全市 23 家规模小、产品档次低、工艺落后的铅生产企业，整合成 4 家铅生产企业。采用符合国家产业政策及环保要求、工艺先进的水口山炼铅法（简称 SKS 法）。其中灵宝市新凌铅业有限责任公司由 8+1 名股东投资成立，公司注册资金 10 000 万元，建设 10 万 t/a 氧气炼铅生产线，并同时进行烟气制酸。灵宝市新凌铅业有限责任公司 10 万吨氧气炼铅工程，2005年 7 月灵宝市发改委立项，《环境影响报告书》同年得到河南省环保局审批。项目总投资 18 288 万元，其中环保投资 4 788 万元，所占比例 26.18%。灵宝市新凌铅业有限责任公司已于 2005 年 11 月开始建设，于 2007 年 1 月竣工，2007 年 2 月 8 日上报省批开始试运行。项目建成后年生产氧气炼铅 10 万 t，同步配套建设 SO_2 烟气治理工程，采用二转二吸制酸工艺吸收烟气中的 SO_2，年产生硫酸 10 万 t，以确保该公司产生的各污染物达到排放要求，本项目建设为新建项目。

2. 工程建设规模

本工程建设规模为 10 万 t/a 粗铅生产线，同时利用制铅产生的烟气进行制酸，充分响应国家环保政策，做好循环经济，发展产业规模化，整体化。满足清洁生产要求，增加企业经济效益，使企业走上可持续发展的道路。本工程主要技术经济指标见表 1。

表 1 工程主要技术经济指标

序号	指标名称	单位	数量	备注
1	设计规模			
	粗铅	t/a	103 628	96.5%
	硫酸	t/a	100 432.5	折纯量
2	主要技术指标			
	氧气底吹炉一次出铅率	%	50	
	氧气消耗量（$O_2$95%）	m^3/t	130	按干精矿设计
	溶剂/精矿	%	15.38	
	鼓风炉床能率	t/d·m^2	73	
	氧气底吹炉烟气 SO_2 浓度	%	8.9	入净化
	SO_2 净化效率	%	99	
	SO_2 转化效率	%	99.7	
	SO_2 吸收效率	%	99.99	
3	主要经济指标			
	总投资	万元	18 288	
	销售收入	万元/年	124 039	
	利润总额	万元/年	5 673	
	所得税	万元/年	1 872	达产年平均
	税后利润	万元/年	3 801	
	投资利润率	%	20.8	
	投资利税	%	31	
	投资回收期	年	6.4	

3．工程建设内容

本期项目建设具体组成见表 2。

表 2　项目组成表

项目名称		主要设备名称	型号	数量
主体工程	氧气底吹熔炼车间	圆盘制粒机	ϕ5 000 mm	1
		移动式胶带输送机	B650，H=600，a=0°，L=12 500	1
			B650，H=800，a=0°，L=800	2
		定量给料机	DEL0827V-2，L2700	2
		氧气底吹熔炼炉	ϕ3 800×11 500 mm	1
		电动平车		2
		铸渣机	B=1 600，L=50 m	1
		铸铅包		2
		桥式起重机	A5，Q=5 t，L-K=10.5 m，H=16 m	1
主体工程	鼓风炉还原熔炼车间	上料箕斗	1.0 m³	2
		振动筛	ZSGB1020	2
		电振给料机	ZG-100	4
		电动加料小车	1.5 m³，Q=3 t	2
		计量漏斗	1.0 m³	6
		鼓风炉	7.5 m²	1
		电热前床	14 m²	1
		圆盘浇铸机	ϕ6 000，Q=6 t/h	1
辅助工程	精矿仓及配料系统	抓斗桥式起重机	Q=5 t，L-K=28.5 m	3
		定量给料机	DEL0827V-2，L2700	9
		胶带输送机	B=650，H=77.85 m，L=5 300 m	1
		刮板运输机	CMS42，L=45.7 m	1
	氧气站	空气过滤器	ZKG500，Q=500 m³/min	1
		空气压缩机	HI9-6 型	1
	氧气站	冷却塔		2
		分馏塔	Q-24 500 m³/h	1
			N-21 500 m³/h	
		氧气压缩机	Q-1 800 m³/h，P-1.6 MP（G）	2
		氮气压缩机	Q-1 800 m³/h，P-1.6 MP（G）	2
公用工程	鼓风机、空压机房	空气无油压缩机	Q-22 m³/min，P-0.7 MPa	4
		罗茨鼓风机	Q-266 m³/min，P-19 600 MPa	2
		卷帘式空气过滤器		
	余热锅炉房	余热锅炉	p=8.5 t/h，p=40 MPa	1
		除氧器	Q=10 t/h	1
		排污冷却池	1 500 mm×1 500 mm	1

项目名称		主要设备名称	型号	数量
环保工程	鼓风炉收尘系统	冷却烟道	$\phi300$ mm，$L=13\,000$ mm	1
		布袋除尘器	LHZF，$1\,400$ m^2	1
	氧气底吹溶炼炉	电除尘器（四电场）	$F=51$ m^2，$a=4\,764$ m^2	1
	制酸系统	空塔	$\phi3\,064$ mm$\times13\,000$ mm	1
		填料塔	$\phi4\,060$ mm$\times13\,455$	1
		电除雾器	$\phi6\,050$ mm$\times17\,080$ mm，$M=294$ 根	2
		干燥塔	$\phi3\,670$ mm$\times16\,000$ mm	1
		一吸塔	$\phi3\,670$ mm$\times16\,000$ mm	1
		二吸塔	$\phi3\,670$ mm$\times16\,000$ mm	1
		酸冷却器	M20-MFM，$F=54$ m^2	3
		转化器	$\phi5\,200$，$H=17\,000$ mm	1
	原料配料系统	布袋除尘器	LSDM，$1\,400$ m^2	1
	氧气底吹给料及出渣、出铅口烟气除尘系统	布袋除尘器	LSDM，$2\,400$ m^2	1
	鼓风炉给料及出渣、出铅口烟气除尘系统	布袋除尘器	LSDM，$3\,200$ m^2	1
	污酸处理站	均化池		1
		中和池		1
		加铁盐曝气池		1
		戈尔过滤器		1
		板框压滤机		2
	生活污水处理站	地埋式生活污水处理装置		1
办公生活设施	办公楼			1

4．总平面布置

厂区总平面布置是根据铅冶炼生产的特点及要求，结合现有场地和地形，力求工艺顺畅合理，运输短捷，合理利用地形和土地，以减少土方工程量等原则。厂区分为生产区与办公区。

生产区根据工艺流程由南向北利用场地的自然及运输条件布置原料棚、配料车间、变电站、循环水泵站、氧气底吹熔炼炉车间、制酸车间、污酸废水处理站，鼓风炉车间在氧气底吹熔炼炉车间东边，生活区布置在厂区东南角。

（二）生产工艺简介

本工程采用氧气底吹熔炼—鼓风炉还原炼铅工艺（SKS 法）生产粗铅，整个工艺包括原料配料系统、氧气底吹熔炼、鼓风炉还原熔炼、尾气制酸工艺。本工程生产工艺流程图见图1。

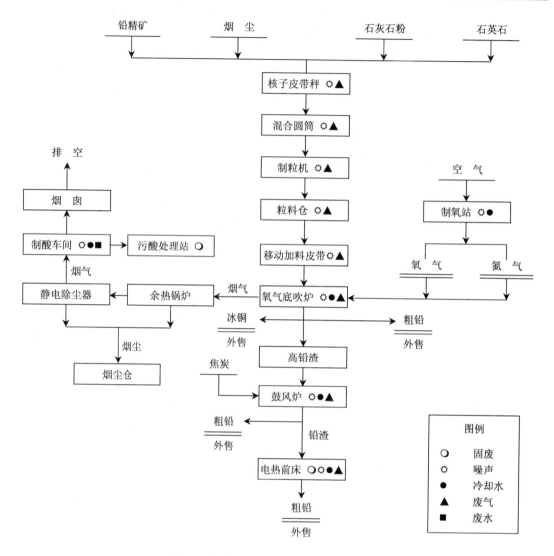

图1 本工程生产工艺流程及产污节点图

二、主要环评意见和环评批复要求

(一)环评意见

(1)本工程主要污染物排放量满足三门峡市环保局核定给新凌铅业 10 万 t 氧气炼铅工程总量控制指标,烟尘 15 t/a、粉尘 40 t/a、SO$_2$ 200 t/a、COD 10 t/a。

(2)本工程为新建工程,根据"区域增产不增污"的原则,限制本工程烟尘、粉尘、SO$_2$ 的排放总量。该项目投产运行后新增二氧化硫、烟尘、粉尘排放量由取缔灵宝市区生产、生活燃煤锅炉 185 台调剂解决。废水 COD 排放量由阿姆斯果汁有限公司治理后所削减的 72 t COD 中进行调剂解决。

(3)为确保该项目投产运行后各项污染物稳定达标排放并符合总量控制要求,该项目要安装污染物在线监控装置,所排放污染物量不得超过允许控制指标,并依此指标作为核发排污许可证的依据。

（二）具体做好以下工作

（1）氧气底吹烟气应经余热锅炉回收余热、高效电除尘器除尘后，进入两转两吸制酸系统回收 SO_2，确保 SO_2 达标排放；鼓风炉烟气经冷却袋式除尘器处理后，污染物达标排放，对配料系统、氧气底吹、鼓风炉给料和出铅、出渣口烟气进行收集，经袋式除尘处理后，污染物达标排放。

（2）工程应设置完善的净、浊循环水系统，间接冷却水、冲渣水淬水应循环使用；含酸废水经处理站处理后回用于鼓风炉冲渣，不外排；厂区应做到"雨污分流"，设置集水池。厂区前期雨水应进行收集，处理后回用，不得外排。

（3）原料堆场及厂内临时堆场均应采取防雨、防渗、防扬散措施，减少无组织排放；生产固废应全部回收利用，不得随意弃置；高噪声设备应采取降噪措施，确保厂界噪声达标。

（4）加强职工卫生防护工作，按规定开展职业病危害预评价，制定岗位操作管理制度，认真落实职业卫生防护措施。

（5）建设单位应建立专门的环保机构，由专人负责环保工作，并建立环保管理制度，加强环保设施的管理和维护，保障其正常运行，确保污染物稳定达标排放。

（6）加强对周围环境及敏感点的环境质量监测，制定污染事故应急预案，并与当地政府结合，做好厂址周围敏感点的防护工作，在报告书提出的卫生防护距离内不得规划、新建居民区、学校、医院等敏感目标。

（7）本工程建设过程中应严格执行环保"三同时"制度，施工期应开展工程环境监理工作，并纳入验收内容。

（8）加强绿化工作，保护生态环境，防止和降低粉尘污染。安装废水和废气在线自动监测装置，并与当地环保部门监控网络联网。

三、环境监理

（一）监理工作的依据（略）

（二）监理对象及目的（略）

（三）监理指导思想及总体思路（略）

（四）环境监理主要措施

1. 组织机构管理

环境监理单位（三门峡市清洁生产审核中心）履行施工阶段的委托合同时，对灵宝市新凌铅业有限责任公司设立环境监理机构，根据委托监理合同规定的服务内容、服务期限、工程类别、规模、技术复杂程度、工程环境等因素配备相应的环境监理工程技术人员。本项目的环境监理人员包括总监理工程师、专业监理工程师和监理员。具体组成及人员配置见框图（如图2所示）：

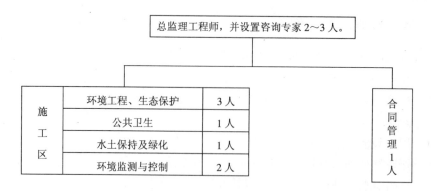

图2 具体组成及人员配置图

2．制度管理

为保证环境监理工作的顺利实施，必须形成一套行之有效的环境监理工作制度。主要管理制度有：

（1）工作记录制度。

环境监理工程师应根据工作情况做出监理工作记录（文字和图像），重点描述现场环境保护工作的巡视检查情况，对于发现的主要环境问题，分析产生问题的主要原因，监理工程师对问题的处理意见等均做记录。

（2）报告制度。

编制的环境监理报告包括环境监理月报、季度报告及监理总结报告，报送业主和环境保护行政主管部门。

（3）函件来往制度。

监理工程师在现场检查过程中发现的环境问题，首先口头通知施工方改正，随后必须以书面函件形式予以确认。同样，承包商对环境问题处理结果的答复以及其他方面的问题，也要书面回复监理工程师。

环境监理工程师自进驻工程现场以来，根据现场情况以及巡视检查，对发现的环境问题整理汇总，分析问题产生的主要原因，会同企业主要负责人及施工建设单位，下发了共12份监理工程师通知单。

监理工程师根据每月的监理情况编制了环境监理月报，针对每月的施工进度，写出了本月的监理述评、下月监理工作重点、本月的监理资料统计、工程变更情况以及每月召开现场例会的情况。

3．合同管理

三门峡市清洁生产审核中心和灵宝市新凌铅业有限公司双方签订了第三方环境监理合同，监理方根据委托环境监理合同业主的授权、项目的环评报告及批复文件的要求建议，制订了监理大纲与监理规划。在施工期间，按照监理合同加强对各承包商承建合同内容的环保专项管理，确保工程环境监理目标的实施。

四、环境监理规划主要内容及环境监理合同履约情况

（一）施工期各类环境问题的监理

监督各施工单位切实落实施工期应采用的各项环保措施，并对措施执行情况及效果进行检查。监督、检查内容包括以下方面：

（1）施工粉尘控制措施监理。

具体粉尘的防治措施有清扫场地，经常洒水，防止扬尘；散装物料的堆放场应选择于施工现场季（期）主导风向的下风向，风力超过三级或遇雨、雪天气时，散装物料应加覆盖；施工现场路面应经常洒水，旱季每天洒水不少于两次，上、下午各一次。

（2）施工废水控制措施监理。

各施工场地的施工废水不能直接排入河道，根据施工废水性质分别采用相应的治理措施，治理后排放。施工单位的施工场地应设固定厕所，并设简易化粪池简单处理后排放。施工废水设简易沉淀池沉淀后排入城市下水系统。不经达标治理不能排入饮用水源地和功能要求高的河道。

（3）施工噪声控制措施监理。

各施工现场场界噪声应符合《建筑施工场界噪声标准》。

一般情况下各施工单位应在22：00时至次日6：00时停止施工活动；为赶工程进度确需夜间施工时，应事先通知可能受到影响的群众，求得可能受到影响的周边群众的谅解。

（4）施工废气的防护监理。

主要对施工机械和运输车辆排放的废气进行环境监理，督促采取防治措施积极防治，如采用优良机械设备、优质油料、尾气达标排放的交通工具以及适当的卫生防护距离等。

（5）施工期固体废弃物控制监理。

各施工现场的各类施工废弃物、建筑垃圾应集中定点堆放，由业主、城建、环保、土地等部门协调这部分固废的处置方案，各施工单位应严格按处置方案执行。

（6）施工期各方执行环境保护法律法规方面的政策咨询。

协调项目业主执行建设项目环境管理的有关规定；

监督各施工单位落实建设项目施工期环境保护方面的法规、规定；

受理各方环境保护法律、法规的政策咨询。

（二）环境监理主要措施

针对新凌铅业有限公司施工期场区大、施工设备复杂、施工人员多的情况，对施工期厂区环境造成了很大压力，三门峡市清洁生产审核中心环境监理人员与企业环境管理人员，以及施工方加强多沟通、勤联系，使废水、扬尘、灰尘得到控制，尽量减少污染。在施工期间加大巡查力度，遇到重大污染，及时召开现场会。减少噪声污染，确定施工时间，减少扰民事故发生。

（三）委托环境监理合同履约情况

三门峡市清洁生产审核中心环境监理人员按照环境工程监理的工作原则、程序及方

法，对本工程建设中进行了全过程的监理，监理涉及的范围有：（1）工程建设是否按照环保设施中的建设、安装情况及与《环境影响评价报告书》中要求建议相符合；（2）施工期对周围环境影响的防护措施等进行全过程的环境工程监理。

施工期建设项目施工场区面积较大，施工设备复杂，施工人员众多，对施工期厂区环境造成了很大的压力。环境监理人员在施工期加大巡查力度，积极与业主、施工单位沟通，针对工程施工现场环境问题提出建议，合理安排、积极解决出现的问题。监督各施工单位切实落实施工期应采用的各项环保措施，并对措施执行情况及效果进行监督、检查。

在环境监理工作中，环境监理人员首先依据企业建设项目环评要求及环保设计中环境设施清单，对企业在建项目的、建设内容进行排查，主要对企业所有在建环境项目的基本情况及各承包商的承建任务有了详尽的了解；在此基础上对照环境影响评价的要求进行系统的对比，对于出现的不吻合的建设内容再进行重点监理，通过召开工程监理例会，下达环境监理联系单、监理通知单、停工整改通知单、上报环境主管部门等有效手段督促业主及施工单位积极整改。

工作开展以来，项目环境监理人员编写了详细的监理细则及作业表格；审核了承包商报送的施工组织计划；巡视检查现场施工情况并进行了必要的环境监测；为建设方处理环保问题提供咨询；填写环境监理日志，编写各项工程的环境监理月报和环境监理总结报告并参与了工程阶段验收工作。通过开展环境监理工作，使本项目工程施工期在污染防治、生态保护、公共卫生、人群健康等多方面的环保工作得以切实执行，环境破坏得到了有效预防和及时处理。

五、主体环境工程监理成果

按照环评要求，项目运行期污染物防治措施见表3。

表3　工程污染防治措施汇总表

类别	污染源	主要污染物	治理措施	净化效率/%	排气筒高/m
大气污染物	原料配料系统	粉尘、Pb	低压喷吹脉冲布袋除尘器	99.5	20
	氧气底吹熔炼炉	烟尘、Pb	余热锅炉、四电场电除尘器收尘、二转二吸制酸脱硫，制酸尾气经烟囱排放	99.997	45
		SO_2		99.85	
	鼓风炉	烟尘、Pb	冷却烟道、大气反吹布袋除尘器	99.6	45
		SO_2		—	
	氧气底吹给料及出渣、出铅口	粉尘、Pb	脉冲袋式除尘器	99.5	30
	鼓风炉给料及出渣、出铅口	粉尘、Pb	脉冲袋式除尘器	99.5	30
废水污染物、雨、水	净循环系排水	COD、SS	直接排放	—	—
	制酸车间	总砷、总铅、F⁻、H⁺、总汞	污酸处理站		
	生活污水	SS、COD	地埋式污水处理装置		
	初雨水冲洗厂区	Pb、SS	沉降池沉降		
固废	回收烟（粉）尘	Pb、CaO	返回氧气底吹熔炼炉利用	—	—
	水淬渣	CaO、SiO_2、Fe、Pb	外售水泥厂		
	废石膏	$CaSO_4$、Fe、Pb、As	外售水泥厂		

本工程噪声源主要是罗茨鼓风机、鼓风机、引风机、空压机、鼓风炉等，设备噪声源强为 91～100 dB（A）。工程针对不同设备的噪声特性，分别采取基础减振、安装消声器、隔声罩或置于室内等降噪措施。

搞好厂区绿化工作，不仅可以起到吸尘降噪减污的作用，还可以美化企业生产环境，树立企业良好的社会形象。措施：整体规划，合理布局；以条为主，条块结合；科学合理选择绿化植物。

（一）大气污染控制措施现场监理状况

本工程废气污染源主要是氧气底吹熔炼炉、鼓风炉、原料配料系统，主要污染因子有：烟尘、SO_2、Pb 等。按照环境监理程序、方法，对施工现场进行核查，大气污染防治设施安装建设情况如下：

（1）氧气底吹熔炼炉烟气经过余热锅炉，用电场电除尘器除尘净化后，进入制酸车间，效率为≥99%，排气烟囱高 50 m。

（2）鼓风炉废气主要污染物为含 Pb 烟尘以及 SO_2 采用冷却烟道，袋式除尘器效率为≥99.5%，排气烟囱高 45 m。

（3）原料配料系统废气主要污染物为粉尘、Pb，采用袋式除尘器，没有按环评要求建设，除尘通过密闭管道与氧气底吹熔炼炉出渣口袋式除尘器连在一起，统一除尘。

（4）氧气熔炼炉给料出渣、出铅口废气产生的烟尘、Pb，采用脉冲袋式除尘器除尘，除尘效率为 99.7%～99.9%，烟囱高 50 m。

（5）鼓风炉给料出渣、出铅口废气产生的大气污染防治设施建设情况表的烟尘、Pb，采用脉冲袋式除尘器除尘，除尘效率为 99.7%～99.9%，烟囱高 45 m。

大气污染防治设施建设情况见表 4。

表 4 大气污染防治设施建设情况表

污染源	污染因子	环评要求治理措施	实际建设情况	备注
氧气底吹熔炼炉	烟尘、SO_2	余热锅炉、四电场电除尘器收尘、二转二吸制酸脱硫，制酸尾气经烟囱排放，净化效率 99.85%，排气筒高 45 m	五电场静电除尘净化效率≥99%，排气筒高 50 m	建设项目符合，但净化效率稍低
鼓风炉	烟尘、SO_2	冷却烟道、大气反吹布袋除尘器，净化效率 99.6%，排气筒高 45 m	HXS 系列玻纤袋式除尘器除尘；冷却烟道 $\phi300$ mm，$L=1\,300$ mm，净化效率≥99.5%，排气筒高 45 m	相符
原料配料系统	粉尘、Pb	低压喷吹脉冲布袋除尘器，净化效率 99.5%，排气筒高 20 m	没有建设	不符
氧气熔炼炉给料出渣、出铅口	粉尘、Pb	脉冲袋式除尘器，净化效率 99.5%，排气筒高 30 m	采用 MPD 脉喷袋式除尘器除尘，净化效率 99.7%～99.9%，排气筒高 45 m	相符
鼓风炉给料出渣、出铅口	粉尘、Pb	脉冲袋式除尘器，净化效率 99.5%，排气筒高 30 m	采用 MPD 脉喷袋式除尘器除尘，净化效率 99.7%～99.9%，排气筒高 45 m	相符

　　大气污染防治设施安装情况见图 3 制酸排气烟囱、图 4 鼓风炉除尘系统、图 5 氧气底吹、制酸、原料加工除尘收集系统、图 6 原料、静电、氧气底吹统一收集布袋除尘。

图 3　制酸排气烟囱　　　　　　　　图 4　鼓风炉除尘系统

图 5　氧气底吹、制酸、原料加工除尘收集系统　　图 6　原料、静电、氧气底吹统一收集布袋除尘

　　灵宝市新凌铅业有限公司提供的监测数据与环评要求大气污染物排放情况对照结果见表 5。

表 5　大气污染物实测与环评对照情况表

序号	污染源	污染因子	治理措施	净化效率/%	环评要求污染物排放情况		实际污染物排放情况	
					浓度/(mg/m³)	产生量/(t/a)	浓度/(mg/m³)	产生量/(t/a)
1	鼓风炉	烟尘	冷却烟道+布袋除尘	99.94~99.99	56.7	9.64	8.2	1.58
		Pb			7.38	1.25	0.75	0.144
		SO₂			458	72.64	776	149.76
2	氧气底吹+制酸	烟尘	电场除尘	99	699.83	116	10	1.075
		Pb			31.51	5.22	0.13×10⁻³	0.014
		SO₂			710	99.2	218	22.58
3	氧气底吹进料、出渣出铅口烟气除尘系统	粉尘	布袋除尘	99.5	12	10.2	11	6.18
		Pb			3.05	2.59	0.27	0.148
		SO₂						0.8
4	鼓风炉进料、出渣出铅口烟气除尘系统	粉尘	布袋除尘	99.5	16	20.7	11	11.02
		Pb			3.25	4.2	0.24	0.086
		SO₂					6	2.02

从上表可以看出各污染物排放总量合计分别为：烟尘 2.66 t/a、粉尘 17.2 t/a、SO₂ 172.34 t/a。符合三门峡环境保护局对新凌铅业 10 万 t 氧气炼铅工程总量控制指标，烟尘 15 t/a、粉尘 40 t/a、SO₂ 200 t/a。

（二）废水污染控制措施现场监理状况

本工程产生的废水主要是制酸车间污酸废水、净循环系统排水、生活污水及初期雨水，根据环境监理人员现场的监理，废水处理设施建设情况如下（见表 6）。

表 6　废水治理设施情况表

污染因素	环评要求治理措施	实际建设情况	备注
污酸废水	污酸处理站采用均和、石灰中和加铁盐曝气沉淀，戈尔过滤，处理能力 15 m³/d	中和反应槽 DN2 800×2 000，3 kW 铁盐溶解槽 DN2 000×2 000，3 kW 石灰乳搅拌槽 DN2 800×2 000，3 kW 由于工艺改变少建一台戈尔过滤器，一台压滤机，处理能力 15 m³/d	相符（附变更手续，变更已上报省局）
生活污水	地埋式污水处理装置	建设沉淀池 15 m×6.5 m×6 m	相符
初期雨水	沉降池沉降，体积 16 m×6 m×5.5 m	建设沉淀池 16 m×6 m×5.5 m	相符

（1）本工程污酸废水经污酸废水处理站处理后用于鼓风炉冲渣循环用水，不外排。具体采用均和石灰中和加铁盐曝气沉淀、戈尔过滤的成熟工艺，其中戈尔过滤器对重金属废水处理效果显著。

（2）本工程的生活污水因其排放量小，采用地埋式污水设施处理，该设施采用先进的生物处理工艺。

（3）初期雨水：为防止撒落、沉降于厂区地面的含铅粉尘在下雨时进入水环境，对水环境造成影响，本工程在厂区设置地沟将 10～15 min 初期雨水集中到一个 16 m×6 m×5.5 m 的沉降池。

废水治理设施安装情况见厂区实景图 7 污水处理站三池、图 8 板框压滤机。

图 7　污水处理站三池　　　　　　　图 8　板框压滤机

根据灵宝市新凌铅业有限公司提供的检测数据与环评要求污水排放情况对照见表 7。

表7　废水污染物实测与环评对照情况表

污染因子	pH	SS	COD	总铅	总砷	总镉	总汞	石油类	排水量/(m³/a)
标准（mg/L）	6～9	70	100	1.0	0.5	0.1	0.05	5	407 660
检测结果	7.38～8.58	63	26.8	未检出	0.067	0.06	0.003	未检出	114 975

根据上表可知 COD 排放量为 3.08 t/a，在控制指标之内。

（三）固废污染控制措施现场监理状况

本工程产生的固废主要是除尘设备回收烟（粉）尘、水淬渣、污酸处理站废石膏等。现场监理情况如下（见表8）：

（1）本工程产生的烟（粉）尘返回氧气底吹熔炼炉回收利用。

（2）产生的水淬渣存放于临时渣场（占地面积 1 500 m²）。

（3）废石膏外售水泥厂。

表8　固废治理设施情况表

污染因素	环评要求治理措施	实际建设情况	备注
烟（粉）尘	氧气底吹熔炼炉回收利用	氧气底吹熔炼炉回收利用	相符
水淬渣	存放于临时渣场（占地面积 1 500 m²），外售水泥厂	存放于临时渣场（占地面积 1 500 m²），外售水泥厂	相符
废石膏	外售水泥厂	外售水泥厂	相符

（四）噪声污染控制措施现场监理情况

本工程噪声源主要是罗茨鼓风机、鼓风机、引风机、空压机、鼓风炉等。现场监理情况见表9。

表9　噪声治理设施情况表

污染源	污染因素	环评要求治理措施	实际建设情况	备注
罗茨鼓风机	噪声	采取基础减振、安装消声器、隔声罩，置于室内，噪声源强为91～100 dB（A）	各设备都采用基础减振、置于室内，噪声源符合标准	相符
鼓风机				
引风机				
空压机				
鼓风机				

噪声治理设施安装情况见厂区实景图9基础减振降噪设备。

（五）绿化措施现场监理情况

本工程厂区绿化是建设项目环保措施重要内容之一，搞好厂区绿化工作，不仅可以起到吸尘降噪减污的作用，还可以美化企业生产环境，树立企业良好的社会形象。措施：整体规划，合理布局；以条为主，条块结合；科学合理地选择绿化植物。

图9　基础减振降噪设备

（六）项目环境工程建设监理结论

1. 大气污染防治设施现场监理结论

（1）氧化底吹熔炼炉采用泰兴市电除尘设备厂产 LD51m3-5-7（8）电除尘器收尘，收尘效率≥99%，采用五电场收尘，虽然没有按环评要求建设，但因产生的 SO_2 气体没有外排而进入二转二吸制酸脱硫，SO_2 浓度低于 710 mg/m³，符合环评要求，能够稳定保持达标排放。

（2）鼓风炉烟尘排放采用 HXS 系列玻纤袋式除尘器除尘，除尘效率≥99.5%，基本达到排放。

（3）原料配料，因产生变更，未建（变更书已报省环保局），根据省检测结果而定。

（4）氧气熔炼炉给料出渣、出铅口，鼓风炉给料出渣、出铅口，烟尘除尘采用 MPD 系列脉喷袋式除尘器除尘，除尘效率 99.7%～99.9%，符合环评要求建设。

结论：企业能够按环评要求进行环保设施建设，虽有些未建，企业与省环保局、设计院等单位及时联系，写出变更理由，使企业各种污染控制在指标之内。

2. 废水污染防治设施现场监理结论

（1）按照环评要求，本工程在设计时，工业水尽可能使用循环水，循环水利率达到 92.34%。

（2）污酸废水的处理：在污酸处理站出现不同与环评要求的建设，缺少戈尔过滤器和一台板框压滤机。由于制酸系统发生工艺变更（变更手续已报省环保局），目标采用均和石灰中和加铁盐曝气沉淀，处理能力 15 m³/d，符合环评要求。

（3）生活污水和初期雨水建有沉淀池，采用地理式处理，按环评要求实施。

结论：本工程项目在废水污染现场监理过程中，企业能按照环评要求建设施工。

3. 固废污染防治设施现场监理结论

氧气底吹熔炼炉，水淬渣和污酸处理站产生的废石膏，全部销售给外部水泥厂，用作水泥原料。固废没有乱堆乱放，建设有渣场，达到环评要求。

4. 噪声污染防治设施现场监理结论

本企业能够把产生噪声的各种机械都安装基础减振和置于室内，基本达到 90 dB（A）左右，符合环评要求。

5. 绿化设施现场监理结论

企业在厂区绿化过程中，由于出现某些原因，使绿化面积有些滞后，但安环科正与外部联系，尽快植树栽草，挖掘绿化潜力，使厂区变成生态工业园区。拟购置包括春柳、杨树、柏树、国槐等各种树木；月季、黄杨、七色花各种花草。短时间内是厂区绿化面积达到 50 亩。

（七）环保投资得到了保证和落实

本项目按环评要求计划投资 18 288 万元，其中环保投资 4 788 万元，占总投资的 26.18%，项目建成后实际投资 18 800 万元，环保投资 4 950 万元，占总投资的 26.32%。实际环保投资比例略有增加，从而保证了该建设工程项目能够较好的落实环保"三同时"政策。

（八）变更说明

（1）原料配料系统变更。

按环评要求，在原料配料系统中应安装低压喷吹脉冲布袋除尘器及排气烟囱，但在实施过程中却没有安装。原因是：系统的烟尘通过全封闭的刮板输送系统直接输送到制粒机内，减少了原料系统扬尘。

（2）污酸处理站的变更。

按环评要求，在污水处理站有一台戈尔过滤器和一台板框加滤机，由于工艺改变，在实施过程中没有安装。原因是：硫酸在生产过程中产生的污酸、污水，经过污水处理站后，重金属离子已经达到环保排放标准，同时公司经过详细规划，实现污水综合利用，已经达到污水"零排放"的目标，生产中产生的污水全部回收利用，没有外排，不会对周围环境造成影响。

综上所述，灵宝市新凌铅业有限责任公司 10 万 t/a 氧气炼铅生产线工程，在施工过程中虽然存在部分工程有与环境影响报告书要求不相符之处，但环保部门所担心的环保问题得到了相应的解决，基本都做到了与环境影响评价相符，满足企业生产的环保要求。

监理结论：从项目开工建设到企业试生产结束，企业环境现场管理工作措施得力，成果显著，环境影响评价要求工程建设所需的相关环保设备都已建设完成并运转正常，在设备运转正常的前提下可满足环保要求。

专家点评

中国是世界上最大的铅生产国。2007 年世界精铅产量 815 万 t，占 34.49%。其中矿产铅为 385.2 万 t，中国为 159.2 万 t，占 41.33%，再生铅世界为 433.6 万 t，中国为 80 万 t，占 18.45%。目前仅河南铅冶炼企业就超过 40 家，铅冶炼存在的问题烧结烟气以往全部直接排空，尽量降低还原过程的烟尘率是铅冶炼中重要的环保工程措施。我国目前大量推广的炼铅工艺是底吹氧化-鼓风炉还原熔炼。该工艺用熔池熔炼替代烧结，解决了烧结过程中的环保问题，又保留了传统鼓风炉熔炼的优点。在铅冶炼行业，采用 SKS 炉氧气底吹氧化——鼓风炉还原新工艺，替代烧结锅——鼓风炉工艺，实现铅冶炼烟气制酸，硫利用率达 96% 以上，铅、金、银的回收率达到 96%～99%，弃渣含铅低于 2.5%，解决了铅冶炼行业长期存在的 SO_2 污染。铅冶炼工业将从污染型转向清洁型，会大大促进我国铅冶炼工艺落后状态的改变。中国有色金属工业协会拟将把这些清洁生产工艺作为在有色金属行业贯彻实施《清洁生产促进法》的重要技术支撑，在全行业推广、实施。

工程环境监理在铅冶炼行业的实践中证明了在污染型工业项目中也是可以有所作为的。

在污染类工业项目建设过程中，工程环境监理既可以进行施工期的达标监理，也可以进行治理设施的环保工程监理，还可以帮助业主、施工单位提供环保法规政策方面的咨询。本案例回顾了环境监理合同履约情况，系统地介绍了施工粉尘、施工废水、施工噪声、废气固体废物等达标监理；汇总了大气污染防治措施、废水污染防治设施等环保工程监理成效，为企业促进清洁生产，提高资源利用效率，减少和避免污染物的产生，保护和改善环境，保障人体健康，坚持可持续发展做出了有益的贡献。

问题探讨：

1. 按照建设工程质量、造价、进度管理上的需要，划分为建设项目、单项工程、单位工程、分部工程、分项工程五个层次。总结中用到"主体环境工程"的概念不确切，如果能在大气污染、废水污染防治设施等单位、分部、分项环保工程监理中，从设计、施工、验收全过程进行监控，该案例环境监理将提升一个档次。

2. 本案例达标监理缺少在施工期间环境监测数据支持，环保工程监理缺少对安装废水和废气在线自动监测装置并与当地环保部门监控网络联网这一重要监控措施落实、是本案例的疏漏。

案例 4　南阳市恒新水泥有限公司4 500 t/d 水泥熟料新型干法生产线技改工程环境监理总结报告（节录）

一、工程概况

本项目建设规模为一条 4 500 t/d 的新型干法水泥熟料生产线及相关配套设施，同时规划 7.5 MW 纯低温余热电站的建设项目，充分利用生产余热。项目产品——水泥熟料经集中辊压后，作为商品熟料出售。工程熟料烧成系统拟采用 $\phi 4.6\,m \times 68\,m$ 回转窑带高效低压损双系列五级旋风预热器和 TDF 分解炉的新型干法生产工艺，年产熟料139.5 万 t。

本项目采用四组分配料生产水泥熟料，在生产过程中能充分利用当地的工业废渣，如：化工厂的硫酸渣、矿山开采过程中产生的采矿废渣等，不仅节约了资源，使废物能够得到综合利用，还能减轻当地的污染。其生产工艺流程及污染物分布情况如图 1所示。

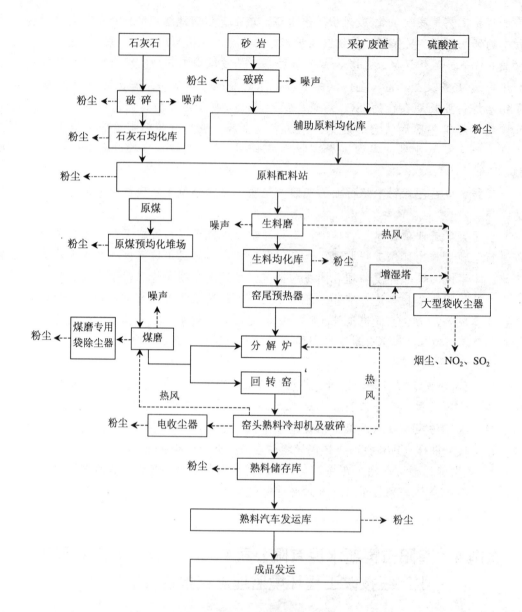

图 1　拟建工程生产工艺流程及污染物产出分布图

　　技改工程原定厂址位于南阳市卧龙区蒲山镇东赵庄东北约 0.6 km 处，南距南阳市约 10 km，东北邻石灰石矿山约 0.5 km，东至白河约 1.2 km，南至南水北调干渠约 2.0 km。拟建场地地形平坦，东西长约 550 m，南北宽约 330 m，厂址北界紧邻焦柳铁路专用线，西距豫 02 线（鲁南公路）约 1.5 km，交通运输十分便利。

　　项目开工建设前得知，原定厂址为基本农田。为保护土地资源，建设单位将厂址在原定位置向西北移动了 450 m；并依法办理了土地征用和厂址变更环评批复等相关手续。

二、环评报告主要结论、对策建议及"三同时"验收内容

（一）总评价结论

南阳市恒新水泥有限公司拟在淘汰并拆除南阳市恒远水泥有限公司、南阳市光达豫新水泥有限公司的 4 条机立窑水泥生产线的熟料烧成系统的基础上，新建一条 4 500 t/d 水泥熟料生产线及相关配套设施，同时规划预留 7.5 MW 纯低温余热电站，水泥熟料经集中辊压后，作为商品熟料出售。可以做到区域内增产减污，符合国家产业政策和环保政策要求；拟选厂址位于南阳市卧龙区薄同镇东赵庄村东北偏东约 600 m 处，符合当地城市发展规划和环保规划；本工程蒲山石灰石矿山位于厂址东北约 1 km，生态结构单一，地址条件稳定，在落实环保措施，水保方案和生态恢复建议后，矿山开采不会出现明显生态影响。工程建成并淘汰落后的机立窑水泥生产线后，对当地经济发展和环境改善都具有促进作用，从公众参与调查结果可知，当地居民普遍支持该工程建设。综合各个方面因素分析，从环保角度看，在切实落实设计及环保提出的有关措施及建议的前提下，工程拟选厂址及建设内容都是可行的。

（二）拟建工程污染源防治"三同时"验收及环保投资

环评报告要求，技改工程污染防治"三同时"验收及环保投资、内容见表 1 和表 2。

表 1　拟建工程有组织粉尘污染源治理"三同时"验收及环保投资一览表

序号	系统名称	处理风量/(m³/h)	排尘点个数/个	废气温度/℃	除尘器名称规格型号	台数	入口浓度/(g/m³)	出口浓度/(g/m³)	收尘效率/%	排气筒高度及内径/m	预算投资/万元
1	石灰石均化堆场及输送	18 000	1	常温	气箱脉冲袋收尘器	1	20	28	99.86	15/0.6	17.20
		6 700×2	2	常温	气箱脉冲袋收尘器	2	30	28	99.91	25/0.4	21.01
2	沙石破碎及输送	8 900	1	常温	气箱脉冲袋收尘器	1	20	28	99.86	15/0.5	13.96
		6 700	1	常温	气箱脉冲袋收尘器	1	20	28	99.86	15/0.5	10.51
3	辅助原料/煤预均化堆场	6 700	1	常温	气箱脉冲袋收尘器	3	20	28	99.86	15/0.5	10.51
4	原料调配及输送	6 700×3	3	常温	气箱脉冲袋收尘器	1	30	28	99.91	20/0.4	31.52
		6 700×2	2	常温	气箱脉冲袋收尘器	1	30	28	99.91	15/0.4	21.01
		8 900	1	常温	气箱脉冲袋收尘器	1	30	28	99.91	25/0.5	13.96

序号	系统名称	处理风量/（m³/h）	排尘点个数/个	废气温度/℃	除尘器						排气筒高度及内径/m	预算投资/万元
					名称规格型号	台数	入口浓度/(g/m³)	出口浓度/(g/m³)	收尘效率/%			
5	生料均化库及生料入窑喂料	4 500	1	常温	气箱脉冲袋收尘器	1	30	29	99.91		10/0.3	7.06
		6 700	1	常温	气箱脉冲袋收尘器	1	30	28	99.91		30/0.4	10.51
		7 200	1	70	气箱脉冲袋收尘器	1	30	28	99.91		55/0.5	11.29
6	熟料烧成窑头	309 000	1	250	高压静电收尘器	1	20	48	97.60		40/3.5	565.13
7	原料粉磨/窑尾废气处理	485 800	1	130	气箱脉冲袋收尘器	1	50	47	99.91		95/4.0	804.51
8	煤卸车坑，均化库及输送	6 700×3	3	常温	气箱脉冲袋收尘器	3	20	28	99.86		25/0.4	31.52
9	煤粉制备	57 650	1	80	煤磨专用袋收尘器	1	150	45	99.99		35/1.4	86.09
10	熟料辊压机	9 800×2	2	50	气箱脉冲袋收尘器	2	30	28	99.91		22/0.5	30.73
11	熟料储存及输送	13 000	1	60	气箱脉冲袋收尘器	1	30	28	99.91		45/0.7	20.20
		6 700×3	3	常温	气箱脉冲袋收尘器	3	30	28	99.91		15/0.4	31.52
12	熟料散装	8 900×6	6	常温	气箱脉冲袋收尘器	6	20	28	99.86		24/0.5	82.92
		6 700×6	6	常温	气箱脉冲袋收尘器	6	20	28	99.86		15/0.5	62.42
13	合计		39			39						1 883.38

表2 拟建工程其他污染源防治"三同时"验收及环保投资一览表

类别	污染源	污染物	治理措施	治理效果	预算投资/万元
无组织排放	石灰石预均化堆场	粉尘	减少卸料落差 加强车间封闭 定期洒水	达标排放	40.35
	砂岩堆棚				8.67
	煤堆棚				13.75
	采矿废渣堆棚				4.52
噪声	生料磨	噪声	封闭式维护结构 基础减振	厂界达标	46.03
	煤磨				42.11
	破碎机				34.02
	风机及空压机		封闭式维护结构 加装消声器		94.76

类别	污染源	污染物	治理措施	治理效果	预算投资/万元
废水	设备循环冷却系统	SS	蓄水池、冷却塔、循环水池、管网	循环利用	168.96
	洗涤、冲厕等生活污水	COD、BOD、SS、NH₃-N	WSE污水处理系统、蓄水池、管网	达二级标准后用作物料堆场、道路洒水或厂区绿化	88.86
水土保持及环境绿化			植树、种草及工程措施	有效控制水土流失、厂区绿化系数大于15%	103.48
监测站建设、监测仪器及相关维修设备			定期监测、维修		132.92
在线监测仪			同步监测	实时预防、杜绝超标	56.73
合计					835.16

COD、BOD、SS、NH_3-N

三、环保部门审批要求

（一）南阳市环境保护局审查意见（略）

（二）河南省环保局批复意见

该工程环境影响报告书批复厂址为蒲山镇南侧的东赵庄村东侧。厂址周围主要村庄有东赵庄、郑庄、大山沟等，距厂址西侧最近的村庄为东赵庄，厂界与东赵庄住户东侧距离为 600 m，厂址北侧为郑庄，郑庄南侧住户距厂址北厂界为 520 m。初选厂址因建设单位提供的土地利用规划图版本差异，原以为属一般农田的土地，后经建设单位核实后为基本农田。为了保护土地资源和不致影响工程进度，建设单位在原厂址西北 450 m 处另选了厂址，并办理了土地征用手续。新选建设场地占地 180 亩，为一般农田和山坡荒地，原属环境综合整治被拆除的多家石灰窑、石子厂占地，原有地貌已被完全破坏，到处是堆弃的石渣和废弃构筑物，场地坑洼不平，紧邻矿山，已无法复耕，适宜水泥项目建设，选用此厂址有效利用了废弃土地，保护了耕地资源。

工程厂址变更后，环评单位又作了《南阳市恒新水泥有限公司 4 500 t/d 水泥熟料新型干法生产线技改工程厂址变更报告》（以下简称《报告》）；南阳市环境保护局及河南省环境工程评估中心又分别对《报告》提出了审查、评估意见，河南省环保局于 2008 年元月 25 日对变更报告又作了批复，其主要内容如下：

1. 同意南阳市环保局审查意见，原则同意《南阳市恒新水泥有限公司 4 500 t/d 水泥熟料新型干法生产线技改工程厂址变更报告》，建设单位应据此在工程设计、工程建设时认真落实各项环保投资和环保措施。

2. 工程建设应重点做好以下工作：

（1）对各产尘工段含尘烟气（废气）进行收集处理，大气污染物排放应满足《水泥工业大气污染物排放标准》（GB 4915—2004）的要求。其中，窑头废气应采用高效电除尘器，除尘效率不低于99.76%；窑尾废气应采用高效布袋式除尘器处理，除尘效率不低于99.91%；其他破碎、输送、粉磨、配料等工序含尘废气分别经专用袋式除尘器处理后排放。

（2）厂区原料堆场应采取封闭措施，减少扬尘污染，控制粉尘无组织排放。汽车物料运输应采取防扬尘措施，减少对沿线环境的影响。

（3）厂区废水应做到"雨污分流"。设置生产废水集水设施，做到生产废水经处理后综合利用，不外排；生活污水经处理达标后厂内综合利用或少量排放。严禁厂区废水排入南水北调干渠。

（4）选用低噪声设备，高噪声设备应采取减振、降噪措施，加强厂区绿化工作，确保厂界噪声达标。

（5）建设单位应与当地政府配合，于本项目试生产前，按省政府关停立窑水泥生产线的要求淘汰公司现有 4 条立窑水泥生产线。按承诺对 500 m 卫生防护距离内张庄、郑庄老宅、郑庄、姚亮等敏感目标共计 138 户居民及劳改场实施搬迁。

（6）建设单位应与蒲山矿业公司配合，共同做好矿山开采的环保工作。矿石开采应规范、有序，严禁乱采滥挖；矿石破碎设备应配套除尘设施；废弃土石应尽量综合利用，外排土石应运至固定的堆场，堆场应采取防流失、防扬尘措施，并及时覆土绿化。石灰石必须采取密闭式皮带廊输送，减少汽车运输及输送扬尘的污染。皮带廊建设应采取生态保护措施，避免造成制备破坏和水土流失。

（7）按国家有关规定建设规范化污染物排放口，设置一个废水排放口。安装窑头、窑尾烟气自动在线监测系统，并与环保部门监控网络联网。

（8）施工期应采取防扬尘措施，避免施工扬尘造成污染；合理安排施工时间，避免施工噪声对周围居民造成不利的影响。

（9）认真落实环评报告所确定的防范环境风险的要求和措施，制定污染事故应急防范预案，防止发生污染事故。

（10）项目应实施清洁生产，达到国内同行业先进水平；积极开展窑系统余热利用工作，预留余热发电的条件。

（11）建设单位应委托有资质的单位进行环保工程的设计和施工，设计单位必须严格按照环评及批复意见认真落实各项工程及环保设施设计，不得擅自变更。如出现违法行为，依照《河南省建设项目环境保护条例》规定对设计单位进行处罚。

3．本工程污染物排放总量控制指标为 SO_2 140 t/a、烟（粉）尘 490 t/a。南阳市环保局应加强日常监管，认真落实省政府关于关停立窑生产线的有关要求，确保区域主要污染物排放总量得到削减，做到"增产减污"。

4．该项目建设过程中必须按审批的规模建设，不得擅自改变建设规模。认真执行环保"三同时"制度，工程设计过程中应进行工程环境监理。项目建成经我局检查同意后，方可进行试生产。试生产三个月内，须向我局申请环保验收，验收合格后，主体工程方可投入生产。

5．南阳市环保局和卧龙区环保局应明确专门机构和人员，加强对该项目施工期间的环境监督管理，省环境监察总队按规定进行检查。如发现问题，及时纠正，并向我局报告。

6. 该项目应按照本批复要求建设，《河南省环境保护局关于南阳市恒新水泥有限公司 4 500 t/d 水泥熟料新型干法生产线技改工程环境影响报告书的批复》（豫环审［2006］185 号停止执行）。

四、环境监理

（一）环境监理依据（略）

（二）环境监理内容

本项目环境监理主要内容：一是对工程施工期的环境达标监理；二是对与主体工程配套建设的污染防治工程建设情况监理；三是按照环评及其批复要求、对企业环境管理机构、环境管理制度、环境监控平台等建立、健全情况的监理。

（1）工程施工期环境监理内容主要包括：工程施工期间的噪声、粉尘、生活污水、固体废物、烟尘排放与处置是否符合环保要求；施工场地、临时占地等，完工后生态恢复是否符合环保要求；施工期发生环境污染事故与纠纷是否及时、妥善处理等。

（2）污染防治工程建设监理包括：污染防治建设是否按批准的工艺、规模进行设备选型、设计、安装和施工；主要设施（设备）是否按照设计要求购置、加工和安装；厂地环境绿化是否按要求进行；环保投资是否及时、落实到位；工程进度是否与主体工程同步等。

（3）有关批复要求监理包括：环评及批复提出的"清洁生产"、"污染替代"、厂区环境整治、污染事故防范等环保措施落实情况。

（4）环境管理情况监理主要包括：企业环境管理机构是否按规定建立，专（兼）职环境管理人员是否按规定配备，环境管理制度是否制定；企业监测能力建设是否配套，企业环境监控措施是否落实或配套建设；企业环境管理，环保措施操作、维护、管理，环保管理和操作人员岗位培训等是否落实。

（三）环境监理主要措施

（1）组织措施。为加强该项目的环境监理，中心专门成立了项目监理部，配备项目环境总监 1 名，环境监理工程师及监理人员 4 名具体负责本项目环境监理工作。项目监理部实行明确分工和岗位责任制，从组织和人力上保障了监理工作的实施。

（2）制度措施。项目监理部根据工程建设实际和进度，对该工程实行了"现场巡查"与"旁站监理"相结合的工程监理制度；组织召开了"工程例会"与适时下发"环保工作建议函"想结合的工程管理制度；及时向环保部门、项目公司发送工程进度"简报"与向违规施工单位下发"限期整改通知"相结合信息传递制度，从而确保了工程环境监理工作的顺利进行。据不完全统计，该工程建设施工期间项目监理部，共实施"现场巡查"120 余人次，"旁站监理"3 次；组织参加工程例会、协调会 11 次，下发"环保工作建议函"1 份；发送工程进度简报 4 期、"限期整改通知"7 份。

（3）技术措施。为发挥环境监理人员专业技术优势，在项目施工期污染防治、环保设施施工安装、环保安全防护、环保管理措施采纳、企业监控能力建设、排污口规范化整治等方面，监理人员采用现场指导、信息传递等形式对建设、施工单位提出建议、指导，使一些具体问题得到了及时、顺利解决。

（4）经济措施。为确保环保工程质量和进度，主动与建设单位配合，在环保投资与进度控制方面介入环境监理意见，作为建设单位阶段性支付工程款和实施奖罚的依据或参考，从而对工程质量控制和进度控制发挥了重要作用。

（5）合同措施。为全面履行"监督、指导、服务"的第三方环境监理职能，施工期间按"监理合同"规定，提醒、监督建设单位、认真落实《监理合同》中有关环保条款的落实，通过加强《合同》管理，有效地保证了工程环境监理目标的实施。

五、工程建设暨环保措施落实情况

（一）工程施工期环保措施落实情况

（1）工程建设期间，由于对土建施工和设备（制造）安装都实行了严格的环境管理，加之施工场地空旷，且距周围村庄较远（一般在 200 m 以上），所以施工噪声未对周围环境和村民造成影响。

（2）工程建设期间，由于对运输车辆运送的物料采用了文明装卸、篷盖运输等措施，加之运输路线基本都为水泥路面，较为平坦，所以施工过程无明显粉尘（扬尘）污染。

（3）由于对施工人员采用了集中食宿、统一管理措施，所以产生的生活垃圾都得到了及时收集处置；产生的粪便和生活污水排入临时化粪池后，由周围村民用作农田施肥，所以施工人员产生的生活垃圾和生活污水未对环境造成污染危害。

（4）施工期间，未发生环境污染事故和环境污染纠纷。

（二）工程建设内容落实情况

对照环评及批复要求，本工程生产规模、占地面积、项目投资，主要生产设备、生产能力，各种物料储存设施等工程建设内容落实情况分别见表 3 "生产规模、占地面积、项目投资情况表"、表 4 "主要生产车间设备、生产能力建设落实情况表"和表 5 "各种物料储存设施建设落实情况表"。

表 3　生产规模、占地面积、项目投资落实情况表

序号	环评确定建设内容			实际建设内容	备注
	名称	单位	指标	指标	
1	建设规模	熟料	t/d	4 500	4 500	
			万 t/a	139.5	139.5	
		商品熟料	万 t/a	139.5	139.5	
2	生产方式		新型干法窑外分解		新型干法窑外分解	
3	厂区占地面积		hm²	18.49	18.49	
4	绿化面积		m²	27 735	27 735	
5	绿化面积占厂区面积系数		%	15	15	

序号	环评确定建设内容			实际建设内容	备注
	名称	单位	指标	指标	
6	项目总投资	万元	36 622	33 875	
7	固定资产投资	万元	33 102.27	33 102.27	
8	环保投资	万元	2 718.54	2 900.90	
9	环保投资占总投资系数	%	7.42	8.56	

表4 主要生产车间设备、生产能力建设落实情况表

序号	环评确定建设内容				工程实际建设情况		备注
	车间名称	设备名称	型号、规格、性能	数量	型号、规格、性能	数量	
1	石灰石预均化堆场	堆料机	堆料能力1 200 t/h	1	堆料能力1 200 t/h	1	
		取料机	取料能力500 t/h	1	取料能力500 t/h	1	
2	煤和辅助原料预均化堆场	堆料机	堆料能力250 t/h	1	堆料能力250 t/h	1	
		取料机（煤）	取料能力150 t/h	1	取料能力150 t/h	1	
		取料机（辅料）	取料能力150 t/h	1	取料能力150 t/h	1	
3	砂岩破碎	反击式破碎机	生产能力350 t/h 进料粒度≤400 mm 出料粒度≤50 mm	1	生产能力350 t/h 进料粒度≤400 mm 出料粒度≤50 mm	1	
4	原料粉磨	辊式原料磨	生产能力200 t/h 入磨水分≤6% 出磨水分≤0.5% 入磨物料粒度≤80 mm 成品细度80 μm 方空筛筛余≤12% 功率：2×2 000 kW	2	生产能力200 t/h 入磨水分≤6% 出磨水分≤0.5% 入磨物料粒度≤80 mm 成品细度80 μm 方空筛筛余≤12% 功率：2×2 000 kW	1	
5	煤粉制备	风扫磨	生产能力38 t/h 入料水分≤10% 出料水分≤1% 入磨物料粒度≤30 mm 成品细度80 μm 方空筛筛余≤3%～5% 功率：1 250 kW	1	生产能力38 t/h 入料水分≤15% 出料水分≤0.5% 入磨物料粒度≤30 mm 成品细度80μm 方空筛筛余≤3%～5% 功率：1 250 kW	1	
6	烧成系统	回转窑、预热器、分解炉、冷却机	回转窑φ4.6×68 m 双系列五级旋风预热器 TDF型分解炉 TC-12102型篦式冷却机 系统能力4 500 t/d	1套	回转窑φ4.6×68 m 双系列五级旋风预热器 TDF型分解炉 TC-12102型篦式冷却机 系统能力4 500 t/d	1套	
7	熟料辊压	辊压机	辊压机 TRP140/140 通过量 600 t/h 功率：2×800 kW	2	熟料破碎机	1套	
8	熟料散装	汽车散装机	生产能力200 t/h	6	300 t/h	3	

表 5 各种物料储存设施建设落实情况表

序号	环评确定建设内容				工程实际建设内容		备注
	物料名称	储存设备名称	设施型号/m	数量	设施型号/m	数量	
1	石灰石	圆形预均化堆场	$\phi90$	1	$\phi90$	1	
2	原煤	预均化堆场	90×24.2	1	合用一个长形均化堆场 166.1×24.2		
	砂岩		50×24.2	1			
	采矿废渣		26.1×24.2	1			
3	石灰石	原料调配站	$\phi10\times22$	1	$\phi10\times22$	1	
	采矿废渣		$\phi8\times16.5$	1	$\phi8\times16.5$	1	
	砂岩		$\phi8\times16.5$	1	$\phi8\times16.5$	1	
	硫酸渣		$\phi8\times16.5$	1	$\phi8\times16.5$	1	
4	生料	生料均化库	$\phi18\times50$	1	$\phi18\times50$	1	
5	熟料	圆库	$\phi40\times40.5$	1	$\phi18\times40.5$	1	
6	熟料散装库	圆库	$3\times\phi8\times21$	3	$\phi8\times21$	1	

分析上述 3 表可知：

（1）本工程建设规模及生产工艺符合环评要求，符合目前国家水泥行业产业政策和环保政策；

（2）工程占地面积与环评规定一致；

（3）工程主要生产设备、生产能力符合环评要求；

（4）工程建设的各种物料储存设施可满足生产需要；

（5）工程建设实际投资虽比计划投资有所减少（由 36 622 万元，降为 33 875 万元），但环保实际投资却未减，反增（由 2 718.54 万元增为 2 900.90 万元）。

（三）工程污染防治和环保措施落实情况

按照建设项目"三同时"规定，本技改工程对石灰石预均化堆场及输送、砂岩破碎及输送、原料粉磨、熟料烧成窑头、窑尾，煤粉制备等 12 大系统的 33 处有组织粉尘排放点安装了 33 台收尘设施（见表 6）；对石灰石预均化堆场、砂岩、煤、矿渣堆棚等粉尘无组织排放源，也分别采取了减小卸料落差、加强车间封闭，定期洒水措施；对生料磨、煤磨、破碎机、风机及空压机等主要噪声源也分别采用了加装消声、隔声装置，构建封闭式维护结构等噪声控制工程措施；对生产废水建成了循环冷却水系统；同时还按环评要求分别落实了"厂区环境绿化"，监测站建设、安装在线监测仪器等项环保措施。以上落实措施详见表 7。

（四）工程清洁生产方案落实情况

技改工程环境影响评价对工程原材料及成品的运输、储存、生产工艺、技术设备及生产过程都提出了具体的清洁生产方案建议。项目建设和试运行阶段，企业按照"方案建议"通过"选用先进工艺设备，严格工程施工措施，加强生产管理控制"等途径和措施都一一得到了采纳和落实。落实情况见表 8。

表6　有组织粉尘污染治理设备安装落实情况表

序号	系统名称	排尘点个数/个	环评确定安装内容				工程实际安装内容				备注
			名称、规格、型号	台数	排气筒高度及内径/m	预算投资/万元	名称、规格、型号	台数	排气筒高度及内径/m	实际投资/万元	
1	石灰石预均化堆场及输送	1	气箱脉冲袋收尘器	1	15/0.6	17.20	气箱脉冲袋收尘器	1	15/0.6	17.00	
		2	气箱脉冲袋收尘器	2	25/0.4	21.01	气箱脉冲袋收尘器	2	25/0.4	21.5	
2	砂岩破碎及输送	1	气箱脉冲袋收尘器	1	15/0.5	13.96	气箱脉冲袋收尘器	1	15/0.5	15.00	
		1	气箱脉冲袋收尘器	1	15/0.5	10.51	气箱脉冲袋收尘器	1	15/0.5	15.00	
3	辅助原料/煤预均化堆场	1	气箱脉冲袋收尘器	1	15/0.5	10.51	气箱脉冲袋收尘器	1	15/0.5	15.00	
		3	气箱脉冲袋收尘器	3	20/0.4	31.52	气箱脉冲袋收尘器	3	20/0.4	30.00	
4	原料调配及输送	2	气箱脉冲袋收尘器	2	15/0.4	21.01	气箱脉冲袋收尘器	2	15/0.4	21.50	
		1	气箱脉冲袋收尘器	1	25/0.5	13.96	气箱脉冲袋收尘器	1	25/0.5	15.00	
		1	气箱脉冲袋收尘器	1	10/0.3	7.06	气箱脉冲袋收尘器	1	10/0.3	7.50	
5	生料均化库及生料入窑喂料	1	气箱脉冲袋收尘器	1	30/0.4	10.51	气箱脉冲袋收尘器	1	30/0.4	10.00	
		1	气箱脉冲袋收尘器	1	55/0.5	11.29	气箱脉冲袋收尘器	1	55/0.5	12.00	
6	熟料烧成窑头	1	高压静电收尘器	1	40/3.5	565.13	高压静电收尘器	1	10/3.5	550.00	
7	原料磨粉/窑尾废气处理	1	大型袋收尘器	1	95/4.0	804.51	大型袋收尘器	1	95/4.0	815.50	
8	煤卸车坑、均化库及输送	3	气箱脉冲袋收尘器	3	25/0.4	31.52	气箱脉冲袋收尘器	3	28/0.4	32.50	
9	煤粉制备	1	煤磨专用袋收尘器	1	35/1.4	86.09	煤磨防爆袋收尘器	1	35/1.4	88.00	
10	熟料辊压机	2	气箱脉冲袋收尘器	2	22/0.5	30.73	气箱脉冲袋收尘器	2	22/0.5	32.50	
11	熟料储存及输送	1	气箱脉冲袋收尘器	1	45/0.7	20.20	气箱脉冲袋收尘器	1	45/0.7	20.00	
		3	气箱脉冲袋收尘器	3	15/0.4	31.52	气箱脉冲袋收尘器	3	15/0.4	32.80	
12	熟料散装	6	气箱脉冲袋收尘器	6	24/0.5	82.92	气箱脉冲袋收尘器	3	24/0.5	96.50	
		6	气箱脉冲袋收尘器	6	15/0.5	62.42	气箱脉冲袋收尘器	3	15/0.5	70.00	
13	合计	39		39		1 883.58		33		1917.3	

表7　工程其他污染源治理措施落实情况表

类别	环评确定治理措施				实际落实治理措施		备注
	污染源	污染物	治理措施	预算投资/万元	治理措施	实际投资/万元	
无组织排放	石灰石预均化堆场	粉尘	减小卸料落差，加强车间封闭，定期洒水	40.35	减小卸料落差，加强车间封闭，定期洒水	39.00	
	砂岩堆棚			8.67		9.50	
	煤堆棚			13.75		12.70	
	采矿废渣堆棚			4.52		4.50	
噪声	生料磨	噪声	封闭式维护结构，基础减振	46.03	封闭式维护结构，基础减振	48.00	
	煤磨			42.11		42.50	
	破碎机			34.02		33.70	
	风机及空压机		封闭式维护结构，加装消音器	94.76	封闭式维护结构，加消音器	103.5	
废水	设备循环冷却水系统	SS	蓄水池、冷却塔、循环水池、管网	168.96	蓄水池、冷却塔、循环水池、管网	177.30	
	洗涤、冲厕等生活污水	COD、BOD、SS、NH$_3$-N	WSE污水处理系统、蓄水池、管网	88.86	化粪池、蓄水池、管网	93.45	处理设备预付款已交出
水土保持及环境绿化			植树、种草及工程措施	103.48	植树、种草及工程措施	230.00	
监测站建设、监测仪器及相关维修设备			定期监测、维修	132.92	定期监测、维修	132.92	
在线监测仪			同步监测	56.73	同步监测	53.45	
合计				835.16		864.6	

表8　清洁生产方案落实情况表

项目	工段、车间	环评建议采用清洁生产方案	工程实际落实清洁生产方案	备注
原、燃材料及成品	运输	①严禁超载 ②加盖防护罩等措施，防止原料中途撒落、受损 ③文明装卸	①严禁超载 ②加盖防护罩等措施，防止原料中途撒落、受损 ③文明装卸	
	储库	①文明装卸 ②加强通风除尘，原料库、生料库、熟料库、水泥库加装气震式袋除尘	①文明装卸 ②加强通风除尘，原料库、生料库、熟料库、水泥库加装气震式袋除尘	
工艺及技术设备	烧成车间	①采用低压损五级旋风预热器和新型高效分解炉的预分解窑烧成系统 ②采用新型可控气流篦冷机 ③窑头、窑尾废气分别采用新型高效电除尘器、袋除尘器处理粉尘	①采用低压损五级旋风预热器和新型高效分解炉的预分解窑烧成系统 ②采用新型可控气流篦冷机 ③窑头、窑尾废气分别采用新型高效电除尘器、袋除尘器处理粉尘	
	生料粉磨煤粉制备	①生料磨和煤磨采用辊式磨 ②生料及原煤粉磨利用烧成系统高温废气余热作为烘干热源 ③采用新型高效袋除尘器处理废气中的粉尘 ④提高冷却水系统的密闭性，防止冷却水跑、冒、滴、漏 ⑤采取隔声减振措施，加强车间围护	①生料磨和煤磨采用辊式磨 ②生料及原煤粉磨利用烧成系统高温废气余热作为烘干热源 ③采用新型高效袋除尘器处理废气中的粉尘 ④提高冷却水系统的密闭性，防止冷却水跑、冒、滴、漏 ⑤采取隔声减振措施，加强车间围护	

项目	工段、车间	环评建议采用清洁生产方案	工程实际落实清洁生产方案	备注
过程控制	全过程	①提高自动化控制水平，使设备之间有序协调运转 ②改进控制条件，如流速、温度、压力、风量、时间等 ③精确预报窑尾烟囱的粉尘、NO_2、SO_2和窑头烟囱的粉尘排放浓度	①提高自动化控制水平，使设备之间有序协调运转 ②改进控制条件，如流速、温度、压力、风量、时间等 ③精确预报窑尾烟囱的粉尘、NO_2、SO_2和窑头烟囱的粉尘排放浓度	

（五）监测仪器设备配置落实情况

为加强企业内部环境管理和污染控制，环评要求本项目必须建立企业环境监测机构并配备一定数量的环境监测仪器设备。按照环评要求建设单位先后购置了烟道气测定装置、紫外分光光度计、精密声级计、大气采样器、天平流量计、静压平衡粉尘测定仪等环境监测仪器设备，基本可满足企业内部监测工作需要。落实情况详见表9。

表9 监测站仪器设备配置情况表

仪器设备名称	环评确定配置仪器设备			实际配置仪器设备			备注
	单位	数量	估算费用/万元	单位	数量	实际费用/万元	
万分之一天平	台	1	1.00	台	1	0.98	
紫外分光光度计	台	1	2.00	台	1	2.20	
pH 计	个	1	0.20	个	1	0.22	
离子计	个	1	0.20	个	1	0.20	
烟道气测定装置	套	1	3.50	套	1	3.60	
大气采样泵（器）	台	2	2.00	台	2	1.98	
精密声级计	个	1	0.30	个	1	0.35	
计算机	台	2	1.20	台	2	1.20	
恒温烘箱	台	1	0.40	台	1	0.46	
冰箱	台	1	0.30	台	1	0.38	
试剂及玻璃器皿	若干	按需购置	2.00			1.88	
流量计	台	2	0.50	台	2	0.60	
静压平衡粉尘测定仪	台	2	1.60	台	2	1.85	
合计		16	15.20		16	15.90	

（六）工程环境绿化落实情况

为美化环境，防尘降噪，净化空气，减少裸地，防止风蚀，环评对本工程提出了具体的绿化措施和绿化方案。建设单位按照环评要求投资230余万元，先后植树1 500余棵，种花11 000余株，植草22 000余 m²，较好地落实了绿化方案规定的各项绿化任务。绿化措施落实情况见表10。

表 10　工程环境绿化情况一览表

序号	项目	单位	环评确定	实际完成	备注
1	厂区占地面积	hm²	18.49	18.49	
2	绿化面积	m²	27 735	27 735	
3	绿化面积占厂区面积系数	%	15	15	
4	植树	棵		1 520	
	种花	株		11 381	
	植草	m²		22 000	
5	绿化投资	万元	103.48	230.00	

（七）工程环保投资落实情况

环评估算该项目环保投资为 2 718.54 万元，由于建设单位加大了污染治理投入，提高了环境绿化及水土保持水平，使项目实际环保投资增加为 2 900.90 万元，比估算投资多 182.36 万元；使项目环保投资占总投资比例也由 7.42%，上升为 8.56%。上升了 1.14个百分点，有力地保障了项目各项环境保护措施的落实。工程各项环保投资落实情况见表 11。

表 11　工程环保投资落实情况表

序号	环评估算环保投资		实际环保投资		备注
	项目内容	估算投资/万元	项目内容	实际投资/万元	
一	粉尘污染源治理	1 950.67	粉尘污染源治理	1 982.70	
1	有组织粉尘污染源治理	1 883.38	有组织粉尘污染源治理	1 917.00	
2	无组织粉尘污染源治理	67.29	无组织粉尘污染源治理	65.70	
二	噪声控制及治理	216.92	噪声控制及治理	227.70	
三	设备冷却水循环及生活污水处理	257.82	设备冷却水循环及生活污水处理	270.75	
四	水土保持及环境绿化	103.48	水土保持及环境绿化	230.00	
五	监测站建设、监测仪器及相关维修设备	132.92	监测站建设、监测仪器及相关维修设备	137.00	
六	在线监测仪	56.73	在线监测仪	53.45	
合计		2 718.54		2 900.9	

（八）环境管理措施落实情况

（1）专门环境管理机构已经建立。为加强企业环境管理，公司成立了专门的环境管理机构——安全环保部，具体负责、组织、落实、监督全厂环境保护工作。安环部直属公司领导，各车间（工段）还专门设立了"安全环保领导小组"，初步形成了公司、科室、车间三级环境管理网络。

（2）配备了专职环境管理人员。公司明确一名经理主管环保工作，安全环保部配备 2名工程技术人员专职从事环保工作，各车间（工段）配备 1～2 名专（兼）职环保员。

（3）建立、健全了各项环境管理制度。截至到目前公司已先后制定了"环保工作岗位责任制"、"环保设施操作技术规范"、"污染防治设施维护保养制度"、"环境监测制度"、"生产车间环保目标考核办法"等多项环境管理制度。

（4）成立了公司"清洁生产工作领导小组"，制订了清洁生产措施方案，将清洁生产纳入了企业日常管理目标。

（5）建立了企业环境监测机构，配备了常规环境监测仪器设备，制定了环境监测制度，强化了企业内部污染排放监控力度。

（九）关于公司原有4条立窑水泥生产线关停落实情况

环评及批复要求本项目试生产前必须按照省政府要求，对南阳市恒远水泥有限公司所属 1 条 $\phi3\times11$ m 机立窑水泥生产线和南阳市光达豫新水泥有限公司所属 3 条 $\phi3\times11$ m 机立窑水泥生产线的熟料烧成系统淘汰并拆除。对环评及批复这一要求，建设单位已于 2006 年 10 月前将上述 4 条机立窑水泥生产线的熟料烧成系统全部实施了关闭措施；4 个机立窑全部进行了拆除。

（十）工程变更情况

本工程主要有三项较大变更：

其一，工程厂址变更。

其二，石灰石皮带廊运输方案的变更。

其三，熟料散装库及熟料辊压机房建设的变更。

工程变更情况的具体内容见表 12。

表 12　工程变更情况表

序号	变更项目类型	环评确定内容	变更后内容	变更原因及结果
1	项目建设位置	拟建厂址位于南阳市卧龙区蒲山镇东赵庄东约 0.6 km 处。南距南阳市约 10 km，东北距石灰石矿山 1 km，东至白河约 1.2 km，南至南水北调干渠约 2.0 km	厂址变更到原拟建厂址北偏西方向，位于蒲山镇石灰石矿山附近的张庄村东侧与原拟建厂址相距 450 m	因土地利用规划图版本差异、原以为按一般农田的土地经核实为基本农田、变更工业占地为一般农田和山坡荒地、原属环境整治被强行拆除的多家石灰窑、石子厂非法占地、进行清理推平场地，把项目移址于此。既有效利用了废荒地又保护了耕地资源。河南省环保局于 2008 年 1 月 25 日下发豫环审[2008]15 号文，同意该厂址变更
2	石灰石皮带廊输送系统	石灰石采用密闭式皮带廊输送	改密闭式皮带廊输送为汽车运输	根据现场工程实际情况，不需建设石灰石皮带廊。厂址东北侧卫生防护距离内的郑庄老宅的居民搬迁后矿山与厂址破碎站之间没有其他环境敏感点因此汽车运输不会对周围环境产生大的影响
3	熟料辊压散装库建设规模变更	建 1 座 $\phi40\times40.5$ m 熟料库 3 座 $\phi8\times21$ m 熟料散装库 熟料辊压机房 1 处，安装辊压机 2 台	建 $\phi18\times40.5$ m 熟料库和 $\phi8\times21$ m 熟料散装库各 1 座，安装锤式破碎机 1 套	因粉磨站产能配套且距厂区较近，不会造成库存积压，可降低投资，减轻污染

六、环境监理结论

（一）工程建设符合建设项目环境管理有关法律、法规规定和行业产业政策，符合"节能减排"政策规定

项目建设过程，建设单位较严格地执行了"环评"和"三同时"制度。主要表现在项目厂址变更后，能主动积极进行"厂址变更补充环评"，并及时报环保主管部门进行审查批准；主要污染防治设施与主体工程同步建成，并同时投入使用；环评提出的环保措施，在项目试运行前基本都得到了落实。加之本项目利用蒲山丰富优质的石灰石、砂岩资源，在淘汰并拆除南阳市恒远水泥有限公司、南阳市光达豫新水泥有限公司 4 条机立窑水泥生产线熟料烧成系统的基础上，新建一条 4 500 t/d 水泥熟料干法生产线，做到了"增产减污"，这不仅符合目前国家水泥工业产业政策和环保政策要求，同时还符合国家"节能减排"政策规定。

（二）本工程采用的生产工艺和装备先进，符合节能降耗和可持续发展政策目标

本项目采用四组分配料生产水泥，可充分利用各类工业固废（如化工厂硫酸渣，采矿废渣等）；利用窑系统余热回用于分解炉（将来用于低温余热发电），符合节能降耗和可持续发展要求；石灰石、辅助原料预均化后分别送至原料配料站，然后按设定比例卸出后经带式输送机送入原料磨系统进行粉磨，整个系统自动化程度高，不仅确保了配料质量，节约了人力，同时还大大降低了物料均化、输送过程，粉尘污染程度；采用辊式磨机进行原料粉磨，不仅提高了粉磨质量节约了占地面积，同时与球磨相比还可有效节约能源和降低噪声污染，项目熟料煅烧采用 $\phi 4.6 \times 68$ m 回转窑，窑尾采用双系列高效低压损五级旋风预热器，TDF 分解炉和后燃烧烟道的新型干法生产工艺，不仅使煤的起燃和燃烧条件改善，使炉内达到更高的温度，缩短煤的燃烬时间，提高煤粉的燃烬度，从而达到提高产品质量的效果，同时还可大大降低熟料的耗能指标；项目针对不同粉尘排放源，在回转窑窑头安装引进德国鲁奇公司技术的电除尘器，在窑尾安装引进美国富乐公司技术的大型袋除尘器，在煤磨采用专用袋收尘器，在其他粉尘排放点采用新型气箱脉冲袋除尘器，从而确保了全厂有组织粉尘排放源的达标排放。

（三）项目建设施工期环保措施得到了较好落实

由于项目建设施工期对建筑粉尘、噪声、施工人员排放的生活废水等都采取了相应防治措施；施工垃圾及时清运至低凹地填埋造田；生活垃圾进行了妥善处置，加之施工场地基本无任何植被，距村民又较远，所以项目整个建设施工期间，未对周围环境造成明显影响和破坏，也未发生任何环境污染事故和环境污染纠纷。

（四）《环评》及其批复要求建设的污染防治工程基本到位

（1）对生产线中破碎、输送粉磨（煤磨）、配料、煅烧、卸料等 33 处有组织排尘点（位），全部安装了除尘装置。其中窑头采用高效电除尘器；窑尾安装了大型高效袋除尘

器；煤磨安装了专用袋收尘器，其他排尘点也都安装了新型气箱脉冲袋除尘器。

（2）建成 1 座直径 90 m 大型封闭式石灰石预均化库，1 座长 166.1 m，宽 24.2 m 的大型封闭式堆存原煤、砂岩、采矿废渣、硫酸渣等原辅材料均化库，解决了厂区原辅材料，因堆存产生的扬尘污染和粉尘无组织排放问题。

（3）投资 177.30 万元，建成了 1 套设备循环冷却水处理系统，确保了"生产废水循环使用，不外排"目标的落实。

（4）投资 227.70 万元，对生产线中破碎、磨机（生料磨、煤磨）及所有风机、空压机等噪声排放源分别采用封闭式维护结构、基础减振、加装消声器措施。

（五）厂区环境绿化，达到了环评目标要求

建设项目试生产前，建设单位适时先后植树 1 500 余棵、种花 11 000 株、植草 20 000 余 m²，对厂区 27 000 多 m² 面积进行了高标准、统一绿化。绿化投资达 230 万元，高出原计划投资（103.48 万元）的 1 倍多；绿化面积占厂区面积 15%以上，达到了环评确定的 15%系数目标。

（六）按照环评要求由本项目所替代的 4 条机立窑生产线已全部关停、淘汰并拆除

环评及批复要求，本项目试生产前，必须按河南省政府要求对南阳市恒远水泥公司和南阳市光达豫新水泥有限公司所属 4 条机立窑水泥生产线的烧成系统实行关停、淘汰和拆除。

实际上，早在 2006 年 10 月前以上 4 条生产线已按省、市政府要求实施了关停措施，4 个机立窑水泥生产线的烧成系统也全部进行了拆除。

（七）企业内部环境管理和环境监控措施基本落实

为加强企业内部环境管理，目前企业已建立和健全了厂级、车间（工段）环保工作领导机构；建立了"厂区清洁生产领导小组"，配备了专职环保工作人员；制定和完善了各项环境管理制度；购进 10 多万元设备、仪器，建立了企业环境监测站，可基本满足企业内环境监测工作需要；投资 50 余万元在回转窑、窑头、窑尾安装了烟气在线自动监测装置，增强了重点排污源的监控。

（八）环评确定的环保投资得到了保证和落实

本项目《环评报告》要求：项目计划总投资为 36 622 万元，其中环保投资为 2 718.54 万元，环保投资占总投资比例为 7.42%；项目建设实际投资为 33 875 万元，环保投资为 2 900.90 万元，环保投资占总投资比例为 8.56%。

以上数据显示，本工程建设在总投资减少 2 747 万元情况下，环保投资不仅没有相应减少，相反却比原计划增加了 180 余万元；环保投资比例比原计划净增了 1.14 个百分点。从而确保了"三同时"制度的较好落实。

（九）项目建设的几项变更，从总体上讲有利于环境保护

项目建设期，建设单位根据实际情况对工厂厂址，石灰石输送方式，熟料散装库及熟料辊压机房建设等进行了调整和变更，从环境保护角度看，这些调整和变更，不仅未对环境造成较大的影响和破坏，相反却带来了节约土地资料，有利于矿山生态恢复，减少排尘源（点）及降低投资成本的结果，从总体上讲是有利于环境保护工作的。

七、存在问题与建议（略）

（一）尽快建设生活污水处理设施，并规范设置废水排放口

（二）抓紧办理有关工程变更手续，以免影响工程环保验收

（三）积极主动与当地政府配合，落实有关搬迁目标

（四）加强与蒲山矿业公司的协调和配合，共同做好矿山开采及生态恢复工作

（五）加强环保设施维护管理，确保正常、稳定运行，采取有效防范措施，防止突发环境污染事故发生

八、监理工作终结说明

根据委托环境监理合同约定，本项目环境监理工作自 2007 年 3 月开始，在建设单位的重视支持和建设施工单位的协助配合下，经过整整一年工作，到 2008 年 3 月项目正式投入试运行，项目建设期间的环境监理任务已顺利完成，本报告报出之日，监理工作已告结束。

附：项目建设有关图片、资料（略）

专家点评

水泥工业是典型的能耗高、污染高的"双高"产业。我国水泥工业粉尘排放占全国总排放量的 70%以上，二氧化碳、二氧化硫等有害气体成为大气污染的"主凶"；石灰石是水泥工业主要消耗的资源，而我国可用于水泥生产的高品位石灰石矿山储量可开采尚不足 50 年，资源严重匮乏。结合我国经济社会的发展要求和水泥工业自身的特点，我国水泥工业的发展既要保持较高的速度，又要与资源、能源、环境、交通运输条件相和谐。在国家宏观调控政策的作用下，截至 2006 年年底，代表先进工艺的新型干法水泥产量比重从 2000 年的不足 10%升至 50%，占到"半壁江山"，立窑、湿法窑等落后工艺水泥开始"脱胎换骨"，有的已经完全关闭停产。国内水泥大企业集团区域市场整合的序幕已经拉开，水泥产业集中度正在加速提升。在水泥生产企业的改制整合中，工程环境监理有很多工作可做。

　　从环境监理总结报告总体上讲，本报告的编写是成功的。

　　报告的章节设置较为合理、全面，内容重点突出。报告既介绍了建设项目工程概况、项目《环境影响评价报告书》主要结论，环保部门对环评的批复意见，环境监理工作的依据、原则、内容和方法；还对建设项目落实各项环保法律、法规和项目施工期、营运期各项环保措施的情况作了交代；同时，针对项目建设目前存在问题及整改措施提出了中肯的建议。在这诸多内容中，报告编者明显的将主要篇幅和报告的重点，放在了"项目施工期和营运期各项环保措施落实"上，这无疑是正确的，因为工程环境监理工作的目的和重点，正在于此。

　　从报告编写内容可看出：本项目环境监理机构开展环境监理工作的目标是十分明确的——始终依项目《环评》及批复要求为依据，督促、建议建设单位必须认真、全面、不折不扣地落实《环评》及批复。为突出这一目标，报告采用表格形式，按照"环评确定措施"与"实际落实措施"对照说明方法进行交代和分析。采用这样表述方式，使人一看，便对建设项目落实《环评》及批复规定情况一目了然，清楚明白。

　　本报告还对工程清洁生产方案、监测仪器设备配置和工程环境绿化落实情况等进行了专题总结，此举值得肯定和坚持。

　　不足之处，本报告对工程施工期环保达标监理应执行的标准与落实效果，缺乏相关环境监测实施方案与数据支持；对主要污染防治设施、设备的安装如何进行质量、造价、进度控制和要不要进行设备保修范围和质量保证期的工程环境监理没有说明。

第19章　石油、矿山开采工程环境监理总结

案例1　海南福山油田油气勘探开发项目
2007年度监理报告（节录）

一、海南福山油田油气勘探开发项目概况（略）

（一）基本情况

海南福山油田油气勘探开发项目现有福山凹陷探区和洋浦探区两个勘探区块，项目位于海南省琼北地区，地处海口市、澄迈县、临高县、儋州市地域内。拥有丰富的油气资源，现每年开采能力约为天然气 2.5 亿 m^3、石油 11 万 t，预计开采期为 20 年以上。天然气质量优良、热值较高，是民用和车用天然气的最佳气源。该项目主要包括：勘察、钻井、试油、采油和油气集输处理。油气勘探区域面积为福山凹陷 1 404.288 km^2、洋浦 2 345.644 km^2。2006 年新开发油气井 22 口，总投资约 1.7 亿元人民币；2007 年开采油气井 26 口，投资约为 2 亿元人民币。

1. 工艺流程

油井从开钻到完井交付生产主要经过钻井、测井、试油、投产等几个工序，具体工艺程序如图 1 所示。本项目环境监理工作仅包括钻井、试油两个阶段。

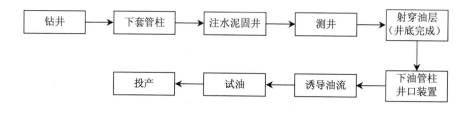

图1　油井开采工艺程序图

工序说明：

（1）钻前准备包括：平整道路和井场、构筑钻井设备地基、布置钻井设备等。

（2）井场主要钻井设备：钻机（包括井架、天车、泥浆泵和 3 台 PZ12V190B 型柴油机）、泥浆罐及钻井液固相控制系统、水罐、2 台柴油发电机（一备一用）和 1 个柴油罐。井场配有控制室（车）和宿营房车。废泥浆池（在钻井期间存钻井岩屑、废泥浆和废水），规格为 25 m×8 m×4 m。每个井场钻探期占地约 15 600 m^2。

（3）钻井及添加钻井液：为了优质、高效、安全地钻井，在钻井时需使用钻井液。

在钻井时，钻井液自井口经钻杆、钻头至井底，携带井底的岩屑上返地面，经钻井液固相控制系统除去岩屑后循环使用。福山油田采用水基钻井液，其主要成分为水和膨润土，在钻至深层时，泥浆中加少量润滑油。

（4）固井：在钻完一个井段后实施固井作业，将套管（通常为无缝纲管）下入井中，并在套管与部分或整段井眼间填注水泥，封固井壁，隔离井筒内外环境，分隔油、气、水层，以利于下一井段钻进，并防止窜层，保护油气层。福山油田采取小井眼钻井工艺钻井分二个井段进行，一开表层钻至 500 m，下表层套管，固井水泥上返至地面，二开钻至目的层。

（5）完井：在钻获油气层并完成最后一个井段的钻进和固井后，实施完井作业，即根据油藏情况，完成井筒与油气层的特定连接方式（如尾管射孔等），并安装采油树（采油井口）。

如因未钻获油气等而需弃井时，则封堵井眼，切除地面以下 1m 内的套管头。完井后清理井场，随即可开展采油生产或试采。按照海南福山油田勘探开发有限责任公司的规定，完井后要清运井场废弃物、回收泥浆、废油料，回填岩屑池和污水池，恢复地貌，做到工完料尽场地清。

2. 项目污染源构成

海南福山油田油气田勘探开发项目主要包括：勘察、钻井、试油、采油和油气集输。其单井开发和整个系统的污染源构成如图 2 和图 3 所示。

（二）项目建设单位简介

项目建设单位是海南福山油田勘探开发有限责任公司，隶属于中国石油天然气股份有限公司南方石油勘探开发有限责任公司。

海南福山油田勘探开发有限责任公司的健康安全环保部，负责整个福山凹陷油气田的劳动保护、安全生产和环境保护工作，为具体的环境管理机构。该机构配备了 5 名环保管理人员，负责公司的环境管理及监督工作。

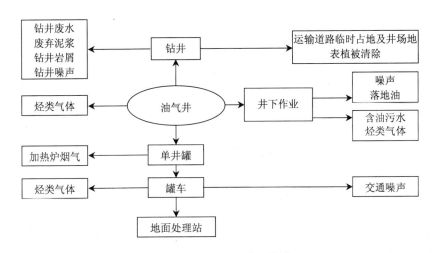

图 2　单井开发污染源构成

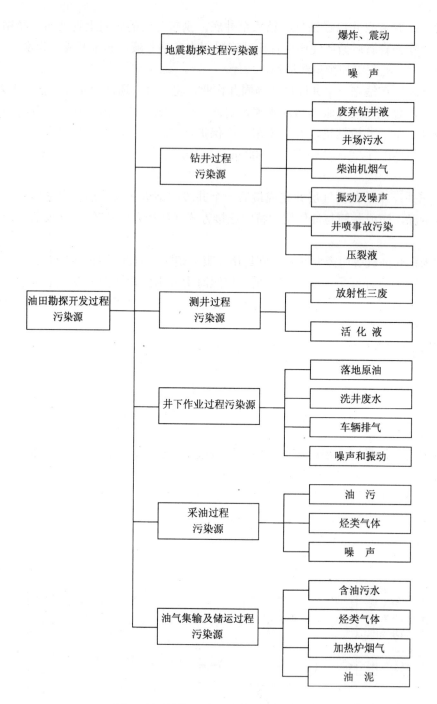

图3　油田勘探开发过程污染源总体构成

（三）项目区域自然环境概况

项目位于海南省琼北地区，地处海口市、澄迈县、临高县、儋州市地域内，该区主要为台地及平原，地势平坦，海拔在 100 m 以下。土壤以铁质砖红壤为主，其次是浅海沉积物发育的砖红壤。年平均气温 23.5～24.0℃，年平均降雨量 1 600～1 800 mm。本区东部地区台风较频繁。

本勘探区域涉及的地表水主要有海口市范围的永庄水库、美崖水库、那卜水库。澄迈县范围的花场河（美素河），儒扬河（双扬河），美伦河，东水港水系，花场港水系：包括双杨河、花场河和美未河等。临高县域内的文澜江、马袅河等河流。

海口市海域潮汐受西太平洋潮波和北部湾的共同影响，潮汐类型变得很复杂，海口湾为不正规日潮混合潮，铺前湾为不正规半日潮，澄迈湾为正规日潮。马袅港附近海域潮汐类型属不规则混合日潮，潮时差小，分点潮平均高潮间隙一般在 9～10 h 左右，平均潮位 1.77 m 左右，平均潮差 1.07 m 左右。洋浦港潮汐为正规日潮潮型。潮差不大，平均潮差为 1.81 m，涨潮历时大于落潮历时。

（四）环境质量状况

采用《海南福山凹陷油气勘探项目环境影响报告书》（海南环境科技经济发展公司2006 年 12 月）第四章区域环境质量现状评价的结论。

（1）福山油田勘探区域的环境空气质量良好，符合国家《环境空气质量标准》（GB 3095—1996）一级标准。

（2）福山油田勘探区域地表水（河流）水质总体状况良好，所有的监测因子中，除COD 的污染指数大于 1 外，其余监测因子的污染指数均小于 1，符合《地表水环境质量标准》GB 3939—2002 中的Ⅲ类标准。

（3）勘探区域近海海域海水监测断面的所有监测因子均符合《海水水质标准》GB 3097—1992 中的Ⅲ类标准。

（4）采井和开采井的各井场及周围的声环境质量良好，测点的昼间及夜间的噪声监测值均符合《工业企业厂界噪声标准》（GB 12348—1990）中Ⅱ类标准的限值要求。

（五）项目环境影响评价及批复文件要求

1. 大气污染防治对策
钻井发电机、钻井柴油机和试油用柴油机，采用低含硫量的轻柴油；无须采取末端治理措施。各污染物的排放浓度和排放速率符合《大气污染物综合排放标准》（GB 16297—1996）表 2 二级标准。

2. 水污染防治对策
（1）部分钻井废水用于配置钻井用泥浆，其余排入泥浆池，不外排。

（2）废钻井液进入废液罐储存并部分重复使用，完井后则对其进行部分回收，不能清运的全部封存在井场的泥浆池中，进行固化处理。

（3）试油污水经回收并沉淀后重复使用，试油结束将其用罐车装运至临高进行统一集中处理。

（4）井场生活污水，采用三级化粪池处理后用作肥料，其他生活污水用于井场范围和周边林地的灌溉。

3. 固体废物防治对策
（1）钻井岩屑，废弃泥浆及部分岩屑一同存放在井场经防渗废水废浆池内，钻井结束后经自然干化后作填埋处理。

（2）钻井废泥浆，废弃泥浆及部分岩屑一同存放在井场经防渗废水废浆池内，部分回收作下一口井重复使用，部分在钻井结束后进行固化并填埋处理。

（3）废机油，交给有关专业单位进行再并加工综合利用。

（4）生活垃圾，交当地环卫部门统一集中处置。

4．噪声防治对策

（1）作业井场要避开声环境敏感点：在确定钻井井位的位置时，要避开当地的农村居民点等声环境敏感目标，井场距离声环境敏感点的距离必须达到 200 m 以上，从根本上避免噪声扰民的现象。

（2）将柴油发电机置于室内：评价已经查明，导致钻井作业噪声超标的主要噪声源为柴油发电机噪声和钻井柴油机噪声。为了降低钻井作业的噪声强度，应建设隔声间并将柴油发电机和柴油机置于隔声间内。

（3）采取隔声措施降低设备稳态噪声：当拟进行钻井作业的井场 150 m 以外范围存在声环境敏感点时，应在面临声环境敏感点方位的柴油发电机、钻井柴油机一侧增设声屏障，可以考虑采用砖混隔声墙或者采用其他隔声措施，该隔声墙可以减噪 10 dB（A）以上。

（4）提高钻井设备精度，加强设备保养维护；

（5）熟练操作，提高操作精度，对各种管材轻提轻放等来减少撞击性噪声。

5．钻井和试油期间的生态环境保护措施

（1）在进行管线、站场道路、设施建设，要严格保护施工现场内外的生态环境。在清除植被过程中，不准超范围越界砍伐。

（2）在施工过程，若遇生长情况良好的乔木，若阻碍施工作业，则应尽量将其移植，不得随意砍伐。

（3）施工期间不准向评价区林地中倾倒钻井废水、废液、废渣、生活污水、生活垃圾等，不得破坏施工区外的景观外貌等。

（4）施工期间不得在林地范围动火或焚烧废物。

（5）施工期间不准施工人员随意偷猎野生动物和攀折林木，施工车辆必须从道路行走，不得随意改道行驶。

（6）施工便道、管线或进出各站场通道在施工结束后，应尽快恢复地表植被，或建成硬地表道路，以节约土地资源和防止水土流失。

（7）施工结束后，各施工单位车辆、物资、人员转移时要严格保护周围环境，清理施工遗留物；施工前后，进出站场时要严格遵照既定或当地政府指定的路线行进，并在行进过程中，不得破坏当地植被。

（8）施工单位应服从当地政府的管理，遵守有关环保规定，不得在风景名胜区、自然保护区等保护区内设置站场、井位，并且其选址需要离开各类保护区达到安全距离。

（9）对损坏的道路及时予以修复

大型机械运输和出入井场车辆对所经过的道路造成损害后，要及时予以修复，或者有责任单位出资金，由道路维护部门进行修复。

二、环境监理规划

（一）环境监理机构及职责

1．环境监理组织机构

海南艾科环境资源技术服务公司根据项目环境监理工作需要，在海南福山油田勘探开发有限责任公司施工现场设立环境监理站，根据委托监理合同规定的服务内容、服务期限、工程类别、规模、技术复杂程度、工程环境等因素配备相应的环境监理工程技术人员，成立海南福山油田油气勘探开发项目环境监理项目组。

2．环境监理成员岗位职责（略）

（二）环境监理目标和任务

本项目环境监理的主要目标是：

（1）确保本工程符合环境保护法律法规的要求，不降低所在区域的环境质量，以落实环境影响评价报告书中确定的环境质量保护目标。

（2）落实环境影响报告书中的施工期环境保护设施和生物措施，避免、缓解或消除施工过程产生的不利影响，以实现环境影响报告书中确定的污染物排放控制和恢复治理目标。

（3）保护油气勘探开发区域及其周围地区的生态环境质量，使其能够实现良性循环。

本次工程环境监理主要任务是对项目钻井和试油阶段进行监督检查，防范项目在钻井和试油过程中可能出现的环境问题，督促相关方采取措施进行防范，以达到保护环境的目的。对工程建设各部门、各环节的环境保护工作及时监督检查和协调，及时发现、处理被监理单位和被监理事项中存在或潜在的环境问题。

（三）环境监理工作程序（略）

（四）环境监理工作方法

（1）日常巡视。环境监理工程师对工程的环境分散项目实行巡回检查，如环境空气保护项目、噪声防治项目、人群健康保护项目等。

（2）定点监理。环境监理工程师按固定时间监理各指标的执行情况。

（3）环境监测。根据施工区环境保护工作的需要，开展环境监测工作，使环境监理依据可靠的现场资料进行科学决策。

三、2007 年环境监理工作情况

（一）前期准备工作

2007 年 6 月，海南艾科环境资源技术服务公司接受海南福山油田勘探开发项目环境监理委托后，立即开展该项目环境监理前期准备工作，成立海南福山油田油气勘探开发项目环境监理组织机构，采取"走出去、请进来"的办法组织有关监理人员到三亚大隆水库枢纽工程进行参观和交流学习，组织环境监理人员踏勘勘探区域，收集查阅该项目

资料，了解该项目工艺流程和各阶段产污情况，审核项目设计环保方案、项目施工合同环保条款、项目施工组织设计环保措施等环境保护相关资料，编制《海南福山油田油气勘探开发项目环境监理规划》、《海南福山油田油气勘探开发项目环境监理实施细则》和《海南福山油田油气勘探开发项目环境监理人员手册》，制定《海南福山油田油气勘探开发项目环境监理程序及用表》，明确了本项目环境监理工作任务和重点。

（二）实施勘探区域生态环境调查

为能在环境监理中主动掌握项目施工对勘探区域生态环境影响程度，环境监理人员分别踏勘了项目勘探区域、项目施工井场及周边区域，了解这些区域的生态环境现状。

经过现场勘察，项目勘探区域及周边地区植被主要是灌木、杂草、小乔木和少量农田，生态环境状况良好；除施工区域植被受破坏外，周边植被尚保持完好。油井施工现场主要布置钻井设备、泥浆池和工人宿舍等。各井口距周围环境敏感点的距离均大于 200 m（环评批复距离），符合国家相关规定。但在井场施工过程中尚存在生态环境及水土流失问题。

（三）环境监理日常巡查工作概况

2007 年 10 月，在施工准备期环境监理单位正式开始实施该项目施工期环境监理现场查看工作，熟悉工地周边环境。环境监理人员采用日常巡查、定点监理和环境监测相结合的方式对项目进行环境监理。

2007 年 10 月至 2008 年 1 月 1 日，环境监理人员先后对花 4-4 井、花 2-16x 井等 26 口油井实施了施工期环境监理，具体井况详见表 1；2007 年度共撰写了 7 篇环境监理日志，编制了 3 期环境监理月报。由于油田环境监理工作刚刚开始，业主单位、施工单位与环境监理单位之间需要有一个磨合期，因此监理单位确定 2007 年度环境监理工作主要是从项目环境管理的角度查找油田开发项目施工期发生的主要环境问题，共同协商寻求解决问题的办法；同时通过单井试点，建立一套科学规范、简单易行的环境监理工作程序。在基本了解了油田开采情况后，环境监理单位选择花 4-4 井作为试点，并针对该井施工期间存在的环境污染问题"解剖麻雀"，为此向施工单位送达了 1 份环境监理工程师通知单，审核签发了开工报告、施工组织设计（环保方案）、施工进度计划报审表。花 4-4 井的试点工作，给业主单位、施工单位与环境监理单位提供了一个共同参与环境监理工作的平台，在实践中交流了感情，联系了实际，增进了友谊，提高了解决问题的能力。通过花 4-4 井的试点，环境监理单位优化了环境监理程序，使得建议更具有可操作性，基本达到环境监理的预期效果。简化了环境监理用表，有利于今后更好地开展环境监理工作。

表 1　海南福山油田 2007 年度开展环境监理油井井况

序号	井号	开钻日期	完钻日期	现井况	备注
1	花 101x	07.06.04	07.07.09	采油	
2	花 102x	07.07.18	07.07.30	采油	
3	花 2-10x			采油	同一井场
4	花 2-9x			采油	
5	花 2-12x			采油	

序号	井号	开钻日期	完钻日期	现井况	备注
6	花东 1-6x	07.04.19	07.06.12	采油	
7	花 2-13x	07.05.21	07.07.30	油气进站	
8	花 7-3x	07.08.02	07.10.4	采油	
9	朝 1	07.08.04	07.12.25	试油	
10	花 2-16x	07.08.15		油气进站	
11	莲 7	07.10.21	07.11.23	试油	
12	红 4x	07.08.22		封井	
13	花东 3			已采油 3 年	
14	花东 3-1x	07.11.03	07.12.12	试油	
15	金凤 4			封井	
16	金凤 4-1x			封井	
17	金凤 4-1Ax	07.12.02	07.11.31	采油	在原金凤 4 井眼打斜井
18	花 2-17x	07.12.07		正钻	在原花 2-4 井场打斜井
19	花 10x			待钻	
20	花 2-15x			待钻	已征地
21	花 3-9x			待钻	
22	花 4-4	07.12.23		正钻	
23	花 103	08.01.08		正钻	
24	花 105Ax	07.11.29	08.1.13	待试油	在原花 105x 井眼钻
25	莲 14			已上钻	等设备
26	新 1	07.08.04	07.10.10	封井	

（四）委托进行环境监测

通过勘探区域生态环境调查，发现勘探区域地下水水位较浅，地下水水质易受到影响，为有效掌握项目施工对地下水环境影响，环境监理单位经业主同意委托海南省环境监测中心站对油田勘探区域边界及勘探区 I 区、III 区、V 区部分村庄的民用饮水井进行监测。同时为了了解油田开采过程产生的废水及钻井泥浆的性质，分别对处于不同施工期 4 口油井泥浆池的废水、污泥样品进行了监测分析。

1．油田开发区域地下水环境监测及评价

海南省环境监测中心站监测于 2007 年 10 月 15～17 日，分别在福山油气田凹陷勘探区东、南、西边界（洋浦探区东边界）各设 2 口民用饮水井取样进行本底调查，在勘探区 I 区的文风村、III 区的花场村、V 区的朝阳村民用饮水井取样调查。

由监测结果可知，在 9 个地下水监测点中，除福山凹陷探区 III 区花场村和 V 区美山村地下水监测点符合《地下水质量标准》（GB/T 14848—1993）III 类标准，其他 7 个监测点地下水水质符合《地下水质量标准》（GB/T 14848—1993）II 类标准。

2．井场泥浆池废水和污泥监测

在环境监理中发现，项目井场泥浆池防渗及泥浆池泥浆施工结束后采取的处理措施均达不到环保要求。泥浆池的后期处理采用泥浆池泥浆自然风干，再由施工人员或当地村民直接掩埋的方式。由于各井的泥浆池表层废水都含油，底层沉积为黑褐色的污泥，这样简单的处置方式，对周围的地下水、土壤乃至周边的生态环境都可能存在影响。为

准确了解油田泥浆池废水性质以及泥浆池污泥毒性，环境监理单位建议业主委托海南省环境监测中心站又分别于 2007 年 10 月 15～23 日对花 2-16x 井、花 7-3 井、金凤 4-1x 井和新 1 井位泥浆池废水和污泥进行了监测。

由监测分析结果可知，油田泥浆池废水测定的项目中，除了 pH 值和氟化物外，化学需氧量、石油类、氨氮、悬浮物浓度均出现超允许排放浓度标准，分别为允许排放浓度标准的 80.2、4.2、10.7 和 71.9 倍。

根据《危险废物鉴别标准　浸出毒性鉴别》的鉴别标准，油井泥浆池泥浆铅、汞、砷、镉、铬、镍和铜等项目均未超出《危险废物鉴别标准　浸出毒性鉴别》的鉴别标准。

（五）项目试点井环境监理情况

环境监理的过程本身就是一个执行程序的过程，按照福山油田油气勘探开发项目钻井、试油阶段环境监理程序要求，承包商花 4-4 井钻井施工单位"胜利油田 4535 钻井队"向环境监理单位提交了"花 4-4 井钻井开工报审表、钻井开工报告、钻井施工进度计划报审表、钻井施工组织设计（环境保护方案）报审表、钻井施工组织设计（环境保护方案）等相关用表。业主单位提供了花 4-4 井设计文件中的环境保护资料。

环境监理人员在研读有关资料的基础上，多次组织污染防治、生态保护、水土保持等相关专业人员，由环境总监代表带队到花 4-4 井施工现场进行巡查，并对该井施工队相关人员进行环境保护知识培训、检查该井开工条件和相关环保措施落实情况。针对报审资料和现场监理发现的问题，及时向施工单位下发了审核意见和《环境监理工程师通知单》，通告了现场巡查中发现的泥浆池防渗、生活垃圾、生活污水、危险废物等问题，提出限期整改要求，并同时告知了业主方。

花 4-4 井实施环境监理后，施工现场环境污染有了一定的好转，井场内增设了生活垃圾和危险废物收集设施，固体废物污染得到了有效控制；经常产生漏油的地方铺设了塑料布，一定程度上减少了土壤污染；但生活污水处理、泥浆池防渗、钻井平台下面油污问题依然存在，未能有效解决。

根据花 4-4 井环境监理试点经验，结合各方提出的一些意见和建议，福山油田环境监理机构认真总结经验改进了工作方法、优化了监理程序、简化了监理用表、调整了现场巡查时间、扩大了监理范围，基本掌握了油田环境监理工作的规律，为争取在整个油田油井施工中推广环境监理制度起到了典型引路作用。

四、施工期存在的主要环境问题及措施

（一）生态环境

1．2007 年项目生态环境评价

环境监理方认为：油田施工中基本上落实了生态环境保护措施，在场地平整清除植被过程中，不超范围越界砍伐；施工期间施工人员不随意偷猎野生动物和攀折林木，施工车辆严格从施工便道行走，不随意改道行驶；不破坏施工区外的景观外貌等；不在风景名胜区、自然保护区等保护区内设置站场、井位，并且其选址离开各类保护区达到安全距离；大型机械运输和出入井场车辆对所经过的道路造成损害后，能够及时予以修复，

或者有责任单位出资金，由道路维护部门进行修复。

但也存在有施工便道、管线或进出各站场通道在施工结束后，没有尽快清理施工遗留物、恢复地表植被；试钻、生产中产生的废油、生活废水、油泥等污染物未妥善处理；钻井、试油过程避免原油污染土壤措施落实不够等问题。

（1）花 4-4 井和花 3-9x 井位在一小斜坡上，斜坡下方为撂荒农田，附近多为在耕农田，所在区域原植被主要为灌草丛。井场场地平整采用半挖半填的方式，在挖填界面形成了较陡斜坡，由于堆填土方并未压实，施工剖面未及时采取水土保持措施，有造成水土流失、塌方及填埋农田的隐患。

（2）花 3-9x 井，该井场修建进场公路时，施工方利用原有小道进行拓宽平整，施工道路占用了部分撂荒农田，未建桥涵，简易施工，可能会导致原地表径流方向改变。

（3）莲 14 井，该井场距离村庄边缘不超过 1 km，该井位场地东侧紧邻一大片在耕农田，面积约 1.3 hm^2，其水平面与井位场地水平面持齐，井位场地与在耕农田之间仅有一小沟隔开。试钻、生产中产生的废油、未经处理的生活废水、油泥等污染物，被雨水冲刷时，污染物会被地表径流带入农田、水体，造成地表水体及农田污染。

2．生态保护措施

（1）要求施工单位在井场平整工程完毕后，稳定其土层结构，对施工剖面、斜坡等及时恢复植被，植草或撒播草籽，在草未长好时，可覆盖薄膜，防止雨水冲刷造成水土流失。

（2）施工单位在施工时尽量避免扰动地表植被和土壤，减少新建道路开挖、填垫及避绕大树、古树和植被丰茂区。

（3）在经原地表径流地方，建简易通道，保持原地表径流方向，以避免降雨时周边农田被淹；施工完毕后，拆除简易公路，恢复原貌。

（4）对周围临近农田的井位，建议业主在钻井、试油生产过程中，在施工区域周边挖截流沟，建设收集池，将降雨时冲刷施工区域的雨水收集后送废水处理站处理，避免污染农田。

（二）施工中水土保持情况

1．井场平整存在的问题

（1）平整井场时，采取挖高垫低的方式，清除场内植被，对地形地貌扰动较大，地表大面积裸露，项目区水土保持功能在一定时期大为降低甚至丧失。

（2）施工过程中未将地表土专门存放，随意填埋在井场低洼处，不利于后期的迹地恢复。

（3）进入井场的临时道路，沿施工道路两旁弃渣，未设置排水系统，路面未硬化，雨季将造成严重的水土流失。

（4）井场及外围未设置排水系统，挖方边坡和填方边坡均未采取永久或临时性防护措施，存在水土流失隐患。

2．项目报废井生态恢复存在的问题

井场平整和废井恢复与环评要求及环保主管部门的批复要求尚有差距。

在油气田勘探开发中个别油井目前达不到开采要求或者不具备开采条件，需要进行

封井或者报废，这些井场的环境保护要求主要是生态恢复，生态恢复的要求如下：

（1）井场完工，拆除井架、井台、拔出井管后，井场土地进行了平整，地面上残留的污染物如落地油等应清除。

（2）钻机搬迁后，应及时清理井场及其周围各种化学处理剂的空桶、水泥袋及废弃的钻井设备等物料，做到工完料净场地清。

（3）根据井位占用的土地类型和土地面积，对井场道路及临时占地要进行生态恢复，耕地要及时复垦，草地要恢复原有植被和生态景观，使整个井位区块与区域生态景观和谐一致。

3．水土保持措施

①建议项目业主在后续项目设计阶段委托有资质单位编制水土保持方案，应提供水土流失治理、监督管理依据，并据此进一步落实防治水土流失的具体措施，以期达到使新增的水土流失得到有效控制。

②整个工程项目的招投标时段已过，但补充协议书中应有水土保持要求，并将其列入承包合同，明确承包商防治水土流失的责任，用合同的形式进行管理。

③严格控制占地和开挖范围，严禁乱挖滥采；井场平整后，及时采取防护措施；落实水土保持责任。

（三）项目施工中污染防治

1．水污染防治

（1）项目施工水污染问题。

钻井和试油阶段水污染主要是钻井废水、试油废水、生活污水和泥浆池废水。

①钻井废水主要包括：机械冷却废水；冲洗废水；钻井液流失废水及其他废水。现场巡查发现，各井场都没有设置专门的废水收集设施，部分废水渗入土壤中，部分废水通过作业区的排水沟流入泥浆池，由于钻井废水 pH 值高、有机物含量高，并含石油类等污染物，存在污染作业区域土壤和地下水的风险。

②试油废水主要是洗井废水，现场巡查发现，试油废水基本上是收集到罐中循环利用，但是，个别井场仍有不同程度的污水和废油洒落到作业区域地面的现象，存在污染作业区域土壤的风险。

③生活污水主要是在钻井和试油阶段工作人员日常生活产生的污水。在施工现场，各钻井队和试油队生活污水均是采用挖简易土坑直排，施工结束就地掩埋的方式，此处理方式存在污染地下水的风险，且没有达到环评要求及环保主管部门的批复要求。

④泥浆池废水主要是钻井废水、钻井废泥浆的沉淀澄清水以及其他废水。目前所有井场的泥浆池均是在泥浆池底部及池壁铺设聚乙烯塑料膜或彩条塑料编织布简单防渗，此种防渗措施基本起不到防渗作用，并且钻井结束后泥浆池废水和污泥未经任何处理就地掩埋，渗漏的泥浆池废水可能会使井场及周边区域土壤和地下水受到污染。

（2）水污染防治措施。

①钻井废水，建议在钻井平台下面挖导流沟并铺设防渗膜，完全接收洒落的钻井废水并通过导流沟导入泥浆池，避免钻井废水污染土壤和地下水。

②生活污水，建议采用化粪池处理后作为井场绿化用水。

③泥浆池废水，建议按照环评要求选用合适的防渗材料和铺设方式，切实做好泥浆池防渗，有效防止泥浆池废水不外漏下渗，避免污染土壤和地下水。施工结束后，采取有效的处置方式保证废水处理后达标排放。

2．一般固体废物污染

福山油田各井场在钻井和试油阶段产生的一般固体废物主要有：钻井岩屑、泥浆池污泥、生活垃圾、生产固废等。

（1）一般固体废物污染问题。

在钻井过程中钻井岩屑和钻井废弃泥浆混合在一起排入泥浆池，沉淀成泥浆池污泥，含有较高的有机物、石油类等污染物，需进行安全处置，目前各井场泥浆池仅作简单防渗，钻井结束泥浆池废水和污泥就地被掩埋，这会造成污泥中的污染物浸出污染土壤和地下水。在施工中产生的废旧塑料布、塑料编织袋等生产固废，有的井场被丢在临时土坑中，有的混在生活垃圾中，施工结束后，被就地掩埋。

泥浆池的防渗方法及泥浆池中的废水和污泥的处置方式均不符合环评要求和环保部门的环保批复。

（2）一般固体废物污染防治。

①生活垃圾，建议各井场加强管理，在井场生活区、施工区增设生活垃圾箱，生活垃圾集中收集，定期运到生活垃圾填埋场处理。

②生产中固体废物，建议设置收集箱集中收集，定期交给有处理一般工业固废资质的单位处理。

③泥浆池污泥，在施工结束后，泥浆池泥浆必须安全处理，可采用就地有效固化处理或外运交给有处理资质的单位处置等方式。

3．危险废物污染

（1）危险废物污染问题。

福山油田施工中产生的危险废物主要是废机油、废润滑油、油污手套和油污棉纱等。在施工现场，油污手套和油污棉纱基本上被丢弃在井场内及周边，也有个别井场收集后就地焚烧。在钻井平台、试油机械、柴油机等机械下面的地面上均能看到被遗弃的废机油和废润滑油，部分土壤被污染。这些危险废物没有妥善安全收集交给有资质的处置单位处理，不符合危险废物安全处置的要求。

（2）危险废物污染防治建议。

①设置适当的废弃机油和废润滑油收集桶，危险固体废物贮存桶。

②在各种易漏机油、润滑油的机械下面铺设塑料膜收集，再集中到收集桶中贮存，定期交给有资质的单位安全处置。

③各井场应加强管理，对在施工中产生的油污手套、油污棉纱、油污麻绳等危险废物，集中收集，定期交给有危险废物处置资质的单位安全处置，严禁随意丢弃、遗弃、焚烧和就地掩埋。

（四）环境管理

1．项目环境管理问题

（1）油田开采项目参建单位多、协调难度大。

海南福山油田新勘探开发项目业主单位是海南福山油田勘探开发有限责任公司，隶属于中国石油天然气股份有限公司南方石油勘探开发有限责任公司，从事海南福山油田的勘探开发工作。油田的勘探开发工作主要包括勘察、钻井、试油、采油和油气集输等几个程序，仅钻井、试油环节就涉及项目建设单位海南福山油田勘探开发有限责任公司（隶属于南方石油勘探开发有限责任公司，总部在广州）、勘察设计单位、钻井单位（胜利钻井 4535 队、50776 队，江苏钻井 32639 队、江汉钻井 45766 队、30906 队）、试油单位（胜利试油队、滇黔桂试油队）等不同单位。中国石油天然气股份有限公司管理体系庞大，管理程序复杂，而环境监理工作刚刚开始介入，应有一个"磨合期"，业主单位现有的管理体制作出相应的调整也需要时间。虽然有一些困难，但海南福山油田勘探开发有限责任公司积极响应海南省环保部门开展油田开采阶段环境监理工作的要求，积极配合环境监理单位正在调整部门管理程序以便顺利开展环境监理工作。

（2）各方职责不清，关系不顺。

由于环境监理工作涉及项目业主单位、设计单位、施工单位、环境监理单位及环保主管部门，环境监理工作开展前期，各方沟通不充分，关系不顺，环境监理工作遇到一定困难。另外，由于环境监理介入时项目公司已运营多年，且油田环境监理工作在海南尚无先例，没有成功的经验可以借鉴，如何开展油田环境监理尚在摸索中，环境监理单位应遵守"守法、诚信、公正、科学"的经营活动基本准则和项目监理机构在具体工程项目环境监理中摆正第三方的位置、坚持"公正、独立、自主"的原则还有待于业主和承包商的理解与认可。

（3）环境管理制度有待完善。

海南福山油田勘探开发有限责任公司已设立了健康安全环保部，负责整个福山凹陷油气田的劳动保护、安全生产和环境保护工作，为具体的环境管理执行机构。健康安全环保部自成立以来，制定了目标清晰的环境保护规定，已形成一套可行的环境管理计划，促进了公司的环境保护工作，并取得了一定的工作成绩。其主要职能是：①掌握福山油田的环境状况，统计分析污染源情况；②研究和提出各污染源的治理方案，监督环境保护设施的建设和运行；③组织指导基层单位的污染源监测工作；④监督检查公司所属项目"三同时"制度执行情况，参与环保设施的竣工验收工作等；⑤处理有关污染事故和污染纠纷；⑥制定公司环境保护方面和安全生产方面的作业程序和规章制度，制订公司的环境保护规划和计划。

钻井、试油单位（承包商）也分别制定了井场环境保护管理制度、环境污染事故应急预案，对于海南福山油田勘探区域面积较大，油气井比较多，每个油气井都可能是一个污染源或潜在的环境风险源，在人员少、任务重的情况下如何完善 HSE 体系充分发挥其职能落实各级环保目标责任，避免管理不到位的现象还有大量的工作要做。

2．环境管理建议

（1）建议业主和施工单位提高环境保护、文明施工意识，严格按照建设项目环境管理程序和环境监理工作流程规范施工活动加强信息沟通，在保护中进行资源开发，在建设中加强保护。提高项目建设环境管理水平。

（2）为较好实施项目施工期环境监理工作，有效保护施工期项目区域生态安全，避免或减少项目施工对周边环境影响，建议业主尽快采取行动，明确设计、施工、监理方的职责，理顺各方关系。继续支持环境监理机构工作，在施工和运营中真正落实项目环境影响评价报告及报告批复提出的各项措施和要求。

（3）对于监理月报中提出的建议和存在问题，业主应引起足够的重视、施工单位应按要求尽快进行整改，避免环境污染事故的发生，减少项目施工对周围环境影响，以达到预定的环保目标。

五、2007 年福山油田油气勘探开发项目环境监理工作小结

2007 年，在海南省国土环境资源厅的正确指导下，海南艾科环境资源技术服务公司认真履行委托环境监理合同，为落实项目环境监理目标任务，组织人员进行学习培训、抽调精兵强将、组建项目环境监理机构。在海南福山油田勘探开发有限责任公司的大力支持下，编制了《海南福山油田油气勘探开发项目环境监理规划》和《海南福山油田油气勘探开发项目环境监理实施细则》，组织对项目区域生态环境调查，对项目区域及周边地下水水质进行监测，对泥浆池废水及污泥进行了两期监测，定期对施工现场巡查，基本查清油气田项目开发建设施工期存在的主要环境问题。监理单位及时对承包商提出整改要求，针对存在的问题向业主及早沟通适时提出建议采取有效措施，并上报环保主管部门和环境监察部门使项目建设过程始终在环境行政主管部门监控之中。协助业主加强项目开发建设期污染防治和生态保护工作，对施工单位环境保护法规、标准的宣贯与培训，提高了施工人员的环保意识；施工现场环境问题得到重视，井场内增设了生活垃圾和危险废物收集设施，固体废物污染得到了一定的控制；采取措施控制原油跑、冒、滴、漏现象，易漏油地方铺设了塑料布，避免了原油污染土壤；对生活污水污染和生活垃圾问题也予以重视，正在研究解决方法；要求施工单位承诺对完成试油井场进行清理，验收后办理移交手续；委托有资质专业机构对油泥进行固化处理。

2007 年环境监理工作取得一定成效，履行了委托环境监理合同责任和义务，达到预期的环境监理目标。

六、2008 年福山油田油气勘探开发项目环境监理工作要点

（一）开展油田 2008 年度勘探开发区域的环境现状调查及监测

为能掌握项目施工对勘探开发区域生态环境影响程度，根据海南福山油田勘探开发有限责任公司 2008 年度勘探开发计划，拟对 2008 年度新勘探开发区域进行环境监理，主要是生态环境现状调查和环境质量监测，重点关注拟开采区域生态环境状况、地表水环境质量状况和地下水环境质量状况。

（二）协助业主做好已采油井的工程竣工环保验收

根据环境保护行政主管部门的要求和该项目滚动开发的特点，该项目竣工环保验收采取油井开发一批，验收一批的方式。对拟进行工程竣工环保验收的油井，环境监理人员要熟悉中间交工验收程序，对 2007 年度已采油的拟验收的油井进行排查，核查环保工程及环保措施落实情况，核查环保资金使用情况，对发现的问题，及时建议业主和督促施工单位做好整改，做好验收油井的环境监理资料的归档整理，协助业主做好项目

竣工环保验收资料的收集整理，创造条件力争已采油、拟验收的油井竣工环保验收顺利通过。

（三）开拓创新与业主共同配合解决好石油开采中环保新课题

陆上油田勘探开发项目一般采用滚动开发的方式，项目开采时间长，影响范围广，国内在如何鉴别和处理油田开采产生泥浆池污泥尚存争议，这些对环境监理单位也是一个新课题，均对业主解决存在的环保问题带来一定的困难。针对此问题，下步环境监理工作将根据陆上油田勘探开发产污特征、国内石油开采行业实际、优化环境监理程序开拓创新。按环境保护行政主管部门的要求、当地生态环境现状等，提出一些切实可行符合相关环保法律法规满足当地环境保护主管部门要求的并和当地生态环境相适宜的环保措施，来帮助业主和施工单位解决好存在的环保问题，做好环境保护工作。满足业主及环保主管部门对环境监理工作的要求，达到该项目实施环境监理的目标。

专家点评

本案例是工程环境监理进程中的一个阶段性总结报告。

《中国石油天然气集团公司建设项目环境保护管理规定》质安字[2005]357 号文规定："对于环境影响报告书（表）及其批复文件中规定需要进行施工期环境监理的建设项目，项目实施单位应委托具有相应资质的监理机构开展施工期环境监理"，"对于实施环境监理的建设项目，环境监理单位在施工阶段应定期向当地环境保护行政主管部门、企业（公司）环境保护管理部门提交环境监理报告，并接受监督检查"，本项目环境监理单位认真践行了这一规定。

石油石化工业具有高风险的特点，是安全环保事故的易发行业。西气东输项目是国家开展工程环境监理试点工作的重点项目。中石油以 "奉献能源、创造和谐"为宗旨，坚持"安全第一、环保优先"原则，也是开展工程环境监理较早的部门。

一、案例总结内容分析

1. 油田开发建设包括开发建设期（钻井、完井及地面站场建设）和运营期两个阶段，该报告详细介绍了陆上油气田勘探开发项目施工期（钻井和试油阶段）的环境监理。环境监理单位依据国家和地方相关环境保护法律法规和环境影响评价报告及其批复文件，根据海南当地的环境特征和油气田滚动开发的特点，从生态环境保护、水土保持、环境污染防治和环境管理四个方面开展工作，监理目标、内容比较明确。

2. 案例抓着陆上油气田勘探开发项目钻井阶段和试油阶段的泥浆池防渗、废水处理和污泥无害化处置，生活污水处理，各类固体废物的分类收集和处理，危险废物（油污固废）的收集和处置等污染防治重点环节，并监督这些环节污染防治设施和措施的实施和运行，对本项目施工期的生态保护、水土保持和环境管理等工作也提出了一些建设性意见和建议，同时也体现出了环境监理单位在环境监理工作中和业主单位、施工单位、环境保护主管部门、环评单位的良好沟通和协调，基本达到了阶段性环境监理目标。

3. 报告也多少反映了当前工程环境监理工作中存在的不足、困难和困惑，尤其是在环境监理制度建设、环境监理从业人员素质、项目建设相关部门和单位的环保意识等方面亟待加强和提高。

不足之处，本案例施工期环境监理工作仅体现了钻井阶段和试油阶段，对工程设计、合同管理等方面的环境监理工作涉及较少，对环境监理委托合同履行情况、本监理时段出现的环境问题环境监理采取的措施和工作方式及成效描述的不够详尽。

二、探讨与思考

1. 任何一个工程项目的环境监理都会有重点和难点，在环境监理规划编写时就应该预测到所监理项目的重点和难点。例如，本案例"参建单位多，协高难度大，职责不清，关系不顺，环境管理制度不完善"监理中的组织协调可能是重点，而钻井阶段和试油阶段所产生的含油污泥是否为危险废物、如何进行处置就是难点。重点和难点的环境监理都应有对应的监理方法与措施，在环境监理文件中应体现出来。

2. 应该对所监理的行业与生产工艺有较多的了解。例如，石油、天然气探采要以高压、高产、高含硫"三高"气田为重点，重点加强井控工作，突出地质、工程和施工设计管理，细化防喷、防漏、防火、防爆等措施，落实风险防范措施。加强对钻井、井下作业过程监督，制订详细的安全环保施工方案，对承包商的施工组织设计进行严格的审查和环保报批制度、对关键工序实施旁站监理并做好旁站记录和监理日记，环境监理的成效会更显著。

3. 推行工程环境监理不是环保一个部门的事，环境保护是全社会的事。石油行业推行的与国际接轨的 HSE 体系是石油行业的安全环保重要管理体系，环境监理单位和项目环境监理机构应该和石油作业的 HSE 机构职责工作目标紧密结合起来，建立起友好协作关系，利用环保的监测监控优势，发挥 HSE 机构的管理优势形成共同合力，对本项目施工期的环境管理将大有好处。

案例2　洛阳嵩县金牛有限责任公司牛头沟矿区 300 t/d 金矿采选工程项目环境监理报告（节录）

一、工程概况

河南省嵩县金牛有限责任公司为国营中型矿山企业。该公司位于嵩县大章乡东湾村，始建于 1989 年 8 月，1990 年 12 月建成投产，经过近几年的发展，采选矿规模为 400 t/d，固定资产 7 900 万元，职工 879 人，年实现产值上亿元的国有独资中型矿山企业。为了提高企业经济效益，促进经济发展，该公司牛头沟矿区新建 300 t/d 金矿采选工程于 2004 年 5 月由嵩县发改委批准立项，2006 年 2 月正式开工建设。

根据河南省环境保护局关于《嵩县金牛有限责任公司牛头沟矿区新建 300 t/d 金矿采选工程项目环境影响报告书》的批复要求，该工程项目建设需进行环境监理。2006 年 5 月，嵩县金牛有限责任公司委托洛阳市环境保护设计研究所承担该工程的环境监理工作。

嵩县金牛有限责任公司牛头沟金矿位于嵩县大章乡三人场村境内的松里沟，隶属嵩县大章乡管辖。矿区距大章乡约 30 km，距嵩县县城约 60 km，距洛阳市约 140 km。矿区至大章乡有简易公路相通，大章乡近靠洛栾快速公路，交通方便。牛头沟矿建设项目总占地 8.7 hm²，其中采场占地 1.4 hm²，尾矿库占地 5.4 hm²，选厂及道路占地 1.9 hm²；工程主要包括采矿工程和选矿工程两大部分，采矿工程采用平硐—溜井开拓方案，共设四个平硐口，标高分别为 1 395 m、1 343 m、1 280 m 和 1 238 m，年采选矿石 9.9 万 t；按设计选矿工艺采用浮选加尾矿氰化法，根据矿石情况，现选矿工艺采用单一的氰化炭吸浮法。矿山服务期年限 9 年，工程总投资 2 440 万元，工程建设期为 11 个月。

主要环保工程有尾矿库一座，废石场 4 处，矿井水、尾矿水、生活污水的处理与回用，破碎、筛分系统的除尘、工程绿化及相应的防洪、生态恢复、水土保持措施等内容。

选矿工程见图 1，尾矿库原始地貌见图 2。

图 1　选矿工程外貌　　　　　　　图 2　尾矿库原始地貌

二、环境监理的目的及任务

（1）督促建设单位和施工单位落实环评报告书中提出的污染防治措施和生态环境保护措施。

（2）了解掌握项目施工期间对地面水、地下水、环境噪声及扬尘所造成的影响和保护措施落实，以及施工期生态保护、水土保持、各类污染防治措施的落实情况，及时协调解决存在的主要环保问题。

（3）督促建设单位严格执行环保"三同时"制度，落实环境保护设施与措施。工程建设竣工进行试生产，建设单位必须向审批该建设项目环境影响报告书的环境保护行政主管部门报告审批。

（4）选矿工程建成后，建设项目进行试运行，尤其是尾矿库投料试运行，应作好建设工程试运行的环保预案，防止环境污染。

（5）项目环境监理机构参加由环境保护行政主管部门组织的项目竣工环境保护设施与措施验收，并提交建设项目工程环境监理报告。同时，环境监理方还要协助建设单位作好验收环境监测和验收资料的准备等。

三、环境监理的原则要求（略）

四、工程环境监理的内容和要求

该建设项目的主要环保目标包括：选矿工程、尾矿库、水土保持、污水处理与回用和水土保持措施等方面，本项目工程建设的主要环保目标见表 1：

表1　本项目工程建议主要环境目标

项目	环保设施与措施内容	环保基本要求
选矿工程	含氰污水处理设施	含氰尾矿污水达标
	碎矿、筛分系统除尘器	粉尘（颗粒物）达标排放
	事故池	300 m³
尾矿库	尾矿库一座	生态环境保护
	导流洞（防洪）	导流洞 560 m，实现雨污分流
	坝外建设回水系统	尾矿水全部回用不外排
水土保持	选厂区浆砌石护坡	水土保持
	选厂区绿化和通道绿化	水土保持
	松里沟 1 238 平硐挡土墙，无名沟拦石坝	水土保持
废水处理回用	尾矿水、矿井水、	全部回用
	办公生活污水处理	化粪池

五、项目工程建设环境保护目标（略）

六、环境监理合同履行情况

1. 工程环境监理合同约定的主要内容

（1）工程施工过程中的环保法律法规及有关规定的落实

（2）环境影响报告书中施工期规定的各项污染控制措施的落实

（3）工程施工期间废气、污水、废渣及噪声的防治措施

（4）生态环境保护措施的落实

（5）环保设施施工质量、进度控制

（6）环保设施投资控制

2. 环境监理工作制度是履行合同的保证

为保证环境监理工作的顺利实施，必须努力做到以下四点：

①工作记录制度。环境监理工程师应根据工作情况作出监理工作记录（文字和图像），重点描述现场环境保护工作的巡视检查情况，对于发现的主要环保问题，做好处理意见的记录。

②报告制度。编制环境监理季报或阶段性报告，报送业主、承包商和环境保护行政主管部门。

③函件来往制度。监理工程师在现场检查过程中发现的环保问题，若是承包商或业主存在的问题，总监理工程师应分别向承包商或业主下达《建设项目环境监理工程师通知单》或《建设项目环境监理工作函》，及时通知承包商或函告业主需要采取纠正或处理措施。

④工程例会制度。按约定总监理工程师主持由业主、施工单位、监理单位参加定期召开工程例会，总结上一阶段工作，安排解决遗留问题，同时安排下一步的工作。施工期间发生的一切问题都可以在例会上提出来，能解决的问题当场解决，确保工程顺利进行。

3．实现环保目标必须做好组织协调

从施工期到试运行阶段是工程建设环境监理的全过程，在进行环境监理的工作中，要完成项目建设施工期的监理任务，努力做好组织协调工作非常重要。

在工程施工阶段出现的环保问题，环境监理单位发现后，如何进行解决，作为监理方的主要责任就是督促与协调。若因工程施工而出现的环保问题，有的可视情况同建设单位和施工单位采取沟通与协商的办法来解决，但要守法，坚持原则。工程施工中涉及环境保护法律法规的问题，必须采取书面告知的方法去解决。

环境监理单位向施工方和建设单位提出的环保要求只是解决问题的第一步，还要督促与跟踪问题的落实。与此同时环境监理机构还必须和建设单位、施工单位搞好协调，发挥各方积极性来共同实现环保目标。

嵩县金牛有限责任公司设有环保管理机构，该公司牛头沟矿区主要领导抓环保工作，安全环保科具体负责环保工作，选厂的污水处理设施有专人负责，并有操作规程和管理办法。由于合同签订监理方式为连续进驻和间隔进驻，建设工程环境监理发现和提出的环保问题在很大程度上需要建设单位来解决，要实现环保目标必须做好协调，协调包括同业主的协调、同承包商的协调、同设计单位的协调等，尤其同业主做好协调工作很重要。因此，在进行该项目监理的工作中，建议和协助业主从施工期到试运行阶段做好以下工作：

（1）要认真学习、贯彻执行国家的环境保护法律法规和政策，积极配合环境监理方做好建设项目施工期的环境保护工作。

（2）重视环保工作，建立健全环保管理规章制度。

（3）认真履行合同，保证建设项目环境保护设施与措施的落实，执行环保"三同时"制度，关心环保工程进度、工程质量及环保资金的落实。

（4）坚持工地例会制度，对例会中提出的环保问题，及时进行处理和解决。

（5）因施工产生的废渣、废水、扬尘、噪声等环境污染应积极采取有效措施，将建设项目对环境带来的不利影响减少至最低程度。

（6）经常对尾矿库设施进行检查，按《尾矿库安全管理条例》对其进行管理，为防止污染事故发生，在库区设立警示标志。

（7）认真做好污染防治设施的管理，建立环保设施管理制度（专人管理、设施运行和加药量登记、污染物排放情况监测），使环保设施保持正常、有效的运行，确保污染物稳定达标排放。

（8）按照环评报告书的要求，做好生态恢复措施，水保方案实施及区域绿化工作。

4．环境监理应尽职尽责

工程环境监理的基础是业主授权，应通过尽职尽责的工作作风，良好的职业道德与信誉、显著的监理成效和业绩，力争在项目招投标期间就能提前介入，在制定标书文件时就应将有关条款纳入。只有施工承包合同中明确规定了施工方环境保护方面的责任和义务，再加上业主对环境监理工作的大力支持，并给予一定的授权，环境监理工作才能顺利开展。力争做到"干一项工程、树一家信誉、交一批朋友"才能使工程环境监理制度深入人心。

七、环境监理工作成效及环保目标完成情况

1. 选厂建成环保设施是完成环保目标的关键

本项目选矿工程的环保目标主要内容包括：尾矿浆含氰污水处理设施建设及尾矿水全部回用不外排；破碎、筛分工段的粉尘配套建设废气处理设施；为应对突发性事故，防止水污染建设事故池一个 300 m³；选矿工程建设采取水土保持措施，浆砌石工程护坡和厂区绿化等。

选矿工程建设进展情况。（1）选厂的主体工程建设正在施工，水、电、路全通，选厂的部分生产设备正在陆续安装，污水处理设施与主体工程同步建设，执行了环保"三同时"制度；（2）与生产相配套的环保除尘设施、事故池未能与主体工程同步建设，没有执行环保"三同时"制度；（3）尾矿库建设的场地已清场完毕，正在进行初期坝建设，尾矿库侧面雨污分流的导流洞（防洪），正在用电钻开凿施工，由于导流洞石质坚硬开凿难度大，工程进度缓慢。（4）建设工程施工期水土保持措施落实情况：根据该公司牛头沟矿区的生产建设进度，以及落实各项水土保持措施的时间安排，按照水土保持与主体工程"三同时"的原则，2006 年应完成选厂区浆砌石护坡、厂区及通道绿化，采矿区松里沟（1238平硐）出口处建设挡土墙以及附近废石场挡墙，无名沟中部附近建挡石墙、沟口修建挡石坝。从实际情况看，这些水土保持措施正在逐步落实。

2. 督促建设单位落实环境保护设施

按照本项目环评报告书和初步设计的要求，该公司选厂应建设含氰污水处理设施和废气治理设施等环保工程。从施工期的监理情况看，含氰污水处理设施虽然与主体工程同步建设，执行了环保"三同时"制度，但污水处理设施的建设没有按照初步设计的要求进行施工，破碎、筛分工段的环保除尘设施没有与主体工程同步建设，由于诸多原因，2006 年除尘器的选型招标使建设工期进展缓慢。工程初步设计，破碎、筛分工段的环保设施采用湿式除尘器。根据生产状况和本项目所在地气候条件等原因，经过多方考察论证，金牛公司最终确定选厂废气治理方案，采用低压脉冲布袋除尘器，但除尘器需变更初步设计的要求，必须向审批该建设项目环境影响报告书的环境保护行政主管部门请示报批。

3. 改变选矿生产工艺必须进行报告审批

选矿工艺的选择，是根据矿石性质、矿石的品位以及市场上产品价格确定的。就黄金选矿工艺来说，原生矿多采用浮选工艺，氧化矿多采用氰化工艺，含特殊成分、品位较高的黄金矿石，通常采用焙烧工艺。

牛头沟矿区松里沟采场的矿石由北京有色金属研究总院进行了可行性实验。实验结论为：矿石为半氧化、半原生矿石，原矿中金矿物的粒度普遍较细，且有金分布在氧化物和脉石矿中难解离，大大影响金的回收。单一浮选以及单一的全泥氰化工艺，都难以达到高的回收率。而采用浮选加浮选尾矿氰化工艺，以浮选先将矿石中含金的硫化物浮出后，尾矿再氰化浸出，能很好回收金矿物，获得较好的指标，这是实验研究推荐的工艺流程。

本工程项目生产工艺流程如图 3 所示。原选矿工程设计（工艺流程包括虚线部分）采用浮选加尾矿氰化的生产工艺，主要为四部分，一为碎矿，二为磨矿，三为选矿，四为尾矿氰化。即矿石经粗碎、细碎，进入球磨，再进行浮选，浮选采用一次粗选、一次扫选、三次精选，浮选金精矿采用浓缩、过滤脱水后，滤饼直接进入金精矿仓待售。一

次扫选后的尾矿即进入尾矿氰化部分，具体为尾矿经球磨、分级、浓缩后，进行氰浸和活性炭吸附，得到载金炭，送往总公司的电解车间，剩下的含氰尾矿浆进入污水处理设施进行处理，达标后（CN⁻浓度低于 0.5 mg/L）打入尾矿库。

现选矿生产工艺变更为单一的氰化工艺，其生产工艺流程图表明不包括虚线部分。

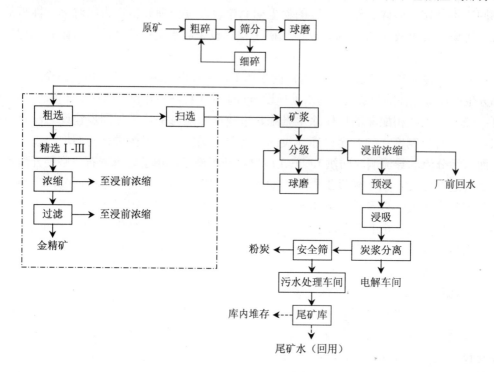

图 3　生产工艺流程图

初步设计采用的是浮选加尾矿氰化，现选矿生产工艺所采用的是单一氰化工艺。根据矿石情况，经过设计单位和业主公司工程技术人员反复进行选矿实验，发现浮选加尾矿氰化工艺与单一氰化工艺比较，回收率变化不明显，业主公司认为采用单一氰化工艺，一可降低投资和生产成本，二对环境不会造成大的影响。对此环境监理方在 2006 年 7 月 18 日向建设单位发出《建设项目环境监理工作函》，对于变更选矿工艺问题，函告业主公司：改变生产工艺必须向审批该建设项目环境影响报告书的环境保护行政主管部门报告审批，并说明其选矿生产工艺变更理由，以确保建设项目竣工环境保护的验收。业主公司接函后，表示同意，并按规定向上级环境保护部门进行报告请示。

4. 含氰污水处理设施建设的环境监理

含氰尾矿浆产生量为 711.45 t/d，浓度 40%，尾矿浆中含 CN⁻的浓度为 160 mg/L。含氰污水处理设施位于污水处理间，处理过程为含氰尾矿浆进入污水处理设施，并均匀地按一定量向污水处理设施内加入药剂（漂白粉），药剂在污水处理设施内进行搅拌和反应后，其污水的氰化物浓度达到 0.5 mg/L 以下，再送入尾矿库。

对于使用氰化法生产工艺，处理含氰污水时采用的方法是碱性氧化法，其原理是采用漂白粉将污水中的氰（CN⁻）氧化成 CO_2 和 N_2 等无毒物质。用漂白粉消除氰化物的化学方程式如下：

$$CN^- + ClO^- + H_2O \longrightarrow CNO^- + Cl^-$$

$$2CNO^- + 3ClO^- + H_2O \longrightarrow 2CO_2 + N_2 + 3Cl^- + 2OH^-$$

从本项目工程建设施工期的监理情况看，含氰污水处理设施与主体工程同步建设，执行了环保"三同时"制度，但污水处理设施的建设没有按照初步设计的要求进行施工。

5. 督促建设单位落实和完善污水处理设施的建设

按照环评报告书和初步设计的要求，选矿工程的污水处理设施应建设两个污水处理搅拌桶，每个搅拌桶的建设标准为 1.5 m×3.14 m×3.5 m，两个搅拌桶串联使用。尾矿污水进行处理的流程为：尾矿污水首先进入第一个污水处理搅拌桶，同时，圆盘加药机并均匀地按一定量向污水处理设施内加入药剂（漂白粉），药剂在污水处理设施内进行搅拌和反应后，再进入第二个污水处理搅拌桶进行处理，其含氰污水的浓度达到 0.5 mg/L 以下，再送入尾矿库。

在项目工程建设施工中，环境监理人员发现，业主在污水处理设施建设的问题上，为了减少资金的使用，实际只建设了一个。对此环境监理工程师向业主建议：污水处理设施建设，必须按照初步设计的要求进行施工，确保污水达标排放，避免"小马拉大车"现象。建设单位接函后，公司领导对此事比较重视，及时地采取措施，安排资金，又建设了一个污水处理搅拌桶，使两个污水处理桶串联使用，通过环境监理方和业主的共同努力，落实和完善了环境保护设施。

在选矿工程试运行阶段，尾矿污水通过设施处理后，进行取样监测，尾矿含氰污水出现超标现象。通过分析发现，因选矿工艺改变，污水处理设施的加药量也必须随着改变。原选矿工艺按照初步设计采用的是浮选加尾矿氰化，每吨矿石加入的药剂量（漂白粉）为 0.5 kg/t；而现选矿生产工艺所采用的是单一氰化，污水处理设施的加药量（漂白粉）再按每吨矿石 0.5 kg/t 添加，不能满足环境保护的要求；通过建设单位的摸索和实践，污水处理设施的加药量（漂白粉）按照 2 kg/t 添加，可满足环境保护的要求。因生产工艺改变，污水处理设施的加药量应随着改变（见表 2）。

表 2 尾矿污水处理加药剂量表

选矿工艺	生产规模/（t/d）	氰化钠/（kg/t）	漂白粉/（kg/t）
浮选+尾矿氰化	300	0.5	0.5
单一氰化	300~350	3.5（液体含氰30%）	2

为实现环保目标，认真履行合同的约定，环境监理方从施工期到试运行阶段，重点做好污水处理设施的建设，体会有以下几点：

（1）建设单位必须执行环保"三同时"制度，确保环保设施的建设进度同主体工程同步进行，并严格按照环评和初步设计的要求进行施工。

（2）严把环保设施建设的质量关，对环保设备的规格、型号和技术指标等进行审查，应符合环评报告书和初步设计要求。生产工艺改变，应进行变更手续报批。

（3）对环保设施从施工到安装、调试进行全过程监理，监理人员对环保工程的建设进行巡视和旁站，发现问题，及时解决，并做好监理日记。

（4）污水处理设施建成后，从施工期转入调试、试运行阶段，监理工作要组织对污水处理设施的处理情况进行监测。

（5）污水处理设施建成后进入试运行阶段时，督促建设单位建立污水处理设施管理制度。其内容包括：专人管理、操作规程、每班加药剂量的登记、设施是否正常、有效的运行等情况进行记录。

6. 废气处理设施建设的环境监理

选厂废气主要来自矿石破碎、筛分工段产生的粉尘。选厂需配套建设环保除尘设施包括：粗碎鄂式破碎机处配 SX12 型湿式除尘器一台，中细碎圆锥破碎机处配 SX16 型湿式除尘器一台，振动筛面处配 SX22 型湿式除尘器一台，进行收尘净化，净化后的废气经排气筒排放（排气筒高度不低于 15 m）。废气中粉尘（颗粒物）的最高允许排放浓度为 120 mg/m³ 以下。

从施工期的监理情况看，破碎、筛分工段的环保除尘设施没有与主体工程同步建设，2006 年除尘器的选型招标使建设工期进展缓慢。

在项目建设工程施工的过程中，项目公司在除尘设施配套选型的问题上，发现湿式除尘器没有低压脉冲布袋除尘器效果好。根据生产状况和本项目所在地气候条件等原因，低压脉冲布袋除尘器，一是可保证除尘效果，二是有利于保护环境和废物综合利用（该除尘器将收集的粉尘自动进入粉矿仓）。因此，金牛公司最终确定选厂废气治理方案，采用低压脉冲布袋除尘器。

业主决定变更建设项目的初步设计，拟采用低压脉冲布袋除尘器，并对外进行招标。环境监理工程师也按程序进行了监理，业主接到环境监理函件后也按规定向上级环保部门请示报批。

7. 污水事故池建设

事故池是选厂环境保护设施之一，按照环评和环评批复的要求，须建设一个 300 m³ 的事故池。事故池的作用在于发生停电事故或生产设备故障时，生产设备、回水设施均不运转，尾矿砂浆管内的选矿废水回到事故池，避免向外排放。事故池位于尾矿泵站附近，事故池内应设有泥浆泵，可清除事故池内的尾矿浆。通过环境监理致函建议督促，金牛公司领导对此事比较重视，在较短的时间内已按有关要求完成了事故池建设。污水事故池如图 4 所示。

8. 敏感点环境噪声达标

在选厂试生产期间，对敏感点环境噪声进行监测。选厂生产高噪声设备主要为破碎机、球磨机、振动筛等，敏感点距选厂最近的三人场村二组的 4 户居民点，位于选厂西边约 400 m（敏感点与选厂之间有一小丘陵）。在选厂试生产期间对敏感点环境噪声进行监测，该 4 户居民的环境噪声昼间为 43 dB（A），选厂内的高噪声设备对敏感点的声环境影响不明显。其敏感点声环境可满足《城市区域环境噪声标准》（GB 3096—1993）1 类标准。从实际情况看，该建设项目进行试生产期间，没有因噪声问题出现群众投诉现象。

9. 尾矿库从施工期到试运行阶段环境监理的主要措施

本工程项目新建一座尾矿库，拟建的尾矿库位于选厂东 500 m 处，工程建设总投资约 65 万元，建设工期 4 个月。尾矿库 2006 年 7 月建成，2006 年 8 月尾矿库投料试运行。

尾矿库是选厂不可缺少的配套设施，又是本项目最大的环保工程。选厂产生的尾矿砂浆全部输送到尾矿库，最终在尾矿库中长期堆放，不外排。在尾矿库工程施工期间，监理工作的重点是生态环境保护。尤其在尾矿库施工清场阶段，要开挖山体，砍伐树木，剥离植被，清运弃土废渣等，为减少工程施工对生态环境的影响，环境监理在施工阶段采取的主要环保措施如下：

（1）审查尾矿库建设施工方案，尤其是生态保护方面的内容，并对尾矿库建设的环保资金、工程质量及工程进度进行控制。

（2）在施工前，在工地会议上，环境监理方向施工单位宣传生态保护的有关规定，明确要求施工单位在工程施工期间，严格按照施工方案进行施工，落实生态保护措施。尤其在尾矿库建设初期的清场阶段，监理人员对工程建设进行巡视和旁站，要求施工方不该剥离的植被禁止剥离，不该砍伐的树木禁止砍伐，保护植被，减少对生态环境的影响。尾矿库开工建设，要检查土地使用证和采伐许可证，对工程施工砍伐的树木及株数和树种进行记录，做好监理日记。建成的尾矿库初期坝如图 5 所示。

图 4　污水事故池　　　　　　　　　图 5　尾矿库初期坝

（3）排洪设施：为保证尾矿库的安全，按照工程设计在尾矿库库后建拦水坝和排洪隧洞（导流洞），隧洞长 560 m，位于尾矿库右侧，将库后洪水排出库外。此项工程建设在试运行前已完成。

（4）回水设施：为保证尾矿澄清水回用于选厂，按照工程设计在尾矿库坝前修建回水池（容积约 150 m³），再经回水管返回选厂生产高位水池，实现尾矿水全部回用不外排。此项工程建设在试运行前已完成。

（5）尾矿库施工中产生的弃土废石，必须按照指定地点堆放。运输道路产生的扬尘必要时采取措施，防止扬尘污染。施工人员产生的生活垃圾妥善处理。

尾矿库建成后，在尾矿库进行投料试运行之前，督促业主制订试运行环保预案，防止环境污染。本工程项目尾矿库投料试运行的监理过程如下：

尾矿库建成转入试运行阶段，在试运行初期，尾矿库出现漏浆现象。针对此种情况，环境监理工程师向建设单位发出《建设项目环境监理工作函》，特向业主函告，为了防止环境污染，一要该公司必须立即停止试车，对尾矿库进行检查整修，查找漏浆原因；二要开挖沉淀池对漏出的尾矿砂浆进行收集沉淀，并对沉淀池的污水进行加药剂处理。从实际情况看，对监理方提出的建议，业主虽及时采取了措施，在尾矿库初期前开挖了收集污水的沉淀池，但效果并不十分理想，若要从根本上解决污水的渗漏问题，还必须采取更加有力的措施。

督促建设单位采取更加有利措施，彻底解决尾矿水的渗漏问题。对于尾矿库投料试运行，持续存在渗漏问题，环境监理方积极向建设单位进行督促与协调，想方设法寻找途径解决建设项目出现的环保问题，一方面向该公司送发环境监理工作函，并要求当事人在函件上签字，以便明确责任人和监理资料备查；另一方面监理机构安排专人进行跟踪解决。提醒金牛公司选矿污水必须做到全部回用、不外排，尤其是尾矿含氰污水，禁止向外环境排放。从尾矿库投料试运行的监理情况看，该公司领导对环保工作是重视的，为彻底解决尾矿水的渗漏问题，研究决定，由基建科负责，限期解决渗漏问题，在尾矿库的初期坝前 30 m 处建设挡水墙，并对尾矿库坝前的回水系统进行改造，这样就从根本上解决了尾矿水的渗漏问题，确保了尾矿水全部回用不外排，防止了环境污染。

八、水土保持植被恢复措施落实情况

应落实水土保持与植被恢复的主要内容包括：选厂区浆砌石护坡，当年已落实，尾矿库建设植被保护。由于时间和气候条件等原因，靠河左岸边的浆砌石挡土墙安排在 2007 年初完成；选厂区和通道绿化，当年基本落实；尾矿库的防洪措施（导流洞），当年已落实；采矿区松里沟（1238 平硐）平硐出口处建设挡土墙以及附近废石场挡墙，无名沟中部附近修建挡石墙、沟口修建挡石坝，由于时间和气候条件等原因，当年没落实，建议此项环保措施安排在 2007 年上半年完成。

九、采矿工程区声环境情况

本矿目前为 4 个平硐口，除 1238 主运平硐口建有工业场地外，其余 3 个硐口仅有倒渣平台，无布设机械设备。采矿工业场地的高噪声设备主要为空压机，经监测夜间噪声超过《城市区域环境噪声标准》（GB 3095—1993）1 类标准要求，但对周围环境不会产生影响。

十、环境监理结论与建议

1. 监理结论

工程建设的主要环保工程建有尾矿库一座（包括 560 m 防洪导流洞）；尾矿水、矿井水、生活污水的处理与回用；建有选厂污水处理设施、废气处理设施（破碎筛分系统除尘器）和事故池；工程绿化、防洪、水土保持等得到落实。嵩县金牛有限责任公司牛头沟矿区新建 300 t/d 金矿采选工程建设项目环境保护设施与措施完成落实情况主要内容见表 3。

表 3　建设项目环境保护设施与措施验收表

项目	环保设施与措施内容	环保基本要求	落实情况
选矿工程	含氰污水处理设施	污水达标	完　成
	碎矿筛分系统除尘器	废气达标排放	完　成
	事故池	300 m³	完　成
尾矿库	尾矿库一座	生态环境保护	完　成
	导流洞（防洪）	导流洞 560 m	完　成
	坝外建设回水系统	全部回用不外排	完　成
水土保持	选厂区浆砌石护坡	水土保持	2006 年完成
	选厂区绿化和通道绿化	水土保持	2006 年完成
	松里沟 1238 平硐挡土墙，无名沟拦石坝	水土保持	2007 年完成
废水处理回用	尾矿水、矿井水	全部回用不外排	完　成
	办公生活污水处理	化粪池	完　成

2．建议申请建设项目环境保护设施竣工验收

从整体情况看，该公司牛头沟矿区新建 300 t/d 金矿采选工程项目建设基本上满足环境保护设施竣工验收的要求，建议申请环保验收。

专家点评

一、案例特点

总结报告从督促建设单位安装除尘器、督促建设单位严格执行建设项目环境保护管理程序、建议建设单位安装加药机、督促建设单位按照初步设计进行施工、督促建设单位采取有效措施，防止环境污染、督促建设单位进行环保验收八个方面展现了本项目的环境监理工作成效及环保目标完成情况。项目环境监理人员在进行环境监理工作中，不但善于发现问题，而且善于解决问题。众所周知黄金开采是一个重污染的产业，在开采过程中，不仅要占用当地村民的土地，对当地的植被造成破坏，而且最重要的是，冶炼黄金之后剩下的尾矿，会对当地的地下水和土壤造成污染。加强对金矿开采企业建设施工期的监管这正是开展工程环境监理的目的。

二、讨论

1．如何摆正环境监理单位与业主的关系？如何贯彻监理原则？监督的对象是谁？如何进行监理中的协调工作？关系不清、原则不明是当前工程环境监理中普遍存在的问题。从法律上讲工程环境监理单位与业主是委托与被委托的关系，而不是监督与被监督的关系。施工环境监理原则是"严格监理、热情服务、秉公办事、一丝不苟"，即监理对象是承包商、应为业主热情服务，无论是对业主或是承包商都应秉公办事，对所监理的每一道工序和细节都要一丝不苟严肃认真。

2．环境监理文件中用语应规范。例如：案例中使用"本公司"是指业主、承包商还是环境监理单位不明确；"严格按照环评和初步设计要求施工"也欠妥，监理强调的是"按图施工"，设计文件包括初步设计、技术设计和施工图设计，更何况设计变更是屡见不鲜，所以环境监理文件的用词应尽量准确。

案例 3　驻马店市吴桂桥煤矿环境监理阶段报告（节录）

一、环境监理合同履行情况

根据河南省环境保护局豫环然〔2005〕6 号《河南省环境保护局关于驻马店市吴桂桥煤矿有限公司吴桂桥煤矿环境影响报告书的批复》中第六条要求："应建立有效的施工期环境监理机制，委托有资质的环境工程监理单位，负责督促施工期各项环境保护措施的实施。在工程初步设计阶段要确定环境保护的具体实施方案，把此项工作费用纳入工程总体预算；施工期环境工程监理报告作为该项目环境保护验收的必备条件。"吴桂桥煤矿有限公司与驻马店市豫正工程环境监理有限公司于 2006 年 4 月 24 日正式签订了吴桂桥煤矿工程环境监理委托合同。委托合同签订后环境监理单位编制了《吴桂桥煤矿建设项目工程环境监理实施方案》，共计七个部分，主要包括：总则；井田施工阶段环境监理要点；道路工程环境监理要点；塌陷区村庄搬迁工程环境监理要点；矸石堆场环境监理要点；环保工程环境监理要点；交工验收及缺陷责任期环境监理要点。2006 年 5 月 10 日在吴桂桥煤矿有限公司一楼会议室召开了第一次工地会议，并于 2006 年 6 月至 2007 年 12 月先后派出 26 人次到现场进行了巡视与查看。向有关人员宣讲了环境监理的目的意义、环境监理的主要任务与工作方式、方法以及不同工期阶段的环境监理要点。建设项目施工期的环境监理工作是一项新生事物，是坚持科学发展观的需要，是贯彻环境保护法的需要，是加强建设项目环境保护管理的需要，是构建和谐社会、文明施工、落实建设项目环境保护"三同时"的重要措施与手段。建设单位的环保法规意识比较强，对施工期的环境监理工作是积极配合的。

二、环境监理资料收集研读

2007 年 6 月 19 日环境监理单位为了下一步更好地开展工作，根据环境监理工作的实际需要收集整理了前段有关施工合同及其他工程资料，这些资料的主要内容（略）。

经研读、分析认为：在上述 13 件资料和合同文件中，郑州兴源安全评价技术咨询有限公司《驻马店市吴桂桥煤矿有限公司吴桂桥煤矿安全预评价报告》中，内设有卫生、保健与健康监护系统评价单元，介绍有粉尘、噪声污染防治或防护措施；在中煤第一建设公司《驻马店市吴桂桥煤矿主、副井井筒掘砌工程》承包合同、《驻马店市吴桂桥煤矿主、副井冻结工程》施工承包合同中，甲乙双方责任有环保要求条款；其他施工合同包括工程监理合同未见有环保要求内容。

三、工程形象进度

驻马店市吴桂桥煤矿位于河南省驻马店市驿城区古城乡境内、北距驻马店市 12 km，南距确山县 11 km，西距京广铁路马庄站 6 km，107 国道 7 km。煤矿走向长度 7 km、倾斜宽度 3 km，井田面积 15.42 km²。京珠高速公路从井田中间穿过，井田被分为东、西两区，全井田 11 个煤层地质储量共计 9 617.7 万 t，井田可开采储量 4 291.4 万 t。煤矿建设总投资 27 040 万元，设计生产能力 45 万 t/a，服年限 68.1 年，建设工期 37 个月（2005 年 4 月—2008 年 5 月）。

根据平面布置的总体设计，工业场地布置在宋庄与东西向大路之间的农田内，占地面积 7.0 km²，填方工程量 66 500 m³，绿化面积 14 875 m²，建筑系数 28.5%，绿化系数 16.5%场地利用系数 66.18%，场内道路 6.37 km²，窄轨铁路 0.77 m。按功能的分区有生产区、辅助生产区、场前区以及矿井水处理站等。生产区布置在工业场地中部，布置有主副井井口房，提升绞车房及翻矸系统等。辅助生产区位于主井西侧、布置有材料库、材料棚、消防材料库、机修车间和坑木场等。场前区布置在副井东侧，其内布置有矿办公楼、灯房、浴室更衣室、任务交代室等联合建筑，食堂布置在场前区东南角，工业场地东北角布置有单身宿舍。变电所在工业场地西南角，办公楼正对矿井主大门。

目前工程完成情况：主副井已经贯通；设备正在安装；变电所、矿办公楼、灯房、浴室、更衣室、任务交代室等联合建筑已经完成；副井井口房、空压机房工程、操车基础等群体工程、单身宿舍等也已完成。根据赵总介绍，目前工程施工总的情况已完成 3/4，因地质情况复杂，前一段有些透水，公司领导人员职务有变动和交接整个完工可能要推到 2008 年 4—5 月份；排矸系统改造将要作修改。

四、2008 年度环境监理工作重点

1．根据矿井规模，协助业主完成吴桂桥煤矿的环境管理组织建设及完善环保目标责任制

环评报告要求：驻马店市吴桂桥煤矿有限公司应配置专职环境管理人员组建环保机构，由环保专职人员配合驻马店市环境监测部门定期对该矿井的大气、水体、噪声等进行常规监测，利用监测数据，定期汇总污染排放与治理情况表，与当地环保部门通力协作，共同搞好矿井的环境工作。

按照国家、行业及河南省有关环保法规、要求，环境管理机构的管理职责如下：

（1）贯彻执行国家、行业、省市环境保护的法律、法规和方针、政策。

（2）负责编制并实施环境保护计划，维护各措施的正常运行，落实各项监测计划，开展日常环境保护工作。

（3）完成上级部门及当地环保部门下达的有关环保任务，配合当地环保部门及环境监测部门的工作。

（4）建立健全环境保护管理制度，做好各有关环保工作的资料收集、整理、记录、建档、宣传等工作，定时编制并提交项目环境管理工作报告。

（5）负责并监督环境保护工作，定期进行环保安全检查，发现环境问题及时上报、及时处理；并负责调查出现环境问题的原由，协助有关部门解决问题、处理好由环境问题的缘由，协助有关部门解决问题、处理好由环境问题所带来的纠纷等。

（6）监督检查各产污环节污染防治措施的落实及运行情况，保证各污染物达标排放。

2．协助业主完成并落实施工期环境监测计划和生态监控方案

本项目建设施工期对周围环境的影响主要是施工机械噪声、扬尘和施工期废污水排放以及施工临时占地对生态植被影响等。按照国家环保总局和省、市环境主管部门要求，施工期环境监测计划，见表 1。

施工期生态环境监控方案重点监控内容是：煤矸石及锅炉灰渣处置、绿化工程、塌陷区填充、农田补偿与植被恢复。

表 1　施工期环境监测计划

类别	监测点位	监测项目	监测频率	备注
噪声	施工场界	等效声级	每月一次，每次一天，每天昼、夜各一次	夜间禁止打桩作业
环境空气	施工区及周围敏感点	TSP	每季度一次，每次三天，24小时连续监测	满足相应标准要求
生态	根据工程规模，施工期间尽可能少占用基本农田，对被占用的农田给予相应的补偿，并在施工结束后及时恢复其耕作功能			

3．检查核实本项目环保措施投资执行与完成情况

根据本项目环评报告书及初步设计文件的要求，本项目环保措施及投资估算见表 2：

表2　环保措施与投资估算

环保项目	措施内容	效果	金额/万元	备注
施工期空气污染防治	洒水、粉状材料加盖帆布篷、弃土及时清运	将施工扬尘降到最小程度	2.66	
施工噪声防治	及时检修、保养设备，合理安排作业时间	最大限度减小施工噪声影响	0.35	
施工期废水治理	沉淀池处理泥浆废水，化粪池处理施工期生活污水	处理后泥浆水回用，生活污水用于农灌	10.6	200 m³ 沉淀池 1 座，50 m³ 化粪池 1 座
施工期生态保护措施	土地复垦、植被重建	尽量保持地表原有的稳定状态	3.5	
矿井废水处理	经机械加速澄清池处理，处理后的部分废水再经深度处理后供工业广场的生产、生活用水和井下消防及地面除尘、绿化用水，多余部分供古城电厂	排水满足（GB 8978—1996）表 4 二级标准和电厂冷却用水指标要求	107.4	设机械加速澄清池 2 座，容积为 2×3 800 m³
工业广场生产、生活污水处理	MDS 综合污水处理设备	排水满足（GB 8978—1996）表 4 二级标准和电厂冷却用水指标要求	72.3	规模 240 m³/d
锅炉烟气	GYC 湍流浮动床脱硫除尘装置	除尘效率 95%、脱硫效率 70%，烟尘和二氧化硫排放浓度满足（GB 13271—2001）表 1 的二类区Ⅱ时段和表 2 Ⅱ时段要求	—	此部分费用包含在锅炉设备中
运输道路、储煤场、矸石堆场防尘	洒水装置 10 套和洒水车 1 辆	将扬尘污染减轻到最小程度	21.7	定期洒水
噪声防治	对高噪声设备采取消声、吸音、减振、隔声等措施，南厂界加高围墙，种植树木	场界噪声达到（GB 12348—90）中Ⅱ类标准，敏感点噪声达到（GB 3096—1993）中 2 类标准	21.2	
固体废弃物处置	矸石堆场复垦、塌陷区回填、垃圾清运	固废零排放	—	计入生产成本
营运期生态保护	对塌陷区待沉陷稳定后进行复垦，并在复垦后的土地上进行植树造林等	减轻因开采而造成的生态影响	—	计入生产成本
绿化	加强对工业广场及运输道路两侧的绿化工作	工业广场绿化率达到 21.73%	26.7	
合计			266.41	

4．加强项目环保工程的监控管理

　　环保工程包括：矿井排水处理、工业场地生产生活污水处理、锅炉废气治理。监控的主要内容是处理工艺、处理量与处理效果，必须执行国家的各种污染物排放标准，满足设计与环评要求。

五、对业主的建议

　　1．按照河南省环保局下达的《关于加强"建设项目试生产"核查工作的通知》精神做好项目试生产申报前的各项准备工作；

2．按照"严格遵守区域污染物总量控制的规定" 及早委托有资质的环境监测单位实施施工期的环境监测，申报污水和大气污染物排放总量指标；

3．提供项目环保工程施工图设计（包括：矿井水与生活污水处理设施、锅炉除尘、绿化工程）与承包商的施工组织计划，以便项目环境监理机构对承包商实施有效的监管；

4．加强与驻马店市环保局有关科室与市环境监察支队的沟通和联系，及时取得他们的指导与帮助，加快项目建设进程，及早发挥投资效益。

专家点评

煤炭是我国主要的能源，同时又是重要的有机化工原料，但就目前情况看，煤矿开采造成的生态破坏和环境污染仍十分严重。一是井工开采造成地表塌陷，露天开采挖损土地；二是造成水资源的流失与污染；三是污染大气环境。尽管我国在《环境保护法》、《矿产资源法》等法律中都对矿山环境保护作出了明确规定，由于我们对煤炭资源保护认识不足，对环境和生态保护重视不够，在煤炭资源的开发利用中存在许多问题。煤矿开采工程的环境监理工作如何开展，本案提供了实例。

煤炭工程建设监理规定（煤基字[1996]第 254 号）第四章 委托监理与监理程序中规定："煤炭工程建设采用议标委托、商议委托、指定委托方式，择优选定监理单位……并逐步推行采用招标方式选择监理单位"；"根据建设规模及监理单位的能力，项目法人可委托一个监理单位承担建设工程全部或部分阶段的监理，也可委托几个监理单位分别承担不同单位工程或阶段的监理，但必须保持建设工程监理工作的连续性"。中国煤炭建设协会于 2008 年 7 月 6 日在北京召开的全国煤炭建设监理工作座谈研讨会也提出：在继续抓好工程质量和施工安全监督管理的同时，还要注重抓好建设项目的节能和环保工作。这些都为煤矿开采工程环境监理创造了有利条件。

矿山工程包括矿建、土建、安装三类工程，阶段性环境监理报告究竟该如何写，尚无环境监理规范规定，但只要能够起到监理报告作用，不一定是越长越好。环境监理文件除了监理大纲、监理规划、监理细则、监理月报、监理总结以外，还有监理投标书、旁站方案、监理流程图、监理作业指导书、常用表格、监理评估、监理交底等很多种类，这些要根据实际情况进行编写。

问题思考

1．环境监理投标书包括哪些内容，应该如何写？

2．如果业主与承包商同为一家如何进行环境监理？

案例 4　桐柏安棚碱矿有限责任公司 400 kt/a
重质纯碱扩建项目环境监理报告（节录）

一、项目概况（略）

（一）项目审批建设

桐柏安棚碱矿有限责任公司位于桐柏县安棚乡境内。一期工程于 1999 年 4 月开工建设，2000 年 10 月投产，产能为 200 kt/a 低盐重质纯碱。该项目采用了先进的倍半碱工艺流程，蒸发结晶装置实现了单套大型化；结晶倍半碱采用两级分离，生产操作采用 DCS 自控技术，大大降低了生产成本，污染负荷也大幅度下降。一期工程投产以来，企业在获得良好经济效益的同时，也带动了地方经济的发展。

根据国家纯碱行业"十五"发展规划，为改善我国纯碱生产结构，参与国际市场竞争，达到经济规模，公司决定在一期基础上新建 400 kt/a 的低盐重质纯碱生产线。二期工程完成后将形成总产能 600 kt/a 低盐重质纯碱规模，企业综合经济效益会大幅度提高，同时也会增加就业岗位，改善人民生活水平，促进科技进步，进一步促进当地经济的发展。

二期工程可行性研究报告于 2005 年 3 月由内蒙古伊科科技有限公司编制完成。2005 年 6 月由河南省化工研究所、黄河水资源保护科学研究所编制完成环境影响报告书。2005 年 6 月中旬，南阳市环境保护局对环境影响报告书提出审查意见，河南省环境保护局于下旬对环境影响报告书做出正式批复。经过一年的建设，于 2006 年 6 月建成，并开始单机调试。

南阳市环境工程评估中心承担了二期工程施工期环境监理任务。

（二）扩建工程规模、流程与参数

有关数据见表 1、表 2，流程如图 1~图 3 所示。

表 1　扩建工程主要内容

工程名称	工程主要组成
主体工程	• 新增 400 kt/a 低盐重质纯碱生产线一条
配套工程	• 新建采卤站 2 座 • 新增 14 组对井，年产 581 万 m³ 卤水 • 新增 220 t/h 中温中压煤粉锅炉一台

表 2　扩建工程主要指标

序号	项目	内容
1	项目名称	400 kt/a 重质纯碱扩建项目
2	总投资	71 941 万元
3	利润	7 630 万元
4	税金	7 875 万元
5	投资回收期	6.96 年
6	建设地点	安棚乡安棚碱矿有限责任公司
7	占地面积	纯碱加工厂区 10 000 m²，采集卤站新征地约 1.3 hm²
8	主体设施	新增 400 kt/a 低盐重质纯碱生产线一条
9	配套工程	卤水采集站：新打采卤井 14 组，年产 581 万 m³ 卤水 新增 220 t/h 中温中压煤粉锅炉一台
10	劳动制度	年工作日 310 d，年工作小时 7 440 h
11	定员	新增定员 426 人

（三）生产工艺及污染物产出流程

碱加工工艺及污染物产出流程如图1所示。

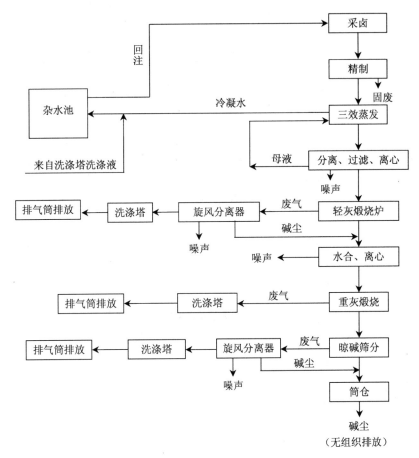

图1 碱加工工艺及污染物产出流程图

建井工艺及污染物产出流程如图2所示。

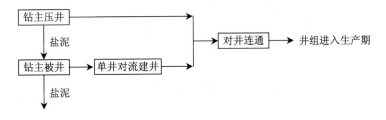

图2 建井工艺及污染物产出流程图

热电厂生产工艺及污染物产出流程如图3所示。

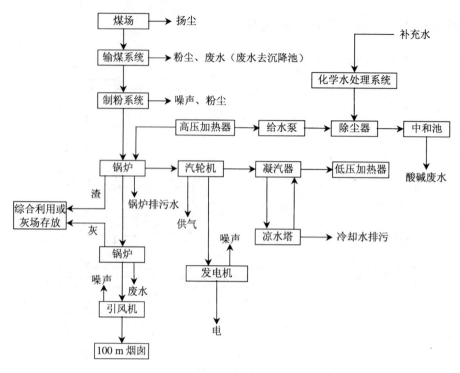

图3 热电厂生产工艺及污染物产出流程图

（四）工程原材料来源及能源消耗（略）

（五）主要污染因素

本项目主要污染源和污染物有：

废气：锅炉燃煤废气（烟尘、SO_2、NO_x）和碱生产加工过程排放的含碱尘废气，及成品碱输送、包装过程产生的无组织排放碱尘。

废水：生产工艺废水、机泵冷却水、锅炉排污水及厂区生活污水等。

废渣：锅炉排放的灰渣、碱液精制过程产生的少量污泥。

噪声：工程主要噪声源为碱加工压缩机、鼓风机、真空泵、破碎机、汽轮机、锅炉鼓风机、锅炉排汽及煅烧炉等。

主要污染源和污染物情况见表3～表8。

表3 工程燃煤废气排放情况表

项目		单位	参数
锅炉型号			1台220 t/h 煤粉锅炉
烟囱	形式		1座单管烟囱
	几何高度	m	100
	烟囱出口直径	m	2.8
	排烟出口温度	℃	80

项目		单位	参数
除尘器	静电除尘		除尘效率≥99.5%
脱硫装置	石灰石—石膏湿法		脱硫效率≥80%，除尘效率≥50%
脱氮	低氮燃烧技术		脱氮效率≥50%
污染物排放状况	烟气排放量	m³/h	383 900
	SO₂ 产生量	kg/h	331.7
	SO₂ 产生浓度	mg/m³	864
	SO₂ 排放量	kg/h	66.3
	SO₂ 排放浓度	mg/m³	172.7
	SO₂ 允许排放浓度	mg/m³	400
	NOₓ 排放量	kg/h	155
	NOₓ 排放浓度	mg/m³	403.8
	NOₓ 允许排放浓度	mg/m³	450
	烟尘 产生量	kg/h	7 094
	烟尘 产生浓度	mg/m³	18 479
	烟尘 排放量	kg/h	17.7
	烟尘 排放浓度	mg/m³	46.1
	烟尘 允许排放浓度	mg/m³	50

表 4 工程碱尘废气有组织排放情况表

污染源	废气量/(m³/h)	治理措施	排放浓度/(mg/m³)	排放量/(kg/h)	标准/(mg/m³)	排气筒
轻灰煅烧炉气	24 000	旋风除尘加洗涤塔两级除尘，除尘效率分别为85%与99%	62	1.5	200	1 个 25 m 排气筒
重灰煅烧炉气	24 000	洗涤塔一级除尘，除尘效率99%	62	1.5		1 个 25 m 排气筒
晾碱筛分炉气	18 600	旋风除尘加洗涤塔两级除尘，除尘效率分别为85%与99%	62	1.2		1 个 25 m 排气筒

表 5 工程碱尘废气有组织排放情况表

污染源	轻灰煅烧炉气	重灰煅烧炉气	晾碱筛分炉气	标准/(mg/m³)	排气筒
废气量/(m³/h)	24 000	24 000	18 600	200	1 个 25 m 排气筒
治理措施	旋风除尘加洗涤塔两级除尘，除尘效率分别为85%与99%	洗涤塔一级除尘，除尘效率99%	旋风除尘加洗涤塔两级除尘，除尘效率分别为85%与99%		1 个 25 m 排气筒
排放浓度/(mg/m³)	62	62	62		1 个 25 m 排气筒

表6　工程废水种类、来源及排放情况表

产生废水工序	产生废水种类	产生量/ （t/h）	治理措施及去向	排放量/ （t/h）
碱加工	蒸发及分离母液	233.1	174.7 t/h 回蒸发工序再浓缩 58.4 t/h 安达公司购买生产粗碱	0
	蒸汽蒸发冷凝液	174.24	回用于锅炉	0
	蒸发冷凝液	258.3	去杂水罐，注井回用，不外排	0
	炉气洗涤塔洗涤水	256.2		0
	循环水系统外排水	93		0
	跑冒滴漏及少量冲洗水	5	用于冲灰渣	0
	机泵冷却水	10		0
	脱硫废水	1.5	用于冲灰渣	0
	锅炉排污水	3	酸碱中和后用于冲灰渣	0
水处理站	酸碱废水	43.6	酸碱中和后，用于脱硫和冲灰渣	0
生活污水	生活污水	3	生物接触氧化处理后外排	3

表7　工程固体废物产生、处置措施及排放情况

序号	种类		产生量			处置措施	备注
			t/h	t/d	万 t/a		
1	锅炉	灰	7.09	170.16	5.27		
		渣	0.79	18.96	0.59		
		灰渣总量	7.88	189.12	5.86		
		硫石膏	0.84	20.16	0.62		含水15%
2	活性炭渣		0.047	1.13	0.035	送锅炉掺煤燃烧	含水20%
3	生化污泥		0.004	0.097	0.003	干化后运往灰场，分区填埋	含水75%

表8　工程主要高噪声设备源强

序号	高噪声设备	噪声源强/dB（A）	治理措施
1	空压机	95	
2	鼓风机	90	
3	真空泵	90	
4	破碎机	100	尽量选用低噪声设备，采用减振、隔音等降噪措施
5	汽轮机	90	
6	锅炉排气（暂时）	100	
7	煅烧炉振动	90	
8	高压注塞泵	100	

汇总以上锅炉废气、碱尘废气、工程废水、固体废物排放量，本工程各类污染物排放总量见表9。

表9　工程各类污染物排放总量汇总表

大气污染物排放总量合计：废气排放量 335 172 万 m³/a、烟尘 131.69 t/a、粉尘 32.3 t/a、SO₂、493.27 t/a、NO₂ 1 153.2 t/a

序号	污染源	污染物	污染物排放量		浓度/（mg/m³）
			kg/h	t/a	
1	220t/h 锅炉燃烧废气		66.3	493.27	172.7
			155	1 153.2	403.8
			17.7	131.69	46.1
2			4.2	31.25	62
3			0.14	1.05	

水污染物排放量：废水 2.23 万 t/a，其中 CODcr 1.47 t/a、BOD 50.54 t/a、悬浮物 0.80 t/a、石油类 0.04 t/a

		pH	—	8～9
1	总排口	CODcr	1.47 t/a	66 mg/L
		BOD₅	0.54 t/a	24 mg/L
		悬浮物	0.80 t/a	36 mg/L
		石油类	0.04 t/a	1.8 mg/L

一般固体废弃物处置量：燃煤灰渣 5.86 万 t/a

1	燃煤灰渣	5.86 万 t/a
2	生化污泥	7.5 t/a（干化后）

二、环评报告主要结论与建议（略）

三、环保部门审批要求（略）

四、环境监理

（一）环境监理依据（略）

（二）环境监理内容

本项目环境监理主要内容：一是对工程施工期的环保达标监理；二是对主体工程配套建设的污染防治工程建设监理；三是按环评及其批复要求对各项环保措施落实情况的监理；四是按环评及批复要求，对企业环境管理机构、环境管理制度、环境监控平台等建立健全情况的监理。

（1）工程施工期监理主要包括：工程施工期间噪声、粉尘、生活污水、固体废物、烟尘排放与处置是否符合环保要求；施工场地、临时占地等完工后生态恢复是否符合环保要求；施工期发生环境污染事故与纠纷是否及时、妥善处理等。

（2）环保工程建设监理主要包括：工程建设是否按批准的工艺、规模进行施工；主要设施（设备）是否按照设计要求购置、加工和安装；厂区绿化是否按要求进行；环保投资是否及时落实到位；工程进度是否与主体工程同步等。

（3）有关环保要求监理主要包括：环评及批复提出的"清洁生产"、"以新带老"、厂区环境整治、污染事故防范、总量控制等环保措施落实情况。

（4）环境管理情况监理主要包括：企业环境管理机构是否按规定建立，专（兼）职环境管理人员是否按规定配备，环境管理制度是否制定；监测能力建设是否配套，企业环境监控措施和能力是否落实并配套建设，企业环境管理、监测操作、设备操作、人员培训等是否落实。

五、环境监理主要措施

（1）组织措施。中心专门成立了项目监理部，配备项目负责人 1 名，监理人员 4 名具体负责本项目环境监理工作。项目监理部实行明确分工和岗位责任制，从组织和人力上保障了工程监理工作的实施。

（2）制度措施。项目监理部结合工程建设实际实行了"现场巡视"、"阶段简报"、"工程例会"等制度，及时向环保部门和建设单位通报情况。项目建设期间共主持和参与工程例会、工程协调会 10 多次，巡视检查 90 余人次，印发环境监理简报 5 期，有效地促进了环保工程进度和有关问题的落实。

（3）技术措施。为发挥环境监理人员专业技术优势，在项目施工期污染防治、环保设施施工安装、环保安全防护、环保管理措施采纳、监测站建设、排污口规范化建设等方面，监理人员采用现场指导、信息传递等形式对建设、施工单位提出建议，使一些具体问题及时得到了解决。

（4）经济措施。为确保环境工程质量和进度要求，主动与建设单位配合，在环保投资与进度控制方面介入环境监理意见，作为建设单位阶段性支付工程款和实施奖罚的依据，对工程质量控制和进度控制发挥了重要作用。

（5）合同措施。为落实监督、指导、服务的第三方环境监理职能，监督施工单位按《合同》中有关环保条款落实到位，通过加强《合同》管理，有效地保证了监理目标的落实。

六、项目环保措施落实情况

（一）施工期环保措施落实情况

（1）施工期间噪声、粉尘未对周围环境和附近村民造成影响。通过对高噪声施工采取调整作业时间、运输车辆文明装卸、篷盖运输等措施，噪声、粉尘无明显影响。

（2）卤井施工和输卤管道工程，完工后及时进行场地清理，未对施工范围以外的植被造成破坏。

（3）施工期间，未发生环境事故和污染纠纷。

（二）环保工程与措施落实情况

对照环评及批复要求，项目已落实的工程建设内容、污染防治措施和已安装的环保设备情况见表10。

表 10　工程建设内容落实情况表

项目		环评报告中建设内容		工程实际建设情况	备注
工程位置		碱加工及动力车间拟在现有厂区预留空地建设		与环评报告中相同	
		采卤站建于厂区以东 1 km 处		与环评报告中相同	
生产工艺		碱田开采采用钻井水溶技术		与环评报告中相同	
		碱加工采用倍半碱加工工艺		倍半碱"一步法"工艺	
主要生产设备	采卤	新打采卤井 14 组		已打 16 口	
	卤水精制工序	活性炭配置桶 2 个	$\phi 6\,000 \times 6\,000$、$V=150$ m^3	无	卤水不用精制
		原卤液贮桶 2 个	$\phi 14\,000 \times 14\,000$、$V=2\,000$ m^3	4 个	在采卤站内
		板框过滤机 4 台	XAZ—240、$F=240$ m^2	无	卤水不用精制
	蒸发结晶工序	碱液贮桶 1 个	$\phi 12\,000$、$V=1\,350$ m^3	与环评报告中相同	
		I 效蒸发器 2 台	$\phi 6\,000 \times 22\,000$、$S=1\,200$ m^2	与环评报告中相同	
		II 效蒸发器 2 台	$\phi 6\,000 \times 22\,000$、$S=1\,600$ m^2	与环评报告中相同	
		III 效蒸发器 3 台	$\phi 6\,000 \times 24\,000$、$V=1\,600$ m^2	与环评报告中相同	增加 IV 效蒸发器
	蒸发结晶工序	循环泵 4 台	ZWFSA—M800	与环评报告中相同	
		6 台	ZWFSA—M900		
		2 台	ZWFSA—M1000		
		玻璃钢冷却塔 3 台	HBLG2—4000	与环评报告中相同	
		离心机 6 台	SHS1002/1090K	与环评报告中相同	
	重灰成品工序	轻灰煅烧炉 3 台	$\phi 2\,500 \times 27\,000$、生产能力 700 d	无	取消轻灰工序
		轻灰炉炉气洗涤塔 1 台	$\phi 2\,600 \times 14\,100$	无	
		轻灰炉旋风除尘器 3 台	$\phi 1\,800 \times 5\,600$	无	
		重灰蒸汽煅烧炉 2 台	$\phi 2\,500 \times 27\,000$、生产能力 700 d	与环评报告中相同	重灰成品工序增加湿分解塔 2 台
		重灰炉炉气冷凝塔 1 台	$\phi 2\,600 \times 141\,000$	2 台	
		凉碱炉 2 台	$\phi 2\,500 \times 23\,500$	与环评报告中相同	
		碱筛 2 台	$\phi 1\,400 \times 3\,500$	与环评报告中相同	
		除尘器 2 台	$F=200$ m^2	与环评报告中相同	
	动力车间	锅炉 1 台	220 t/h 煤粉炉	与环评报告中相同	
		电除尘器 1 台	三室四电场	与环评报告中相同	
生产能力		低盐重质纯碱 400 kt/a		与环评报告中相同	
		卤水 581 万 m^3/a		与环评报告中相同	

（三）环保投资落实情况

本项目环保措施落实情况和主要环保设施（设备）见表 11、表 12，投资落实情况，见表 13。

表 11　工程污染防治措施落实情况表

项目	主要污染源	设计治理措施	评价建议措施	实际落实情况
废气	现有工程锅炉燃煤废气	文丘里旋流式脱硫除尘器	2#锅炉采用石灰石—石膏湿法脱硫，100 m 高烟囱排放	脱硫设施未落实，烟囱按评价落实
	扩建工程锅炉燃煤废气	文丘里旋流式脱硫除尘器，100 m 高烟囱排放	高效静电除尘器除尘，100 m 高烟囱排放	静电除尘器已落实；烟囱高度 120 m；脱硫设施正在调研，脱氮技术未落实
			石灰石—石膏湿法脱硫，100 m 高烟囱排放	
			低氮燃烧技术脱氮，100 m 高烟囱排放	
废气	轻灰煅烧炉碱尘废气	旋风分离器+填料洗涤两级除尘（25 m 高排气筒排放）	同左	将原倍半碱→轻灰→一水碱→重灰优化为倍半碱→一水碱→重灰，省去轻灰工序，无碱尘废气
	重灰煅烧炉碱尘废气	一级填料洗涤塔（25 m 高排气筒排放）	同左	旋风分离+填料洗涤塔两级除尘，25 m 排气筒
	凉碱筛分废气	旋风分离器+填料洗涤两级除尘 25 m 排气筒	同左	旋风分离+布袋除尘两级除尘，25 m 排气筒
	无组织排放碱尘废气	密闭传输，及时清扫碱尘	同左	按设计落实
废水	蒸发及分离母液	安达公司购买部分粗碱，其余回蒸发再浓缩，不外排	同左	按设计落实
	锅炉蒸汽冷凝液	I 效蒸发冷凝液除氧后回用于锅炉	同左	按设计落实
	蒸发冷凝液	部分回用于水合和炉气洗涤，其余送杂水罐注井回用，不外排	同左	按设计落实
	炉气洗涤塔洗涤液、碱加工循环水	全部收集后汇于杂水池（罐）注井回用，不外排	同左	按设计落实
	跑冒滴漏及少量冲洗水	—	回收后用于冲灰	进入杂水池后用于注井，不外排
	锅炉排污水	用于冲灰	同左	按设计落实
	软水站酸碱废水	中和处理后，用于冲灰	同左	按设计落实
	脱硫排污水	—	酸碱中和后用于冲灰	脱硫设施正在调研
	机泵冷却水	外排	回收后用于冲灰	按评价建议落实
	全厂生活污水	化粪池处理	生物接触氧化法处理	采用化粪池处理

项目	主要污染源	设计治理措施	评价建议措施	实际落实情况
固废	钻井盐泥	—	井侧填埋、防渗处理	按评价建议落实
	废活性炭渣	送锅炉燃烧	同左	取消精制工序,不产生活性炭渣
	锅炉灰渣	灰场存放	送水泥厂综合利用,多余灰场存放	按评价建议落实
	硫石膏	灰场存放	副产品销售,多余灰场存放	暂不产生硫石膏
	生化污泥	—	干化后运往灰场	暂不产生生化污泥
噪声	高噪声设备	减振、消音、隔声	—	按设计落实
其他	厂区绿化	因地制宜绿化,绿化率15%	绿化面积 35 000 m²,绿化率22%	绿化 37 790 m²,绿化率23%
	监测站建设	—	建监测站,购监测仪器	按评价建议落实
	废水排放口整治	—	设置标志,安装在线监测装置	设置标志,在线监测装置在洽谈中
	废气排放口整治	—	排烟口预留监测孔,安装在线监测装置	预留监测孔,在线监测装置在洽谈中

表 12 工程主要污染防治设施(设备)表

	设施(设备)名称	主要设计参数	台套数	说明
废气系统	静电除尘器	烟气量:483 366 m³/h,入口烟气温度 132.4℃,设计效率99.7%,飞灰度 27 g/m³	1	用于锅炉除尘
	钢筋混凝土烟囱	高 120 m,内径 2.8 m	1	用于锅炉废气排放
	填料洗涤塔+除尘器	洗涤塔:2 000×9 000,填料高度 h=6 m;除尘器:1 500×5 000	2	用于重灰炉
	台旋风分离器+布袋除尘器	旋风分离器:CLT/A-2×15;除尘器:DMC432,过滤面积 407.1 m²	1	用于凉碱筛分
	成品密闭传输装置	斗提机:TBG450;刮板机 MX52	1	用于成品传输
废水系统	万方池(杂水池)	容积 36 000 m³,池体用石块、水泥砌成,做过防渗漏处理	1	用于回收杂水
	注剂罐	容积 5 000 m³ 钢质罐体,底座周围建有拦污沟	2	用于储存、回注杂水
	中和池	容积:150 m³×2 m³	1	用于处理化验废水
	化粪池			用于处理生活污水
固废系统	煤灰场	容积 60 万 m³	1	用于储存煤灰
噪声	消音器		10	用于消除高噪声设备噪声

表 13　工程环保投资落实情况表

项目	污染源	治理设施	实际投资/万元
废气	轻灰煅烧炉碱尘废气	旋风分离器+填料洗涤塔	—
	重灰煅烧炉碱尘废气	填料洗涤塔+除尘器	80
	凉碱筛分废气	旋风分离器+布袋除尘器	100
	锅炉燃烧废气	高效静电除尘器	400
		LXDS 系列碱性喷雾烟气脱硫	350
		低氮燃烧技术	—
		钢筋混凝土烟囱，高 120 m，出口内径 2.8 m	500
	无组织排放废气	加强储存运输的密封	70
废水	含碱工艺废水	杂水池及回用设施	650
	酸碱工艺废水	中和池	50
	动力车间废水	回用池及回用设施	60
	外排生活污水	化粪池	70
固废	燃煤灰渣	贮灰场	150
	钻井盐泥	井侧填埋，防渗处理	15
	生化污泥	干化后运往灰场	—
	硫石膏	副产品销售，多余灰场存放	—
噪声	高噪声设备	消声器、吸音材料、隔音间	120
监测		仪器、设备	10
其他		场地道路硬化	160
		绿化	
		"以新带老"投资费用	270
		废水排放口规范化整治，安装在线装置	100
		锅炉排烟规范化整治，安装在线装置	
合计			3 155

（四）企业环境管理措施落实情况

（1）专门环境管理机构已建立。为加强企业环境管理，公司成立了专门环境管理机构——安全环保部，具体负责组织、落实、监督全厂的环境保护工作。环保部直属公司领导，各车间（工段）还专门设立了"安全环保领导小组"，初步形成了公司、科室、车间三级环境管理网络。

（2）配备了专职环境管理人员。公司明确一名常务经理主管环保工作，安全环保部配备 2 名工程技术人员专职从事环保工作，各车间（工段）配备 1～2 名专（兼）职环保员。

（3）健全了各项环境管理制度。截至到目前公司已先后制定了"环保工作岗位责任制"、"环保设施操作技术规范"、"污染防治设施维护保养制度"、"环境监测制度"、"生产车间环保目标考核办法"等多项环境管理制度。

（4）成立了"清洁生产工作领导小组"，制订了清洁生产措施方案，将清洁生产纳入了企业日常管理目标。

（5）计划投资 100 万元，对全厂锅炉废气排放口，废水排放口进行规范化建设，安装废气和污水在线自动监控装置，强化企业内部监控和环保管理。

（五）污染防治措施变更情况

项目在建设过程中，建设单位对部分环节的生产工艺与设施进行了改进。如碱加工工段省去了轻灰制备工序，以及烟囱高度加高、除尘器改造等有利于减轻环境影响。锅炉烟气脱硫设施未上的主要原因是考察更好的脱硫方案。因部分工艺与设施的变化而需要对环保措施进行调整的原则应是有利于污染控制，同时对于大的调整变更应履行相应的手续。具体变更的内容及原因见表 14。

表 14 污染防治措施变更情况表

序号	更改项目类型	可研设计措施	环评建议措施	实际采用措施	变更原因
1	锅炉废气排放系统	钢筋混凝土烟囱，高 100 m，内径 2.8 m	同可研	钢筋混凝土烟囱，高 120 m，出口内径 2.8 m	加大烟囱高度，使所排放废气更容易扩散，减少废气对局部环境的影响
2	锅炉废气脱硫装置	文丘里旋流式脱硫除尘器	石灰石—石膏湿法脱硫	正在对 LXDS 系列碱性喷雾烟气脱硫技术进行调研，并和具有该技术的设备生产厂家进行了初步谈判	环评建议的脱硫方法需要购买新的原料，并伴随产生石灰膏等二次污染物。新的脱硫方法结合公司实际，利用公司的产品作为主要脱硫剂，节约治理成本，且其产物 Na_2SO_4 不会对环境造成二次污染
3	轻灰煅烧炉碱尘废气治理系统	旋风分离器+填料洗涤塔两级除尘（25 m 排气筒排放）	同可研	削减轻灰工序	将原倍半碱→轻灰→一水碱→重灰，优化为倍半碱→一水碱→重灰，省去轻灰工序，减少污染物产生环节
4	重灰煅烧炉碱尘废气治理系统	一级填料洗涤塔（25 m 排气筒排放）	同可研	旋风分离器+填料洗涤塔两级除尘（25 m 排气筒排放）	增加一级除尘设备，进一步提高对碱尘废气的去除效率，减少周围环境碱尘浓度
5	凉碱筛分废气治理系统	旋风分离器+填料洗涤塔两级除尘（25 m 排气筒排放）	同可研	旋风分离器+布袋除尘器两级除尘（25 m 排气筒排放）	将填料洗涤塔除尘改为布袋除尘，可节约投资成本，提高降尘效率
6	生活污水处理设施	化粪池处理	生物接触氧化法处理		采用化粪池处理厂区生活污水，虽简易有效、节约成本，但效果稍差

七、环境监理结论

（一）扩建工程符合环保要求

项目在建设过程中，建设单位按照项目环境管理有关法律规定，执行了"环评"和"三同时"制度，主要环保工程（除脱硫工程外）与主体工程同步建成。设计和建设单位运用循环经济理念，从生产工艺选择、卤井开发建设、物料流动方案、杂水闭路循环、环保设施确定、废物综合利用等方面进行了合理设计与精心施工。通过卤水蒸发、母液回收、杂水回注、碱尘收集等工艺环节，能够使天然碱资源得到最大化利用，为实现资源节约型企业目标奠定了坚实的基础。

（二）施工期环保措施得到较好落实

项目施工期对粉尘、噪声、生活污水等采取了相应防治措施，施工垃圾及时清运至低凹地填埋造田，生活垃圾进行了妥善处置，钻井、输卤管道铺设等施工过程中没有对周边及沿线植被造成明显破坏，未发生环境事故和污染纠纷。

（三）污染防治工程基本到位

（1）重灰煅烧炉碱尘废气，采用旋风分离器和加填料洗涤塔两级除尘；晾碱筛分废气，采用旋风分离器加布袋除尘两级除尘；无组织排放的碱尘废气，采取密闭传输环节，文明装卸和加强管理等措施；

（2）新建 220 t/h 煤粉锅炉，投资 400 万元建成四电场静电除尘器（设计除尘效率≥99.5%），烟囱高 120 m，出口内径 2.8 m。

（3）废水主要有三部分：一是含碱废水（含蒸发及分离母液、蒸发冷凝水、炉气洗涤水、循环分流排水、跑冒滴漏水、锅炉清洗水、软水站酸碱水及碱加工区初期雨水），二是一般废水（含电除尘排水、脱硫废水、机泵冷却水、冲洗水），三是生活废水。针对不同水质，采取了不同防治措施。含碱废水采用部分回收粗碱，再回蒸发工序浓缩利用，收集后汇入总容积 30 000 m³ 杂水池作为注井回用，不外排；一般废水收集后用于冲灰除渣，不外排；生活污水经化粪池处理后排放。

（4）固体废物主要是锅炉灰渣（58 600 t/d）作为水泥厂原料、制煤渣砖综合利用，剩余部分送灰场堆存。

（5）噪声防治措施，一是在设备选型时，选用符合国家标准的低噪声设备；二是高噪设备采取隔声、减振、消声措施；三是厂区各车间之间进行合理布局，并在厂房和主控楼间采取隔声、吸声措施；四是加强生产管理，尽量减少非正常蒸汽排空产生的噪声。

主要污染处理设施效果有待试运行期监测分析确定。

（四）绿化硬化使厂区面貌改观

为改善厂区面貌，建设单位投资 60 万元，统一规划，因地制宜完成了 37 950 m² 的绿化面积，绿化率达到了 23%，完成了项目建设绿化指标。投入 100 万元，对厂区排水系统进行了整治、主干道路面沥青硬化。为创建"绿色企业"和"花园式工厂"奠定了基础。

（五）环境管理和监控得到加强

为加强企业内部环境管理，本项目建设过程进一步建立和健全了厂级、车间（工段）环保工作领导机构，新建了"厂级清洁生产领导小组"，配备了专业环保工作人员；制定和完善了各项环境管理制度；充实和加强了环境监测站建设，新购进十多万元设备、仪器，基本满足企业内部环境监控需要；污水总排口和热电厂废气排放口整治、在线监控设施安装已列入购置计划。

（六）部分措施变更有利于污染防治

在工程建设中，建设单位经科学论证，优化调整了碱加工工段的生产工艺，省去了轻灰制备工序，减少了轻灰煅烧炉碱尘废气污染源，节约了治污开支。

（七）环保投资基本到位

本项目可研报告显示，工程总投资概算 43 478 万元，其中环保投资 100 万元，环保投资占总投资 0.23%；环评报告显示，工程总投资为 71 914 万元，其中环保投资 2 910 万元，环保投资占总投资 4%；实际工程总投资为 57 000 万元；环保投资为 3 155 万元（含将要支付的废气、废水在线监控装置 100 万元，锅炉脱硫设施 350 万元），环保投资占总投资 5.5%。以上数据显示，项目根据实际需要加大了环保投入力度，超过可研和环评概算，保证了环保工程施工建设。

八、主要问题与建议

（一）加快脱硫设施建设

本扩建工程锅炉烟气脱硫设施未上，但安装位置已预留。企业计划采用"LXDS 系列碱性喷雾烟气湿法脱硫技术"替代"石灰石—石膏湿法脱硫技术"，目前尚处调研阶段。建议企业抓紧进行工艺选择和设备选型，尽快予以落实。

（二）烟气治理应整体改造

按照"以新带老"的要求，原有工程 2#锅炉脱硫设施待上述工艺落实后尽快实施。鉴于原有工程 1#、2#锅炉采用文丘里湿法除尘烟尘超标等问题，建议企业对原工程锅炉烟气除尘改为高效静电除尘，不仅可以实现烟尘达标排放，还可以使灰渣有利于综合利用和解决储灰场占用大片土地问题。

（三）环保措施应全面完善

按照环评要求，生活污水应采用生化法处理（实际采用化粪池简单处理），泵房顶棚及四壁应加装吸音板降低噪声（未落实），杂水应全部回用（实际还有排放），与环评要求相比还有一定差距。同时，对每个卤井区应进行规范整治和植被恢复措施。

（四）排污口应进行规范建设

按照有关规定和环评及环保部门的要求，本项目建设应对锅炉废气排放口、污水排放口进行规范化整治，安装在线监测装置。企业应从强化内部环境监控管理上考虑，抓紧设施选型，尽快整治，安装到位。

（五）环境安全应急处置

纯碱属低压中高温生产，生产过程对环境潜在影响的因素较多，主要有：纯碱及其粉尘、锅炉产生的烟尘、SO_2 等有害气体，碱加工煅烧、包装工序产生的尘毒，采卤及卤水输送过程跑冒滴漏引起污染事故，非正常工况下的事故性排污，因火灾、爆炸等灾害而衍生的突发环境事件，杂水池的泄漏或溃池等，但重点应放在各种事故隐患的防范上。因此，企业要加强重点隐患部位和关键生产环节的严格管理，防微杜渐，避免发生事故，确保生产和环境安全；同时还应按照国家有关规定，针对化工生产的特点，制定出本厂突发性事件的应急预案，通过应急机制和有效措施把可能产生的环境影响降到最低限度。

（六）不断提升清洁生产水平

近些年来，企业推行清洁生产，发展循环经济，已给企业带来了明显的综合效益。建议企业在现有成果基础上，通过清洁生产审计和 ISO 14000 认证，加强管理，建立创新机制，拉长产业链条，把企业节能降耗和循环经济推向更高的水平，真正实现生产过程无废弃物排放，促进碱化工循环经济园区的可持续发展。

专家点评

目前世界纯碱生产主要有三种工艺：联碱法、氨碱法和天然碱法，中国是唯一一个在纯碱生产中三种方法都被采用的国家。天然碱法与其他纯碱生产方法相比，在我国纯碱工业中比重很小，其生产工艺过程、所使用原材料等都与氨碱法和联碱法纯碱生产有很大差别，污染物产生、排放特点与氨碱法和联碱法不同。对一个集天然碱开采、加工于一体的资源型综合性加工项目来说，环境监理工作主要内容有哪些？环境监理报告重点应反映哪些内容？环境监理报告编写完成后应给环境保护主管部门和建设单位提供哪些帮助？本监理报告较好地回答了以上问题：

一、作为开采、加工于一体的工业项目，环境监理主要内容：一是对工程施工期的环保达标监理；二是对与主体工程配套建设的污染防治工程建设监理；三是按环评及批复要求对各项环保措施（含生态恢复、清洁生产、以新带老等）落实情况的监理；四是按环评及批复要求对企业环境管理机构，环境管理制度，环境监控平台等建立健全情况的监理。

二、作为建设项目施工期的环境监理报告，其报告重点应反映工程项目各项环保措施落实情况（具体应含施工期环保措施，营运期环保工程与措施，环保投资、环境管理措施、生态恢复措施及污染防治工程变更等）。

三、本报告报出后，环境保护主管部门可通过了解"项目环保措施落实情况"、"环境监理结论"和目前仍存在的"主要问题与建议"等章节内容，从而较全面、明晰地了解项目执行各项环保法律法规及落实环评与批复要求情况，有利于客观、公正地进行该项目的环保验收和其后的环境管理；建设单位通过对报告中所指出的存在"主要问题与建议"，可清醒地认识到企业在环保方面存在的问题和不足，以便主动纠正，及早克服，不断完善，尽快把企业节能降耗和循环经济推向更高的水平。

四、大量表格的引用，简化了文字叙述，信息量大。

本报告不足之处，一是对新打采卤井过程生态环境保护问题重视不够；二是缺少施工期监测计划与落实，对"环境监理结论"的阐述不够深透。

讨论：

1. 对工程施工期的环保达标监理和对主体工程配套建设的污染防治工程建设监理时，怎样实施事前、事中和事后控制？

2. 环境监理中的组织措施、技术措施、经济措施、合同措施是什么？措施内容有哪些？

案例 5 河南发恩德矿业有限公司月亮沟铅锌银矿资源开发利用项目环境监理报告（节录）

一、总则

（一）任务由来

河南发恩德矿业有限公司是河南省有色地质矿产有限公司与英国威克多矿业有限公司合作组建的中外合作公司，该公司成立于 2004 年，于 2005 年 6 月获得月亮沟铅锌银矿区探矿权，探矿区面积 9.95 km²，目前已探明铅锌银总矿石储量为 192.88 万 t。该公司首期设计开发利用贮量为 153.25 万 t，采选规模为 600 t/d，开采方式为硐采，最终产品为铅、锌、银精粉。

根据河南省环境保护局关于《河南发恩德矿业有限公司洛宁月亮沟铅锌银矿资源开发利用项目环境影响报告书》的批复要求，需要对该工程施工期的项目建设进行环境监理。2006 年 6 月，河南发恩德矿业有限公司委托洛阳市环境保护设计研究所承担该工程的环境监理工作。接受委托后，环境监理单位根据委托监理合同条款，结合工程的具体情况，在广泛收集工程信息和资料的前提下，编制了施工期项目建设环境监理规划。该建设项目施工期结束后，编制了河南发恩德矿业有限公司洛宁月亮沟 600 t/d 铅锌银矿采选工程项目施工期环境监理报告。

（二）编制依据

1. 法律依据（略）

2. 项目依据（略）

（三）环境监理目标

工程环境监理的目的是力求实现工程建设项目环保目标，落实环境保护设施与措施，防止环境污染和生态破坏，满足工程竣工环境保护验收要求。保证项目环评报告书及批复意见中有关污染防治措施及生态环境保护措施落实到位是环境监理的具体目标。

环境监理目标包括以下内容：

（1）在项目建设中环境监理方要督促建设单位和施工单位落实环评报告书及环评批复中提出的污染防治措施及生态环境保护措施。环境监理应明确提醒项目业主并监督施工单位落实各自应承担的环境保护职责。

（2）建设项目必须按照设计进行施工，坚持按图施工，对于已批准的生态保护措施不要随意或轻易变更。

（3）环评中没有注意到的重要的生态要素或生态因子确需进行保护的，也要按程序向业主建议，并向环境行政主管部门反映。

（四）环境监理重点和范围

1. 环境监理重点

根据硐采及选矿工程特点和周围环境特征，项目环境监理部以工业场地建设对周围环境影响、废水处理设施与监测、环保除尘器落实与运行、尾矿库建设及运行情况、炸药库搬迁、外运矿道路以及采矿场拦渣坝、防洪渠建设、工程护坡和绿化等为监理重点，对环境空气影响、区域内声环境影响等作一般性监理。

2. 环境监理范围

（1）生态环境监理范围。

一是采矿场、废石场及其他工业设施等，结合当地山体走向、沟谷分布等地形特点，以工程建设直接影响地沙沟沿沟流向方向上游 1 000 m，下游延伸至入故县水库沟口；二是选厂工业场地、生活区，尾矿库所在的沟两侧延伸至山脊，上游至沟脑，下游至硖石沟入口；三是外运输道路沿线。

（2）地表水环境监理范围。

采矿场：沙沟至故县水库入库口。

选矿厂：尾矿库所在硖石沟入口至尾矿坝下游回水池。

（3）环境空气监理范围。

环境空气监理范围以采矿区、弃渣场、选厂、运输道路等生产区为中心外延 100～300 m。

（4）声环境监理范围。

根据工程特点、地形特征和居民分布情况，声环境监理范围为采矿区、选厂、工业场地、运输道路等生产区为界限，外延100 m兼顾周围敏感点为范围。

二、环境监理内容及环境管理

（一）环境监理内容

依据环评报告书中的环保要求，项目建设施工期的环境监理内容见表1。

表 1　项目建设施工期环境监理内容一览表

实施时段	项目	实施区段、点	施工期环境保护要求	治理效果
施工期	粉尘	井下采矿	湿式凿岩、爆破后进行喷雾洒水，清洗岩壁，采用地面主扇和井下辅扇集中抽出式通风方式，爆破后采取加强通风	井下粉尘浓度<10 mg/m³
		废石场	进行定期喷水降尘	减少扬尘产生
	废水	采矿区矿井水	矿井涌水经沉淀后加石灰处理后排入沙沟	Pb 排放浓度<0.012 mg/L Zn<1.02 mg/L
		采场生活污水	生活污水经化粪池处理后用于绿化和灌溉	不外排
	固体废物	采矿区废石场	废石场周围设施拦渣坝及排水设施，不得占压河道和进入库区	不占压河道
		采矿区生活垃圾	集中收集，在矿井 PD108 处焚烧炉焚烧	减少对周围环境影响
施工期	噪声	采矿区空压机、风机	安装减振、消声器并设置隔音间	10 m 外符合《工业企业厂界噪声》Ⅰ类
	水土保持	采矿区	渣场浆砌石挡墙、排水沟、截水沟、道路边坡防护、施工场地防护	防止水土流失
运行期	粉尘	选厂破碎工段	WSCⅡ-1.5 文丘里除尘器、水喷雾装置及通风装置	排放浓度符合《大气污染物综合排放标准》
		选厂筛分工段	WSCⅡ-2.0 文丘里除尘器及通风装置	
	废水	采矿区矿井水	矿井水沉淀处理后加石灰，在经沙石过滤	Pb 排放浓度<0.012 mg/L
		采矿区生活污水	经地埋式生化处理设施处理后排入沙沟	生活污水达标排放
		选厂生产废水	尾矿库上游设截洪沟，库周设拦洪坝，下游设回水库及回水设施	选矿水处理后全部循环回用
		选厂生活污水	化粪池处理后打入尾矿库	不外排
	固体废物	采矿区废石	废石场周围设施拦渣坝及排水设施；CM103 弃渣清运至上游渣场，CM105、PD650、PD700 及月亮沟内 3 个渣场植被恢复	不得占压河道和进入库区
		采矿区生活垃圾	集中收集，在矿井 PD108 处进入焚烧炉焚烧	不随地堆放
		选厂区生活垃圾	生活垃圾收集后，集中填沟	不随地堆放
	水土保持	采矿区	矿石堆场周围浆砌石挡墙、排水截水沟，废石场周围设施拦渣坝及排水设施，办公生活区周围设置挡土墙、绿化，道路两侧设置排水沟、绿化、边坡植物防护	防止水土流失
		选厂区	选厂周围设置挡土墙、绿化 道路两侧设置排水沟、绿化、边坡植物防护	
		扩建运输道路	道路边坡植物防护、绿化	防止水土流失
	噪声	采矿区	空压机、风机隔音房，加减振垫、消声器	30 m 外厂界噪声符合《工业企业厂界噪声标准》Ⅰ类标准
		选厂区	破碎机、球磨机、浮选机均设置在车间内，并对其基础作减振处理	
	生态补偿	选厂区	在尾矿库周围退耕还林地进行植树造林，树种宜选择侧柏、刺槐等当地树种，其补偿面积应不小于 0.2 万 m²	补偿选厂建设造成的植被破坏

实施时段	项目	实施区段、点	施工期环境保护要求	治理效果
事故防范应急措施	事故防范措施	弃渣场	设计排洪、排水设施；加强日常管理维护	减少风险事故的发生
		炸药库	应移至沙沟上游 600 m 以远；严格按照《爆破安全规程》（GB 6722—1986）进行爆破操作、管理运输	
		尾矿库	按《尾矿库安全管理规定》进行日常维护管理；加强尾矿坝日常观测	
		运输道路	严格按公路运输等级标准修建，降低沿途坡度和弯度	减少交通事故发生
			严禁车辆超载，运输车辆宜采用小型运输货车；有严格运输管理制度	
	应急措施	采矿区	应急处理机构、明确职责；矿山事故应急预案；对外联系通信工具；沙沟入故县水库上游设置拦渣坝	最大限度削减出现风险事故时造成的危害
			应急培训计划及平时演练记录	
		选厂区	尾矿库沟口设置拦渣坝，硖石沟下河村上游 100 m 设置拦渣坝；对外通讯联系工具；事故应急预案；应急事故处理机构、明确职责	
			应急培训计划及平时演练记录	

（二）环境监理机构及职责

（1）机构设置。本项目环境监理机构由 4 人组成：项目负责人 1 人，环境总监理工程师 1 人，监理工程师 1 人，监理员 1 人。参与本项目的环境人员均具有河南省建设工程环境监理上岗培训证书。

（2）环境监理人员职责。总监理工程师职责：总监理工程师在项目负责人的指导下进行工作，项目负责人负责环境监理的全面工作。总监理工程师的主要职责是确定项目监理机构人员的分工和岗位职责；主持编写项目环境监理方和项目环境监理报告，负责管理项目环境监理机构的日常工作；检查和监督环境监理人员的工作；主持环境监理工作例会；组织编写工程环境监理阶段报告和项目环境监理工作报告；主持整理工程项目的环境监理资料。

监理工程师职责：按照本项目环境监理工作的方案，负责环境监理工作的具体实施；组织指导检查和监督环境监理员的工作；审查施工过程中涉及环保方面存在的问题，并向总监理工程师提出建议；根据环境监理工作实施情况做好监理日记。并参与编写环境监理报告。

监理员职责：在监理工程师的指导下开展现场环境监理工作；检查落实本工程环保设施进度、资金落实和质量控制情况及施工现场的环境污染防治情况并做好检查记录；做好环境监理日记和有关的监理记录；在工作当中对不符合环境监理方案的有权提出整改意见；在紧急情况下，有权发出停工指令，并向监理工程师报告。

（三）环境监理程序

本项目环境监理主要程序为：制订环境监理工作方案→监理工程师现场巡视、旁站→文字、图片记录→发现环保问题→提出整改措施→检查、检验整改落实情况→提交环境监理报告→参与环保验收。在工程施工阶段环境监理通过日常巡视、旁站、调查、监测等手段，发现的环保问题，区别不同情况妥善处理。

建设项目应按照设计文件施工，需要变更设计的，应按程序报批；

建设项目所配套的环保设施若不符合环评和环评批复要求的，必须立即停止建设，并向建设方下达书面通知，要求报告审批；

在工程建设中发现环保工程设计存在缺陷，达不到环境保护要求，需要进行变更环保设施型号的，必须向审批该建设项目环境影响报告书的环境保护行政主管部门报告审批；

在施工期和建设项目试运行阶段，若出现环境污染事故，造成人身伤害和财产损失的，必须向上级环境保护行政主管部门报告。

上述几种情况，环境监理方在进行解决问题的过程中应严格执行监理程序，坚持原则依法办事。向施工单位和业主分别下达发送《建设项目环境监理通知单》和《建设项目环境监理工作函》时，要求双方当事人在通知单和函件上签字。

（四）环境监理制度及措施

（1）落实监理工作制度（略）

（2）环境监测

本项目采矿厂和选矿厂为异地建设，选矿厂生产废水进入尾矿库回用。根据不同时段生产废水产生情况，制订不同监测计划。委托有资质单位对生产废水进行监测。对选矿厂工业场地及周围敏感点进行定期和不定期的噪声监测，确保噪声不扰民。

三、工程概况

河南发恩德矿业有限公司洛宁县月亮沟铅锌银矿资源开发利用项目主要由选矿厂和采矿厂两部分组成。建设地点位于洛宁县下峪乡沙沟，矿区毗邻故县水库。首期开采贮量为 153.25 万 t。首期开发利用项目包括铅锌银矿采、选工程，开采方式为硐采，矿山设计服务年限为 11 年；选厂选址位于下峪乡政府东北约 2.6 km 的碳石村北约 0.6 km 的山丘冲沟内，设计服务年限为 15 年，工程总投资 1.18 亿元。

矿区工程处于坑探和钻探阶段，现有 10 个探矿坑口，坑口高 560～614 m，其中 7 个分布在沙沟，3 个在沙沟东侧的月亮沟内。

四、选矿厂环境工程监理

（一）选矿厂工程概况

本项目选矿厂占地约 270.5 亩①，包括选厂区、尾矿库、生活区及进厂道路。选矿

---

① 1 亩=1/15 hm²

厂生产规模为 600 t/d，其生产工艺流程为破碎→筛分→球磨→浮选。主要生产设备包括鄂式破碎机、圆锥破碎机、球磨机、浮选机、浓缩机及过滤机等。选矿厂主要建设内容见表2。

表2　选矿厂工程建设内容一览表

项目名称		主要工程内容
选厂区	选厂生产区	包括破碎车间、中细筛分车间、粗碎间、浮选车间、储运站原矿厂、高位水池及化验室等
	选厂生活区	办公楼、宿舍、食堂等
尾矿库	尾矿库	设计总库容为 310 万 m³，服务年限 20 年，初期坝为堆石坝，坝高 30 m，后期为堆积坝，坝高 40 m
运输道路	选厂—碾盘沟	此段道路全长 19 km 由选厂筹建处负责修建

（二）选矿厂工程建设内容

（1）选厂建设内容。

选厂位于碾石村北约 0.6 km 的山丘及冲沟内。其生产设施包括受矿口，手选室，破碎机房，中筛分机房，粉矿仓，球磨和浮选厂房，浓缩池，过滤间，铅精产品库，锌精产品库，新水高位水池，回水高位水池，药剂库，备件库，化验室，办公室，变电所等设施，破碎厂房、筛分厂房采用皮带运输机连接。辅助办公、生活设施布置在选厂东南约 200 m 的荒坡地上。

（2）尾矿库建设内容。

尾矿库位于选厂北邻的自然冲沟内，设计总库容 310 万 m³，有效库容 281 万 m³。设计服务年限为 20 年。初期为透水堆石坝，后期为尾矿渣堆积坝，初期坝高 30 m，堆积坝高 40 m。

尾矿库排洪采用"溢水井+排水涵管+转流井+明沟（溢洪道）"，排渗系统采用排渗盲沟排渗。尾矿库下游修建一 2 000 m³ 的回水池，回水池采用滚水坝—浆砌石挡水墙。尾矿库浆输送方式为自流输送。

（3）运输道路。

按照环评要求，本项目为替代水上运输修建一条从选矿厂—采矿场约 27 km 的运矿道路。选矿厂筹建处负责修建从选厂—碾盘沟 19 km 的道路。

（三）工程建设环境监理及污染防治

1. 选矿厂环境监理的重点

本项目选矿工程的环保目标主要内容包括：破碎、筛分工段的粉尘配套建设废气处理设施，选矿车间建设事故池，尾矿库建设与尾矿水全部回用不外排，选厂生活垃圾收集与处理，选矿工程建设采取水土保持措施及浆砌石工程护坡和厂区绿化等。选矿厂工程建设及环境监理重点见表3、表4。

表3　选矿厂工程建设内容及环境监理重点一览表

工程建设内容		环境监理重点
工业场地	地表清理及场地开挖、平整土方	生态破坏、水土流失、噪声、扬尘
	包括破碎车间、储运站、原矿仓、中细筛分车间、粗碎间、浮选车间等	安装除尘器、生态保护等
尾矿库	地表清理及场地开挖、平整土方	生态破坏、水土流失、噪声、扬尘
	尾矿坝、导流洞、溢流井、回水池等	生态破坏、水土流失、扬尘、废水
厂内外道路	道路开辟与修筑	浆砌石护坡、植树、排水沟
生活区	办公室、食堂、宿舍等建设	生活污水、垃圾
	生活用水用电	水污染、能源消耗
	生活废弃物	废物处置、有害气体

表4　选矿厂配套建设环保设施表

配套建设的环保设施区域	配套环保设施	备　注
中细筛分车间、粗碎间	除尘器、事故池	
尾矿库	尾矿坝、导流洞、溢流井、回水池等	
生活区	化粪池、垃圾集中池	

2．选矿厂环境监理及污染防治措施

（1）选厂生活污水处理措施

本项目在建设施工期间生活污水的处理方法为修建一厕所，产生的粪便由当地农民作为肥料进入农田。

（2）选矿厂粉尘污染防治措施

选厂建设施工期，粉尘污染主要为工业场地施工建设过程中的粉尘及材料运输期间产生的扬尘防治措施。

①帆布遮盖：水泥等材料运输过程中采取帆布遮盖措施，在一定程度上减少粉尘产生。

②道路洒水：对施工区内路面采取定期洒水的措施，减少路面扬尘。

（3）选矿厂噪声污染防治。

本项目建设施工场地因远离村庄和居民，施工期间产生的噪声影响不到居民的生产和生活。

（4）选矿厂固体废弃物防治措施

建设施工期固体废弃物主要为：建筑垃圾和施工单位生活垃圾。根据固体废弃物类别防治措施采取建筑垃圾填埋和生活垃圾集中收处理两类。

①设施建设、设备的安装时应注意场地的整理，安装完毕后及时清理场地，防止建筑垃圾、废弃物的随意丢弃。

②建筑垃圾根据厂地具体情况，用于平整厂地，填埋沟壑。

③生活垃圾修建集中收池，厕所粪便由当地农民作为肥料进入农田。

（5）选矿厂生态环境保护措施及环境监理

选矿厂建设对生态环境影响主要是在建设施工期。采取的水土保持措施分工程措施和植被补偿措施两类。

工程措施主要有坑凹回填、场地平整、地表硬化、削坡开级、边坡防护、边坡排水、修建挡墙等多种方法。

植被补偿恢复措施主要是根据厂区具体情况性质不而划分不同的林种进行植树造林、种草绿化活动。

1）工程措施

①明确施工对象和范围，在开工前对自然生态现状进行调查，该项目无发现珍稀动植物和其他需要保护的对象。

②在场地的整理，基础开挖前后，注意场地整理，护坡修建，防止水土流失。

③工程措施施工采用机械加人工方法进行。对于有机械施工条件的山体山包开挖、地表整治、削坡开级等，配备液压锤、反铲挖掘机、装载机、自卸车、推土机等大型机械设备进行场地的清理、削坡开级及覆土平整工作；对于砌护工程，如砌石护坡、挡土墙、排水沟等主要以人施工为主，辅以必要的设备进行。

2）植被措施

水土保持植被措施是根据施工设计方案和施工图选择适宜季节进行造林种草绿化施工。植树造林种草工作主要集中在春季和秋季两季进行，在保持原有植被不被破坏的前提下，对于不同的区域，采用不同的植物绿化措施。

（6）选矿厂配套环保设施建设的环境监理

1）粉尘污染防治设施

本项目粉尘污染主要来自工业场地施工过程中产生粉尘及选厂破碎、筛分工段产生的粉尘，其粉尘污染防治措施如下：

①传送带加盖密封，可以减少矿石运送过程中粉尘产生对周围环境的影响。

②破碎工段采取水喷雾装置，在一定程度上减少粉尘的产生。

③破碎、筛分工段安装除尘器：按照环评及环评批复和该项目初步设计的要求，项目公司选厂破碎工段和筛分工段的废气治理设施应分别安装 WSCⅡ-1.5 型和 WSCⅡ-2.0 型文丘里除尘器。

在项目建设工程施工过程中，该公司在除尘设施配套选型问题上，通过多方考察论证，认为文丘里除尘器没有低压脉冲布袋除尘器效果好，根据本项目生产状况和所在地气候条件及其他选厂使用的除尘设施情况看，低压脉冲布袋除尘器，一可保证除尘效果，二可有利于保护环境和废物综合利用（该除尘器将收集的粉尘自动进入粉矿仓）。因此，决定进行设计变更，不再使用文丘里除尘器，拟采用低压脉冲布袋除尘器，该除尘器的型号为 LJDM—160 型，除尘效率 99%。公司最终确定选厂废气治理方案为采用低压脉冲布袋除尘器，除尘器的技术要求和型号确定后对外进行了招标。

按照《建设项目环境保护管理条例》的有关规定，环境监理工程师向建设单位发出《建设项目环境监理工作函》，特向业主函告，文丘里除尘器需要变更为低压脉冲布袋除尘器，必须向审批该建设项目环境影响报告书的环境保护行政主管部门报告审批，经审批后再进行实施。本公司接函后表示同意，并按规定向上级环保部门请示报批。

2）选矿厂污水污染防治措施

选矿厂污水主要来自生活污水和选矿生产污水，其主要防治措施如下：

①生活污水，选矿厂共建有 3 座不同体积的化粪池，经化粪池处理后进入尾矿库不

外排。

②生产污水利用高位差自流入尾矿库，经沉淀后由溢流井进入坝下回水库，通过回水设施打入高位水池，循环使用不外排。

③回水设施：为保证尾矿澄清水回用于选厂，按照工程设计在尾矿库坝后修建回水池及泵站，经泵站送往选厂高位水池，实现尾矿水全部回用不外排。

④事故池建设。本项目选厂地势高，尾矿库地势底，生产污水可经输送管道自流入尾矿库。依据此特点本项目事故池建在浮选车间下方，一旦遇到停电现象，浮选车间内选矿水进入事故池，待来电后重新进入浮选槽内，避免资源进入尾矿库，造成资源浪费。此项工程建设在试运行前已完成。

⑤坝下拦渣坝：本项目在尾矿坝后约400 m、1 000 m沟内处又分别新建有两座拦渣坝，一旦发生溃坝后，对尾矿渣的拦截产生一定的缓冲功能，提高了对下游的水环境安全性。

3）噪声污染防治措施

选厂内主要噪声源为破碎机、球磨机和浮选机等，其噪声防治措施为将车间内噪声源均作减振处理，厂区内植树种草绿化起到吸声降噪作用。

4）固体废弃物防治措施

选厂区固体废弃物主要为生活垃圾和尾矿，其固体废弃物防治措施：

①生活垃圾处理主要采取在食堂、宿舍等生活区内修建垃圾收集池集中收集，定期清运至尾矿库；

②浮选后的尾矿粉随污水一起进入尾矿库，在尾矿库内堆存。尾矿坝初期为透水堆石坝，坝高30米，后期为堆积坝，坝高40 m，建有排洪排渗设施。坝后沟内拐弯处新建有两座拦渣坝，防止溃坝后对下游造成影响。

③尾矿库修建：尾矿库是选厂必不可缺的配套设施，也是本项目最大的环保工程。选矿规模600 t/d产生的尾矿砂浆全部输送到尾矿库，最终在尾矿库中长期堆放，不外排。

（四）选矿厂环境污染防治执行情况及环境监测

1．选矿厂环境污染防治执行情况

本项目选矿工程建设施工期落实环境保护设施与措施的主要内容包括：破碎、筛分工段的粉尘配套建设废气处理设施，选矿车间建设事故池，尾矿库建设与尾矿水全部回用不外排，选厂生活垃圾收集与处理，选矿工程建设采取水土保持措施及浆砌石工程护坡和厂区绿化等。选矿厂项目建设施工期间的环境保护设施与措施落实情况见表5。

表5　选矿厂施工期环保设施与措施落实情况表

项目建设	施工期环境保护设施与措施				
	名　称	规格	数量	面积或长度	防治成效
工业场地	场地绿化	杨、柳、槐	1 700棵	7 000 m²	防水土流失，保生态环境
	场地护坡	浆砌石		2 000 m²	
	车间除尘	LJDM—160	2台		安装除尘设施，达标排放
	传送带密封	20×3×3	3条	60 m	
	场地洒水				

项目建设	施工期环境保护设施与措施				
	名　称	规格	数量	面积或长度	防治成效
尾矿库	尾矿坝	堆石坝		45 000 m³	拦截尾矿渣
	导流洞	2×2 m		1 155 m	澄清尾矿废水进入回水池
	溢流井	直径 3.5 m	4 座		
	回水池	混凝土	1 座	2 000 m³	选矿水收集
场地内道路	道路护坡	浆砌石		800 m³	防水土流失，保护生态环境
	道路绿化	杨、柳、槐	800 棵	6 500 m²	
生活区	生活区绿化	杨、柳	200 棵	1 000 m²	美化环境，防水土流失
	垃圾集中池	10 m³	3 座		固体废物集中处理
	化粪池	15 m³	3 座		生活废水处理

2．监理期间环境监测

按照环评和环评批复要求，选矿厂在施工期和试运行期间工业废水、工业废气和噪声的排放均要达到规定的排放标准，进行环境监测是环境监理工作的主要技术措施和手段，准确可靠的监测数据将为建设项目确保施工期环境质量和环境保护设施竣工验收提供科学依据。

（1）环境噪声监测。

本项目工业场地、生活区及周边村庄的噪声情况进行监测，其监测结果见表6。

表6　选矿厂环境噪声监测一览表　　　　　　　　　　单位：dB（A）

监测地点		环境噪声监测时间				
		2006.08.17	2006.09.22	2007.03.07	2007.07.23	2007.11.09
选矿厂	工业场地	46.4	47.2	46.8	49.8	51.8
	生活区	35.2	42.3	40.4	37.3	38.2
	庄头村	36.3	35.9	36.4	37.8	37.4
	碦石村	44.6	43.6	42.3	41.6	41.3

（2）生产废水监测。

选矿厂车间口、尾矿库回水池的水质情况进行监测，监测因子：pH、COD、Pb、Zn、氨氮、六价铬、挥发酚、悬浮物、总铬，监测情况见表7。

表7　河南发恩德矿业公司选矿厂工业废水监测　　　　　　单位：mg/L

采样日期	采样地点	pH	COD	氨氮	六价铬	铅
2007.06.26	车间口	6.9	205.2	1.462	0.014	276.4
		挥发酚	总铬	悬浮物	氰化物	
		4.327	0.021	2 765.6	未检出	
	回水池	pH	COD	氨氮	六价铬	铅
		6.8	14.2	0.301	0.009	0.019
		挥发酚	总铬	悬浮物	氰化物	
		未检出	0.012	24.8	未检出	

采样日期	采样地点	pH	COD	氨氮	六价铬	铅
2007.07.21	车间口	pH	COD	氨氮	六价铬	铅
		6.8	195.8	1.547	0.017	249.6
		挥发酚	总铬	悬浮物	氰化物	
		4.502	0.22	2 907	未检出	
	回水池	pH	COD	氨氮	六价铬	铅
		6.9	13.4	0.402	0.008	0.02
		挥发酚	总铬	悬浮物	氰化物	
		未检出	0.012	17.6	未检出	
2007.08.28	车间口	pH	COD	氨氮	六价铬	铅
		6.9	216.0	1.626	0.019	247.2
		挥发酚	总铬	悬浮物	氰化物	
		3.76	0.005	3 267.4	未检出	
	回水池	pH	COD	氨氮	六价铬	铅
		6.8	10.2	0.183	0.005	0.024
		挥发酚	总铬	悬浮物	氰化物	
		未检出	0.006	12.6	未检出	
2007.09.03	回水池	pH	COD	氨氮	六价铬	铅
		6.9	12.0	0.162	0.004	0.019
		挥发酚	总铬	悬浮物	氰化物	锌
		未检出	0.005	12.8	未检出	未检出
备注	河南发恩德矿业有限公司委托洛宁县环境监测站监测					

（3）工业废气监测。

选矿厂破碎、筛分工段废气处理设施（除尘器）的排放情况进行监测见表8。

表8 河南发恩德矿业公司选矿厂工业废气监测结果表

采样日期	采样地点	进口粉尘浓度/ （mg/m³）	出口粉尘浓度/ （mg/m³）	出口粉尘排放速率/ （kg/h）	除尘效率/ %
2007-09-21	除尘器 进出气口	2 420	10.3	0.152	99.6

（4）尾矿库水质监测

选厂尾矿库水质进行监测见表9。

表9 选厂尾矿库水质监测结果表　　　　　　　　　　　单位：mg/L

样品时间	样品类型	Pb	Ag	Zn	Cu	备注
2007-4-20	尾矿库内水	0.210		0.039	0.017	
2007-4-25	尾矿库内水	19.200	微	微	微	
2007-4-25	清水池	微	微	微	微	无外排
2007-5-2	回水池	18.420		微	微	无外排
2007-5-2	清水池	5.260		微	微	无外排
2007-5-20	回水池	0.980	微	微	微	无外排

样品时间	样品类型	Pb	Ag	Zn	Cu	备 注
2007-5-20	清水池	微	微	微	微	无外排
2007-5-22	铅浮选回水	20.510		24.400	0.160	铅浓密溢流
2007-5-27	回水池	0.071		0.230	微	有外溢
2007-5-27	清水池	微		0.220	微	无外排
2007-6-2	回水池	0.170		0.110	0.011	无外排
2007-6-2	清水池	0.110		微	0.007 5	无外排
2007-6-15	回水池	微		微	微	无外排
2007-6-15	清水池	微		微	微	无外排
2007-6-26	回水池	微	—		微	无外排
2007-6-26	清水池	0.105			微	无外排
2007-7-17	回水池	0.100	—	—	微	无外排
2007-7-17	清水池	0.068	—	—	微	无外排
2007-8-12	三级过滤池水	微		—	—	无外排
2007-8-16	二级过滤池水	微	微	微	0.011	排入三级池
2007-8-25	一级过滤池水	微	—	微	0.011	排入二级池
2007-9-3	库内水	微	微	微	微	排入一级池
2007-9-10	库内水	微	微	微	微	回水池
2007-10-6	回水池	0.000 15	微	0.000 19	微	排入二级池
2007-10-14	库内水	微	微	微	微	入回水池
2007-10-27	三级过滤池水	微	微	0.180	微	返回生产

（五）选矿厂污染防治成效展示

1. 选厂概貌

图1 尾矿库

图2 道路和排水沟

2. 选厂绿化与工程护坡

图3 生活区护坡

图4 尾矿库道路护坡

3．环保工程与设施

图 5 截水沟

图 6 回水池 2

图 7 事故池

图 8 传送带密封

（六）选矿厂施工期环境保护设施与措施落实情况

本项目选矿工程建设施工期需要落实的环境保护设施与措施的主要内容包括：破碎、筛分工段的粉尘配套建设废气处理设施，选矿车间建设事故池，尾矿库建设与尾矿水全部回用不外排，选厂生活垃圾收集与处理，选矿工程建设采取水土保持措施及浆砌石工程护坡和厂区绿化等。选矿厂施工期环境保护设施与措施竣工验收内容见表 10。

表 10 选矿厂施工期环境保护设施与措施验收一览表

实施时段	项目	实施区段、点	环境保护设施与措施内容	治理效果	完成情况
施工期	粉尘	选厂破碎工段	LJDM-160 低压脉冲布袋除尘器 1 台	排放浓度符合《大气污染物综合排放标准》	已完成
		选厂筛分工段	LJDM-160 低压脉冲布袋除尘器 1 台		已完成
	废水	选厂生产废水	尾矿库上游设截洪沟，库周设拦洪坝，下游设回水库及回水设施	选矿水处理后全部循环回用	已完成
		选厂生活污水	化粪池处理后打入尾矿库	不外排	已完成
	固废	选厂区生活垃圾	生活垃圾收集后，集中填沟	不随地堆放	已完成
	水保	选厂区	选厂周围设置挡土墙、绿化道路两侧设置排水沟、绿化、边坡植物防护	防止水土流失	已完成
		扩建运输道路	浆砌石、排水沟、植树与绿化	防止水土流失	基本完成

实施时段	项目	实施区段、点	环境保护设施与措施内容	治理效果	完成情况
施工期	噪声	选厂区	破碎机、球磨机、浮选机均设置在车间内，并对其基础作减震处理	30 m 外厂界噪声符合《工业企业厂界噪声标准》Ⅰ类标准	已完成
	生态补偿	选厂区	在尾矿库周围退耕还林地进行植树造林，树种宜选择侧柏、刺槐等当地树种，其补偿面积应不小于 0.2 万 m²	补偿选厂建设造成的植被破坏	未落实
事故防范应急措施	事故防范措施	尾矿库	按《尾矿库安全管理规定》进行日常维护管理；加强尾矿坝日常观测	减少风险事故的发生	已完成
		选厂区	尾矿库沟口设置拦渣坝，硖石沟下河村上游 100 m 设置拦渣坝；配备通信联系工具；事故应急预案；应急事故处理机构、明确职责	减少风险事故的发生	已完成
			应急培训计划及平时演练记录		已完成

（七）选矿厂环境监测

该工程已经建设完毕，为掌握各项环保指标是否满足项目验收要求，为此对项目环境指标及设施指标进行监测，监测结果见表11、表12。

表 11　废气和噪声监测结果一览表

采样日期	采样地点	昼噪声/dB	夜噪声/dB	TSP/（mg/m³）
2007.12.13	选厂工作区	73.49	57.68	0.27
2007.12.13	选厂生活区	51.06	41.9	0.11
2007.12.13	庄头村	37.87	33.86	0.04
2007.12.13	峡石村	49.63	34.64	0.08
备注	河南发恩德矿业有限公司委托洛宁县环境监测站监测			

表 12　工业废水监测结果一览表　　　　　　　　单位：mg/L

采样日期	采样地点	pH	COD	氨氮	六价铬	铅
2007.12.13	车间口	6.8	274.8	2.368	0.032	298.7
		挥发酚	总铬	悬浮物	铜	石油类
		4.003	0.041	6 187.5	2.013	12.6
2007.12.13	坝内	pH	COD	氨氮	六价铬	铅
		6.9	73.6	0.890	0.01	0.045
		挥发酚	总铬	悬浮物	铜	石油类
		0.726	0.012	84.2	0.08	4.8
2007.12.13	回水池	pH	COD	氨氮	六价铬	铅
		6.9	12.0	0.189	0.004	0.014
		挥发酚	总铬	悬浮物	铜	石油类
		未检出	0.005	12.5	未检出	2.0

由表 11 监测结果可知：生活区及敏感点噪声及 TSP 均满足《城市区域环境噪声标准》GB 3096—1993 1 类标准和《环境空气质量标准》GB 3095—1996 一级标准的要求。

由表 12 监测结果可知：废水处理设施能够达到处理效果，满足回用水要求，废水不外排。

（八）选矿厂工程建设施工期间的不足

选矿厂建设期的环境监理工作在各方的共同努力下虽取得了明显成效，但仍存在一些不足，最突出的是：

（1）选厂设备安装调试阶段，环保除尘设施配套进展缓慢。

（2）公司对选厂区生态保护重视，植树和绿化投入了较大资金，但需要进一步提高成活率。

（3）建立健全和落实环保设施管理制度，确保环保设施正常、有效地使用和运行，污染物达标排放。

（九）选厂工程建设落实环保情况小结

本项目选矿工程建设施工期间，基本能够按照本项目环评及环评批复的要求，配套建设了环境污染防治设施，落实了环保"三同时"制度，环保设施建设和生态保护方面能满足环评及环评批复的要求。从整体情况看，本项目选矿工程建设基本满足环境保护设施竣工验收的要求。

五、采矿工程环境监理

（一）采矿工程概况

目前采矿平硐主要分布于沙沟内的 CM105、CM102、CM103、CM101、PD16 5 个平硐，3 个平硐分布于月亮沟内。废石场分布于各个硐口外沿沟堆放，周边设挡渣墙。沙沟采矿工程主要内容见表 13。

表 13 沙沟采矿工程建设内容一览表

项目名称	主要工程内容
工业场地	包括空压机房、材料库、机修间、配电站、风机房等
采矿硐口	探矿期 10 个硐口，保留沙沟内 CM105、CM102、CM103、CM101、PD16 5 个平硐，作为提升井和风井，其余 5 个硐口封闭
废石场	共设 5 个废石场，分别在各硐口外就地沿沙沟堆放，周边设挡渣墙
公共设施	包括办公室、食堂、浴室、职工宿舍、文化活动室等
炸药库	原炸药库，位于原有民采弃巷道内，储存量为 15 吨，需搬迁
采场内运输道路	沿沙沟沟底修建长 1 km，宽 4 m 砂石路，各平硐口修建 5 m 宽道路
采场—选厂道路	从小呼兰经碾盘沟、蒿平沟至对角峪在原有路基基础上扩建为 5 m 宽砂石路

（二）采矿场工程布置

采矿区各平硐口布置主要有维修间、值班房、运输场地等设施，各硐口用 5 米道路连接。采矿区地面主要设施有地面矿石、废石堆放场、风机房、材料库、机修间、配电站、空压机房、办公室、职工宿舍等设施，沿沙沟向南形成分散布置采矿工业场地，工业场地总面积为 0.015 km²。

本项目选厂与采场为异地建设，按照环评替代方案矿石从采场至选厂采用陆地运输。运输路线为从采场途径下村至小呼兰村，经碾盘沟到后沟村，从后沟沿现有乡间路扩建至对九峪村，沿途经过西北至、东北至、印子沟后与现有公路相连至选厂，道路全长 27 km。采矿场筹集处负责修建从采矿场—碾盘沟 8 km 的道路。

（三）采矿工程建设环境监理重点

本项目环评和批复要求在采矿工程建设施工期间的主要环境监理重点和内容见表 14、表 15。

表 14　采矿工程建设环境监理重点一览表

采矿区	环境监理内容	环境监理重点
工业场地	地表清理及场地开挖、平整土方	生态破坏、水土流失、噪声、扬尘
	设备安装	噪声、油污
	空压机漏油处理	漏油收集、防止水污染
	混凝土搅拌	扬尘、噪音
	新建炸药库	生态破坏、水土流失、噪声、扬尘
采矿硐口	地表清理及场地开挖、平整土方	生态破坏、水土流失、噪声、扬尘
	凿岩、爆破及运输	扬尘、噪音
	巷道掘进废石	固废处置建设渣场
	废石场	生态破坏、水土流失、扬尘
运矿道路	道路开辟与修筑	浆砌石护坡、植树、排水沟
生活区	办公区食堂、宿舍	生活污水、生活垃圾
	各硐口职工食堂、宿舍	生活污水、生活垃圾

表 15　采矿工程建设主要环保设施表

采矿区	环保设施与措施	备 注
矿区生活污水处理	化粪池+生物处理+人工湿地	达标处理与回用
矿井涌水处理	中和池+搅拌池+沉淀池	达标处理与回用
废石场采取措施	拦渣坝、挡石墙	按照环保要求
生活垃圾处理	生活垃圾收集后焚烧	安装焚烧炉

（四）采矿工程污染防治措施环境监理

1. 采矿区水污染防治设施建设的环境监理

（1）采矿区生活污水处理与回用。

①采矿区生活污水产生量。

根据河南发恩德矿业有限公司沙沟矿区总体规划，矿区规划前处理期 2～3 年，现有前处理期总人数约 500 人；规划开采期 5～6 年，开采期总人数约 800 人；开采恢复期 2～

3 年，恢复期总人数约 300 人。规划探矿区面积约 9.95 km²，首期开采区面积 4.79 km²，设计开发利用贮量为 153.25 万 t，首期采工程生产规模为 600 t/d。选矿管理人员和采矿人员分别分布在矿部生活区和各个采矿硐口生活区。目前矿区日产生活污水约 100 m³，这些污水没有得到处理即排入了外环境。环评报告要求，生活污水的排放标准为一级，因此采矿区必须建设污水处理设施和回用系统，对生活污水进行有效的处理，以减少对故县水库的影响。本项目采矿区生活污水产生量估算见表 16。

表 16　采矿区生活污水产生量估算表　　　　　　　　　　单位：m³/d

生活区	PD16	CM105	CM102	CM103	CM101+PD108	矿部+家属	合计
规划人数	20	130	170	80	150	180	730
估计水量	4	26	34	16	30	36	146

②水环境保护目标及污水排放要求。

采矿区与故县水库相毗邻，又是故县水库的上游，沙沟和月亮沟是故县水库的支流。沙沟、月亮沟及故县水库为该建设项目环境保护目标。本项目沙沟采矿工程环境保护目标见表 17。

表 17　沙沟采矿区环境保护目标

项目工程	环境要素	环保目标	方位	距离	保护级别
采矿区	水环境	故县水库	北	CM103 硐外 200 m	地表水Ⅱ类
采矿区	水环境	沙沟	西	CM103 硐外 50 m	地表水Ⅲ类
采矿区	水环境	月亮沟	东	YM01 硐外 30 m	地表水Ⅲ类

③采矿区生活污水的处理与回用。

采矿区生活污水处理站位于沙沟南侧离矿部约 300 m 的山坡上，标高为 610 m。本项目污水处理站总投资 118 万元，设计处理能力为 150 t/d。由于工业场地局限，矿区人员居住分散，生活污水进行处理收集，首先是建设污水收集池 100 m³，铺设收集管线 2 000 米。采矿区生活污水的处理采用生物处理与人工湿地处理结合的方法，充分利用生物处理的高处理效率和人工湿地的深度处理之优点，首先利用微生物作用去除掉污水中大量的有机物和氮、磷素等污染物，然后再用人工湿地处理方法，利用植物的吸收和微生物的转化，去除污水中的微量污染物质，起到深度处理的作用。出水水质可达到《污水综合排放标准》（GB 8978—1996）一级排放标准的要求，且处理效果比较稳定。处理效果完全满足环境保护的要求。

生活污水处理后的中水，尽量回用，主要用于冲洗厕所、洒地降尘、浇花等，中水剩余部分排入沙沟。采矿区生活污水处理工艺如图 9 所示：

图 9　采矿区生活污水处理工艺流程图

（2）采矿涌水处理与回用。

①采矿涌水产生量。

沙沟的采矿涌水主要来自沙沟的 CM101、CM102、CM103、CM105、PD16 采矿平硐。探矿期的矿井涌水产生量不大，营运期矿井涌水产生量的大小随季节而变化，夏季矿井涌水的产生量一般在 800～1 200 t/d，其他季节矿井涌水的产生量一般在 400～500 t/d。

②采矿涌水处理。

目前采矿涌水主要来自沙沟的 5 个平硐，矿井涌水量随季节变化较大，夏季的矿井涌水量几乎是春、秋、冬季节的两倍。矿井涌水的主要污染因子为 Pb、Zn，根据监测情况，矿井涌水 Pb 的浓度为 0.22 mg/L，沙沟矿井涌水 Pb 的浓度严重超过沙沟入库控制断面 II 类标准的 16 倍，按照《地表水环境质量标准》（GB 3838—2002）II 类标准，对沙沟的矿井涌水必须进行有效的处理才能达标外排。地表 II 类水 Pb 的允许排放标准为 0.012 mg/L。环评要求，含 Pb 涌水的处理效率应不低于 94%，矿井涌水必须进行全部处理。

该公司对矿井涌水的处理与回用非常重视，首先修建涌水处理过滤池和沉淀池，铺设收集管线，第一期工程投资 15 万元，建设涌水过滤池；第二期工程投资 78 万元，建设涌水沉淀池；矿井涌水进行处理建设过滤池和沉淀池三级为 1 800 m³。处理能力为 650～700 t/d，处理工艺见矿井涌水处理流程图，涌水经过处理达到排放要求。为了做好矿井涌水的处理工作，公司安排专人进行管理，根据收集矿井涌水量的大小来确定加石灰量，处理矿井涌水的石灰耗量为 15 t/月，并对其涌水的处理效果进行监测，确保达标。处理后的矿井涌水，回用量为 40%，回用于空压机房、工业场地及道路、废石场洒水降尘和采矿回用；处理后的矿井涌水 60% 外排，排入沙沟符合地表水排放标准。本项目采矿涌水处理与回用见表 18，河南发恩德公司沙沟矿井涌水处理与回用流程图如图 10 所示。

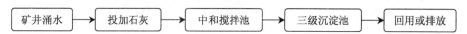

图 10　河南发恩德公司沙沟矿井涌水处理与回用流程图

表 18　沙沟采矿涌水处理与回用表　　　　　　　　　　　　　　　单位：m³

时期	产生量（沙沟）	回用量	排放量	排放去向
夏季	800～1 200	320～480	480～720	沙沟
春秋冬季	500～700	200～280	300～420	沙沟

（3）采矿区空压机漏油收集与利用。

在采矿区环境监理工作中，环境监理人员发现沙沟采矿硐口的空压机普遍存在着漏油现象。尤其是沙沟 CM101、CM102、CM103 矿口空压机漏油严重，从监理情况看空压机房外地面上油污很大，这一现象严重影响着沙沟的水环境，沙沟是故县水库的支流。为减少对环境保护重点目标故县水库的影响，业主及施工单位必须采取有效措施，防止漏油现象发生。为此环境监理方向业主送达了《建设项目环境监理工作函》，建议业主对采矿区运行的所有空压机立即采取收油装置，避免漏油排入外环境。

项目公司对环境监理方送达的工作函非常重视，按照监理方的要求立即采取措施，对采矿区运行的所有空压机的漏油情况采取油水收集装置。沙沟内分布着 CM101、CM102、

CM103、CM105、PD16 共 5 个采矿平硐，每个采矿平硐外空压机房内设置 3 台空压机，经估算，全年能收集废油为 3.2 t/a。这一措施有效保护了沙沟的水环境，减少了对故县水库的影响；同时收集的废油可再利用于井下钻机、运矿车辆润滑等。

（4）土工布坝面防渗。

采矿厂的下游为故县水库，为防止水污染问题，在大坝建设施工过程中，坝体内侧采用土工布铺设进行了坝面防渗工程措施。

2. 采矿区粉尘污染防治设施建设监理

采矿场施工期粉尘污染主要为：由爆破、凿岩、废渣堆放及运输过程中产生的粉尘；采矿场试运行期废气污染主要来自铅块破碎车间的粉尘。采矿场粉尘污染防治措施及环保设施建设是环境监理的重点。

（1）本工程针对爆破、凿岩主要采取爆破点喷雾洒水、湿式凿岩的方式进行，能够有效抑制粉尘产生。

（2）针对施工期间沙沟矿石、废渣堆放、工业场地及道路运输尘土飞扬污染环境，环境监理方督促建设单位配置洒水车一台，主要对运输道路及易产生粉尘的地方视情况进行洒水保湿，干燥天气每天洒水 2 次；为彻底解决矿区地面易产生尘土飞扬污染环境问题，该公司铺设了水管建设喷雾洒水装置，进行洒水降尘保湿，这一措施在其他矿山不多见。从监理情况看这一措施能有效抑制扬尘，防止了环境空气污染。

（3）采矿场试运行期废气污染主要来自铅块破碎车间的粉尘污染。位于沙沟采矿场 CM102 平硐处建设一铅块破碎车间，该车间内安装 2 台破碎机，在对铅块进行破碎的过程中产生大量粉尘污染环境。环境监理方督促业主采取环保措施，配套环保设施，控制环境污染。该公司为解决破碎车间的粉尘污染问题，投资 32 万元建设收尘装置，安装 2 台低压脉冲布袋除尘器，其除尘器型号为 LJDM-80 型，按照设计处理风量 9 100 m³/h，过滤面积 80 m²，除尘效率为 99.9%。经监测其粉尘（颗粒物）满足《大气污染物综合排放标准》（GB 1627—1996）标准的规定，废气中粉尘（颗粒物）最高允许排放标准为 120 mg/m³ 以下，为达标排放。

3. 采矿场噪声污染防治措施监理

采矿场施工期噪声源为建筑施工噪声和地面空压机、通风机，其他设备均在地下井巷内工作。

根据本项目施工区及工业场地环境噪声的污染情况，主要采取以下措施控制：选用噪声低的施工机械，地面空压机、通风机等高噪声设备均设置在密闭隔音间内。对厂区噪声监测结果可知，厂界噪声基本符合《工业企业厂界噪声标准》Ⅰ类标准要求。采矿场界附近均为山沟，没有居民在此居住，因此不存在噪声扰民问题。

4. 采矿场固废处置措施监理

（1）采矿场生产废石的处置及防治措施。

采矿场施工期固体废弃物主要包括生产废石和生活垃圾。其防治措施为生产废石堆存于弃渣场、回填井下采空区、填沟造地；生活垃圾采取集中收集进行焚烧处理。

①采矿工程废石的产生量。

根据本矿设计采矿服务年内生产废石产生量为 15 万 m³，折合 39.1 万 t，其中探矿、基建期废石量为 23.1 万 t，生产废石量为 16 万 t。基建期废石全部堆存于弃渣场，生产废石 50%回填井下采空区，其余在废石场堆存。弃渣场在各硐口附近就近布置，其中沙沟内共设置 7 个废石堆场，标高于硐口标高相同，顺其自然地形排弃废石。月亮沟内沿现有平硐外设置 3 个弃渣场，用于堆存基建期 YPD02、YPD01、YM01 探矿平硐弃渣。采矿工程各弃渣废石场基本情况见表 19。

②废石的处置与利用。

采矿场的主要平硐为 10 个，其中平硐分布在沙沟 7 个，月亮沟平硐 3 个。目前采矿能力为 600～750 t/d，废石产生量 4 000 t/d，沙沟几个平硐为矿石的主要来源。由于沙沟现采矿量大，人员多，采矿区各平硐均有堆矿场、废石场、风机房、材料库、机修间、配电站、空压机房、办公室、职工宿舍等设施，这些设施需要工业场地，利用废石填沟造地，来解决工业场地短缺问题。目前对沙沟内的 CM101、CM102、CM103、CM105、PD16 采矿平硐外的 5 个渣场进行平整，利用弃渣废石填沟造地约 7 600 m²，在渣场上面建设职工宿舍、维修车间、仓库、运输道路等，这一措施有效地解决了工业场地紧张问题。利用沙沟采矿弃渣废石填沟造地情况见表 20。

表 19　采矿工程弃渣废石场基本情况一览表　　　　　单位：万 m³

序号	渣　场	位　置	贮渣量	基建期量	已堆渣量
1	CM101 渣场	沙沟 CM101 平硐外沿沟	4.5	1.6	0.9
2	PD16 渣场	沙沟 PD16 平硐外沿沟	2	1.6	0.15
3	CM102 渣场	沙沟 CM102 平硐外沿沟	2.2	0.8	0.4
4	CM103 渣场	沙沟 CM103 平硐外沿沟	3	0.9	0.5
5	CM105 渣场	沙沟 CM105 平硐外沿沟	1.6	1.5	0.15
6	PD700 渣场	沙沟 PD700 平硐外沿沟	0.8	0.6	0.6
7	PD650 渣场	沙沟 PD650 平硐外沿沟	1.0	0.7	0.4
8	YM01 渣场	月亮沟 YM01 硐外东岸	0.3	0.3	0.3
9	YPD01 渣场	月亮沟 PPD01 硐外西岸	0.5	0.45	0.3
10	YPD02 渣场	月亮沟 YPD02 硐外东岸	0.5	0.45	0.3
	总计		16.4	8.9	4

表 20　利用弃渣废石填沟造地情况一览表

序号	名　称	平硐位置	废石造地面积/m²	备　注
1	CM101 渣场	沙沟 CM101 平硐外沿沟	1 500	用于工业场地
2	PD16 渣场	沙沟 PD16 平硐外沿沟	800	用于工业场地
3	CM102 渣场	沙沟 CM102 平硐外沿沟	2 000	用于工业场地
4	CM103 渣场	沙沟 CM103 平硐外沿沟	2 300	用于工业场地
5	CM105 渣场	沙沟 CM105 平硐外沿沟	1 000	用于工业场地
	总计		7 600	用于工业场地

③采矿废石场防治措施。

采矿弃渣废石主要来自沙沟的 5 个采矿平硐，为防止水土流失和废石场的安全，废石场设置拦渣坝、挡渣墙及排水设施。在周围设置拦渣坝和挡渣墙后，废石全部处置于场内堆存，可避免造成水土流失对地表水的污染，排水设施使周边雨水不进入处置场内，基本保证废石安全堆放。

该公司为了落实采矿场的环境保护措施，截至目前修建了 9 座拦渣坝总长为 620 m，利用废石 7 440 m³，防水土流失边坡浆砌石总长为 820 m，利用废石 9 654 m，该项工程总投资为 115.848 万元。

（2）生活垃圾的处置及防治措施。

矿区拥有职工约 480 人，工作人员生产和生活产生的垃圾量较大。采矿区位于故县水库上游，该水库是洛阳市的涵养水源地，又是本次环境监理的主要环境保护目标。生活垃圾若乱堆乱放，不能有序地进行管理，必然影响受纳水体和周围环境。

该公司为了落实采矿场的环境保护措施，总投资 28 万元，在沙沟 108 矿口下方 60 m 处建设生活垃圾处理站，购买一台焚烧炉，型号为 TSL—A1，处理能力为 40～60 kg/h，对采矿区内的所有生活垃圾采取集中收集进行焚烧处理，采矿区生活垃圾的处理量为 50 t/月。为做好此项工作，采矿场的各个生活区均建设有垃圾收集装置，并安排专人进行收集，然后送焚烧炉进行焚烧处理。目前，垃圾焚烧炉运行正常。

5. 采矿区生态和水土保持措施监理

（1）采矿区应采取的水土保持措施。

本项目采矿区的各个堆矿场、矿石场的水土保持措施基本一致，都包括工程措施和植物补偿措施两种。工程措施是修建挡渣墙和排水设施，植物补偿措施是进行绿化。沙沟采矿区应采取的水土保持措施见表 21。

表 21　沙沟采矿区采取水土保持措施表

序号	部　位	水保工程措施	水保植物补偿措施
1	采矿工业场地	浆砌石护坡、排水沟	种花种草、植树
2	堆矿场	挡渣墙、排水设施	
3	废石场	挡渣墙、排水设施	
4	沙沟采矿区边坡	浆砌石护坡、排水沟	进行绿化植树

采矿区水土保持环境监理的主要措施：加强对落实水土保持措施的宣传，提高施工方水土保持、环境保护意识；明确施工区生态保护对象和范围，在开工前对自然生态现状进行调查，对有保存价值的植物，应采取移植等异地保护的方法加以保护。

采矿场建设在施工期对生态和植被破坏造成水土流失。采取的主要工程措施主要有坑凹回填、场地平整、地表硬化、削坡开级、边坡防护、边坡排水、修建挡墙等。植物补偿措施主要是根据矿区的具体情况进行植树和种草绿化，环境监理方建议业主方抓住适宜季节进行造林种草绿化。

（2）采取防洪措施保护水环境和废石场安全。

沙沟采矿场为南北走向与故县水库相毗邻，目前矿石主要来自沙沟的 5 个采矿平硐，废石场也主要分布在沙沟内；从沙沟 DP700 矿口到矿部由北向南形成采矿工业场地，采矿区地面主要设施有地面矿石、废石堆放场、风机房、材料库、机修间、配电站、空压机房、办公室、职工宿舍等设施。为确保沙沟采矿场生产和生活的安全，采取防洪措施势在必行。

采取防洪工程措施是投资 300 万元，在 PD700 硐口以上及 PD16 离矿部约 1 000 m 处建设防洪设施，防洪洞全长 540 m，将沙沟上游的洪水拦腰截断，彻底解决了沙沟的洪水问题。采矿场采取防洪措施后，有效的防止了水土流失和废石场安全，防洪措施避免山洪暴发也减少了对故县水库的影响。

（3）沙沟采矿生产、生活区植被恢复与绿化。

采矿区植被恢复与绿化遵循因地制宜、适时适地适树适草的原则，做到点、线、面结合，乔、灌、草、花结合，根据功能分区的不同，建筑群体的平面布置和使用特点，有所侧重地进行绿化。采矿区域绿化的重点主要包括矿部办公区、采矿生产和生活区，该区域的水土保持措施主要是植物措施，绿化树木和花卉有黄杨、刺槐、雪松、杨柳、月季、木槿、蜀桧等。沙沟采矿生产、生活区落实水土保持措施，种花种草和植树投入资金为 12 万元。沙沟采矿生产、生活区植被恢复与绿化情况见表 22。

表22 沙沟采矿生产、生活区植被恢复与绿化表

序号	部 位	水土保持措施	投入资金/元
1	矿部办公区	建花池，种花种草、植树	30 000
2	CM103 平硐生活区	建花池，种花种草、植树	10 000
3	CM102 平硐生活区	建花带，种花种草、植树	45 000
4	PD16 平硐生活区	建花带，种花种草、植树	15 000
5	CM101 平硐生活区	建花带，种花种草、植树	15 000
6	污水处理站周边	建花池，种花种草、植树	5 000
总计			120 000

（4）沙沟采矿区边坡植被恢复与绿化。

沙沟采矿区措施。该区域废石场和堆石场的水土保持工程措施主要采取挡渣墙、浆砌石护坡的工程措施；除此之外，该区域的水土保持措施主要是边坡植被恢复与绿化。对沙沟采矿区域内的所有边坡和裸露部分进行植被恢复与绿化。为了落实采矿区的植被补偿，该公司投入资金为 35.059 3 万元，确定 18 处从矿部办公楼到各个矿口的生产、生活区，从故县水库边到沙沟内采取大规模的植被恢复与绿化，绿化面积为 22 449 m²，绿化植树的主要树种为侧柏、杨柳、刺槐等。植被恢复与绿化措施的落实有利于改善沙沟的水环境，减少对故县水库的影响。沙沟边坡采矿区植被恢复与绿化见表 23。

表23 沙沟采矿区边坡植被恢复与绿化一览表

序号	部 位	采取措施	绿化面积/m²	投入资金/元
1	大坝	植树	1 800	150 000
2	靠办公楼水库边	植树	625	4 688
3	CM103 东侧山坡	植树	1 500	4 500
4	CM103 房后～山坡	植树	3 000	9 000
5	CM103～CM 680 污水站东	植树	3 500	48 750
6	CM102 硐～油库对面	植树	1 200	9 000
7	PD16 硐下坡处	植树	1 260	44 250

序号	部　　位	采取措施	绿化面积/m²	投入资金/元
8	矿仓库后～102 渣场	植树	1 500	11 250
9	CM101～CM108 平硐	植树	1 500	11 250
10	CM101～后张沟边坡	植树	5 200	3 000
11	CM105～办公楼球场	植树	456	3 420
12	CM101 花池	植树	108	2 400
13	CM102 花池	植树	200	16 650
14	CM103 花池	植树	100	1 500
15	办公楼花池	植树	300	27 135
16	学校	植树	100	1 500
17	后张沟	植树	100	2 300
合计			22 449	350 593

6．建设运输道路生态环境监理

环评要求本项目为替代水上运输需修建一条从选厂—采矿场的运输道路，途经选厂—对九峪—碾盘沟—采矿场（沙沟），道路全长 27 km。运输道路的修建情况为：选矿场筹建处负责修建从选矿厂—碾盘沟 19 km 的道路，投入资金 450 万元；采矿场筹建处负责修建从碾盘沟—采矿场 8 km 的道路，投入资金 200 万元。截至目前修建的运矿道路基本完工，修建道路工程总投入资金 650 万元，道路植树绿化正在进行之中。

运输道路施工期的环境监理。运输道路是选厂必不可少的配套工程，在工程施工期间，尤其表现在开挖山体，剥离植被，清运弃土废渣等，为减少工程施工对生态环境的影响，在道路施工阶段环境监理主要做好了以下几点。

（1）在施工准备期，要开好第一次工地会议。在工地会议上，环境监理方向施工单位宣传水土保持和生态环境保护的有关规定，明确要求施工单位在工程施工期间，严格按照施工方案进行施工，落实水土保持措施。在道路建设初期，环境监理人员对工程建设进行巡视和旁站，要求施工方不该剥离的植被禁止剥离，不该砍伐的树木禁止砍伐，保护植被减少对生态环境的影响。开工建设要检查土地使用证和采伐许可证，对工程施工砍伐的树木株数和树种进行记录，做好监理日记。

（2）在施工阶段，工程的土石方开挖、填筑、运输等不可避免地会造成一定的水土流失，但通过监理将水土流失降到最低程度。工程开挖阶段做好巡视和旁站，施工方要加强水土保持意识，防止施工活动造成崩塌、滑坡和失稳等现象的发生，多余的土石方要及时运输到指定的弃渣地点并采取相应的临时拦挡措施，不得就近随意乱弃；填筑时要到位，不得随意堆放。

（3）在土石方运输过程中车身要有足够的高度，防止沿途掉土漏渣；临时施工便道要经常洒水，防止扬尘污染周围环境。通过严格的管理措施，使施工过程中的水土流失和环境污染得到行之有效的控制。

（4）运输道路施工建设环境监理重点抓好三项环保措施，即道路绿化、道路排水沟、浆砌石护坡。在道路两旁植树，以保持水土，美化环境，道路两旁绿化树木以侧柏为主，种植株距和行距均为 2 m；在道路两侧修建排水沟，以解决排水问题；对道路修建的坡堑或坡堤松软土质易塌方处应采取浆砌石护坡等工程措施，以防止水土流失现象的发生。

7. 炸药库搬迁建设

本项目炸药库位于原有民采废弃巷道内，在 CM102 平硐以南约 100 m。为减少风险事故的发生，环评建议炸药库应搬迁至沙沟上游 600 m 远处；依据环评提出的建议，新炸药库于 2007 年 5 月修建完毕，并通过洛宁县公安局验收。

（五）采矿场环保设施建设与环境监测

1. 采矿场环保设施建设

（1）废水污染防治设施。

采矿场产生的废水主要包括生活污水和生产矿井涌水，所采取的污染防治措施是：

①对生活污水进行处理。采矿场共建有 7 座不同体积的化粪池，经化粪池沉淀处理后进行收集，然后进入污水处理站采用生物处理与人工湿地处理结合的方法进行处理。设计处理能力为 150 t/d。

②对生产矿井涌水进行处理。建设 2 000 m³ 过滤沉淀池，采用加石灰沉淀方法进行处理，处理能力为 650～700 t/d。

（2）粉尘污染防治设施。

采矿场环境空气污染主要来自工业场地施工建设过程中产生的粉尘，以及铅块破碎车间产生的粉尘。按照环评要求对粉尘必须采取污染防治。

①传送带加盖密封，可减少矿石运送过程中粉尘对周围环境影响。

②配置洒水车和安装喷雾洒水装置对场地及路面采取洒水保湿，可减少扬尘污染环境。

③铅块破碎车间安装收尘装置，配套建设 2 台低压脉冲布袋除尘器，防止粉尘污染环境，达到排放。

（3）噪声污染防治。

采矿场的噪声源主要来自采矿平硐外的空压机和通风机，按照环评要求对噪声必须采取污染防治。

噪声污染防治：对地面空压机、通风机的高噪声设备设置在密闭隔音间内和安装减振装置。

（4）固体废弃物的防治措施。

采矿场固体废弃物主要为生活垃圾和弃渣废石。按照环评要求对固体废弃物必须采取污染防治。

①生活垃圾处理主要对采矿区的生活垃圾进行收集，然后送焚烧炉进行焚烧处理。生活垃圾处理量为 50 t/月。

②固废防治措施：各废石场设置拦渣坝、挡渣墙及排水设施，并定期对废石场洒水降尘。截至目前修建了 9 座拦渣坝总长 620 m，利用废石 7 440 m³，防水土流失边坡浆砌石总长为 820 m，共利用废石为 9 654 m³，工程投资为 115.848 万元。

2. 采矿场落实环保设施与措施执行情况

环评要求采矿区必须建设生活污水处理设施、矿井涌水处理设施，废水达标排放；对于废石场采取拦石坝、挡渣墙和排水设施；对于生活垃圾采取收集进行焚烧；对于采矿区的生态和水土保持采取植被恢复与绿化措施。采矿场环保设施与措施执行情况见

表24。

表24　采矿场环保设施与措施执行情况一览表

名　称	环保设施与措施执行情况			
	环保设施与措施	数量	数量	环保要求
工业场地	收油装置	6个	3.2 t/a	较好解决空压机漏油问题
	场地护坡	14处	1 030 m²	防止水土流失
	场地绿化	4处	820 m²	美化环境
	综合池+搅拌池	各1座	200 m²	矿井涌水处理达标排放
	沉淀池	3级沉淀	2 000 m²	
	场地洒水	洒水车1台，喷雾洒水装置15个	每天2次	抑制扬尘污染环境
	铅块破碎车间	安装除尘器	2台	防治粉尘污染，达标排放
采矿硐口	拦渣坝	17条	不等	拦截废石防水土流失
	湿式凿岩+喷雾洒水	—	1 155 m	改善工作环境
	空压机隔音间	7间		降低噪声
	建设防洪设施	1座	510 m	防止水土流失和废石场安全
场地内道路	道路护坡	—	11 700 m²	防止水土流失、美化环境
	道路绿化	—	10 000 m²	
生活区	生活区绿化	—	1 838 m²	美化生活环境
	垃圾收集+焚烧炉	1座	—	生活垃圾集中处理焚烧
	化粪池	7座	不等	生活污水处理达标排放
	生化处理池+人工湿地	1座	—	

3. 采矿场环境质量监测

（1）环境噪声监测。

按照环境噪声监测规范及本项目特点，主要对采场区内噪声进行监测，本项目在建设期间对环境噪声共监测5次。对厂区噪声监测结果可知，厂界噪声基本符合《工业企业厂界噪声标准》Ⅰ类标准要求。从环境监理情况看采矿场界附近均为山沟，没有居民在此居住，不存在噪声扰民问题。采矿区环境噪声监测情况见表25。

表25　采矿区环境噪声监测一览表　　　　　　单位：dB

监测地点		监　测　时　间				
		2006.8.2	2006.12.7	2007.3.7	2007.5.8	2007.7.6
采矿场	采矿硐口	43.4～53.6	46.3～54.3	46.7～53.4	43.9～53.0	44.3～54.7
	矿石堆场	43.2～49.8	42.1～47.6	44.2～49.7	41.0～47.5	44.3～49.8
	矿部办公生活区	39.7～43.6	35.9～42.8	37.9～48.7	39.4～50.6	37.9～51.0

（2）采矿涌水监测。

采矿涌水主要来自沙沟的 CM101、CM102、CM103、CM105、PD16 采矿平硐，矿井涌水的产生量一般在 500～700 t/d。根据环保要求，按照《地表水环境质量标准》GB 3838—2002 Ⅱ类标准，对沙沟的矿井涌水必须进行有效的处理，达标外排。项目公司建所设的采矿涌水处理能力为 650～700 t/d，涌水经过处理达到排放要求。其主要监测因子为 pH、COD、Pb、Zn、氨氮、六价铬、挥发酚、悬浮物、总铬。从监测情况看，主要污染物 Pb 排放浓度<0.012 mg/L、Zn 排放浓度<1.02 mg/L 的环保要求。采矿涌水水质监测情况见表 26。

表 26　采矿涌水水质监测情况一览表

监测时间	pH	COD	氨氮	Cu	Pb	Ag
2006.07.18	8.29	12.9	0.15	<0.2	<0.01	<0.005
	Hg	As	六价铬	Zn	Cd	SO_4^{2-}
	<0.000 2	0.001 6	0.006	<0.5	<0.002	44.9
2006.12.12	pH	COD	氨氮	Cu	Pb	Ag
	8.05	13.0	0.16	<0.2	<0.01	<0.005
	Hg	As	六价铬	Zn	Cd	SO_4^{2-}
	<0.000 2	0.000 5	0.007	<0.5	<0.002	28.9
2007.04.18	pH	COD	氨氮	Cu	Pb	Ag
	6.8	10.8	0.192	未检出	未检出	未检出
	Hg	As	六价铬	Zn	Cd	SO_4^{2-}
	0.000 02	0.001 6	未检出	0.069	未检出	28.9
2007.04.19	pH	COD	氨氮	Cu	Pb	Ag
	6.8	14.6	0.406	未检出	0.011	未检出
	Hg	As	六价铬	Zn	Cd	SO_4^{2-}
	0.000 04	0.000 197	未检出	0.056	未检出	28.9
2007.07.21	pH	COD	氨氮	Cu	Pb	Ag
	6.8	11.8	0.223	未检出	0.009	未检出
	Hg	As	六价铬	Zn	Cd	SO_4^{2-}
	<0.000 1	0.001 6	0.006	未检出	未检出	28.9

（六）采矿场落实环保设施与措施成效展示

1. 环保设施与措施

图 11　生活污水处理　　　　　　　　图 12　矿井涌水处理

图 13　采场铅块破碎除尘器

图 14　垃圾焚烧炉

2．厂绿化与工程护坡

图 15　拦石坝

图 16　挡土墙

（七）采矿区建设期环境保护设施与措施落实情况

采矿工程建设施工期环境保护设施与措施竣工验收的主要内容

工程建设的主要环保设施包括采矿区生活污水处理、矿井涌水处理、铅块破碎车间废气污染治理（脉冲布袋除尘器）、生活垃圾处理（焚烧炉）、空压机漏油收集等；该工程在生态环境保护方面采取的措施包括工程绿化、防洪、水土保持等。本公司采矿区工程建设施工期环境保护设施与措施竣工验收的主要内容见表 27。

表 27　采矿区工程建设环境保护设施与措施验收一览表

项目	实施区段、点	施工期环境保护要求	环保设施与措施	完成情况
粉尘	井下采矿	湿式凿岩、爆破后进行喷雾洒水，清洗岩壁，采用地面主扇和井下辅扇集中抽出式通风方式，爆破后采取加强通风	—	完成
	废石场	进行定期喷水降尘	配备洒水车 1 台	完成
	铅块破碎车间	采矿厂铅块破碎产生粉尘污染，采取防治措施，达标排放	安装低压脉冲布袋除尘器 2 台，达标排放	完成
废水	采矿区矿井水	矿井涌水加石灰沉淀处理后回用与外排	中合池+搅拌池+沉淀池进行处理达标	完成
	采矿区生活污水	生活污水处理后进行回用（全部用于冲厕所）	化粪池+生物处理+人工湿地进行处理达标	完成

项目	实施区段、点	施工期环境保护要求	环保设施与措施	完成情况
固体废物	采矿区废石场	废石场周围设施拦渣坝及排水设施，不得占压河道和进入库区	拦渣坝、排水设施	完成
	采矿区废石	废石场周围设施拦渣坝及排水设施；CM103 弃渣清运至上游渣场，CM105、PD650、PD700 及月亮沟内 3 个渣场植被恢复	拦渣墙、排水设施	基本完成
	采矿区生活垃圾	生活垃圾集中收集进行焚烧	建设焚烧炉	完成
水土保持	采矿区	矿石堆场周围浆砌石挡墙、排水截水沟，废石场周围设施拦渣坝及排水设施，办公生活区周围设置挡土墙、绿化，道路两侧设置排水沟、绿化、边坡植物防护	浆砌石护坡、挡渣墙、排洪洞、植树与绿化等水土保持措施	基本完成
	运输道路	道路采取工程护坡、排水沟、植树，防止水土流失	浆砌石护坡、排水沟	基本完成

（八）采矿场工程建设施工期间存在的问题

（1）由于地理位置所限和工业用地紧张，生活污水处理设施的建设进展缓慢。

（2）项目公司重视生态环境保护，对矿区植树和绿化有计划、投入资金较大，但植树和绿化成活率要进一步提高。

（3）要认真环保设施管理制度，确保环保设施正常、有效地使用和运行，污染物达标排放。

（九）采矿场工程建设落实环保情况小结

本项目采矿场工程建设施工期间，按照本项目环评及环评批复要求，配套建设了环境污染防治设施，落实了环保"三同时"制度，从整体情况看，环保设施建设和生态保护方面基本能够满足环评及环评批复的要求。建议本选矿工程建设进行环境保护设施竣工验收程序。

六、环境监理工作经验与不足

（一）环境监理工作经验

（1）业主领导重视是作好环境监理工作的关键。

在该项目建设过程中，项目公司领导重视环保工作，环保意识强。对环境监理工作大力支持，施工期间按照环评和环评批复要求，能积极安排人力和资金认真落实本项目的环境保护设施与环保投资，确保建设项目环境保护目标实现。

（2）项目环境监理机构及环境监理人员的敬业精神是作好环境监理工作的保证。

环境监理单位必须坚持"公平、公正、科学"的原则和"严格监督、热情服务"的原则，吃苦耐劳、以事业为重是顺利完成环境监理任务的根本保证。

（3）加强协调，提高环保法规、标准和程序意识是作好环境监理工作的重要条件。

该项目建设环境监理工作涉及业主、施工单位和监理三方。加强协调好三方关系，只有共同努力才能使项目建设顺利进行。

提高参建各方的环保法规意识，在项目建设施工期间能严格按照操作规程，文明施工。恪守建设程序和环境管理程序是环保法规的要求，环境监理质量的高低也体现在监理过程中是否坚持了"规范化、程序化、标准化"。因此通过业主、环境监理方和施工方的共同努力，采取有效措施才能避免和减少因施工造成生态破坏和环境污染。加强协调是作好环境监理工作的重要条件。

（4）环境监测是作好环境监理工作的手段。

环境监测是项目建设环境监理工作中不可缺少的一部分，适时的实施环境监测可以了解和掌握施工期间的环境状况，以达到控制污染、趋利避害；做好环境监测为建设项目竣工环保验收提供科学依据。

（二）环境监理工作的不足

（1）由于本项目建设周期长，环境监理机构投入的人力、物力较大，环境监理取费低，给本建设项目的环境监理质量提高和顺利完成造成一定困难。

（2）环境监理工作业务技能需要进一步提高，经验需要认真总结和积累，为建设项目的圆满完成提供优质服务。

七、结论

本项目采、选工程在建设施工期间，业主单位对环境保护工作是重视的。按照环境保护法律法规、标准要求，配套建设了环境污染防治设施，基本上落实了环保"三同时"制度，经环境监测施工期水环境、噪声环境、环境空气等环保设施建设和生态保护方面基本上满足了环评及环评批复的要求。在力求实现建设项目环保目标，落实环境保护设施与措施，投入了大量资金防止环境污染和生态破坏，环保工作成效显著。该建设工程从施工期到试运行阶段出现的主要环保问题，通过环境监理方、承建单位和业主方的共同努力均得到妥善解决。

从整体情况看，本项目采、选工程建设基本满足环境保护设施竣工验收的要求。建议申请环保验收。

专家点评

该案例总结报告专题设置合理，从选矿厂、采矿厂两单项工程进行监理总结，监理对象和范围比较明确；在选矿厂、采矿厂施工期环境监理中实施了环境监测，大量的环境监测数据对废水、施工噪声的达标起到了适时监控作用；对尾矿库、截水沟、导流洞、拦石坝、挡土墙、道路边坡护坡工程措施与植被恢复绿化措施等生态保护问题，监理重点突出监控基本到位；监理总结图文并茂，起到了很好的佐证。

问题讨论：

1. 建设工程监理应实行总监理工程师负责制。总监理工程师是由监理单位法定代表人书面授权，全面负责委托监理合同的履行、主持项目监理机构工作的监理工程师。怎样提高环境监理的业务能力与水平向规范化、标准化、程序化迈进，应该执行《建设工程监理规范》（GB 50319—2000），有些项目环境监理机构再设项目负责人不妥。在项目环境监理机构中，总监是代表环境监理单位对所监理的项目全面负责，项目环境监理机构中可以设总监代表，但总监理工程师有 5 项职责不得委托总监代表，其中包括签发工程开工/复工报审表、工程暂停令、工程款支付证书、工程竣工报验单。

2. 工程变更是在工程项目实施过程中，按照合同约定的程序对部分或全部工程在材料、工艺、功能、构造、尺寸、技术指标、工程数量及施工方法等方面做出的改变。交通部、铁道部对公路工程和铁路工程变更都有具体文件进行了报批原则规定，对于环保工程设计有缺陷或与环评文件有出入、施工实际发生重大变化的哪些应报批，哪些可以不报批，如何界定？需要在环境监理实践中探索和环境行政主管部门作出决定。

第 20 章　输油、输气管线项目环境监理总结

案例 1　西气东输豫南天然气支线工程（郑州—驻马店）监理总结（节录）

一、工程概况

1.1. 建设单位：河南中原气化股份有限公司。

1.2. 工程名称：西气东输豫南天然气支线管道工程（郑州—驻马店）。

1.3. 建设地点：河南省郑州—驻马店。

干线：郑州薛店分输站（本工程首站）至驻马店分输站（本工程末站）；支线：长葛—禹州。

1.4. 建设规模：干线全长 187.8 km，其中建设薛店、新郑、许昌、临颍、漯河、西平、遂平、驻马店 8 座分输站，供天然气 16 亿 m³/a；支线长 32.1 km，长葛、禹州分输站 2 座。项目的主要工程量及技术经济指标表略。

1.5. 设计单位：中国市政工程华北设计研究院。

1.6. 项目总投资：项目总投资 67 089.23 万元，其中环保投资 971.7 万元，占总投资比例 1.45%。

1.7. 建设工期：2001 年 5 月至 2003 年 9 月。

二、工程环境监理依据（略）

三、工程环境监理的工作范围及目标

（一）监理目标

将针对本项目的环境保护法律法规及环评报告批复要求有关条款详细列出，作为监理的主要内容和目标，对施工过程中的环境保护工作的真实性、合法性、效益性进行检查，达到沿线环境质量和保护生态环境的既定目标。

总体目标：施工期目标：2001 年 5 月至 2003 年 9 月；环保设施、措施、HSE 组织管理落实到位。

质量等级：穿越工程、隐蔽工程符合要求，环境敏感点、环境质量达标。

经费控制：在环评及工程设计文件要求的环保投资范围内得到全部落实。

（二）监理范围

主体工程施工区，干线支线全长 219.9 km，东西宽约 16 m 的作业带及"环境监理合同"约定环境监理范围。

（三）监理时段

本工程为现场施工全部完成后的试运行期。

四、监理机构设置、岗位职责

（一）工程环境监理机构设置

根据业主委托的监理内容和范围，考虑到该项目工作的特殊性（示范性和滞后性），驻马店市豫正工程环境监理有限公司根据本项工程施工特点，设立总监理工程师 1 人，下设工程环境监理工程师 3 名，具体负责各标段现场工程环境监理工作以及对已结束施工地段的回顾检查工作。总监理工程师既对业主和环境主管部门负责，又要保护各标段施工单位的合法权益，全面协调和管理涉及环境保护目标的各项工作。

（二）监理机构岗位职责（略）

五、工程环境监理实施概况

（一）工程建设情况

西气东输工程豫南天然气支线（郑州—驻马店）全长 219 km，工程管道穿越铁路 9 处、河流 23 处、主要公路 20 处、一般公路 35 处、地下光缆 22 处，途经豫南四地市 9 个市县（其中澧河为漯河市工农业用水水源地，管线穿越长葛老城区）。对于这些环境保护的敏感地带，在施工期间，施工单位实施了严格的安全、健康、环保管理体系，在历时 2 年多、施工队伍达 1 500 多人的情况下，全线未留下任何施工垃圾和生活垃圾。

西气东输工程在运行 2 年多中，环保设施与建设项目主体工程基本已投入使用，施工期和试营运期各项环境保护措施落实情况良好，生态保护达到了国家和地方环境保护的要求。

（二）施工管理模式

本项目施工管理模式为平行承发包模式，工程分三个标段施工：第一标段为新郑至许昌段，由中国石油天然气第一建设公司承担；第二标段为许昌至漯河段，由中国化学工程第十二工程建设公司承担；第三标段为漯河至驻马店分输站，由中原石油勘探局工程建设总公司承担；豫南支线弯管外防腐工程由河南省第一防腐工程有限公司承担。

本工程管线全线采用沟埋方式敷设，管道转弯以弹性敷设为主。由装备有相应施工机具的专业化施工队伍完成，或采取人工开挖方式敷设。开挖带宽约 16 m。其中，施工便道 6.5 m，置土带 3 m，埋管沟宽 2.5 m。管沟深度约 1.2 m，沟底宽度约 1.0 m，管顶覆土约 1.0 m。施工方式采用机械和人工相结合。

对于穿越铁路或Ⅱ级以上高等级公路时，采用顶管或定向钻穿管敷设。穿越一般公路或一般道路时，采用挖沟的方式。

当管道穿越河流地段、结合管道的堤防、护滩、护堤及河道的整治规划设置护岸砌体（护坡、护底、截水墙、排水沟及导流堤）等水工和水土保持措施。

（三）工程施工现场监理情况

1．定向钻穿越河道

按照环评报告书要求："本工程穿越 12 条河流，施工过程中对澧河和沙河要求采用定向钻方式施工，对于汝河可视河水大小而采用定向钻和开挖方式；小清河、石梁河、淤泥河、颍河、奎旺河、北柳堰河、小洪河、清渭河、双泊河可采用导流开挖施工。"在施工过程中由北京筑城市政建筑工程有限公司对沙河、澧河、奎旺河、汝河进行了定向钻穿越（澧河 434.85 m、沙河 571.19 m、奎旺河 340.47 m、汝河 421.33 m）；由中铁三局集团第五工程有限公司太原项目部对颍河进行了穿越（颍河 449.835 m）。实际上是对 5 条河流而不是对 3 条河流采用定向钻施工方式。定向钻施工时为了润滑钻头必须使用泥浆，泥浆在定向钻穿越中起着至关重要的作用。废泥浆的处理施工单位施工组织设计方案中专门进行了介绍，根据泥浆处置方案，施工现场在焊接场地和钻机场地均设置专用泥浆池（有塑料膜内衬防渗），经泥浆池沉淀后泥水循环利用。施工完毕后，回收不了的泥浆采用专用罐车运输至与当地土地部门和农民商定的地点自然干化，无有随意排放泥浆，避免了对农田生态环境带来不利影响。

2．河流大开挖

由于地质条件、施工成本等方面的原因，除上述工程外，其余河流穿越施工采用大开挖方式施工。主要有：小清河、石梁河、淤泥河、奎旺河、北柳堰河、小洪河、清渭河、双泊河等均采用开挖施工方式。对于一般开挖河流施工方法是：当河流无水时采用推土机将两岸推成不大于 15° 的缓坡，直接将管线敷设过河，然后根据设计要求进行管沟开挖回填及保护；当河流水量不大时，采用围堰用导流槽导流的方式进行挖沟敷设；当河流水量较大时，采取挖导流渠方式施工，针对河渠堤岸等回填土流失严重的特点，在施工过程中重点关注了沟河堤岸等易被水冲刷部位的回填和水土保护工作。

3．公路铁路穿越

穿越铁路干线及高等级公路时采用顶管施工方式。京广铁路下行正线 K714+440、K720+454、K744+815、K783+696 四处由郑州中原铁路工程有限公司承担；漯舞线 K9+750 处由河南省地方铁路局周口分局承担；许郸线 K6+480 处由兰州铁路局许昌华翔铁路工程工贸有限公司承担。除京广铁路 K858+740、孟宝线 K3+992 二处为管涵穿越，由武汉江腾铁路工程有限责任公司承担外，实际共穿越京广及地方铁路 8 处。公路采用顶管施工方式的主要有京珠高速四处、许平南高速两处；遂平高速路引线徐店段、驻马店高速路引线各一处；G107 四处、漯平公路三处；G311 两处；驻上路、驻汝路、襄颍公路、鄢陵公路、杜曲路、S220、S237、S102、S323 各一处。实际共顶管穿越公路 26 处。以上施工方式较为简便，对环境一般不会产生较大影响。

公路穿越管线完成后没有造成局部路面下陷，绿化隔离带后经修补复填均得到恢复。

4．农田施工

管道建设施工主要包括清理平整施工带（修建施工便道）、开挖管沟、焊接管道、试压、防腐、下沟、管沟回填等。视具体地段的自然状况，由装备有相应施工机具的专业化施工队伍完成，或采取人工开挖方式敷设。管线在农田敷设采用大开挖方式，施工带宽约 16 m，开挖管沟宽度约 2.5 m，管沟深度约 1.2 m，沟底宽度约 1.0 m，管顶覆土约 1.0 m。管道临时占地 483.8 hm²、管道永久性占地 828 m²、站场占地 9.448 hm²。施工准备阶段建设单位对永久性占地和施工临时用地均办理了相关土地使用手续。

本工程施工场地绝大部分在农田，不可避免毁坏部分庄稼，一般影响两季收成，个别地方影响三季收成。施工完成后由施工方赔偿农民复耕费，临时占地现已恢复由农民自己耕种。

在管道开挖与回填过程中，各标段施工单位在施工方案中都有注意土壤特别是表土的分层堆放及分层覆土，并尽可能地减少土壤层次的混合，尤其是表层 20 cm 左右的耕作层，必须覆到表层以利于复耕以及植被恢复，使其对土壤养分、质地的影响尽可能降至最小。

5．输气站场施工

该工程工艺输气站场共有 10 座，见表 1。

表 1　场站设置及主要工程一览表

序号	名称	位置	用地面积/ m²		建构筑物用地面积/ m²	道路及广场用地面积/ m²	管线用地面积/ m²	土地利用系数/ %	围墙长度/ m	绿化面积/ m²	绿化率/ %
			站区	放空区							
1	郑州薛店首站	郑州薛店西场李	4 517.5	—	1 504.54	1 160	200	60	345	1 040	22
2	新郑分输站	新郑市八千乡陶庄	4 745	100	1 504.54	1 160	200	60	345	1 040	22
3	长葛分输站	长葛市楼张	4 745	100	1 504.54	1 160	200	60	345	1 040	22
4	许昌市分输站	许昌市邓庄乡邓村	47 454	100	1 504.54	1 160	200	60	345	1 040	22
5	临颍分输站	临颍县龙堂	7 125	100	3 301.26	1 300	300	67	391	1 600	21
6	漯河分输站	漯河市董庄	4 745	100	1 504.54	1 160	200	60	345	1 040	22
7	西平分输站	西平县小耿庄	4 745	100	1 504.54	1 160	200	60	345	1 040	22
8	遂平分输站	遂平县和庄	4 745	100	1 504.54	1 160	200	60	345	1 050	22
9	驻马店分输站	驻马店市戒毒康复中心	12 987	100	4 989.54	2 500	230	60	451	3 400	26
10	禹州末站	禹州市太和	5 548	100	1 480.54	1 690	300	63	349	1 400	22
11	输气公司基地		18 396	—	3 849.20	5 400	1 500	58	695	5 000	27

站场施工除工艺设备、基础施工外，还包括职工办公、生活住宿用房及配套给排水设施。

在输气站场施工期产生的环境问题是在土建和设备安装过程中的施工机械噪声、施工废水、物料粉尘污染。施工时应按采取必要的措施减轻污染。

6. 其他

（1）2003—2004 年工程所在地阴雨天气较多，施工现场产生的少量扬尘对空气环境影响不大。

（2）施工现场距离居民区均较远，对环境噪声影响不大。

（3）施工人员一般在县城居住、就餐，施工现场一般不产生生活垃圾和生活废水，对于个别现场发现的垃圾已及时通知施工方清理。

（4）由于施工需要而破坏的农田水利设施最终均已得到修复。

（5）在漯河郾城城关镇古城施工时发现古墓葬和汉代房基两座、灰坑、灶和不完整器物等，当时已经漯河市文物保护局进行保护处理建设单位并给予了赔偿。

7. 环境监理综合完成工作内容

根据环评要求和工程环境监理规划的要求，环境监理单位对需要现场监理的环境敏感点给予了特别关注，现场监理工作重点完成情况见表 2。

表 2 现场监理工作重点完成情况一览表

序号	场地	监理内容	落实情况
1	管沟开挖现场	是否执行"分层开挖、堆放回填"的操作制度	完全执行
		施工人员及机械作业是否超越作业带宽度	基本不超越
		管沟回填后多余土方处置是否合理	合理
2	穿跨越河段	1. 穿越河段的水土保护施工是否严格按设计方案执行，施工质量是否能达到要求	1. 严格按施工设计方案执行，施工质量达到要求
		2. 施工机械的废油、作业废水等是否流入河流	2. 没有施工机械废油废水流入河床
3	各站场	各站场的环保设施工艺是否按设计方案执行，施工质量是否能达到要求	各站场均设有生产污水简易隔油处理池和生活污水处理井达到设计要求
4	敏感区段	在禁止夜间施工地段是否禁止夜间施工	是
		对周围居民是否造成了影响	无居民投诉
5	施工营地	1. 营地的生活垃圾是否堆放在固定地点，并在完工后集中处理	1. 在指定地点堆放，完工后集中处理
		2. 营地的生活污水排放是否合理	2. 按文明施工合同要求执行
6	其他共同监督的对象	1. 施工结束后是否及时清理现场，恢复原状	1. 按施工合同要求做到了工完料净场地清
		2. 施工季节是否合适	2. 选择在农作物收获后或播种初期
		3. 有无砍伐、破坏施工区以外的作物和植被，有无采摘花果行为	3. 没有砍伐树木、破坏植被、采摘花果现象发生

（四）环保投资落实情况

根据本工程环评报告书所列环保项目和生态保护措施的要求，环境监理方查阅了施工合同、初步设计文件等，核算显示实际支付：

1. 穿越工程防护

主要是铁路穿越工程的费用

（1）地方铁路周口分局　　　　　　30 万元
（2）郑州铁路局许昌华翔工程公司　　24 万元
（3）郑州中原铁路工程有限公司　　　245 万元
（4）武汉江腾铁路工程有限公司　　　78 万元

合计：377.00 万元

2. 恢复地貌

主要用于公路穿越工程及地貌恢复费用

（1）许昌公路局路改大队　　　　　　8 万元
（2）河北廊坊华元机电工程有限公司　61.16 万元
（3）新郑公路段　　　　　　　　　　3 万元
（4）中石油天然气第一建筑公司　　　32 万元

合计：104.16 万元

3. 施工期环保管理

主要用于在辖区河流施工中的管理

（1）沙颍河工程管理局工程公司　　　7 万元
（2）遂平县水利局　　　　　　　　　1.5 万元

合计：8.50 万元

4. 恢复植被

主要是在高等级公路施工中为保护绿化隔离带采用顶管施工费用。

（1）中原石油勘探局工程建设总公司
（2）新郑宇通路桥工程公司
（3）中国化学工程第十二建筑公司

合计：32.00 万元

5. 水污染控制

为保护饮用水源地、景观河道和备用水源地水质不受污染对沙河、澧河、奎旺河、汝河、颍河采用定向钻穿越施工的费用：

（1）北京筑城市政建筑工程有限公司（澧河 434.85 m、沙河 571.19 m、奎旺河 340.47 m、汝河 421.33 m）。

（2）中铁三局集团第五工程有限公司太原项目部（颍河 449.835 m）。

合计：771.01 万元

6. 大气污染控制

主要是各站场的站外放空管及点火装置、污水池上排气筒费用：54.35 万元。

7．固体废弃物污染控制

每个站场的分离器清灰池及清管收球除灰池费用：16.37万元。

8．噪声污染控制及站场绿化费用

噪声污染控制费11.99万元，站场绿化费23.30万元。

9．仪器设备

为保证安全生产、保护环境配备的检测报警设备费用：205.98万元。

各项环保项目投资预算与实际完成情况详见表3。

表3　环保投资完成情况对比表

序号	环保项目	环评预计（万元）	实际完成（万元）
1	穿越工程的防护	135	377.00
2	恢复地貌	171.7	104.16
3	施工期环保管理	10	8.50
4	恢复植被	20	32.00
5	水污染控制	210	771.01
6	大气污染控制	100	54.35
7	固体废物污染控制	55	16.37
8	噪声污染控制	50	11.99
9	站场绿化	20	23.30
10	仪器设备	200	205.98
合计		971.7	1 604.66

工程实际结算总投资72 000万元，环保实际完成1 604.66万元，实际环保投资占工程实际结算总投资的2.23%，超过环评提出的环保投资占总投资2%的要求。

（五）管线沿线主要生态环境敏感区监理情况

根据环评报告书对管道沿线主要生态环境敏感区的划分，环境监理单位对非常敏感区和中度敏感区进行了重点关注。监理情况详见表4。

表4　生态敏感区环境监理情况表

等级	生态敏感区段	敏感目标	环评要求	环境监理情况
非常敏感	澧河	澧河水体及堤岸	澧河为漯河市饮用水水源地，不能受到施工过程的排污及水土流失的影响	1．采用定向钻施工水体未受到扰动 2．泥浆池废水经沉淀循环利用，未排入水体，作到了工完、料净、场地清 3．堤岸、植被进行了修复
中度敏感	薛店首站至新郑分输站沿线	农田、枣林	该区域为水土流失监督区并且在薛店首站附近有枣林	1．对损毁枣树按每株1 300元进行了赔偿，施工完成后又进行了补栽 2．对南水北调预选线路处设置了预留阀门，以利将来施工穿越

等级	生态敏感区段	敏感目标	环评要求	环境监理情况
中度敏感	沙河	沙河水体及堤岸	河流较宽、水流较大、水质要求为三类，为漯河市景观河道和备用水源地，中应防止水土流失和污染	1. 采用定向钻施工水体未受到污染 2. 泥浆经处理回用 3. 堤岸植被进行了修复作到了工完、料净、场地清
	颍河	颍河水体及堤岸	该河道为三类水体岸边树木较多，施工时应选择关闸时期，防止水土流失和污染	1. 采用定向钻施工水体未受到污染 2. 泥浆经处理回用 3. 堤岸植被进行了修复作到了工完、料净、场地清
	汝河	汝河水体及堤岸	河流较宽、水流较大、水质要求为三类，施工中应防止水土流失和污染	1. 采用定向钻施工水体未受到污染 2. 泥浆经处理回用 3. 堤岸植被进行了修复作到了工完、料净、场地清
轻度敏感	双泊河、清潩河、小洪河、石梁河、淤泥河、小清河、奎旺河、北柳堰河	河流水体及堤岸	该8条河流较窄、水量较小，有些河流已干涸、有些河流是污水，大部分河流水质要求不高为四类，施工时重点对护堤及堤岸树木的保护，防止水土流失和水体污染	1. 奎旺河采用定向钻施工水体未受到污染 2. 其他河流采用大开挖方式施工，护堤及堤岸树木受到保护，应做护坡的按设计要求处理，防止了水土流失和水体污染

（六）环境监理主要措施

1. 与建设监理密切合作、分工负责

环保监理毕竟是一项新生事物，目前还没有被大多数人士所认可，一些法规依据还不完善，在开展该项工作时也遇到不少困难和问题。在省、市环境主管部门的大力支持与帮助下，环境监理与建设监理密切配合、分工协作、相互学习、取长补短、共同努力，建设监理以工程质量和施工安全为主，环境监理以环境质量和环境安全为主，形成合力力争项目投资、质量、进度、环保各项目标的顺利实现。

2. 合理设置监控点，对非常敏感点进行旁站

澧河是漯河市饮用水源地，是非常敏感区。澧河定向钻穿越施工以及郾城城关镇古城管线施工地段还有京广铁路、京深高速的穿越施工都是环境监理重要监控点，凡是重要监控点应该实施旁站监理的部位与工序环境监理部邀请有关专家到现场进行指导并派人进行旁站。

3. 监理例会和报告制度

在工地例会上，环境监理部将环境监理工作情况进行通报，作好涉及环保事项的协调工作，并将施工过程中的工程进展情况与有关环境问题及采取的防护措施及时上报环保主管部门，一方面把环境监理工作纳入环境行政主管部门的监管之下，另一方面取得了环境行政主管部门的支持与帮助。

4．现场巡视制度

工程线路长、环境监理人员少、实行一级监理制不设驻地办，因此监理人员不定期对各个工地巡视，对于敏感的施工地段，巡视频率加大。通过巡视，发现问题、解决问题，使施工期各项环保措施落到实处。每次现场巡视，都作好文字记录，使环境监理工作程序化、规范化。

5．预防为主，修复补救措施为辅

本次监理中始终采取了预防为主，修复补救措施为辅的理念。

在工程例会上，根据工程进度安排，根据不同的施工环境，对各承包商提出环境保护的相关要求，及早采取预防措施，对所发现的问题及时解决，不留后遗症。

对一些确由客观条件造成的环境影响，采取修复补救措施。

六、环保工程或环保措施、生态植被修复补偿质量评价

（一）施工期 HSE 体系的建立与运行评价

HSE 是健康安全和环境英文词的缩写。施工期的 HSE 体系的建立与运行的目的是使在施工过程中的施工人员健康和安全得到保证，对环境的破坏达到最小。

本工程三个标段主要施工单位（第一标段的中国石油天然气第一建设公司，第二标段的中国化学工程第十二工程建设公司，第三标段的中原石油勘探局工程建设总公司），都成立了 HSE 管理领导小组，项目经理任 HSE 管理领导小组组长，副经理任副组长，全面领导所承担项目标段的健康、安全和环境管理工作。工程部为主管部门，在班组设有兼职 HSE 管理员具体负责 HSE 各项工作。例如，第一标段的中国石油天然气第一建设公司制订的 HSE 工作方针是："以人为本，健康至上，安全第一，预防为主，科学管理，环保创优，全面提高经济效益、社会效益、环境效益，走良性循环和可持续发展的道路。"三家主要承包商都制订了明确的 HSE 目标。他们的环保目标为："努力实现施工生产环境无污染事故，各种污染物排放达到国家排放标准，环境保护、水土保持方面达到设计和相关规定的要求。"

在"非典"时期为了抗击"非典"，HSE 体系的建立与运行，在确保工程施工质量与工期，对于西气东输豫南支线工程的顺利建设发挥了重要作用。尽管 2003 年"非典"肆虐，但近千人的施工队伍无一感染。施工期 HSE 体系的建立与运行是良好的。

（二）环保工程及各站场环保设施落实状况评价

环评要求各站场为控制水污染应建有污水处理设施；为控制大气污染应建站外放空管及点火装置；在固体废物方面应有排污池和分离清灰池；在噪声污染控制方面对主要噪声源调压阀和安全阀应加装消声器；为美化环境各站场应进行绿化；为保证安全生产、保护环境需配备必要的检测报警设备仪器及抢修设备等。

各站场完成与落实情况详见表 5。

表5 环保工程及各站场环保设施落实情况表

序号	站名	初步设计要求					实际完成情况				
		放空区面积/m²	放空管	绿化面积/m²	排污池	化粪池	放空区面积/m²	放空管	绿化面积/m²	排污池	化粪池
1	郑州薛店首站	100	有	1 040	1	1	100	有	1 040	1	1
2	新郑分输站	100	有	1 040	1	1	100	有	1 040	1	1
3	长葛分输站	100	有	1 040	1	1	100	有	1 040	1	1
4	许昌市分输站	100	有	1 040	1	1	100	有	1 040	1	1
5	临颍分输站	100	有	1 600	1	1	100	有	1 600	1	1
6	漯河分输站	100	有	1 040	1	1	100	有	1 040	1	1
7	西平分输站	100	有	1 040	1	1	100	有	1 040	1	1
8	遂平分输站	100	有	1 050	1	1	100	有	1 050	1	1
9	驻马店分输站	100	有	3 400	1	1	100	有	3 400	1	1
10	禹州末站	100	有	1 400	1	1	100	有	1 400	1	1
11	输气公司基地	—	—	5 000	1	2	—	—	5 000	1	2

（三）施工期项目所在城市环境质量评价

（1）施工期环境空气质量。

沿线各城市空气环境质量在西气东输豫南支线管线工程施工期的 2002—2004 年两年多的时期内都能达到环评要求的级别，农村生态系统空气环境质量与其他同地区城市相比更好，也可以达到二级标准。

（2）地表水状况。

漯河市饮用水源地澧河水质质量评价：

在 2002—2004 年施工期间漯河市澧河地表水饮用水源地水质总体无明显变化，水质平均综合污染指数无明显变化。对所检测的 30 项监测因子中氰化物、砷、挥发酚及重金属项均无检出，仅单生化需氧量 2004 年超标率为 16.7%，超标原因主要是地表面源污染和沙河对澧河倒灌所引起的。环境监理方认为可以满足《地表水环境质量标准》（GB 3838—2002）Ⅲ类水质标准要求。详见表6。

表6 漯河市地表饮用水源地水质监测结果统计表　单位：mg/L（pH 除外）

类别	项目	pH	DO	高锰酸盐指数	生化需氧量	硝酸盐	六价铬	石油类	亚硝酸盐	化学耗氧量	非离子氨
2002 年	样品数	18	18	18	18	18	12	17	18	12	18
	最小值	6.75	5.35	1.14	0.78	0.25	0.006	0.002	0.001	5.38	0.000 2
	最大值	8.76	12.3	4.74	3.51	4.4	0.020	0.050	0.02	19.1	0.018
	平均值	7.44	9.00	2.81	1.79	1.39	0.012	0.019	0.009	10.8	0.005 1
	超标率/%	0	0	0	—	0	0	0	0	0	0
2003 年	样品数	14	14	14	6	3	7	14	—	5	—
	最小值	7.11	5.88	1.83	0.55	1.26	0.006	0.005	—	5	—
	最大值	8.59	13.0	4.17	3.84	3.29	0.013	0.04	—	5	—
	平均值	7.60	9.13	2.49	2.14	1.95	0.009	0.015	—	5	—
	超标率/%	0	0	0	0	0	0	0	—	0	—

类别	项目	pH	DO	高锰酸盐指数	生化需氧量	硝酸盐	六价铬	石油类	亚硝酸盐	化学耗氧量	非离子氨
2004 年	样品数	12	12	12	6	3	6	12	—	6	—
	最小值	6.89	6.41	1.85	1.0	0.931	0.002	0.02		5	
	最大值	8.67	12.0	4.74	6.34	2.38	0.016	0.04		10	
	平均值	7.22	8.79	2.48	2.08	1.70	0.008	0.03		6	
	超标率/%	0	0	8.3	16.7	0	0	0		0	

其他主要河流水质评价:

从多年有监测数据的双洎河、颍河、清潩河、洪河、汝河几条流量较大的河流来看,根据综合污染指数采用秩相关系数法,分析 2002—2004 年水环境质量变化趋势。

双洎河 2002、2003、2004 年平均综合污染指数为 1.40、1.39、0.91,秩相关系数为 0;

颍河 2002、2003、2004 年平均综合污染指数为 0.54、0.32、0.32,秩相关系数为-0.25;

清潩河 2002、2003、2004 年平均综合污染指数为 6.00、2.91、1.76,秩相关系数为-0.90;

洪河 2002、2003、2004 年平均综合污染指数为 2.968、3.07、1.06,秩相关系数为-0.6;

汝河 2002、2003、2004 年平均综合污染指数为 0.264、0.3、0.28,秩相关系数为 0.1。

根据秩相关系数负值说明水质呈好转趋势,正值说明水质变化呈上升趋势,但总体来看在评价时段内水质变化稳定或平稳。

沿线地区地表水除澧河、汝河、沙河、颍河为Ⅲ类或优于Ⅲ类水外,其他河流基本上为当地纳污河流,水质状况为Ⅳ类或Ⅴ类水平。

(3)声环境状况。

本项目的施工期噪声主要来源于施工机械和运输车辆,保护目标为施工沿线的村庄,由于施工影响时间较短,途经的村庄较多,各标段施工单位在施工组织设计方案中专门进行了要求,施工期未发现有噪声污染事件发生。运行期的噪声污染源主要为首站、末站及各分输门站的调压过程所产生,但各站场在位置选择上离村庄较远,周围又有 2 m 高的围墙相隔,完全可以满足环评噪声环境质量标准要求。

(4)生态环境状况。

环境监理评价区域内主要为农业区,开发历史悠久,人工种植等因素干扰较多,基本没有珍稀野生植被及珍稀野生动物,没有受国家保护的动植物种类,也没有国家或省级批准建立的自然保护区。

(四)生态植被修复补偿质量评价

土地复耕及植被、地貌恢复是整个工程施工中的一项重要生态保护措施。该项措施落实的好坏,直接影响到施工期环保措施实施效果,同时,该项工作也是施工期间环境保护资金投入最多的项目。

本次施工所经过的区域主要是农业区,因此,土地复耕及植被、地貌恢复工作比较容易。施工带的平整由各承包商负责,土地复耕及植被恢复由当地农民负责,复耕费用由承包商与农民协商。

从前期已复耕过的庄稼长势看,施工作业对农作物的影响不明显。

（五）工程事故应急预案落实情况评价

1. 输气站场（略）

2. 管道防爆（略）

3. 噪声防护

总图布置时将噪声源与值班室保持适当的距离，减少噪声源对人体的影响；选用低噪声设备；减少或限制在噪声区工作人员的数量，按要求配备个人防护用品减少噪声危害。

4. 对于粉尘危害的防治

在清管作业时，放空气体中可能存在的粉尘会对职工产生粉尘危害。设计中采用了尽量减少放空天然气量，并对放空气体进行处理的工艺方法，以减小粉尘、硫化铁等对人体可能造成的危害。

5. 施工和试运行期间的防范

施工单位在施工组织设计中明确规定了许多作业安全管理制度：包括有人员保护管理、防火防爆管理、高空作业管理、起重作业管理、大件运输管理；管道施工安全保证措施、施工环境保护措施、施工带地形地貌保护、植被保护措施等。

建设单位河南中原气化股份有限公司在试运行期制订了《西气东输豫南支线管道 A 类事故一、二级应急预案》包括有：事故分类及应急预案分级、应急预案的启动、事故应急处理措施、应急组织机构及职责、资源保障、通信保障、外部救援保障、事故信息发布、事故原因配合调查后评估及恢复等。在制订应急处理预案的基础上建设单位还进行了员工应急响应的培训和应急预案的二级演练。

环评报告书所提出的工程事故风险分析及防治措施完全得到落实。

七、环境监理结论与建议

（一）监理结论

1. 执行了由专家审查通过的《环境影响报告书》和《西气东输豫南天然气支线工程（郑州—驻马店）调整方案》中的各项环保措施和要求，按照确定的选线和设计要求开展工作。

2. 工程选线避开了居民，沿线无有居民拆迁。在南水北调预选线经过的新郑市与输气管线交叉处设置了预留阀门。新郑的枣林最大限度地得到保护。

3. 施工带宽：新郑薛店首站—驻马店末站段为 16 m，有些地段更窄，影响面积最大限度地得到压缩。管沟开沟中做到了分层开挖、分层回填。施工结束后土地得到及时复耕。

4. 澧河采用定向钻施工方式穿越，穿越施工没有对澧河水质及水生态环境构成危害，确保了漯河市市民的饮水安全；其他沙河、汝河、颍河、奎旺河 4 条河流定向钻穿越工程进展很顺利，未对水质造成影响，废泥浆（很少）经晾晒后由当地农民妥善处置。

5. 小清河、石梁河、淤泥河、北柳堰河、小洪河、清潩河、双洎河等采用大开挖方式施工，施工过程对易造成水土流失的堤岸进行了防护，其他河流均为干河，未对水环境造成影响；施工结束后现场均进行了地表修补和树木补栽工作，耕地得到了较好的保护。

6. 京广铁路、京深高速的穿越采用顶管施工，委托专业性较强的铁路工程建设公司或大型专业公司承担，施工质量得到保障，铁路、公路穿越对环境的影响很小，没有影响铁路、公路交通运输的现象发生，沿线绿化隔离带也受到了保护。

7. HSE 体系的建立与运行在确保工程施工质量与工期、对于西气东输豫南支线工程的顺利建设发挥了重要作用。尽管 2003 年"非典"肆虐，但近千人的施工队伍无一感染。施工期 HSE 体系的建立与运行良好。

8. 沿线城市空气环境质量在西气东输豫南支线管线工程施工期的 2002—2004 年两年多的时期内都能达到环评要求的《环境空气质量标准》（GB 3095—1996）二级标准，农村生态系统空气环境质量与其他同地区城市相比更好，也可以达到二级标准；沿线地区地表水除澧河、汝河、沙河、颍河为Ⅲ类或优于Ⅲ类水外，其他河流基本上为当地纳污河流，水质状况为Ⅳ类或Ⅴ类水平；本次施工所经过的区域主要是农业区，基本没有野生植被及大型野生动物，也没有国家或省级批准建立的自然保护区，施工带的平整由各承包商负责，土地复耕及植被恢复由当地农民负责，复耕费用由承包商与农民协商。施工单位作到了工完、料净、场地清。从前期已复耕过的庄稼长势看，施工作业对农作物的影响不明显。

9. 施工带位于野外，施工噪声对当地居民的影响很小。施工期间施工人员基本上住在市、镇内，生活废弃物对施工区域的生态环境影响很小。

10. 各施工单位在施工组织设计中明确制订了作业安全管理制度、管道施工安全保证措施、施工环境保护措施、施工带地形地貌保护、植被保护措施等；建设单位河南中原气化股份有限公司在制订应急处理预案的基础上还进行了员工应急响应的培训和应急预案的三级演练。环评报告书所提出的工程事故风险分析及防治措施完全得到落实。

11. 各站场为控制水污染应建有污水处理设施；为控制大气污染建有站外放空管及点火装置；在固体废物方面建有排污池和分离清灰池；在噪声污染控制方面对主要噪声源调压阀和安全阀加装消声器；为美化环境各站场进行了绿化；为保证安全生产、保护环境需配备必要的检测报警设备仪器及抢修设备等环保工程和设施均得到落实。

12. 根据工程计量核算，从整体投入看，实际施工中的环保投入为 1 604.66 万元，远高于环评报告中的 971.7 万元。实际环保投资占工程实际结算总投资的 2.23%。

《环境影响报告书》中要求的环保措施在施工中得到落实，国家环境保护总局及省环保局对报告书审查意见中的要求也得到了很好的贯彻落实。

（二）建议

在西气东输豫南天然气支线管道施工过程中，虽然在项目管理中也实行了项目法人制、工程监理制、政府质量监督制、招投标制和合同管理，做了大量工作取得了很大成绩，但仍有一些需要改进的地方。因此建议：

（1）建设单位应进一步提高对生态影响类建设项目实施工程环境监理的认识，提前对输油输气管道工程实行环境监理的介入时段，变工程环境监理被动监控为主动监控。

（2）按照国家和中国石油集团公司、西气东输管道公司项目管理有关规定，在实行行政领导质量责任制、独立无损检测制、专家飞行检查制等方面还存在有不少差距，需要在今后工作中不断改进。

（3）西气东输豫南天然气支线工程沿线环境敏感点较多，包括中原文化腹地文物古迹、遗址多，应该提高有些施工单位的文物保护意识，减少不必要的经济损失。

（4）在三个标段的主要施工单位首次全面推行 HSE 管理，收到良好效果积累了成功经验，应认真进行总结提高，纳入合同管理，进一步提升实施效果，真正做到"零事故、零污染、零伤害"。

（5）在施工阶段加强与环保部门的沟通和联系，强化建设项目的环境管理，积极做好项目环保设施竣工验收的各项资料准备，使工程早日发挥社会、经济、环境三个效益。

八、监理资料清单及工程照片

（一）监理资料清单

（1）中国市政工程华北设计研究院《西气东输豫南天然气支线工程（郑州—驻马店）调整方案》1 份；

（2）新乡方圆建设监理有限公司西气东输豫南天然气支线管道工程监理项目部《西气东输豫南天然气支线管道工程监理细则》1 份；

（3）新乡方圆建设监理有限公司西气东输豫南天然气支线管道工程监理项目部《西气东输豫南天然气管线安全管理规定》1 份；

（4）河南中原气化股份有限公司《用地意向书（预申请）》新郑市、长葛市、许昌县、禹州市、临颍县、郾城县、西平县、遂平县国土局各 1 份；

（5）河南中原气化股份有限公司、河南省地方铁路局周口分局《施工合同》1 份；

（6）河南省豫南燃气管道有限公司、郑州铁路局许昌华翔铁路工程工贸有限公司《施工合同》1 份；

（7）河南省豫南燃气管道有限公司、郑州中原铁路工程有限公司《铁路建设工程施工合同》1 份；

（8）河南中原气化股份有限公司、武汉江腾铁路工程有限责任公司《豫南天然气支线管道穿越京广线、孟宝线铁路 1－1.5M 管涵工程施工合同》1 份；

（9）河南省豫南燃气管道有限公司、中国石油天然气第一建设公司《顶管工程施工合同》1 份；

（10）河南省豫南燃气管道有限公司、中原石油勘探局工程建设总公司《顶管工程施工合同》1 份；

（11）河南省豫南燃气管道有限公司、新郑市宇通路桥工程公司《顶管工程施工合同》1 份；

（12）河南省豫南燃气管道有限公司、中国化学工程第十二工程建设公司《顶管工程施工合同》1 份；

（13）河南省豫南燃气管道有限公司、新郑市公路段《施工协议书》1 份；

（14）河南省豫南燃气管道有限公司、许昌县公路局路政大队《协议书》1 份；

（15）豫南支线工程筹建指挥部、河北廊坊华元机电工程有限公司《施工协议》1 份；

（16）河南省豫南燃气管道有限公司、河南省沙颍河工程管理局工程公司《协议书》1 份；

（17）河南省豫南燃气管道有限公司、遂平县水利局《堤防修复加固协议》1份；

（18）北京筑城市政建筑工程有限公司《定向钻穿越澧河工程施工组织设计》1份；

（19）中国石油天然气第一建设公司《西气东输豫南天然气支线工程（新郑－许昌段）竣工资料》1份；

（20）中国化学工程第十二工程建设公司《西气东输豫南天然气支线工程（许昌－漯河段）竣工资料》1份；

（21）中原石油勘探局工程建设总公司《西气东输豫南天然气支线工程（漯河－驻马店段）竣工资料》1份；

（22）中国市政工程华北设计研究院《西气东输豫南天然气支线工程（郑州－驻马店段）调整方案》1份；

（23）河南省豫南燃气管道有限公司《西气东输豫南天然气支线管道A类事故一级应急预案》1份；

（24）河南省豫南燃气管道有限公司《西气东输豫南天然气支线管道A类事故二级应急预案》1份；

（25）河南省豫南燃气管道有限公司、河南省第一防腐工程有限公司《豫南支线弯管外防腐工程施工合同》1份。

（二）工程照片

图1　南水北调预选线经过的新郑市与输气管道交叉处设置的预留阀门

图2　长葛分输站气体放空塔

图3　长葛分输站工艺废水处理池

图4　许昌分输站绿化情况

图 5　澧河北岸定向钻穿越施工后堤岸及植被恢复　　　　图 6　管涵穿越京广铁路处

专家点评

从环境监理总结内容中不难看出，此案例是项目现场施工完全结束后和环保设施竣工验收前试运营期的一个报告。工程环境监理的滞后性表明环境监理制度推行初期的困难、业主的认识程度不到位；总结报告的出台说明建设项目环境管理力度逐渐加强、不进行施工期的环境监理对于项目的环保设施竣工验收就不能满足环保要求。就像环境影响评价制度开始时一样，这是一个地区或一个行业推行工程环境监理制度进程中的必然现象。

该总结报告采用回顾性评价的方法对项目环保工程、环保措施和生态植被修复补偿质量进行了评价；从施工合同与有关工程建设档案、环境资料中弄清了环境保护敏感目标在施工过程中的受影响情况，回答了环境主管部门关注的重要问题。对施工过程中环境保护工作的真实性、合法性、效益性进行检查，证明施工期达到沿线环境质量和保护生态环境的既定目标要求。通过本例也可以说明，在工程环境监理实施过程中（合同、信息）"两管理"的重要性。

不足之处是有些内容过细，如环保投资不必逐个施工单位明细，仅按大项目列出即可。

案例 2　洛阳—驻马店成品油管道工程环境监理总结（节录）

一、监理任务来源

为了缓解河南境内油品的陆路运输压力，降低油品运输成本，进一步推广乙醇汽油，保障河南社会经济发展，中国石化销售有限公司河南成品油管道项目经理部建设了洛阳—驻马店成品油管道工程。工程的主要作用是将洛阳石化的成品油资源管道输送到河南省中、南部地区，满足河南省大部分地区成品油市场需求。工程总投资 57 613.42 万元，年最大输送成品油 388 万 t，管线全长 424.7 km，途经洛阳、郑州、许昌、漯河、驻马店五个地市，干线 385.9 km，洛阳支线 38.8 km。管道干线设计压力 6.4~8.0 MPa，支线设计压力 6.4 MPa。2007 年洛阳首站入口输量为 260×10^4 t/a。管道输送汽油组分汽油（90#、

93#、97#）、柴油（0#、－10#）两大类五个品种，设计输量 390×10^4 t/a（2015 年），全管道采用密闭顺序输送方式。全线设置分输阀室 1 座（含线路远控截断阀）、线路远控截断阀室 1 座、线路手动截断阀室 8 座；全线共设置洛阳首站 1 座；郑州、许昌分输泵站 2 座；巩义、漯河分输站 2 座；洛阳、驻马店末站 2 座。

2007 年 4 月河南省环境保护局以豫环审[2007]102 号文予以批复《洛阳－驻马店成品油管道工程环境影响报告书》。2007 年 7 月，中国石化销售有限公司河南成品油管道项目经理部（甲方）和第三方——漯河市环境科学技术研究所（豫环监资〔临〕字第 010 号）签订了委托工程环境监理合同，监理方自 8 月份正式开展环境监理业务。

（一）环境监理的范围和内容

1．范围：洛阳—驻马店成品油管道工程的首站洛阳炼油厂起，至驻马店末站止的工程施工沿线、站场建设。

2．内容：按照河南省环保局已批复的环评要求，重点核实环评提出的预防、减缓、保护、恢复、补偿等生态保护措施和环保工程落实情况，做到"一查、二督、三报告"。即检查环境敏感目标、施工期污染防治措施和生态环境保护措施的落实情况；环保设施的"三同时"建设情况；环境风险防范措施及应急预案的落实和编制情况；审查环保投资的落实情况；督促项目业主落实存在的环境问题；向业主、环境保护行政主管部门提交环境监理报告；参与项目的竣工环保验收。

（二）环境监理的组织机构（略）

根据工程特点，采用直线制监理组织形式。

（三）环境监理的目标

通过环境监理的手段和具体控制措施，落实环境污染防治和生态环境保护的措施及环保投资概算的具体化，力求实现环境保护竣工验收的要求。

（四）环境监理原则（略）

（五）环境监理的法律依据（略）

二、工程建设概况

（一）地理位置及地貌

本工程贯穿河南省北部及中部地区，沿途经过洛阳市吉利区、孟津县、偃师市、洛阳市、巩义市、荥阳市、郑州市、新郑市、长葛市、许昌县、许昌市、临颍县、漯河市郾城区、漯河市、西平县、遂平县以及驻马店市。管道途经洛阳—郑州—许昌—漯河—驻马店，沿线地貌特征、构造形态多样，是我国地质条件比较优越的地区之一。沿线地貌主要有两个特点：其一，地势西高东低，东西差异明显。地势的总趋势为：西部高而起伏大，东部地势低且平坦，从丘陵过渡到平原。其二，地表形态复杂多样，丘陵、平原、盆地等地貌类型齐全。管线各支线段地貌特征见表1。

表1　管线各区段地貌特征

管线区段名称	区域地貌特征
洛阳支线段	以平原为主，植被以人工植被为主，树木多为道路和河渠两侧绿化树木，泡桐为主，农田均为旱田，农作物以小麦、花生为主
洛阳—巩义—郑州段	以平原和丘陵为主，丘陵地段主要在巩义市
郑州—许昌段	以平原为主，植被以人工植被为主，树木多为道路和河渠两侧绿化树木，以泡桐和杨树为主
许昌—漯河段	以平原为主，植被以人工植被为主，树木多为道路和河渠两侧绿化树木，以泡桐和杨树为主
漯河—驻马店段	以平原为主，植被以人工植被为主，树木多为道路和河渠两侧绿化树木，以泡桐和杨树为主

（二）工程任务及规模

洛阳—驻马店成品油管道工程干线洛阳—郑州段长 141 km，管径ϕ355.6 mm；郑州—许昌段长 89 km，管径ϕ273.1 mm；许昌—漯河段长 73 km，管径ϕ273.1 mm；漯河—驻马店段长 82 km，管径ϕ219.1 mm；支线偃师—洛阳油库段长 39km，管径ϕ159.0 mm。管道干线设计压力分别为 8.0 MPa、8.0 MPa、7.5 MPa、6.4 MPa，支线设计压力 6.4 MPa。设计输油量 390×10^4 t/a。管道沿线设洛阳首站 1 座，郑州、许昌分输泵站各 1 座，巩义、漯河分输站各 1 座，驻马店、洛阳（支线）末站各一座，线路阀室 9 座。管线穿越铁路 15 次，高速公路、等级公路 74 次，乡村公路 82 次，大中型河流 18 次，小型河流及沟渠 61 次。新建施工道路 15 km。

（三）主要构筑物、占地面积（略）

（四）施工方法及工艺

根据《输油管道工程设计规范》（GB 50252—2003），综合分析管线所经过地区的地理环境，工程施工方法主要采用沟埋法、穿越法和大开挖法三类。

1．沟埋法

管道工程以沟埋敷设为主，在管道作业带开挖梯形槽，管径、地貌不同，其设计参数相应不同。为确保管道运行安全，不受外力破坏，管道应有足够的埋设深度，综合管道安全稳定、沿线农田耕作、冻土以及地下水位深度等情况，确定管道最小埋设深度（管顶至地面）应不小于 1.0 m。管沟断面形式采用梯形，沟底宽度根据管径、土质和施工方法的确定。管沟回填应先用细土回填至管顶以上 0.3 m，才允许用土、砂或粒径小于 100 mm的碎石回填并压实。管沟回填土高度应高出地面 0.3 m。管道施工作业带宽度为 14 m，管道施工作业带仅临时性使用土地，施工完毕后应立即还耕复种。

2．穿越法

（1）定向钻穿越

定向钻穿越工艺已有 30 年的历史，它是工艺先进、技术和设备较为成熟可靠的施工方法。本工程中定向钻穿越主要是针对大中型河流和多股干线铁路的穿越方式。大型河流一般指水量较大、流速较快，且不能采用直接开挖方式进行管道敷设的河流。通常在距河边 50～100 m 处选一个 50 m×50 m 的施工场地，布设导向孔，在河流的另一岸边 50～100 m 处选一出土点，并挖一与穿越长度相当的发送沟道。待定向钻施工完毕后，从发送沟沿钻孔槽穿过。定向钻施工需要一定量泥浆，并有部分废弃泥浆抽出，一般每出 1 m³ 土要带出 2～3 m³ 泥浆。泥浆处理不好，将造成水土流失和生态环境破坏。

我国自 20 世纪 80 年代初引进了该技术，现已成功完成了黄河、长江、汉江、辽河等地表水系的穿越，如：甬沪宁进口原油工程采用定向钻穿越长江，穿越长度为 2 400 m，目前该管道已营运；西气东输工程管线定向钻穿越京杭运河，管线在扬州成功穿越京杭大运河，穿越长度为 1 195 m。

（2）顶管穿越

顶管穿越一般用于管道穿越等级公路和干线铁路工程以及水面较窄的中小型河流。顶管穿越长度一般设计为 50 m，在公路（铁路）一侧选定一个施工场地（一般在作业带范围内即可），挖槽布置设备，用千斤顶顶推钢筋混凝土套管，并从管内不断挖出弃土。穿越过程中，在布管侧开挖好发送沟，并进行顶管设备组装焊接，顶管穿越施工完毕后，将管道拖回至施工场地。

3．大开挖法

大开挖主要针对乡村公路和部分小型河流及沟渠。对有水流的小型河流、塘、库、堰、渠等水下敷设工程，通常用土工布袋装土筑成围堰，抽水、开挖、敷管填埋后拆除围堰。该方式亦称围堰开挖，在中、小型河流、沟渠区等较多采用。小型河流及沟渠等干涸时，则直接采用沟埋敷设法。

三、环评主要结论及建议（略）

四、环境监理实施概况

（一）6 个环境敏感目标的监理情况

为预防和避免施工期管道铺设过程中对环境敏感目标周围生态环境造成的破坏，实施有效的环境监理是确保各项环保措施落实到位的一项重要环境管理制度和手段。而管道施工沿线环境敏感目标如黄河湿地国家级自然保护区、邙山陵墓群、南水北调中线工程、西气东输已建工程、老王坡滞洪区、澧河（漯河水源地）等的保护则是本次环境监理的重点。环境监理单位通过现场巡视、监测等方式对环境敏感点进行监控，使乙方按照环评要求落实避让措施、生态破坏小的管道穿越方式、清洁生产技术和工艺。主要环境敏感目标的环保措施监理情况见表 2。黄河南岸管道穿过的莲藕塘及植被恢复情况如图 1、图 2 所示。

表2　主要环境敏感目标的环保措施监理情况

主要敏感目标名称	保护主要目标	监理要点	环境保护措施落实情况
黄河湿地国家级自然保护区	湿地系统、候鸟	出入点在实验区、定向钻越从河床下 30 m 穿越、两侧设置截断阀	按照要求管道从实验区穿越，穿越方式采用定向钻越从河床下面 30 m 穿越，管道建设对动物没有明显影响
		禁止向保护区的水体排放污水	已按环评要求落实
		施工垃圾要求装袋回收，不允许在保护区处置，分拣后，无利用价值的送环保部门指定的地点处置	基本按照要求落实
		废弃泥浆不允许在保护区内处置和排放，在保护区外设置泥浆坑收集，然后干化填埋、覆土 30 cm 以上，并对地貌和植被进行原貌恢复	定向钻废弃泥浆、地貌和植被进行原貌恢复由黄河河务局统一处理和恢复，基本按照要求落实
		严格划定施工界线，禁止施工车辆及机械在界限行使和工作，对施工人员进行环保宣传和教育，禁止伤害鸟类和破坏鸟巢	基本按照要求落实
老王坡滞洪区	滞洪区	避开汛期，增加穿越段的管道埋深	选择在枯水期施工
		开挖后覆土回填恢复原有地貌；尽可能缩短工期；选择施工季节，避开降雨集中的 6～9 月份；管道穿越滞洪区内的高地、旧堤予以保留，禁止破坏	施工期按照要求落实
邙山陵墓群	东汉至三国时期古墓	保护区附近管道施工采取人工开挖，敏感段施工前进行文物勘探，避免损害文物，施工时请文物保护部门进行监理	调整管道走向，避开了邙山陵墓群核心区，取得洛阳市文物局的同意；采取人工开挖方式，避免损坏文物
澧河	漯河市饮用水源地	采取定向钻从河床下穿越的施工方式，穿越段加厚管壁，采用加强级双层环氧粉末进行防腐。采取套管穿越和两岸设置截断阀工程保护	施工期按照要求落实
		禁止向保护区的水体排放污水	已按环评要求落实
		废弃泥浆不允许在保护区内处置和排放，在保护区外设置泥浆坑收集，然后干化填埋、覆土 39 cm 以上，并对地貌和植被进行原貌恢复	已按环评要求落实
南水北调工程	二类饮用水体	采取定向钻越从河床下穿越的施工方式，穿越段加厚管壁，采用加强级双层环氧粉末进行防腐。采取套管穿越和两岸设置截断阀的工程保护。应征得相关主管部门的同意	采用定向钻越方式从河床下面穿越，穿越段加厚管壁，采用加强级双层环氧粉末进行防腐。采取套管穿越和两岸设置截断阀的工程保护
		禁止向保护区的水体排放污水	已按环评要求落实
		废弃泥浆不允许在保护区内处置和排放，在保护区外设置泥浆坑收集，然后干化填埋、覆土 30 cm 以上，并对地貌和植被进行原貌恢复	基本按照要求落实
西气东输已建工程	基础设施	管道从其下部穿越，与管道交叉时，其净间距大于 300 mm，管道交叉点设置标志桩，按照相关规范施工	基本按照要求落实

图 1　黄河南岸管道穿过的莲藕塘　　　　图 2　黄河南岸植被恢复情况

（二）环境风险防范措施的落实情况及应急预案的编制情况

鉴于管道事故风险具有突发性和灾难性的特点，监理方结合本工程特点，根据环评报告书的要求落实工程管线施工过程中的风险防范措施，督促指导施工方制定规范的事故应急预案，成立事故应急领导小组，明确组织结构和职责，落实各项应急准备任务，从而降低紧急情况下事故发生后对环境造成的不良影响，具体落实的风险防范措施见表 3。

表 3　环境风险防范措施的落实情况一览表

序号	具体风险防范措施	防范措施落实情况
1	管道投产前按要求试压，检查焊缝质量，以确保施工质量	管道投产前按要求试压，检查焊缝质量
2	管道普通段防腐采用加强级熔结环氧粉末，外加防护层，以防止管道腐蚀泄漏，污染环境。穿越段及石方段采用双层熔结环氧粉末，防止管道泄漏	管道防腐普通地段管道外防腐均采用加强级单层熔结环氧粉末防腐（FBE），外加强制电流的阴极保护；对于穿跨越工程点，采用加强级双层熔结环氧粉末防腐（FBE），另增加牺牲锌带阳极保护措施；黄河穿越管道外防腐采用加强级 3 层 PE 防腐
3	采用强制电流阴极保护和牺牲阳极阴极保护相结合的方法对管道阴极保护	措施已落实，全线共设立阴极保护站 6 座，线路每隔 1 公里设一电位测试桩，每隔 10 公里设一电流测试桩（见照片）
4	穿越黄河、伊洛河、索河、沙河、颍河等河流、南水北调工程时，均采用定向钻穿越施工技术，降低管道在这些环境敏感地段的泄漏事故率	措施已落实（见照片）
5	在黄河等大型河流两岸、重要城镇两侧，设置 9 座截断阀，一旦发生管道漏油事故，立即关闭截断阀，减少溢油量	分输阀室 1 座（含线路远控截断阀）、线路远控截断阀室 1 座、线路手动截断阀室 8 座（见照片）
6	管线全线采用先进的 SCADA 系统（远程监控与数据采集系统），以保证输油管道安全、可靠、经济、高效运行	措施已落实，全线自动控制采用 SCADA 系统，输油处下设调度中心 1 个，位置设在郑州油库
7	规范风险管理，制订应急预案，配套应急设施，建立环境风险管理流程，完善风险管理体系	措施已落实（见照片）

图 3　黄河南岸阴极保护桩

图 4　定向钻穿越冲水沟钻机位置植被恢复情况

图 5　邙山陵墓群核心区

图 6　管道避让的尖岗水库大坝

（三）施工期污染防治措施的落实情况

1. 废水污染防治措施：废水主要来自施工作业人员的生活污水和投用前管道清管、试压废水，生活污水经沉淀处理后排入附近的排水系统。清管、试压废水一部分集中到许昌分输站消防水池中作为消防和站区绿化用水回收利用，另一部分经沉淀后排入就近的排水系统。

2. 废气污染防治措施：施工作业中，废气排放源主要为物资运输车辆和施工开挖产生的扬尘、施工机械排放的燃料燃烧烟气。燃烧烟气主要发生在采用定向钻穿越作业期间柴油机等产生的燃料燃烧烟气。该类排放源位于野外，对周围大气环境影响较小。在城市区域段施工，为减少施工产生扬尘，对在施工作业带进行喷水，防止产生扬尘。

3. 噪声污染防治措施：噪声来自于施工机具作业噪声，其强度在 88～120 dB（A）。施工作业期间施工单位按照环评要求在开工 15 日前向当地环保行政部门申报施工场所、期限、噪声值以及所采取的降噪措施。控制作业时间，禁止出现夜间扰民现象；运输车辆尽可能减少鸣号，尤其在夜间；施工期间，与周围居民做好沟通工作，减少噪声扰民，本工程在施工期未出现噪声扰民的环保投诉。

4. 固体废弃物污染防治措施：本项目施工过程中的固体废物主要为生活垃圾、施工垃圾、废弃焊头和废弃泥浆，其排放量约为 90 t。施工活动中根据固体废物的特点对生活垃圾、施工垃圾、废弃焊头采用回收利用原则，能回用的回用，不能回用的定点收集，集中处置。对于废弃泥浆，按照环评要求，经当地环保部门指定填埋地点设置泥浆池，在泥浆干化后覆土封盖，上层覆盖40 cm厚的耕作土，并对施工场地的地貌进行恢复。

图7　定向钻穿越黄河产生的固废　　　　图8　定向钻废弃泥浆池

施工期各项污染防治措施的落实情况及监理成效见表4：

表4　施工期各项污染防治措施的落实情况及监理成效

环境因素	监控对象	环评要求	监理要点	落实情况
废水	清管废水和试压废水	经沉淀后，排入附近的沟渠或城市排水系统	严格按照环评要求落实，禁止排入水源保护区和非纳污水体	落实了环评要求，废水经沉淀后排放
	站场生活污水	利用现有站场的污水处理系统处理后排放	站场按要求配套污水处理设施，污水经污水处理设施处理后排放	各站场均配套污水处理设施
废气	施工扬尘	施工作业期间应洒水降尘，防止产生扬尘	施工期间落实洒水措施	施工期间进行洒水降尘
噪声	机械噪声	禁止夜间施工、减少鸣号	严格按环评措施落实	落实环评要求，避开夜间施工
		尽量选用低噪声型号施工机械；	严格按环评措施落实	措施已落实
		与周围居民做好沟通工作，减少扰民问题	严格按照环评措施落实	出现问题及时和居民沟通协调
固体废物	生活垃圾	定点集中收集处置，送地方环卫部门垃圾站处理	按照环评要求落实，严禁乱扔乱倒。定点集中收集，统一处置	1. 已按要求落实。2. 由环卫车辆运到城市垃圾填埋场处理
	施工废料	集中收集，能回用的回用，无回收利用价值的，送当地环卫部门处理	按照环评要求落实，严禁乱扔乱倒。定点集中收集，统一处置	
	废弃泥浆	指定地点设置废弃泥浆池就地填埋，填埋后在泥浆干化后覆土封盖，上层覆40 cm厚的耕作土，并对地貌进行恢复	泥浆池填埋地点需经当地环保部门批准，就地填埋后覆土封盖，并对地貌进行恢复，严禁废弃泥浆排入附近水体	基本落实定点设置泥浆池存放废弃泥浆，对于不按照要求落实的下发《监理工程师通知单》通知限期整改
	废弃焊头	不得直接丢弃，应在每个焊接作业点配备铁桶或纸箱，废弃焊头直接放入容器内，施工结束后集中回收处置	按照环评要求落实，严禁乱扔乱倒。定点集中收集，统一处置	措施已落实

（四）施工期生态环境保护措施的落实情况

施工期生态环境保护措施的落实情况及成效见表5。

表5 施工期生态环境保护措施的落实情况一览表

生态保护内容	环境保护措施	区段	监理要点	落实效果
管线沿程水土保持措施	合理安排施工进度，减少水土流失；管道下沟后尽快回填；管道安装完毕后，恢复地貌，恢复浅根植物的种植，防治水土流失	全线	避开雨季和大风天；分段施工，随挖、随运、随铺、随压，不留疏松地面，及时绿化	恢复到原来地貌
		河流段	避开汛期，减少洪水的侵蚀	场地恢复原貌
			施工完毕后 恢复河道现状，对原有河坡作沟坡护砌，护砌范围为管道两侧各7m宽，砌石厚度为40cm。施工后及时运走废弃施工材料和多余土方，避免阻塞沟渠、河道	
		农田段	避开收获季节	保护土壤和恢复农作物种植
		林地段	控制施工带宽度，施工后绿化，种植当地树种	场地恢复原貌
水利工程保护措施	施工后现场恢复，定向钻穿越黄河等大、中型河流以及南水北调工程	河流段	开挖后现场恢复，定向钻施工场地恢复，泥浆填埋	场地恢复原貌
农业生态保护措施	不设施工营地，分层堆放挖掘土壤，减少施工占地；土地复垦、复种	基本农田段	避开收获季节，作物给予赔偿	保护土壤和恢复农作物种植
			管沟开挖时，表土与底层应分别堆放，回填时也应分层回填，回填后剩余的弃土，应平铺在田间或作田埂，不得随意丢弃	
林业生态保护措施	对林地施工进行生态恢复、绿化	林地段	管廊带上种植草坪，预防水土流失	恢复植被
			其余种植当地树种	恢复原有生态林

图9 巩义段施工前作业现场

图10 巩义段施工后植被恢复情况

（五）工程环保设施的"三同时"建设情况

本项目施工严格按照建设项目环保设施三同时制度的要求落实了同步建设，对施工活动中产生的废水、废气、固体废弃物进行了有效的污染防治，满足工程竣工验收的要求。具体落实情况见表6。

表6　工程环保设施的"三同时"建设情况

建设地点	建设内容	保护内容	落实情况
各分输站	汽油采用浮顶罐	减少烃类气体排放	已落实
	配备含油废水处理设施	防治废水污染	已落实（见照片）
	配套有生活污水处理设施	防治废水污染	已落实（见照片）
	输油泵采用隔声罩	降低噪声污染	已落实（见照片）

图11　巩义站含油废水处理设施　　　　图12　驻马店站隔油池

（六）环境风险防范措施的落实情况及应急预案的编制情况

鉴于管道事故风险具有突发性和灾难性的特点，监理方结合本工程特点，根据环评报告书的要求落实工程管线施工过程中的风险防范措施，督促指导施工方制定规范的事故应急预案，成立事故应急领导小组，明确组织结构和职责，落实各项应急准备任务，从而降低紧急情况下事故发生后对环境造成的不良影响，具体落实的风险防范措施见表7。

表7　环境风险防范措施的落实情况一览表

序号	具体风险防范措施	防范措施落实情况
1	管道投产前按要求试压，检查焊缝质量，以确保施工质量	管道投产前按要求试压，检查焊缝质量
2	管道普通段防腐采用加强级熔结环氧粉末，外加防护层，以防止管道腐蚀泄漏，污染环境。穿越段及石方段采用双层熔结环氧粉末，防止管道泄漏	管道防腐普通地段管道外防腐均采用加强级单层熔结环氧粉末防腐（FBE），外加强制电流的阴极保护；对于穿越工程点，采用加强级双层熔结环氧粉末防腐，另增加牺牲锌带阳极保护措施；黄河穿越管道外防腐采用加强级3层PE防腐

序号	具体风险防范措施	防范措施落实情况
3	采用强制电流阴极保护和牺牲阳极阴极保护相结合的方法对管道阴极保护	措施已落实，全线共设立阴极保护站 6 座，线路每隔 1 公里设一电位测试桩，每隔 10 公里设一电流测试桩；（见照片）
4	穿越黄河、伊洛河、索河、沙河、颍河等河流、南水北调工程时，均采用定向钻穿越施工技术，降低管道在这些环境敏感地段的泄漏事故率	措施已落实（见照片）
5	在黄河等大型河流两岸、重要城镇两侧，设置 9 座截断阀，一旦发生管道漏油事故，立即关闭截断阀，减少溢油量	分输阀室 1 座（含线路远控截断阀）、线路远控截断阀室 1 座、线路手动截断阀室 8 座；（见照片）
6	管线全线采用先进的 SCADA 系统（远程监控与数据采集系统），以保证输油管道安全、可靠、经济、高效运行	措施已落实，全线自动控制采用 SCADA 系统，输油处下设调度中心 1 个，位置设在郑州油库（见照片）
7	规范风险管理，制定应急预案，配套应急设施，建立环境风险管理流程，完善风险管理体系	措施已落实（见照片）

图 13　穿越黄河定向钻施工现场

图 14　事故应急预案汇编

图 15　管道防腐后情况

（七）环保投资落实情况

本项目管道工程总投资 57 613.42 万元，环境保护投资约为 7 813 万元，环保投资约占工程总投资的 13.5%。环保投资主要包括管线防腐、阴极保护、定向钻穿越、截断阀室、废泥浆无害化处理、污水处理设施改造、植被恢复、生态补偿等内容。

表8　环保投资落实情况一览表

区段	主要保护对象	环评需落实的环保措施	环评要求投资金额（万元）	实际投资（万元）
首站—孟津	农田及其作物、黄河、湿地、候鸟、邙山古墓	农田：分层开挖、分层回填；黄河湿地：定向钻穿越，入点在试验区；邙山古墓：采取避绕措施；丘陵：水土保持、植被恢复	定向钻：1 100；废弃泥浆处置：20；水土保持及植被恢复：50；生态补偿：10	定向钻：1 700；废弃泥浆处置：50；水土保持及植被恢复：80；生态补偿：30
洛阳支线	农田、邙山古墓	分层开挖、分层回填；邙山古墓：采取避绕措施	生态补偿：30	生态补偿：100
孟津—巩义	伊洛河	农田：分层开挖、分层回填；伊洛河：定向钻穿越；废弃泥浆处置；丘陵：水土保持、植被恢复	定向钻：190；废弃泥浆处置：20；水土保持及植被恢复：50；	定向钻：390；废弃泥浆处置：50；水土保持及植被恢复：100；
巩义—郑州	基本农田、南水北调	农田：分层开挖、分层回填；南水北调：定向钻穿越；废弃泥浆处置；丘陵：水土保持、植被恢复	定向钻：190；废弃泥浆处置：20；水土保持及植被恢复：80；生态补偿：50	定向钻：190；废弃泥浆处置：20；水土保持及植被恢复：100；生态补偿：60
郑州—许昌	基本农田、南水北调、颍汝干渠	农田：分层开挖、分层回填；南水北调：定向钻穿越；颍汝干渠：定向钻穿越	定向钻：400；废弃泥浆处置：50；生态补偿：60	定向钻：450；废弃泥浆处置：55；生态补偿：70
许昌—漯河	基本农田、沙河、颍河、澧河等	农田：分层开挖、分层回填；沙河、澧河：定向钻穿越	定向钻：550；废弃泥浆处置：80；生态补偿：60	定向钻：400；废弃泥浆处置：60；生态补偿：80
漯河—驻马店	基本农田、小洪河等	农田：分层开挖、分层回填；小洪河：定向钻穿越	定向钻：200；废弃泥浆处置：30；生态补偿：60	定向钻：160；废弃泥浆处置：30；生态补偿：70
其他	施工期环境监理；农林生态补偿；水土保持、生态恢复；事故防控：截断阀；防腐及阴极保护；警示牌、标志桩		环境监理：10；生态补偿：550；水土保持、植被恢复：740；截断阀：760；防腐及阴极保护：3 300；警示牌、标志桩：10	环境监理：20；生态补偿：850；水土保持、植被恢复：790；截断阀：760；防腐及阴极保护：3 300；警示牌、标志桩：20
环保设施建设	大气：新建内浮顶储罐30座；水环境：各油库配套新建污水处理设施；声环境：输油泵加隔声罩；定期监测：建立环境管理制度；SCADA控制系统：在职人员巡线与农民工巡线相结合		储罐：150；污水处理：600；隔声罩：60（各10）；SCADA控制系统：280；监测与管理：50	储罐：120；污水处理：60；隔声罩60（各10）；SCADA控制系统：480；监测与管理：50
环保投资总额	实际环保投资比环评要求投资多945万元		9 810	10 755

（八）业主环境管理机构的建设情况

HSE管理体系（安全、环境与健康管理体系）是国际石油石化工业通用的一种管理模式，具有系统化、科学化、规范化的特点，其作用是降低风险，提升管理水平，被各石油公司所采用，本项目业主是中国石化销售有限公司河南成品油管道项目经理部，在施工活动中同样采用了这种国际先进的管理模式，起到了很好的效果。作为第三方监理单位，对其内部管理体系的完善起着很大的推动作用，在施工活动中，结合工程进展情况，对环境管理活动存在的问题给予细心的指导和帮助，对一些专业技术提供咨询和服务，使施工方工作人员的环保意识得以加强，环境管理水平得以提高，为实现工程环保目标奠定了基础。

（九）现场巡视中发现问题的处理情况

在施工活动中，施工方基本能够按照环评要求实施作业活动，减少施工期水、气、声、渣的污染，对管线施工周围生态环境进行了保护，但还存在一些问题，针对这些问题，监理单位及时通知业主或以《监理工程师通知单》的形式通知施工方进行整改，以满足环保法律法规的要求，主要体现在以下几个方面：

1. 严格三桩的设置。为了便于对管道的养护和检修，可依靠沿线设置的管道三桩找到管道的准确位置。三桩主要包括标志桩（转角桩）、里程桩、阴极保护测试桩等，穿越铁路、公路、较大河渠、电缆及其他管道处应设置标志桩，对于转角角度大于 5° 的转角都应设置转角桩，管道在线路整公里处设置永久性标志里程桩（兼作阴极保护测试桩）。监理工作人员在长葛境内现场巡视中发现，部分标志桩被附近村民私自挖走，监理单位要求恢复原状，接到通知后，施工方及时进行了恢复，按照要求设置标识，满足工程需要。

2. 定向钻固废按环保要求妥善处置。在穿越黄河段，采用定向钻方式穿越后废弃泥浆堆放在河床上，不符合环评要求，监理单位以《监理工程师通知单》形式通知业主拿出整改措施进行整改，已落实。

3. 站场含油废水处理设施的污水截留收集系统的建设。在现场巡视中，监理工作人员发现站场含油废水处理设施不完备，缺少污水截留收集系统，发现问题后，监理单位立即与业主协调，完善环保设施建设，确保站场废水达标排放，已落实。

4. 郑州站输油泵噪声超标的治理。2007 年 8 月 27 日下午，工程环境监理人员在现场监理时发现郑州站输油棚输油泵噪声超标（使用监测仪器：声级计，型号：AMA5633）。监理单位下发《监理工程师通知单》通知其整改。

五、环境监理结论

本工程是一项以生态影响型为主的建设项目，基本落实了环评批复，施工期实施了环境监理，有效控制了废水、废气、固体废弃物的污染、减少了水土流失、减缓了生态环境的破坏。环境监理认为：工程工艺技术先进，符合国家的产业政策和清洁生产原则；建立并运行有先进的 HSE 管理体系；对周围生态环境的影响降至最小，项目建设在总体上达到了建设项目竣工环保验收的要求，具备申请竣工环保验收的条件。

六、环境监理建议

1. 日常输油管道的巡视制度要落实，对管道穿越重要饮用水源地（澧河、南水北调总干渠等）要加大日常巡视频次，落实岗位责任制，负责到人。

2. 每年由项目业主至少组织一次反事故演习，检验事故预案的落实情况及可行性。

3. 穿越河流的截断阀及其他部位的截断阀应按本行业内部操作规程的要求运行，每年至少手动和电动试验两次，以检验截断阀的通断能力，避免关键时刻截断阀失灵。

4. 定期监测各分输站、管道穿越重要饮用水源地（澧河、南水北调总干渠）、黄河湿地国家级自然保护区等处的环境质量。

专家点评

油气管线建设是以生态影响型为主的建设项目，油气长输管线工程建设期对生态环境的影响较大，而运行期影响相对较小。其对生态环境的影响主要表现为占用土地、改变土地利用性质、扰动土层、破坏植被。地面站场建设，埋设输油管线，新建各新站场的进场道路等，会对区域内的生态环境，特别是建设范围内的生态环境造成严重影响。开发施工期内要尽可能地利用已有县、乡、村的基础设施，尽量减少长期或临时征地。此外，还要尽可能考虑对各保护目标的避让。

案例对此类项目的监理内容、范围、原则、目标等进行了明确，着重对项目涉及的黄河湿地国家级自然保护区、邙山陵墓群、南水北调中线工程、西气东输已建工程、老王坡滞洪区、澧河6个环境敏感目标保护措施监理情况、施工期生态环保措施的落实、工程环保设施"三同时"建设情况以及环境风险防范措施的落实情况等几个方面的监理成效进行了详细阐述，提出了环境监理的结论与建议，为项目环保竣工验收提供重要的技术支撑。

在环境监理过程中，对工程沿线中生态环境的重要因子进行分析，通过现场巡视、旁站等手段对生态保护措施的落实情况进行监督，尤其是管线穿越黄河时采用定向钻方式穿越产生的废弃泥浆直接堆放在河床、站场含油废水处理设施的污水截留收集系统建设不完备等问题，以《监理工程师通知单》的形式及时通知施工方进行整改，使施工期对周围生态环境的影响降至最小。总结报告中"现场巡视发现问题的处理情况"并对此进行了归纳总结是很不错的一笔。

西南成品油管道（广东—广西—贵州—云南）二期工程、西气东输二期工程（新疆、陕西、内蒙古等地的天然气通过大型管道输送到珠江三角洲）及其支线工程等的建设，案例的环境监理实践为其提供了借鉴。

案例的不足：

案例中环境监理重点虽然放在了环评批复的落实上，但由于环境监理介入时间较晚，施工期存在的一些问题如施工营地的选址、临时材料堆放场的选址及材料堆放要求、取土场、弃渣场的选址、取土方式的选择及取土时表层土的剥离等落实情况都未能及时发现及整改，缺乏施工期废水、废气、噪声污染情况的监测数据支持。

问题与思考：

1. 对于油气长输管线工程，施工线路长、跨越市区多、地形地貌复杂，应采用何种模式实施工程环境监理？

2. 作为项目环境监理人员，当发现施工期施工方有违反环评批复要求的情况时，应如何处理？当发现业主有违反环评文件要求时，又该怎样处理？

第21章　城市基本建设项目环境监理总结

案例　安阳市西区污水处理厂一期工程
环境监理报告（节录）

一、项目由来

根据《安阳市环境保护局关于安阳钢铁有限责任公司安阳市西区污水处理厂一期工程开展第三方监理的通知》，受安阳钢铁有限责任公司的委托，安阳市环境科学研究所承担了安阳市西区污水处理厂（一期）工程的环境监理工作。于2005年11月8日进入工程现场，正式开展该项目环境理工作，当时主体工程的土建工程已经完成大部，设备安装工作正在开始。

二、工程实施概况

（一）工程建设情况

安阳市西区污水处理厂一期工程建设厂址位于安阳钢铁集团公司厂区东北部，胜利大道以北原安钢集团汽车队场地内。主要处理安阳市铁西区部分生活污水和安钢集团公司外排工业废水。一期处理规模为12万t/d。

工程预处理采用物理化学方法处理，深度处理采用反渗透为主的脱盐处理工艺，污水处理工艺包括污水的收集、预处理、深度处理以及产品水的回用。

污水经过预处理后，部分作为中水回用到安钢集团生产供水管网，作为安钢生产用水和循环水系统的补充水，部分经过深度处理后作为一级除盐水供全厂软水管网，反渗透浓水以及反渗透清洗废水混合后供高炉冲渣使用，本项目所处理的污水回用率100%。

（二）工程项目周围环境状况

1. 环境空气质量

项目所属地区环境空气功能区为《环境空气质量标准》（GB 3095—1996）二类区，目前环境空气质量现状劣于二类区标准，主要污染因子为TSP、PM_{10}、SO_2。

2. 地表水状况

项目北侧紧邻安阳河，该河南士旺—小屯断面水质目标为Ⅳ类水质，目前该河段水质现状符合《地表水环境质量标准》Ⅳ类标准，主要控制污染因子为COD、BOD、氨氮等。

3. 地下水状况

市区地下水共监测10眼井，水质整体状况良好，但个别井位监测因子有超标现象，主要污染物是总硬度、总大肠菌群，与上年相比，市区地下水环境质量变化不大。

城市饮用水供水水质达标率100%。

（三）施工方式及进度

本工程地下构筑物均采用开挖方式进行施工，地面池体建筑为钢筋混凝土浇铸，管线工程采用开挖方式进行施工。

开挖施工由装备有相应施工机具的专业化施工队伍完成，视施工条件辅以人工开挖方式。

工程建设进度安排为22个月。

三、环境监理主要制度

（一）每周工程例会制度

工程开工以来固定每周一下午业主组织各施工单位、各监理单位及设计单位召开工程例会，周五下午监理单位组织召开监理例会。就上一周的工程进度情况进行小结，所有的问题进行通报，安排解决上周的遗留问题，同时安排下一周的工作。作为该工程环境监理单位，以上两会均能按时参加。这是本次环境监理，也是整个施工期间最基本的制度。

（二）监理月报制度

每月将环境监理工作小结以简报的形式送业主，将当月的工程进展情况与环境有关的问题及采取的防护措施及时与业主沟通。

（三）现场巡视制度

现场巡视制度是本次环境监理的重要制度。监理人员不定期对各个工地巡视，对于敏感的施工地段，巡视频率加大。通过巡视，发现问题、解决问题，使施工期各项环保措施落到实处。

主要做法：

①与施工作业人员交谈。了解其是否知道有关的环保知识、法规政策要求，从而确定承包商是否对施工人员作了前期培训。

②现场记录。参照工程监理记录格式，设计了环境监理适用的现场记录表格，每次现场巡视，均有文字记录，使环境监理工作文件化、规范化。

四、工程施工现场监理情况

（一）实际建设内容与环境影响报告书内容的差异

1. 厂址的变更

环评报告中，建设厂址的描述为"在安钢大道中段以北，胜利大道东段以南预留污水处理工程用地"。建设时，建设厂址变更为"安钢公司东北部，胜利大道以北，原安阳钢铁公司汽车队场地内"。

建设厂址由原位置向西北移动了 215 m，其原因有二：（1）原厂址距殷墟核心区更近，为了更好地保护殷墟，并与文物部门多次协调，才确定迁移到现厂址。（2）新厂址位于安钢厂区内，减少了施工期及应运期对周围环境和居民的影响，变更合理、有益。

2．废水处理规模的变更

环评报告中，处理规模为：10 万 m³/d，建设时，处理规模变更为 12 万 m³/d。这是建设单位充分考虑了区域内废水的产生量和回用水容量而确定的，变更后使区域内废水得到最大限度的处理，大大提高了废水处理量和利用率，减少了废水的外排量，对于改善恒河水质具有积极意义。

3．废水处理工艺的变更

环评报告中，废水处理工艺的描述为：工业废水：自服务区新建工业废水收集干管进厂废水，由栅前分配进水渠，进入格栅池，经提升泵提升至配水槽，加入絮凝剂，由反应沉淀池沉淀后与生活污水处理后出水汇合进入重力滤池处理，自流进入集水池，经加氯消毒后，由回用水泵房分送至用户；反应沉淀池排出污泥经浓缩后送脱水机房，脱水成泥饼外运处置。

生活污水：自服务区新改造生活污水收集干管进厂污水，经格栅，提升泵房，送入曝气沉沙池，计量槽、分配井至氧化沟进行生化处理，氧化沟单元工艺采用三沟式（T 形），出水进入集水池，由出水泵站送工业废水处理系统重力滤池前，与待处理工业废水汇合后进入工业废水处理系统；曝气沉池池排砂和浮油渣单独外运处置，氧化沟排出剩余污泥，经浓缩脱水处理，形成泥饼后外运填埋处置。

建设时，将生产废水和生活污水合并处理，工艺流程为：自服务区工业废水和生活污水经过提升泵站进厂，由栅前分配进水渠，进入格栅间，出水进入曝气除油池，去除浮油和浮渣，经提升泵提升至调节池，加入絮凝剂，并在反应沉淀池混凝沉淀后，经过斜板沉淀池实现泥水分离，水处理后出水汇合进入 V 形滤池处理，然后自流进入集水池，由回用水泵房分送至用户；反应沉淀池排出污泥经浓缩后送脱水机房，脱水成泥饼外运处置。

变更分析：由原来的工业废水与生活污水分别处理改为混合处理，这主要是该区域污水管网原本为工业废水、生活污水混流，要想实现分流难度很大。另外，原处理工艺中废水经过除油、絮凝沉淀、滤池处理后，水质虽可达到外排标准和部分工业用水标准，但无法全部回用。由于增加了后续脱盐水深度处理工序，出水水质达到软水标准，处理后水可全部回用，实现零排放。这对于节约水资源及环境保护具有积极意义。

在环保监理工作开展期间环境监理人员分别以口头方式以及工作联系单的方式给业主提出建议，为了该项目能够顺利通过环保验收，希望对以上情况能给予足够的重视，将工程变更情况、原因及利弊分析给环境管理部门进行充分解释，征求其意见。

（二）试运行

根据豫环监[2002]25 号文件要求，项目建成报安阳市环保局同意后，方可投入运行，试运行三个月内应向省环保局申请验收，验收合格后方可正式投入运行。现调试工作已接近尾声，建议尽快申请验收。

（三）管道工程

管道工程从原安钢 1—3#排污口到本项目工程位置，中间穿越安钢防腐公司的绿化带，施工过程中造成绿化带（苗木、草坪）破坏，事后，指挥部安排人员对绿化带进行了修复，目前已经恢复原貌。

由于管道工程长度较短，中间主要穿越的均是安钢公司的厂区，施工工作面不大，对周围环境影响也不大。

（四）土建施工

土建施工一般在施工场界内进行，本次环境监理对土建施工过程中存在的环境污染问题进行阐述。

1．水环境影响

施工期施工人员生活污水的排放会直接造成对周围环境的污染。环保监理初期，曾经要求建设单位将生活污水进行收集和处理后外排，推荐的处理方法为化粪池，并要求施工场地厕所污水也要经过化粪池处理后方可外排。实际监理过程中，发现该施工场地生活污水在产生后，沿简易沟渠排放，未至施工场边境，已经消耗殆尽，主要消耗方式为沿途蒸发散失，因此在后续的监理工作中，对生活污水的治理未做强制要求。厕所废水设置化粪池进行处理后外排。

2．大气环境影响

施工期的大气污染物主要是施工扬尘。施工工地的扬尘主要来自堆料场的起风扬尘、装卸投料过程产生的作业扬尘、汽车行驶产生的道路扬尘等，存在于整个施工阶段（如土地平整、打桩、挖土、铺浇地面、材料运输、装卸等），尤其在晴天，扬尘污染更为严重。因此在监理过程中要求施工方在施工过程中，尤其在干燥少雨季节、大风气象下必须十分注意施工扬尘污染问题，定期给路面洒水，经常清洗车辆，尽可能避免扬尘产生。黄沙、水泥等粉料应堆置在库房内或以篷布覆盖，并做到及时清扫地面和现场洒水。

3．声环境影响

施工噪声主要产生于各种施工机械（如推土机、挖掘机、挖土机、打桩机、混凝土搅拌机等），各种机械的声源峰值经实测，其噪声源强在 85～110 dB（A），尤以打桩机噪声声源最强，影响范围最大。因此要求施工期必须严格控制施工时间及施工方式，禁止在夜间进行高噪声的施工作业。

因本工程位于安阳钢铁集团公司工业区内，工地周围无生活环境敏感点，施工过程未产生噪声扰民问题。

4．固废影响

固废包括建筑垃圾和生活垃圾，建筑垃圾主要是废弃建筑材料，如：废板材、废砖石等；生活垃圾主要是建筑工人住宿生活产生的煤渣、腐烂蔬菜等。曾经一度出现随意丢弃、长时间堆放等现象。经过环境监理人员多次建议业主及各相关单位通力合作，问题最终得到解决，垃圾及时清理外运处置，减轻了对环境的不良影响。

五、环境监理结论

（一）监理过程

环境监理单位在首次参加的工程例会上，就将"环境监理工作方案"印发给各承包商，说明了本次环境监理工作的目的、范围、对承包商的要求以及监理程序、制度等，要求各承包商组织施工人员学习并认真执行。

项目环境监理机构每周对各个工地进行不定期巡视。对一般地段巡视频率低一些，对比较敏感的施工地段，或者对环境影响比较大的施工地段，则加大巡视频率。

整个施工期是在和预计的工期相比，已经滞后 9 个月，由于地下考古、进口设备的问题及各施工单位的协调问题，施工进度曾经一度进展缓慢，整个工期也一再拖延。

（二）必要性

工程环境监理作为一种新的环境管理手段，尽管还有需要进一步规范、完善的地方，但它改变了长期以来我国对建设项目管理只注重审批和验收两个环节的"哑铃型"管理方法，变事后管理为全过程管理，是我国环境管理的一次飞跃。

长期以来，我国对建设项目的环境管理主要是抓审批和竣工验收两个环节。这种管理模式对工业污染型的建设项目是有效的，但对于涉及生态环境的工程效果不明显。实施工程环境监理，可以使环境管理工作融入整个工程项目建设过程中，变事后管理为过程管理，尽可能把项目建设对环境的影响降低到最低限度。

工程环境监理是促进环保意识培养、环保宣传教育的有效手段。安阳市西区污水处理厂是安阳市重点工程，在这项工程中开展环境监理工作，凸显了国家对生态环境保护工作的重视，足以引起工程参建各方对施工期间生态环境保护的重视。对施工人员来讲，环境监理人员的现场监督无形中宣传了环境保护的重要性，促使他们形成自觉保护环境的意识。对于工程所在地的群众来讲，环境监理工作也是一种行之有效的环保宣传方式。

（三）监理结论

（1）严格执行了"监理方案"中的各项监理制度，按照预定的环境监理程序开展工作。

（2）废水处理后做到完全回用。施工期间生活污水未对安阳河形成污染。

（3）施工区位于工业区，周围近距离无居民点，施工噪声未出现扰民现象。

（4）场地内建筑材料采取了遮盖措施。建筑垃圾在严格管理要求下及时清运。

（5）施工期间施工人员基本上在施工场界内活动，生活废弃物对施工区域外的环境影响不大。

总之，《环境影响报告书》中要求的环保措施在施工中基本得到落实，省环保局对报告书审查意见中的要求也得到了贯彻落实。

专家点评

根据 2007 年 6 月份国务院印发的《节能减排综合性工作方案》，到"十一五"期末，全国设市城市和县城所在的建制镇均应规划建设城市污水集中处理设施；全国设市城市的污水处理率不低于 70%，新增城市污水处理能力 4 500 万 t。缺水城市再生水利用率达到 20%以上，新增城市中水回用量 35 亿 m^3。

安阳市利用国债资金建设"安阳市西区污水处理厂（一期）"项目，是安阳市总体规划及污染防治规划的重要实施项目之一。该项目总体设计处理安阳市铁西区部分生活污水和安钢集团公司外排工业废水。一期处理规模为 12 万 t/d。污水经过曝气除油、混凝沉淀、V 形滤池处理后，一部分作为中水回用到安钢集团生产供水管网，作为安钢生产用水和循环水系统的补充水，另一部分经过以反渗透为主的脱盐深度处理后作为一级除盐水供全厂软水管网，反渗透浓水以及反渗透清洗废水混合后供高炉冲渣使用，本项目所处理的污水回用率 100%。

在城市生活污水和企业生产废水处理厂建设过程中，厂址变更、规模变更、工艺变更屡屡发生。该项目工程环境监理过程中，能够以工程变更为重点实施有效的环境监理，使项目的实施与环境管理的要求在建设施工过程得到了贯彻落实，取得了一定成效。

问题与不足：

1. 污水处理厂的调试是这类项目环境监理工作的重要内容，项目环境监理人员在环境监理及其总结中没有这方面的内容，也没有环境监测数据的支持，是一缺憾。

2. 工程环境监理总结用语应尽可能准确。

例如施工方案、施工方法、施工工艺均为指导施工的技术性文件但有区别。施工方案——比较详细地介绍工程的施工方法、人员配备、机械配置、材料数量、施工进度网络计划，以及质量、安全、文明施工、环保等，它要对单位工程、分部、分项工程来进行编制；施工方法——采用什么方法去施工某个分项工程，像基坑开挖采用机械挖土是施工方案的组成部分；施工工艺——是施工方案体系的组成部分，针对某个分项工程的施工流程，是施工方法的具体化。"进度"与"工期"也是有区别的。

3. 环境监理工作"文件化"提法欠妥。

第22章　轻工项目环境监理总结

案例1　鲁洲生物科技（山东）有限公司西平分公司玉米深加工项目

一、工程概况

1. 建设单位：鲁洲生物科技（山东）有限公司西平分公司。
2. 工程名称：西平分公司玉米深加工项目。
3. 建设地点：河南省驻马店西平县。
4. 建设规模：年加工玉米 30.77 万 t，年产 10 万 t 商品干淀粉、5 万 t 变性淀粉和 6 万 t 淀粉糖及其他副产品。
5. 设计单位：山东沂蒙建设集团有限公司、济南十方圆通水务有限公司。
6. 项目总投资：12 000 万元（其中环保工程投资 800 万元）。
7. 建设工期：2005 年 7 月～2006 年 4 月。

二、工程环境监理依据（略）

三、工程环境监理的工作范围及目标

（一）监理目标

根据环境保护法律法规有关条款要求，结合项目建设内容和环评批复内容详细列出，作为监理的主要内容和目标，对施工过程中的环境保护的真实性、合法性、效益性进行检查，落实环保设施与措施、防止环境污染和生态破坏、力求实现工程建设项目环保目标、满足工程施工环保验收要求。

总体目标：施工期目标：减少施工期环境污染和生态破坏；环保设施、措施严格按环保批复要求建成，环保设施具备调试验收条件。

质量等级：施工期环境敏感点及周围空气环境质量、地表水环境质量、噪声环境质量达标。

经费控制：在环评及工程设计文件要求的环保投资范围内得到全部落实。

（二）监理范围

以合同规定工作内容为主，并在业主授权的范围内对工程施工期进行环境监督管理，协调参与工程各方落实环保措施。

（三）监理时段

本工程为污水处理主体工程开始施工至设备安装调试及试运行期。

四、监理机构设置、岗位职责（略）

五、工程环境监理实施概况

（一）工程建设情况

鲁洲生物科技（山东）有限公司西平分公司玉米深加工项目总投资 1.2 亿元（其中环保工程投资 800 万元），年加工玉米 15.38 万 t，年产 10 万 t 商品干淀粉和 6 万 t 淀粉糖及其他副产品。

废水治理工程采用物化加生化处理工艺，高浓度废水经 EGSB 处理后，在与低浓度废水一起进入 A^2/O 处理工艺处理达标后排放。废水设计处理规模为 3 000 m^3/d，其中淀粉废水 1 800 m^3/d，淀粉糖废水 1 700 m^3/d，废水设计水质状况见表 1。

表 1 废水设计水质状况表

污染因子	废水进口	废水出口
COD	10 000 mg/L	100 mg/L
BOD	6 000 mg/L	30 mg/L
SS	1 000 mg/L	70 mg/L
TN	300 mg/L	—
pH	2～6	6—9
$NH_3—N$		15 mg/L

锅炉废气采用麻石水膜除尘，对高噪声设备采取了减振降噪等环保措施。

（二）施工管理模式

本项目施工管理模式为平行承发包模式，生产车间土建工程由山东省沂水县兴沂建安有限公司承建；污水处理站土建工程由山东沂蒙建设集团有限公司承建；污水处理站设备安装及调试由济南十方圆通水务有限公司承包；麻石水膜除尘器由福州诚宜环保工程有限公司承建。

（三）工程施工现场监理情况

本项目环境监理主要是对本项目环境工程进行监理，施工现场环境监理主要采用巡视、旁站和环境监测的监理方法。

1. 施工扬尘防止措施

施工原料堆场不能设在施工人员生活区的上风向；混凝土搅拌机要设在棚内，散落在地上的水泥和沙石要经常清理；散装水泥、沙、石灰等易产生扬尘的建筑材料避免露天堆放；施工现场道路硬化，并经常清理，每天洒水两次，降低施工现场的扬尘。

2. 施工噪声防止措施

由于本项目位于西平县工业开发区，施工场界距居民点较远，施工过程无重型或大型施工机械，噪声源强较低。针对上述情况，要求各施工单位采取如下噪声防止措施：

选择性能好、噪声低的施工机械，不符合国家规定的噪声限值的施工机械不得进入施工现场。

强噪声机械施工作业（地基开挖、打桩等）安排在昼间进行。

3. 污水处理站调试监理措施

污水处理站施工及工程设备安装中，及时召开监理例会。在土建及设备安装工程完工后对济南十方圆通水务有限公司下达了监理通知，要求该公司制定《废水治理工程调试方案》，确保污水处理工程调试顺利进行，防止污染事故的发生。

在污水处理工程环境监理过程中，发现污水处理工艺有较大改动，与河南省环保局批复（豫环审［2006］71号）中要求"高浓度废水经UASB处理后，在与低浓度废水一起进入SBR处理工艺处理后排放"不符。向业主说明污水处理工艺有重大变更时必须及时请示河南省环保局，经河南省环保局批复后再作变更，以免对试生产批复造成影响。为此监理方召集业主和承建方召开监理例会、共同探讨变更的原因，并在监理月报中如实向环境主管部门进行了反映。承建单位认为：EGSB厌氧工艺是在UASB厌氧工艺的基础上发展起来的新工艺，具有高负荷、高去除率（COD去出率大于85%）、抗冲击负荷能力强、容积产气率高、可设置完全自控等优点。适用于淀粉废水、酒精废水和其他轻工食品等废水；A^2/O活性污泥池在脱氮方面效果远远好于SBR，总的水力停留时间少于其他同类工艺；缺氧、好氧交替运行条件下，丝状菌不能大量增殖，无污泥膨胀之虞；运行中无需投药，厌氧、缺氧段只需轻度搅拌，运行费用低。调研发现济南十方环保有限公司的厌氧颗粒污泥膨胀床（EGSB）反应器技术在多家企业应用并取得良好的效果，该技术于2001年6月被济南市评为科学技术进步二等奖，2003年2月被国家环保总局评审为2003年国家重点环境保护实用技术。总之，优化后的工艺更适合该项目的污水水质，处理效果更好，操作更简单。项目部总监及监理工程师认真查阅了承建单位提供的有关证件、证书资料，向省、市环境主管部门进行了汇报和建议。

业主在接到监理月报后，向省环保局做了《关于鲁洲生物科技（山东）有限公司西平分厂污水处理工艺优化变更的请示》的报告，此项变更得到省环保局开发处的批准和认可。

（四）环保投资落实情况

根据本工程环评报告书所列环保项目和生态保护措施的要求，环境监理方查阅了施工合同、初步设计文件等，核算显示结果见表2。

表2　工程环保投资完成情况一览表

序号	项目	环评报告书要求/万元	实际完成/万元
1	废水治理	390	765
2	炉废气治理	60	57.5
3	锅炉废气在线监测	80	—
4	污水站沼气收集利用	25	30

序号	项目	环评报告书要求/万元	实际完成/万元
5	噪声治理	10	—
6	固废堆放	3	3
7	湿蛋白糖渣加工	12	24
8	工艺废气治理	50	32
9	监测站投资	28	—
10	厂区绿化	20	11
11	施工期环境监理	20	3
合计		698	925.5

工程实际结算总投资 12 000 万元，环保实际完成 925.5 万元，实际环保投资占工程实际结算总投资的 7.7%，超过环评提出的环保投资占总投资 6.7% 的要求。

（五）环境监理主要措施与制度（略）

六、环保工程质量评价和环保措施落实情况

（一）环保工程及环保措施落实状况评价

环评要求废水采用 UASB 厌氧处理+SBR 反应池处理；锅炉废气采用文丘里麻石水膜除尘器除尘；工艺废气集中收集；厂区植树种草等绿化方法，绿化率不低于 25%。

各项环保工程及环保措施落实情况见表 3。

表 3　环保工程及环保措施落实情况

类别		设计要求	实际完成情况
废水	生产废水	高浓度废水先经 UASB 等厌氧处理再与低浓度废水混合进入 SBR 反应池处理	变更为高浓度废水先经 EGSB 等厌氧处理再与低浓度废水混合进入 A²/O 反应池处理
	工艺水	循环回用	完成
	锅炉除尘水	沉淀后回用	沉淀池已建好并使用
锅炉废气	麻石水膜除尘器	除尘效率不低于 92%	经监测除尘效率达到 95%
	烟囱	高度为 50 m，内径为 2.0 m	已按设计要求完成
工艺废气	工段废气	集中收集后作为产品外销	已完成
	污水站沼气	经集气柜收集后导入锅炉燃烧	已完成
固废	锅炉灰渣	外运制砖或铺路	直接外售
	湿蛋白糖渣	加工后作为饲料外售	直接外售
	污水站污泥	外运堆肥	已落实
	玉米废渣	全部用于饲料外售	直接外售
	湿活性炭	掺入锅炉燃烧	已落实
噪声	车间设备噪声	设置消声器、减震基础和设置隔音罩、隔声间	未完成
绿化	厂区绿化	植树、种草	绿化系数达到 25% 以上

废水处理工艺做了较大变更，用 EGSB 代替 UASB，用 A²/O 活性污泥池代替 SBR 反应池。业主决定变更的理由是：EGSB 厌氧工艺是在 UASB 厌氧工艺的基础上发展起来的新工艺，具有高负荷、高去除率（COD 去出率大于 85%）、抗冲击负荷能力强、容积产气率高、可设置完全自控等优点。适用于淀粉废水、酒精废水和其他轻工食品等废水；A²/O 活性污泥池在脱氮方面效果远远好于 SBR，总的水力停留时间少于其他同类工艺；缺氧、好氧交替运行条件下，丝状菌不能大量增殖，无污泥膨胀之虞；运行中无需投药，厌氧、缺氧段只需轻度搅拌，运行费用低。总之，优化后的工艺更适合该项目的污水水质，处理效果更好，操作更简单。

2006 年 4 月 5 日鲁洲生物科技（山东）有限公司向河南省环保局作了《关于鲁洲生物科技（山东）有限公司西平分厂污水处理工艺优化变更请示》，后经河南省环保局开发处在进行试生产现场检查中同意变更后的污水处理工艺。

（二）试生产及污水处理站调试期环境监测

根据河南省环保局《同意建设项目试生产通知书》要求，鲁洲生物科技（山东）有限公司西平分公司委托了具有环境监理资质的驻马店市环境监测站对总排口废水进行了监测，监测结果见表 4。

表 4　废水监测结果统计表

编号	采样地点	采样时间	pH	化学需氧量/（mg/L）	氨氮/（mg/L）	五日生化需氧量/（mg/L）	悬浮物/（mg/L）	水量/（m³/h）	水温/℃
1	总排口	2006—9—16	6.98	87	2.3	28	23	50	29
2	总排口	2006—10—2	6.37	92	1.5	35	35	46	27
3	总排口	2006—10—18	7.05	89	1.6	19	27	52	29
4	总排口	2006—11—2	6.41	74	1.1	35	31	48	33
5	总排口	2006—11—15	6.88	85	0.9	40	29	50	26
6	总排口	2006—12—1	6.54	86	2.3	35	35	52	27
7	总排口	2006—12—14	7.11	93	1.6	29	19	49	28
8	总排口	2006—12—28	6.89	79	1.3	32	29	49	25
9	总排口	2007—1—15	6.65	85	1.7	25	36	52	21
10	总排口	2007—2—2	6.68	91	3.6	27	25	50	25
11	总排口	2007—2—16	6.77	67	3.1	26	29	48	22
12	总排口	2007—3—2	6.92	82	2.2	38	18	49	26

监测结果表明，鲁洲生物科技（山东）有限公司西平分公司玉米深加工项目在试生产期间能够按照河南省环保局《同意建设项目试生产通知书》的要求，加强了对治污设施的管理和制度完善，使外排废水 COD 控制在 100 mg/L 以下，氨氮控制在 15 mg/L 以下。

（三）施工期项目所在城市环境质量评价

1．地表水状况

经监测，该项目在 2005—2006 年施工期间，沙口断面水质总体无明显变化，水质平均综合污染指数无明显变化，可以满足《地表水环境质量标准》（GB 3838—2002）Ⅳ类水质标准要求。

2．声环境状况

本项目的施工期噪声主要来源于施工机械和运输车辆。由于本工程厂址位于规划的西平县城南工业区，北测为西平县面粉厂和西平县线杆场，其他三测均为城南工业区预留工业发展用地，距村庄及噪声敏感点较远，施工期未发现有噪声污染事件发生。完全可以满足环评噪声环境质量标准要求。

3．生态环境状况

本工程厂址位于规划的西平县城南工业区，过去为农田，人工种植等因素干扰较多，基本没有原始野生植被及珍稀大型的野生动物，没有受国家保护的动植物种类，也没有国家或省级批准建立的自然保护区。

（四）非正常排放防范措施及应急预案落实情况评价

（1）严格生产管理，提高对各生产环节运行工况的监控水平。

（2）加强污水处理站各单元的管理和维护水平总排口在线 COD 监测仪，已完成。

（3）建立一个有效容积 500 m³ 的事故池储存高浓度有机废水，污水处理站正常运行后，做到分期、分批处理这些高浓度废水，避免直接排放。

（4）配备专职人员，组建事故应急机构。安装自动监控仪器、仪表及预警装置，建立生产装置与污水站联动系统。

环评报告书所提出的非正常排放措施及事故应急预案完全得到落实。

七、环境监理结论与建议

（一）监理结论

（1）严格按照《建设项目环境保护管理条例》执行"三同时"制度，环保工程和环保措施与主体工程同时设计、同时施工、同时运行。

（2）执行了《环境影响报告书》中的各项环保措施和要求，各项环保措施和设施基本得到落实。

（3）污水处理站处理工艺能够严格执行变更程序，变更后的污水处理工艺科学合理，更适合该生产污水水质，处理效果好，操作简单。

（4）施工期认真按照环评中提出的施工期污染防止措施进行执行，有效地采取降低施工现场的扬尘，减少噪声污染的措施，同时对施工生产排放废水和生活污水进行集中处理。施工期没有造成污染事故及因污染事故引起的群众纠纷。

（5）试生产期间严格按照河南省环保局下达的《同意建设项目试生产通知书》要求进行试生产，委托驻马店市环境监测站每半个月对外排废水进行一次监测，确保 COD 控制在 100 mg/L 以下，氨氮控制在 15 mg/L 以下。

（6）各施工单位在施工组织设计中明确制定了作业安全管理制度、施工环境保护措施等；环评报告书所提出的工程事故风险分析及防治措施完全得到落实。

（7）根据工程计量核算，从整体投入看，实际施工中的环保投入为 925.5 万元，高于环评报告中的 698 万元。实际环保投资占工程实际结算总投资的 7.7%。

总之，《环境影响报告书》中要求的环保措施在施工中得到落实，河南省环保局对报告书审查意见中的要求也得到了很好地贯彻落实。

（二）建议

1. 建设单位应进一步学习河南省环保局豫环文[2006]120 号《印发关于加强环境影响评价管理意见的通知》精神，提高对建设项目实施工程环境监理的认识，提前对环保工程实行环境监理的介入时段，变工程环境监理被动监理为主动监理；

2. 对生产锅炉的除尘、脱硫进行适时监测，对总排口 COD 在线监测仪尽快与市环保局联网并投入使用；

3. 强化建设项目的环境管理，积极做好项目环保设施竣工验收的各项资料准备。

八、监理资料清单及工程照片（略）

专家点评

该案例的成功之处在于对所监理项目的环保工程工艺设备发生重大变更的处理上。一是在监理时段上界定"为污水处理工程主体施工至设备安装调试及试运行期"把设备安装调试和试运行纳入环境监理的工作范围；二是监理月报反映、建议、督促业主向项目审批部门申报变更事项；三是下达环境监理通知，要求承建单位报送《废水处理工程调试方案》和新工艺、新技术、新成果的试验、鉴定、获奖证书以及环保工程运营资质证书；四是组织实施了调试与试运行期的环境监测，加强了对治污设施的管理和制度完善，避免了调试期污染事故发生。

该项目环评文件要求"高浓度废水经 UASB 处理后，再与低浓度废水一起进入 SBR 处理工艺处理后排放"但业主采用的是 EGSB + A^2/O 治理工艺。类似这样未按环评批复建设的项目，在工程环境监理中如何处理？河南省环保局《关于加强环境影响评价管理的意见》豫环文[2006]120 文明确指出："采用的生产工艺或治污技术比环评批复的生产工艺或治污技术先进，能做到稳定达标排放的项目，由建设单位向项目审批部门申报变更事项后，方可进入试生产和验收程序；采用的生产工艺或治污技术比环评批复要求的生产工艺或技术落后的项目，不能允许项目进行试生产，应责令建设单位予以拆除；采用的生产工艺或治污技术符合环评批复的要求，但治污技术不符合环评要求，应责令建设单位限期整改，符合要求后方可进入试生产和验收程序；未按环评批复的规模进行建设，但国家产业政策又有明确的规模限制，应责令建设单位予以整改，达到规定的建设规模后方可进入试生产和验收程序……"这种分类处理方法也为工程环境监理实践提供了依据。

讨论：

1. 环评单位要不要对所评价项目进行跟踪指导服务？如何使所提出的治理工艺、资金、措施更符合项目建设实际？怎样进行跟踪指导服务？

2. 如何对工程环境监理执行情况进行考核？考核的内容、项目、对象、方式有哪些？

案例2 漯河市双汇集团大豆蛋白二期污水处理工程环境监理总结（节录）

一、工程概况

1. 工程基本情况

项目地处双汇工业园东南部，一期污水处理工程西邻，是漯河市双汇实业集团有限责任公司与杜邦公司合资的 22 000 t/a 大豆蛋白项目的二期污水处理工程，所处理废水为生产大豆蛋白的工艺废水和设备冲洗废水。工程总投资 2 604.3 万元，日处理大豆蛋白废水能力为 5 600 m³，废水处理后经燕山路排水管网向东进入漯河市城市污水处理厂进行再处理，后入漯河市纳污河流黑河。排水框图如下：

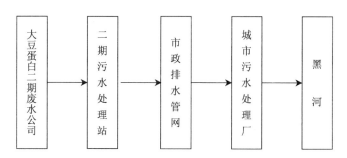

2006 年 2 月，河南省环境保护局以豫环监表［2006］14 号文"关于《河南省漯河市双汇实业集团有限责任公司新建日处理 5 600 m³ 污水处理站项目环境影响报告表》的批复"对工程进行了环评批复。经业主招标，最终选定由许继联华国际环境工程有限责任公司进行总体设计、设备安装、工艺培菌调试，土建工程由北京城建集团六公司施工。

2. 环评要求及批复意见（略）

环评要求要点：

1）项目环境影响评价报告中推荐"气浮+ABR+UASB+CASS+缓冲池"作为主体处理工艺，具体工艺流程见图 1。环评工程分析废水产生量 4 549 m³/d，设计处理能力 5 600 m³/d。

2）污泥推荐采用作为一般固体废物送到城市垃圾填埋场进行填埋，环评预测产生量 45.7 t/d（含水率 75%）、15 310 t/a。

3）厌氧产生的沼气经脱硫塔脱硫后进行综合利用。

4）对该项目设计指标及执行标准情况见表 1。

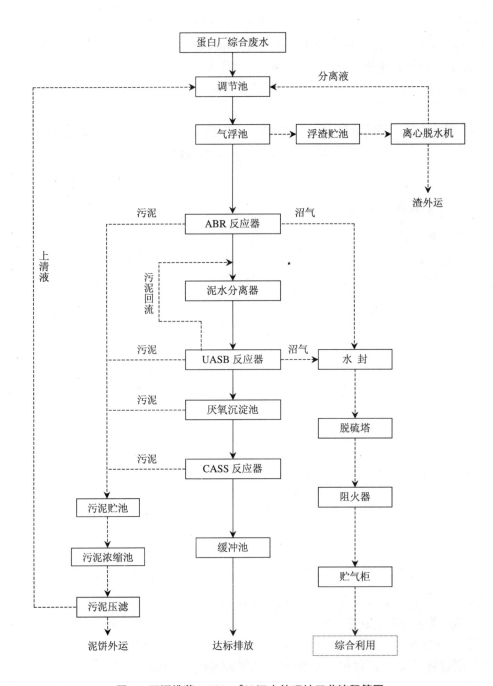

图 1　环评推荐 5 600 m³/d 污水处理站工艺流程简图

表 1　环评设计指标及执行标准一览表

项　　目	COD	BOD₅	SS	硫化物	氨　氮	备　注
设计进水浓度/（mg/L）	15 700	8 500	2 200	138	—	
出水浓度/（mg/L）	220	40	27	1	139	
排放标准/（mg/L）	350	200	200	1	150	

3. 工艺变更情况

1）工程在实际建设中工艺变更为"调节沉淀池+气浮+UASB⁺+CASS+缓冲池"，变更后的工艺流程见图2。

2）污泥经浓缩脱水后由遂平县金土地肥业有限公司作为肥料进行利用。

3）厌氧产生沼气综合利用于发电（意大利合资，6台500 kW发电机组，5用1备）。

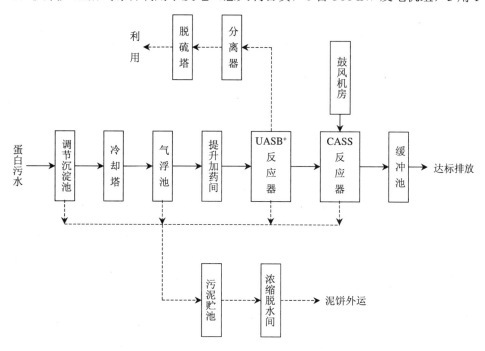

图2　变更后的5 600 m³/d污水处理站工艺流程简图

4. 工程实际建设与环评推荐工艺的比较

工程在实际建设中采用工艺与环评推荐工艺对比情况见表2。

表2　实际建设与环评推荐工艺对比情况一览表

工艺类型	环评工艺	实际建设情况	变更情况	工艺变更后特点
废水治理工艺	气浮+ABR+UASB+CASS+缓冲池	调节沉淀+气浮+UASB⁺+CASS+缓冲池	增加沉淀，将ABR和UASB改为改良型UASB	UASB⁺即改良型UASB，其作用基本相当于两级UASB，是对原设计工艺的优化
污泥处置	一般固废填埋	—	作为肥料进行外卖处置	由遂平县金土地肥业有限公司生产肥料使用，实现废物的综合利用，符合清洁生产原则
沼气利用	综合利用	—	沼气发电	沼气用作发电使用，实现资源综合利用，目前已投入运行

5. 变更后工艺参数

变更后工艺参数见表3。

表 3　变更后工艺参数一览表

单位：mg/L

项目	原水	调节沉淀池			气浮池			UASB⁺			CASS 反应器			标准
		进水	出水	去除率	进水	出水	去除率	进水	出水	去除率	进水	出水	去除率	
COD_{Cr}	15 700	15 700	13 350	15%	13 350	12 015	10%	12 015	1 502	87.5%	1 502	338	77.5%	350
BOD_5	8 500	8 500	7 700	10%	7 700	6 930	10%	6 930	451	93.5%	451	68	85.0%	100
SS	3 000	3 000	750	75%	750	600	20%	600	500	—	500	100	75.0%	200
S^{2+}	3 000	3 000	1 756	40%	1 756	1 756	40%	1 756	527	70.0%	527	105	80.0%	400
氨氮	15	15	20	—	20	30	—	30	600	—	600	150	75.0%	150

6．工艺变更后主要构筑物设计参数

工艺变更后主要构筑物设计参数见表 4。

表 4　工艺变更后主要构筑物设计参数一览表

构筑物名称	数 量	设计流量或容积	工艺尺寸/m	结构类型
调节沉淀池	1 座	270 m³/h	41×11×6.0	钢筋砼结构
冷却塔	2 座	220 m³/h	φ23×20×5.0	玻璃钢结构
气浮池	3 座	220 m³/h	16×6.6×4.0	钢筋砼结构
提升加药间	4 座	220 m³/h	13.2×7.8×6.0	钢筋混凝土
UASB⁺ 反应池	2 座	220 m³/h	40.6×10×13.5	钢筋砼结构
CASS 反应池	4 座	200 m³/h	27×10×5.5	钢筋砼结构
鼓风机房	1 间	—	15.3×7.8×4.5	地上砖混
污泥贮池	1 座	—	10×10×4.5	钢筋砼结构
污泥浓缩脱水间	2 座	—	15.6×9.0×4.9	地上砖混
污泥贮存间	1 间	—	9.0×8.7×4.9	地上砖混
气水分离器	2 座	8 m³/h	φ2.5×3.5	钢结构
脱硫塔	4 座	27 m³/h	φ2.5×8.6	钢结构
脱硫工作间	1 间	—	9.9×3.6×3.6	地上砖混
排水池	1 座	800 m³	25.0×15.0×2.6	钢筋混凝土
投配池	1 座	—	5.0×3.0×4.0	钢筋混凝土结构
综合楼（化验室）	1 座	—	13.2×6.6×6.0	地上砖混

二、环境监理组织机构及岗位职责（略）

本项目为环保工程，业主方要求不委托工程监理、只委托环境监理并兼任工程监理，环境总监理工程师兼任工程总监。

三、环境监理法律、法规依据（略）

四、环境监理的主要工作内容

参与建设项目环境影响报告的评估，审查设计、施工计划和资金的落实；监督和检查项目施工现场的环境污染防治和工程建设、工艺方案的落实情况；向业主、环境保护行政主管部门提交监理文件，汇报工程环境监理进度、阶段工作计划、总结，参与项目的竣工验收。

五、工程环境监理的目标及监理范围

环境监理目标：通过环境监理的手段和具体控制措施，在满足"三大控制"（质量、投资、进度）要求的前提下，使防治环境污染和生态环境保护的措施及投资具体化，力求实现本工程环境保护竣工验收的要求。

环境监理范围：污水处理工程施工期的环境保护及工程设计，工艺技术的落实和完善。

六、环境监理的工作制度

根据合同要求，建立了十项监理制度以保证协议的及时准确履行。即总监负责制度、总工把关制度，监理例会制度，技术交底会制度，工地现场巡视制度，见证和旁站制度，监理日记制度，监理月报制度，监理总结制度，设备材料报验制度，自检和平行检验制度。

七、环境监理成效

（一）施工期环境保护措施落实情况

施工期环境监理重点主要是施工废水、废气、粉尘、施工噪声和生态环境保护，措施落实情况见表5。

表5　施工期环境保护措施落实情况一览表

序号	管理要素	环境监理要求	落实情况	备注
1	施工废水	施工废水进行沉淀后及时排走，避免造成施工现场泥泞和污染；施工沉降水回用或排放	施工废水进行沉淀处理，就近入城市排水系统；施工沉降水及时排放	
2	施工废气/粉尘	（1）产尘部位及时洒水和覆盖避免扬尘 （2）加强劳动保护，发放劳保用品	（1）定时定人对料场洒水 （2）按规定发放	
3	噪声防治	（1）尽量采用低噪声施工机械 （2）合理安排施工计划，噪声大的施工设备在晚间22:00～6:00停止操作	（1）基本落实 （2）购买商品混凝土，不使用混凝土搅拌机，尽量避免夜间施工	
4	施工固废	（1）制定合理的土方开挖计划，留足回填土 （2）施工固废及时清运到指定地点	（1）已按要求落实 （2）由环卫车辆运到到城市垃圾填埋场处理	
5	环境管理措施	（1）将环境保护纳入工程管理范围，接受环保部门的监督 （2）提高现场施工人员环保意识	（1）设专职人员具体落实 （2）通过现场宣传环保知识，了解环境污染的危害性，提高施工人员的环保意识	工程建设还须接受环境监察的日常监督

（二）工程设计及工艺技术的落实、完善情况

环评批复要求：废水处理采用"超效浅层气浮+ABR+UASB+CASS"处理工艺，处理规模 5 000 m³/d。结合工程废水特点及工程建设实际情况，在实际建设中对环评批复要

求的工艺进行了变更，变"废水处理采用超效浅层气浮+ABR+UASB+CASS"处理工艺为"调节沉淀池+气浮+UASB⁺+CASS+缓冲池"，工艺虽然有所改变，但工艺废水处理主体工艺没有发生大的变化，即保证了废水处理主体工艺为"气浮+厌氧+好氧"工艺。目前采用的工艺经过工程的试运行更适合工程实际，变更后的工艺原理是将原来的"ABR和 UASB"改为"改良型 UASB+系统"，实质是在原来设计的厌氧系统内部增加了内循环回流系统，使厌氧系统运行期间在不消耗动力的情况下将沼气、污水、厌氧泥通过内循环管进入到池顶的水封罐内，沼气在水封罐内与污水、污泥进行分离，污水与污泥通过管道再流到厌氧池底，实现了自发的内循环污泥回流，提高了 UASB 反应器的高径比，使泥水充分接触。因此，目前采用的处理工艺是对环评批复要求工艺的进一步优化，既保证了污泥不流失，又能对进入厌氧的原水有一定的搅拌混合和稀释作用，增加了污水与污泥的传质速率，从而进一步加大生物量，延长污泥龄，提高了运行的稳定性。

（三）"质量、投资、进度"三大控制的监理情况

为满足工程竣工环保验收的要求，监理单位严格落实各项环境监理制度，运用现场巡视、旁站、见证、平行检验、监理例会等环境监理手段，对工程进行全过程控制，实现工程"三大控制"的要求。

1. 质量控制

（1）对工程承包方的资质进行严格审核，帮助业主选定具有一定污水处理工程经、业绩较好并符合环境工程施工资质要求的单位。经过论证、评标最终选定某环境工程公司承接了工程设计、施工任务。此公司具有国家环保总局、建设部核发的乙级专项工程证书和工程总承包乙级资格证书，具备开展环境工程设计、工程总承包的基本条件。

（2）对特殊工种操作人员上岗证严把监理关。在施工现场，监理单位对现场特殊工种如电焊工、电工等人员上岗证进行定期检查，如图 3 所示。要求操作人员必须持证上岗，不能交叉作业，确保特殊工种操作人员持证上岗。

（3）对所有管道及部件的焊接质量严格把关，特别是对厌氧集气罩的焊接质量实施旁站和见证制度，严格控制焊接质量。如图 4 所示。

图 3　特殊工种上岗证查验一　　　　图 4　厌氧布水器内部管道检验

（4）对安装使用的螺栓、阀门必须进行报验要求承包方严格按照国家规范安装，对在安装过程中出现不符合要求的部位进行返工、整改。阀门报验现场如图 5 所示。

图 5　安装工程中阀门的报验现场

（5）所有需要采取防腐处理的工艺构筑物池壁、池底，必须全部修复平整后才准许防腐施工。如图 6、图 7 所示。

图 6　厌氧池内部防腐现场

图 7　管道防腐现场

（6）为了增加集气罩和池体预埋铁的强度、密封性，在集气罩的制作过程中，承包方按照业主和监理方的要求对集气罩的制造工艺进行变更优化，将原材料折弯，避免集气罩顶部出现焊缝，降低了集气罩焊缝漏气的概率。对制作完成的集气罩，环境监理要求采取煤油与石灰乳涂缝试漏的检验方法，逐一对所有焊缝的强度、密封性进行检验试漏，未发现焊缝漏点。焊接旁站与煤油试漏见证如图 8、图 9 所示。

图 8　集气罩制作现场旁站

图 9　见证集气罩煤油试漏现场

（7）电力电缆施工安装质量的监理。监理人员首先在现场进行了开箱检验，查阅了电缆测试试验报告，又现场抽查了两组电力电缆，分别对绝缘、线径、横截面积等参数进行平行检验，检验结果为全部合格。

和土建施工单位配合对污水处理各构筑物做好满水试验，以预防池体发生渗漏影响后期的调试。

（8）完善厌氧池挡渣板的安装工艺。在制作过程中，对挡渣板进行了折弯处理，节省了材料，优化了制作工艺。

（9）投配池进好氧池工艺管道的变更完善。原设计投配池进好氧池的工艺管道仅在好氧池有一处进口，在施工过程中，督促施工方将管道延伸到各个好氧池生物选择区的进水口，并分别加装了阀门，以便于配水均匀。

（10）督促施工方对提升间泵池内三台泵的进口处各加装一个阀门，需要对单台泵进行维修时，整个系统的运行不受影响。

（11）原集气罩设计图纸内部支撑设计不完善，由于集气罩跨度较长，环境监理要求施工方增加 50 mm×5 mm 的角钢支撑，满足集气罩内部支撑强度的要求。

（12）由于厌氧泥的污泥浓度较高，在排泥管和厌氧池之间相互倒泥时易造成管道内污泥流动不畅。为了解决这一问题，要求施工方在厌氧池的排泥总管道上增加了 4 座检查井、两个自来水管接口，使排泥管道通畅。

（13）对调节沉淀池及提升间的液位控制系统进行了变更完善。原安装系统为就地控制，运行人员不能及时掌握调节沉淀池和提升间的液位情况。环境监理建议：调整液位报警系统，增加远程控制，使操作人员在总控制室就能掌控液位的高低。

（14）厌氧池进水管原为普通钢管，由于本工程的废水腐蚀性较强，经和甲方沟通，将此部分管道变更为耐腐蚀的 FRPP 材质的管材，为了检修维护的需要，增加 9 座维修井，加装 3 个弹性接头。

2．进度控制

监理方在做好质量控制的同时，督促施工方严格按照计划施工，若由于天气、施工组织的原因，施工进度未按计划完成，环境监理通过日常巡视、监理例会督促施工方落实进度计划，否则，不予进行工程计量。

3．投资控制

监理方在乙方提出工程款的支付请求后，按合同行使工程支付款的审核权。专业环境监理工程师根据现场调查和工程计量情况，对分项、分部、单位工程完成的工程量逐项复核，并将审核后的工程量清单和工程款支付申请表报总监理工程师审定。

环境总监审定环保设施竣工结算报表，与业主、承建单位协商一致后，签发环保设施竣工结算文件和最终的工程款支付证书，并报业主。

环境监理依据施工合同的有关条款、施工图对各项环保防治措施工程投资进行分析。环境总监从造价、环保工程的功能要求、质量和工期等方面审查工程变更方案。

（四）设计图纸规范化的监理

在施工准备阶段，监理方对工程设计图纸进行规范化要求，对电气安装图纸、部分土建施工图、工艺图未出蓝图并且没有加盖出图专用章的图纸提出建议要求整改，设计单位及时进行了落实。

（五）废水总排放口规范化建设的落实情况

根据环评批复的要求，对废水总排水口的规范化建设进行了落实。总排水口已经得到规范化建设，废水总排口安装 COD、NH_3—N 在线监测仪和在线流量计，并与环保部门联网，满足排污口规范化建设的要求。

（六）工程的培菌调试

（1）在培菌调试期间，环境监理要求承包商必须编制调试计划，并由设计单位总工程师签字审核后向环境监理报验，承包商按照环境监理的要求编制并报验了调试计划。

（2）在试运行期间，针对厌氧系统出水悬浮物高的问题，监理方和施工方共同采取有效措施，降低出水 COD 和氨氮浓度，实现达标排放。采取措施有：a. 对好氧池内活性污泥进行补充，排放失去活性的污泥，解决好氧池体积被挤占的情况；b. 从一期污水处理系统调水到二期好氧池内，控制好氧池进水 COD 浓度在 4 500 mg/L 左右，以增加好氧进水的碳氮比；c. 根据好氧池的溶解氧浓度控制曝气时间的长短，溶解氧浓度控制在 0.8～1.5 mg/L 之间。经试运行，使好氧系统逐步趋于稳定。

（3）督促施工方对工艺构筑物出现渗漏进行整改。如发现提升加药间、排泥管口、厌氧池等构筑物有渗漏现象，立即查找原因进行堵漏，使调试顺利进行。

（4）按照调试计划安排，做好调试记录，对调试过程的各组监测化验数据进行分析、对比，如图10、图11所示逐步调整各项运行参数，使之满足工艺设计要求。

图 10　取样量 40 ml 颗粒污泥　　　　　　图 11　取样量 100 ml 颗粒污泥

（七）监理制度的落实情况

在监理工作中，落实了监理例会、旁站、现场巡视、平行检验等制度，实现了对"质量、投资、进度"三大控制的要求。

（1）定期召开监理例会，及时通报工程进度、质量、投资控制情况，加强业主、承包商、第三方环境监理之间的沟通。

（2）落实旁站和平行检验制度。总监理工程师安排监理人员对施工关键部位实施旁站和平行检验进行过程质量控制。隐蔽工程施工旁站如图 12 所示，厌氧集气罩回流缝尺寸自检与平行检验如图 13 所示。

图 12　隐蔽工程施工旁站

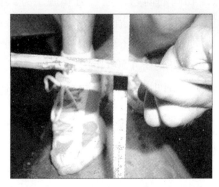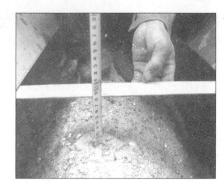

图 13　厌氧集气罩回流缝尺寸的自检和平行检验

（3）严格落实现场巡视制度，环境监理进行日常的现场巡视，使各项工艺技术落到实处。

（4）对设备材料实行报验制度。

① 监理方对设备、材料实行报验制度。要求承包商保证质量、及时供应，使设备、材料质量符合国家相关规范要求，及时向环境监理报验。

② 在材料报验时，如发现资料不详细，没有注明设备型号、产地等情况，监理工作人员要求承包方必须完备报验材料，补齐相关证件（合格证、说明书、材质报告等）。如对脱硫剂的报验，监理方首先筛选生产厂家，其次对进场前脱硫剂进行感官检查，比对一期脱硫剂使用效果，经检查合格后才能使用。在设备报验时，如发现与安装图纸不符，要求承包商在陈述理由后必须做出设计变更，及时完善变更手续。

（5）监理单位认真落实监理日记、监理月报、监理总结制度，详细记录环保工程的形象进度、工程施工过程出现的问题以及采取措施和效果等项内容。

（八）污染物产排情况

调试、试运行期间，环境监理对废水产生及排放情况进行了日常监测，根据 11 月 12～16 日监测情况，污染治理工艺变更后监测数据见表 6。

表6 调试期间监测数据一览表

项 目		11.12	11.13	11.14	11.15	11.16	均 值	最大值	执行或设计标准
水量/（m³/d）		2 590	2 792	2 543	2 515	2 585	2 605	2 792	5 600
COD	进水浓度/（mg/L）	17 871	20 800	12 249	12 450	18 072	16 288	20 800	—
	出水浓度/（mg/L）	297	273	289	273	296	286	297	350
氨氮	进水浓度/（mg/L）	<10					<10	—	—
	出水浓度/（mg/L）	51	52	55	31	84	55	84	150

由表6监测数据可知，工艺优化变更后，废水主要排放指标COD浓度和氨氮浓度均能满足设计排放参数的要求。

废水：杜邦公司由于实行了清洁生产及工艺调整，废水排放量减少，引起废水COD浓度增加，但从污水处理站现状监测化验结果分析，变更后的工艺各项出水指标满足达标排放要求。

污泥：污泥由环评推荐作为一般固废填埋，改为农业肥料综合利用，实现了固体废物的有效综合利用，污泥实际产生量为每天18 m³/d（含水率78%）。

沼气：环评推荐沼气脱硫后进行综合利用，企业实际建设过程中配套的沼气发电项目已经投入运行，落实了环评要求，实现了节能降耗、减污增效、清洁生产，不仅实现了资源综合利用，还创造了一定的经济效益。

八、环境监理结论

（1）施工期甲方、监理方对工程实施了全程管理，明确环境保护责任，合理安排施工计划和时间，对施工扬尘、噪声、废水、固废及土方开挖造成的水土流失进行了有效控制，使得因工程施工造成的生态影响程度减至最小，施工期环境影响较小。

（2）在工艺技术落实和完善方面，工程废水处理工艺进行了优化变更，但主体工艺没有发生变化，即废水主体处理工艺采用"气浮+厌氧+好氧工艺"；目前采用的处理工艺是对环评批复要求工艺的优化，既保证了污泥不流失，又能对进入厌氧的原水有一定的稀释作用，还增加了污水与污泥的传质速率，提高了各项污染物达标排放的可靠性。

（3）工程进水量变化幅度较大，主要原因为实施清洁生产和工艺调整导致工程进水量减小，进水浓度增加，进而造成COD进水指标有所增高。

（4）工程产生的污泥由环评推荐一般固体废物填埋改为作为农业肥料综合利用，实现了固体废物的综合利用，符合清洁生产的原则。

（5）沼气实行脱硫后发电实现了资源综合利用，满足环评批复要求。

（6）污水处理站总排水口安装有COD及氨氮在线监测装置，满足排污口规范化建设的要求，废水排入城市排水管网前设置有缓冲池，能够使废水连续稳定排放，符合环评批复的要求。

本工程是一项水污染治理工程，通过"三大"控制（质量、投资、进度），落实和优化了工艺设计，执行了环境影响评价和环境保护的"三同时"管理制度，实施了环境监理，有效控制了污染、减缓了对生态环境的破坏。经近期的试运行，工程主要污染物进、出水指标满足设计及达标排放的要求。因此，本项目在总体上达到了建设项目竣工环保验收的要求，具备申请竣工环保验收的条件。

九、环境监理建议

（1）污水处理设施运营期要科学管理、规范操作，严格落实各项管理制度、操作规程和工艺参数，规范填写运行记录。

（2）制定污水处理站发生非正常工况时的应急预案，使非正常工况排污和污染事故发生时造成的不良影响降至最小。

（3）长期推行清洁生产，尽量降低污水进水负荷，减少废水排放量，缓解城市污水处理系统压力，实现节能减排。

（4）稳定生产工艺，合理控制进水负荷，进一步完善污水处理工艺，确保废水能够稳定、连续达标排放。

专家点评

很多大型轻工业项目都要建设企业污水处理厂（站）本身就是环境保护工程，是污染物减排的重要工程措施，其建设质量的优劣对落实环评批复和"三同时"的环境管理制度，削减建设项目的污染负荷，有效控制污染，实现环保目标，意义重大。环境监理能否独立完成环保工程的建设监理任务，该项目就是一个成功的范例。

项目环境监理总结中介绍：业主没有委托工程监理，由环境监理代行工程监理职能。环境监理的内容主要有两项，施工期水、气、声、渣的达标监理和环保工程的监理。案例从日处理 5 600 m³ 大豆蛋白废水二期污水处理工程的工艺设计入手，通过"三控"（质量、投资、进度）、"两管"（合同、信息）和"一协调"（组织）等监理手段，坚持环境监理部门独创的"一查、二督、三报告"（即审查环保工程设计、施工计划和资金落实情况；监督检查施工现场环境污染防治措施落实情况、监督检查环保工程建设和工艺方案的落实情况；向业主、环境监理单位、环保主管部门进行报告）。尤其是对工程的生物培菌调试阶段的监理，针对调试中存在的问题，提出了解决办法，讲明了监理方法和过程，落实工程设计及工艺技术，在关键部位的施工中实施了巡视、旁站、见证、平行检验，取得一定的监理成效；这是工程监理或其他建设监理无法完成的；实现了工程监理和环境监理的完美结合，为同类工程的环境监理提供了借鉴和帮助。

该案例还根据环评要求和管理部门的批复，通过总监负责制度、总工把关制度，监理例会制度，技术交底会制度，工地现场巡视制度，见证和旁站制度，监理日记制度，监理月报制度，监理总结制度，设备材料报验制度，自检和平行检验制度等十项制度保证了环境监理合同的及时准确履行。

案例的不足之处：工程的工艺设计、污泥处置虽然优化了设计，但是根据环境管理的要求，变更环评批复必须要经过原审批部门的批准后才能实施，本案例缺乏这方面的说明。另外就是建设项目的施工档案资料非常重要，监理总结报告没有介绍信息资料管理和合同管理方面的工作情况。

问题与思考

1. 第一次工地例会和设计技术交底会由哪一方主持召开？

2. 环境总监理工程师应具备什么条件和素质？

3. 环境监理应不应该参加环评报告评估，审查设计？

4. 培菌试验调试计划的编制应该是谁完成的？环境监理工程师应如何进行审批和指导？

第 23 章　畜禽养殖工程环境监理总结

案例　河南省正阳种猪场粪污处理沼气工程（节录）

一、项目背景

目前，河南省已经把农业面源污染的治理工作提到了议事日程，第一，要求全省在新的历史阶段，要走生产发展、生活富裕、生态良好的文明发展道路，走资源节约型、清洁生产型、生态保护型、循环经济型的发展之路。第二，全省制定了农村沼气建设规划，要求在发展户用沼气的同时，规模化畜禽养殖场或养殖小区建设大中型沼气工程，为全省新一轮经济发展创造良好的环境。

河南省正阳种猪场是国家级十大重点畜禽场之一，2002 年顺利通过 ISO 9001 国际质量体系认证和无公害畜产品产地认定。2005 年 8 月委托河南省田丰农业项目技术服务有限公司编写了《河南省正阳种猪场粪污处理沼气工程可行性研究报告》。2005 年 9 月按照财政部、国家环保总局《关于组织申报 2005 年集约化畜禽养殖污染防治专项资金的通知》要求，经过认真筛选，符合集约化畜禽养殖污染防治专项资金项目申报条件。为了管好用好这项专用资金，落实环保"三同时"做好施工期的监管，业主要求进行该工程的环境监理。受业主委托驻马店市豫正工程环境监理有限公司承担了该工程环境监理工作。

二、项目主要建设内容

本项目建设内容包括有机废水处理工程（猪尿及冲洗水集中到污水站进行处理，此污水处理工程拟建设规模为处理畜禽养殖废水 300 t/d）、有机肥加工处理工程（处理能力 4 t/d）、沼液综合利用工程。项目建设 3 座 500 m³ 厌氧发酵罐，300 m³ 储气柜，800 m² 有机肥加工中心等，年生产有机肥 1 440 t、沼气 21.9 万 m³。

有机废水处理工程根据畜禽养殖废水具有良好的可生化性，废水中营养成分也比较齐全等特点，结合生态工程的要求，处理工艺采用"废水厌氧消化生产沼气"和"厌氧发酵出水综合利用"的处理方法，以达到开发能源、治理污染、净化环境、综合利用的绿色生态环境治理工程的目的。由于采用低运行成本、低投入的综合治理工艺，使本项目生态工程具有较好的示范和推广应用价值。工程产生的沼气，将解决本场总部用户生活用能的需要。

有机肥加工处理工程是将猪粪通过堆肥、配料、造粒等生产有机—无机肥。工艺流程为：猪粪通过集粪池，采用堆放原料→加生物菌→翻搅→发酵→筛选→成品→包装→入库的方式，生产有机肥。实现猪粪的资源化利用。沼液综合利用工程是将沼液经过微生物分解，杀灭有害病毒菌，变成腐熟的液状肥料，并设置储存池，通过铺设管网，配备有机械喷灌设施，用于农场周围的农作物和蔬菜生产，实施喷灌、浇灌、滴灌，具有杀虫、防虫、抗旱、保菌、增产增收等多种作用，为生产绿色无公害有机农产品提供肥源。

主要构筑物

（1）格栅集水池。格栅井：在此处安装格栅，格栅为钢结构，格栅井为钢筋混凝土结构。集水池：集水池为钢筋混凝土结构，容积 180 m^3，池底呈坡形，池顶加盖。格栅井与集水池均为地下池。

（2）水力筛网。水力筛网底座为砖混结构，水力筛网网片、水力筛网布水箱等均是不锈钢。水力筛网设于地上，共一座。

（3）水解酸化池。水解酸化池容积为 300 m^3，分为三格，每格均挂有弹性立体填料。池体为钢筋混凝土结构，外设保温层，池底设有泥斗，水解酸化池为半地上池。

（4）厌氧发酵罐。厌氧发酵罐池容为 3 m^3×500 m^3，采用现浇钢筋混凝土结构，在罐体外设置保温层，厌氧罐内设有三相分离器、布水器和溢流槽等（均为钢结构）。厌氧发酵罐为半地上池。

（5）沉淀池。沉淀池池容为 90 m^3，采用砖混结构。沉淀池为地下式池。

（6）生物稳定塘。生物稳定塘总面积为 3 900 m^2，稳定塘采用现有水塘改造，结合工艺流程，在水塘中养殖水葫芦等的水生植物，有利于水的净化。

（7）沼气储气柜。沼气储气柜钟罩容积为 300 m^3，储气柜为湿式储气柜，水池为钢筋混凝土，钟罩为钢结构，沼气储气柜为地上池。

（8）集粪池。集粪池池容为 150 m^3，池子采用钢筋混凝土结构，为敞口池。半地上池。

（9）有机肥加工中心。根据处理工艺的需要，主体构筑物一般包括预加工车间发酵车间、合成车间和仓库。有机肥料的加工需要较为宽敞的工作空间，车间大门的宽度能容纳铲车、卡车等运输工具的进出，因此肥料中心内的主体构筑物占地面积相对较大，建设包括：彩钢结构厂房、预处理槽、翻堆发酵槽、原料堆放、包装车间、办公室及化验室、辅助车间、配电间、厕所、水泥场和地道路等。建筑面积为 800 m^2。

（10）管理用房。项目建设的管理用房为 50 m^2，采用砖混结构。

（11）粪肥浇灌系统。由于污水处理工程与有机肥使用基地之间存在一定距离，为了减少工程投资，同时也考虑到使用有机肥的方法，本项目建设 1 000 m^3 储液池，把经厌氧发酵的有机肥经过泵打入沼液池，然后安装输液管网，为了使液肥用于农田喷灌，一般田间地下设置ϕ100～ϕ150 的水泥压力管，每 50 m 左右设喷灌消火栓一组，配 200 m 左右消防水带和消火喷枪，便于液肥喷灌、还田，不造成二次污染。同时减少对稳定塘的压力，更有效地确保不产生突发性环保事故。同时有机肥的使用可结合农田灌溉同时进行，这样可大量节约灌溉用水，对有限的水资源也是一种很好的保护。

三、工程环境监理依据（略）

四、环境监理目标、范围

工程环境监理目标主要包括环保达标监理和环保工程监理。环保达标监理是使主体工程的施工符合环境保护的要求。

环保工程监理主要是沼气工程及有机肥加工中心两个单项工程。

五、环境监理的方法

由于该项目接受委托监理时，沼气工程及有机肥加工中心两个单项工程已全部竣工，设备安装也全部就绪，因此不能像常规环境监理那样对承包商在施工期进行监控，只能通过调研和实地踏勘对工程项目的各项环保指标进行评估分析，进而核查项目施工期对环境保护法律法规、标准、规定落实情况。

六、环境监理成效

（一）项目施工准备阶段分析评估

项目建设执行了"评估制"。建设项目的立项有可行性研究报告、有环境影响评估报告，在本场所辖范围内建设不需要征用土地，其他手续完备。

项目建设执行了"法人制"。该项目为环保专项资金项目，项目责任人为河南省正阳种猪场法人。

项目建设执行了"招标投标制"。2006 年 4 月 1 日发出了招标邀请函，经过评标委员会评议，2006 年 5 月 23 日对中标单位发出了中标通知书，2006 年 7 月 16 日与河南省桑达能源环保有限公司签订了沼气建设工程合同。

项目建设基本执行了"工程监理制"。虽然工程在建设施工过程中没有委托第三方建设监理，但由业主代表为土建工程代为监理，进行了隐蔽工程、设备安装的质量验收与试压调试，而且委托进行了环境监理。

（二）项目投资控制分析评估

项目可行性研究报告总投资估算：项目总投资 425.92 万元，工程平均单位投资 2 839 元/m³。其中能源材料费投资 188.10 万元，仪器设备购置费 185.52 万元，资料印刷费 3.68 万元，会议及差旅费 10 万元，鉴定验收费 5 万元，管理费 14.95 万元，其他费用 18.67 万元。

沼气工程建设合同价为 159.907 125 万元：其中包括构筑物造价 36.1 万元，设备购置费 90.65 万元，安装费 9.065 万元，设计费 12.675 0 万元，管理费 3.802 5 万元，税金 7.614 625 万元。

有机肥加工中心建设合同价 64.200 0 万元：其中包括 1 550 m² 砼粪场建设 12.700 0 万元，新建 5 004 m² 混凝土公路 4.100 0 万元，新建有机肥加工中心桥梁一座 2.300 0 万元，新建有机肥加工中心职工住室 483 m² 需 17.8 万元，改建发酵车间 531.2 m² 需 15.700 0 万元，改建成品库 294 m² 需 7.500 0 万元，其他房屋改造 12 间需 4.100 0 万元。

项目建设的合同价总计为 224.107 125 万元，占可行性研究总投资估算 425.92 万元的 52.62%（因缺乏竣工验收决算资料无法进行决算比较）。

（三）项目进度控制分析评估

可行性研究报告编写完成时间：2005 年 8 月 20 日

项目环评报告完成时间：2005 年 8 月 25 日

环评报告表审批时间：2005 年 8 月 30 日

可行性研究项目进度安排

项目前期准备阶段：2005 年 11 月到 2006 年 2 月

项目土建施工阶段：2006 年 3 月到 2006 年 4 月

项目设备安装阶段：2006 年 5 月到 2006 年 6 月

项目调试阶段：2006 年 7 月到 2006 年 8 月

项目将于 2006 年 9 月交付使用

有机肥加工中心建设合同工期：开工日期 2006 年 2 月 6 日；竣工日期 2006 年 5 月 6 日，有效工期为 90 天。

沼气工程建设合同工期：开工日期 2006 年 8 月 1 日；竣工日期 2006 年 10 月 31 日，有效工期为 90 天。

项目建设土建施工与设备购置、建造、安装基本上是按照可行性研究报告的进度安排进行的。由于资金不能按时到位等多方面的原因，沼气工程的调试与试运行日期相应滞后，因此项目的"三同时"竣工也向后推迟。

（四）项目质量控制分析评估

项目建设设计质量：沼气工程建设有工程设计方案包括工艺设计、方案比选、工艺流程、主要建构筑物及设备数量清单等；施工图设计有图纸目录、设计总说明、总图布置、建施、结施等，但无图签、无设计人员校审人员签名。

项目施工质量：有机肥加工中心建设质量，合同约定按照《建筑工程质量验收统一标准》的规定由发包人组织设计、监理、监督、勘察、施工单位共同参加工程验收，对基槽、隐蔽工程、基础工程、主体结构进行中间验收；沼气工程建设质量，合同约定乙方施工使用的主要原材料、构配件半成品必须按有关规定提供质量合格证，或进行检验后方可用于工程；对材料的变更或代用必须经过设计单位和甲方同意后方可用于工程；沼气工程建设合同还约定乙方必须对沼气发酵池储气柜、集气钢罩、水封池、输配系统进行试水、试压检验，试水 24 h 水位不下降，池底池壁无渗漏水，试气 24 h 气压下降不超过 3%输配系统应在 10 min 内无压力下降。

项目建设工程竣工验收及保修情况：经调查，缺少承包商提供的竣工申请验收报告及竣工验收图；没有见到试压、试水抗渗记录和中间验收交接由发包人、主管部门、设计、监理、施工单位会签有关的文件；也没有见到沼气工程、有机肥加工中心建设的保修记录。

（五）施工期安全生产情况

经调查：有机肥加工中心建设及沼气工程建设过程中由于切实加强了安全生产教育和管理，施工期没有发生重大工程质量事故和人身安全事故。

（六）项目建设环保目标分析评估

1. 环评要求工艺与实际建设竣工工艺分析评估

环评报告推荐工艺流程如图 1 所示。

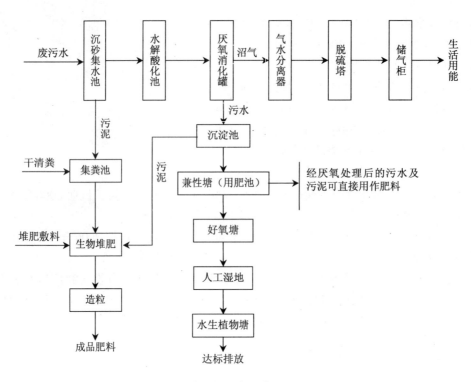

图1　环评报告书推荐工艺流程图

实际竣工沼气工程工艺流程如图2所示。

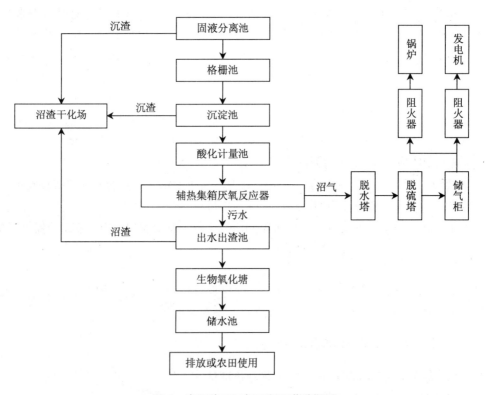

图2　实际竣工沼气工程工艺流程图

有机肥加工中心固体废物处理工艺流程如图 3 所示。

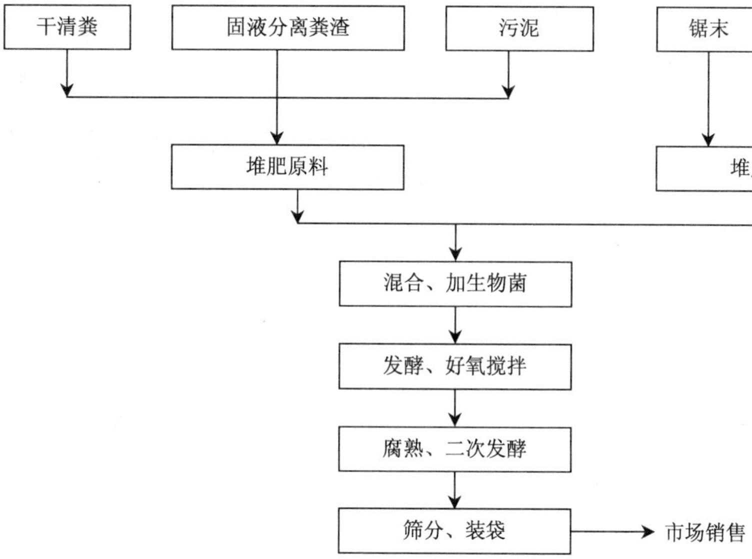

图3　有机肥加工中心固体废物处理工艺流程图

两者相比工艺流程基本相同，虽然表现形式不完全相同，但实际流程是一样的。环评流程图从储气柜往后没有把锅炉与发电机生活用能细分；而沼气工程建设实际竣工流程图不包括有机肥加工中心建设部分。项目建设在工艺设计上是执行了环评报告表及批复要求的。

2．项目建设选址吻合性分析评估

该项目环评报告定性为改扩建，沼气工程建设在种猪场平面图环评报告标示的范围内；有机肥加工中心位置环评报告无标示，建设在距离沼气工程约 4 km 的正阳到大林县乡公路东侧。

项目建设选址与环评要求基本吻合。

3．项目建设规模分析评估

（1）环评提出项目建设规模。

正阳种猪场种猪生产区采用干清粪工艺，废水排放量为 150～200 m³/d，考虑到种猪场的发展，本项目有机废水处理工程设计处理规模为 300 m³/d，有机肥加工处理工程处理能力 4 t/d，规模可行。

项目实施后，种猪场粪污水经处理后可用于农灌或达标排放；干清粪及污泥可制作有机肥料；可生产沼气 600 m³/d。

（2）项目建设实际竣工规模。

《工程设计方案》设计处理水量为 75 m³/d。

设计进水水质为 COD≤8 000 mg/L、BOD≤4 000 mg/L、SS≤1 500 mg/L、NH₄—N≤300 mg/L、pH 6～9、色度≤600。

设计排放水质按《畜禽养殖业污染物排放标准》（GB 18569—2001）指标 COD≤400 mg/L、BOD≤150 mg/L、SS≤200 mg/L、NH₄—N≤80 mg/L、粪大肠杆菌群≤1 000 个/L、

蛔虫卵≤2 个/L。

日产沼气量 500 m³；日产干粪 15 t，月沉渣和沼渣产生量约为 6 t。

该项目建设采用了属于科技部星火计划项目和河南省重大攻关项目的辅热集箱厌氧反应工艺。辅热集箱厌氧反应器是一种推流式厌氧反应器，与其他厌氧反应器一样，利用反应器中水解酸化细菌和发酵细菌，把大分子有机物转化为小分子有机物（主要是有机酸），再经产甲烷菌等微生物进一步无机化并产生沼气。与其他推流式厌氧反应器最大的不同就是反应器的顶部采用钢结构的辅热集箱（表面镀有高吸热系数的镀膜），在反应器的上面设置保温大棚，这样不但大大提高了反应器中的温度，而且保证了反应器中有比较高的沼液温度，进而提高了反应器的处理效率和产气效率。工艺特点是：采用独特设计、运行管理方便、投资较低节约能耗、出渣容易。

项目建设竣工规模与环评报告要求相比：沼气工程建设采用了专利技术（辅热集箱箱式厌氧发酵工艺），工艺上有创新，处理规模 75 m³/d，是环评报告要求规模 300 m³/d 的 1/4；沼气日产生量 500 m³/d，达到环评报告估算量 600 m³/d 的 83.33%；有机肥加工中心处理能力环评报告要求 4 t/d，实际日产干粪 15 t 加上沉渣和沼渣，大于环评报告要求处理能力。

4. 项目建设生态保护、生态补偿分析评估

环评报告要求："本工程属生态环保工程项目，具有明显的生态效益，但项目实施后应加大污水处理区的绿化面积，绿化率不低于 30%，通过采取种植乔灌木、花草等措施，最大限度地改善区域生态质量。"

经调查，项目建设各单项工程竣工后，沼气工程、氧化塘、有机肥加工中心院内外均进行了绿化，栽种有花草、杨树等乔灌木，绿化率不低于 30%。

5. 项目建设环评其他相关环保建议分析评估

环评报告及驻马店市环保局批复要求"好氧塘增设曝气设施"，项目建设沼气工程建设内容中有 60.00 m×20.00 m×1.50 m 规模的氧化塘一座，实地查看未见到氧化塘中有曝气设施。

七、环境监理结论及整改建议

（一）监理结论

（1）项目建设执行了"评估制"、"项目法人制"、"招标投标制"和"工程监理制"。工程在建设施工过程中委托了工程环境监理，由业主代表对土建工程代为监理，进行了隐蔽工程、设备安装的质量验收与试压调试，项目建设符合建设项目环境保护管理程序。

（2）项目建设的合同价总计为 224.107 125 万元，占可行性研究总投资估算 425.92 万元的 52.62%。

（3）土建施工与设备购置、建造、安装基本上能够按照可行性研究报告的进度安排进行，沼气工程的调试与试运行日期相应滞后，项目"三同时"竣工验收也向后有所推迟。

（4）项目建设工程质量缺少承包商提供的竣工申请验收报告及竣工验收图；没有见

到试压、试水抗渗记录和中间交工验收证书以及由发包人、主管部门、设计、监理、施工单位会签有关的交接文件；也没有见到沼气工程、有机肥加工中心建设的保修记录。

（5）项目建设在工艺设计上执行了环评报告表及批复要求；项目建设选址与环评要求基本吻合；项目建设竣工规模与环评报告要求相比：沼气工程建设采用了专利技术（辅热集箱箱式厌氧发酵工艺），工艺上有创新，处理规模 75 m³/d，是环评报告要求规模 300 m³/d 的 1/4；沼气日产生量 500 m³/d，达到环评报告估算量 600 m³/d 的 83.33%；有机肥加工中心处理能力环评报告要求 4 t/d，实际日产干粪 15 t 加上沉渣和沼渣，大于环评报告要求处理能力。

经调查，项目建设各单项工程竣工后，沼气工程、氧化塘、有机肥加工中心院内外均进行了绿化，栽种有花草、杨树等乔灌木，绿化率不低于 30%。

（6）项目建设沼气工程建设内容中有 60.00 m×20.00 m×1.50 m 规模的氧化塘一座，实地查看未见到氧化塘中有曝气设施。

综合分析评估：该项目在建设施工过程中能够按建设项目环境保护管理法规、规定要求进行，其建设选址、建设规模、主要处理工艺、工程进度、资金使用基本符合环评批复要求。该项目建设过程基本具备了建设项目竣工环境保护验收条件。

（二）整改建议

（1）及早进行沼气工程各处理单元的调试，对进水水质与出水水质进行检测化验，监控使其稳定运行，达到设计处理效率；

（2）沼气储气柜周围应有明显防爆、防火和严禁烟火警示标志，并且要有消防沙、灭火器等应急措施；

（3）完善生物氧化塘曝气设施，生物氧化塘必要时应考虑加强防渗处理，避免对周围浅层地下水的影响；

（4）有机肥加工中心距离沼气工程建设地点相距约 4 km，途中又经过间河乡政府，对干清粪及沼渣和沉渣的运输应加强管理，防止沿途的流失、泄漏对周围环境和空气的污染；

（5）强化环保管理体系，建章立制明确各级环保目标责任，切实加强各项管理，充分发挥环保工程投资的社会效益、经济效益和环境效益。

专家点评

该案例总结报告，不在于项目施工期环境监理工作的业绩与环境监理总结报告编写的水平，而在于项目开展工作的本身意义。

面源污染，中国农村环保之痛。在重点流域、区域和规模化畜禽养殖污染物排放量较高的地区，应优先建设规模化畜禽养殖污染防治示范工程。根据养殖场所在地的经济发展水平、种植业和养殖业布局等具体情况，因地制宜地选择生产沼气、堆肥、各类环境工程等技术模式，切实解决畜禽养殖污染，力求实现畜禽养殖污染物的资源化综合利用，使污染物达标排放，是当前农村面源污染整治的迫切任务。

规模化畜禽养殖场污染治理是环境整治的重要内容，是建设生态省市、推进生态高效农业、发展农业循环经济、建设社会主义新农村和构建和谐社会的一项重要举措。也是转变畜牧业养殖方式、提高畜牧业现代化水平、促进畜牧业可持续发展的必由之路。据国家环境保护总局 2006 年发布的《国家农村小康环保行动计划》，到 2010 年，完成 500 个规模化畜禽养殖污染防治示范工程建设，其中东、中、西部分别完成 200 个、180 个、120 个示范工程建设。

我国规模化畜禽场的宏观环境管理水平普遍较低，全国 90%的规模化养殖场未经过环境影响评价，60%的养殖场缺乏干湿分离这一最为必要的污染防治措施。而且环境污染投资力度明显不足，80%左右的规模化养殖场缺少必要的污染治理投资。过去一些地方将规模化畜禽养殖作为产业结构调整、增加农民收入的重要途径加以鼓励无可置疑，但环境意识相对薄弱，污染治理严重滞后。我国长期以来又把环境工作重点放在工业污染防治上，对包括畜禽养殖在内的农业污染治理缺乏相应的管理经验。因此，通过对强化综合利用，加强综合治理，开展规模化畜禽养殖废弃物综合利用和污染防治示范工程等措施，进一步做好畜禽养殖污染防治工作，努力促进畜禽养殖环境与经济的协调发展，有效地保护和改善农村生态环境尤为重要，该案例可以说是首开先河。

第24章 案例分析题及模拟试题

关于案例分析

案例分析题是从环境监理实践中碰到的各类案例中体现出来的具体问题，并多以较长、较复杂的案情内容为特点，所以回答问题的难度也较大。仿照全国注册监理工程师和注册环评工程师考试的方式方法，编写了部分案例及模拟试题，供学员参考。其目的是为了加深对环境监理基础理论知识的理解和环境监理实践的感触与认识。学员在分析解答案例分析题时，首先应认真审题，搞清楚题目中给的条件是什么，所问的问题是什么？弄清楚题目中设置的考点和涉及的知识点，明白应该用哪些知识来综合解答。在综合案例题目中，往往题目不是单一的科目，更多的是综合考核多科相关知识。

案例分析题

第一题

【背景】 某业主建设一城市污水处理厂，委托 A 监理公司进行监理，经过施工招标，业主选择了 B 建筑公司承担工程施工任务。B 建筑公司拟把土建工程分包给 C 地基基础工程公司，拟将暖通、水电工程分包给 D 安装公司。

在总监理工程师组织的现场监理机构工作会议上，总监理工程师要求环境监理人员在 B 建筑公司进入施工现场到工程开工这一段时间内，要熟悉有关资料，认真审核施工单位提交的有关文件、资料等。

【问题】

1. 在这段时间内环境监理工程师应熟悉哪些主要资料？

2. 环境监理工程师应重点审核施工单位的哪些技术文件与资料？

考核要点：

本题目考核应试人员对监理工作事前控制中应熟悉和审核的主要技术文件、资料等内容的掌握程度。监理工程师首先要熟悉目标控制的各类依据性资料，包括合同、监理规划、规范、标准、图纸等，其次要检查、审核施工单位的各种文件、资料、报表和工程条件准备等。

答题要点：

1. 监理工程师应熟悉的资料包括：

（1）工程项目有关批文、报告文件（各种批文，可行性研究报告、环评报告、勘察报告等）。

（2）工程设计文件、图纸等。

（3）环保标准、施工规范、验收标准、质量评定标准等。

（4）有关法律、法规文件。

（5）合同文件（监理合同、承包合同等）。

2. 环境监理工程师在施工单位进入施工现场到工程开工这一阶段应重点审查：

（1）施工单位编制的施工方案和施工组织设计文件。

（2）施工单位质量保证体系或质量保证措施文件。

（3）分包单位的资质。

（4）进场工程材料的合格证、技术说明书、质量保证书、检验试验报告等。

（5）主要施工机具、设备的组织配备和技术性能报告。

（6）审核拟采用的新材料、新结构、新工艺、新技术的技术鉴定文件。

（7）审核施工单位开工报告，检查核实开工应准备的各项条件。

（8）环境监测单位的资质。

第二题

【背景】某监理单位承担了 50 km 高等级公路工程施工阶段的环境监理业务，该工程包括路基、路面、桥梁、隧道等主要项目。业主分别将桥梁工程、隧道工程和路基路面工程发包给了三家承包商。针对工程特点和业主对工程的分包情况，总监理工程师拟订了将现场监理机构设置成矩阵制形式和设置成直线制形式两种方案供大家讨论。

【问题】

你若作为环境监理工程师，推荐采用哪种方案？为什么？请给出组织结构示意图。

考核要点：

本题考核考生对监理组织机构的设置、不同组织结构形式的优缺点和适应性等知识的掌握程度，要求考生能运用组织理论的基本原理提出科学合理的现场组织机构形式。

答题要点：

监理工程师应推荐采用直线制的组织形式。因矩阵制组织结构形式虽然适合于大中型工程项目，具有较大的机动性，有利于解决复杂问题和加强各部门之间的协作，它对于工程项目在地理位置上相对集中一些的工程来说较为适宜，便于部门之间的配合。而本工程是公路工程，有三份工程承包合同，矩阵制组织结构形式的纵向与横向之间的相互配合有困难，不能发挥该组织结构形式的优点。直线制组织结构形式也适合于大中型工程项目，并且结构形式简单、职责分明、决策迅速，特别是在工程有三份承包合同可按合同段设置执行（协调）层，所以监理工程师宜推荐采用直线制的监理组织结构形式。

组织结构示意图，如图 1 所示：

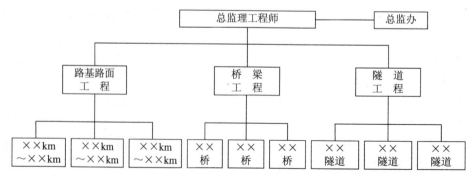

图 1　组织结构示意图

第三题

【背景】某业主计划将拟建的工程项目在实施阶段委托光明环境监理公司进行环境监理，业主在合同草案中提出以下内容：

1. 除非业主原因发生时间延误外，任何时间延误环境监理单位应付相当于施工单位罚款的 20%给业主；如工期提前，监理单位可得到相当于施工单位工期提前奖励 20%的资金。

2. 工程图纸出现设计质量问题，环境监理单位应付给业主相当于设计单位设计费的5%的赔偿。

3. 施工期间每发生 1 起施工人员重伤事故，环境监理单位应受罚款 1.5 万元；发生一起死亡事故，监理单位受罚款 3 万元。

4. 凡由于环境监理工程师发生差错、失误而造成重大的经济损失，环境监理单位应付给业主一定比例（取费费率）的赔偿费，如不发生差错、失误，则环境监理单位可得到全部监理费。

环境监理单位认为以上条款有不妥之处，经过双方的商讨，对合同内容进行了调整与完善，最后确定了工程建设环境监理合同的主要条款，包括：监理的范围和内容、双方的权利和义务、监理费的计取与支付、违约责任和双方约定的其他事项等。

环境监理合同签订以后，环境总监理工程师组织监理人员对制订环境监理规划问题进行了讨论，有人提出了如下一些看法：

1. 环境监理规划的作用与编制原则：

（1）监理规划是开展监理工作的技术组织文件；

（2）监理规划的基本作用是指导施工阶段的监理工作；

（3）监理规划的编制应符合《建设工程监理规范的要求》；

（4）监理规划应一气呵成，不应分段编写；

（5）监理规划应符合监理大纲的有关内容；

（6）监理规划应为监理细则的编制提出明确的目标要求。

2. 环境监理规划的基本内容应包括：

（1）工程概况；

（2）监理单位的权利和义务；

（3）监理单位的经营目标；

（4）工程项目实施的组织；

（5）监理范围内的工程项目总目标；

（6）项目监理组织机构；

（7）质量、投资、进度控制；

（8）合同管理；

（9）信息管理；

（10）组织协调。

3. 环境监理规划提交给业主的时间安排如下：

（1）施工招标阶段监理规划应在招标书发出后提交给业主；

（2）施工阶段监理规划应在承包单位正式施工后提交给业主。

施工阶段光明环境监理公司的施工环境监理规划编制后，提交了业主，其部分内容如下：

施工阶段的达标监理：

①掌握和熟悉施工区环境质量执行标准与执行范围

②审查环境监测单位资质

③审查施工单位的资质

a. 审查总包单位的资质

b. 审查分包单位的资质

④（略）

⑤行使质量监督权，下达停工指令

为了保证饮用水源水质，出现下述情况之一者，环境监理工程师报请环境总监理工程师批准，有权责令施工单位立即停工整改：

a. 桥桩施工中向准保护区河流排放泥浆；

b. 施工组织设计中无环境保护条文，经指出后未采取有效措施整改，或采取措施不力、效果不好，继续作业者；

c. 擅自使用未经监理工程师认可批准的工程材料；

d. 擅自变更设计图纸；

e. 擅自将工程分包；

f. 擅自让未经同意的分包单位进场作业；

g. 没有可靠的环境质量保证措施而贸然施工，已出现环境质量问题征兆。

【问题】

1. 该环境监理合同是否已包括了主要的条款内容？

2. 在该环境监理合同草案中拟定的几个条款中是否有不妥之处？为什么？

3. 如果该合同是一个有效的经济合同，它应具备什么条件？

4. 你是否同意他们对环境监理规划的作用和编制原则的看法？为什么？

5. 环境监理单位讨论中提出的环境监理规划基本内容，你认为哪些项目不应编入环境监理规划？

6. 给业主提交监理规划文件的时间安排中，你认为哪些是合适的，哪些是不合适或不明确的？如何提出才合适？

7. 监理工程师在施工阶段应掌握和熟悉哪些环保达标监理的技术依据？

8. 环境监理规划中规定了对施工队伍的资质进行审查，请问总包单位和分包单位的资质应安排在什么时候审查？环境监测单位的资质何时审查？

9. 如果在施工中发现总包单位未经监理单位同意，擅自将工程分包，监理工程师应如何处置？

答案要点：

1. 在背景材料中给出，双方对合同内容商讨后，包括环境监理的范围和内容、双方的权利和义务、监理费的计取与支付，违约责任和双方约定的其他事项等内容，根据 GB 50319—2000《建设工程监理规范》中对监理合同内容的要求，该合同包含了应有的主要条款。

2. 合同草稿中拟定的几条均不妥：

第一，环境监理工作的性质是服务性的，环境监理单位"将不是，也不能成为任何承包商的工程的承保人或保证人"，将设计、施工出现的问题与环境监理单位直接挂钩，与环境监理工作的性质不适宜。

第二，环境监理单位应是与业主和承包商相互独立的、平等的第三方，为了保证其独立性与公正性，我国建设监理法规明文规定监理单位不得与施工、设备制造、材料供应等单位有隶属关系或经济利益关系，在合同中若写入工程背景中的条款，势必将监理单位的经济利益与承建商的利益联系起来，不利于监理工作的公正性。

第三，第 3 条中对于施工期间施工单位施工人员的伤亡，业主方并不承担任何责任，环境监理单位的责、权、利主要来源业主的委托与授权，业主并不承担的责任在合同中要求环境监理单位承担，也是不妥的。

第四，比照《建设工程监理规范》中规定"监理单位在监理过程中因过错造成重大经济损失的，应承担一定的经济责任和法律责任"。但在合同中应明确写明责任界定，如"重大经济损失"的内涵，监理单位赔偿比例等。

3. 若该合同是一个有效的经济合同，应满足以下基本条件：

（1）主体资格合法。业主和环境监理单位作为合同双方当事人，应当具有合法的资格。

（2）合同的内容合法。内容应符合国家法律、法规、真实表达双方当事人的意思。

（3）订立程序合法、形式合法。

4. 这些看法有些正确，有些不妥，环境监理规划作为监理组织机构开展环境监理工作的纲领性文件，是开展环境监理工作的重要的技术组织文件。

第 2 条的基本作用是不正确的，因为在背景材料中给出的条件是业主委托监理单位进行"实施阶段的监理"所以监理机构规划就不应仅限于"是指导施工阶段的监理工作"这一作用。

环境监理规划的编制不但应符合环境监理合同、项目特征、业主要求等内容，还应符合国家制定的各项法律、法规、技术标准、规范等要求。

由于工程项目建设中，往往工期较长，所以在设计阶段不可能将施工招标、施工阶段的监理规划"一气呵成"地编就，而应分阶段进行"滚动式"编制，故这一条款不妥。

其他两条原则正确，因监理大纲，监理规划、监理细则是监理单位针对工程项目编制的系列文件，具有体系上的一致性、相关性与系统性，宜由粗到细形成系列文件，监理规划应符合监理大纲的有关内容，也应为监理细则的编制提出明确的目标要求。

5. 所讨论的监理规划内容中，第 2 条监理单位的权利和义务，第 3 条监理单位的经营目标和第 4 条工程项目实施的组织等内容一般不宜编入监理规划。

6. 环境监理规划计划分阶段进行编制，在时间的安排上：

①施工招标和施工阶段的监理规划提交时间不妥。施工招标阶段，应在招标开始前一定的时间内（如合同约定时间）提交业主施工招标阶段的监理规划。

②施工阶段宜在施工开始前一定的时间内提交业主施工阶段监理规划。

7. 监理工程师在施工阶段应掌握和熟悉以下技术依据：

（1）设计图纸及设计说明书。

（2）环评文件及批复要求。

（3）环境监理合同及工程承包合同。

（4）工程施工规范及有关技术规程、施工方式及环境监测布点原则、频次与方法。

（5）业主对工程有特殊要求时，熟悉有关控制标准及技术指标。

8. 监理规划中确定了对施工单位的资质进行审查，对总包单位的资质审查应安排在施工招标阶段对投标单位的资格预审时审查，并在评标时也对其综合能力进行一定的评审。对分包单位的资质审查应安排在分包合同签订前，由总承包单位将分包工程和拟选择的分包单位提交总监理工程师，经总监理工程师审核确认后，总承包单位与之签订工程分包合同。监测单位资质审查应在业主委托监测合同签订前进行。

9. 如果监理工程师发现施工单位未经监理单位批准而擅自将工程分包，根据监理规划中饮用水水源质量控制的措施，监理工程师应报告总监理工程师，经环境总监理工程师批准或经环境总监理工程师授权可责令施工单位停工处理，而不能由监理工程师随意责令施工单位施工。

第四题

【背景】1. 某环保工程项目业主与环境监理单位及承包商分别签订了施工阶段监理合同和工程施工合同。由于工期紧张，在设计单位仅交付基础工程的施工图时，业主要求承包商进场施工，同时向环境监理单位提出对设计图纸质量把关的要求，在此情况下，环境监理单位为满足业主要求，由项目土建监理工程师向业主直接报送环境监理规划，其部分内容如下：

（1）工程概况；

（2）环境监理工作范围和目标；

（3）环境监理组织；

（4）设计方案评选方法及组织设计协调工作的监理措施；

（5）因设计图纸不全，拟按进度分阶段编写基础、主体、安装工程的施工监理措施；

（6）对施工合同进行监督管理；

（7）施工阶段环境监理工作制度；

……

【问题】

你认为环境监理规划是否有不妥之处？为什么？

考核要点：

这一问题主要考核考生对环境监理规划的组织编写、编写内容及编写方法等知识的掌握程度。考生应该指出有什么不妥之处和为什么不妥。

答题要点：

第一，环境监理规划应由环境总监组织编写、签发，试题所给背景材料中是由土建监理工程师直接向业主"报送"。第二，本工程项目是施工阶段监理，监理规划中编写的"（4）设计方案评选方法及组织设计协调工作的监理措施"等内容是设计阶段监理规划应编制的内容。不应该编写在施工阶段监理规划中。第三，"（5）因设计图纸不全，拟按进度分阶段编写基础、主体、安装工程的施工监理措施"不妥，施工图不全不应影响环境监理规划的完整编写。

【背景】2. 由于承包商不具备防水施工技术，故合同约定：地下防水工程可以分包。在承包商尚未确定防水分包单位的情况下，业主代表为保证工期和工程质量，自行选择了一家专承防水施工业务的施工单位，承担防水工程施工任务（尚未签订正式合同），并书面通知环境总监理工程师和承包商，已确定分包单位进场时间，要求配合施工。

【问题】

（1）你认为以上哪些做法不妥？

（2）环境总监理工程师接到业主通知后应如何处理？

答题要点：

考生首先应认真阅读理解题干中的内容，指出所给工程背景材料中的不妥之处：

业主违背了承包合同的规定，在未事先征得环境监理工程师同意的情况下，自行确定了分包单位。也未事先与承包单位进行充分协商，而是确定了分包单位以后才通知承包单位。在没有正式签订分包合同情况下，即确定分包单位的进场作业时间。

考生应掌握环境总监理工程师处理这些具体问题的方式方法，做到有理、有利、有节。当环境总监理工程师接到业主通知后：

首先应及时与业主沟通，签发该分包意向无效的书面监理通知，尽可能采取措施阻止分包单位进场，避免问题进一步复杂化。环境总监理工程师应对业主意向的分包单位进行资质审查，若资质审查合格，可与承包商协商，建议承包商与该合格的防分包单位签订防水分包合同；若资质审查不合格，环境总监理工程师应与业主协商，建议由承包商另选合格的防水分包单位。环境总监理工程师应及时将处理结果报告业主备案。

第五题

【背景】某工程项目业主委托了一环境监理单位进行监理，在委托环境监理任务之前，业主与施工单位已经签订施工合同。环境监理单位在执行合同中陆续遇到一些问题需要进行处理，若你作为环境监理工程师，对遇到的下列问题，请提出处理意见。

【问题】

1. 在施工招标文件中，按工期定额计算，工期为 550 天。但在施工合同中，开工日期为 1997 年 12 月 15 日，竣工日期为 1999 年 7 月 20 日，日历天数为 581 天，请问监理的工期目标应为多少天？为什么？

2. 施工合同中规定，业主给施工单位供应图纸 7 套，施工单位在施工中要求业主再提供 3 套图纸，施工图纸的费用应由谁来支付？

3. 在基槽开挖土方完成后，施工单位未按施工组织设计对基槽四周进行围栏防护，业主代表进入施工现场不慎掉入基坑摔伤，由此发生的医疗费用应由谁来支付，为什么？

4. 在结构施工中，施工单位需要在夜间筑混凝土，经业主同意并办理了有关手续。按地方政府有关规定，在晚上 11 点以后一般不得施工，若有特殊需要给附近居民补贴，此项费用应由谁承担？

5. 在结构施工中，由于业主供电线路事故原因，造成施工现场连续停电 3 天。停电后施工单位为了减少损失，经过调剂，工人尽量安排其他生产工作。但现场一台塔吊，两台混凝土搅拌机停止工作，施工单位按规定时间就停工情况和经济损失提出索赔报告，要求索赔工期和费用，环境监理工程师应如何批复？

答题要点：

1. 按照合同文件的解释顺序，协议条款与招标文件在内容上有矛盾时，应以协议条款为准。故监理的工期目标应为 581 天。

2. 合同规定业主供应图纸 7 套、施工单位再要 3 套图纸，超出合同规定，故增加的图纸费用应由施工单位支付。

3. 在基槽开挖土方后，在四周设置围栏，按合同文件规定是施工单位的责任。未设围栏而发生人员摔伤事故，所发生的医疗费应由施工单位支付。

4. 夜间施工已经业主同意，并办理了有关手续后应由业主承担有关费用。

5. 由于施工单位以外的原因造成连续停电，在一周内超过 8 小时。施工单位又按规定提出索赔。环境监理工程师应批复工期顺延，由于工人已安排进行其他生产工作，环境监理工程师应批复因改换工作引起的生产效率降低的费用。造成施工机械停止工作，环境监理工程师视情况可批复机械设备租赁费或折旧费的补偿。

第六题

【背景】某工程项目系一环保工程，施工图纸已齐备，现场已完成三通一平工作，满足开工条件。该工程由业主自筹建设资金，实行邀请招标发包。

业主要求工程于 1997 年 5 月 15 日开工，至 1998 年 5 月 14 日完工，总工期 1 年，共计 365 个日历天。按国家工期定额规定，该工程的定额工期为 395 个日历天。

业主要求该工程的质量等级为合格标准，并尽量达到优良标准。达到优良等级则业主另付施工单位合同价 3%的优质优价奖励费。

某环境监理单位承担了该项目实施阶段的全过程环境监理工作，其环境监理规划已得到业主的认可以及相应的授权。

【问题】

1. 本工程向招标管理部门申请招标以前，环境监理工程师应协助业主取得以下哪几项批准手续及证明（　　）。

A. 招标工程已列入地方的基建计划，取得当地发改委下达的计划批文

B. 建设工程投资许可证

C. 建设用地规划许可证

D. 施工许可证

E. 房屋产权证

F. 契税完税证明

2. 根据该工程的具体情况，简述环境监理工程师为业主编制的招标文件中，应包含哪些基本内容？

3. 根据该工程的具体条件，环境监理工程师宜向业主推荐采用（　　）的合同格式。为什么？

A. 总价合同

B. 单价合同

C. 成本加酬金合同

4. 根据该工程的特点及业主的具体要求，在工程的标底中是否应增加赶工措施费？为什么？

5. 简述环境监理工程师对投标单位进行资质审查应包括哪些主要内容？

6. 当施工单位已进入现场，临建设施已经搭设，但尚未破土动工，材料及机具尚未进场以前，在对建筑物地基进行补充勘察时，发现原地质勘察资料不准确。经共同洽商，需将原设计中的钢筋混凝土基础改为桩基础。因此，施工单位对业主要求赔偿如下：

（1）预计桩基施工需增加工期 2 个月（61 个日历天），故施工单位要求将原合同工期延长 61 个日历天。

（2）由于工期延长，业主需赔偿施工单位额外增加的现场经费（含临时设施费及现场管理费），即

$$现场经费索赔值=\frac{原施工图预算现场费（元）\times 延长的工期（天）}{合同工期（天）}$$

（3）由于工期延长，业主需赔偿施工单位流动资金的积压损失费（按银行贷款利率计算）。

试问环境监理工程师应对施工单位的索赔要求提出怎样的评审意见。

7. 本工程在业主与施工单位签订《建设工程施工合同》时，约定按工程合同价款的 5% 由业主预留工程保修金（质量保证金），该保修金由业主专户存入银行备用，待保修期满双方再行结算。此项保修金宜在（　　　）。

A. 业主支付工程进度款时扣留

B. 工程竣工结算时一次扣留

试说明选择的理由。

8. 该工程由于设计变更致使工期延长两个月（由 1998 年 5 月 14 日至 1998 年 7 月 13 日），延长的工期正值雨期施工。因此，竣工结算时施工单位向业主提出索赔雨季施工增加费。试问环境监理工程师对索赔要求应如何提出评审意见。

答题要点：

1. A　　B　　C　　D

2. 该工程属于中小型建设项目，招标文件中一般应包括：A. 工程概况，B. 工程范围，C. 工程承包方式，D. 材料及设备供应方式，E. 工程质量要求、环保要求及保修期，F. 工程价款与结算方式，G. 建设工期，H. 奖励与罚款，I. 设计图纸与规范，J. 投标者须知。

3. A

因该工程施工图纸齐备，现场施工条件完全满足开工要求，任务明确，故应尽量采用总价合同，有利于业主控制投资。

4. 国内的招标工程，其施工工期一般应以国家规定的定额工期为准。本工程业主要求 365 天竣工，比定额工期（395 天）短 30 天，故在标底中增加赶工措施费是合理的。

5. 对投标企业进行资质审查，包括的主要内容有：（1）企业的营业执照、注册资金近两年经审计的财务报表，（2）企业的开户银行及账号，可用于投标工程的资金状况，（3）企业等级、生产能力及设备情况，（4）企业的技术力量，（5）企业的简历，承包类

似工程的经验，（6）企业的质量意识及质量保证体系，（7）企业的履约情况，近两年介入诉讼的情况等。

6. 因为工程延长是非施工单位原因所造成，故施工单位有权提出索赔。其中：

A. 属于工程延长索赔，是合理要求

B. 现场经费中的现场管理费一般与工期长短直接有关，也属于合理要求；现场经费中的临时设施费一般与工期长短无关，故不宜提出索赔

C. 由于工程尚未破土动工，材料及机具尚未进场，不存在流动资金的积压，不应提出索赔

7. A

工程保修金宜在中间支付工程进度款时分批扣留，这样可以避免工程款的多付超支现象，有利于业主的投资控制。

8. 施工单位提出的索赔要求是不合理的。理由是：（1）在施工图预算中的其他直接费内已包括了冬雨季施工增加费，不应再单独索取雨季施工增加费。（2）出现索赔事项应在约定时间内提出此项索赔要求，竣工结算时无权再重复提出索赔。

第七题

【背景】某中外合资项目，项目法人代表为外籍人士，环境监理单位为中方甲级监理公司，承建商为中国一级大型施工企业。工程开工后，业主代表、项目总监、承建商项目经理，在"监理合同"及"施工合同"的原则下，参照国际惯例，使各项工作进展得比较顺利。在监理中发生如下事件，监理方该如何处理为好。

【问题】

1. 环境监理方进入现场后已按规定报送了项目环境监理机构人员名单、人员分工、内容齐全，时过半年后，业主代表检查某现场，没有看到环境监理方现场监理工程师，即函告监理方环境总监，要求重新报送环境监理人员详细分工名单（说明：环境监理方已报送的人员名单无变动），并注明上午干什么，下午干什么？室外工作几小时，室内工作几小时？

该环境监理方拒绝报送"××名单"在维护自己信誉的原则下，有理有节地回答了业主代表。请问，环境监理方应如何行文为好？

2. 项目在基础施工过程中，由于班组违章作业，基础插筋位移，出现质量事故，环境监理方发现后通知承建商整改，直至合格为止。承建商已执行环境监理方的指令，造成的一切损失均由承包商承担，环境监理方将此事故的出现及处理情况向业主作了报告，而业主代表向环境监理方行文讲："项目基础工程出现质量事故，作为环境监理公司也有一定的责任，现通知你们扣1%的监理费。"监理方是接受还是不接受？理由是什么？

3. 为了确保现场文明施工，业主代表行文要求各承建商需将项目多余土方运到指定地点（合同规定），若发现承建商任意卸土，卸一车罚款 1 万元（合同无此规定）。某承建商违背了这一指令任意卸土 15 车。当月业主代表在环境监理审定的监理月报中扣款 15 万元。承建商申述不同意扣款。

你认为扣进度款 15 万元应该吗？为什么？

环境监理方在工程结算时如何处理这 15 万元？

4. 项目屋面已封顶，屋面排水面积为 65 000 m²，雨水管已全部安装完毕。总图雨水主干管也已施工完毕，但由于工程项目较大，设计单位分工细，加之出图程序不能满足施工进度，该车间雨水支管没有设计，屋面雨水排不出去，为了应急，监理方与承建商在征得设计院的同意后，确定了施工方案，在没有设计资料情况下，就施工完了，此事已在周例会上向业主作了报告，有会议记录备案。时过两年工程结算时，才发现仍没有正式的设计资料，监理方进行了签证，业主代表称此变更违背了设计变更程序，而且时间已过两年（业主代表没有换人），不承认此设计变更有效，也没有支付费用。承建商无奈，向环境监理方报告，认为此变更没按程序办理，而且时间拖得太长，属工作失误，若业主代表继续拒绝支付，我们将拆除该车间的全部雨水支管，作为环境监理方应该如何协调上述纠纷？

5. 项目在回填土时，承建商不够认真，主要是分层填土厚度超过规范规定，夯实也不够认真。但承建商报送的干容重资料均符合设计要求，但环境监理方不予认可，要求承建商按监理方批准的取样方案进行干容重复检。承建商接受了监理方的这一指令。但业主代表不相信承建商的试验报告，要求环境监理方自行组织检测回填土干容重。环境监理方为了尊重业主代表的意见，编制了一个干容重检测费预算共 2.5 万元报送给业主，业主代表批准后，环境监理方即将组织检测。

请问环境监理方这种处理方法是对还是不对？为什么？

答案要点：

1. 可用备忘录的形式回复，回复内容应该有理有节，维护自身信誉，参考内容如下：

你要求重新报送环境监理人员名单及分工情况的备忘录已收到，我提醒××先生，这份名单我已于××年××月××日报送，文号××，假如你查找不到，我可提供复印件，至于你要求增加每个环境监理工程师上午干什么，下午干什么？室外工作多少时间，室内工作多少时间？纯属环境监理方内部事务，作为业主代表不宜干预。至于你检查某现场时没有看到环境监理工程师在现场，因为工地太大，这是难免的，我方在工作中尚未出现失误，我不能满足你的要求，请谅解。

2. 环境监理方不能接受。因承建商的质量事故，不是执行环境监理方的错误指令形成的。环境监理方没有过失，因而扣 1% 的监理费不能接受。

3. 扣 15 万元的做法是不应该的，因为它不符合合同规定。在承建商处理完乱卸的土以后，在工程结算时应该向承建商支付这 15 万元。

4. 环境监理方应向业主报告，监理报告基本内容如下：

关于雨水支管的设计补充资料尽管迟到了两年，纯属工作失误，责任在设计院，业主方也应该承担责任，作为监理方处理该技术问题的过程有文字记载（附×××××会议纪要），但设计院没有及时处理，责任应由设计单位承担。作为承建商提出"不支付费用就拆支管"的申报是不理智的，我们已要求他们改变态度，承建商已接受。为了履行合同条款，请你认可设计变更，并批准监理方已审定的预算。

5. 环境监理方的这种处理方法是对的。因为这是环境监理合同的规定，业主若不支付费用，环境监理方不承担"检测"方面的业务。

第八题

【背景】某皮革废水处理工程、业主委托一环境监理单位进行环境监理，在委托环境监理合同签订之前，业主已与施工单位签订了《承揽加工总包合同》。环境监理单位在执行合同中陆续遇到下列问题，请提出处理意见。

【问题】

1. 在《承揽总包加工合同》中明确，"甲方：某省某市某镇某村委。乙方：某省某市某环保公司。乙方接受甲方委托，由上海某大学建筑设计研究院（环境污染防治专项工程设计甲级）负责设计，并提供该皮革废水处理工程方案设计及全套图纸。工程内容：相关土建工程；废水处理工程设备采购或制作加工；设备及管道安装调试"。委托环境监理合同签订时土建工程已全部完成业主又无委托其他建设监理，环境总监应如何编制环境监理规划？

2. 甲乙双方于 2005 年 1 月 6 日签订的《承揽总包加工合同》中，乙方承诺出水水质保证达到国家规定排放标准。2005 年 10 月 8 日双方又签订了《补充协议》。内容有：①六个月内出水水质必须保持在国家一级排放标准：出水水质 COD：100 mg/L。②六个月以后出水水质稳定在 130 mg/L 以下。③本补充协议条款与原合同条款不一致的地方，以本协议条款为准。……省环保局对该项目环评报告书批复是："该项目建成后，其污水排放标准执行《污水综合排放标准》（GB 8978—1996）一级标准（出水水质 COD=100 mg/L），确保连续稳定达标排放。"试问按照合同文件的解释顺序，《补充协议》是否有效？为什么？

答题要点：

1. 环境总监首先应分析该皮革废水处理工程《承揽加工总包合同》是否包括设计、施工、加工、安装、调试总承包；其次应界定介入环境监理时段及环境监理目标范围；第三，根据委托环境监理合同、业主授权明确各级环境监理人员职责；第四，按照常规环境监理规划编写的同时，监理的重点内容应为设备的监造、安装及污水处理系统的联动试车、培菌调试；第五，经环境监理单位技术负责人审批、业主认可后方能作为环境监理的主要依据。

2. 《补充协议》除所列出①、②、③项条款外，按合同文件解释顺序应该有效，因为上述三项违背了环境行政主管部门的批复，不符合《环保法》要求，该《补充协议》部分条款无效。

第九题

【背景】某监理公司承担了一项综合写字楼工程实施阶段的监理任务，近来总监理工程师发现有些分解目标往往不能落实，总监理工程师及时组织召开了项目监理部专题工作会议，让大家针对存在的问题进行讨论。经过大家认真的分析和讨论，会议结束时总监理工程师总结了大家的意见，提出三条尽快解决的问题：

1. 纠正目标控制的不规范行为，制定目标控制基本程序框图；

2. 处理好主动控制和被动控制的关系，不可偏废任何一面，应将主动控制和被动控制相结合；

3. 目标控制的措施不可单一，应采取综合性措施进行控制。

【问题】

若总监理工程师责成你具体落实这三件事：

1. 请你绘出目标控制流程框图；

2. 请讲述主动控制与被动控制的关系，并给出两者关系的示意图；

3. 你认为"综合措施"的基本内容是什么？

答案要点：

本题主要是考核环境监理工程师对目标控制的理解与掌握情况。

1. 目标控制流程框图：如图 2 所示。

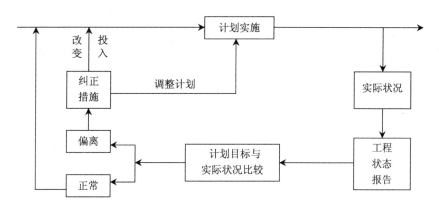

图 2　目标控制流程图

2. 主动控制与被动控制是控制实现项目目标必须采用的控制方式，两者应紧密结合起来，在重点做好主动控制的同时，必须在实施过程中进行定期连续的被动控制。

主动控制与被动控制关系，如图 3 所示。

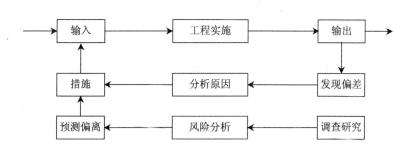

图 3　主动控制与被动控制关系

3. 目标控制的综合措施包括：

（1）组织措施

完善组织机构，落实监理人员职责，建立考核、考评体系，采取激励措施发挥、调动人员积极性、创造性和工作潜力。

（2）技术措施

对技术方案的论证、分析、采用，科学试验与检验，技术开发创新与技术总结等。

（3）经济措施

技术、经济的可行性分析、论证、优化，以及工程概预算审核、资金使用计划、付款等的审查，有效处理索赔等。

（4）合同措施

对合同签订、变更履行等的管理，依据合同条款建立相互约束。

第十题

【背景】某监理单位承担了一项大型石油化工工程项目实施阶段的监理任务，业主同时还委托一家环境监理单位实施环境监理，合同签订后，监理单位任命了总监理工程师，总监上任后计划重点抓好三件事：

1. 抓监理组织机构建设，并绘制了建立监理组织机构程序框图（如图 4 所示）。

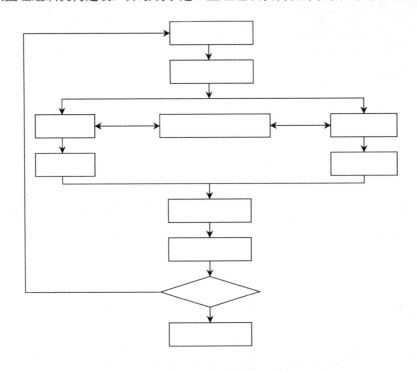

图 4　建立监理组织机构程序框图

2. 落实各类人员基本职责：

（1）确定项目监理机构人员的分工和岗位职责；

（2）主持编写项目监理规划、审批项目监理实施细则，并负责组织项目监理机构的日常工作；

（3）审查分包单位的资质，并提出审核意见；

（4）审查分包单位提交涉及本专业的计划、方案、申请、变更，并向总监理工程师提出报告；

（5）主持监理工作会议，签发项目监理机构的文件和指令；

（6）检查承包单位投入工程项目的人力、材料、主要设备及其使用、运行状况，并做好检查记录；

（7）负责本专业分项工程验收及隐蔽工程验收；

（8）按设计图及有关标准，对承包单位的工艺过程或施工工序进行检查和记录，对加工制作及工序施工质量检查结果进行记录；

（9）主持或参加工程质量事故的调查；

（10）核查进场材料、设构配件的原始凭证、检测报告等质量证明文件及其质量情况，根据实际情况认为有必要时对进场材料、设备、构配件进行平行检验，合格时予以签认；

（11）组织编写并签发监理月报、监理工作阶段报告、专题报告和项目监理工作总结；

（12）负责本专业的工程计量工作，审核工程计量的数据和原始凭证；

（13）做好监理日记和有关的监理记录。

3. 抓监理规划编制工作。

【问题】

1. 请协助总监完成监理组织建立程序流程框图。

2. 以上所列监理职责中哪些属于总监理工程师？哪些属于监理工程师？哪些属于监理员？

3. 监理规划的编制应符合什么要求？应编制什么内容？

4. 作为环境监理部门的环境总监你认为该如何工作？

答题要点：

1. 组织机构建立程序（如图 5 所示）：

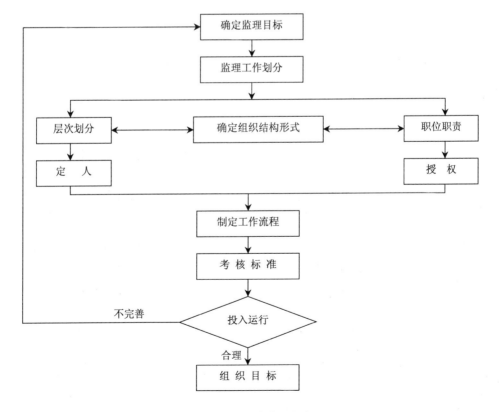

图 5　组织机构建立程序

2. 各类人员职责：

总监职责：（1）（2）（3）（5）（9）（11）

监理工程师职责：（4）（7）（10）（12）

监理员职责：（6）（8）（13）

3. 监理规划的编制应符合如下要求：

（1）监理规划内容构成的统一；

（2）监理规划具体内容应针对工程项目特征；

（3）监理规划的表达应表达化、标准化、格式化；

（4）监理规划应由总监主持编制；

（5）监理规划应把握项目运行脉搏；

（6）监理规划可分阶段编写；

（7）监理规划编制完成后应由监理单位审核批准和业主认可后实施。

监理规划的内容为：

（1）工程项目概况；

（2）监理工作范围；

（3）监理工作内容；

（4）监理工作目标；

（5）监理工作依据；

（6）项目监理机构的组织形式；

（7）项目监理机构的人员配备计划；

（8）项目监理机构的人员岗位职责；

（9）监理工作程序；

（10）监理工作方法及措施；

（11）监理工作制度；

（12）监理设施。

4. 环境总监应做工作：

（1）弄清委托环境监理合同中，业主的授权范围以及对工程监理和环境监理两家监理单位的管理方式。

（2）对大型石油化工项目重点做好环境质量达标监理和环境安全监理，严格按环评文件污染防治及突发应急预案措施要求进行环境监理。

（3）组建项目环境监理机构，独立完成环境监理规划及实施细则，明确各类环境监理人员职责及制度。

（4）作好与工程监理的协作与配合、互相学习、取长补短、不做重复监理，有不同意见请业主协调解决。

第十一题

【背景】P 公司通过投标承包一项成品油管道铺设工程并投保了工程险。铺设路线中有一处需要从一条交通干线的路堤下穿过。在交通干线上有一条旧的砖砌污水管，设计的成品油管道要从旧管道下面穿过，要求在路堤以下部分先做好导洞，但招标单位明确告知没有任何有关旧管道的走向和位置的准确资料，要求承包商报价时考虑这一因素。

施工时，当承包商从路堤下掘进导洞时，顶洞出现塌方，很快发现旧的污水管距导洞的顶部非常近，并出现开裂，导洞内注满水。P 公司遂通知环境监理工程师赴现场处理。环境监理工程师赴现场后当即口头指示承包商切断水流，暂时将水流排入附近 100 m 远的污水管检查井中，并抽水修复塌方。

修复工程完毕，承包商向其保险公司索赔，但到遭保险公司的拒绝。理由是发生事故时，承包商未曾通知保险公司。而且保险公司认定事故是因设计错误引起的，因为新污水管离旧污水管太近。如果不存在旧污水管，则不会出现事故。因此，保险公司认定应由设计人承担或者由业主或监理工程师来承担责任，因为监理工程师未能准确地确定污水管的位置。总之，保险公司认定该事故不属于第三者责任险的责任范围。

【问题】

试分析索赔失败的原因。

答题要点：

本题目的是考核环境监理工程师对施工保险方面的有关知识。承包商索赔失败的原因。

关键在于 P 公司投保时未曾将潜伏危险因素如实申报，导洞开挖前未曾向保险公司发出通知，事故发生后又不曾保留现场，且未曾及时通知保险公司赶赴现场了解真相，由此而导致保险公司拒赔。如果 P 公司做到了上述要求事项，保险公司是不会拒赔的，也没有理由拒赔，因为这类事故无疑属于第三者责任险范围内。至于保险公司认定应由设计人承担或者由业主或环境监理工程师来承担责任，这一点不能成立，因为投保第三者责任险就是因为存在潜伏危险。如果业主方面或设计单位能确切知道该管道的准确位置就不存在风险了，那么投保就没有必要了。保险的意义就是为了消灾避祸，因此保险公司的结论是不能成立的，如果 P 公司能按保险的常规要求去办的话，索赔就不会失败。

第十二题

【背景】某工程建设单位与某工程环境监理单位签订了施工期的环境监理合同。施工开始前，建设单位要求监理单位提交监理规划，总监理工程师解释说：本工程目前只有 ±0.000 以下的土建施工图，±0.000 以上的施工图、工艺、设备安装图由于靠后工程设计单位还暂时未来得及出设计图，我们不好编写监理规划；若等急用，可先用监理大纲暂时代替一下，建设单位驻地代表思考后，也就暂时同意了。

【问题】

1. 监理工程师的解释是否正确？为什么？

2. 建设单位要求监理单位报送监理规划是否合理？为什么？

3. 监理规划和监理大纲有什么不同，能否用监理大纲代替？

答题要点：

1. 不正确。设计图纸不全不影响监理规划的编写，监理规划的编写应把握工程项目的运行脉搏。随着工程施工的进展，监理规划需要不断根据收集、掌握的工程信息，进行补充、修改完善；一气呵成的监理规划是不切合实际的，也是不科学的。因此，监理规划的编写需要一个过程，施工图、工艺图、设备图不全不影响监理规划的编写。

2. 合理。监理规划是建设单位确认监理单位是否全面、认真履行监理合同的主要依据。因此，建设单位要求报送是合理的，监理单位应认真按要求编写监理规划并及时报送建设单位。

3. 监理规划与监理大纲是两份不同的监理文件，二者的作用、编写的主持人、时间和依据完全不同。

综上所述，监理大纲是不能代替监理规划的。

第十三题

【背景】一污水处理工程，建设单位（甲方）委托了环境监理，在实施监理的过程中出现了以下两件事情：

1. 本项目的总监理工程师还兼任本市另一个相同行业的污水处理工程的环境监理总监，就把本项目的监理规划委托给了总监理工程师代表（具有高级职称）来做。甲方代表提出：因为是同行业，牵涉商业秘密，再加上一个人精力有限，应辞去另一方总监职务，专心把本工程的监理工作做好。

2. 在设备安装及培菌调试阶段的监理时，建设单位让项目总监组织并主持召开设计技术交底会和第一次工地例会，并负责起草本次会议纪要。

【问题】

1. 甲方代表提出的要求是否合理？总监理工程师哪些职责不能委托给总监理工程师代表？

2. 设计技术交底会应有谁主持？第一次工地会议应有谁主持，会议纪要应有谁起草并会签？

答题要点：

1. 一个总监理工程师只宜担任一项委托监理合同的项目总监工作。当需要同时担任多项委托监理合同的项目总监时，须经建设单位同意，且最多不超过三项。如建设单位不同意兼职，应另选派建设单位同意的该项目总监理工程师；或仅担任本项目的总监理工程师而辞去另一项目总监职务。

总监理工程师不得将下述工作委托总监理工程师代表：

①主持编写项目监理规划，审批项目监理实施细则；②签发开工/复工报审表、工程暂停令、工程款支付证书、工程报验单；③审核签认竣工结算；④调解建设单位与承包商的合同争议、处理索赔、审批工程延期；⑤进行监理人员的调配，调换不称职的监理人员。

2. 设计技术交底会应由建设单位组织并主持。

第一次工地例会由建设单位主持召开，环境监理人员参加该会议，监理机构应负责起草本次会议纪要，并经与会代表会签。

第十四题

【背景】建设单位将某环保工程项目委托某环境监理公司进行施工阶段的监理。在委托建设工程环境监理合同中，对建设单位和监理单位的权利、义务和违约责任所作的某些规定如下：

1. 在施工期间，任何工程环保设计变更均须经过监理方审查认可，并发布变更指令方为有效，实施变更。

2. 监理方应在建设单位的授权范围内对委托的环保工程项目实施施工监理。

3. 监理方发现工程设计中环境标准使用错误时，有权要求设计单位改正。

4. 监理方在监理工作中应维护业主的利益。

5. 监理方对工程进度款支付有审核签认权；业主方有独立于监理方之外的自主支付权。

6. 在合同责任期内，监理方未按合同要求职责履行约定的义务，或委托人违背对监理方合同约定的义务，双方均应向对方赔偿造成的经济损失。

7. 在施工期间，因监理单位的过失发生重大质量事故，监理单位应付给建设单位相当于质量事故经济损失 20%的罚款。

8. 监理单位有发布开工令、停工令、复工令等指令的权利。

【问题】

以上各条中有无不妥之处？怎样才是正确的？

答题要点：

1. 第 1 条不妥。正确的应是：设计变更的审批权在业主，任何设计变更须经监理单位审查后，报业主审查、批准、同意后，再由监理单位发布变更指令，实施变更。

2. 第 2 条正确。

3. 第 3 条不妥。正确的应是：环境监理人员发现工程设计不符合环保设计规定和环境标准使用错误时，应当报告建设单位要求设计单位改正。

4. 第 4 条不妥。正确的应是：在监理工作中监理单位应当公正的维护有关方面的合法权益。

5. 第 5 条不妥。正确的应是：在工程承包合同议定的工程价格范围内，监理单位对工程进度款的支付有审核签认权；未经监理单位签字确认，建设单位不支付工程进度款。

6. 第 6 条正确。

7. 第 7 条不妥。正确的应是：因监理单位过失而造成了建设单位的经济损失，应当向建设单位赔偿，累计赔偿总额不应超过监理报酬总额（除去税金）。

8. 第 8 条不妥。正确的应是：监理单位在征得业主同意后，有权发布开工令、停工令、复工令。

第十五题

【背景】某高速公路项目分二期建设工程，业主预先起草了一份监理合同（草案），拟委托东方环境监理公司完成该高速公路一期工程施工阶段监理和二期工程设计与施工阶段监理。

1. 合同草案条文中有"除业主造成的工程延期外，其他原因造成的工程延期监理单位应付出相当于对施工单位罚款额的 20%给业主；如工期提前监理单位可得到相当于对施工单位工期提前奖的 20%的奖金"。

2. 经双方协商，对监理合同（草案）中的一些问题进行了修改、调整和完善，最后确定的监理合同内容主要条款其中包括：监理的范围和内容、双方的权利与义务、监理费的计取与支付、违约责任，双方约定的其他事项，总监理工程师在合同上签了字。

3. 总监理工程师在该项目上配备了设计阶段监理工程师 8 人，施工阶段监理工程师 20 人，并分设计阶段和施工阶段制订了监理规划。

4. 子项目监理工程师刘工在一期工程的施工监理中，发现承包商方未经申报擅自将 A 桥工程分包给某道桥工程公司并进现场施工，立即向承包方下达了停工令，要求承包方上报分包单位资质材料。承包方随后送来了该分包单位某道桥工程公司的资质证明，刘工审查后向承包方签署了同意该分包单位分包的文件。刘工还审核了承包方送来的 A 桥工程施工进度的保证措施，并提出了改进建议。承包方抱怨说："由于业主供应的部分材料尚未到场，有些保证措施无法落实，可能会影响工程进度。"刘工说："我负责给你们协调，我去施工现场巡视一下，就去找业主。"

【问题】

1. 该监理合同（草案）条文有何不妥，说明理由？

2. 经修改、调整、完善最后确定的委托监理合同是否包括了主要条款内容？如果该监理合同是一个有效的经济合同，它应具备什么条件？

3. 该建设项目东方环境监理合同应派出几名总监理工程师？为什么？总监理工程师建立项目监理机构应选择什么结构形式？总监理工程师分阶段制定监理规划是否妥当？为什么？

4. 根据监理人员的职责分工，指出刘工的工作哪些是履行了自己的职责？哪些不属于刘工的职责？不属于刘工的职责应属于谁履行？

答题要点：

1. 该合同草案这项条文不妥，建设工程环境监理的性质是服务性的，环境监理单位和环境监理工程师将不是，也不能成为任何承包商的工程的承保人和保证人，若设计、施工出现的问题与监理单位直接挂钩，这与监理工作的性质不符，不利于监理工作的公正性。

2. 最后确定的委托监理合同的主要条款符合《建设工程委托监理合同》（示范文本）内容要求。总监理工程师签字应有东方环境监理公司法人授权。一个有效的经济合同应满足：①主体资格合法；②合同内容应合法；③订立程序合法、形式合法。

3. 该项目应派一名总监理工程师，因项目只有一份监理委托合同（或一个项目监理组织）。总监理工程师应选择按建设阶段分解的直线制监理组织形式。分阶段制定监理规划妥当，因该工程包含设计监理和施工监理。

4. 刘工的职责应是：要求承包方上报分包单位资质材料；审查进度保证措施并提出改进建议；巡视现场。

不属于刘工的职责是：下达停工令；审查确认分包单位资质；协调业主与承包方关系。

以上不属于刘工职责的应由总监理工程师承担。

模拟试题

建设工程监理理论与相关法规模拟试题

一、单选题（下列各题中，只有一个被选项最符合题意，请将它选出并填入括号内）

1. 在实施全过程监理的建设工程上，（　　）是建设项目的管理主体。

A. 建设单位　　　　　　　　　B. 设计单位

C. 施工单位　　　　　　　　　D. 监理单位

2. 在委托监理的建设工程中，监理单位与承建单位不得有隶属关系和其他利害关系，这个要求反映了建设工程监理的（　　）。

A. 服务性　　　　　　　　　　B. 科学性

C. 独立性　　　　　　　　　　D. 公正性

3. 我国的《建设工程监理规范》适用于（　　）。

A. 施工阶段质量监理　　　　　B. 施工阶段全方位监理

C. 工程建设全过程质量监理　　D. 工程建设全过程的全方位监理

4. 在下列关于可行性研究报告的表述中，正确的是（　　）。

A. 可行性研究报告是项目最终决策文件

B. 可行性研究报告是项目初步决策文件

C. 可行性研究报告应直接报送有关部门审批

D. 可行性研究报告需经具有相应资质的工程咨询单位评估后报送有关部门审批

5. 根据项目法人责任制的规定，在（　　）后，正式成立项目法人。

A. 项目建议书被批准后　　　　B. 可行性研究报告被批准

C. 设计概算被批准后　　　　　D. 施工图设计完成后

6. 新设立的工程监理企业，其资质等级（　　）。

A. 暂不核定　　　　　　　　　B. 按其所具备的条件核定

C. 按照最低等级核定　　　　　D. 按照最低等级核定，并设一年暂定期

7. 工程监理企业只能在核定的业务范围内开展经营活动，这是其经营活动基本准则（　　）的要求。

A. 守法　　　　　　　　　　　B.诚信

C. 公正　　　　　　　　　　　D.科学

8. 在控制流程投入与反馈两个环节之间的环节是（　　）。

A. 计划　　　　　　　　　　　B. 对比

C. 转换　　　　　　　　　　　D. 纠正

9. 按照控制信息的来源，可将控制分为（　　）。

A. 事前控制和事后控制台　　　B. 前馈控制和反馈控制

C. 开环控制和闭环控制　　　　D. 主动控制和被动控制

10. 在建设过程的实施过程中，如果提高工程质量标准，一般会导致（　　）。

A. 投资增加、工期缩短　　　　B. 投资减少、工期延长

C. 投资增加、工期延长　　　　D. 投资减少、工期缩短

11. 对按总投资构成内容分解的各项目费用都要进行控制，体现了建设工程投资控制

的（　　）。

A. 系统控制　　　　　　　　　　B. 动态控制

C. 全过程控制　　　　　　　　　D. 全方位控制

12. 根据建设工程进度控制早期控制的思想，建设单位（　　）。

A. 在工程建设的早期尚无法编制总进度计划

B. 在工程建设的早期就应当编制总进度计划

C. 在设计阶段就应当编制总进度计划

D. 在招标阶段就应当编制总进度计划

13. "按图施工"的要求表明，施工阶段是（　　）的阶段。

A. 以执行计划为主　　　　　　　B. 实现建设工程价值

C. 协调内容很多　　　　　　　　D. 无创造性劳动

14. 在建设工程目标控制的措施中，（　　）是其他各类措施的前提和保障。

A. 组织措施　　　　　　　　　　B. 技术措施

C. 经济措施　　　　　　　　　　D. 合同措施

15. 所谓组织设计，是对（　　）的设计过程。

A. 组织活动　　　　　　　　　　B. 组织结构

C. 组织活动或组织结构　　　　　D. 组织活动和组织结构

16. 组织管理者的重要任务就在于使组织结构活动的整体效应大于其局部效应之和，这是（　　）原理的表现。

A. 要素用有性　　　　　　　　　B. 动态相关性

C. 主观能动性　　　　　　　　　D. 规律效应性

17. 平行承发包模式的缺点之一是（　　）。

A. 不利于质量控制　　　　　　　B. 不利于业主选择承建单位

C. 不利于投资控制　　　　　　　D. 不利于进度控制

18. 项目总承包模式的优点之一是（　　）。

A. 缩短建设周期　　　　　　　　B. 招标工作简单

C. 合同管理容易　　　　　　　　D. 质量控制容易

19. 对设计或施工总分包模式，业主除了可以委托一家监理单位进行实施阶段全过程监理之外，还可能（　　）。

A. 委托一家监理单位进行设计阶段监理，委托多家监理单位进行施工阶段监理

B. 委托多家监理单位进行设计阶段监理，委托一家监理单位进行施工阶段监理

C. 委托一家监理单位进行设计阶段监理，委托一家监理单位进行施工阶段监理

D. 委托多家监理单位进行设计阶段监理，委托多家监理单位进行施工阶段监理

20. 项目监理机构建立的前提是（　　）。

A. 监理目标　　　　　　　　　　B. 监理工作内容

C. 监理人员岗位职责　　　　　　D. 监理工作流程

21. 职能部门与指挥部门易产生矛盾的监理组织形式是（　　）监理组织。

A. 直线制　　　　　　　　　　　B. 职能制

C. 直线职能制　　　　　　　　　D. 矩阵制

22. 建设工程监理工作中最常用的协调方法是（　　）。

A. 会议协调法 　　　　　　　　B. 交谈协调法

C. 书面协调法 　　　　　　　　D. 访问协调法

23. 监理大纲的作用之一是（　　）。

A. 指导项目监理工作 　　　　　B. 指导专业监理工作

C. 承揽监量业务 　　　　　　　D. 作为内部考核依据

24. 工程建设的各种规范、标准属于（　　）。

A. 工程外部环境资料 　　　　　B. 工程建设的法律、法规

C. 政府批准的工程建设文件 　　D. 工程实施过程中的有关信息

25. 监理规划要随着建设工程的开展不断补充、修改和完善，这表明监理规划（　　）。

A. 应分阶段编写 　　　　　　　B. 具体内容应有针对性

C. 基本内容应力求统一 　　　　D. 应遵循建设工程的运行规律

26. 监理单位参加设计单位向施工单位的技术交底是（　　）的监理工作。

A. 设计阶段 　　　　　　　　　B. 招标阶段

C. 施工准备阶段 　　　　　　　D. 施工阶段

27. 监理规划编写完成后，需经（　　）。

A. 监理单位技术主管部门审核，业主确认

B. 监理单位技术主管部门确认，业主审核

C. 监理单位技术主管部门与业主共同审核

D. 监理单位技术主管部门与业主共同确认

28. 按服务对象分，为（　　）服务的项目管理最为普遍。

A. 业主 　　　　　　　　　　　B. 设计单位

C. 施工单位 　　　　　　　　　D. 材料供应单位

29. 在国际上，工程咨询的发展趋势之一是（　　）。

A. 与工程承包严格分开 　　　　B. 与工程承包相互渗透、相互融合

C. 逐步取代工程承包 　　　　　D. 逐步从工程承包中分离

30. 信息的时态中哪个说明最符合（　　）。

A. 信息的过去时是历史记录，信息的现代时是记录，信息的将来时是预测

B. 信息的过去时是知识，信息的现代时是数据，信息的将来时是情报

31. 施工实施期主要收集的信息有（　　）。

A. 施工单位项目部人员组成，施工图情况，相关法规、规范，工程数据等

B. 施工单位项目部管理程序，工程变更，原材料的使用，施工规范、规程等

32. 竣工验收文件是（　　）。

A. 建设工程项目竣工验收活动中形成的文件

B. 建设工程项目施工中最终形成结果的文件

C. 建设工程项目施工中真实反映施工结果的文件

33. 监理总结内容为（　　）。

A. 工程概况，监理组织、人员、设施，监理合同履约情况，监理工作成效，提出问题和建议

B．工程概况，监理规划执行情况，三大控制的情况，施工、监理合同履约，监理工作成效

34．建设工程文件档案资料（　　　）。

A．由建设工程文件、建设工程档案和建设工程资料组成

B．由工程准备文件、监理文件、施工文件、竣工图组成

35．对数据的解释，最准确的是（　　　）。

A．数据就是信息，数据是客观规律的记录

B．数据是客观实体属性的反映

C．数据是信息的载体，信息是数据的灵魂

D．数据是记录下来的符号

36．系统是（　　　）。

A．由一个由相互有关联的多个要素，按照特定的规律，集合起来，具有特定功能的有机整体，它又是另一个更大系统的一部分

B．是一个由相关的多个不同性能的子系统组成，具有特定功能的整体

37．对列入城建档案馆接受范围的工程，应在工程（　　　）向当地城建档案馆移交工程文件。

A．完工后立即　　　　　　　　B．竣工验收后6个月内

C．竣工验收后　　　　　　　　D．竣工验收后3个月内

38．向城建档案馆归档的应该是（　　　）。

A．所有工程文件

B．《建设工程归档整理规范》规定的工程文件

C．《建设工程归档整理规范》规定的工程档案

39．按照《建设工程监理规范》规定的监理资料有（　　　）。

A．监理大纲、监理规划、实施细则、会议纪要、监理月报等28类监理资料

B．施工合同文件、监理规划、实施细则、会议纪要、监理月报等28类监理资料

C．开工/复工令、监理规划、实施细则、会议纪要、监理月报等23类监理资料

D．监理规划、实施细则、会议纪要、监理月报、监理日记等23类监理资料

40．按照《建设工程监理规范》的规定，监理表格体系有三大类，属于项目监理部填写的是（　　　）。

A．A类表和B类表　　　　　　B．B类表和C类表

C．B类表　　　　　　　　　　D．A类表和C类表

41．工程环境监理是指社会化、专业化的环境监理单位在接受（　　　）的委托和授权之后，根据国家批准的工程项目建设文件，有关环境保护、工程建设的法律、法规和工程环境监理合同以及其他工程建设合同，针对工程建设项目所进行的旨在实现工程建设项目环保目标的微观性监督管理活动。

A．项目业主　　B．施工单位　　C．设计单位　　D．环保局

42．工程环境监理的中心任务就是对建设项目施工期的（　　　）实施有效的协调控制。

A．污染排放指标　B．生态环境保护目标　C．环境保护目标　D．投资目标

43. 现阶段工程环境监理的实施主要是在建设项目（　　）的环境监理。

A. 可研阶段　　B. 设计阶段　　C. 招标阶段　　D. 施工期

44. 工程环境监理的目的就是（　　）实现工程建设项目的环保目标。

A. 确保　　　　　B. 力求　　　　　C. 尽量　　　　　D. 必须

45. 在预定的投资、工期和质量目标内，实现工程建设项目环保目标是工程建设项目（　　）的共同任务。

A. 参与各方　　B. 建设单位　　C. 施工单位　　D. 监理单位

46. 工程环境监理的五种基本方法是（　　）、动态控制、组织协调、信息管理、合同管理。

A. 目标规划　　B. 投资控制　　C. 环评批复　　D. 质量控制

47. 工程项目（　　）是工程环境监理的一个重要组成部分。

A. 建设程序　　B. 初步设计　　C. 科研报告　　D. 环评报告

48. 根据建设项目环境管理程序要求，在（　　）实施监督检查具体落实各项环保目标，加强生态保护，防止施工期环境污染。

A. 可研阶段　　B. 设计阶段　　C. 施工阶段　　D. 环评阶段

49. 动态控制，就是工程环境监理单位及其环境监理工程师在完成工程建设项目的环境监理过程中，通过对过程、目标和建设活动的跟踪，全面、及时、准确地掌握工程建设（　　），将实现目标值和工程建设状况与计划目标和状况进行对比，及时纠正，以使达到计划总目标的实现。

A. 环保信息　　B. 施工信息　　C. 质量进度　　D. 部门信息

50. 工程环境监理单位开展环境监理业务的时间越长，监理经验越丰富，能力也会越强。（　　）是监理单位的宝贵财富，是构成获取资质的要素之一。

A. 监理经历　　B. 监理资质　　C. 监理大纲　　D. 监理规划

51. 工程环境监理单位经营活动的基本准则是"守法、诚信、（　　）、科学"。

A. 公开　　　　　B. 公正　　　　　C. 民主　　　　　D. 平等

52. 工程环境监理工程师可利用（　　）、支付证书审签的权力，来提高工程质量，控制投资。

A. 旁站　　　　B. 平行检验　　C. 工程计量　　D. 工程款支付

53. 施工阶段的监理资料包括：施工合同文件；委托监理合同；监理机构；监理实施细则等 28 种资料。各级监理要坚持书写（　　），这是监理工程师掌握施工阶段现场情况的第一手资料和基本依据。

A. 报验申请表　　B. 监理月报　　C. 监理工程师通知单　　D. 监理日记

54. （　　）是监理业务开展前，由监理单位向建设单位提交的反映所提供的管理服务水平高低的技术文件。

A. 监理合同　　B. 监理规划　　C. 监理机制　　D. 监理大纲

55. 环境监理工程师是指具有（　　）以上职称，在环境监理岗位上工作经监理工程师执业资格统一考试合格，取得执业资格证书和政府注册的专业人员。

A. 初级　　　　B. 中级　　　　C. 高级　　　　D. 其他

56. 环境监理工程师不仅需要理论知识，熟悉设计、施工管理，还需要有组织、协调能力，更重要的是应掌握并应用合同，经济、法律知识，具有（　　）的知识结构。

　　A. 复合型　　　B. 专业型　　　　C. 理论型　　　　D. 实践型

　　57. FIDIC 道德准则中对监理工程师的正直性要求为：任何时候均为委托人的合法权益行使其职责，并且（　　）和忠诚地进行职业服务。

　　A. 努力　　　　B. 正直　　　　　C. 诚信　　　　　D. 正派

　　58. 工程环境监理规划的编制内容包括：建设工程概况、监理工作范围和目标；监理工作内容、依据；项目监理机构的组织形式与人员配备计划；项目监理机构的人员岗位职责；监理工作程序；监理工作方法及措施；监理设施等九个方面的内容。应当在项目（　　）主持下编写制定。

　　A. 监理工程师　　B. 监理员　　　C. 监理工程师代表　　D. 总监理工程师

　　59. 监理规划要随着建设工程的开展不断补充、修改和完善，这表明监理规划（　　）。

　　A. 应分阶段编写　　　　　　　B. 具体内容有针对性

　　C. 基本内容应力求统一　　　　D. 应遵循建设工程的运行规律

　　60. 建设项目环境监理程序包括：确定项目总监理工程师，成立项目监理机构；全面收集相关资料；编制监理规划；制定各专业实施细则；规范化地开展监理工作；参与验收、签署监理意见；向业主提交监理档案资料；（　　）。

　　A. 监理大纲　　B. 监理工作总结　　C. 工程竣工报验表　　D. 工程款支付证书

　　61. 工程环境监理单位在实施环境监理时，应遵守（　　）的原则、权责一致的原则；总监理工程师负责制的原则；严格监理、热情服务的原则；综合效益的原则。

　　A. 公正、独立、自主　　　　　B. 公开、独立、自主

　　C. 公开、民主、科学　　　　　D. 公正、科学、诚信

　　62. 项目监理机构一般由决策层、中间控制层、（　　）三个层次组成。

　　A. 作业层　　　B. 末端控制层　　　C. 协调层　　　D. 执行层

　　63. 环境监理机构的组织形式有（　　），职能制监理组织形式，直线职能制监理组织，矩阵制监理组织形式。

　　A. 曲线制监理组织形式　　　　B. 直线制监理组织形式

　　C. 联动制监理组织形式　　　　D. 唯一制监理组织形式

　　64. 确定环境监理人员数量的主要因素有（　　），工程复杂程度，工程环境监理单位的业务水平，项目监理机构的组织结构和任务职能分工。

　　A. 投资额　　　B. 工期长短　　　C. 工程建设强度　　D. 监理工程师数量

　　65. 环境监理控制的目标就是通过具体的控制措施，在满足投资、进度和质量要求的前提下，确保防治环境污染和生态环境破坏的（　　）以及环保投资的落实。

　　A. 设施　　　　B. 对策　　　　　C. 措施　　　　　D. 设计

　　66. 监理人员受建设单位委托对工程（　　）有否决权，对工程验收付款有签证权、认证权，对发生在建设过程中的各类经济纠纷和工程工序衔接有协调权。

　　A. 进度　　　　B. 变更　　　　　C. 停工　　　　　D. 质量

　　67. 施工阶段监理现场用表，不是监理单位使用的表是（　　）。

　　A. 监理工程师通知单　　　　　B. 工程变更单

　　C. 费用索赔审批表　　　　　　D. 监理工程师回复单

68. ( ) 规定，建设项目的初步设计，应当按照环境保护设计规范的要求，编制环保篇章，并依据经批准的建设项目环境影响报告书或者报告表，在环境保护篇章中落实防治环境污染和生态破坏的措施以及环境保护投资概算。

A. 环境保护法　　　　　　　　B. 环评法

C. 建设项目环境保护管理条例　　D. 淮河流域水污染防治暂行条例

69. 在施工阶段的质量控制方面应实行监理工程师质量（ ）。

A. 否决制度　　B. 认可制度　　C. 复检制度　　D. 报验制度

70. 监理工作总结包括工程概况、监理组织机构、监理人员和投入的监理设施、监理合同履行情况、（ ）、施工过程中出现的问题及其处理情况和建议，工程照片（有必要时）。

A. 监理工作成效　　B. 监理过程　　　C. 工程变更　　D. 工程缺陷

71. 所谓（ ）是指依据生态学原理、工程学原理和生态经济学原理，按照所保护对象的生态状况，对其进行维护、保护、恢复和重建的过程。

A. 生态环境建设　　　　　　　B. 生态环境保护

C. 生态环境质量　　　　　　　D. 生态污染防治

72. 根据《全国生态环境保护纲要》精神，在今后一个时期内，国家将重点抓好三种不同类型区域的生态环境保护，其中：对重点资源开发区实施（ ）保护。

A. 抢救性　　　B. 强制性　　　C. 有效性　　　D. 积极性

73. 生态影响类建设项目可以概括为是对（ ）的生态环境有一定影响的建设项目。

A. 需特殊保护区　　B. 社会关注区　　C. 环境敏感区　　D. 生态敏感与脆弱区

74. 生态系统的基本结构由四部分组成，其中不包括（ ）。

A. 消费者　　　B. 非生物环境　　　C. 分解者　　　D. 生态平衡

75. 生态示范区系指以生态学和生态经济学原理学指导，以经济、社会和环境协调发展为目的，统一规划、综合建设生态良性循环，社会经济持续健康发展的一定的（ ）。

A. 工业生态园区　　B. 风景名胜区　　C. 生态功能保护区　　D. 行政区域

76. 国家环境监测总站《中国生态环境质量评价研究》生态环境质量分级中不包括（ ）。

A. 优良　　　　B. 一般　　　　C. 较差　　　　D. 差

77. 在生物丰度指数的权重及计算方法中，分权重较高的是（ ）。

A. 水域　　　B. 森林　　　C. 草地　　　D. 其他

78. ( ) 也叫工程项目，是建设项目的组成部分（指具有独立文件的设计，竣工后可以发挥生产能力或使用效益的工程）。

A. 单位工程　　B. 单项工程　　C. 分项工程　　D. 分部工程

79. 规模化畜禽养殖场是指：常年存栏量（ ）头以上猪、（ ）只以上鸡、（ ）头以上牛的畜禽养殖场。

A. 600、10 000、60　　　　　　B. 300、30 000、100

C. 500、30 000、100　　　　　　D. 300、10 000、50

80. 凡符合下列情形之一者为重大环境污染与破坏事故：由于污染或破坏行为造成直

接经济损失在（　　）万元以上，（　　）万元以下。

　　A．3、5　　　　　B．5、10　　　　　C．3、10　　　　　D．5、15

81. 根据我国现行法律规定，一般环境污染纠纷的解决途径不包括（　　）。

　　A．协商　　　　　B．调解　　　　　C．仲裁　　　　　D．诉讼

82. 环境污染纠纷调查处理程序是：登记审查→立案受理→（　　）→审理→结案→立卷归档。

　　A．调查取证和鉴定　　　B．管辖权审查　　　C．时效性审查　　　D．证据的划分

83. 根据环境污染损害赔偿的法律、法规规定，构成环境污染损害赔偿的要件有三条，其中不包括（　　）。

　　A．意识行为实施了排污，即有行为把污染物排入环境

　　B．直接证据和间接证据

　　C．引起环境污染并产生了严重污染危害后果，即造成财产损失和造成人身伤害或死亡

　　D．排污行为与危害后果之间有因果关系

84. 由于承包商的原因导致监理单位延长了监理服务时间，此工作内容应属于（　　）。

　　A．正常工作　　　B．附加工作　　　C．额外工作　　　D．意外工作

85. 建设工程总投资一般是指进行某项工程建设花费的全部费用。生产性建设工程总投资包括建设投资和（　　）两部分，非生产性建设工程总投资则只包括建设投资。

　　A．预备费　　　B．无形资产　　　C．有形资产　　　D．铺底流动资金

86. 按照建设工程造价、质量、进度管理上的需要，基本建设层次划分按（　　）顺序，前者是后者的组成部分。

　　A．分项、分部、单位、单项工程　　　B．单位、单项、分项、分部工程

　　C．分部、分项、单项、单位工程　　　D．分项、分部、单项、单位工程

87. 法人是指具有民事权利能力和民事行为能力，依法独立享有民事权利和承担民事义务的（　　）。

　　A．自然人　　　B．公民　　　C．领导者　　　D．组织

88. 下列财产中，（　　）不得抵押。

　　A．土地所有权　　　B．土地使用权　　　C．房屋　　　D．交通运输工具

89. 邀请招标的邀请对象的数目不应少于（　　）家。

　　A．2　　　　　B．3　　　　　C．5　　　　　D．7

90. 在关键部位或关键工序施工过程中，由监理人员在现场进行监督活动，称之为（　　）。

　　A．旁站　　　B．巡视　　　C．见证　　　D．复验

91. 某工程基础底板设计厚度为 1 m，承包商根据以往的施工经验，认为设计有问题，未报监理工程师，即按 1.2 m 施工。多完成的工程量在计量时监理工程师（　　）。

　　A．予以计量　　　B．计量一半　　　C．不予计量　　　D．由业主和承包商协商解决

92. 《中华人民共和国环境影响评价法》自（　　）起施行。

　　A．2002 年 10 月 28 日　　　　　　B．2002 年 9 月 1 日

　　C．2003 年 1 月 1 日　　　　　　　D．2003 年 9 月 1 日

93. 国务院（　　）负责全国自然保护区的综合管理。

A. 环境保护行政主管部门　　　　　　B. 建设行政主管部门

C. 自然保护区管理机构　　　　　　　D. 林业行政主管部门

94. 进行试生产的建设项目，建设单位应自试生产之日起（　　）内向有审批权的环境保护行政主管部门申请该建设项目竣工环境保护验收。

A. 60 日　　　　　B. 6 个月　　　　　C. 3 个月　　　　　D. 1 年

95. 建设项目环境保护设施的施工图设计，必须按照已批准的（　　）所确定的各种措施和要求进行。

A. 环境影响报告书或环境影响报告表　　B. 初步设计文件及其环保篇章

C. 可行性研究报告　　　　　　　　　　D. 建设项目环境保护设计规定

96. 建设工程施工由于受技术、经济条件限制，对环境的污染不能控制在规定范围内的，建设单位应当会同施工单位事先报请当地（　　）批准。

A. 人民政府

B. 人民政府建设行政主管部门和环境行政主管部门

C. 人民政府建设行政主管部门

D. 人民政府环境行政主管部门

97. 下列各项制度中，（　　）为工程项目建设提供了科学决策机制。

A. 项目法人责任制　　　　　　　　　B. 招标投标制

C. 合同管理制　　　　　　　　　　　D. 项目咨询评估制

98. 根据《建筑法》的规定，工程监理人员认为施工不符合工程设计要求、施工技术标准或合同约定的，（　　）建筑施工企业改正。

A. 应当建议　　　　　　　　　　　　B. 应当报建设单位要求

C. 应当指导　　　　　　　　　　　　D. 有权要求

99. 可撤销的合同在撤销前，属于（　　）合同。

A. 有效　　　B. 无效　　　C. 既未成立又未生效　　　D. 虽未成立但已生效

100. 从项目业主和监理单位都是建筑市场中的主体出发，项目业主与监理单位之间是（　　）关系。

A. 授权与被授权　　　　　　　　　　B. 代理与被代理

C. 平等　　　　　　　　　　　　　　D. 经济合同

二、多选题（下列各题中，有两个或两个以上正确答案，请将正确答案选出，并填入括号内）

1. 《建设工程质量管理条例》规定的质量责任主体，包括（　　）。

A. 县级以上建设主管部门　　　　　　B. 建设单位

C. 勘察、设计单位　　　　　　　　　D. 施工单位

E. 工程监理单位

2. 按照《建设工程监理规范》的规定，下列人员中（　　）都应具有注册监理工程师资格。

A. 总监理工程师　　　　　　　　　　B. 总监理工程师代表

C. 子项目监理工程师　　　　　　　　D. 专业监理工程师

E．监理员

3．监理工程师的注册包括（　　　）。

A．个人注册　　　　　　　　　　B．初始注册

C．恢复注册　　　　　　　　　　D．续期注册

E．变更注册

4．乙级工程监理企业必须具备下列资质等级标准中的（　　　）。

A．企业负责人具有 10 年以上从事工程建设工作的经历且取得监理工程师注册证书

B．技术负责人具有 10 年以上从事工程建设工作的经历且取得监理工程师注册证书

C．取得监理工程师注册证书的人员不少于 15 人

D．近三年内监理过五个以上三等房屋建筑工程项目

E．近三年内监理过五个以上二等房屋建筑工程项目

5．工程监理企业经营活动应当遵循的基本准则有（　　　）。

A．守法　　　　B．诚信　　　　C．公正　　　　D．独立　　　　E．科学

6．在控制流程中处于投入与纠正两个环节之间的环节是（　　　）。

A．实施　　　　B．转换　　　　C．输出　　　　D．反馈　　　　E．对比

7．在将目标的实际值与计划值进行比较时，要注意以下问题（　　　）。

A．明确目标实际值与计划值的内涵

B．合理选择比较对象

C．建立目标实际值与计划值之间的对应关系

D．确立衡量目标偏离的标准

E．客观分析负偏差的原因

8．对建设工程的质量进行系统控制时，应注意（　　　）。

A．尽可能达到质量的最高标准

B．避免不断提高质量目标的倾向

C．保证建设工程安全可靠、质量合格

D．对影响建设工程质量目标的所有因素进行控制

E．尽可能发挥质量控制对投资目标和进度目标的积极作用

9．在下列内容中，属于施工阶段特点的是（　　　）。

A．施工阶段是实现建设工程价值和使用价值的主要阶段

B．施工阶段是决定建设工程价值和使用价值的主要阶段

C．施工阶段是资金投入量最大的阶段

D．施工阶段是对工程投资影响最大的阶段

E．施工阶段合同关系复杂、合同争议多

10．组织设计应遵循一些基本原则，包括下列的（　　　）原则。

A．集权与分权统一　　　　　　　B．专业分工与协作统一

C．动态相关　　　　　　　　　　D．规律效应

E．才职相称

11．平行承发包模式具有下列优点（　　　）。

A．利于合同管理　　　　　　　　B．利于缩短工期

C. 利于质量控制　　　　　　　　D. 利于投资控制

E. 利于业主选择承建单位

12. 可能对基层监理人员产生矛盾命令的监理组织形式是（　　）监理组织。

A. 按子项目分解的　　　　　　　B. 按建设阶段分解的

C. 职能制　　　　　　　　　　　D. 直线职能制

E. 矩阵制

13. 从项目监理机构的角度出发，属于近外层关联单位的有（　　）。

A. 建设单位　　　　　　　　　　B. 设计单位

C. 施工单位　　　　　　　　　　D. 政府主管部门

E. 工程毗邻单位

14. 在下列内容中，属于监理规划作用的是（　　）。

A. 承揽监量业务

B. 具体指导监理实务

C. 建设监理主管机构对监理单位监督管理的依据

D. 业主确认监理单位履行合同的依据

E. 监理单位内部考核的依据

15. 建设工程监理规划应按以下要求编写（　　）。

A. 基本内容应力求统一　　　　　B. 具体内容应具有针对性

C. 满足监理实施细则的要求　　　D. 表达方式应格式化、标准化

E. 随建设工程的展开不断补充、修改和完善

16. 监理月报应包括的内容有（　　）等。

A. 本月工程概况　　　　　　　　B. 本月工程形象进度

C. 本月监理合同履约情况　　　　D. 工程质量

E. 工程变更　　　　　　　　　　F. 费用索赔申请表

G. 工程计量及工程款支付　　　　H. 分部工程验收资料

17. 竣工验收文件包括（　　）。

A. 竣工图　　　　　　　　　　　B. 工程竣工总结

C. 竣工验收记录　　　　　　　　D. 档案验收结论

E. 财务文件　　　　　　　　　　F. 竣工设备调试报告

G. 声像、微缩电子档案　　　　　H. 工程质量保修书

18. 信息的特点有（　　）。

A. 稳定性　　　　　　　　　　　B. 不可分割性

C. 系统性　　　　　　　　　　　D. 时效性

E. 层次性　　　　　　　　　　　F. 不完全性

19. 负责建设工程档案预验收的工程档案应该做到（　　）。

A. 工程档案齐全、系统、完整　　　　　　B. 档案内容真实、准确

C. 文件必须是原件或盖章的复印件　　　　D. 按照 A4 幅面立卷

E. 按照《建筑工程施工质量验收统一标准》立卷　　　F. 原件签章齐全

20. 监理日记的特点是（　　　）。

A. 由专业工程师或监理员记录　　　　B. 记录当日材料、人员、设备情况

C. 由总监理工程师指定监理工程师记录　　D. 记录天气、温度情况

E. 记录当日施工相关部位　　　　　　F. 记录有争议的问题

G. 记录施工单位发生的问题　　　　　H. 记录巡视情况

21. 环境监理首次"入驻"13 项国家重点工程，下列选项中实行环境监理的是（　　　）。

A. 三峡水利工程　　　B. 小浪底水利枢纽工程　　　C. 青藏铁路格萨段

D. 西气东输工程　　　E. 渝怀铁路　　　　　　　　F. 黄河公伯峡水电站工程

22. 按照《建设工程监理规范》的规定，下列人员中（　　　）都应具有注册监理工程师资格。

A. 监理员　　　　　　B. 总监理工程师　　　　C. 总监理工程师代表

D. 专业监理工程师　　E. 甲方代表　　　　　　F. 乙方技术负责人

23. 工程环境监理的概念，实际包含（　　　）等要点。

A. 工程环境监理的客体是工程项目建设

B. 主体是社会化、专业化的监理单位和监理工程师

C. 依据的准则　　　　　　　D. 需要的条件

E. 微观性质　　　　　　　　F. 现阶段工程环境监理的实施

24. 工程环境监理的基本性质即（　　　）。

A. 服务性　　　　　　B. 独立性　　　　C. 公正性和科学性

D. 协调性　　　　　　E. 强制性　　　　F. 合法性

25. 工程监理中的"三大控制"为（　　　）。

A. 工程质量　　　　　B. 工程造价　　　C. 工程进度

D. 工程质量保修　　　E. 工程合同　　　F. 投资管理

26. 在工程环境监理的实施过程中，监理合同签订以后需要编制的监理文件是（　　　）。

A. 监理大纲　　　　　B. 监理规划　　　C. 监理实施细则

D. 监理工作总结　　　E. 监理月报　　　F. 施工合同

27. 《建设项目环境保护管理条例》总则规定：（　　　）项目必须采取措施，治理与该项目有关的原有环境污染和生态破坏。

A. 新建　　　B. 扩建　　　C. 改建　　　D. 技术改造　　　E. 重建

28. 建设项目施工期需要控制的影响环境的因素有（　　　）。

A. 施工噪声、扬尘、固废　　　　　　B. 施工点的生活垃圾，废水排放

C. 水土流失、滑坡、泥石流地质灾害　　D. 自然景观破坏

E. 生物的多样保护与生态安全　　　　F. 拆迁移民安置中的饮用水源保护

29. 监理月报应包括的内容有（　　　）等。

A. 本月工程概况　　　B. 本月工程形象进度　　　C. 本月监理合同履行情况

D. 工程质量　　　　　E. 工程计量及工程款支付　　F. 费用索赔申请表

30. 施工阶段环境监理的主要方法有（　　　）。

A. 定期主持召开工地例会

B. 做好见证、旁站、巡视和平行检验

C. 关注工程变更，充分利用工程计量、支付证书审验权利，提高工程质量及控制投资

D. 认真做好施工期监理资料的管理

E. 主动和业主、承包商沟通

F. 严格监理热情服务

31. 下列表式中，是监理单位用表的为（　　）。

A. 监理工程师通知单　　B. 工程开工/复工报审表　　C. 工程款支付证书

D. 工程竣工报验单　　E. 工程最终延期审批表　　F. 费用索赔审批表

32. 典型生态系统包括（　　）。

A. 淡水生态系统　　　　B. 海洋生态系统　　　　C. 荒漠生态系统

D. 草原生态系统　　　　E. 森林生态系统　　　　F. 城市生态系统

G. 农业生态系统

33. 生态环境保护的总体目标为（　　）。

A. 保护生态系统的整体性　　　　B. 通过生态环境保护，遏制生态环境破坏

C. 减轻自然灾害的危害　　　　D. 解决区域性生态环境问题

E. 维护国家生态环境安全，确保国民经济和社会的可持续发展

F. 促进自然资源的合理、科学利用，实现自然生态系统良性循环

34. 在生境重要性识别比较中正确的是（　　）。

A. 原始生境＞次生生境＞人工生境（农田）

B. 完整性生境＜破碎性生境

C. 存在历史久远者＜就近形成者

D. 群落式生境类型多、复杂区域＞类型少、简单区域

E. 功能上生态联系的生境＞功能上孤立的生境

35. 生态环境保护措施分类中，从生态环境特点划分的措施包括（　　）。

A. 环境工程　　　　B. 建设　　　　C. 恢复

D. 补偿　　　　E. 保护

36. 在生态环境保护体系中，除法律、法规已有明确规定外，当环保部门与其他部门在环境保护职责上出现交叉时，应按照由环保部门（　　）的"三统一"原则，进行职责划分。

A. 统一协调　　　B. 统一法规　　　C. 统一规划

D. 统一监督　　　E. 统一管理　　　F. 统一监测

37. 建设项目竣工环境保护验收条件九条中包括（　　）。

A. 对编制环境影响报告书的建设项目应提供建设项目竣工环境保护验收申请报告

B. 对主要对生态环境产生影响的建设项目建设单位应提交环境保护验收调查报告

C. 建设前期环境保护审查、审批手续完备，技术资料与环境保护档案齐全

D. 各项生态环境保护措施按环境影响报告书（表）规定的要求落实，建设项目建设过程中受到破坏并可恢复的环境已按规定采取了恢复措施

E. 环境监测项目、点位、机构设置及人员配备，符合环境影响报告书（表）和有关规定的要求

38. 正常的监理酬金的构成包括（　　）。

A. 全部成本加上合理的利润　　　　　　B. 附加监理工作酬金

C. 额外监理工作酬金　　　　　　　　　D. 税金　　　　　　　E. 奖金

39. 《饮用水水源保护区污染防治管理规定》颁布单位是（　　）。

A. 建设部　　　　　B.（原）地质矿产部　　　C. 国家环保总局

D. 卫生部　　　　　E. 水利部

40. 属于影响对象识别的是（　　）。

A. 识别敏感保护目标　　　　　　　　　B. 识别受影响的生态系统

C. 识别受影响的重要生境　　　　　　　D. 识别影响的因素

E. 识别影响的程度

41. 生态影响类项目的生态环境保护措施一般是从生态环境特点及其保护要求和开发建设工程项目的特点两个方面提出的，属于从建设工程本身特点划分的措施是（　　）。

A. 恢复　　　B. 替代方案　　　C. 管理措施　　　D. 补偿　　　E. 建设

42. 交通运输工程对生态环境的影响有（　　）。

A. 文水影响　　　　　　B. 诱导效应　　　　　　C. 其他间接影响

D. 廊道与分割效应　　　E. 景观影响

43. 在水利水电工程环境监理中，落实环境保护措施包括（　　）。

A. 关注特殊问题　　　　　　B. 熟悉环保措施类型，找出环境监理重点

C. 对政策性措施要宣传贯彻　　D. 对工程性措施要督察其具体执行

E. 对管理性措施要检查落实

44. 矿产资源开发的生态学效应包括（　　）。

A. 景观生态学效应　　　　　　B. 区域生态影响和廊道效应

C. 迫近效应　　　　　　　　　D. 污染生态效应

E. 城镇化效应

45. 农业生态系统的特点主要有（　　）。

A. 一种半自然的人工生态系统　　　B. 高度的脆弱性

C. 高度的开放性　　　　　　　　　　D. 生物多样性趋于均化

E. 高度的变动性

46. 对于生态影响类项目环保投资应包括（　　）。

A. 动态投资　　　　　　　　B. 移民环保投资

C. 工程绿化投资　　　　　　D. 水土保持投资

E. 污染防治设施投资

47. 城市生态系统的结构包括（　　）。

A. 生物环境　　B. 物理环境　　C. 空间结构　　D. 社会结构　　E. 城市设施

48. 城市生态系统平衡的标志是（　　）。

A. 土地资源利用合理　　　　　　B. 城市景观宜人

C. 淡水资源供应充裕　　　　　　D. 城市人口与城市容量相宜

E. 城市人民生活质量不断提高

49. 城市工业项目对城市生态环境的影响主要有（　　　）。

A. 污染影响 　　　　　　　　B. 土地利用影响

C. 城市景观影响 　　　　　　D. 安全影响

E. 施工期环境影响

50. 在当前经济建设中，浪费国家和资金的"三超"现象比较严重，所指"三超"不包括（　　　）。

A. 概算超估算 　　　　　　　B. 估算超概算

C. 概算超预算 　　　　　　　D. 预算超概算

E. 结算超预算

51. 进行景观保护和建设规划的主要依据是（　　　）。

A. 景观类型 　　　　　　　　B. 景观质量

C. 景观敏感度评价 　　　　　D. 景观阈值评价

E. 景观美学质量

52. 熟悉所监理的旅游开发建设项目的各项控制指标包括（　　　）。

A. 规划指标 　　　　B. 景观指标 　　　　C. 生态指标

D. 环境感应指标 　　E. 总量控制指标 　　F. 环境质量指标

G. 人为自然灾害预测指标

53. 污染事故案件取证应注意的事项包括（　　　）。

A. 注意被害人陈述 　　　　　B. 注意被告人的陈述和辩解

C. 要注意相关物证 　　　　　D. 直接证据和间接证据

E. 注意鉴定结论 　　　　　　F. 做好现场勘验，检查记录

54. 处理环境污染事故应注意的事项包括（　　　）。

A. 建立应急预案，堵塞事故发生漏洞

B. 建立通畅、快速、有效的事故报告渠道

C. 注意在采取应急措施的同时，配合环保部门做好调查，监测取证工作

D. 进行必要的人员培训，熟悉和掌握避险知识和方法

E. 取证应注意公正、权威，并尽量取得定量的证据

55. 在下列几种情形中，（　　　）合同是可变更的合同。

A. 损害公共利益的

B. 以合法活动掩盖非法目的的

C. 恶意串通、损害国家、集体或第三人利益的

D. 因重大误解而订立的

E. 在订立时显失公平的

56. 在监理合同中，（　　　）是监理人的权利。

A. 工程建设有关事项和工程设计的建议权

B. 对其他合同承包人的选定权

C. 委托监理工程重大事项的决定权

D. 获得酬金的权利

E. 工程建设有关协作单位组织协调的主持权

57. 《中华人民共和国建筑法》规定，工程监理单位（　　）给建设单位造成损失的，应当承担相应的赔偿责任。

A. 不按照委托监理合同的约定履行监理义务

B. 不按照监理规划实施监理

C. 对应当监督检查的项目不检查

D. 对应当监督检查的项目不按照规定检查

E. 应当查出而没有查出质量问题

58. 《建设项目竣工环境保护验收管理办法》规定，建设项目竣工环境保护验收范围包括（　　）。

A. 凡新建、扩建、改建的基本建设项目

B. 正式投入生产或使用之前的建设项目

C. 大中型公用事业工程，即项目总投资额在 3 000 万元以上的项目

D. 与建设项目有关的各项环境保护设施，包括为防治污染和保护环境所建成的工程、设备、装置和监测手段，各项生态保护设施

E. 环境影响报告书（表）或者环境影响登记表和有关项目设计文件规定应采取的其他各项环境保护措施

59. 《环境影响评价法》规定：建设项目的环境影响评价文件经批准后，建设项目的（　　）发生重大变动的，建设单位应当重新报批建设项目环境影响评价文件。

A. 总投资　　　　B. 性质　　　　　　　C. 规模

D. 地点　　　　　E. 采用的生产工艺　　F. 防治污染、防止生态破坏的措施

模拟试题答案

一、单选题

1. A　2. C　3. B　4. D　5. B　6. D　7. A　8. C　9. B　10. C　11. D　12. B
13. A　14. A　15. D　16. B　17. C　18. A　19. C　20. A　21. C　22. A　23. C
24. B　25. D　26. C　27. A　28. A　29. B　30. B　31. D　32. A　33. A　34. A
35. B　36. A　37. D　38. D　39. B　40. B　41. A　42. C　43. D　44. B　45. A
46. A　47. D　48. C　49. D　50. A　51. B　52. C　53. D　54. D　55. D　56. A
57. B　58. D　59. D　60. B　61. A　62. A　63. B　64. C　65. C　66. D　67. D
68. C　69. B　70. A　71. B　72. B　73. C　74. D　75. D　76. A　77. D　78. B
79. C　80. B　81. C　82. A　83. B　84. A　85. D　86. A　87. D　88. A　89. B
90. A　91. C　92. D　93. A　94. C　95. B　96. B　97. D　98. D　99. A　100. C

二、多选题

1. BCDE　2. ABD　3. BDE　4. BCD　5. ABCE　6. BDE　7. ABCD　8. BCE
9. ACE　10. ABE　11. BCE　12. CE　13. ABC　14. CDE　15. ABDE　16. ABDHG
17. BC　18. CDEF　19. ABDF　20. BCDEF　21. ABCDEF　22. BCD　23. ABCDEF
24. ABC　25. ABC　26. BC　27. BCD　28. ABCDEF　29. ABDE　30. ABCD
31. ACEF　32. ABCDEFG　33. BCEF　34. ADE　35. BCDE　36. BCD　37. CDE

38．AD 39．ABCDE 40．ABC 41．BC 42．ABDE 43．BCDE 44．ABDE
45．ACDE 46．BCDE 47．CD 48．ACDE 49．ABCDE 50．BC 51．CD
52．ABCDFG 53．ABCEF 54．ABCD 55．DE 56．ADE 57．ACD 58．DE
59．BCDEF

附件　常用法律法规名录

第一部分　法　律

1. 中华人民共和国环境保护法（1989 年 12 月 26 日第七届全国人民代表大会常务委员会第十一次会议通过）

2. 中华人民共和国环境影响评价法（2002 年 10 月 28 日第九届全国人民代表大会常务委员会第三十次会议通过）

3. 中华人民共和国合同法（部分）（1999 年 3 月 15 日第九届全国人民代表大会第二次会议通过，自 1999 年 10 月 1 日起施行）

4. 中华人民共和国建筑法（1997 年 11 月 1 日第八届全国人民代表大会第二十八次会议通过，自 1998 年 3 月 1 日起施行）

5. 中华人民共和国招投标法（1999 年 8 月 30 日第九届全国人民代表大会常务委员会第十一次会议通过）

6. 中华人民共和国安全生产法（2002 年 6 月 29 日第九届全国人民代表大会常务委员会第二十八次会议通过，自 2002 年 11 月 1 日起施行）

7. 中华人民共和国城乡规划法（2007 年 10 月 28 日第十届全国人民代表大会常务委员会第三十次会议通过）

第二部分　行政法规

1. 建设项目环境保护管理条例（1998 年 11 月 18 日国务院第 10 次常务会议通过）

2. 自然保护区条例（1994 年 10 月 9 日国务院发布）

3. 河道管理条例（1988 年 6 月 3 日国务院第 7 次常务会议通过，1988 年 6 月 10 日发布）

4. 基本农田保护条例（1998 年 12 月 24 日国务院第 12 次常务会议通过，自 1999 年 1 月 1 日起施行）

5. 风景名胜区条例（2006 年 9 月 6 日国务院第 149 次常务会议通过，自 2006 年 12 月 1 日起施行）

6. 危险化学品安全管理条例（2002 年 1 月 9 日国务院第 52 次常务会议通过，自 2002 年 3 月 15 日起施行）

7. 建设工程质量管理条例（2000 年 1 月 10 日国务院第 25 次常务会议通过，自发布之日起施行）

8. 防治海洋工程建设项目污染损害海洋环境管理条例（2006 年 8 月 30 日国务院第

148 次常务会议通过，自 2006 年 11 月 1 日起施行）

9．防治海岸工程建设项目污染损害海洋环境管理条例（1990 年 6 月 25 日国务院令第 62 号公布，2007 年 9 月 25 日修订，自 2008 年 1 月 1 日起施行）

第三部分　部门规章

1．建设项目环境保护管理程序（1990 年国家环境保护局发布）

2．建设项目环境保护设计规定（1987 年 3 月 20 日国家计划委员会、国务院环保委员会发布）

3．环境监测管理办法（国家环境保护总局令第 39 号发布，自 2007 年 9 月 1 日起施行）

4．建设项目竣工环境保护验收管理办法（国家环境保护总局令第 13 号发布，自 2002 年 2 月 1 日起施行）

5．建设工程监理范围和规模标准规定（中华人民共和国建设部令第 86 号发布，2001 年 11 月 17 日起施行）

6．建设工程施工现场管理规定（建设部令第 15 号发布，1992 年 1 月 1 日起施行）

第四部分　标准规范

1．《建设工程监理规范》（GB 50319—2000）

2．《公路工程施工监理规范》（节录）（JTG G10—2006）自 2007 年 1 月 1 日起施行

3．《建筑施工现场环境与卫生标准》（JGJ 146—2004）自 2005 年 3 月 1 日起施行

第五部分　规范性文件

1．国家环保总局、铁道部、交通部、水利部、中国石油天然气集团公司、国家电力公司联合印发《关于在重点建设项目中开展工程环境管理试点的通知》（环发［2002］141 号）

2．建设部关于印发《房屋建筑工程施工旁站监理管理办法（试行）》的通知（建市［2002］189 号）

3．国家计委、国家环境保护总局关于规范环境影响咨询收费有关问题的通知（2002 年 1 月 31 日计价格［2002］125 号）

4．国家发展改革委、建设部关于印发《建设工程监理与相关服务收费管理规定》的通知（发改价格［2007］670 号）

5．国家环保总局《关于进一步加强生态保护工作的意见》（环发[2007]37 号）

6．国家环境保护总局、国家发展和改革委员会、交通部《关于加强公路规划和建设环境影响评价工作的通知》（环发[2007]184 号）

7．交通部《关于开展交通工程环境监理工作的通知》（交环发［2004］314 号）

8．建设部、国家工商行政管理局文件关于印发《建设工程委托监理合同（示范文本）》的通知（建建［2000］44 号）

参 考 文 献

[1]　全国监理工程师培训考试教材编写委员会. 建设工程监理概论. 北京：知识产权出版社，2003.

[2]　中国机械工业教育协会. 建设工程监理. 北京：机械工业出版社，2001.

[3]　雷艺君，钱昆润. 实用工程建设监理手册. 北京：中国建筑工业出版社，1999.

[4]　全国人民代表大会环境资源委员会法案室. 中华人民共和国环境影响评价法释义. 北京：中国法制出版社，2003.

[5]　苏绍眉. 建设项目环境保护实用手册. 北京：中国环境科学出版社，1992.

[6]　河南省环境保护局. 环境保护实用手册. 郑州：河南省新闻出版局，1997.

[7]　全国监理工程师培训考试教材编写委员会. 建设工程信息管理. 北京：知识产权出版社，2003.

[8]　国家环境保护总局环境工程评估中心. 环境影响评价动态. 国家环境保护总局环境工程评估中心月刊，2004.

[9]　李岚清. 中国利用外资基础知识. 北京：中共中央党校出版社，中国对外经济贸易出版社，1995.

[10]　张锡暇，卢进勇，王福明，等. 公务员世界贸易组织知识读本. 北京：中国对外经济贸易出版社，2001.

[11]　国家环境保护总局. 生态环境监察工作指南. 北京：中国环境科学出版社，2004.

[12]　冯生华. 城市中小型污水处理厂的建设与管理. 北京：化学工业出版社，2001.

[13]　中国建设监理协会组织. 2003 全国监理工程师执业资格考试辅导资料. 北京：知识产权出版社，2002.

[14]　陆新元，田为勇. 环境监察. 北京：中国环境科学出版社，2002.

[15]　毛文永. 生态环境影响评价概论. 北京：中国环境科学出版社，1998.

[16]　河南省环境保护局. 生态环境保护手册（上、下）. 河南：2002，12.

[17]　王焕校. 污染生态学. 北京：高等教育出版社，海德堡：施普林格出版社，2000.

[18]　杨士弘，等. 城市生态环境学. 北京：科学出版社，1996.

[19]　国家环境保护总局政策法规司. 中国环境保护法规全书（1999—2000）. 北京：学苑出版社，2000.

[20]　投资项目可行性研究指南编写组. 投资项目可行性研究指南. 北京：中国电力出版社，2002.

[21]　周律. 环境工程技术经济和造价管理. 北京：化学工业出版社，2001.

[22]　中国环境科学学会 2002 年学术年会论文汇编. 北京环境安全与可持续发展. 2002，12.

[23]　河南省科学技术协会. 城市环境保护与建设. 北京：中国科学技术出版社，2001.

[24]　陈蔚德，王玉宝. 河南旅游基础. 北京：中国旅游出版社，2004.

[25]　全国建筑施工企业项目经理培训教材编写委员会. 施工项目环境管理概论. 北京：中国建筑工业出版社，1995.

[26]　中国环境监测总站. 中国生态环境质量评价研究. 北京：中国环境科学出版社，2004.

[27]　河南省旅游局. 旅游法规与职业道德. 河南：2002，8.

[28]　周光召. 中国科协 2000 年学术年会文集. 北京：中国科学技术出版社，2000.

[29]　徐剑. 建筑识图与房屋构造. 北京：金盾出版社，2000.

[30]　王华生等. 怎样当好现场监理工程师. 北京：中国建筑工业出版社，2002.

[31]　浙江省交通厅工程质量监督站. 公路施工环境保护监理. 北京：人民交通出版社，2006.

[32]　国家环境保护总局环境工程评估中心. 环境影响评价案例分析. 北京：中国环境科学出版社，2008.

[33]　国家环境保护总局环境工程评估中心. 环境影响评价工程师职业资格考试考点与要点分析. 北京：中国环境科学出版社，2008.

[34]　国家环境保护总局环境工程评估中心. 环境影响评价相关法律法规. 北京：中国环境科学出版社，2008.

[35]　国家环境保护总局环境工程评估中心. 环境影响评价相关法律法规汇编增补本 2008. 北京：中国环境科学出版社，2008.

[36]　国家环境保护总局环境影响评价管理司. 煤炭开发建设项目生态环境保护研究与实践. 北京：中国环境科学出版社，2006.

[37]　国家环境保护总局环境影响评价管理司. 公路开发建设项目生态环境保护研究与实践. 北京：中国环境科学出版社，2007.

[38]　刘玉洁. 公路环境保护与绿化. 成都：西南交通大学出版社，2008.

[39]　江苏省高速公路建设指挥部. 高速公路工程竣工资料编制范例（监理卷上下册）. 北京：人民交通出版社，2006.

[40]　发展改革委价格司部，建设部建筑市场管理司，国家发展改革委投资司. 建设工程监理与相关服务收费标准使用手册. 北京：中国市场出版社，2007.

[41]　汪理全，徐金海，屠世浩，张东升，梁学勤. 矿业工程概论. 徐州：中国矿业大学出版社，2004.

[42]　中国建设监理协会组织. 建设工程监理相关法规文件汇编. 北京：知识产权出版社，2003.

[43]　国家环境保护总局政策法规司. 走向市场经济的中国环境政策全书. 北京：化学工业出版社，2002.

[44]　国家环境保护总局政策法规司. 中国环境保护法规全书. 北京：化学工业出版社，2002.

[45]　河南省环境保护局. 环境保护法规文件汇编（第三辑）. 河南：1996.

[46]　蔡志洲. 交通建设项目环境影响评价方法及案例. 北京：化学工业出版社，2006.

[47]　戴明新，蔡志洲，等. 交通环境监理指南. 北京：人民交通出版社，2005.